化学工业出版社“十四五”普通高等教育规划教材

Inorganic and Analytical Chemistry

无机与分析化学教程

第四版

吴文源 高旭昇 姚 成 主编

化学工业出版社
·北京·

内容简介

《无机与分析化学教程》（第四版）凸显了无机化学与分析化学学科融合的精髓，分为物质结构基础、化学反应原理、元素化学三大基础模块。物质结构基础部分包含原子结构、化学键、分子及晶体结构；化学反应原理包括四大化学平衡（酸碱平衡、配位平衡、氧化还原平衡、沉淀平衡）及其在分析中的应用；元素化学分主族元素和副族元素论述，比较简明，以突出元素的共性为主；最后一章对化学分析中常用的分离方法进行了简单介绍。每章后的阅读拓展中升级了相关学科前沿的进展简介，以拓宽学生的视野，并体现思政内涵的导向引领。本书对重难点配有视频讲解，读者可扫码学习。

《无机与分析化学教程》（第四版）可作为高等院校应化、化工、材料、环境、生物工程、食品、轻化工程等专业的教材，也可供农、林、医、地质、冶金、安全工程等相关专业的师生使用。

图书在版编目（CIP）数据

无机与分析化学教程 / 吴文源，高旭昇，姚成主编. 4 版. -- 北京 : 化学工业出版社，2024. 9. --（化学工业出版社“十四五”普通高等教育规划教材）.
ISBN 978-7-122-45793-6

Ⅰ. 06

中国国家版本馆 CIP 数据核字第 20248014H1 号

责任编辑：宋林青　　文字编辑：刘志茹
责任校对：李露洁　　装帧设计：史利平

出版发行：化学工业出版社
（北京市东城区青年湖南街 13 号　邮政编码 100011）
印　　装：大厂聚鑫印刷有限责任公司
787mm× 1092mm　1/16　印张 23½　彩插 1　字数 595 千字
2024 年 9 月北京第 4 版第 1 次印刷

购书咨询：010-64518888　　售后服务：010-64518899
网　　址：http://www.cip.com.cn
凡购买本书，如有缺损质量问题，本社销售中心负责调换。

定　　价：58.00 元

前 言

《无机与分析教程》第三版面世以来已历经十年，高等教育也进入了以互联网+、人工智能和大数据为代表的数字化变革新时代。教程体现了课程建设的核心成果，也是秉承教学理念的一面旗帜，如何做到在与时俱进的浪潮中创新不流于形式，在继承历史经验的同时发扬自身鲜明特色，是本书再版时编者最关心的问题。所幸教程的广大读者群体给我们提供了最适宜的指引，尤其是本校十多个不同专业方向、每年众多一年级新生的使用检验和回馈，坚定了编者创立教程的初心，即兼具“四大化学”的学科分界视野，尊重大学各年级学生的成长规律，做好一本工科近化学专业的起点课程配套教材。

教程凸显了无机化学与分析化学这一学科组合“知行合一”的精髓，实现了从高中定性为主到大学定量为主的认知飞跃，融合了物质结构基础、化学反应原理、元素化学三大基础化学模块，搭建了大学化学知识体系的基本框架；并紧密结合相应化学分析方法丰富实例的训练，达到熟练运用化学计量关系、建立精准定量观念、培育严谨求实作风的目的，为后续专业课程的拓展提供了高起点和严标准。

本教程可供化工、制药、材料、生工、环境、能源、食品、轻化、安全等广大理工农林医专业门类作为教材或参考书使用。

本版的修订主要体现在以下几个方面：

1. 将原书“化学键与分子结构”与“晶体结构”两章内容优化，融合为“化学键、分子及晶体结构”一章，突出了化学键和分子间作用力两种层次的力在分子和晶体形成过程中的不同作用，形成了更有内在逻辑性的表述。

2. 考虑到一般工科的学时安排，对于元素化学部分进行了一定的精简，将原“s 区元素”、“p 区元素”、“d 区元素”、“ds 区元素”和“f 区元素”五章合并为“主族元素”和“副族元素”两章，突出元素的共性概论，也保留了元素个性的精华部分，并避免与中学元素部分内容的简单重复，便于组织教学和自学。

3. 根据时代的变迁更新科学素材。在每一章【阅读拓展】中升级了相关学科前沿的进展简介，如“量子化学计算”“非平衡态热力学”“二次电池”等内容；适当体现思政内涵的导向引领，例如“定量分析在化学和社会发展中的贡献和责任”“中医药的瑰宝青蒿素与现代化学分离技术”。

4. 增加双语要素，重要概念和术语首次出现时标注英语，为阅读专业英文文献提供先行支持，并通过语言双向印证澄清概念的本意，比如精密度（precision）和准确度（accuracy），通过英文的辨析加强对概念的准确把握。

5. 根据广大师生的教学实践经验，将原书中部分符号、公式、例题、习题和文字表达进行增删和修订，提升教学实施和学生自学的流畅度和一致性。

本教程配备了内容丰富、形式多样的数字化学习资源，已发布在化学工业出版社“易课堂”在线教育平台，读者可学习参考。本书重难点讲解和动画资源读者亦可扫封面二维码认证后观看，配套课件可向出版社索取：songlq75@126.com。

本书由吴文源、高旭昇和姚成担任主编。参加编写者均为南京工业大学从事教学的资深教师，具体人员为刘宝春（第2、4章），高旭昇（第5、6章及附录），姚成（第8、11章），边敏（第1章），李董艳（第7章），钱惠芬和吴文源（第3、9、10章）。

本书的编撰工作基于原教材主编俞斌教授的开创性理念，以及较早版本的其他作者（黄仕华老师和汪效祖老师）的贡献。教程配套的微课视频的录制，除部分编著者外，还包括尹晓爽、吕志芳、吉玮和邹洋老师，在此一并表示感谢！

限于编者水平，书中疏漏之处在所难免，敬请广大读者不吝赐教！

编者

2024年4月

第一版前言

随着历史的前进步伐，知识量越来越大。如何在有限的课时内将基本的理论和知识传授给学生显得越来越重要，因此高等学校的教学内容、教学体系的改革就显得十分重要。无机化学和分析化学是化学、化工、应用化学、材料、环境、生物化工、生命科学、食品、轻化工程、安全工程等有关专业的必修课。南京工业大学在这两门课程的改革工作上做了较为深入的研究。经调查研究发现，不少有关的教科书内容极度地膨胀，无机化学中讲了许多本该在物理化学中教授的内容，但又不系统，例如引入熵、焓、吉布斯函数等。学生普遍反映这些知识既不深，也不透；教师反映在学习物理化学时学生似懂非懂，但又兴趣不大，有似曾相识的感觉。分析化学则向仪器分析扩张，教学课时越来越多，学生不堪重负。本书在编写时注意到了这些弊端，并努力加以克服。

1. 以“无机化学课程教学基本要求”和“分析化学课程教学基本要求”为依据，编写时力求抓住重要的基本理论和知识，将无机化学和分析化学的内容有机地糅合在一起，对相关内容删繁就简，突出重点，加强基础。

2. 将原无机化学和分析化学内容相同的地方相统一，并从统一的角度作更为精炼的论述。将与有机化学、物理化学等课程相重叠的内容全部删去，保证重点。也给物理化学的教学建立一个很好的起点。

3. 在介绍一些基本化学理论时，着重强调了化学学科的实验性的本质，对某些化学理论的局限性也作了较为客观的介绍。

4. 针对工科的特点，本书更注重理论与实践的结合，比较注重化学知识的应用，有利于提高学生分析问题和解决问题的能力。

5. 本书注重学生计算能力的培养，介绍了一些常用的计算方法，将之用于化学计算中。

6. 本书用了较大的篇幅介绍了一些化合物的性质，除了有规律性的以外，不少都是特殊性质，这是化学学科的特点之一，只了解一般性是不行的，必须了解特殊性，要有一定的知识量和记忆性的内容。

7. 增加了当今热门学科与化学学科之间相关的内容，为学生将化学知识应用于其他领域打开了一扇窗口。特别是在材料、环境、生命、信息、能源等各领域中，化学的作用是不能被替代的，为学生将来在学科交叉领域进行创新打下基础。

8. 本书只介绍化学分析，节约出的学时可单独开设仪器分析课程，以适应科学技术的发展。

根据专业不同，教学内容可适当进行调整。本书也可作为农、林、医、牧等院校各有关专业的教材或参考书。

本书由俞斌任主编，并负责全书的统稿工作，黄仕华任副主编。参加编写工作的有南京工业大学的吴文源（第3、11章），汪效祖（第8、16、17、18、19、20章），俞斌（第1、5、6、7、12、13、15章），钱惠芬（第4、10章），黄仕华（第2、9、14章）。

限于编者的水平，书中不足之处在所难免，请读者不吝赐教。

编　者

2002.2

第二版前言

《无机与分析化学教程》第一版出版六年来得到广大读者的厚爱。我们在教学实践中也在不断地进行推敲，从中更深切地了解了学生在学习过程中的真实感受，力图从读者的角度体会书中的内容、论述是否更符合教学体系、时代的步伐。

与其他同类或相近的教材相比，本书在选材、论述方法等方面有许多特色和创新之处，这也是本书受到许多学校关注的主要原因。

1. 在数据处理中明确提出了“数”和“数据”的概念及它们不同的性质，使学生从中学的“纯的概念性计算”进入真正意义上的“实践计算”，加速学生从中学学习向大学（尤其是理工科）学习的过渡，具有一定新鲜感、深度感。

2. 对薛定谔方程的解函数性质（此时大一学生尚未学过微分方程），通过极坐标和球坐标的转换作出了形象的定性解释，并顺理成章地引入量子数的概念，学生很容易接受。

3. 对5条d轨道电子云的形状，纠正了“d_{z^2}与其他4条轨道形状不相同”的错误概念，建立了立体投影的概念。

4. 化学平衡中简单地介绍和应用了“迭代法”解一元方程的方法，使学生可解任何化学平衡计算问题，而不是只能解为数不多的化学平衡问题，也可将此延伸至其他学科和后面的pH计算。另外还介绍了超定方程解法和逼近法。

5. 归纳总结了滴定分析的“四大问题”，紧紧抓住“滴定突跃”这一中心现象对各种滴定分析方法进行了论述与讨论，将四大滴定法紧密地结合起来，使学生考虑问题从单一走向综合，锻炼学生系统地分析和解决问题的能力。

6. 首次系统提出滴定分析中计算的“四大原则”和计算中的“状态”概念，使计算变得与路径无关，计算过程简明、方便、准确。

7. 总结了指示剂选择及终点颜色判断的三个原则，与过去的书中的描述相比显得简明扼要。

8. 抓住副反应系数α这一主要因素对“配位滴定”中的所有问题进行论述，使内容关联，中心突出，有数学式为依据，符合大一学生的特点，这也与其他教材不同。

9. 氧化还原反应方程式的平衡中摒弃了其他方式，只采用了“电子得失”这一氧化还原反应本质的电极电对半反应方式。提出五条原则，顺利地解决了氧化还原反应介质条件的选择问题。

10. 每章的最后都有一段超过教学大纲要求的扩展知识介绍，引导学生不仅要学好基础知识，也要有放眼未来的见识。

本书可作为化工、材料、环境、生物化工、生命科学、制药、食品、轻工、安全工程、农、林、医、地质、冶金等近化学专业的教材和参考书。

本书第二版由俞斌、姚成、吴文源任主编，负责思路设计、重要创新点的理论论证、写作指导并负责全书的统稿工作。参加编写工作的人员有：刘宝春（第2、5章，附录），吴文源（第3、11、14章），俞斌（第1、8章），姚成（第9、15章），高旭升（第6、7章），钱惠芬（第4、10、12、13章）。

限于编者水平，书中疏漏之处在所难免，敬请读者不吝赐教。

编　者

2007.2

第三版前言

《无机与分析化学教程》第二版出版六年来得到了众多读者的关心和支持，我们深表谢意。

随着教学改革的不断推进，在“无机与分析化学”的教学实践中，我们深深体会到，教材应跟上时代前进的步伐，“无机与分析化学”在整个化学教学中是重要的一环，应扮好自己的角色，既要和其他化学课程建立联系又不挤占其他化学课程的领域，同时要将无机化学与分析化学有机地关联，而不是简单加和。

本版与第二版相比在内容上做了以下调整。

1. 加强了无机与分析化学和数学、物理、有机化学等学科的关联，使学生思维、眼界开阔，从中寻找到科学的基本思路而不仅仅是接受知识。

2. 在各章的内容、例题和习题中，尽量结合实际过程，锻炼学生将理论学习与实践结合的能力，还增加了一些当前或未来的热点领域。

3. 在化学中能定量的问题尽量从数学方面进行阐述，这比较符合大学一年级学生的思维方式，有利于学生对问题的理解。

4. 简单地介绍和应用了一些计算方法，提高学生的计算能力，这也将有利于后续其他学科的学习和实践中的计算。

5. 在第二版的基础上，对扩展知识进行了更新或增容，引导学生不仅要学好基础知识，也要放眼未来。

本书可作为化工、材料、环境、生物化工、生命科学、制药、食品、轻化、安全工程、农、林、医、地质、冶金等化学相关专业的教材和参考书。

本书第三版由俞斌教授负责整本书的思路设计、重要创新点的理论论证、写作指导并负责全书的统稿、修改工作。具体编写分工为：俞斌（第 1、8 章），刘宝春（第 2、5 章、附录），吴文源（第 3、11、14 章），钱惠芬（第 4、10、12、13 章），高旭升（第 6、7 章），姚成（第 9、15 章）。

限于编者水平，书中疏漏之处在所难免，敬请读者不吝赐教。

编者

2014 年 4 月于南京工业大学

目 录

▶重难点讲解
▶动画模拟
▶配套课件

第1章 绪 论

化学是一门在原子、分子以及超分子层面上研究物质的组成、结构和性质（包括变化规律及应用）的自然科学。化学和数学、物理一起并称为自然科学三大基础学科，和人们（尤其是课程的初学者）所想的不同，化学学科的研究方法其实比数字或物理更具有高度统一的内在逻辑，即任何化学物质的研究，都必须遵循从组成到结构、由结构到性质的一般规律。尤其是化学物质的结构，是化学研究中承上启下的关键环节。随着科学技术的突飞猛进，X射线衍射、电子显微镜、高分辨核磁共振等技术手段的应用提升，以及量子化学计算方法的成熟进步，人们对过去处于“盲区”的物质结构有了越来越精确的认识，从而在组成和性质之间打通了认知的桥梁，最终能够以应用导向的工程理念去实现分子设计。

“化学是二十一世纪的中心学科”。现代科学和工程的多个门类之所以越来越呈现出交叉和跨界的趋势，就是因为在理论研究和技术实践的层面，越来越聚焦于原子和分子水平，也就是传统化学的研究范畴。所以说，无论是物理学、生物学，还是材料科学与工程、新能源技术，这些学科门类重叠的部分都是以化学为基础的。现代化学起着不同学科和工程技术之间的桥梁和纽带作用，因此化学当然成了一门中心学科。比如化学和现代医学及生物学的关系极为密切，无论是制药、生物材料、医用材料、医学检验，还是营养、卫生、疾病和环境保护，乃至对疾病、健康、器官组织和生命规律的认识，都离不开化学。化学既是“我们的生活”，更是“我们的未来”（2011年国际化学年宣传语）。可以说，化学是最具有创新意识的学科，因为化学最伟大的贡献，就是创造自然界中从未有过的新物质，是在纷繁复杂的千变万化中寻找化腐朽为神奇的那条光辉之路。

在大学阶段，化学的基础课程群被称为“四大化学”，即无机化学、分析化学、有机化学和物理化学。本章主要介绍了本课程中无机化学与分析化学的学习内容范围，以及定量分析中数据处理的规范要求。

1.1 无机化学与分析化学的任务

1.1.1 无机化学的任务

无机化学研究的对象是各种元素和非碳氢结构（不含C—H键）的化合物。它涉及的主要内容如下：

(1) 物质结构

原子结构主要研究原子核外电子的排布情况，尤其是价层电子的分布情况以及它们与元素、化合物的性质关系、规律，力图在微观世界的规律与宏观世界的性质之间建立相关联系。

分子结构和晶体结构研究化学键形成的各种理论学说、化学键与化合物的各种理化性质的关系，分子间作用力的种类和各种形成机制，分子间作用力与晶体结构的关系。

(2) 化学平衡

化学平衡从宏观上探讨化学反应进行的极限程度及其与各种条件的关系，得出的普遍规律可指导分析化学、有机化学、物理化学、结构化学、生物化学、材料化学以及与化工过程有关的课程的学习。这一部分还要涉及达到平衡的速率问题。

(3) 元素化学

元素化学包括元素的单质，以及无机化合物的性质、制备方法和应用。学习元素化学时，既要了解各种无机物质的特殊性质，更要注重性质变化规律和应用的普遍性、共同点，两者不可偏废。

1.1.2 分析化学的任务

分析化学的任务是确定物质（包括无机的、有机的和生物的物质）的组成、含量与结构。所有的化工行业及其他相关行业都离不开它，如化肥、制碱、制酸、精细化工、石油与石油化工、冶金、生物与生物化工、医药卫生、食品、材料、环境保护等。许多与化学、化工不甚相关的领域也要用到它，如机械、电子、能源、航天、交通、海洋、公安司法、商检海关、体育等。

分析化学从方法上可分为两大类。

(1) 化学分析法

利用被分析物质的化学性质、它们与其他试剂间的化学反应确定化合物的组成、含量与结构的方法叫化学分析法（chemical analysis）。化学分析结果的相对误差很小（一般小于0.2%），但绝对误差较大。因此，利用化学分析法分析的试样溶液浓度一般大于0.01 $mol \cdot L^{-1}$，被测试样溶液的体积大于10 mL，固体质量大于0.1 g。由于用到的试样的浓度、质量或体积比较大，在这个范围内的分析又称为常量分析。

化学分析法适合于对样品主含量及含量较高的杂质进行分析。具体的方法有重量法和容量法两种。

① 重量法

重量分析法指通过物理或化学方法将试样中的待测组分与其他组分分开，并通过称量确定该组分在原试样中的含量。其中最常用的沉淀重量法是将被测物与加入的试剂定量形成沉淀，将沉淀过滤、洗涤、灼烧或干燥后，用精确到万分之一克的分析天平称量沉淀（质量应大于0.1 g），通过计算确定被测物的量。

重量法是一种无标分析法，即所用的试剂只需保证一定的纯度而无需有准确的浓度。它是其他分析方法的标准，用它可对其他分析方法的效果进行评判。

② 容量法（滴定法）

将已知准确浓度的试剂溶液（又称标准溶液）逐滴加入一定体积的被测物溶液中进行某种化学反应，根据反应刚好完全时消耗的标准溶液的体积，计算出被测物的含量。

根据化学反应的类型，滴定法可分为酸碱滴定法、配位滴定法（络合滴定法）、沉淀滴定法和氧化还原滴定法四种。

(2) 仪器分析法

利用被测物质或被测物质与其他试剂所形成的化合物的各种物理特性（主要有光学特性、电学特性、热特性、磁特性、吸附和溶解等分配特性等）进行定性和定量分析，这些物理特性参数的获得需通过仪器实现，所以这类分析法称为仪器分析法（instrumental analysis）。

仪器分析法分析结果的相对误差较大，能达到5%；但绝对误差很小，能小到1 ng（10^{-9} g）。适合于含量或浓度极小的环境、生物腺体和排泄物中痕量物质、稀有物质的样品或含量极低的杂质分析。有些仪器分析方法还可以不破坏试样，做到无损分析。这对于非常珍贵的样品更有意义。

本教材只涉及化学分析法。

此外，分析化学根据分析试样量的不同可分为常量分析、半微量分析、微量分析和超微量分析，具体分类见表 1-1。

表 1-1　不同试样用量的分析方法

分析方法	试样用量/mg	试样体积/mL
常量分析	>100	>10
半微量分析	10～100	1～10
微量分析	0.1～10	0.01～1
超微量分析	<0.1	<0.01

根据分析试样中待测组分在样品中的相对含量不同，分析方法可分为痕量分析（测定物质的浓度 $c=10^{-2}\sim10^{-6}$ g•g^{-1}或 $10^{-2}\sim10^{-6}$ g•mL^{-1}）和超痕量分析（测定物质的浓度 $c<10^{-6}$ g•g^{-1}或$<10^{-6}$ g•mL^{-1}）。

通常利用仪器分析法分析的试样浓度很小，可小于 10^{-6} g•mL^{-1}，即百万分之一（也称 ppm）、10^{-9} g•mL^{-1}（也称 ppb），甚至 10^{-12} g•mL^{-1}（也称 ppt）。现在仪器分析法已可测量浓度为 10^{-18} g • mL^{-1} 的试样。所以，有的仪器分析法既是痕量分析，又是微量分析，但有的仪器分析法仅是微量分析或仅是痕量分析。

1.2　实验数据与误差

误差与偏差

1.2.1　数与数据的区别

科研工作中常会涉及数学运算，运算中的数字从准确性上可分为两类，一类称为数，另一类称为数据。

(1) 数

数（pure number）是一个纯数学概念，是理论上的或定义范畴内的概念。例如 1 g 等于 1000 mg；1 L 等于 1000 mL；1 ng 等于 10^{-9} g 等。换算系数 1000 或 10^{-9} 等都是由定义规定的，它是准确无误的。H_2SO_4 中有 2 个氢离子，这也属于定义范畴，因此与 NaOH 完全中和，1 mol 硫酸需要 2 mol 氢氧化钠，所以这个“2”也是准确无误的。凡这种准确无误被定义或纯数学推导得到的数值可称为数，它不需要通过各种测量手段来获得。

(2) 数据

通过某种手段测试而获得的数值称作数据（quantitative data）。数据由数字和量词（量纲）组成，它是现实世界中几何、物理、化学、生物性质的定量表述，因此也必须通过几何的、物理的、化学的、生物的测试手段获得。例如：物质的质量必须通过天平等称量仪器获得；溶液的体积可通过量筒、移液管、滴定管、容量瓶等体积测量器具获得；长度可用直尺、游标卡尺、千分尺或光学方法获得等。

极个别数据可以由若干个有量纲的原始数据经过数学处理后得到无量纲的间接数据。如：$pH=-\lg[H^+]$，吸光度 $A=-\lg(I/I_0)$ 等。

由于数据必须通过测量（直接或间接）获得，因此用不同手段测得的数据的精确程度肯定是有差别的。例如，一个两面平行的钢块，在温度恒定的条件下，用直尺测量为 5.32 cm；用游标卡尺测量为 5.33 cm；用千分尺测量为 5.328 cm；而用光学方法测量为 5.32796 cm。

其次，用同样的方法不同的人去测试，甚至同一个人用同一种方法测试若干次，所得到的测试结果也不会完全一样。可以这么说，数据没有完全准确无误的。数与数据的区别见表 1-2。

表 1-2　数与数据的区别

数	数据
理论上的	现实存在的某种性质的量化
无量纲	不存在无量纲的直接数据
准确无误	一定有误差,不存在准确无误的数据
无需测试获得	需用一定手段测试获得

1.2.2　实验数据误差的来源

从数据的性质和获得的过程来看，由实验获得的数据不一定就是客观存在的真值。测量值 x（measured value）与客观存在的真值 x_T（true value）之间的差值（$x-x_T$）称为误差（error）。误差具有方向性，（$x-x_T$）>0 叫正误差；（$x-x_T$）<0 叫负误差。

由于任何测量得到的数据都存在误差，客观存在的真值 x_T 是不可知的。所以，误差（$x-x_T$）也不能准确获知，但可对其范围进行估计。

根据误差的性质可将其分为两大类。

（1）可测误差

若造成测试误差的原因是可以找到的，一旦找到原因，可采取一定的措施解决，由此原因造成的误差便可克服，这种误差称作可测误差（measureable error）。

可测误差从造成误差的原因种类上又可分为系统误差和过失误差两种。

① 系统误差

在一定条件下，某些因素按一定规律起作用而引起的误差称作系统误差（systematic error）。由系统误差引起的数据在结构上具有单向性和重现性。

所谓单向性是指：数据的误差总是正的或总是负的。重现性是指：系统误差会在测试条件不变的情况下，每次均出现，不能通过重复测试减小。

造成系统误差的具体原因和克服方法有如下几种：

i. 获取数据的方法不合适、不完善。

例如：用重量法测定某物质时，沉淀溶解度大，损失大，使测得的数据比真值小很多，此时可改用其他测定方法。

ii. 获取数据的客观条件不符合要求。

例如：各种定量容器（量杯、滴定管等）刻度不准确，需对容器进行校正。

iii. 化学实验中所用的各种化学纯的化学试剂和一般蒸馏水的纯度不能满足要求。此时可购买纯度更高的分析纯或基准纯试剂，或进一步提纯化学试剂和蒸馏水。

② 过失误差

由于实验操作不规范、不熟练或由几乎不可能重复的操作错误造成的误差叫作过失误差（mistake）。由过失误差测试的数据一般表现为杂乱无章，没有规律可循。但若找到了获取数据过程中的操作错误并改正错误，这类误差也是可克服的。

操作者的生理缺陷会造成误差。例如：有的人辨色能力较差，颜色已明显变化，但操作者还未察觉。可换人做实验或改换测试方法。

操作失误造成误差。初学者操作不规范、不熟练会造成实验数据误差较大；粗心马虎，将实验现象观察错误、加错试剂或记录错误等都会使实验结果误差增大且无规律性。克服的办法是加强实验操作规范化训练，加强责任性教育，做到操作规范、熟练，实验现象与数据即时正式记录，加强校核。

过失误差属于差错事件，因此有时也不放在误差的讨论中，此时仅需考虑系统误差和下面的随机误差。

(2) 随机误差

获得一次数据（统计学上称为一个事件）的过程中不仅和系统误差中各种确定因素有关，而且还会和一些无法预料的因素有关。例如：气温与大气中含尘量的微小变化、仪器电流的随机波动、人的精神状态等。这些因素的改变是无法复制的，也是无法获知的。因而获得的实验结果也不会是唯一的。在这类无法控制的因素变化情况下的实验称为随机实验。随机实验的结果称作随机事件。

随机获得的数据与真值间的误差叫随机误差（random error/uncertainty）。由于造成随机误差的因素是无法预料和控制的，所以所有的测试数据都存在随机误差。随机误差在有限测试中是无法克服的。属于不可测误差，也叫作偶然误差。

1.2.3 随机误差的减免

虽然随机误差在有限测试中无法克服，但通过统计学研究可知：随机误差的出现符合一定的统计规律。根据这个统计规律，可以找到减免随机误差和估算随机误差范围的方法。

(1) 平均值与真值的关系

对同一对象、用同一方法测试了 n 次，并获得 n 个数据，其中第 i 次测试值为 x_i，其平均值

$$\bar{x}=\frac{1}{n}\sum x_i \tag{1-1}$$

不存在系统误差的前提下，当 $n\to\infty$ 时，平均值的极限就是真值 x_T：

$$x_T=\lim\frac{1}{n}\sum x_i \qquad (n\to\infty) \tag{1-2}$$

(2) 绝对误差与相对误差

测量值与真值之间的差值（x_i-x_T）称为绝对误差（absolute error），简称误差。记作 $\Delta x_i=x_i-x_T$。

绝对误差与真值之比 $\Delta x_i/x_T$ 称为相对误差（relative error）。绝对误差和相对误差均存在正误差或负误差的方向性。

(3) 随机误差的极限

当 $n\to\infty$ 时，绝对误差之和或相对误差之和的极限 $\lim\sum\Delta x_i=0$ 或 $\lim\sum\Delta x_i/x_T=0$。这个结果表明：同一实验测试进行无穷多次时，大小相同的正、负误差出现的次数（频率）相等。因为随机误差之和的极限值为 0，所以同一实验测试无穷多次时，随机误差可完全消除。

(4) 随机误差出现的频率

小误差出现的频率高，大误差出现的频率低。

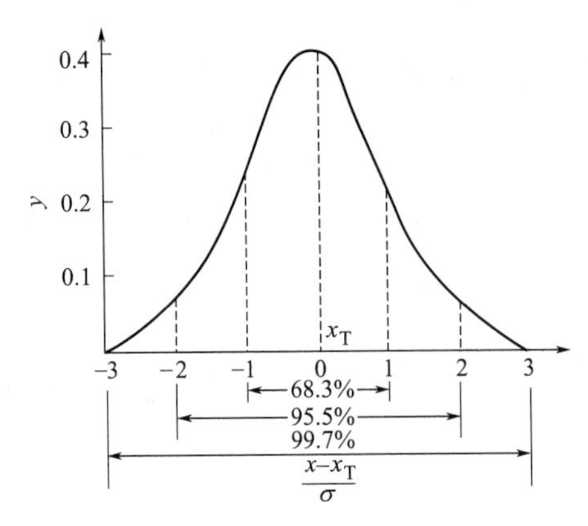

图 1-1　随机误差的正态分布曲线

符合（3）（4）规律的数据分布在统计学上叫正态分布（normal distribution），因此随机误差分布是正态分布。误差的正态分布曲线如图 1-1 所示。

要想使随机误差减小，必须进行平行实验（parallel experiments）。平行实验是指同一操作者，在同一实验室中，用同一台仪器和同一批次药品，按同一实验方法规定的步骤，完成同一试样的两个或多个的测定过程。从平行实验中获得的平行数据越多，其平均值的随机误差越小。若没有系统误差，其平均值就越靠近真值。这就是任何测量不能只做一次的原因。

1.2.4　偏差的计算和误差的估算

因为不可能做无穷次实验，所以绝对误差和真值均无法获知。但可用有限次实验数据进行统计学计算对误差范围进行估计。

(1) 偏差与平均偏差

每次实验数据与多次实验数据平均值之差称为偏差（deviation），$d=|x_i-\overline{x}|$，注意偏差值不存在负值。而平行实验中，偏差的总体情况可以用平均偏差（average deviation）来反映：

$$\overline{d}=\frac{1}{n}\sum|x_i-\overline{x}| \tag{1-3}$$

也可用相对平均偏差（relative average deviation）来反映：

$$\overline{d}_{\mathrm{r}}=\frac{\overline{d}}{\overline{x}}\times 100\% \tag{1-4}$$

偏差与误差是不一样的，由于$\overline{x}$可准确计算，所以偏差也可准确计算；真值 x_{T} 未知，所以误差也只能估算。

(2) 标准偏差与均方差

标准偏差 S（standard deviation）的定义为：

$$S=\sqrt{\frac{\sum(x_i-\overline{x})^2}{n-1}} \tag{1-5}$$

当 $n\rightarrow\infty$ 时

$$\sigma=\lim\sqrt{\frac{\sum(x_i-\overline{x})^2}{n}} \tag{1-6}$$

σ 是正态分布函数理论方差，称为标准方差，又称为均方差。由于不可能做到无限次测量，一般的测量中用标准偏差 S 表示偏差的情况，代表了有限个数据的分布情况。S 越小，数据越密集于平均值周围。S 越大，数据越分散。

(3) 标准偏差 S 与实验次数 n 的关系

当实验次数 $n\rightarrow\infty$ 时

$$\sigma=\lim S$$

而当 n 为有限次时，$\sigma\leqslant S$。n 越大，S 越趋近于 σ。图 1-2 清楚地示意出了这种趋势。

从图 1-2 可以看出，$n>10$ 时，S 变化已很小，趋于稳定。因此，再增加实验次数已无法显著缩小用 S 估算 σ 的误差范围，即增加实验次数对减小随机误差已无太大的实际意义。所以，平行实验的测量次数一般在 3～6 次就可以了。

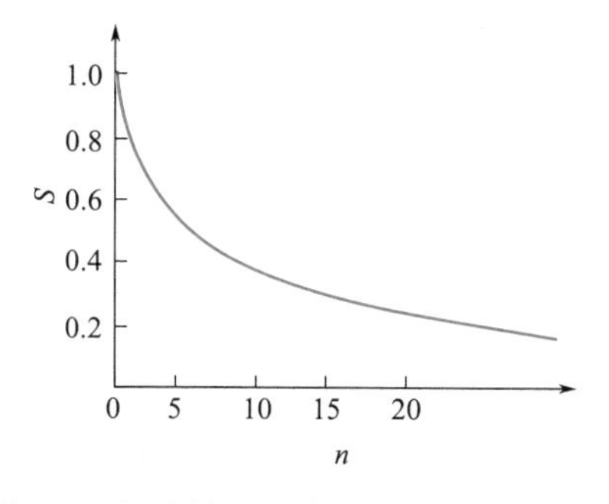

图 1-2 标准偏差 S 与测定次数 n 的关系

(4) 变异系数

标准偏差 S 与平均值 $\overline{x}$ 的比值称为变异系数 CV (coefficient of variation)，即相对标准偏差（relative standard deviation）：

$$CV=\frac{S}{\overline{x}} \tag{1-7}$$

变异系数 CV 也表达了数据的分散程度。

(5) 误差的估算

利用平均值 $\overline{x}$ 和标准偏差 S 可对真值所处的范围进行估算。估算出的范围称作置信区间（confidence interval）。既然是估算，就不能说有百分之百的把握。这种估算的把握性（准确概率）称为可信度或置信度（probability）。

正态分布函数的数学表达为

$$\frac{1}{\sigma\sqrt{2\pi}}\exp\left[-\frac{(\Delta x)^2}{2\sigma^2}\right] \tag{1-8}$$

积分上、下限为置信区间。对这个函数的积分值（图 1-1 曲线下方的面积）便为置信度。

$$\int_{-\infty}^{+\infty}\frac{1}{\sigma\sqrt{2\pi}}\exp\left[-\frac{(\Delta x)^2}{2\sigma^2}\right]=1 \tag{1-9}$$

$$\int_{-3\sigma}^{+3\sigma}\frac{1}{\sigma\sqrt{2\pi}}\exp\left[-\frac{(\Delta x)^2}{2\sigma^2}\right]=0.997 \tag{1-10}$$

$$\int_{-2\sigma}^{+2\sigma}\frac{1}{\sigma\sqrt{2\pi}}\exp\left[-\frac{(\Delta x)^2}{2\sigma^2}\right]=0.955 \tag{1-11}$$

$$\int_{-\sigma}^{+\sigma}\frac{1}{\sigma\sqrt{2\pi}}\exp\left[-\frac{(\Delta x)^2}{2\sigma^2}\right]=0.683 \tag{1-12}$$

若做有限次实验，可用 S 代替 σ，偏差 $x_i-\overline{x}$ 代替误差 Δx_i。从式(1-9)～式(1-12) 可知，置信区间即估算误差越大，置信度也越大。但若置信度过宽，则置信区间的估算没有什么实际价值，例如说真值在 $-\infty$～$+\infty$ 之间的概率为 100%。同时置信区间很狭窄，但对应置信度太小，其准确程度也会受到质疑。因此置信度一般取 0.9～0.95 为宜。

(6) 小样本推断和 t 函数估算

实验次数很小（$n<10$）时，用正态分布估算真值 x_{T} 的前提是标准方差 σ 必须为已知。实际上我们并不知道 σ，而是用标准偏差 S 近似标准方差 σ。数学家 W. S. Gosset 证明这是一种小样本推断，用平均值 $\overline{x}$ 代替真值 x_{T} 时，并不服从正态分布，而服从与正态分布极为相似的 t 分布。t 分布函数曲线见图 1-3。W. S. Gosset 发表论文时是以“Student”署名的，所以 t 分布又称为学生分布。t 分布的特点是用它对真值进行估计时与总体标准方差无关。真值 x_{T} 与平均值 $\overline{x}$、标准偏差 S、t 函数值的关系为：

$$x_{\mathrm{T}}=\overline{x}\pm\frac{tS}{\sqrt{n}} \tag{1-13}$$

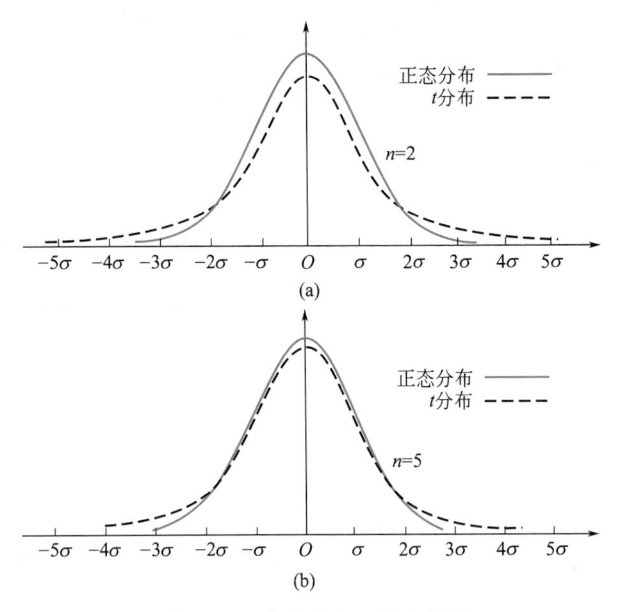

图 1-3　正态分布与 t 分布曲线

式中，$S/\sqrt{n}$ 也称为平均值的标准偏差。t 值可从表 1-3 查得，S 可由式(1-5) 算出，n 为测定次数。t 值与置信度、测定次数 n 有关。从表 1-3 可以看出，在相同的置信度下，n 增加时，t 值下降，平均值越靠近真值，真值估算的误差范围为 $\pm tS/\sqrt{n}$，其值随 n 的增加变化越来越小。$n=21$ 与 $n=\infty$ 时的 t 值已相差无几，所以测定次数过多意义不大。

表 1-3　不同测定次数与不同置信度的 t 值

测定次数 n	置信度					测定次数 n	置信度				
	50%	90%	95%	99%	99.5%		50%	90%	95%	99%	99.5%
2	1.000	6.314	12.706	66.657	127.32	8	0.711	1.895	2.365	3.500	4.029
3	0.816	2.920	4.303	9.925	14.089	9	0.706	1.860	2.306	3.355	3.832
4	0.765	2.353	3.182	5.841	7.453	10	0.703	1.833	2.263	3.250	3.690
5	0.741	2.132	2.776	4.604	5.598	11	0.700	1.812	2.228	3.169	3.581
6	0.727	2.015	2.571	4.032	4.773	21	0.687	1.725	2.086	2.845	3.153
7	0.718	1.943	2.447	3.707	4.317	∞	0.674	1.645	1.960	2.576	2.807

【例 1-1】 测定某物质的含量，一共测了 6 次，数据（%）分别为：23.34、23.41、23.48、23.32、23.51、23.47。要求置信度为 95%，则估计值与真值间的最大误差是多少？

解　首先求平均值 $\overline{x}$：

$$\overline{x}=\frac{23.34+23.41+23.48+23.32+23.51+23.47}{6}=23.42(\%)$$

再计算标准偏差 S：

$$S=\sqrt{\frac{(23.34-23.42)^2+(23.41-23.42)^2+(23.48-23.42)^2+(23.32-23.42)^2+(23.51-23.42)^2+(23.47-23.42)^2}{6-1}}$$

$$=0.07836(\%)$$

查表 1-3，得到 $t=2.571$，代入式(1-13)：

$$\frac{tS}{\sqrt{n}}=\frac{2.571\times0.07836}{\sqrt{6}}=0.0822$$

所以，用测量的平均值 23.42 估计真值，在置信度为 95%的情况下，最大误差不会超过 0.0822。即置信度为 95%时，真值的区间范围为 23.42±0.08。

平均值$\overline{x}$ 和标准偏差 S 也可用科学计算器计算：将计算器调整到统计功能（Statistics 或简化 STAT）后；按各类计算器的说明书的规定操作步骤输入数据，再按下不同的键，在显示屏就可显示输入的数据个数 n，数据的平均值$\overline{x}$，数据的标准偏差 S 或σ_{n-1}”。

1.2.5 准确度与精密度

准确度（accuracy）是指平均值与真值之间的接近程度，用误差来度量，误差的准确值无法知道，只能用$\pm tS/\sqrt{n}$即在一定的置信区间进行估算。

精密度（precision）是指每次测定的数据与平均值之间的接近程度，即数据的集中程度，用偏差来度量。

精密度与准确度之间有密切的关系，也有区别。

① 精密度高是准确度好的必要条件和前提保证。精密度不好，数据分散，单次偏差（$x_i-\overline{x}$）必定较大，则平均偏差或标准偏差也大。真值的置信区间宽度 $2tS/\sqrt{n}$ 也大，准确度不会好。所以要想使实验数据的准确度高，数据的集中程度好是必要条件，即必须做好每一次实验，避免过失误差的差错发生。

② 若不存在系统误差，精密度高既是准确度好的必要条件，也是充分条件。即在不存在系统误差的前提下，精密度高，准确度也一定好。

③ 若存在系统误差，则精密度高，准确度不一定好。例如，一个人打靶，每枪都密集在一个地方，但不是靶的中心，精密度高，但准确度不好。究其原因，可能是枪未校准好，或打靶者瞄准时有不好的习惯等，即存在系统误差。这些原因一旦得到克服，就可提高准确度即射击成绩。因此，若实验数据的精密度高，准确度不好，一定存在系统误差。数据的精密度不高，则可能存在过失误差。

1.3 数据的取舍及数据运算规则

在实际工作中，同一实验重复 n 次，可得到 n 个数据。在进行平均值和偏差计算前，应确认这些数据的可靠性，避免由于过失误差造成的差错数据混入最终的统计。虽然数据应密集在平均值附近，但远离平均值的数据也有一定的概率出现。如置信度取 0.90，不在置信区间内的数据也有 10%的概率，虽然概率较小，但不等于不会发生。因此需要通过一定的方法判断数据是否可信，需不需要在计算前舍去。

检验数据是否应舍去的方法在统计学中有多种，其中 Q 检验法是较严格又相对简便的方法，其他一些方法列在本章的“阅读拓展”中。

1.3.1 Q 检验法取舍可疑数据

数据精密度高，则应密集在平均值周围。所以离平均值最远的数据，有可能是过失误差造成的差错，当然也有一定概率是随机原因造成的偶然误差。这种可能舍去也可能被保留的远离平均值的数据称作可疑数据（suspicious data）。当然离平均值最远的数据最可疑，应率先经受检验。

Q 检验法的步骤如下。

① 将数据按绝对值从小到大顺序排列：$x_1<x_2<\cdots<x_{n-1}<x_n$。

② 求出极差，即用最大值 x_n 减去最小值 x_1，即 x_n-x_1。

③ 可疑数据一定在数列的两端，即 x_1 或 x_n。因为它们离平均值 $\overline{x}$ 一定最远。

④ 计算 x_2-x_1 和 x_n-x_{n-1} 并比较它们的大小。差值越大就越远离平均值，即越可疑。若它不被舍去，其他数则更不会被舍去。

⑤ 计算 $q_1=(x_2-x_1)/(x_n-x_1)$ 或 $q_n=(x_n-x_{n-1})/(x_n-x_1)$，得到其中较大者。

⑥ 取一定的置信度，查表1-4中的 Q 值，得到相应的标准 Q 值。比较 Q 与 q 的大小：$q>Q$ 表明该数据 x_n 或 x_1 离平均值过远，超出置信区间，应该舍去；$q\leqslant Q$，x_n 或 x_1 则应保留，检验结束。

⑦ 若须舍去数据 x_n 或 x_1，则舍去1个数据后又成为新的实验数据列，按上述步骤继续检验。但数据的个数 n 应改变为 $(n-1)$。这对查到的 Q 值是有变化的。检验结束后保留数据不得少于3个。否则，实验必须重做。这种情况一般较少出现。

表1-4　舍取可疑数据的 Q 值表

测定次数	$Q_{0.90}$	$Q_{0.95}$	$Q_{0.99}$	测定次数	$Q_{0.90}$	$Q_{0.95}$	$Q_{0.99}$
3	0.94	0.98	0.99	7	0.51	0.59	0.68
4	0.76	0.85	0.93	8	0.47	0.54	0.63
5	0.64	0.73	0.82	9	0.44	0.51	0.60
6	0.56	0.64	0.74	10	0.41	0.48	0.57

【例1-2】 用 Q 检验法检验数据55.32、55.54、55.53、55.87、55.44、55.40、55.47、55.51、55.51、55.50中是否有可舍去的数据？设置信度为90%。

解　从小到大排列数据为

55.32、55.40、55.44、55.47、55.50、55.51、55.51、55.53、55.54、55.87

计算极差得

$$x_n-x_1=55.87-55.32=0.55$$

$$x_2-x_1=55.40-55.32=0.08$$

$$x_n-x_{n-1}=55.87-55.54=0.33$$

可见

$$x_n-x_{n-1}>x_2-x_1$$

所以 x_n 最可疑，应予检验。

计算

$$q_n=\frac{x_n-x_{n-1}}{x_n-x_1}=\frac{0.33}{0.55}=0.60$$

$n=10$，查表1-4得 $Q_{0.90}=0.41$。因为 $q_n>Q_{0.90}$，所以 $x_n=55.87$ 应舍去。

继续检验

$$x_{n-1}-x_1=55.54-55.32=0.22$$

$$x_{n-1}-x_{n-2}=55.54-55.53=0.01$$

$$x_2-x_1>x_{n-1}-x_{n-2}$$

此时 x_1 最可疑，应予检验。

计算

$$q_1=\frac{x_2-x_1}{x_{n-1}-x_1}=\frac{0.08}{0.22}=0.36$$

$n=9$，查表1-4得 $Q_{0.90}=0.44$。因为 $q_1<Q_{0.90}$，所以 $x_1=55.32$ 应保留。检验结束。

计算平均值时，数据只有9个，即55.32、55.40、55.44、55.47、55.50、55.51、55.51、55.53、55.54。

取得实验数据后，首先用 Q 检验法检验有无需要舍去的数据；检验后，对保留的数据方可进行平均值、标准偏差、变异系数、置信区间等计算。

1.3.2 数据表达与运算规则

数据一定有误差，需要在数据表达时将误差也表达出来。同时这些有误差的数据在数据运算过程中会将误差传递并且积累，造成结果的误差，因此数据在进行运算时必须有规范的保留规则，从而合理地表达结果的误差。

(1) 数据的表达

数据由实验测试获得，而各种测试方法都有一定的误差。有效数字（significant figures）是指测量中精度有保证的数字，有效数字是由若干位准确位，加最后一位可疑位（suspicious figure）构成的，之所以最后一位是可疑位，是因为数据的最后一个数字是估读的，允许其至少有±1 的误差，这个误差是绝对误差，是由测试方法所决定的。若使它变小，必须变更测试方法或使用精度更高的仪器。

例如：2.3567 g 表示其质量为（2.3567±0.0001）g；25.00 mL 表示体积为（25.00±0.01）mL；特别要注意，25.00 最右边的两个 0 不能随便省略不写。若表达为 25 mL，则表示体积为（25±1）mL，绝对误差扩大了 100 倍。小数点后也不能随便加 0，否则每加一个 0，绝对误差缩小 10 倍，无形中对测试仪器的精度要求提高了 10 倍。可见，在数据记录中 $25.00 \neq 25$。

数据提倡用科学记数法表示：即将数据写成 $x.yyyz \times 10^n$ 的形式。式中 x 为非零的一位整数（1～9），n 必须为整数。从 x 开始数到 z 的数字个数称为有效数字位数。如 3.62 g 转化为 mg，一定要表达为 3.62×10^3 mg，而不能写为 3620 mg，因为后者无形中将数据的有效位数从原来的三位，误表达为四位。

另外 $pH = -lg[H^+]$，是对数值。因此小数点前的整数是首数，与 10^n 的 n 有关，不是有效数字。小数点后的数是对数的尾数，尾数中数的个数才是有效数字。

例如 pH=11.20，有效数字是 2 位，则 $[H^+] = 10^{-11.20} = 6.3 \times 10^{-12}\ mol \cdot L^{-1}$，也应该保留 2 位。

(2) 数据运算过程中的误差传递

$F(x,y)$ 为自变量 x、y 的函数，则 $F(x,y)$ 的微小变化即全微分

$$\Delta F(x,y) = \frac{\partial F}{\partial x}\Delta x + \frac{\partial F}{\partial y}\Delta y \tag{1-14}$$

$\partial F/\partial x$、$\partial F/\partial y$ 分别是 $F(x,y)$ 对 x 或 y 的偏导数。求 $\partial F/\partial x$ 时，将其他变量 y 等当作常数，仅对 x 求导。同理，求 $\partial F/\partial y$ 时，将其他变量 x 等当作常数，仅对 y 求导。在数据运算过程中，x、y 是各数据，$F(x,y)$ 是运算结果。Δx、Δy 是各数据的绝对误差，$\Delta F(x,y)$ 便是运算结果的绝对误差。

(3) 加（减）法规则

$$F = x + y \tag{1-15}$$

根据式(1-14) 得

$$\Delta F = \frac{\partial F}{\partial x}\Delta x + \frac{\partial F}{\partial y}\Delta y = \Delta x + \Delta y \tag{1-16}$$

即数据和的绝对误差为各个数据的绝对误差之和。即加减法中，误差是以绝对误差传递的。和的绝对误差一定不小于数据中绝对误差最大的那个数据的绝对误差。一般而言，和的绝对误差就近似地用该数据的绝对误差表达。

运算过程如下。

① 各数据均写成小数形式。和的小数点后保留位数与各数据中小数点后位数最短的数据保持一致。例如：

$$25.00+21.761+2.0004=48.76$$

因为 25.00 的绝对误差是 0.01，21.761 的绝对误差是 0.001，2.0004 的绝对误差 0.0001。和的绝对误差不会小于绝对误差最大者 0.01，所以和在小数点后只保留两位。48.76 的绝对误差是 0.01。48.76 的最后一位 6 已是不准确的了，在其后的数字就没有任何实际意义了。

② 将绝对值最大的数据按科学记数法表达，其余各数据按科学记数法的原则表达时，要求 10^n 中的 n 与绝对值最大的数据中的 n 保持一致，小数部分不作要求。小数部分的运算按①的规则进行。例如：

$$135.1+0.002+24.11=1.351\times10^2+0.00002\times10^2+0.2411\times10^2=1.592\times10^2$$

(4) 乘（除）法规则

$$F=xy \tag{1-17}$$

根据偏导数求导规则 $\dfrac{\partial F}{\partial x}=y,\dfrac{\partial F}{\partial y}=x$

根据式(1-14)

$$\Delta F=\frac{\partial F}{\partial x}\Delta x+\frac{\partial F}{\partial y}\Delta y=y\Delta x+x\Delta y \tag{1-18}$$

用式(1-18) 除以式(1-17)

$$\frac{\Delta F}{F}=\frac{y\Delta x}{xy}+\frac{x\Delta y}{xy}=\frac{\Delta x}{x}+\frac{\Delta y}{y} \tag{1-19}$$

式（1-19）表明，即数据积的相对误差为各个数据的相对误差之和。即乘除法中，误差是以相对误差传递的。积的相对误差一定不小于数据中相对误差最大的那个数据的相对误差。一般而言，积的相对误差就近似地用该数据的相对误差表达。

数据的相对误差由有效数字的位数决定，而与其大小无关。有效数字位数越短的数据，相对误差越大。所以进行乘除运算时，积的保留位数与各数据中有效数字位数最少的保持一致。例如：

$$3.51\times2.314\times\frac{25.00}{378.5}$$

因为 3.51 的相对误差为 $0.01/3.51=0.3\%$，2.314 的相对误差为 $0.001/2.314=0.04\%$，25.00 的相对误差为 $0.01/25.00=0.04\%$，378.5 的相对误差为 $0.1/378.5=0.03\%$，其中 3.51 的相对误差最大，积的相对误差不应比它小。所以积的有效数字位数不应大于 3.51 的 3 位有效数字。所以

$$3.51\times2.314\times\frac{25.00}{378.5}=0.5364\cdots=0.536$$

如果结果写成 0.5365，则积的相对误差为 $0.0001/0.5365=0.02\%$，比原始数据 3.51 的相对误差小。这是不可能的，因为误差在计算过程中不会减小。

(5) 计算结果的修约

计算结果可按（3）、（4）的规则先多保留一位，最后将末位数采取“四舍六入五成双”的原则修约（rounding）。五成双的意思是：当末位数是 5 时，若它的前一位是奇数，进一位后成偶数即成双，则进位，否则舍去。例如：4.1235 可近似为 4.124，让最后一个数字成偶数。而 4.1245 也近似为 4.124，因为最后一个数字已是偶数，5 就不必进位。如果近似为 4.125，则最后一个数字没有成双。

修约只能进行一次，即对应保留的末位数的后一位进行修约，而不允许从末位数的后两位进行连续修约。例如：

$$0.6832\times3.71=2.534671$$

按乘法规则，计算结果应保留3位有效数字，应从第4位有效数字4修约。按“四舍六入五成双”的原则修约为2.53。但不允许从第5位有效数字6修约为2.535，再连续修约成2.54。

(6) 混合运算规则

先乘除，后加减。每一步均按相应规则处理后再进行下一步运算。

(7) 其他注意事项

数据的有效数字的首位数字≥8，可当作多一位有效数字。因为1/80≈1/100。8.26可当作四位有效数字处理。

一般而言，无机化学中涉及化学平衡的有关计算，保留两位有效数字即可。

对于物质含量的测定，含量大于10%的往往保留四位有效数字。含量为1%～10%的往往保留三位有效数字。含量小于1%的往往保留二～三位有效数字。

表示误差或偏差只保留一位有效数字，不超过两位。

【阅读拓展】

1. 定量分析在化学和社会发展中的贡献和责任

在早期化学研究中，人们通过反应现象去识别和总结反应的规律性，包括溶液颜色的变化、沉淀的生成以及焰色反应等。到了18世纪，随着科学方法的逐渐成熟，定量分析的观念和方法开始出现，法国化学家拉瓦锡（Lavoisier）是定量分析的先驱，他通过精确测量反应物和产物的质量，推翻了燃素说，建立了质量守恒的概念，提出了化学元素的科学概念，为近代化学大门的开启奠定了基础。

“一切科学上的最伟大的发现，几乎都来自精确的量度”，这是英国著名化学家瑞利（Rayleigh）的一句名言，他一生中花费了大量的精力去从事精确的实验测量，以进行严格的定量研究。当他尝试测量氮气密度时，发现从大气中分离出的氮气密度（$1.2572\ g\cdot cm^{-3}$）与从化学反应（如氨的分解）中得到的氮气密度（$1.2505\ g\cdot cm^{-3}$）不同。他没有放过数据在千分位上存在的微小差距，认为可能有一个未知的密度较大的气体混杂在从大气制备的氮气里，最终找出了隐藏于空气中的“隐者”——氩元素。如果没有实验精确度的保障，这样和更多的伟大发现将无从谈起。

19世纪，光谱分析技术的发现和发展，如光谱仪的发明，极大地推动了分析化学的进步。这些技术使得科学家能够通过测量物质吸收或发射的光的特定波长来识别和测量化学物质的组成。到了20世纪，随着电子学和计算机技术的发展，分析化学进入了仪器分析的新时代。色谱法、质谱法、电化学分析方法等的发展，极大地提高了分析的速度、灵敏度和准确性。

化学学科中的定量分析已经成为科技发展中的重要技术，从国家需求到人民健康等重大科学问题，都亟待真实和可靠的保障。这就要求化学工作者在理解掌握现有理论的基础上，本着去伪存真的科学精神，不断地探究和创新，提出准确可行的解决方法，承担起应有的社会责任。例如河流湖泊的水质监测、工业废水的排放、空气和土壤中污染物的监测、蔬菜水果的农药残留检测、婴幼儿奶粉的质量控制、以及“新冠疫情”暴发时的病毒检测等，都是分析化学工作者迎难而上、勇于担起社会责任的典型实例。

大家都说分析化学是科技发展的“眼睛”，定量分析工作的特点就决定了分析工作者必须要有家国情怀和责任担当。在遇到环境及健康相关的社会重大安全事件时，分析工作者要及时准确地提出可行的检测方法及评价依据，同时也要有甘当幕后英雄的心态和境界，正所谓“功成不必在我，功成必定有我”。

2. 显著性检验

在实际工作中，常遇到如下情况：对标准试样和纯物质进行测定，但平均值与标准值不完全一致；采用两种不同的分析方法，得到的平均值也不一样；不同的人用同一种分析方法进行测定，所得结果也有所差异。引起这种不同结果的原因是系统误差还是偶然误差呢？解决这一问题必须运用“假设”和“检验”方法。即假设“系统误差”（或偶然误差）造成了测定结果间的差异，则测定结果间应存在（或不存在）“显著性差异”。这种检验方法统称为显著性检验。

显著性检验方法一般可采用 t 检验法和 F 检验法。

（1）t 检验法

① 平均值与标准值比较法

检验原因：用新的测定方法所得到的平均值与标准值不一致。

由 $x=\bar{x}\pm t\dfrac{S}{\sqrt{n}}$，得
$$t=|\bar{x}-x|\frac{\sqrt{n}}{S}$$

首先按上式计算出 t 值。若计算出的 t 值大于表 1-3 中所列的对应 $t_{表}$ 值，则认为存在显著性差异，即存在系统误差或过失误差。显著性水平为

$$\alpha=1-P$$

式中，P 为置信度。

【例 1】 已知某物质标准样的含量为 32.78%，而用某种新的测试方法测得的结果为 32.74%、32.79%、32.71%、32.84%、32.88%、32.91%。则该新的测试方法是否适用于该物质的测定（即有无系统误差）？置信度 P 为 95%。

解 已知 $n=6$，$\alpha=1-0.95=0.05$。计算得

$$\bar{x}=32.81\%, S=0.079\%$$

$$t=|32.81\%-32.78\%|\times\frac{\sqrt{6}}{0.079\%}=0.93$$

查表 1-3 得 $t_{表}=2.57>t(0.93)$，所以不存在显著性差异，即新的测试方法适用于该物质的测定。

② 两组平均值比较法

检验原因：不同的人用同一方法测定结果的两组平均值不一致，或同一个人用不同方法测定结果的两组平均值不一致。

设两组分析数据分别为

$$\begin{matrix} n_1 & S_1 & \bar{x}_1 \\ n_2 & S_2 & \bar{x}_2 \end{matrix}$$

则总的标准偏差为

$$S=\sqrt{\frac{\sum(x_{1i}-\bar{x}_1)^2+\sum(x_{2i}-\bar{x}_2)^2}{(n_1-1)+(n_2-1)}}=\sqrt{\frac{S_1^2(n_1-1)+S_2^2(n_2-1)}{(n_1-1)+(n_2-1)}}$$

总 t 值为
$$t=|\bar{x}_1-\bar{x}_2|\frac{\sqrt{\dfrac{n_1n_2}{n_1+n_2}}}{S}$$

查表 1-3，此时 n 取 n_1+n_2-1。若 $t>t_{表}$，则两组数据平均值间存在显著性差异，即存在非随机性误差；若 $t<t_{表}$，则两组数据平均值间没有显著性差异，即误差是随机误差，两种测定方法或两组人员的测定结果是等效的。

（2）F 检验法

F 检验法是通过比较两组数据的标准偏差的平方 S^2，以确定它们的平均值间是否有显著性差异的方法（因为平均值的精密度由标准偏差来体现）。统计量 F 定义为

$$F=\frac{S_{大}^2}{S_{小}^2}$$

将计算的 F 值与查表 1 所得的 $F_{表}$ 相比，若 $F>F_{表}$，则两组数据平均值间存在显著性差异；否则两组数据平均值间没有显著性差异。

表 1　显著性水平 α 为 5%时的 F 值（单边）

$f_{小}/f_{大}$	2	3	4	5	6	7	8	9	10	∞
2	19.00	19.16	19.25	19.30	19.33	19.36	19.37	19.38	19.39	19.50
3	9.55	9.28	9.12	9.01	8.94	8.88	8.84	8.81	8.78	8.53
4	6.94	6.59	6.39	6.26	6.16	6.09	6.04	6.00	5.96	5.63
5	5.79	5.41	5.19	5.05	4.95	4.88	4.82	4.78	4.74	4.36
6	5.14	4.76	4.53	4.39	4.28	4.21	4.15	4.10	4.06	3.67
7	4.74	4.35	4.12	3.97	3.87	3.79	3.73	3.68	3.63	3.23
8	4.46	4.07	3.84	3.69	3.58	3.50	3.44	3.39	3.34	3.29
9	4.26	3.86	3.63	3.48	3.37	3.29	3.23	3.18	3.13	2.71
10	4.10	3.71	3.48	3.33	3.22	3.14	3.07	3.02	2.97	2.54
∞	3.00	2.60	2.37	2.21	2.10	2.01	1.94	1.88	1.83	1.00

注：1. f 是两组数据的自由度，即 $f=n-1$，n 为数据的个数。

2. 此表中的 F 值是单边值，其含义是：对于一组数据而言，置信度 $P=1-\alpha$。判断两组数据的精密度是否有显著性差异时，置信度 $P=1-2\alpha$。

【例 2】 用两种不同的方法测定合金中铌的质量分数，所得结果如下：

第一种方法　1.26%　1.25%　1.22%

第二种方法　1.35%　1.31%　1.33%　1.34%

试问两种方法之间是否有显著性差异（置信度 $P=90\%$）？

解

$$n_1=3\qquad \bar{x}_1=1.24\%\qquad S_1=0.021\%$$

$$n_2=4\qquad \bar{x}_2=1.33\%\qquad S_2=0.017\%$$

$$F=\frac{(0.021\%)^2}{(0.017\%)^2}=1.53$$

因为 $P=1-2\alpha=0.90$，$\alpha=5\%$，查表 1-5 得 $f_{大}=3-1=2$，$f_{小}=4-1=3$ 时，$F_{表}=9.55$。$F<F_{表}$，表明这两种测定方法的标准偏差之间没有显著性差异，故可以求得数据合并后的偏差：

$$S=\sqrt{\frac{S_1^2(n_1-1)+S_2^2(n_2-1)}{(n_1-1)+(n_2-1)}}=0.019$$

总 t 值为

$$t=|\bar{x}_1-\bar{x}_2|\frac{\sqrt{\dfrac{n_1n_2}{n_1+n_2}}}{S}=6.21$$

由 $P=90\%$，$n=3+4-1=6$，查表 1-3 得 $t_{表}=2.02$。$t>t_{表}$，结合以上讨论，可以得出以下结论：两种测定方法没有过失误差，精密度没有显著性差异；但两者之间一定存在显著性的系统误差，必须找出原因，加以校正。

3. 异常值取舍

异常值取舍除了可采用 Q 检验法外，还有较简单的 $4\bar{d}$ 法和效果较好的格鲁布斯（Grubbs）法。

（1）四倍平均偏差法（$4\bar{d}$ 法）

根据正态分布规律，标准方差超过 3σ 的个别测量值出现的概率小于 0.3%，属于小概率事件，可认为不会发生。

对于少量实验数据，只能用标准偏差 S 代替标准方差 σ，用平均偏差 $\bar{d}$ 代替误差 δ，$3\sigma\approx4\delta\approx4\bar{d}$。因为引用的统计量之间都是近似关系，更重要的是少量实验数据并不服从正态分布而服从与其相似的 t 分布，所以用 $4\bar{d}$ 法进行判断时，有时会产生误判。这种误判大多数是将不该舍去的数据舍去了。但 $4\bar{d}$ 法不用查表，理论依据和方法都非常简单，所以受到欢迎并一直被人们所采用。当其他方法与其矛盾时，应以其他方法为准。

用 $4\bar{d}$ 法进行判断时，先求出异常值以外各数据的平均值

$$\bar{x}=\frac{1}{n-1}\sum x_i$$

和平均偏差

$$\bar{d}=\frac{1}{n-1}\sum|x_i-\bar{x}|$$

若异常数据的偏差 $|x_i-\bar{x}|>4\bar{d}$，则该数据 x_i 应该舍去；否则保留。

【例 3】 测定某药物中钴的含量（$\mu g \cdot g^{-1}$）所得结果为 1.25、1.27、1.31、1.40，问 1.40 这个数据是否应保留？

解

$$\bar{x}=\frac{1.25+1.27+1.31}{3}=1.28$$

$$\bar{d}=\frac{|1.25-1.28|+|1.27-1.28|+|1.31-1.28|}{3}=0.023$$

$$|1.40-1.28|=0.12>4\times 0.023$$

所以，1.40 这个数据不应该保留。

(2) 格鲁布斯（Grubbs）法

有一组数据，从小到大排列为

$$x_1, x_2, \cdots, x_{n-1}, x_n$$

其中异常值一定在数列的两端。

用格鲁布斯法判断时，先求出该组数据的平均值及标准偏差，再根据统计量 T 进行判断。T 定义为

$$T=\frac{|x_i-\bar{x}|}{S}$$

将计算的 T 值与表 2 中相应的 $T_表$ 值比较，若 $T>T_表$，则 x_i 舍去；否则，x_i 保留。

表 2　*T* 值表

n	显著性水平 α			n	显著性水平 α		
	0.05	0.025	0.01	10	2.18	2.29	2.41
3	1.15	1.15	1.15	11	2.23	2.36	2.48
4	1.46	1.48	1.49	12	2.29	2.41	2.55
5	1.67	1.71	1.75	13	2.33	2.46	2.61
6	1.82	1.89	1.94	14	2.37	2.51	2.63
7	1.94	2.02	2.10	15	2.41	2.55	2.71
8	2.03	2.13	2.22	20	2.56	2.71	2.88
9	2.11	2.21	2.32				

格鲁布斯法的最大优点是：在判断过程中，引入了正态分布的两个最重要的样本参数即平均值 $\bar{x}$ 和标准偏差 S，所以该方法的准确性较好。缺点是计算麻烦，但熟练地运用计算器，也会比较轻松。

对于例 3，用格鲁布斯法检验，过程如下。

$$\bar{x}=\frac{1.25+1.27+1.31+1.40}{4}=1.31$$

$$S=0.066$$

$$T=\frac{1.40-1.31}{0.066}=1.36$$

$\alpha=1-P=0.05$，查表 2 得 $T_表=1.46$，$T<T_表$，所以 1.40 这个数据应保留。与 $4\bar{d}$ 法的结论不一致，一般采纳格鲁布斯法的结论，因为该法可靠性较高。

习　　题

1-1　甲、乙两人同时分析矿物中的硫含量，每次取样 4.7 g，分析结果报告如下：

甲　0.047%，0.048%　　乙　0.04698%，0.04701%

哪一份报告是合理的？为什么？

1-2　有一试样，经测定，结果为2.487%、2.492%、2.489%、2.491%、2.491%、2.490%，求分析结果的标准偏差、变异系数。最终报告的结果是多少？（无需舍去数据）

1-3　在水处理工作中，常要分析水垢中的CaO，其百分含量测试数据如下：

$w(CaO)/\%$　52.01　51.98　52.12　51.96　52.00　51.97

根据Q检验法，是否有可疑数据要舍去？再求平均值、标准偏差、变异系数和对应的置信区间。置信度取90%。

1-4　下列数据包括几位有效数字？

(1) 0.0280　(2) 1.8502　(3) 2.4×10^{-5}　(4) pH=12.85　(5) 1.80×10^{5}　(6) 0.00001000

1-5　根据有效数字的运算规则，给出下列各式的结果：

(1)　$3.450\times3.562+9.6\times10^{-2}-0.0371\times0.00845$

(2)　$\dfrac{24.32\times85.67\times53.15}{28.70}$

(3)　$\left(\dfrac{0.2865\times6.000\times10^{3}}{167.0}-32.15\times0.1078\right)\times94.01\times3.210$

(4)　$\sqrt{\dfrac{1.61\times10^{-3}\times5.2\times10^{-9}}{3.80\times10^{-5}}}$

1-6　已知浓硫酸的密度为1.84 $g\cdot mL^{-1}$，其中H_2SO_4的质量分数为98.1%，求硫酸的物质的量浓度。

1-7　已知某水溶液的$[H^+]=2.8\times10^{-4}$ $mol\cdot L^{-1}$，该溶液pH的正确表达值是多大？

1-8　已知某水溶液的pH=10.50，该溶液的H^+的浓度是多少（$mol\cdot L^{-1}$）？

1-9　为什么分析化学中数据一般要求至少有四位有效数字？

1-10　某同学在滴定分析加入标准溶液过程中，接近终点时多加入一滴溶液，导致结果偏差。假设每一滴溶液的体积约为0.05 mL，为了保证分析结果的相对误差小于0.2%，试分析在进行滴定分析时，加入的标准溶液总体积应满足什么条件？

第2章 原子结构

丰富多彩的物质性质源于组成和结构不同，尤其是组成相同或相似的化学物质，由于结构不同，性质也可能差异巨大。物质结构的起点和源头在于原子，在化学反应中，原子核并没有发生变化，重点在于核外电子的运动状态和能量发生变化。电子属于微观粒子，不适用于经典牛顿力学的研究范围，需要用量子力学的理论来进行描述。

本章主要介绍了微观粒子的运动特征、电子在原子中的四个量子数、波函数的图像、核外电子的排布规律、元素周期系和元素性质的周期性等内容。

2.1 原子的组成

原子（atom）是化学变化的最小单位。1803年道尔顿（J. Dalton）提出“原子论”，认为各种化学元素的存在形态为各自的原子，它们在化学变化中保持不变，改变的是它们的结合状态，这一假说开启了近代化学的大门。1897年和1909年汤姆逊（J. J. Thomson）和密立根（R. A. Millikan）通过实验测量了电子的电荷和质量，又进一步在物理学上打破了原子不可再分的传统观念。1911年，卢瑟福（E. Rutherford）利用平行的α粒子轰击金箔，发现大多数α粒子穿过金箔而不改变或偏转很小角度，但个别α粒子偏转较大，甚至被完全反射。卢瑟福据此提出了自己的“原子模型”观点：原子中带正电的物质集中在一个很小的核心上，而且原子质量的绝大部分也集中在这个很小的核心上，即原子核；同时他提出了原子核是带正电荷的质子和不带电荷的中子构成的假说，两者质量接近，并在1932年由查德威克（J. Chadwick）用α粒子轰击铍的实验中证实。

如何确定原子的种类，即属于何种元素，需要确定其 Z 值：

$$原子序数(Z)=核内质子数=核电荷数=核外电子数(中性原子) \tag{2-1}$$

质子数目相同而中子数目不等的同一种元素的原子，有着基本相同的化学性质，互称为同位素（isotopes）。例如，${}^{12}_{6}C$、${}^{13}_{6}C$、${}^{14}_{6}C$ 表示元素碳的三种同位素，左上角标为质量数（A），即中子数＋质子数，左下角标为原子序数（Z）。

2.1.1 玻尔理论

(1) 氢原子光谱

近代原子结构理论的建立是从研究氢原子光谱开始的。

白光是复合光，通过三棱镜后发生折射，形成红、橙、黄、绿、青、蓝、紫按波长次序排列的连续色带，这种色带称为连续光谱（continuous spectrum）。

如果将玻璃管中的空气抽掉，充入少量氢气，并将玻璃管封闭。再在玻璃管的两端加上一个高压电场，玻璃管内的氢气就会发光。将发出的光通过三棱镜，在可见光区（能被人眼看到的光称为可见光，可见光区的波长在400～760 nm之间）内得到红、蓝绿、蓝、紫四条特征明显的谱线，称为氢原子光谱，通常用 H_α、H_β、H_γ、H_δ 表示。它们的波长分别是656.3 nm、486.1 nm、434.1 nm和410.2 nm，见图2-1。这种光谱是不连续的，所以可称为不连续光谱，又称线状光谱或线谱（line spectrum）。

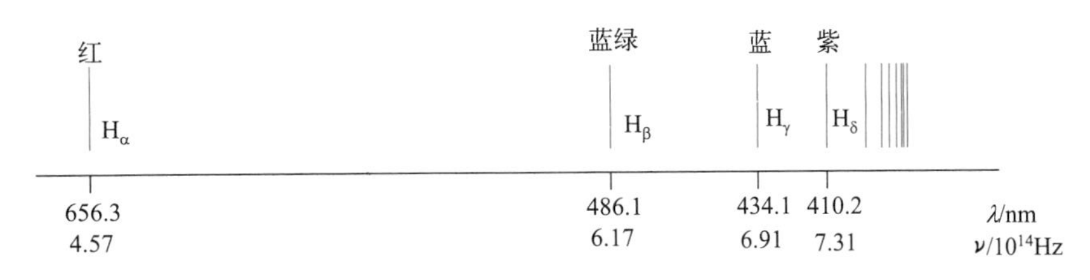

图 2-1 氢原子光谱

不少科学家对氢原子光谱进行了研究，进一步发现在红外或紫外等非可见光区更多的谱线。其中，里德堡（J. R. Rydberg）于1913年提出能概括氢原子光谱中谱线之间普遍联系的经验公式，即里德堡方程：

$$\frac{1}{\lambda}=R_{\mathrm{H}}\left(\frac{1}{n_1^2}-\frac{1}{n_2^2}\right) \tag{2-2}$$

式中，n_1、n_2 为正整数，且 $n_2>n_1$；λ 是谱线波长；R_{H} 为里德堡常数，$1.09678\times10^7\ \mathrm{m}^{-1}$。

科学家们研究发现了一系列符合式(2-2)的氢光谱系，人们用他们的名字命名这些氢光谱系。

拉曼（Lyman）系 $n_1=1$，$n_2=2$、3、4…

巴尔末（Balmer）系 $n_1=2$，$n_2=3$、4、5…

帕邢（Paschen）系 $n_1=3$，$n_2=4$、5、6…

布拉克特（Brackett）系 $n_1=4$，$n_2=5$、6、7…

普丰特（Pfund）系 $n_1=5$，$n_2=6$、7、8…

不难计算出，氢光谱中 H_α、H_β、H_γ、H_δ 属于巴尔末系，其中的 n_2 分别等于3、4、5、6。

对于氢原子光谱为线状光谱的实验事实，经典物理学无法给出合理的解释。氢原子光谱的规律性引起了人们的关注，推动了原子结构理论的发展。

(2) 玻尔理论

1913年，玻尔（N. Bohr）在普朗克（M. Planck）的量子力学理论和爱因斯坦（A. Einstein）的光子学说的基础上，提出了玻尔原子模型，其要点如下。

① 定态轨道

氢原子中的电子只能在特定轨道中运动，这些特定轨道的半径和能量是固定的，不随时间改变，这种定义下的轨道称为定态轨道。

② 轨道能级

电子在不同的轨道中运动时具有不同的能量状态。在正常状态下，电子在最低能级轨道中运动时，称为基态（ground state）；若电子接受外界能量的作用而跃迁（transition）到高能级轨道中运动时，称为激发态（excited state）；当电子完全摆脱原子核势能场的束缚而电离时，电子所处的能级达到最大值。因为核外电子受原子核的吸引产生的势能均为负值，所以零为最大值。离原子核越近的轨道，势能越负，但绝对值越大，能级越低。使离原子核越近的轨道上的电子摆脱原子核势能场的束缚而电离，外界需付出越大的能量。

③ 轨道能量量子化

当电子由一个定态轨道跃迁到另一个定态轨道时，由于两个定态轨道的能级不同，就会吸收或放出一定的能量。若这种能量以光的形式表现，则光子的能量 $h\nu$ 等于这两个定态轨道的能量级差：

$$h\nu=E_2-E_1 \tag{2-3}$$

式中，ν 为光的频率；h 为普朗克常数，6.626×10^{-34} J。

该式解释了经验公式(2-2) 的由来，即氢原子谱线中的光子，来自电子在不同定态轨道之间的跃迁。由于光谱的不连续性，间接证明了轨道的能级 E_1、E_2…是不连续的，这称为轨道能量量子化。

根据玻尔理论，可得出轨道半径 r、轨道能量 E、电子的电荷量 e 及电子的质量 m 间存在下列关系式：

$$r=\frac{\varepsilon_0 h^2}{\pi m e^2}n^2 \qquad n=1,2,3,\cdots \tag{2-4}$$

$$E=-\frac{me^4}{8\varepsilon_0^2 h^2}\times\frac{1}{n^2} \qquad n=1,2,3,\cdots \tag{2-5}$$

式中，m 为电子质量；e 为电子的电荷；ε_0 为真空介电常数，8.854×10^{-12} F·m^{-1}；h 为普朗克常数；n 为轨道能级或定态能级数。

计算可知：当电子在第一层轨道（能级最低的轨道即 $n=1$）时，轨道半径 r_1 为 5.29×10^{-11} m。这一半径通常称为玻尔半径。又根据式(2-3) 和式(2-5)，可进一步推算出里德堡常数的理论值等于 1.09731×10^7 m^{-1}，与实验值（1.09678×10^7 m^{-1}）吻合程度很高，显示了玻尔理论的成功。

玻尔理论成功地解释了单电子体系的氢原子和核外只有一个电子的 He^+、Li^{2+}、Be^{3+} 等类氢原子的光谱，但不能解释这些能级轨道存在的根本原因，其实它是一种根据实验结论构建的经验性理论。玻尔理论也不能解释多电子体系的光谱，因而需要探索新的理论。

2.1.2 微观粒子的运动特征

(1) 微观粒子的波粒二象性

通过光在传播过程中的干涉、衍射等现象，人们认识了光的波动性；而通过光和物质相互作用时的光电效应现象，人们认识了光的微粒性。这就是所谓的光的波粒二象性（wave-particle duality)。表征光的粒子性的动量 P 与表征光的波动性的波长 λ 之间具有如下关系：

$$\lambda=\frac{h}{P} \tag{2-6}$$

式中，h 为普朗克常数。

1924 年，德布罗意（L. de Broglie）在光的波粒二象性的启发下，大胆地提出包括电子在内的一切微观粒子都和光一样具有波粒二象性的假设。微观粒子的波长 λ 和其动量 P 之间存在着和式(2-6) 类似的关系式：

$$\lambda=\frac{h}{P}=\frac{h}{mv} \tag{2-7}$$

式中，m 为微观粒子的质量；v 为微观粒子的运动速度。

即描述粒子性的动量 P 和描述波动性的 λ 之间可通过普朗克常数定量地联系起来。这就表明了包括电子在内的一切微观粒子具有波粒二象性。

1927 年，戴维森（C. J. Davission）和革默（L. H. Germer）采用一束高速的电子流通过细小的狭缝射到感光屏时，发现电子流如同光的衍射一样，在屏上也看到了明暗交替的环纹（见图 2-2)。这种现象称为电子衍射，实验结果证实了电子具有波动性。波粒二象性在微观世界中具有普遍意义。

(2) 测不准原理

1927 年，海森堡（W. K. Heisenberg）提出了测不准原理（uncertainty principle)。该

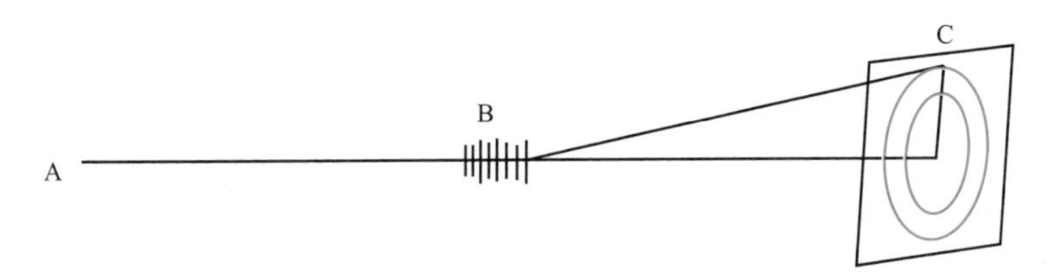

图 2-2　电子衍射实验示意图

A—电子发生器；B—晶体粉末；C—照相底片

原理指出，不可能同时准确测定微观粒子的位置和动量。用数学形式表达则是：

$$\Delta x \cdot \Delta P \geqslant \frac{h}{4\pi} \tag{2-8}$$

式中，h 为普朗克常数；Δx、ΔP 分别表示任一微观粒子在空间某一方向的位置的测不准量和动量测不准量。由该式可以看出，位置准确程度越大（Δx 越小），则动量的准确程度就越小（ΔP 越大）。反之亦然。

一般来说，因为测不准原理的数学表达式(2-8）中的普朗克常数 h 是一个非常小的数，对于宏观物体的运动可将它视为零，运动物体的波动性不明显，因而经典力学中的物体既有确定的位置，又有确定的动量（或速度）。而对于微观粒子而言，尽管体积、质量都很小，P 也很小。但位置 x、动量 P 的很微小的变化对微观粒子的运动而言却是相当大的，h 虽很小，但已不可忽略，运动粒子便显示出了波动性的本质，所以测不准原理发生了作用。

例如，质量为 10 g 的宏观物体子弹，若它的位置测不准量为 1×10^{-4} m，则它的速度测不准量为；

$$\Delta v \geqslant \frac{h}{4\pi m \Delta x} = \frac{6.6\times10^{-34}}{4\times3.14\times10\times10^{-3}\times10^{-4}} = 5.3\times10^{-29}\ (\mathrm{m \cdot s^{-1}})$$

如此小的速度测不准量对速度约为 800 $\mathrm{m \cdot s^{-1}}$ 的子弹而言，已无关紧要了。也许测量误差还比它要大许多。这表明，对于宏观物体测不准原理实际上已不起作用，人们可以在极微小的误差范围内准确测定它们的位置和动量（或速度）。

又例如，质量为 9.1×10^{-31} kg 的电子的运动，对于数量级为 10^{-10} m 大小的原子，合理的位置测不准量为 10^{-11} m，则速度测不准量为

$$\Delta v \geqslant \frac{h}{4\pi m \Delta x} = \frac{6.6\times10^{-34}}{4\times3.14\times9.1\times10^{-31}\times10^{-11}} = 5.8\times10^{6}\,(\mathrm{m \cdot s^{-1}})$$

很显然，速度的测不准量已经相当大了，即使对于速度为 3.0×10^{8} $\mathrm{m \cdot s^{-1}}$ 的光而言，测不准量已达 2%左右，显然已超出了合理的测量误差范围，不能忽略。这表明，人们在一个合理的准确度测定电子的位置时，却很难测准电子的速度了。反之亦可得到类似的 Δx 的结论。

测不准原理表明，核外电子在核外的位置是不可能准确的，因此核外电子也就不可能在玻尔理论所指的定态轨道上运动。核外电子的运动规律，只能用统计的方法，指出它在核外某处出现的概率的大小，故也称为概率波（probability wave），或物质波（matter wave），以区别于宏观世界中的机械波（mechanical wave）。

对于测不准原理，不能错误地认为微观粒子的运动规律“不可知”。实际上，测不准原理正是反映了微观粒子具有波动性，表明它不服从由宏观物体运动规律所总结出来的经典力学。这不等于没有规律可循，相反，它说明微观粒子的运动遵循着更深刻的一种规律——量子力学规律。

2.1.3 波函数

(1) 薛定谔方程

根据量子力学（quantum mechanics）理论，对于电子在核外的运动规律，要用描述其波动性的波动方程，即 1926 年，薛定谔（E. Schrödinger）在微观粒子波粒二象性的基础上，结合经典的光的波动方程，提出的薛定谔方程（Schrödinger equation）：

$$-\frac{h^2}{8\pi^2 m}\left(\frac{\partial^2 \Psi}{\partial x^2}+\frac{\partial^2 \Psi}{\partial y^2}+\frac{\partial^2 \Psi}{\partial z^2}\right)+V\Psi=E\Psi \tag{2-9}$$

式中，E 为体系总能量；V 为体系的势能；m 为粒子的质量；Ψ 为描述粒子运动状态的数学函数式，称为波函数（wave function）；在原子中，波函数 Ψ 描述的是电子作为物质波，在以原子核为坐标零点的三维直角坐标系中，空间坐标 x、y、z 处波的取值；$\frac{\partial^2 \Psi}{\partial x^2}$，$\frac{\partial^2 \Psi}{\partial y^2}$，$\frac{\partial^2 \Psi}{\partial z^2}$为微积分符号，它表示 Ψ 对 x，y，z 的二阶偏导数，薛定谔方程中这部分体现了电子在空间坐标（x,y,z）处的动能。

薛定谔方程是量子力学中最重要的方程，它把微观粒子的粒子性（m、E、V 和坐标）与波动性（Ψ）融合了起来。若解出方程中的 Ψ 和 E，就可以了解微观粒子的运动状态和能量高低，并可以由此得到一系列的重要物理量。解薛定谔方程需要较深的数理基础，这将在结构化学和量子化学逐步解决。我们只是了解量子力学处理原子结构问题的思路和一些重要的结论，重点放在图式及定性介绍上。

Ψ 是直角坐标系的函数 $\Psi(x,y,z)$，也可以变换成球极坐标的函数 $\Psi(r,\theta,\varphi)$。在数学上，与几个变量有关的函数可以分解成几个只含有一个变量的函数乘积。这样 $\Psi(r,\theta,\varphi)$ 的表达形式可变为

$$\Psi(r,\theta,\varphi)=R(r)\Theta(\theta)\Phi(\varphi) \tag{2-10}$$

通常又将角度部分合并，上式变为

$$\Psi(r,\theta,\varphi)=R(r)Y(\theta,\varphi) \tag{2-11}$$

这样，波函数包括两个部分，一个是只与距离有关的函数 $R(r)$，称为波函数的径向部分；$Y(\theta,\varphi)$ 只与两个角度有关，称为波函数的角度部分。

在解薛定谔方程时，必须引入 n、l、m 三个整数参数，才能得到一系列的合理解，即电子在原子核外可能存在状态的波函数。因此作为每一个波函数，都有对应的 n、l、m 值，称为量子数。n、l、m 值确定时，波函数 Ψ 也就确定了。这样，在量子力学中作为波函数 Ψ 同义词的原子轨道（atomic orbital），即电子在原子中的轨道也就确定了。n、l、m 称为原子轨道的量子数。

原子中电子的量子数

n 是主量子数（principal quantum number），取值范围是从 1 开始的正整数，其中每一个 n 值代表一个电子所在原子轨道能量的大层。为了区别各个数值对应的量子数的关系，人们常用一组光谱学符号（大写英文字母）表达不同值的 n：

n	1	2	3	4	5	6	7
符号	K	L	M	N	O	P	Q

主量子数主要描述了原子轨道与原子核间的距离 r。对于氢原子和类氢原子，原子轨道能量主要由 n 决定。一般来讲，n 值越大，原子轨道与原子核间的距离 r 越大，原子轨道能量级越高，在此轨道上运行的电子的能量（势能）越高，是决定轨道能级最重要的因素。

l 称为副量子数或角量子数（angular quantum number）。l 的取值范围为从 0 到（$n-$

1）之间的正整数，共可取 n 个值，每一个 l 值代表一个原子轨道所处能量的亚层。同一 n 值、不同 l 值的两个亚层轨道离原子核的距离之差，小于两个不同 n 值的两层原子轨道离原子核的距离之差，因此两个亚层原子轨道的能量级差也较小。l 也叫角量子数，和原子轨道在空间的角动量大小有关，决定着原子轨道的形状。而在多电子原子中又和 n 一起共同决定了原子轨道的能级（energy level）。可用小写英文字母表示 l 的值：

l	0	1	2	3	4
符号	s	p	d	f	g

m 称为磁量子数（magnetic quantum number），和角动量的取向有关，即表达了原子轨道的伸展方向。m 的取值范围为从 $-l$ 到 $+l$ 的整数，共（$2l+1$）个取值，各对应于不同的伸展方向。但无论 m 取任何值，原子轨道的能级都是相等的。从 m 的取值范围的规定可知 $|m| \leqslant l$。

定义一个原子轨道只需要 n、l、m 三个量子数。但要描述一个电子在轨道上所具有的性质还要增加第四个量子数，即自旋量子数 m_s（spin quantum number）。形象的比喻是，电子除了围绕原子核公转外，还要围绕自己的轴自转。自转的状态也是量子化的，只能有顺时针和逆时针两种方向，对应的自旋量子数 m_s 取值也只有两个：$+1/2$ 和 $-1/2$。m_s 是一个不依赖于其他三个量子数的独立变量，只描述电子自转情况而不描述原子轨道能级状态（见图 2-3）。

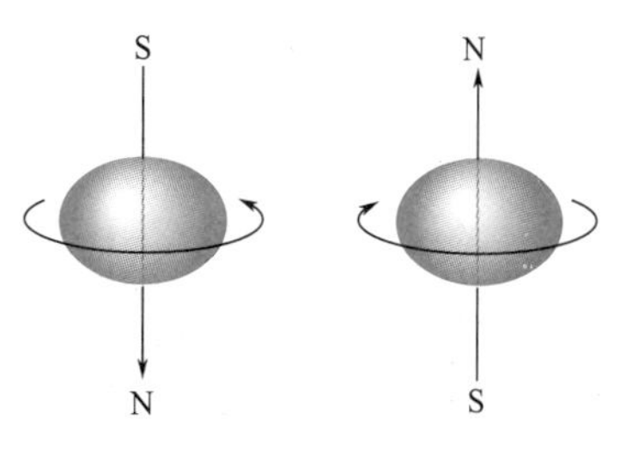

图 2-3 电子自旋方向示意图

综上所述，要完整表示一个电子在核外的运动状态，必须同时指明四个量子数 n、l、m 和 m_s。根据四个量子数数值间的关系可以推出各电子层中电子可能有的运动状态及各电子层可容纳电子的最大容量。见表 2-1。

由表 2-1 可归纳出如下结论：

① 任何一个电子层所包含的电子亚层数目，等于该电子层层数值即主量子数 n；例如：$n=1$，只有一个亚层，即 s 亚层；$n=2$，第二层原子轨道有两个亚层，即 s 亚层和 p 亚层。

② 电子亚层 s、p、d、f 所包含的原子轨道的数目分别为 1、3、5、7，所能容纳的最大电子数分别为 2、6、10、14，即为相应原子轨道数的两倍。

③ 各电子层的轨道总数等于电子层数的平方即 n^2，各电子层可能容纳的最大电子数目等于两倍的电子层数的平方即 $2n^2$。

表 2-1 电子层中电子最大容量表

电子层	K	L		M			N			
n	1	2		3			4			
电子亚层	s	s	p	s	p	d	s	p	d	f
l	0	0	1	0	1	2	0	1	2	3
m	0	0	−1 0 +1	0	−1 0 +1	−2 −1 0 +1 +2	0	−1 0 +1	−2 −1 0 +1 +2	−3 −2 −1 0 +1 +2 +3
轨道数	1	1	3	1	3	5	1	3	5	7
电子数	2	2	6	2	6	10	2	6	10	14
每层最大容量 $2n^2$	2	8		18			32			

(2) **波函数图像**

和其他函数一样，波函数 Ψ 也有其自己的图像，即 Ψ 随 r、θ、φ 变化的图形。由于波函数 Ψ 是一个三元函数，很难在平面上用适当的图形将 Ψ 随 r、θ、φ 变化的情况表示清楚。为了研究的方便，可把波函数 $\Psi(r,\theta,\varphi)$ 分解成角函数 $Y(\theta,\varphi)$ 的角度部分图像和径向函数 $R(r)$ 的径向部分图像。

用波函数的角函数 $Y(\theta,\varphi)$ 对 θ、φ 作三维图并将其投影到某一面上，不同的角量子数 l 和磁量子数 m 的 $Y(\theta,\varphi)$ 投影图见图 2-4。该图反映了 r 一定时，波函数 Ψ 随 θ、φ 变化的情况。值得重点指出的是，波函数的值不但有大小，而且具有正、负号，前者如果比喻为波的振幅，而后者相当于波的振动方向，即相位（phase）。因此下图不但要注意各个轨道的形状，还要特别留意各个区域标注的正、负号。

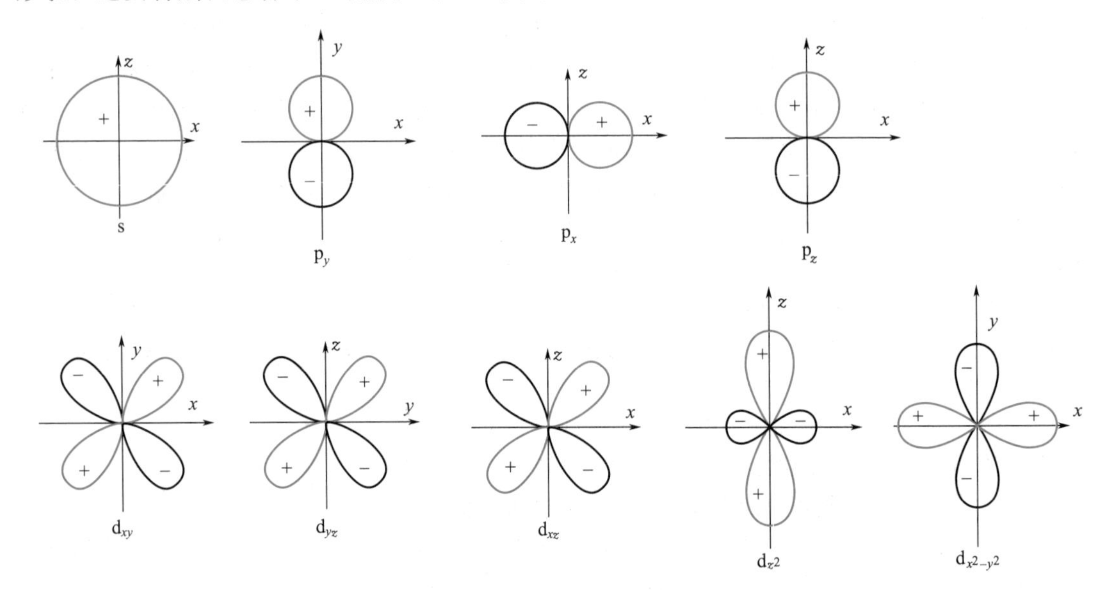

图 2-4　原子的原子轨道角度分布投影图

对于 $l=0$ 的 s 轨道，是一个以原子核为球心的球面，球半径的大小由主量子数 n 决定，不具有方向性，因此 s 轨道是球形对称的。

对于 $l=1$ 的 p 轨道，因 m 可取 -1、0、$+1$ 三个值，p 轨道有三条，这三条 p 轨道的能级是完全相等的，而它们在空间的分布也是均匀的，表现在三维空间指向不同的方向，即它们图形的轴分别是 x、y、z 坐标轴。因此 p 轨道具有方向性。

对于 $l=2$ 的 d 轨道，因 m 可取 -2、-1、0、$+1$、$+2$ 五个值，d 轨道有五条。这五条 d 轨道的能级是完全相等的，在空间的分布也是均匀的。五条 d 轨道分别投影到 xz、xy、yz 三个平面和曲面 x^2-y^2、z^2 上，得到图 2-4 中各轨道的图像。显然 d 轨道也是具有方向性的。

$l=3$ 的七条 f 轨道的空间图像更为复杂，在这里不做讨论。

(3) **电子云的图像**

微观粒子所具有波的物理意义和经典的机械波是不同的，但是其函数的平方的物理意义是一致的，即代表波的强度。因此波函数 Ψ 的平方 $|\Psi|^2$，可以看成是描述微观粒子在三维空间出现的概率密度（probability density）函数。

微观粒子在空间体积域 ΔV 内出现的概率，等于概率密度函数 $|\Psi|^2$ 在该体积域 ΔV 上

的体积积分。可用小黑点的疏密表示微观粒子在空间各点出现的概率的大小。概率大的地方，黑点的密度大；概率密度小的地方，黑点的密度小。这种图叫作概率图。

若微观粒子是核外电子，黑点的疏密就表示核外电子在原子轨道中某体积区域内出现的概率，这种概率图又叫电子云（electron cloud）。

① 电子云的角度分布图

波函数的角函数 $Y(\theta,\varphi)$ 的平方 $Y^2(\theta,\varphi)$ 随 θ、φ 变化的图形叫电子云的角度分布图。如图 2-5 所示，s、p、d 轨道的电子云的角度分布图的形状与对应波函数 Ψ 的角度分布图基本相似，但是由于概率密度均小于 1，所以 $Y^2(\theta,\varphi) < |Y(\theta,\varphi)|$，即电子云的角度分布图比波函数的角度分布图要瘦些，且不具有正、负号。

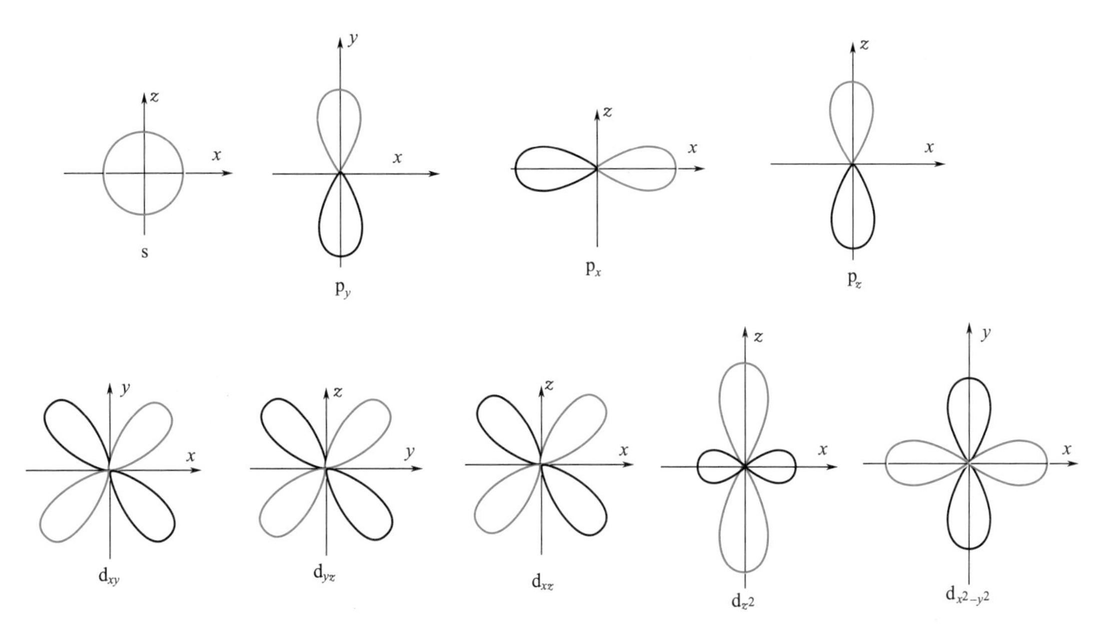

图 2-5　电子云的角度分布图

② 电子云的径向分布图

一个与核的距离为 r、厚度 $\mathrm{d}r$ 的微分薄层球壳（见图 2-6）内电子出现的概率为：

$$\int |\Psi|^2 \mathrm{d}V = \int |\Psi|^2 \times 4\pi r^2 \mathrm{d}r = \int D(r)\mathrm{d}r \tag{2-12}$$

式中，被积函数 $D(r) = |\Psi|^2 \times 4\pi r^2$。用 $D(r)$ 对 r 作图就得到电子云的径向分布概率密度曲线图（见图 2-7）。由图所示，在 $D(r)$-r 的曲线中，有 $(n-l)$ 个极大值峰，且在 $r(0,\infty)$ 之间有 $(n-l-1)$ 个 $D(r)=0$ 的峰谷（节点）。极大值峰表示电子在该球壳层内出现的概率最大；节点表示电子在该球壳层内出现的概率为零。例如：3p 轨道（$n=3$，$l=1$），在它的 $D(r)$-r 曲线上有 2 个极大值峰和 1 个节点。

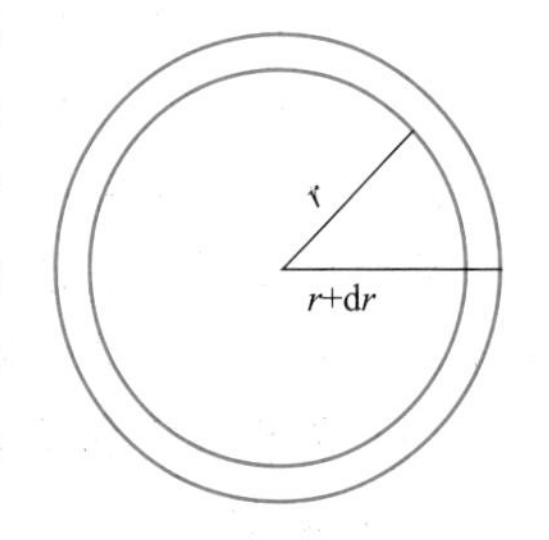

图 2-6　薄层球壳剖面图

对于 1s 轨道，$D(r)$-r 曲线在 $r=52.9$ pm（1 pm$=10^{-3}$ nm）处有极大值。这表明在半径为 52.9 pm 附近的一薄层球壳内电子出现的概率最大，$r=52.9$ pm 正是玻尔半径。就这一点可以说，玻尔轨道是氢原子核外电子出现的概率最大处的粗略近似。

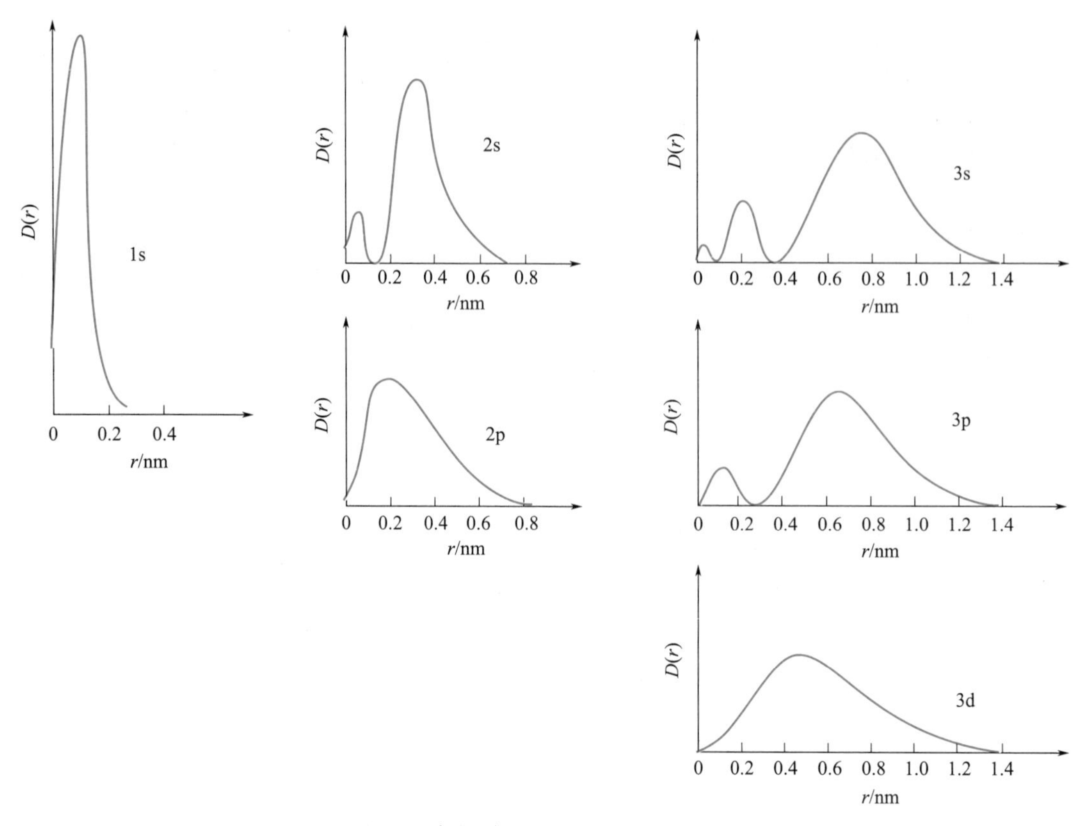

图 2-7　各轨道的电子云的径向分布图

2.2　核外电子的排布和元素周期系

2.2.1　多电子原子能级

对于氢原子及类氢原子的单电子体系，核外仅有的一个电子受到核对它的库仑引力作用，其轨道能量可表示为：

$$E = -R\frac{Z^2}{n^2} \tag{2-13}$$

式中，R 为里德堡常数；Z 为原子核内的质子即电荷数；n 为主量子数。

上式表明，对于单电子体系中的能级仅取决于主量子数 n。n 相同的轨道其能级相同；n 越大，轨道的能级越高。

除氢原子外，其他元素的原子核外都不是一个电子，这些原子统称为多电子原子。对多电子原子来讲说，原子轨道的能量与主量子数 n 和副量子数 l 有关。

(1) 屏蔽效应和钻穿效应

① 屏蔽效应

在核电荷为 Z 的多电子原子体系中，任何一个电子 i 都同时受到核的吸引作用和其余核外电子的排斥作用。当然，核对电子 i 的吸引作用总是大于其他电子对电子 i 的排斥作用，否则，电子不可能被束缚在原子之中。当电子 i 处在外层时，它受到其他内层电子的排斥作用，这种排斥作用部分抵消了原子核对电子 i 的吸引作用。即相当于原子核电荷从 Z 减少到 Z^*（有效核电荷数）。这种其他内层电子对电子 i 的排斥作用部分抵消了核电荷的效应，称为屏蔽效应（shielding effect）。屏蔽效应的程度用屏蔽常数（shielding parameters）σ 来衡量，它满足关系式：

$$Z^{*}=Z-\sigma \tag{2-14}$$

因此，多电子原子中轨道的能量表达式为：

$$E=-R\frac{Z^{*2}}{n^{2}}=-R\frac{(Z-\sigma)^{2}}{n^{2}} \tag{2-15}$$

式(2-15) 中并不直接包含副量子数 l，但因 σ 与 l 有关，所以轨道能量由 n 和 l 共同决定。对电子 i 来说，σ 的数值与该电子所处的轨道、其他电子的多少和这些电子所处的轨道有关。不难看出，σ 的大小影响到各原子轨道的能量。因为内层轨道离原子核近，所以，n、l 越小，屏蔽作用越大。而外层电子对内层电子的屏蔽作用和效果则刚好相反。

从以上讨论得到以下一些结论：

n、l 均相同的轨道将具有相同的能量，即处在同一能级上。从 $n=2$ 开始，同一电子层内将有两个或两个以上 l 值决定的不同能级。

几条能量相同的轨道处在同一能级的现象称为简并态。在氢原子中，因轨道能量只与 n 有关，所以在一个能级上存在 n^2 条能量相同的简并轨道（degenerate orbital），也称为等价轨道（equivalent orbital）。在多电子原子中，角量子数为 l 的能级轨道有（$2l+1$）条简并轨道。如：p 轨道的 $l=1$，因此有（$2l+1$）$=3$ 条能级相同的简并轨道。

② 钻穿效应

图 2-8 给出了电子在核外各球面上概率分布情况。显然，核外电子不会固定在某一径向区域内。核外电子在任何一个径向点上都会出现，只不过概率有大有小。n 值较大、l 值较小轨道（如 4s 轨道）上的电子在离核较远的地方出现的概率大，但在离核较近的地方也会出现。这种外层电子穿过内层空间进入离原子核较近的现象叫钻穿现象。电子从外层钻穿到内层会使屏蔽作用发生变化的效应叫钻穿效应（penetration）。钻穿效应与电子云的径向分布函数有关。

从图 2-8 可知，当 n 越大同时 l 越小时，曲线的峰越多，而小峰离核越近，即钻穿得越深。所以，当 n 相同时，s 比 p、p 比 d 轨道都更靠近核，钻穿得越深，能级就越低。这种钻穿效应甚至可导致 ns 轨道能级＜($n-l$)d 轨道能级。

例如图 2-8 中的 4s 轨道主峰比 3d 的离核远得多，但由于 4s 曲线有（$n-l$）$=4$ 个峰，小峰已钻到离核较近的地方，钻穿效应大，这部分电子回避了原内层电子对它的屏蔽，因而能量很小。而 3d 轨道只有一个峰，钻穿效应很小。因而 4s 轨道的加权平均能量 $E_{4s}<E_{3d}$。这种某些 n 较大的原子轨道的能量反而低于 n 较小的原子轨道能量的现象，称为能级交错（energy level overlap）。能级交错是由钻穿效应引起的。

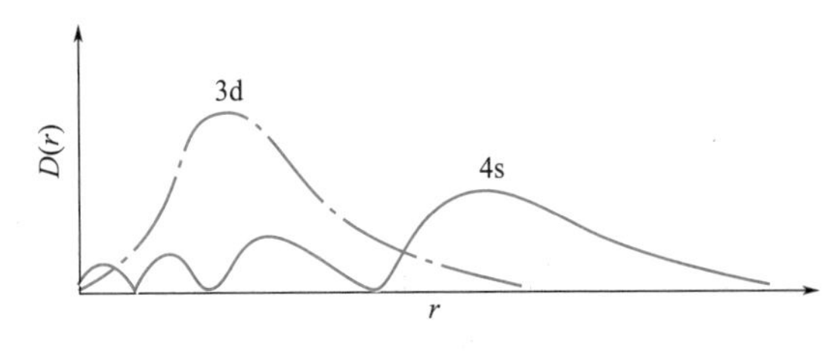

图 2-8　3d 和 4s 轨道的径向分布图

(2) 鲍林的轨道近似能级图

鲍林（L. Pauling）根据光谱实验和理论计算，提出多电子原子的原子轨道近似能级图，如图 2-9 所示。该图中的圆圈代表轨道，七个方框代表七个能级组。同一能级组内，能级间的能量间隔较小。能级组之间的能量间隔较大。七个能级组分别与周期表中的七个周期相对应。例如，第一能级组（1s）与第一周期相对应，第六能级组（6s4f5d6p）与第六周期相对应。每当电子开始填充一个新的能级组时，周期表就开始排列一个新的周期。能级组具有以下一般的电子填充顺序通式：

$$ns \to (n-2)f \to (n-1)d \to np \tag{2-16}$$

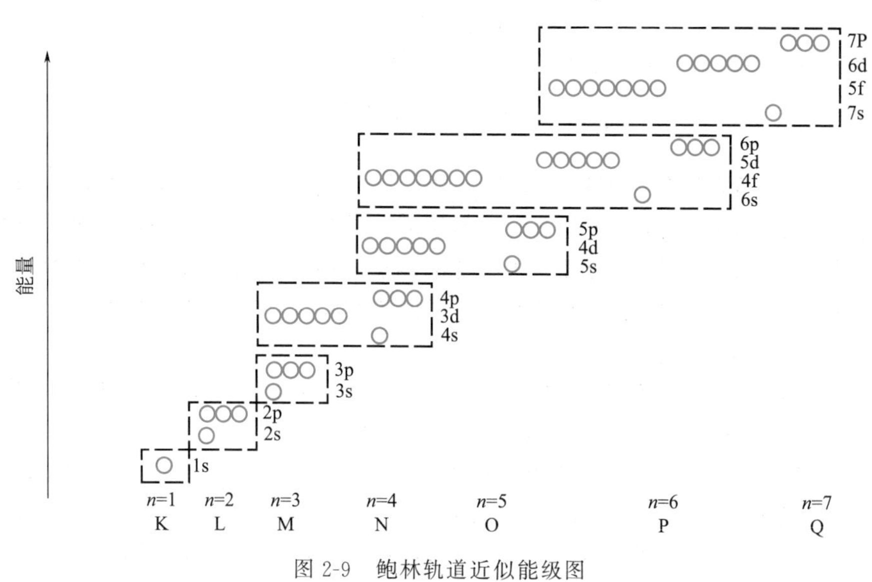

图 2-9　鲍林轨道近似能级图

2.2.2　核外电子的排布

多电子原子核外电子的排布

(1) 核外电子排布的三原则

原子中电子排布遵循三原则，即能量最低原理（lowest energy principle）、泡利不相容原理（Pauli exclusion principle）和洪特规则（Hund rule）。

① 能量最低原理

多电子原子处于基态时，原子中核外电子从能级最低的1s原子轨道上开始排列，然后，按原子轨道能级从低到高依次排布。这样可使原子的总能量最低，该原子才能稳定存在。若跳跃式排布在高能级轨道上，则此原子总能量升高，原子处于激发态。激发态是一种亚稳态，亚稳态是不能长时间地稳定存在的。

一个体系无论是一个原子、一个分子还是多个化学组分的混合体系，所具有的总能量越低，则该体系越能稳定存在，这就是能量最低原理，是放之四海而皆准的公理。

② 泡利不相容原理

泡利不相容原理指的是任何一个原子中不可能存在四个量子数完全相同的2个电子。根据这个原理，每条轨道上最多只能容纳自旋方向相反的2个电子。因为s、p、d、f各亚层中的原子轨道数分别为1、3、5、7条，所以s、p、d、f各亚层最多只能容纳2、6、10、14个电子。每个电子层有 n^2 条轨道，所以每个电子层最多只能容纳 $2n^2$ 个电子。

泡利不相容原理解决了各电子层及电子亚层可容纳的电子数目。

从能量角度来看，泡利不相容原理也是能量最低原理的一个体现：若在同一条轨道上有自旋方向相同的2个电子，电子自旋产生的磁场方向也相同，产生磁排斥，导致原子总能量升高，该原子不能稳定存在。

若在同一条轨道上有自旋方向相反的2个电子，电子自旋产生的磁场方向也相反，产生磁吸引，会降低2个电子间的排斥势能，原子能稳定存在。

③ 洪特规则

电子在能量相同的简并轨道上排布时，总是先以自旋方向相同的方式分别占据不同的简并轨道，使原子的能量最低，这就是洪特规则。作为洪特规则的特例，全充满、半充满和全空状态的原子的能量最低、最稳定。

(2) 核外电子的排布

根据以上规则，可讨论各种元素原子的核外电子排布。

第1号元素氢（H）有1个电子，填入能量最低的能级的1s轨道上，记作$1s^1$。

第一个阿拉伯数字是主量子数n，小写字母s是副量子数l的符号，s右上角角标数字表示排列在此轨道上的电子数。这种表示方法称为电子结构式，也称为电子构型（electron configuration）。

第2号元素氦（He）有2个电子，填入第一能级的1s轨道上，且自旋方向相反，记作$1s^2$。这样K层已填满，完成了第一周期。

第3号元素锂（Li）到第10号元素氖（Ne），电子依次填入第一和第二能级轨道，完成第二周期。值得提及的是，第7号元素氮（N）其电子结构式为$1s^2 2s^2 2p^3$。其中2p轨道上的3个电子分别占有3条轨道，呈现半充满，且自旋方向相同。用电子轨道式(orbital diagram)表示为：

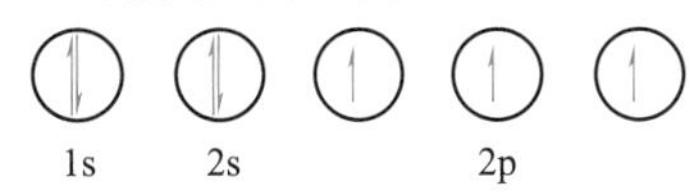

也可用电子结构式表示：$1s^2 2s^2 2p_x^1 p_y^1 p_z^1$。

第11号元素钠（Na）到第18号元素氩（Ar），电子依次填入第一、二、三能级轨道，完成第三周期。

除氦以外的稀有气体其电子结构的最外层电子都是ns^2np^6，稀有气体都是每一周期最末一种元素。因此，当电子填入最外层达ns^2np^6时，就完成一个周期。

在写原子序数比较大的原子的电子结构式时，由于内层电子是全充满的，可用上一周期最后一个稀有气体的元素符号加方括号即原子实（atomic kernel）代替，只写最外层和次外层的价层电子的结构式。

由于能级交错，$E_{4s}<E_{3d}$，第19号元素钾（K）的最后1个电子，不是填入3d而是填入4s轨道，所以K的电子结构式可写成：

$$1s^2 2s^2 2p^6 3s^2 3p^6 4s^1$$

第三周期最后一个稀有气体元素是Ar，所以K的电子结构式也可简写成：

$$[Ar]4s^1$$

第20号元素钙（Ca）的最后两个电子也填入4s上。

从第21号元素钪（Sc）到第30号元素锌（Zn）共十种元素，电子依次填入3d轨道。比较特殊的是第24号元素铬（Cr）的电子结构式是$[Ar]3d^5 4s^1$，而不是$[Ar]3d^4 4s^2$。因为d轨道半充满时总能量更低，原子更稳定。

第29号元素铜（Cu）的电子结构式是$[Ar]3d^{10} 4s^1$，而不是$[Ar]3d^9 4s^2$。因为根据洪特规则，全充满和半充满的结构是比较稳定的。实验现象也证实了这一点，因为Cu^+和Ag^+盐的水溶液是无色的，表明d轨道上的电子全满。在第6章配位化学的晶体场理论中会解释说明其机理。

从第31号元素镓（Ga）到第36号元素氪（Kr）电子依次填入4p，完成第四周期。

第37号元素铷（Rb）到第54号元素氙（Xe）共18个元素，构成第五周期，其电子的排布情况和第四周期相似。不过，本周期有几个元素的外层电子结构出现了例外情况。例如，元素钯（Pd）的外层电子结构式为$4d^{10} 5s^0$，而不是$4d^8 5s^2$。

第55号元素铯（Cs）到第86号元素氡（Rn），电子最后依次填入第六能级组

6s4f5d6p，构成第六周期。其中第 57 号元素镧以后的十四种元素，随着原子序数的增加，电子依次填入 4f 上。由于填入在外数第三层上的电子对化学性质没有多大的影响，所以镧以后的十四种元素的性质非常相似。这十四种元素和镧共 15 种元素统称为镧系元素。在这个周期中，第 78 号元素铂（Pt）等的电子结构式也有例外。

第 87 号元素钫（Fr）开始，电子依次填入第七能级组 7s5f6d7p 上，本周期出现了与镧系元素相似的锕系元素，它由第 89 号元素锕（Ac）和其后的十四种元素所组成。

表 2-2 列出了周期表中部分元素原子的电子结构式。

表 2-2　部分元素原子的电子结构式

Z	元素	电子结构式	Z	元素	电子结构式
1	H	1s^{1}	36	Kr	[Ar]3d^{10}4s^{2}4p^{6}
2	He	1s^{2}	37	Rb	[Kr]5s^{1}
3	Li	[He]2s^{1}	38	Sr	[Kr]5s^{2}
4	Be	[He]2s^{2}	39	Y	[Kr]4d^{1}5s^{2}
5	B	[He]2s^{2}2p^{1}	40	Zr	[Kr]4d^{2}5s^{2}
6	C	[He]2s^{2}2p^{2}	41	Nb	[Kr]4d^{4}5s^{1}
7	N	[He]2s^{2}2p^{3}	42	Mo	[Kr]4d^{5}5s^{1}
8	O	[He]2s^{2}2p^{4}	43	Tc	[Kr]4d^{5}5s^{2}
9	F	[He]2s^{2}2p^{5}	44	Ru	[Kr]4d^{7}5s^{1}
10	Ne	[He]2s^{2}2p^{6}	45	Rh	[Kr]4d^{8}5s^{1}
11	Na	[Ne]3s^{1}	46	Pd	[Kr]4d^{10}
12	Mg	[Ne]3s^{2}	47	Ag	[Kr]4d^{10}5s^{1}
13	Al	[Ne]3s^{2}3p^{1}	48	Cd	[Kr]4d^{10}5s^{2}
14	Si	[Ne]3s^{2}3p^{2}	49	In	[Kr]4d^{10}5s^{2}5p^{1}
15	P	[Ne]3s^{2}3p^{3}	50	Sn	[Kr]4d^{10}5s^{2}5p^{2}
16	S	[Ne]3s^{2}3p^{4}	51	Sb	[Kr]4d^{10}5s^{2}5p^{3}
17	Cl	[Ne]3s^{2}3p^{5}	52	Te	[Kr]4d^{10}5s^{2}5p^{4}
18	Ar	[Ne]3s^{2}3p^{6}	53	I	[Kr]4d^{10}5s^{2}5p^{5}
19	K	[Ar]4s^{1}	54	Xe	[Kr]4d^{10}5s^{2}5p^{6}
20	Ca	[Ar]4s^{2}	55	Cs	[Xe]6s^{1}
21	Sc	[Ar]3d^{1}4s^{2}	56	Ba	[Xe]6s^{2}
22	Ti	[Ar]3d^{2}4s^{2}	57	La	[Xe]5d^{1}6s^{2}
23	V	[Ar]3d^{3}4s^{2}	58	Ce	[Xe]4f^{1}5d^{1}6s^{2}
24	Cr	[Ar]3d^{5}4s^{1}	59	Pr	[Xe]4f^{3}6s^{2}
25	Mn	[Ar]3d^{5}4s^{2}	60	Nd	[Xe]4f^{4}6s^{2}
26	Fe	[Ar]3d^{6}4s^{2}	61	Pm	[Xe]4f^{5}6s^{2}
27	Co	[Ar]3d^{7}4s^{2}	62	Sm	[Xe]4f^{6}6s^{2}
28	Ni	[Ar]3d^{8}4s^{2}	63	Eu	[Xe]4f^{7}6s^{2}
29	Cu	[Ar]3d^{10}4s^{1}	64	Gd	[Xe]4f^{7}5d^{1}6s^{2}
30	Zn	[Ar]3d^{10}4s^{2}	65	Tb	[Xe]4f^{9}6s^{2}
31	Ga	[Ar]3d^{10}4s^{2}4p^{1}	66	Dy	[Xe]4f^{10}6s^{2}
32	Ge	[Ar]3d^{10}4s^{2}4p^{2}	67	Ho	[Xe]4f^{11}6s^{2}
33	As	[Ar]3d^{10}4s^{2}4p^{3}	68	Er	[Xe]4f^{12}6s^{2}
34	Se	[Ar]3d^{10}4s^{2}4p^{4}	69	Tm	[Xe]4f^{13}6s^{2}
35	Br	[Ar]3d^{10}4s^{2}4p^{5}	70	Yb	[Xe]4f^{14}6s^{2}

续表

Z	元素	电子结构式	Z	元素	电子结构式
71	Lu	$[Xe]4f^{14}5d^{1}6s^{2}$	91	Pa	$[Rn]5f^{2}6d^{1}7s^{2}$
72	Hf	$[Xe]4f^{14}5d^{2}6s^{2}$	92	U	$[Rn]5f^{3}6d^{1}7s^{2}$
73	Ta	$[Xe]4f^{14}5d^{3}6s^{2}$	93	Np	$[Rn]5f^{4}6d^{1}7s^{2}$
74	W	$[Xe]4f^{14}5d^{4}6s^{2}$	94	Pu	$[Rn]5f^{6}7s^{2}$
75	Re	$[Xe]4f^{14}5d^{5}6s^{2}$	95	Am	$[Rn]5f^{7}7s^{2}$
76	Os	$[Xe]4f^{14}5d^{6}6s^{2}$	96	Cm	$[Rn]5f^{7}6d^{1}7s^{2}$
77	Ir	$[Xe]4f^{14}5d^{7}6s^{2}$	97	Bk	$[Rn]5f^{9}7s^{2}$
78	Pt	$[Xe]4f^{14}5d^{9}6s^{1}$	98	Cf	$[Rn]5f^{10}7s^{2}$
79	Au	$[Xe]4f^{14}5d^{10}6s^{1}$	99	Es	$[Rn]5f^{11}7s^{2}$
80	Hg	$[Xe]4f^{14}5d^{10}6s^{2}$	100	Fm	$[Rn]5f^{12}7s^{2}$
81	Tl	$[Xe]4f^{14}5d^{10}6s^{2}6p^{1}$	101	Md	$[Rn]5f^{13}7s^{2}$
82	Pb	$[Xe]4f^{14}5d^{10}6s^{2}6p^{2}$	102	No	$[Rn]5f^{14}7s^{2}$
83	Bi	$[Xe]4f^{14}5d^{10}6s^{2}6p^{3}$	103	Lr	$[Rn]5f^{14}6d^{1}7s^{2}$
84	Po	$[Xe]4f^{14}5d^{10}6s^{2}6p^{4}$	104	Rf	$[Rn]5f^{14}6d^{2}7s^{2}$
85	At	$[Xe]4f^{14}5d^{10}6s^{2}6p^{5}$	105	Db	$[Rn]5f^{14}6d^{3}7s^{2}$
86	Rn	$[Xe]4f^{14}5d^{10}6s^{2}6p^{6}$	106	Sg	$[Rn]5f^{14}6d^{4}7s^{2}$
87	Fr	$[Rn]7s^{1}$	107	Bh	$[Rn]5f^{14}6d^{5}7s^{2}$
88	Ra	$[Rn]7s^{2}$	108	Hs	$[Rn]5f^{14}6d^{6}7s^{2}$
89	Ac	$[Rn]6d^{1}7s^{2}$	109	Mt	$[Rn]5f^{14}6d^{7}7s^{2}$
90	Th	$[Rn]6d^{2}7s^{2}$			

对绝大多数元素的原子来说，按电子排布规则得出的电子排布式与光谱实验的结论是一致的。然而也有一些元素如$_{58}Ce$的电子排布式是：$[Xe]4f^{1}5d^{1}6s^{2}$。用上述规则就不能给以完满解释，这种情况在第六、七周期元素中较多，这说明电子排布规则还有待发展完善，使它更符合实际。

2.2.3 原子的电子结构与元素周期表

元素周期表及元素性质的周期性

(1) 周期

周期表有多种形式，目前常用的是长式周期表，如图 2-10 所示。长式周期表共有七行，从上到下分别为第一、二、三、四、五、六、七周期。由于能级交错，周期（period）有长短之分。每一周期的最后一个元素是稀有气体元素，相应各轨道上都充满电子，是一种最稳定的结构。

周期数＝电子层数(Pd 除外)

周期与其能级组相对应，如图 2-9 所示。即各周期元素的数目与相应能级组中轨道所能容纳的电子总数相等。因此，能级组的形成是划分周期的根本依据。

在长周期中（图 2-10），第四周期从钪（Sc）到锌（Zn）十种元素，称为第一系列过渡元素。第五周期从钇（Y）到镉（Cd）十种元素，称为第二系列过渡元素。第六周期第 57 号元素镧（La）与从第 72 号元素铪（Hf）到第 80 号元素汞（Hg）十种元素，都属于最后电子逐次填入（$n-1$)d（5d）轨道的元素，称为第三系列过渡元素。第六周期从第 57 号元素镧（La）到第 71 号元素镥（Lu）十五种元素在周期表中占据一格，称为镧系元素；第七周期从第 89 号元素锕（Ac）到第 103 号元素铹（Lr）十五种元素在周期表中也只占据一格，称为锕系元素。镧系元素、锕系元素又称为内过渡元素，分成两个单行，列在周期表的最下方。

周期	ⅠA	ⅡA	ⅢB	ⅣB	ⅤB	ⅥB	ⅦB	Ⅷ B			ⅠB	ⅡB	ⅢA	ⅣA	ⅤA	ⅥA	ⅦA	ⅧA
1	1 H																	2 He
2	3 Li	4 Be											5 B	6 C	7 N	8 O	9 F	10 Ne
3	11 Na	12 Mg											13 Al	14 Si	15 P	16 S	17 Cl	18 Ar
4	19 K	20 Ca	21 Sc	22 Ti	23 V	24 Cr	25 Mn	26 Fe	27 Co	28 Ni	29 Cu	30 Zn	31 Ga	32 Ge	33 As	34 Se	35 Br	36 Kr
5	37 Rb	38 Sr	39 Y	40 Zr	41 Nb	42 Mo	43 Tc	44 Ru	45 Rh	46 Pd	47 Ag	48 Cd	49 In	50 Sn	51 Sb	52 Te	53 I	54 Xe
6	55 Cs	56 Ba	57 La	72 Hf	73 Ta	74 W	75 Re	76 Os	77 Ir	78 Pt	79 Au	80 Hg	81 Tl	82 Pb	83 Bi	84 Po	85 At	86 Rn
7	87 Fr	88 Ra	89 Ac	104 Rf	105 Db	106 Sg	107 Bh	108 Hs	109 Mt									

镧 系	58 Ce	59 Pr	60 Nd	61 Pm	62 Sm	63 Eu	64 Gd	65 Tb	66 Dy	67 Ho	68 Er	69 Tm	70 Yb	71 Lu
锕 系	90 Th	91 Pa	92 U	93 Np	94 Pu	95 Am	96 Cm	97 Bk	98 Cf	99 Es	100 Fm	101 Md	102 No	103 Lr

图 2-10　元素周期表

原子的价层电子指可参与化学反应的电子。对于主族元素，价层电子即为最外层的 s 电子和 p 电子；对于副族元素，是指最外层的 ns 电子和次外层的（$n-1$)d 电子；对于镧系和锕系元素，还需考虑外数第三层的 f 电子。由于在化学反应中一般只涉及原子的价层电子，因此，价层电子对物质的性质有较明显的影响。仅写出价层电子在轨道上排布情况的表示式称为价层电子构型（valence electron configuration），如 Na 的价层电子构型为 $3s^1$，清楚地体现出钠元素原子只有一个价层电子的情况。而对于副族元素 Fe，其价层电子构型为 $3d^64s^2$，说明价电子不仅在最外层的 4s 轨道，而且在次外层的 3d 轨道上电子也会参与化学反应。

(2) 族

长式周期表共分 18 列。元素周期表中的各长列元素称为主族（main group），即最后一个电子一定填入 s 或 p 轨道，用 A 表示，计有ⅠA、ⅡA、ⅢA、ⅣA、ⅤA、ⅥA、ⅦA、ⅧA（也可称为 0 族）。元素周期表中的各短列元素称为副族（subgroup），即最后一个电子一定填入 d 或 f 轨道，用 B 表示。计有ⅠB、ⅡB、ⅢB、ⅣB、ⅤB、ⅥB、ⅦB、ⅧB（也可称为Ⅷ族）。副族元素全部都是金属元素，也称为过渡金属（transitional metal elements）。

主族元素（除 He 外）、ⅡB～ⅦB 的族数等于价层电子数；其他副族（ⅠB、ⅧB）存在例外的情况。

(3) 区

根据元素原子价层电子构型，可把元素周期表分成五个区（block），如图 2-11 所示。

① s 区元素

最后一个电子填充在 s 轨道上的元素称为 s 区元素，包括ⅠA、ⅡA 的元素。价层电子构型为 $ns^{1\sim2}$。

② p 区元素

最后一个电子填充在 p 轨道上的元素称为 p 区元素，包括ⅢA～ⅧA 的元素。价层电子构型为 $ns^2np^{1\sim6}$（ⅧA 中的 He 为 $1s^2$）。

③ d 区元素

最后一个电子填充在 d 轨道上的元素称为 d 区元素，包括ⅢB～ⅧB 的元素。其价层电

子构型为 $(n-1)d^{1\sim8}ns^{1\sim2}$（ⅧB 中的 Pd 为 $4d^{10}5s^0$、Pt 为 $5d^96s^1$）。

④ ds 区元素

最后一个电子填充在 d 轨道上并使 d 轨道上的电子全充满的元素为 ds 区元素，包括ⅠB、ⅡB 的元素。其价层电子构型为 $(n-1)d^{10}ns^{1\sim2}$。与 d 区元素的区别在于它们的 $(n-1)d$ 轨道是全充满的。与 s 区元素的区别在于 s 区元素的次外层是 p 轨道，而它们的次外层是 d 轨道并且全充满。

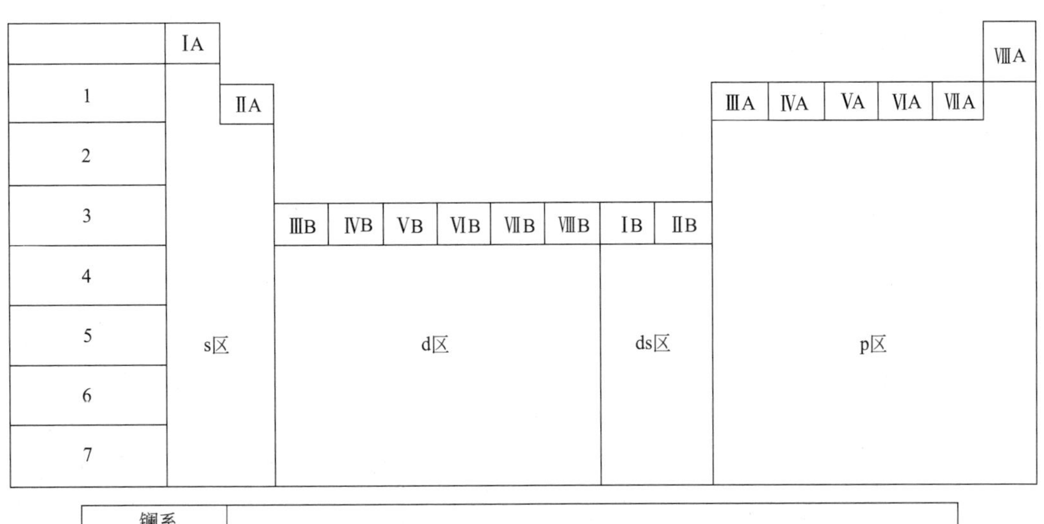

图 2-11　元素周期表的分区

d 区和 ds 区元素的总和即为前述的第一、二、三系列过渡元素。

⑤ f 区元素

最后一个电子填充在 f 轨道上的元素为 f 区元素，包括镧系元素和锕系元素，其价层电子构型为 $(n-2)f^{0\sim14}(n-1)d^{0\sim2}ns^2$。

f 区元素即为前述的内过渡元素。

2.3　原子性质的周期性

元素原子的基本性质如原子半径、电离能和电子亲和能等均呈现周期性的变化规律，这种变化规律揭示了原子性质和原子结构之间的内在联系。

2.3.1　原子半径

(1) 原子半径的概念

原子不存在明显的边界，所谓的原子半径往往是指属于该原子的电子云伸展范围，一般通过该原子在分子中与相邻原子的核间距测得的，不能进行单个原子半径的直接测量。根据原子在分子中存在形式的不同，一般可把原子半径分为共价半径（covelent radius）、金属半径（metallic radius）和范德华半径（van der Waals radius）。

① 共价半径

同种元素形成双原子分子时，相邻两原子的核间距的一半，叫作该原子的共价半径。例

如 Cl_2 分子，测得两原子的核间距为 198 pm，则 Cl 原子的共价半径为 99 pm。

② 金属半径

金属晶体中相邻两原子的核间距的一半，称为金属半径。例如在铜晶体中，测得两个 Cu 原子的核间距为 256 pm，则 Cu 原子的金属半径为 128 pm。

③ 范德华半径

两原子间只靠分子间力（即范德华力）相互接近时，它们核间距的一半称为范德华半径。例如稀有气体均为单原子分子，形成分子晶体时，分子间以范德华力结合，同种稀有气体的原子核间距的一半即为范德华半径。例如，氖（Ne）的范德华半径为 160 pm。

(2) 原子半径的分布规律

各元素原子半径如图 2-12 所示。

周期	ⅠA	ⅡA	ⅢB	ⅣB	ⅤB	ⅥB	ⅦB	Ⅷ			ⅠB	ⅡB	ⅢA	ⅣA	ⅤA	ⅥA	ⅦA	ⅧA
1	H 0.037																	He
2	Li 0.152	Be 0.111											B 0.080	C 0.077	N 0.074	O 0.074	F 0.071	Ne
3	Na 0.186	Mg 0.160											Al 0.143	Si 0.118	P 0.110	S 0.103	Cl 0.099	Ar
4	K 0.227	Ca 0.197	Sc 0.161	Ti 0.145	V 0.131	Cr 0.125	Mn 0.137	Fe 0.124	Co 0.125	Ni 0.125	Cu 0.128	Zn 0.133	Ga 0.122	Ge 0.123	As 0.125	Se 0.116	Br 0.114	Kr
5	Rb 0.248	Sr 0.215	Y 0.178	Zr 0.159	Nb 0.143	Mo 0.136	Tc 0.135	Ru 0.133	Rh 0.135	Pd 0.138	Ag 0.145	Cd 0.149	In 0.163	Sn 0.141	Sb 0.145	Te 0.143	I 0.133	Xe
6	Cs 0.267	Ba 0.217	La 0.187	Hf 0.156	Ta 0.143	W 0.137	Re 0.137	Os 0.134	Ir 0.136	Pt 0.139	Au 0.144	Hg 0.150	Tl 0.170	Pb 0.175	Bi 0.155	Po 0.118	At	Rn

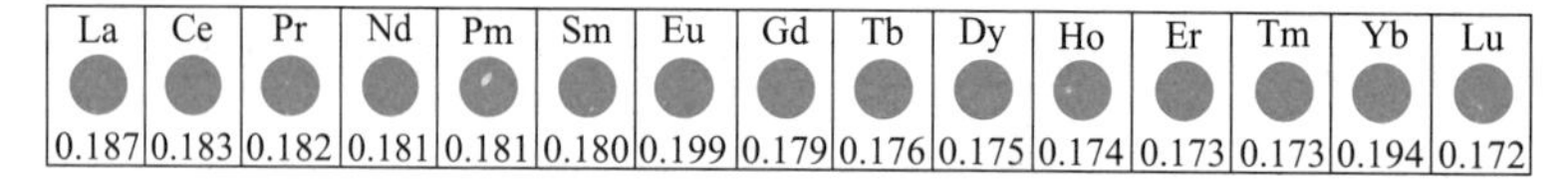

La	Ce	Pr	Nd	Pm	Sm	Eu	Gd	Tb	Dy	Ho	Er	Tm	Yb	Lu
0.187	0.183	0.182	0.181	0.181	0.180	0.199	0.179	0.176	0.175	0.174	0.173	0.173	0.194	0.172

图 2-12　元素的原子半径/nm

对于同一周期的主族元素，从左到右原子半径逐渐减小。这主要是因为随着原子序数的增加，核电荷增加。但电子层数不变，新增加的电子依次排布于同一最外电子层上，而同层电子屏蔽效应很小，核对外层电子吸引力增强，所以原子半径随原子序数的增加即核电荷增加而从左到右逐渐减小。

同一主族中，从上到下，随周期数的增加，核外电子层数逐渐增多，这一主导作用使原子半径逐渐增大。前三周期，每增加一个周期，同族元素核电荷只增加 8 个。而从第四周期开始，每增加一个周期，核电荷增加 18 个或 32 个，核对外层电子吸引力大大增强，原子半径的增速大大降低，使它们及其化合物的理化性质更加相近。

对于同一周期的副族元素，虽然从左到右原子序数增加，核电荷增加，对核外电子吸引力增强。但由于新增加的电子排布在次外层 $(n-1)$d 轨道上，电子层数没有增加。而且这些次外层电子对最外层电子屏蔽效应较大，抵消了一部分核电荷增加而导致的吸引力的增加。所以，同一周期的副族元素从左到右的原子半径缩小减缓。

第 57 号元素 La 在元素周期表中只占据一格，但却包含了 15 个元素 La～Lu。镧系元素的新增电子均填入更内层 4f 轨道，它们对外层电子的屏蔽效应更大，使有效核电荷数的增加速度非常缓慢，增加速度几近为 0。所以，镧系元素原子半径非常接近。从镧到镥，核电荷数由 57 增加到 71 共 15 个元素，原子半径仅从 0.187 nm 缩小到 0.172 nm。这就导致镧系元素后元素的原子半径收缩得比镧系元素前元素更缓慢。这种由于镧系元素造成的原子序数增加而原子半径缩小程度减缓的现象叫作镧系收缩（lanthanide contraction）。

镧系元素后的副族元素与其同副族第五周期元素相比，核电荷增加 32 个，核对外层电子吸引力增强幅度比四、五周期间吸引力增强幅度更大。虽然电子层增加了一层，但核吸引力的大幅增强使镧系元素后的第六周期元素的原子半径比第五周期同副族元素的原子半径增加更小。镧系收缩使得第五与第六周期同副族元素的原子半径和离子半径相近，特别是 Zr 与 Hf，Nb 与 Ta，Mo 与 W 更为相近。例如，第五周期 Nb 的原子半径是 0.143 nm，而同族的、第六周期的 Ta 原子半径也是 0.143 nm，完全相同。镧系收缩的结果是使第五、六周期的同副族元素、镧系元素及其化合物的理化性质非常相近，分离非常困难。

第七周期在ⅢB 出现了锕系元素，类似镧系收缩的现象更为严重。

2.3.2 电离能

使基态的气态原子失去一个电子形成+1 价气态离子所需要的能量叫第一电离能，用 I_1 表示。例如：$Mg(g) - e^- \longrightarrow Mg^+ (g)$，$I_1 = 738\ kJ \cdot mol^{-1}$。

从+1 价气态离子再失去一个电子形成+2 价的气态离子所需要的能量叫第二电离能，用 I_2 表示，依此类推。通常所讲的电离能（ionization energy）是第一电离能。电离能的单位为 $kJ \cdot mol^{-1}$。

对于每个元素，其逐级电离能依次增大。因为原子失去电子后，核电荷控制的核外电子数减少，核电荷对每个核外电子的吸引力增加。若再失去电子，则必须给予更大的外力，即所需的能量越来越高。原子电离能的大小主要取决于原子核电荷、原子半径和原子的核外电子层结构。图 2-13 列出某些元素的第一电离能数据。

周期	ⅠA	ⅡA	ⅢB	ⅣB	ⅤB	ⅥB	ⅦB	ⅧB			ⅠB	ⅡB	ⅢA	ⅣA	ⅤA	ⅥA	ⅦA	ⅧA
1	H 1311																	He 2372
2	Li 520	Be 899											B 801	C 1086	N 1403	O 1314	F 1681	Ne 2080
3	Na 496	Mg 737											Al 577	Si 786	P 1012	S 999	Cl 1255	Ar 1521
4	K 419	Ca 590	Sc 631	Ti 656	V 650	Cr 652	Mn 717	Fe 762	Co 758	Ni 736	Cu 745	Zn 906	Ga 579	Ge 760	As 947	Se 941	Br 1142	Kr 1351
5	Rb 403	Sr 549	Y 616	Zr 660	Nb 664	Mo 685	Tc 703	Ru 711	Rh 720	Pd 804	Ag 731	Cd 867	In 558	Sn 708	Sb 834	Te 869	I 1191	Xe 1170
6	Cs 376	Ba 503	La 541	Hf 654	Ta 760	W 770	Re 759	Os 840	Ir 880	Pt 870	Au 889	Hg 1007	Tl 589	Pb 715	Bi 703	Po 813	At 912	Rn 1037
7	Fr	Ra	Ac															

图 2-13 元素的第一电离能/$kJ \cdot mol^{-1}$

由图 2-13 可以看出：

同一周期主族元素，从左到右电离能逐渐增加。其中ⅠA的I_1最小，ⅧA的I_1最大。这是因为，从ⅠA到ⅧA，核电荷数增加导致原子半径的减小，核对外层电子的吸引力逐渐增强，使电离能递增。

同一周期的副族元素从左到右，电离能变化的总趋势也是逐渐增加，但增速不大，有一些反常现象，不十分有规律。这是因为最后一个电子填入d层，对原子半径的变化影响较小，而且填入的规律性没有主族元素那么严格。

同一主族元素，从上到下，电离能变化的总趋势是逐渐减小。这是因为电子层数增多、原子半径增大，核对外层电子的吸引力减弱，使电离能递减。

同一副族元素，从上到下，电离能变化没有较好的规律。

电离能在同一周期的变化中出现了一些特殊现象。如第二周期$N(2s^2 2p^3)$的电离能比同周期的前后两个元素C和O的电离能都要大，其他周期的$P(3s^2 3p^3)$、$As(4s^2 4p^3)$、$Zn(3d^{10} 4s^2)$、$Cd(4d^{10} 5s^2)$、$Hg(5d^{10} 6s^2)$等元素也有类似情况。这是因为这些元素的原子具有半充满、全充满电子层稳定结构，系统的能量较低，因而电离能较大。

值得提及的是，电离能的大小只是衡量气态原子失去电子变为气体正离子的难易程度。而不是金属盐在溶液中失去电子形成正离子的倾向。

2.3.3 电子亲和能

一个基态的气态原子得到一个电子形成－1价的气态阴离子时所放出的能量叫作第一电子亲和能，用A_1表示，其单位是$kJ \cdot mol^{-1}$。例如：$O(g) + e^- \longrightarrow O^-(g)$，$A_1 = -141 kJ \cdot mol^{-1}$。

A_1通常也称为电子亲和能（electron affinity）。它可用来衡量气态原子获得一个电子的难易程度。A_1的代数值越小，放出的能量越大，表示该元素越容易获得电子，它的非金属性越强。表2-3列出了部分元素原子的电子亲和能数据。

由表2-3可以看出，同一周期主族元素，从左到右元素电子亲和能总趋势是代数值逐渐减小，即元素越来越容易得到电子。

同一主族元素从上而下总趋势是代数值逐渐增大，即越来越难得到电子，但例外很多。

由表2-3还可以看出，例如：Cl的A_1<F的A_1<O的A_1，S的A_1<O的A_1。这种现象用原子的电子结构是难以圆满解释的。这也许与以上各元素的气态存在的形态等有关。从这个意义上说，用电子亲和能表征元素得电子的难易程度就没有什么现实的意义。因此电子亲和能只能表征单个气态原子（或离子）得失电子的难易。在化学反应中通常不能只考虑单个气态原子得失电子的难易，还应考虑其他有关的问题。

表2-3 部分元素的电子亲和能A_1 单位：$kJ \cdot mol^{-1}$

H −72.9							He +21
Li −59.8	Be +240	B −23	C −122	N 0±20	O −141	F −322	Ne +29
Na −52.9	Mg +230	Al −44	Si −120	P −74	S −200.4	Cl −348.7	Ar +35
K −48.4	Ca +156	Ga −36	Ge −116	As −77	Se −195	Br −324.5	Kr +39
Rb −46.9	Sr	In −34	Sn −121	Sb −101	Te −190.1	I −295	Xe +40
Cs −45.5	Ba +52	Tl −50	Pb −100	Bi −100	Po −180	At −270	Rn +40

2.3.4 电负性

元素的电离能和电子亲和能各从某一方面反映了孤立的气态原子失去或得到电子的能力。当原子通过化学键形成分子时，原子吸引电子能力的相对大小采用电负性来衡量。1932年，鲍林首先在化学领域引入了电负性（electronegativity）的概念。电负性大的表示原子吸引电子的能力强，反之，电负性小表示原子吸引电子的能力弱。

电负性目前还无法直接测定，只能用间接的方法来标度。鲍林指定 F 的电负性为 4.0，然后通过计算得到其他元素原子的电负性值，详见图 2-14。

周期	ⅠA	ⅡA	ⅢB	ⅣB	ⅤB	ⅥB	ⅦB	ⅧB			ⅠB	ⅡB	ⅢA	ⅣA	ⅤA	ⅥA	ⅦA	ⅧA
1	H 2.1																	He
2	Li 1.0	Be 1.5											B 2.0	C 2.5	N 3.0	O 3.5	F 4.0	Ne
3	Na 0.9	Mg 1.2											Al 1.5	Si 1.8	P 2.1	S 2.5	Cl 3.0	Ar
4	K 0.8	Ca 1.0	Sc 1.3	Ti 1.5	V 1.6	Cr 1.6	Mn 1.5	Fe 1.8	Co 1.9	Ni 1.9	Cu 1.9	Zn 1.6	Ga 1.6	Ge 1.8	As 2.0	Se 2.4	Br 2.8	Kr
5	Rb 0.8	Sr 1.0	Y 1.2	Zr 1.4	Nb 1.6	Mo 1.8	Tc 1.9	Ru 2.2	Rh 2.2	Pd 2.2	Ag 1.9	Cd 1.7	In 1.7	Sn 1.8	Sb 1.9	Te 2.1	I 2.5	Xe
6	Cs 0.7	Ba 0.9	La-Lu 1.0-1.2	Hf 1.3	Ta 1.5	W 1.7	Re 1.9	Os 2.2	Ir 2.2	Pt 2.2	Au 2.4	Hg 1.9	Tl 1.8	Pb 1.9	Bi 1.9	Po 2.0	At 2.2	Rn
7	Fr 0.7	Ra 0.9	Ac 1.1	Th 1.3	Pa 1.4	U 1.4	Np-No 1.3-1.4											

图 2-14 元素的电负性

由图 2-14 可知，同一周期的主族元素电负性从左到右逐渐增大，同一主族元素的电负性从上到下逐渐减小（ⅢA、ⅣA 除外）。副族元素的电负性变化规律不明显。

根据元素电负性值的大小，可以衡量元素的金属性和非金属性的强弱。一般来讲，金属元素）的电负性小于 2.0（如 Na 的电负性为 0.9），而非金属元素大于 2.0（如 O 的电负性为 3.5）。但不能把电负性为 2.0 作为金属性和非金属性的绝对界限。

元素的原子半径、电离能、电子亲和能和电负性是原子的基本性质，它们是电子层结构在这些性质上的体现。反映这些性质周期性变化规律的数据，一般是通过实验或由实验建立的数学模型计算得到的，这些数据带有明显的实验性特征。当然，随着科学技术的发展和实验手段的现代化，这些数据的准确度也必将得到进一步的提高。

【阅读拓展】

量子化学计算方法

量子化学（quantum chemistry）是理论化学的一个分支学科，是应用量子力学的基本原理和方法研究化学问题的一门基础科学。其应用已扩展到与其他化学和物理研究领域相关的化学体系，例如生物化学、凝聚态物理学、纳米技术或分子生物学，从而逐步实现对复杂化学体系的理论模拟。

量子化学的方法源头仍然是求解各种化学体系（原子、分子、凝聚态材料）的薛定谔方程，得到体系中电子所在轨道的波函数 Ψ 及对应能量 E。薛定谔方程可以简写为 $\hat{H}\Psi=E\Psi$，其中，$\hat{H}$ 称为哈密尔顿算符（Hamiltonian），包含了体系中微观粒子的动能和势能。从理论上来讲，解出了各种化学体系的薛定谔方程，就可以在理论上精确预测一切化学物质的性质和反应规律，从而使得化学从一门倚重实验的科学，走向和数学、物理一样更偏重理论性的学科。

但是令人遗憾的是，目前除了氢原子或类氢原子这样的单电子体系的薛定谔方程得到了精确解以外，其他化学体系的薛定谔方程都是无法得到严格意义上的解。原因在于多电子体系中，电子的势能不能仅仅考虑电子与原子核的吸引力，也必须考虑电子和电子之间的排斥力，而电子时刻在运动中，因此决定电子之间排斥力的距离参数也是高度复杂的。如果完全忽略电子之间的斥力，称为零级近似，可以得到多电子原子（分子）体系薛定谔方程的解，但误差太大，没有实际意义。因此精度较高的近似方法成为量子化学计算的基本研究方向，下面简单介绍从头计算法（Ab initio method）、密度泛函理论（density functional theory，DFT）和半经验方法（semi-empirical method）三种方法。

1. 从头计算法

从头计算法是仅使用一些最基本的物理常数（如光速、普朗克常数等）作为已知参数，完全利用数学工具来求解薛定谔方程，不引入任何经验性质的化学参数的一种量子化学 计算方法。它的源头是 1928 年哈特里（Hartree）提出的自洽场模型（self-consistent field，SCF），该模型中对于电子的相互斥力处理是这样近似的：将需求解波函数的电子设为运动中，其他电子作为运动后整体状态的电子云来处理，这样只需引入一个距离参数，即电子离核距离，当然其他电子的电子云状态实际上也是需要有了波函数以后才能知道的，因此该模型简化后，还需要用迭代法进行求解。如果零级近似下的波函数选择得当，每次近似会逐步逼近体系的真实情况，直至达到理想的误差范围。但该模型的近似方法仍然忽视了运动中电子对其他电子的排斥，比如会造成其他电子云的变化，因此会造成电子排斥能偏大，尤其是对于电子数多的体系误差较大。

1930 年，哈特里的学生福克（Fock）又提出了考虑泡利原理的自洽场迭代方程，将哈特里模型进一步演化为 Hartree-Fock（HF）方程，并满足了多电子波函数的反对称化要求。从头计算法中较原始的 HF 方法计算速度较快，但精度较低。后期有各种改进的方法，如 møller-Plesset 微扰理论（MP2、MP3、MP4）、耦合簇理论（CC）等，这些方法通过考虑电子间更复杂的相互作用来提高计算精度，然而由于计算复杂度随系统的增大而急剧上升，因此从头计算法通常更适合于中小体系的定量计算。

2. 密度泛函理论

密度泛函理论的主要目标就是用电子密度取代波函数作为研究的基本量，也就是不区分各个电子本身的状态，而把所有电子的密度作为一个参数来计算，通过系统总能量最小化去确定体系的基态电子分布，从而大大降低了计算中的处理量，特别适用于凝聚态材料的性质计算，广泛应用于材料科学、化学和生物物理学等领域。

1964 年，霍恩伯格（Hohenberg）和科恩（Kohn）的 Hohenberg-Kohn 模型成为密度泛函理论发展历史上重要的里程碑，证明了多电子体系的非简并和简并基态的能量是单质点（电子）密度的唯一函数，分子基态所有信息都包含在单质点（电子）密度函数中。到 20 世纪 90 年代，理论中所采用的近似被重新提炼成更好的交换相关作用模型。密度泛函理论是多种领域中电子结构计算的领先方法。与 HF 方法相比，DFT 方法计算速度快，在处理轻元素所形成的基态化合物时表现相当好，现在已经广泛应用到化学键、分子几何性质、分子间力、化学活性、流体动力学等方面的研究中。

DFT 方法在实践中通常需要借助计算机程序进行实现，常用的程序包括 VASP、Quantum ESPRESSO、Gaussian 等。这些程序提供了丰富的功能和选项，使研究人员可以针对不同的系统和问题进行定制化的计算。尽管密度泛函理论得到了改进，但是用它来恰当地描述分子间相互作用，特别是范德华力，或者计算半导体的能隙还是有一定困难的。在应用时也需要谨慎选择参数和方法，以确保计算结果的可靠性和准确性。

3. 半经验方法

与纯粹的量子化学方法相比，半经验方法通常更快速、更经济，并且可以应用于较大的分子系统。在对酶、蛋白质、聚合物等大分子体系进行计算的时候，使用从头算法和密度泛函理论等有严格理论基础的方法，需要占用大量的计算资源，计算时间长。为了在计算时间和计算精度上寻找一个平衡点，人们有意识地忽略了一些计算极其复杂但对结果影响却很小的积分，并引用实验数据来辅助求解薛定谔方程，从而提出了半经验的量子化学计算方法。

半经验法在一些成熟适用体系下，极大地简化了计算工作量，能够定性或者半定量地描述一些复杂的多电子体系性质。这些方法通常在计算机程序包如 MOPAC、GAMESS 等中实现，并被应用于药物设计、催化剂设计、材料科学等领域，缺点是计算产生的误差随意性大，使得结构差异大的体系根据半经验计算的结构来进行比较时，可靠性不高。

习　题

2-1　氢光谱中四条可见光谱线的波长分别为 656.3 nm、486.1 nm、434.1 nm 和 410.2 nm（$1\ \text{nm}=10^{-9}\ \text{m}$）。根据$\nu=c/\lambda$，计算四条谱线的频率各是多少？

2-2　区别下列概念：

（1）线状光谱和连续光谱

（2）基态和激发态

（3）电子的微粒性和波动性

（4）概率和概率密度

（5）波函数和原子轨道

（6）轨道能级的简并、分裂和交错

（7）波函数的角度分布曲线和径向分布曲线

（8）原子共价半径、金属半径和范德华半径

（9）电负性和电子亲和能

2-3　下列描述电子运动状态的各组量子数哪些是合理的？哪些是不合理的？为什么？

	n	l	m
（1）	3	2	−3
（2）	2	0	+1
（3）	4	1	0
（4）	1	0	0
（5）	3	3	3
（6）	3	2	−2

2-4　用合理的量子数表示：

（1）$4s^1$ 电子　（2）$3p_x$ 轨道　（3）4d 能级

2-5　分别写出下列元素的电子排布式，并指出它们在周期表中的位置（周期、族、区）。

$_{10}$Ne　$_{17}$Cl　$_{24}$Cr　$_{71}$Lu　$_{80}$Hg

2-6　写出符合下列电子结构的元素，并指出它们在元素周期表中的位置。

（1）3d 轨道全充满，4s 上有 2 个电子的元素

（2）外层具有 2 个 s 电子和 1 个 p 电子的元素

2-7　写出第 24 号元素铬的价层电子（$3d^5 4s^1$）的四种量子数。

2-8　当主量子数 $n=3$ 时，可能允许的 l 值有多少？指出可能的轨道类型并绘出其图形。

2-9　已知某原子的电子结构式是 $1s^2 2s^2 2p^6 3s^2 3p^6 3d^{10} 4s^2 4p^2$。则

（1）该元素的原子序数是多少？

（2）该元素属第几周期、第几族？是主族元素还是过渡元素？

2-10　已知某元素在氪之前，当该元素的原子失去一个电子后，在其角量子数为 2 的轨道内恰好达到全充满，试判断元素的名称，并指明它属于哪一周期、族、区。

2-11　根据原子核外电子的排布规律，试判断 115 号元素的电子结构，并指出它可能与哪种元素的性质相似。

2-12　试画出 s、p、d 原子轨道角度分布的二维平面图。

2-13　长式周期表中是如何分区的？各区元素的电子层结构特征是什么？

2-14　填表：

原子序数	价层电子构型	周期	族	区	金属性
15					
20					
27					
48					
58					

2-15 填表：

价层电子结构式	原子序数	周期	族	区	金属性
$3s^2 3p^2$					
$4s^2 4p^3$					
$3d^7 4s^2$					
$4f^1 5d^1 6s^2$					
$4f^{10} 6s^2$					

2-16 什么叫屏蔽效应？什么叫钻穿效应？如何解释多电子原子中的能级交错（如 $E_{5s}<E_{4d}$）现象？

2-17 试解释为什么 $I_1(N)>I_1(O)$。

2-18 试比较 F、Al、B 三元素的下列诸方面：

（1）金属性　（2）电离能（I_1）　（3）电负性　（4）原子半径

第3章　化学键、分子及晶体结构

分子（molecule）是化学变化中最基本的单元，分子由原子构成。

原子是化学研究中涉及的最小单元，从化学的角度来看，大千世界里形态不同、性质各异的化学物质都是由原子构成的。不同种类和数目的原子需要通过形形色色的作用力结合在一起，形成多原子的分子。稀有气体外，因为其最外层8电子的闭壳构型，以原子形态稳定存在，称为单原子分子，例如Ne、Ar等。

促使原子结合成为分子的强烈作用力，称为化学键（chemical bond）。在分子之间，还有不那么强烈的作用力，称为分子间作用力（intermolecular force）。化学键和分子间作用力这两种不同强弱层次的化学作用力，决定了物质的物理和化学性质，支配了化学或物理变化中的能量吸收或释放。

分子的性质是由其内部的结构所决定的。因此，研究分子内部的结构，对研究物质的性质和功能具有重要的意义。

本章将在原子结构的基础上，讨论化学键的形成、特性及其相关理论，同时介绍分子间相对弱的作用力，以及通过各种化学作用力形成的不同晶体结构与性质之间的关系。

3.1　化学键的分类及晶体类别

分子中原子间强烈的相互作用力称为化学键。化学键一般分为共价键（covalent bond）、金属键（metallic bond）和离子键（ionic bond）。三种化学键中，共价键形成机理最复杂、变化类型最多、存在范围最广，是最重要的一种化学键。尤其是在有机化合物、生物体中，所有的非金属原子都是靠共价键连接在一起的。

化学键的分类

原子依靠化学键这种强烈的作用力可形成双原子分子、多原子分子或者“大分子”。这里所谓的大分子，是指一个分子中原子的数目可以是任意多个没有上限。对于金属元素而言，通过金属键形成金属晶体，就是一种金属的大分子，比如金属铜的分子式应记做Cu_n（$n \to \infty$），一般用化学式Cu来表示金属单质的组成。同样金属和非金属形成的离子晶体（ionic crystal），也是一种大分子，比如$(NaCl)_n$中，$n \to \infty$，一般也用化学式NaCl来表示其组成。而非金属形成的单质或化合物情况比较复杂，如果是共价键将所有原子结合为一个牢固的整体，称为原子晶体（atomic crystal），也叫共价晶体（covalent crystal），也是一种大分子，比如$(SiO_2)_n$中，$n \to \infty$，一般用化学式SiO_2来表示其组成。而CO_2分子内部是共价键结合，而分子之间是相对弱的作用力，最终形成的固态称为分子晶体（molecular crystal）。SiO_2和CO_2的组成形式相似，但性质差异极大。前者以石英为例，熔点约为1713 ℃，而CO_2是分子晶体，干冰在−78.5 ℃以上直接升华为气态（见图3-1）。这是由于它们的结构，或者形成结构背后的原因，化学作用力类型的不同造成的。

化学式只表达构成分子的各元素原子的最简整数比，而分子式则表达构成分子的各元素原子的真实数量。因此CO_2是分子式，而SiO_2不是分子式，是化学式。

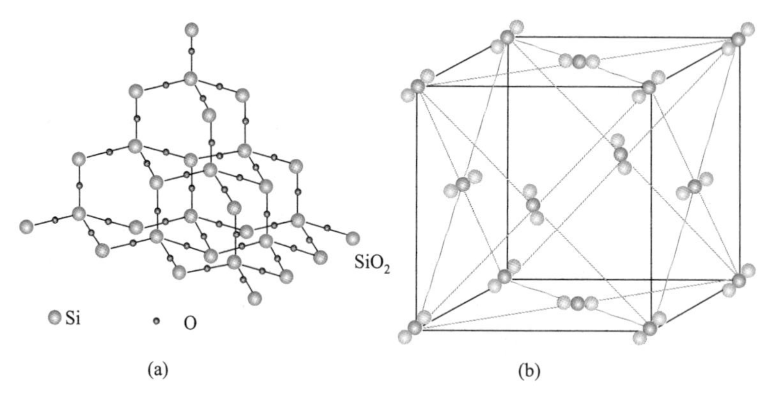

图 3-1 SiO_2（石英）的原子晶体（a）和干冰 CO_2 的分子晶体（b）结构示意图

物质在固态时，按照物质内部的质点排列的有序程度可以分为晶体和非晶体。非晶体由于内部质点排列不规则，所以没有一定的结晶外形。如生活中用到的石蜡、玻璃、沥青、松香等，因此，非晶体也称为无定形体。

通过 X 射线衍射技术，可以确定组成晶体的质点（原子、离子或分子）在三维空间有规律地重复排列。晶体具有规则的几何外形、固定的熔点和各向异性的特征。

晶体结构的最小空间单元称为单元晶胞，简称晶胞。晶胞是平行六面体，在三维空间的重复方式就形成了晶格（lattice，也称为点阵）。具有平行六面体特征的晶胞可以用 6 个参数来描述，分别是六面体的 3 个棱长和 3 条棱边的夹角（见图 3-2），称为晶胞参数。根据晶胞的对称性，可以划分成 7 大晶系（crystal systems），包含 14 种晶格（见表 3-1）。

晶体结构

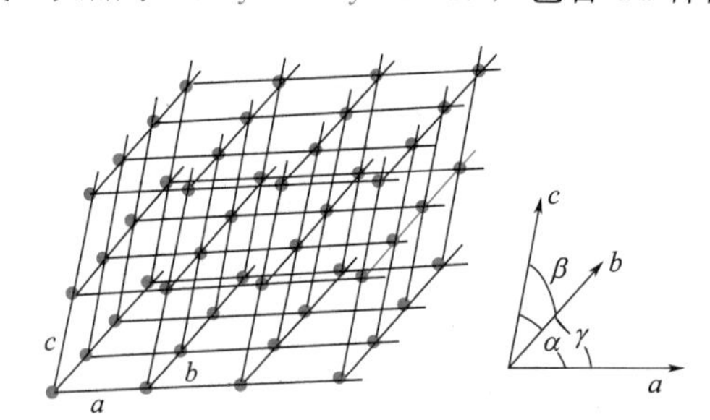

图 3-2 晶格和晶胞参数

表 3-1 七大晶系

晶系	晶轴	轴间夹角	晶体实例	包含晶格
立方晶系 Cubic	$a=b=c$	$\alpha=\beta=\gamma=90°$	NaCl、ZnS	简单、体心、面心
六方晶系 Hexagonal	$a=b\neq c$	$\alpha=\beta=90°,\gamma=120°$	AgI、SiO_2(石英)	简单
四方晶系 Tetragonal	$a=b\neq c$	$\alpha=\beta=\gamma=90°$	SnO_2、Sn	简单、体心
三方晶系 Rhombohedral	$a=b=c$	$\alpha=\beta=\gamma\neq 90°$	Al_2O_3、Bi	简单
正交晶系 Orthorhombic	$a\neq b\neq c$	$\alpha=\beta=\gamma=90°$	$HgCl_2$、$BaCO_3$	简单、体心、底心、面心

晶系	晶轴	轴间夹角	晶体实例	包含晶格
单斜晶系 Monoclinic	$a \neq b \neq c$	$\alpha=\gamma=90°, \beta\neq 90°$	$KClO_3$、$Na_2B_4O_7$	简单、底心
三斜晶系 Triclinic	$a \neq b \neq c$	$\alpha\neq\beta\neq\gamma\neq 90°$	$CuSO_4 \cdot 5H_2O$	简单

3.1.1 金属键及能带理论

元素周期表中大约有 4/5 的元素是金属元素，常温常压下它们的单质一般以金属晶体的形式存在，金属原子间是通过金属键结合在一起的。

(1) 金属键

在金属晶体中，所有的金属原子像紧密堆积的球体一样，有规律地聚集在一起。由于金属元素的电负性较小，原子核对核外电子的吸引力较弱，因此价电子容易脱落下来，以自由电子的形式分布在整个晶体间隙中。也就是说金属元素的价电子不再属于某一个具体的原子所有，而是属于整个金属晶体。一个形象的说法就是，在金属晶体中，金属原子整齐地排列在一起，并浸泡在自由电子的“海洋”中，如图 3-3 所示。

这些自由电子与每一个金属原子或金属正离子之间的静电作用力，就是维系整个晶体稳定存在的所谓金属键。可见金属键并不是具体存在的一根根可数的、能单独表示的化学键，而是金属晶体内部自由电子与所有金属原子和离子作用力的总和。

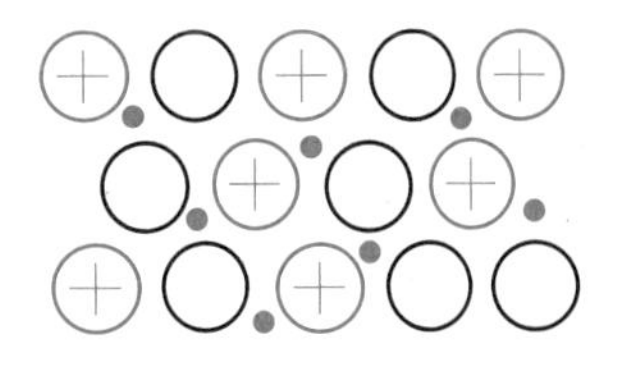

图 3-3 金属键形成的示意图

由于金属晶体中原子的紧密堆积和存在着大量的自由电子，使得金属单质具有一系列特殊的性质。如：紧密堆积导致金属晶体具有较高的密度；很强的静电作用力导致金属晶体一般具有较高的熔沸点和硬度；再比如金属受外力时，内部某一层原子与另一层的原子会发生位置的相对滑动，但由于自由电子的存在，晶体内部的金属键仍然能够保持，整体不容易断裂，因此金属材料有很好的延展性；又如金属处于外加电场的影响下，自由电子会定向移动而形成电流，这使得金属的导电性能普遍优良；最后自由电子通过运动与碰撞也能很好地将动能传递，形成较好的导热性。

一般来说，价电子多的金属元素单质的电导率、硬度和熔沸点都比较高，因为它们能提供的自由电子数目比较多，使得金属键的强度提高。根据这一规律，在元素周期表中处于中间位置的金属元素，即ⅥB、ⅦB 的元素，大都具有这样的性质，比如硬度最高的金属 Cr，熔点最高的金属 W，都是属于ⅥB 族的。

一些合金也属于金属晶体。比如，在 Fe 中掺加少量的 V、Cr、Mn、Ni、Co，相当于紧密堆积的 Fe 原子中有少量 Fe 原子被其他原子所取代。这样整个物质不但依旧具有金属晶体的特征，而且通过控制外加元素的种类和数量，其硬度、耐磨性、熔沸点等各种物理性能会有很大的改变。人类对合金的认识和使用可以追溯到文明的早期，古代的青铜就是铜和锡的合金，青铜的熔点比纯铜低得多，更易于铸造，而硬度却比纯铜要高。

(2) 能带理论

量子力学从物质结构与物质性质的关联性方面更好地揭示了金属中自由电子运动时能量的变化情况，提出了金属晶体的能带理论（energy band theory）。

该理论认为，在一个大分子中各原子的核外电子不再是属于某一个具体原子所有，而是属于整个晶体的大分子所有。描绘这些电子的能级就不再用单个原子的原子轨道，而要用大分子的分子轨道。

以 Li 原子为例，核外电子构型是 $1s^2 2s^1$，所以 n 个 Li 原子形成金属晶体后，形成一个 Li_n 的大分子。原来各原子能量相同的 n 条 1s 轨道叠加在一起，形成了 n 条能级差别非常小的分子轨道。在金属晶体中，原子的数目 n 趋向于无穷大，因此分子轨道之间的能量差趋向于无穷小，最终可以把这些轨道看成是能量连续的能带（energy band）。由于原来每个 Li 原子的 1s 轨道上都有 2 个电子，形成的分子能带上的电子是充满的，这样一条充满电子的能带叫作满带（filled band）。

Li 原子的 n 条 2s 轨道组合与 1s 轨道组合相同，也形成了能带，但是由于 2s 上只有一个电子，所以新形成的能带上的电子是不充满的。由于非满带上电子的能量是连续的，所以电子很容易离开原来的能量位置进入能量略有微小差别的无电子位置，造成电子可以在非满带中自由运动，如图 3-4(a) 所示。这种电子非全满，电子能在其中自由运动的能带称为导带（conduction band）。

而像 Mg 这样的金属，因为 Mg 的核外电子构型是 $1s^2 2s^2 2p^6 3s^2$，形成金属晶体后，所有的能带都是满带，似乎没有电子自由运动的可能。但是由于 Mg 原子 3p 轨道形成的空带（empty band）和 3s 轨道形成的满带，能级相差很小，造成它们之间会有部分的重叠，满带上能量较低的电子很容易就跃迁到空带上能量较高的位置，形成了电子的自由运动，如图 3-4(b) 所示。因此，两个能级相近的能带的重叠也可能形成导带。

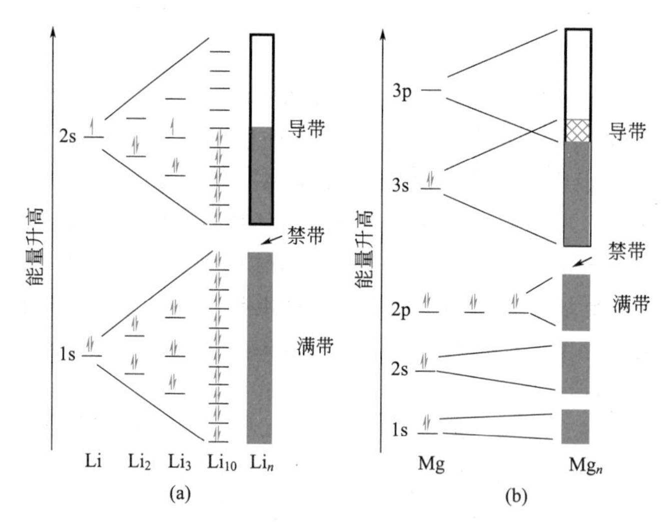

图 3-4 金属的能带形成示意图

两个能带之间的区域叫作禁带（forbidden band）。对于绝缘体而言，不存在导带，而满带上的电子跃迁到能量高的空带上，要跨越其中能级相差很大的禁带，所需要的能量在正常情况下是无法获得的，所以绝缘体不能导电。除非外加很大的电压，电子才可能跨越其中很宽的禁带，跃迁到能量高的空带上而导电，这称为绝缘体的击穿。在导体和绝缘体之间，还有一类物质叫半导体，如 Si 和 Ge 的晶体，它们满带和空带之间有禁带，但宽度较窄，在光照或者较小电场的作用下，满带上的电子就能够跨越禁带，进入上面的空带，从而使得晶体具有一定的导电性，但显然远远不如导体的导电性强，因此称为半导体。

能带理论很好地解释了金属晶体具有的金属光泽、导电、导热等一系列独特性能。比如金属具有独特的光泽，是因为金属中导带的电子能级是连续的，能级间能量差很小，可以吸收外界各种波长的光，发生跃迁，然后又回到较低的能级，把能量转化成光又发射出去，是优良的辐射能反射体。

3.1.2 离子键

当金属和非金属元素之间电负性相差较大时（$\Delta\chi > 1.7$），两种元素的原子相遇，电负性较小的原子会失去价电子，形成带正电荷的阳离子；电负性较大的原子会得到相应的电子，形成带负电荷的阴离子。阳离子和阴离子靠静电吸引力而结合在一起，这样的化学键称为离子键，形成的化合物叫离子化合物，形成的晶体叫离子晶体。这种靠静电吸引力而形成的离子键与金属键相似，也不具体存在一根根可数的、能单独表示的化学键，而是离子晶体内部阳离子和阴离子作用力的总称。

典型的离子化合物是 NaCl，Na 元素属于ⅠA 族，Cl 属于ⅦA 族。前者价层电子构型是 $3s^1$，是电负性很小的金属元素（电负性 $\chi_{Na}=0.9$）；后者价层电子构型是 $3s^2 3p^5$，是电负性很大的非金属元素（电负性 $\chi_{Cl}=3.0$）。Na 原子最外层的 s^1 电子很容易失去并给了 Cl 原子，这样就形成了 Na^+ 和 Cl^-，最外层都达到了稀有气体 8 电子的稳定构型。这些阴、阳离子通过静电吸引力结合在一起，有规律地排列堆积起来形成离子晶体。

如图 3-5 所示，在 NaCl 离子晶体中，可以清楚地看到这是一个由许多 Na^+ 和 Cl^- 紧密堆积起来的大分子，而并不存在具体的单个 NaCl 分子。

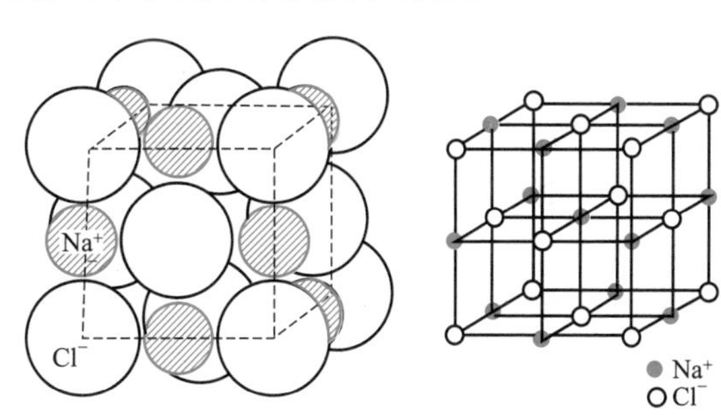

图 3-5 NaCl 的晶胞（面心立方晶格）

对于金属单质的晶体，原子只需简单地紧密堆积在一起就可以了，没有排列的次序问题。而离子晶体中由于存在异电荷相吸、同电荷相斥，所以 Na^+ 和 Cl^- 排列是相当有规律的，即一个 Na^+ 被周围六个 Cl^- 包围，而一个 Cl^- 也被周围六个 Na^+ 包围，这样阴、阳离子形成了交错排列，有利于使吸引力发挥到最大，而排斥力减到最小。阴、阳离子之间强烈的吸引力，也就是所谓的离子键，使得整个晶体保持了稳定的结构。

在 NaCl 离子晶体中，任意一个 Na^+ 受到的吸引力，不光来自周围紧邻的六个 Cl^-，还来自外围四面八方所有阴离子的吸引力和阳离子的排斥力。虽然随着距离的增大，这种作用力会急剧下降，但还是存在的，这是由静电作用力的本质决定的。所以不能说一个 Na^+ 周围存在着多少根离子键，键的方向又是如何。因此离子键和金属键一样，不具有饱和性和方向性。

从元素周期表不难看出，电负性较大的元素位于周期表的右上角。如ⅥA 族和ⅦA 族的 F、O、Cl 等；而电负性较小的元素位于周期表的左下角。如ⅠA 族和ⅡA 族的 Cs、Rb、K、Na、Ba 等，它们之间形成的化合物往往是比较典型的离子型化合物，如 NaCl、BaO 等。

还有一类离子型化合物稍微复杂一些，它们的正、负电荷单元可能是一些由多个原子组成的基团，如 NH_4Cl 中的 NH_4^+ 和 Na_2SO_4 中的 SO_4^{2-} 等。这时，我们可以把 NH_4^+ 和 SO_4^{2-} 当成简单的正负离子来看，物质总体具有离子型化合物的特征，虽然这些离子基团自身往往是通过其他化学键的结合才得以形成的。

(1) **离子键的强度**

由于离子键的本质是静电作用力，所以可以建立一个离子晶体的模型，近似地将阴、阳离子作为带电荷的球体来处理，而认为它们之间是紧密堆积、彼此接触的。这样根据库仑定律，正、负电荷之间静电引力 f 与两电荷中心所带电量乘积成正比，而与两电荷中心距离的平方成反比。即

$$f \propto \frac{q_{(+)}q_{(-)}}{r^2} \tag{3-1}$$

式中，$q_{(+)}$、$q_{(-)}$ 分别为阳离子与阴离子所带电量；而 r 就是正、负电荷中心的距离。由于认为阴、阳离子紧密接触，所以 r 就等于正、负离子的半径和。此式可用来表征离子键的强度。

可以想象，当阴、阳离子之间吸引力增大，也就是离子键的强度增加时，离子晶体的结构会更加稳定，更难被破坏，宏观上会影响晶体一系列理化性质的变化，如硬度增强、熔沸点增高等。也可以用离子晶体的晶格能（lattice energy）衡量离子键的强弱，晶格能（也称点阵能）的定义：拆开单位物质的量的离子晶体使其变为气态离子所需要的能量。显然离子键越强，晶格能越大。

晶格能的数据可用来说明许多典型离子型晶体物质的物理、化学性质的变化规律。晶格能越大，晶体的熔、沸点越高，硬度也越大，该晶体也就越稳定。离子晶体晶格能的大小取决于阴、阳离子的电荷、离子间距离等因素。对于晶体构型相同的离子化合物，离子电荷数越多，核间距越短，晶格能就越大；反之，晶格能则越小（见表 3-2）。

表 3-2 晶格能与离子晶体的物理性质

晶体	NaI	NaBr	NaCl	NaF	SrO	CaO	MgO
离子电荷	1	1	1	1	2	2	2
核间距/pm	318	294	279	231	257	240	210
晶格能/$kJ \cdot mol^{-1}$	704	747	785	923	3223	3401	3791
熔点/℃	661	747	801	993	2430	2614	2852
硬度(金刚石＝10)	—	—	2.5	2～2.5	3.5	4.5	5.5

(2) **离子半径**

严格地讲，由于电子云没有边界，所以离子半径（ionic radius）无法精确测定。通常将实验测得的阴、阳离子间的平均距离视为对应的阴、阳离子的半径和。目前已有多种推算离子半径的方法，常用的是由鲍林推导出来的一套离子半径数据。现将常见离子半径数据列于表 3-3。

表 3-3 常见的离子半径/pm

外层 8(2)电子						外层 9～17 电子						外层 18 电子			外层 18+2 电子	
		Li^+	Be^{2+}													
		76	45													
O^{2-}	F^-	Na^+	Mg^{2+}	Al^{3+}												
140	133	102	72	54												

续表

外层 8(2)电子						外层 9～17 电子						外层 18 电子			外层 18+2 电子	
S^{2-}	Cl^{-}	K^{+}	Ca^{2+}	Sc^{3+}	Ti^{4+}	Cr^{3+}	Mn^{2+}	Fe^{2+}	Co^{2+}	Ni^{2+}	Cu^{2+}	Cu^{+}	Zn^{2+}	Ga^{3+}	Ge^{2+}	As^{3+}
184	181	138	95	75	61	62	83	78	75	69	73	77	74	62	73	58
Se^{2-}	Br^{-}	Rb^{+}	Sr^{2+}					Fe^{3+}				Ag^{+}	Cd^{2+}	In^{3+}	Sn^{2+}	Sb^{3+}
198	196	152	118					65				115	95	80	118	76
Te^{2-}	I^{-}	Cs^{+}	Ba^{2+}										Hg^{2+}	Tl^{3+}	Pb^{2+}	Bi^{3+}
221	220	167	136										102	89	119	103

注：均取配位数为 6 的情况（过渡金属离子采取高自旋）。

离子半径的相对大小有以下规律：

(a) 同种元素离子的半径随离子电荷代数值增大而减小，如 $r_{Fe^{3+}} < r_{Fe^{2+}}$，$r_{Sn^{4+}} < r_{Sn^{2+}}$。

(b) 同主族元素电荷数相同的离子半径随周期数的增大而增大，如 $r_{Li^+} < r_{Na^+} < r_{K^+} < r_{Rb^+} < r_{Cs^+}$。

(c) 对外层电子数相等的离子（往往具有同一稀有气体电子构型），离子的半径随离子电荷代数值增大而减小，如 $r_{Al^{3+}} < r_{Mg^{2+}} < r_{Na^+} < r_{F^-} < r_{O^{2-}}$。

离子半径的大小是决定离子间作用力强弱的重要因素，从而也影响离子化合物的性质。

(3) 电子构型

离子的电子构型（electron configuration）是指原子失去电子或得到电子所形成的离子的外层电子构型。一般稳定存在的离子最外层电子构型见表 3-4。

表 3-4 离子最外层电子构型

类型	最外层电子构型	实例
2 或 8 电子构型	ns^2;ns^2np^6	Be^{2+}、F^-、Na^+、Ba^{2+}、Cl^-
9～17 电子构型	$ns^2np^6nd^{1\sim9}$	Cr^{3+}、Mn^{2+}、Fe^{3+}、Fe^{2+}、Cu^{2+}
18 电子构型	$ns^2np^6nd^{10}$	Zn^{2+}、Ag^+、Hg^{2+}、Cu^+
18+2 电子构型	$(n-1)s^2(n-1)p^6(n-1)d^{10}ns^2$	Pb^{2+}、Sn^{2+}、Sb^{3+}、Bi^{3+}

离子的电子构型对离子键的离子性影响很大，并影响离子型化合物的性质。例如，Ag^+ 和 K^+ 所带电荷一样，半径也相差不大，但形成化合物的性质却明显不同。

(4) 离子晶体

以离子键结合形成的离子型化合物主要以晶体的形式存在，这类晶体称为离子晶体。

离子半径、离子电荷和离子的电子构型都会影响离子晶体的类型，在这里只讨论立方晶系的 3 种晶格，即简单立方晶格、体心立方晶格和面心立方晶格（见图 3-6）。

CsCl 型：Cl^- 做简单立方堆积［图 3-6(a)］，Cs^+ 填入立方体空隙中，每种离子的配位数都是 8，配位比是 1∶1。

NaCl 型：由 Cl^- 形成面心立方晶格［图 3-6(b)］，Na^+ 占据晶格中所有八面体空隙。每种离子的配位数都是 6，配位比是 1∶1。

ZnS 型：由 S^{2-} 形成面心立方晶格［图 3-6(c)］，Zn^{2+} 占据了其中一半的四面体空隙，每种离子的配位数都是 4，配位比是 1∶1。

(a) CsCl　(b) NaCl　(c) ZnS

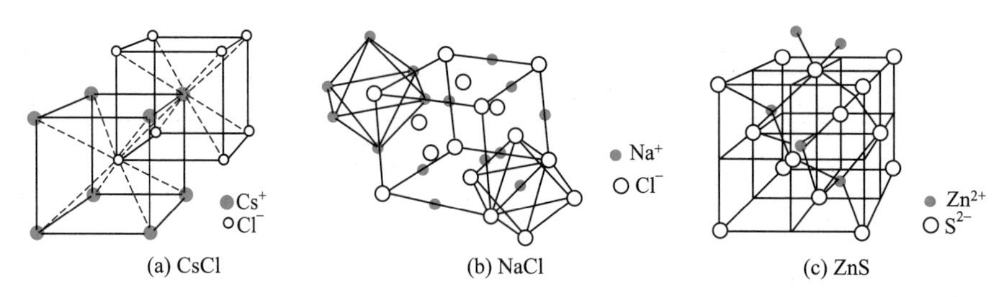

图 3-6　AB 型离子化合物的三种晶体结构类型

离子晶体的配位比与阴、阳离子半径之比有关，只有当阴、阳离子紧靠在一起，晶体才能稳定存在。离子能否完全紧靠与阴、阳离子半径比值（r^+/r^-）有关。以 AB 型离子晶体为例，说明离子的半径比与配位数、晶体构型之间的关系。

当 $r^+/r^-=0.414$ 时，阴、阳离子直接接触，阴离子间也两两接触（见图 3-7）。但是当 $r^+/r^-<0.414$ 时，会出现图 3-8(a) 的情况。此时阴、阳离子不接触，而阴离子间互相接触，静电排斥力大，而吸引力小，整个晶体体系势能升高，这样的晶体构型不能稳定存在。阴、阳离子有可能脱离，使阴、阳离子的配位数减少为 4。

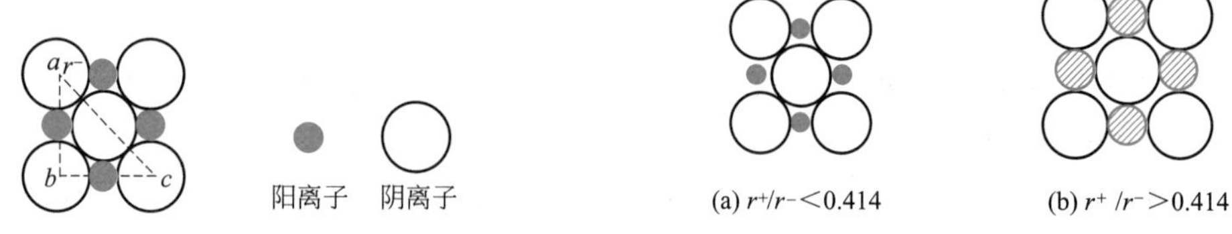

图 3-7　配位比为 6∶6 的晶体中阴、阳离子半径之比

(a) $r^+/r^-<0.414$　(b) $r^+/r^->0.414$

图 3-8　半径比与配位数的关系

当 $r^+/r^->0.414$ 时，会出现图 3-8(b) 的情况，阴、阳离子互相接触，而阴离子间不接触，排斥力小，晶体较稳定。

为使晶体更加稳定，最优的条件是阴、阳离子都接触，且配位数尽可能高。因此配位数为 6 的条件是：$r^+/r^-\geqslant 0.414$。

但是当 $r^+/r^->0.732$ 时，阳离子相对较大，有较大的表面积，有可能吸引更多的阴离子，因而可能使配位数增加到 8。

表 3-5 列出了 AB 型晶体的离子半径比、配位数及晶体结构的关系。

表 3-5　AB 型晶体的离子半径比、配位数及晶体结构的关系

半径比 r^+/r^-	配位数	晶体结构	实例
0.225～0.414	4	正四面体型	ZnSe，ZnO，BeS，CuCl 等
0.414～0.732	6	面心型	KCl，LiF，NaBr，NaI，CaS 等
0.732～1	8	体心型	CsBr，CsI，TlCl，NH_4Cl 等

3.1.3　离子极化理论

形成阴、阳离子的两种元素之间必须具有较大的电负性差值，才能使得价电子从电负性较小的元素完全转移转给电负性较高的元素原子。一般来说，这个差值（Δχ）要大于 1.7。如果这个值不够大，也就是说电子不能完全转移，会造成电子对为双方共用的现象。但是在

电子对共用，还是电子完全转移之间没有一道绝对的界限，从离子键的电子完全转移到共价键电子对共用，是一个逐渐过渡的过程，这样一种现象称为离子的极化（见图 3-9），造成离子型化合物向共价型化合物的过渡。

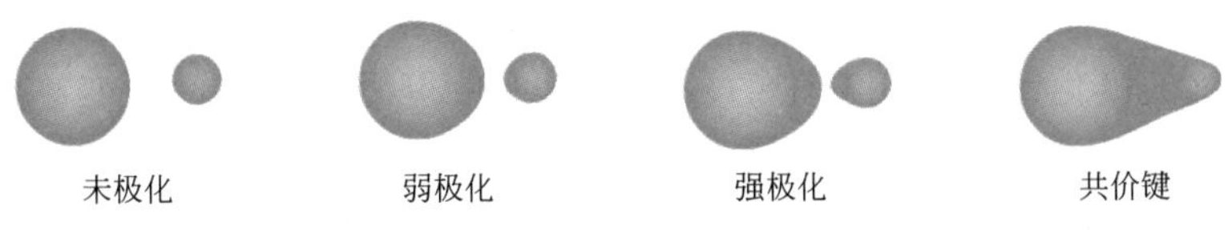

图 3-9　离子极化示意图

(1) 离子的极化

离子本身带有电荷，形成了电场，当带正电荷的阳离子和带负电荷的阴离子接近时，产生的电场会相互影响。例如阳离子的正电场对阴离子的电子云产生吸引作用，称为离子极化（ion polarization），而最终诱导阴离子的电子云形状发生变化，称为离子变形（ion distortion）。

离子极化是一个过程，离子变形是一个结果。当然，离子极化作用是相互的，即阳离子对阴离子有极化作用，同时阴离子对阳离子也有极化作用。但是一般而言，阳离子因失去电子，核电荷数大于核外电子数，离子半径较小，原子核对电子云的吸引更牢固，不易变形，它对周围的阴离子会产生强烈的诱导作用而使之极化；阴离子因得到电子，核电荷数小于核外电子数，半径较大，原子核对电子云的吸引较弱，容易被其他阳离子极化而变形，极化作用却较小。所以在讨论离子间相互作用时，一般只考虑阳离子的极化作用和阴离子的变形性。

(2) 影响极化作用的因素

影响极化作用强弱的因素有离子的半径、电荷和电子构型。离子电荷愈高，半径愈小，极化作用愈强。例如，$Al^{3+}>Mg^{2+}>Na^{+}$。如果电荷相等，半径相近，则主要考虑阳离子的电子构型对极化的影响。其作用的次序是：外层具有 8 电子构型时（比如 s 区元素 Na^{+}、Mg^{2+}等），极化能力最小；外层具有 9～17 电子构型时（比如 d 区元素 Mn^{2+}、Cr^{3+}、Fe^{2+}、Fe^{3+}），具有较大的极化能力；外层具有 18（比如 ds 区元素 Cu^{+}）、18+2（p 区元素 Pb^{2+}）和 2 电子构型（Be^{2+}）时，极化能力最强。

(3) 影响离子变形性的因素

离子的半径愈大，变形性愈大，例如，$I^{-}>Br^{-}>Cl^{-}>F^{-}$，$S^{2-}>O^{2-}$；对于一些由多原子组成的无机阴离子，如 SO_4^{2-}，是结构紧密、对称性强的原子团，一般变形性都不大。在这一类无机阴离子中，变形性随阴离子中心原子氧化数的升高而变小，如 $ClO_4^{-}<NO_3^{-}<OH^{-}$；$SO_4^{2-}<CO_3^{2-}$。

(4) 离子的极化对晶体性质的影响

离子极化的后果是，原来独立存在的阴、阳离子外层电子云发生不同程度的重叠，使两离子间有了共价键的成分（见图 3-9）。而共价性增强，使得形成的晶体更倾于分子型晶体的特点，即会使化合物熔点和沸点降低。例如，在 $BeCl_2$、$MgCl_2$、$CaCl_2$ 等化合物中，Be^{2+}半径最小，又是 2 电子构型，因此 Be^{2+}有很强的极化能力，使 Cl^{-} 发生比较显著的变形，造成 Be^{2+}和 Cl^{-}之间的化学键有显著的共价性，因此 $BeCl_2$ 属于典型的分子晶体，较同族的氯化物具有较低的熔沸点。$BeCl_2$、$MgCl_2$、$CaCl_2$ 的熔点依次为 410 ℃、714 ℃、782 ℃。

极化造成离子晶体向分子晶体的过渡，也会使其在水中的溶解度下降。如 Ag^+ 与 F^-、Cl^-、Br^-、I^-形成卤化物，由于 F^-、Cl^-、Br^-、I^-变形性依次增大，极化的结果使形成的化合物由离子型逐渐向共价型过渡，在水中的溶解度逐渐减小，从 AgF 的易溶到 AgI 的难溶。

阳离子较强的极化作用和阴离子的较大变形也使得离子的核间距变小，中心离子周围的空间被压缩，导致晶体从高配位数向低配位数过渡。例如 AgI 晶体，按半径比规则（$r^+/r^-=0.583$），应属于配位数为 6 的 NaCl 型，但实验测定结果表明，AgI 是 4 配位的 ZnS 型。这是由于 Ag^+ 较强的极化作用（18 电子构型）和 I^- 变形性大（半径较大）造成的。

3.1.4 共价键

一般共价键发生在非金属元素之间，此时不同元素之间电负性差值不大，或者是同种元素原子间不存在电负性差值，价电子就不能在原子之间实现转移，而往往会形成电子对共用的情况。这种依靠电子对共用而形成分子的化学键称为共价键。一般以电负性差值 $\Delta\chi=1.7$ 来作为分界线，$\Delta\chi>1.7$ 的两种元素间倾向于形成离子键。如 NaCl：$\chi_{Na}=0.9$，$\chi_{Cl}=3.0$，$\Delta\chi=2.1$，形成的是离子键；而 $\Delta\chi<1.7$ 的元素间倾向于形成共价键，如 HCl 分子中，$\chi_H=2.1$，$\chi_{Cl}=3.0$，$\Delta\chi=0.9$，形成的是共价键；而金刚石仅由碳组成，对于同种元素 $\Delta\chi=0$，形成的化学键更是典型的共价键。

共价键的形成依靠共用电子对。比如 Cl_2 分子中，Cl 原子价电子构型为 $3s^23p^5$，每个 Cl 原子在 p 轨道上都有一个未成对的电子，各自拿出不成对的电子来与对方共用，这一对电子就称为共用电子对，也就形成了一根共价键。可用下式来表示 Cl_2 的形成：

$$:\ddot{\underset{\cdot\cdot}{Cl}}\cdot + {}_{\times}\overset{\times\times}{\underset{\times\times}{Cl}}{}^{\times}_{\times} = :\ddot{\underset{\cdot\cdot}{Cl}}{}^{\cdot}_{\times}\overset{\times\times}{\underset{\times\times}{Cl}}{}^{\times}_{\times}(Cl—Cl)$$

一条横线代表一对共用电子对，亦即表示一根共价键。

有时原子之间还会出现双键和叁键，即共用 2 对或 3 对电子，如 $H_2C=CH_2$（乙烯）和 $HC\equiv CH$（乙炔）中，两条横线和三条横线分别表示两个 C 原子之间存在两对共用电子和三对共用电子。

（1）原子晶体

原子晶体在晶体的晶格点上排列着中性原子，原子之间以强大的共价键相联系，这类晶体不存在独立的小分子，整个晶体实际上是一个巨大的分子，也没有确定的分子量。原子晶体熔点高，硬度大，熔融时导电性能差，并且在大多数溶剂中的溶解性较差。

金刚石是典型的原子晶体，每个 C 原子与周围的四个 C 原子形成四个共价键，在金刚石的晶胞中，C 占据着顶点和面心，将晶胞分成 8 个小立方体，其中不相邻的四个小立方体体心也被 C 原子占据，最终每个 C 原子配位数是 4（见图 3-10）。金刚石晶体中原子对称，等距排布，结合力是强大的共价键，所以金刚石在天然物质中硬度最高。

原子半径较小、最外层电子数目较多的原子组成的单晶体通常属于原子晶体。像 Si、B、Ge 等半径较小，性质相似的非金属元素组成的化合物也常形成原子晶体，如碳化硅、立方氮化硼、和石英等。

（2）共价键的饱和性和方向性

共价键与离子键、金属键一个显著的不同点在于，共价键不是分子内静电作用力的总称，而是通过共用电子对形成确定数量和受力方向的化学键。

① 共价键的饱和性

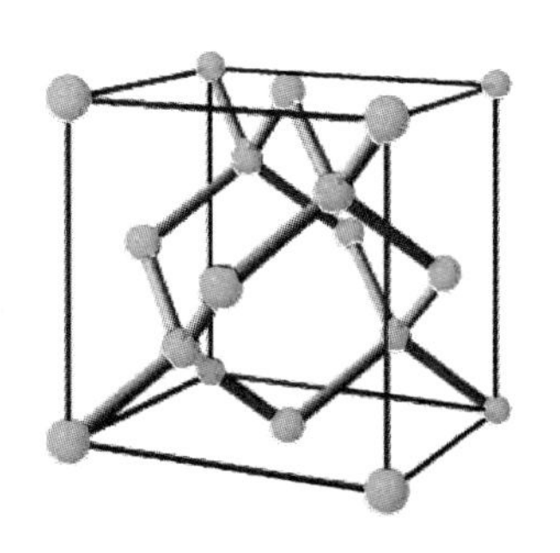

图 3-10 金刚石的晶胞
（面心立方晶格）

共价键是靠共用电子对形成的。每个原子的价层电子数是有限的，因而原子可形成的共用电子对的数量也是有限的。任何原子能形成共同电子对或共价键的数目≤价层电子数。这就是共价键的饱和性。如前所述，在离子晶体或金属晶体中，一个离子或原子所受静电作用力是来自周围远近无数个离子或电子，数目是没有限度的，所以不具有饱和性。

② 共价键的方向性

由于共价键具体存在着一对对共用电子，即是一根根具体存在的化学键。存在共用电子对的两个原子之间的作用力是沿着共价键的轴方向的。这就是共价键的方向性。如前所述，在离子晶体和金属晶体中，每个离子、原子受到来自周围四面八方的离子、电子的静电作用力，各个方向都可能是作用力的方向，都是方向就是没有方向。因此离子键和金属键没有方向性。

(3) 共价键的键参数

由于共价键是一根根具体存在的化学键，所以可以用一些参数来定量地表征共价键，统称为共价键参数，即键能（bond energy）、键长（bond length）和键角（bond angle）。共价键的极性也可以看成是一种键参数。键参数也是金属键和离子键所没有的。

① 键能

键能是共价键的稳固程度的表征，单位是 $kJ \cdot mol^{-1}$。它表示将 1 mol 共价键拆散为自由原子所需要的能量。如 H—H 键的键能是 435 $kJ \cdot mol^{-1}$，即表示将 1 mol 的 H_2 分子全部拆散为自由的 H 原子所需要的能量为 435 kJ。共价键的键能越大，拆散该键所需的能量越大，说明该键结合得越牢固，分子越稳定。一些常见共价键的键能见表 3-6。

对于多原子分子中的键能，情况稍微复杂一些。如 NH_3 中有三根 N—H 键，将它们依次拆散时，所需要的能量是依次减少的，而一般列出的 N—H 键的键能是 391 $kJ \cdot mol^{-1}$，其实是这三个键能的平均值。

对于相同原子之间形成的共价键，显然叁键的键能要大于双键，双键的键能又要大于单键。如：

$$E_{C\equiv C}=820\ kJ \cdot mol^{-1}$$

$$E_{C=C}=598\ kJ \cdot mol^{-1}$$

$$E_{C-C}=347\ kJ \cdot mol^{-1}$$

然而它们之间的关系并不是简单的整数比，叁键的键能并不是单键的三倍，要比三倍小许多；而双键的键能也小于单键键能的两倍。若按照上述的数据简单推算，双键中的第二根键的键能为 251 $kJ \cdot mol^{-1}$，而叁键中第三根键的键能为 222 $kJ \cdot mol^{-1}$。这表明将叁键变为双键或将双键变成单键要比拆散单键容易。

② 键长

共价键的键长是指形成共价键的两个相邻原子的原子核之间的平均距离。因为原子核时刻在振动中，所以原子核之间的距离并不是定值，只能求原子核之间的平均距离。一般来说，键长越短，表明原子之间结合得越紧密，键能也会越大，共价键也越牢固，此共价化合物或官能团（基团）越稳定。

③ 键角

在多原子分子中，一个原子如果形成两根或者两根以上的共价键，这些共价键之间在空间存在着一定的夹角，这种夹角称为键角。此时把形成多根共价键的原子称为中心原子。比如甲烷 CH_4 分子中，中心原子是 C，它与 H 形成了四根 C—H 键。这四根 C—H 键应该是完全等同的。所以，每两根 C—H 键之间都有同样大小的键角 109°28′，在空间以 C 原子为中心，四根 C—H 键均匀地伸向四个不同的方向。用线段连接四个 H 原子，可以得到一个正四面体，C 原子正处在正四面体的中心，所以甲烷的空间构型是正四面体。

表 3-6　一些共价键的键能　　单位：$kJ \cdot mol^{-1}$

单键	I	Br	Cl	F	O	N	C	H
H	298	366	431	567	463	391	413	435
C	234	293	351	—	351	293	347	—
N	—	—	200	—	222	159	—	—
O	—	—	—	212	143	—	—	—
F	—	—	253	158	叁键	N≡N	C≡C	C≡O
Cl	208	218	242	—		946	820	1076
Br	175	193	双键	C=C	C=O	O=O	C=S	N=N
I	151	—		598	803	498	477	418

可以看出，多原子分子存在一个原子在空间如何排布即空间构型的问题，键角和键长是决定空间构型的重要因素，其中键角起的作用更是首要的。常见的分子构型有直线形，如 CO_2；折线形，如 H_2O；三角锥形，如 NH_3；正四面体形，如 CH_4。这些分子中的键角和键长数据见表 3-7。

双原子分子如 Cl_2、HCl，则不存在键角的问题，因为在这些分子中，只有一根共价键。

表 3-7　一些分子中的键角和键长

分子	键长/pm	键角	空间构型
CO_2	116	180°	直 线 形
H_2O	96	104°45′	折 线 形
NH_3	101	107°18′	三角锥形
CH_4	109	109°28′	正四面体

(4) 共价键的极性及分子的极性

① 共价键的极性

如果形成共价键的两个原子的电负性不同，对电子吸引能力存在差异，会造成共用电子对的偏移，从而造成共价键的极性。

比如 HCl 分子中，Cl 原子电负性要大于 H 原子，所以共用电子对偏向于 Cl 原子，使 Cl 原子上带一定的负电荷，H 原子上带一定的正电荷，这就是共价键的极性。凡是两个不同的元素原子之间形成共价键，这种共价键一定是极性的。而 Cl_2 分子中，两个 Cl 原子电负性相同，共用电子对不会向任何一个 Cl 原子偏移，共价键是非极性的。

② 分子的极性

分子极性的大小用（电）偶极矩（dipole moment）μ 表征。偶极矩越大，分子极性越强，反之亦然。偶极矩的定义：

$$\boldsymbol{\mu}=q\times\boldsymbol{d} \tag{3-2}$$

式中，q 是分子中正电荷中心或负电荷中心所带的电荷量，C（库仑）；$\boldsymbol{d}$ 即为正电荷中心和负电荷中心的距离，m。偶极矩 μ 的单位为 C•m(库仑・米)。

偶极矩 μ 是个矢量，它不仅有大小，而且有方向。可用箭头表示矢量方向，偶极矩 μ 从正电荷中心指向负电荷中心，如图 3-11 所示。

如果一个分子中存在多个共价键，则整个分子有无极性，除了要看各共价键是否有极性外，还要看共价键在空间的分布，即分子的空间构型。

分子中没有极性键，整个分子一定没有极性。例如：O_2、N_2、Cl_2、金刚石等。

分子中存在极性键，整个分子不一定有极性。例如：CO_2，O 是中心原子，是分子的负电荷中心，C 是正电荷中心。C、O 间由两根双键相连，每根 C=O 双键都是极性的，如图 3-12（a）中所示。由于 CO_2 的空间构型是直线形，两根极性相等的双键在空间正好分布在同一条直线上，两根双键的偶极矩方向相反。两个大小相等、方向相反的矢量之和 $\mu=0$。或正电荷中心或负电荷中心完全重叠，即 $d=0$，使得 CO_2 分子不具有极性，是非极性分子（non-polar molecule）。

图 3-12（b）中显示，H_2O 是折线形的分子，虽然两根 H—O 键的极性相同，但不在一条直线上，不能相互抵消。H_2O 分子的偶极矩等于两个 H—O 键偶极矩的矢量之和，可按平行四边形对角线规则，合成分子的总极性。水分子是极性分子（polar molecule）。

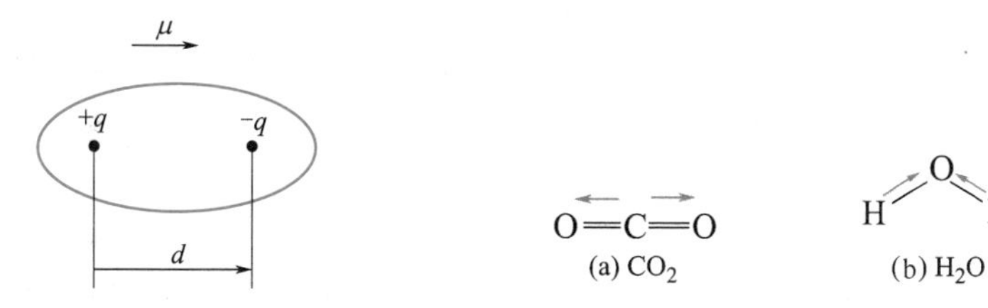

图 3-11　偶极矩的表示方法　　图 3-12　非极性分子和极性分子的偶极矩示意

表 3-8 是一些常见分子的极性大小。

表 3-8　一些常见分子的偶极矩 μ　　单位：10^{-30} C•m

分子	μ	分子	μ	分子	μ
H_2	0	CO	0.33	HF	6.40
N_2	0	NO	0.53	H_2O	6.23
CO_2	0	HI	1.27	H_2S	3.67
BCl_3	0	HBr	2.63	NH_3	4.33
CCl_4	0	HCl	3.61	SO_2	5.33

虽然 CO_2 和 H_2O 都是 AX_2 型分子，由于空间构型不同，使得分子一个有极性，一个没有极性。分子有无极性对物质物理性质有重大影响。如物质的熔沸点、物质之间的相互溶解性等，可见分子的微观结构决定着物质的宏观性质。

(5) 价层电子对互斥理论

在路易斯结构式(电子式）中，示出了中心原子 A 的价层（最外层）电子情况，这些电子都是成对存在的，称为价层电子对（valence pair)。价层电子对分为两种类型，有些电子对处在中心原子 A 和外围原子 X 之间的共用电子，称为成键电子对（bond pair）；也有中心原子的电子对没有参与成键，称为孤电子对（lone pair）。比如 CH_4、NH_3 和 H_2O 的电子式分别如图 3-13 所示，可见其中心原子上的孤电子对数目分别是零对、一对和两对。

无论是成键电子对，还是孤电子对，都是带负电荷的，之间存在斥力，所以中心原子价层上的电子对在空间上尽可能要分散在不同方向，使得它们之间的夹角最大化。例如甲烷分子如果最终是上图中平面结构，成键电子对之间的夹角，即 C—H 键之间的键角只有 90°，而实际上甲烷分子在三维空间是正四面体，键角扩大为 109°28′，构型更加稳定。

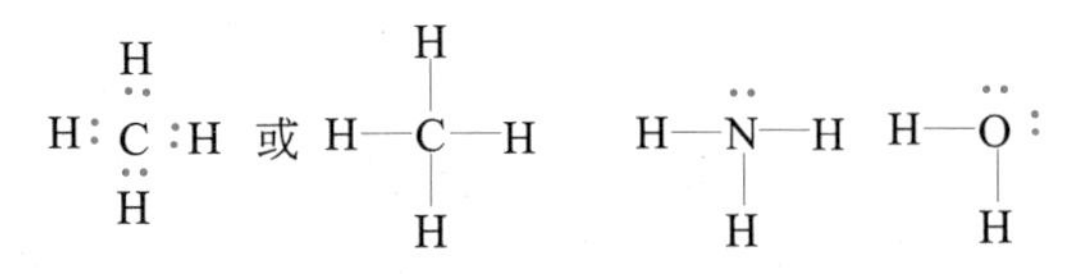

图 3-13 甲烷、氨和水分子的电子式

价层电子对互斥理论简称 VSEPR（valence shell electron pair repulsion）理论，即是在路易斯结构式的基础上，根据价层电子对的相斥关系，解释和预测形如 AX_n 多原子分子的空间构型。该方法并不涉及共价键成键的具体机理，是一种经验性的法则，但和实际情况符合得比较好。

价层电子对互斥理论的基本要点如下：

① 在多原子 AX_n 型分子中，A 为中心原子，其他 n 个外围 X 原子通过 n 根共价键与中心原子相连。

② 中心原子 A 与 X 之间形成的共价键数目，即成键电子对的数目，记作 BP。A 价层中没有参与成键的电子对数目，即孤电子对的数目，记作 LP。中心原子 A 价层中电子对总的数目，记做 VP。

$$VP=BP+LP \tag{3-3}$$

VP 也可以根据成键时外围原子 A 提供的共用电子总数，加上中心原子 X 价层上原有电子总数，相加后除以 2 得出。

例如：XeF_4，中心原子是 Xe。它是ⅧA 元素，原有价层电子 8 个，成键时 F 又提供 4 个电子，此时：

$$VP=\frac{8+4}{2}=6$$

Xe 与 F 形成了四根共价键，即成键的电子对数 BP=4。

没有参与成键的电子对，即孤电子对数：

$$LP=VP-BP=6-4=2$$

③ 价层电子对之间存在着静电排斥力，为了使分子稳定存在，就必须使整个分子体系内的势能最小，则价层电子对之间的夹角就要最大化，在空间尽可能地彼此远离，均匀分布。

若一个分子只有两对相同的电子对，它们一定要相互排斥到夹角为 180°为止，形成直线形排布；而一个分子只有三对相同的电子对，则形成平面正三角形排布，夹角均为 120°；若一个分子有四对相同的电子对，则形成正四面体排布，夹角均为 109°28′。价层电子对数与空间排布形式的关系见表 3-9。

④ 成键电子对实际上就是共价键的共用电子对，成键电子对的排布方向也就是共价键的伸展方向，它决定了分子的空间构型。

表 3-9　中心原子价层电子对的空间分布形式

价层电子对数	2	3	4	5	6
电子对在空间的排布	直线形	正三角形	正四面体	三角双锥	正八面体

⑤ 孤电子对由于只被中心原子所拥有，而成键电子对为相邻两个原子共有，所以孤电子对的电子云密度比成键电子对的电子云密度大。因此，孤电子对之间的排斥力>孤电子对与成键电子对之间的排斥力>成键电子对之间的排斥力，即孤电子对之间夹角>孤电子对与成键电子对之间的夹角>成键电子对之间的键角。

例如 H_2O 分子，中心原子氧原有六个价层电子，加上外围两个 H 原子提供的两个电子，一共有八个价层电子，$VP=(6+2)/2=4$，形成四对价层电子对。四对电子对在三维空间相互排斥，最终形成四面体的排布方式，其中两对是成键电子对，另外两对是孤电子对。以正四面体的 109°28′ 为基准，孤电子对相互排斥力最大，因此两对孤电子对间的夹角大于 109°28′，使得两根 O—H 键之间的夹角小于 109°28′。实际测量为 104°45″。最后显示出 H_2O 的空间构型是折线形，也叫作 V 字形。

在包含双键或叁键的分子中，根据实际情况，成键电子不再是两个一对，而应该按四个一对或者六个一对，例如 CO_2 分子中，碳原子价层上原有四个价电子，每个氧原子又提供 2 电子来共用，总的价层电子数为 8，但不能算成四对，而应该根据实际情况算成两对，本着彼此远离排布的原则，两对共用电子以碳原子为中心，在空间伸展为相反的两个方向，形成了 CO_2 的直线形构型，而使 CO_2 成为非极性分子。

表 3-10 中总结了一些常见的 AX_n 型分子，根据价层电子对互斥理论的分析推理，计算出 BP 和 LP 后，最终表示为 AX_nE_m 型分子及其空间结构的情况，其中 E 代表孤电子对，m 代表孤电子对的数目。

表 3-10　AX_nE_m 型分子的空间构型（n=BP，m=LP）

价层电子对数目 VP	价层电子对空间分布	成键电子对数目 BP	孤电子对数目 LP	分子类型	分子空间构型	实例
2	直线形	2	0	AX_2	直线形	$HgCl_2$，CO_2
3	平面三角形	3	0	AX_3	平面三角形	BF_3，SO_3
		2	1	AX_2E	折线形	$PbCl_2$，SO_2
4	四面体	4	0	AX_4	正四面体	CH_4，SO_4^{2-}
		3	1	AX_3E	三角锥	NH_3，SO_3^{2-}
		2	2	AX_2E_2	折线形	H_2O，ClO_2^-
5	三角双锥	5	0	AX_5	三角双锥	PCl_5，SbF_5
		4	1	AX_4E	不规则四面体	SF_4，$TeCl_4$
		3	2	AX_3E_2	T 形	ClF_3，BrF_3
		2	3	AX_2E_3	直线形	XeF_2，I_3^-

续表

价层电子对数目 VP	价层电子对空间分布	成键电子对数目 BP	孤电子对数目 LP	分子类型	分子空间构型	实例
6	八面体	6	0	AX_6	正八面体	SF_6，$[FeF_6]^{3-}$
		5	1	AX_5E	四方锥	IF_5，$[SbF_5]^{2-}$
		4	2	AX_4E_2	平面四方形	XeF_4，ICl_4^-

【例 3-1】 判断 NH_4^+ 的空间构型。

解 由于离子带一个正电荷，一般认为离子所带电荷算在中心原子上，相当于中心原子 N 原来有五个价电子，现在要减去一个，变成四个，此时由于和四个 H 原子形成四根共价键，成键电子对数 BP=4，孤电子对数 LP=0。

所以 NH_4^+，BP=4，LP=0，属于 AX_4E_0（即 AX_4）型分子，空间构型为正四面体形，如图 3-14(a) 所示。

【例 3-2】 判断 SF_4 分子的空间构型。

解 中心原子 S，价电子是六个。与四个 F 原子形成四根共价单键后，BP=4，S 价层电子对总数 VP=(6+4)/2=5，因此孤电子对数 LP=5−4=1，属于 AB_4E 型分子。

所以在 S 原子外围，存在五对共用电子对，其中四对成键电子对，一对孤电子对。五对电子在空间彼此相互排斥，分布在三角双锥的五个顶点位置。这五个顶点分为两种情况，一种是处于平面上的三个方向，另外一种是垂直于该平面向上和向下的两个方向，前者称为平伏位，后者称为轴向位。

由于孤电子对引起的排斥力较大，所以应该优先安排它占据空间较大、受斥力较小的位置上。轴向位与平伏位之间的夹角是 90°，而平伏位与平伏位之间的夹角是 120°，所以平伏位受到的排斥力较小，将一个孤电子对安排在平伏位，成键电子对安排在余下的位置，形成共价键。最后可以看出 SF_4 实际的空间构型是不规则的四面体，如图 3-14(b) 所示。

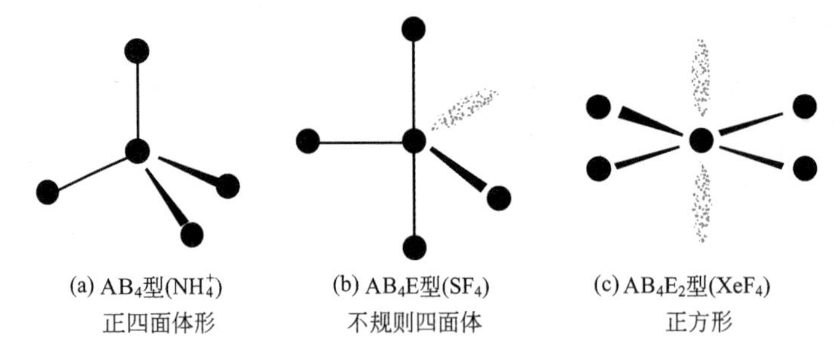

(a) AB_4型(NH_4^+) 正四面体形　(b) AB_4E型(SF_4) 不规则四面体　(c) AB_4E_2型(XeF_4) 正方形

图 3-14 几种分子的空间构型（直线代表成键电子对，阴影代表孤电子对）

【例 3-3】 判断 XeF_4 的空间构型。

解 中心原子 Xe 是稀有气体，价电子数为 8。与四个 F 原子形成四根共价单键后，BP=4，Xe 价层电子对总数 VP=(8+4)/2=6，余下电子形成孤电子对，LP=6−4=2。

所以分子属于 AX_4E_2 型，一共有六个电子对，按照相互排斥力最小的原则，在空间占据以 Xe 为中心的八面体顶点位置。在八面体中，六个顶点的位置是等同的，安排第一对孤电子对任意占据其中一个位置，另外的孤电子对再占据剩下排斥力较小的位置，应该位于第一对孤电子对的反向位，与第一对孤电子对形成直线形。成键电子对再占据余下的位置，形成四根共价键。所以最终四个 F 原子占据了平面四方形的四个顶点，XeF_4 形成了平面正方形的空间构型，如图 3-14(c) 所示。

事实上，在 Xe 的有关化合物还没有合成出来以前，VSEPR 理论就准确地预言出了它们的空间构型，这也是 VSEPR 理论的成功之处。

当然 VSEPR 理论也有一些不足之处，比如一般只适用于主族元素作为中心原子时的分子构型判断。对于副族元素，由于次外层 d 轨道上电子往往是不满的，对价层电子的排布影响是该理论所没有考虑到的。对于形成分子后，中心原子价层电子超过 8 个的情况也没有自己的解释，这一切都要用共价键成键理论中的杂化轨道理论才能得到最终的说明。

3.2 共价键的成键理论

共用电子对概念和价层电子对互斥理论能够合理解释一些多原子分子的空间构型、分子极性、键角等现象，但都是通过实验结果归纳出来的经验性理论，并没有从理论高度揭示共价键的本质。根据第 2 章量子力学的观点，化学家们先后提出了多种共价键的理论解释，其中影响力最大的就是价键理论（valence bond theory，VB）和分子轨道理论（molecular orbital theory，MO），下面分别进行介绍。

3.2.1 价键理论

(1) 价键理论要点

当两个原子相互接近形成分子时，由于彼此核外电子之间，还有原子核之间存在静电排斥力，造成体系势能急剧上升。与此同时，两个原子的核外原子轨道发生了重叠，使得两原子核之间的电子云密度大大增加，这个较高密度的电子云对两个原子核的吸引力也大大增加，使得两个原子能够相互靠近并形成稳定的分子，这个过程如图 3-15 左边（价键理论）部分所示。这种维系分子稳定存在的作用力，就是共价键。所以共价键也可以看成是静电性作用力，但显然要比金属键和离子键的作用机理复杂得多。

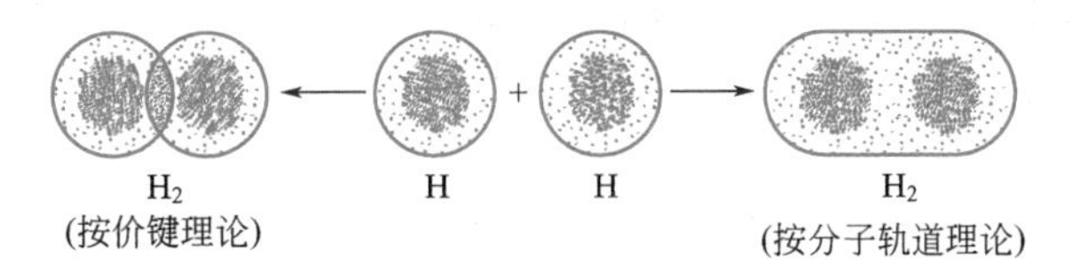

图 3-15 价键理论和分子轨道理论解释 H_2 分子的形成

根据上述分析，人们建立了价键理论。价键理论认为，在形成分子过程中，两个原子的价电子所在轨道相互重叠是共价键形成的本质。价键理论中，共价键的成键规则如下。

① 当两个原子各自的价层电子轨道中存在一个未成对电子（unpaired electron），且自旋方向相反时，两个原子的价层电子轨道可以发生重叠。

② 两原子的价层电子轨道发生有效重叠时，才能形成共价键。所谓有效重叠是指参与重叠的两个价层电子轨道，波函数的符号是相同的。波函数的符号代表的是电子作为物质波的相位，重叠时相当于波发生了干涉现象，因此同号的波代表相位相同，叠加后波强度增大，而异号的波相位相反，叠加后强度反而削弱。

从图 3-16 可以看出，s 轨道的波函数都是“+”号，因此，两个 s 轨道只要发生重叠则一定是有效重叠。

而 p 和 d 轨道都存在“+”“−”两个符号，它们发生重叠时就不完全是有效重叠，要根据叠加的方向判断。

③ 在有效重叠的基础上，最大重叠使得形成的分子更稳定。即轨道重叠时存在方向性问题，要沿着轨道的伸展方向重叠才能实现最大化重叠。s 轨道是球形对称的，两个 s 轨道的重叠从任何方向实现结果都是一样的；但 p 轨道和 d 轨道在空间都有自己的伸展方向，从各个不同方向重叠，结果不一样。

(2) 共价键的类型

下面讨论 s 和 p 轨道参与重叠，形成共价键的不同情形。

① s-s 重叠成键

两个原子的未成对电子都处在 s 轨道时，发生有效重叠形成共价键，同时由于 s 轨道是球形对称的，沿着任意方向的重叠都是最大重叠，这种重叠被形象地称为“头碰头”的重叠。即沿着轨道伸展方向发生的最大重叠，形成的是 σ 键。

② s-p 重叠成键

当一个原子的 s 轨道与另一个原子 p 轨道相互重叠时，就存在重叠的方向问题。首先，要求一个原子的 s 轨道与另一个原子 p 轨道的波函数符号同号，发生有效重叠。

如图 3-16 所示，第一种情况［图 3-16(a)］，s 轨道与 p 轨道的波函数符号同为正号，重叠是有效重叠。同时 s 轨道沿着 p 轨道伸展方向进行的重叠，属于“头碰头”的 σ 键。

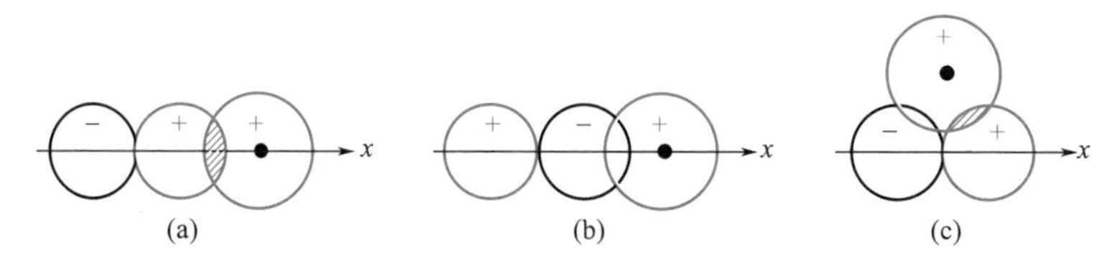

图 3-16　s-p 的成键方向

第二种情况［图 3-16(b)］，虽然 s 轨道与 p 轨道也是沿 p 轨道的轴方向重叠，但是 s 轨道与 p 轨道的波函数符号相反，重叠是无效重叠，不能形成共价键。

第三种情况［图 3-16(c)］，s 轨道与 p 轨道的重叠方向与 p 轨道的轴方向相垂直，重叠处部分是同号，部分是异号的，也不能形成共价键。

③ p-p 重叠成键

p 轨道是有方向性的，沿着自己轴线的方向伸展，还可以根据轨道所在轴线的方向，称为 p_x、p_y 或 p_z 轨道。p-p 成键可能有两种情况，一种是两个 p_x 轨道沿着 x 轴线相互靠近，然后同号部分重叠，属于“头碰头”的 σ 键，所成的键称为 p_x-p_xσ 键，如图 3-17（a）所示。

另外一种情况是两个 p_y 轨道平行地靠拢，造成 p_y 轨道的正号部分与另外一个 p_y 轨道的正号部分重叠，p_y 轨道的负号部分与另外一个 p_y 轨道的负号部分重叠，也会使得两原子之间电子云密度增加，可形象地比喻为“肩并肩”，形成的共价键称为 π 键。两个 p_z 轨道的重叠情况是类似的，如图 3-17（b）所示。

原子轨道重叠时，优先选择的是“头碰头”的重叠，形成 σ 键。因为沿着轨道的轴向重叠，电子云的重叠程度大，形成的共价键更加稳定。而“肩并肩”的 π 键，重叠部分电子云密度小，重叠部分程度弱，形成的 π 键的强度不如 σ 键。

例如，由于 Cl 价电子构型为 $3s^2 3p^5$，其中只有 p_x 轨道上有未成对电子。所以成键时，两个 Cl 原子的未成对电子所在 p_x 轨道发生重叠，形成了 σ 键。

σ 键形成后，如果相邻的原子上还有未成对电子存在，其所在轨道进行重叠，只能选择肩并肩的重叠方式，形成 π 键。

(a) σ键　　(b) π键

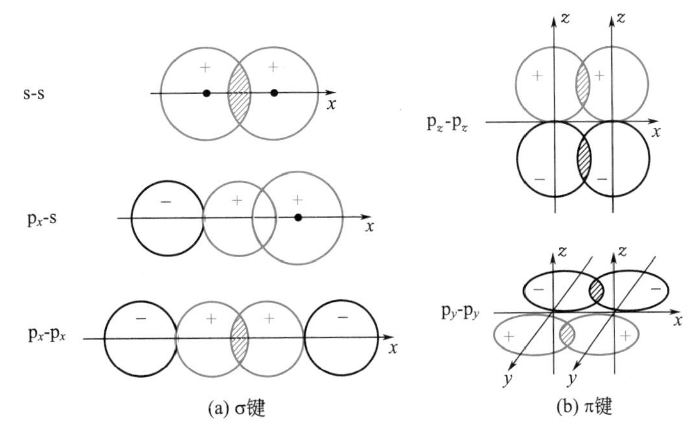

图 3-17　各种类型的共价键形成示意图

例如两个 N 原子沿着 x 轴线相互接近时，p_x 与 p_x 轨道发生“头碰头”重叠，形成 σ 键；与此同时，y 轴线或 z 轴线上两个 p_y 或 p_z 轨道相互平行靠近，发生“肩并肩”重叠，最终形成了 p_y-p_y 重叠、p_z-p_z 重叠的两根 π 键。所以，在 N_2 分子中两个 N 原子之间存在三根共价键，即一根 σ 键、两根 π 键（见图 3-18）。

再如乙炔（H—C≡C—H）分子中，两根 C—H 单键都是 σ 键，而 C≡C 中的叁键中一根是 σ 键，余下的两根都是 π 键。而共价键遭到破坏时，总是强度较小的 π 键先断裂。如乙炔容易发生加氢反应，先生成乙烯，再进一步生成乙烷：

$$HC\equiv CH + H_2 \longrightarrow H_2C=CH_2 \tag{3-4}$$

$$H_2C=CH_2 + H_2 \longrightarrow CH_3-CH_3 \tag{3-5}$$

乙烷中的 C—C 单键再断裂，发生裂解反应就比较困难了。从前面的表 3-6 也可以看出，C≡C 叁键的键能为 820 $kJ\cdot mol^{-1}$，要小于 C—C 单键键能 347 $kJ\cdot mol^{-1}$ 的三倍，证明了三根键不是叁根 σ 单键的简单叠加，其中还存在强度较小的 π 键。

当有多个未成对电子存在的 p 轨道，平行排列，相互靠近，最终形成一群“肩并肩”的重叠，这样形成的 π 键叫作大 π 键。

大 π 键最典型的例子就是苯。苯的分子式是 C_6H_6，六个 C 原子形成一个闭合环。每个 C 原子形成三根 σ 键，分别连接一个 H 原子和相邻的两个 C 原子，如图 3-19(a) 所示。每个 C 原子上还剩下一个价电子处于垂直于分子平面的 p 轨道上，这样六个 C 原子的六个相互平行的 p 轨道，发生了“肩并肩”重叠，形成了大 π 键。如图 3-19(b) 所示。

由此可见，只要符合共价键的成键规则，就可以形成形式多样的共价键类型，还有另外一种比较特殊的共价键，称为配位键。将在第 6 章中论述。

图 3-18　N_2 的形成

(a) 苯的骨架　　(b) C原子p轨道的“肩并肩”

图 3-19　苯环中大 π 键的形成

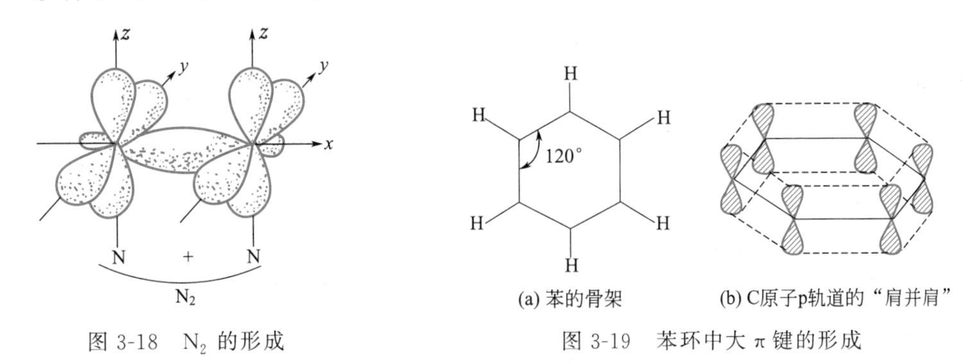

3.2.2 杂化轨道理论

杂化轨道理论（hybrid orbital theory）是在价键理论的基础上，进行补充和拓展，能够解释一些传统价键理论不能解释的实验现象。如 C 的价电子构型是 $2s^2 2p_x^1 2p_y^1$，只存在两个未成对电子。按照价键理论，只能形成两根共价键。实际上，C 在绝大多数化合物中都形成了四根共价键，比如 CH_4，而且甲烷分子中的四根 C—H 键是等同的，这都是价键理论不能解释的地方。

在解释分子的空间构型方面，价键理论也存在一些问题。比如 NH_3 分子是三角锥形分子。从价键理论的角度来分析，N 原子的价电子构型是 $2s^2 2p_x^1 2p_y^1 2p_z^1$，三个 p 轨道上各有一个未成对电子，因此可以与三个 H 原子形成三根共价键，但是这些键之间的夹角应该是 p_x、p_y、p_z 轨道原来在三维直角坐标系中 x 轴、y 轴和 z 轴之间相互的夹角，即 90°，实验测得的键角是 107°18′，也存在矛盾。

实际上，根据杂化轨道理论，在形成 AX_n 型分子时，中心原子 A 的价层电子所在轨道不能一成不变，要根据情况重新组合，形成新的轨道即杂化轨道。轨道重新组合的过程叫作杂化。而杂化后中心原子能够形成更多的共价键，而且分子的空间形状更为对称稳定。

(1) 杂化轨道理论的基本要点

① 能量比较接近的轨道才能参与杂化。本章只讨论在同一能量大层上的 s 轨道与 p 轨道参与的杂化过程，即 ns 和 np 轨道之间的杂化。d 轨道参与的杂化过程将在第 6 章中论述。

② 杂化前后的轨道数是守恒的。即有几个轨道参与杂化，就形成几个新的杂化轨道，不能多也不能少。

③ 杂化前各轨道的能量虽相近并不完全相等，但杂化后形成的新轨道是简并的，即各条杂化轨道能量完全相等。

④ 杂化后的轨道除了在能量上是等同的，在空间上也是均匀分布的。即杂化后的新轨道也按照相互排斥的原理，保持彼此斥力最小，夹角最大的排布方式。

⑤ 杂化前后轨道上的电子数也守恒。也就是参与杂化的各轨道上的电子数等于杂化后杂化轨道上的电子数。这些电子在新形成的杂化轨道中进行排布，依旧遵循电子排布的三原则，即能量最低原理、泡利不相容原理和洪特规则。

⑥ 杂化后，轨道上如果存在未成对电子，则按照价键理论的一般原则，与其他原子有未成对电子占据的轨道发生重叠，形成共价键。

(2) 杂化方式分类

根据参与杂化的 s 轨道和 p 轨道数量的不同，可分成如下几种杂化方式。

① sp 杂化

中心原子价层上，1 条 s 轨道和 1 条 p 轨道参与的杂化为 sp 杂化。代表性的物质是ⅡA 族的共价化合物，如 $BeCl_2$。作为中心原子的 Be，价层电子构型为 $2s^2$。可以看到杂化前，2s 轨道全满，是不符合价键理论成键条件的。

此时 Be 原子的 2s 轨道和一条没有电子的 2p 轨道进行杂化，杂化后形成两条简并轨道，称为 sp 杂化轨道。杂化后轨道上应该还是两个电子，按照洪特规则，每个 sp 杂化轨道上各有一个电子（见图 3-20）。由于这两条杂化轨道不但能量等同，在空间也是均匀分布的，伸展向以 Be 原子核为中心的两个相反方向（见图 3-21）。

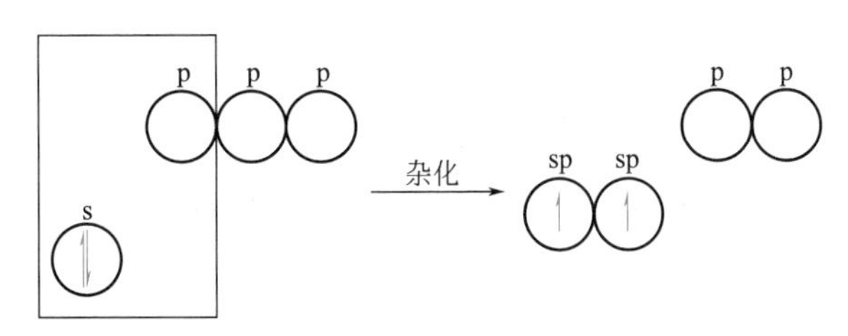

图 3-20　sp 杂化过程示意图

这样，Be 杂化后的 sp 轨道上存在未成对电子，最终与 Cl 的未成对电子所在 p_x 轨道相互接近，发生了 sp-p_x 的重叠，属于头碰头的 σ 键。由于 Be 的两根 sp 杂化轨道是分布在一条直线上的，造成形成的两根 σ 键也是直线分布的，夹角 180°，形成了 $BeCl_2$ 分子的直线形构型，如图 3-22 所示。

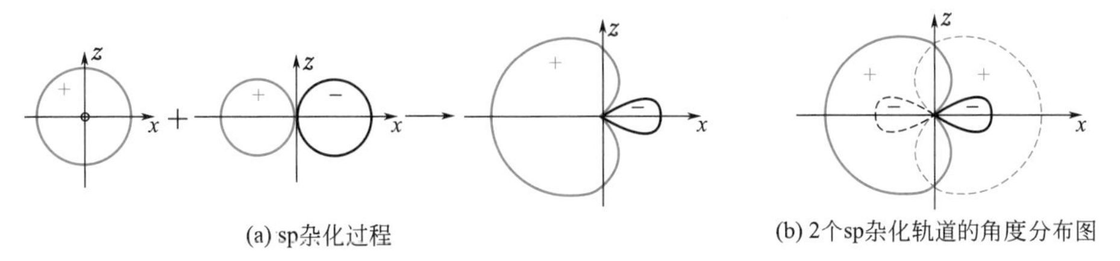

图 3-21　sp 杂化轨道的形成与分布示意图

键角 180°是 sp 杂化的特征键角，C_2H_2 乙炔分子中，每个碳均采取了 sp 杂化，碳碳叁键中的 σ 键即是 sp-sp 重叠形成的，同时在两个 C 原子上还存在未参与杂化的 p 轨道，存在未成对电子，相互之间继续重叠，形成了叁键中余下的两条 π 键。

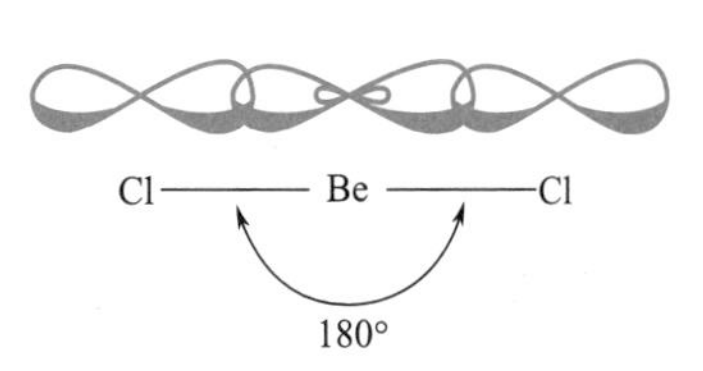

图 3-22　$BeCl_2$ 分子的形成示意图

② sp^2 杂化

中心原子价层上，1 条 s 轨道和 2 条 p 轨道参与的杂化为 sp^2 杂化（见图 3-23）。代表性的物质是ⅢA 族元素 B 的共价化合物，如 BF_3。中心原子 B 价电子构型为 $2s^2 2p^1$。杂化后形成了三条 sp^2 杂化轨道，每个轨道上刚好排一个电子。

这三个轨道在能量上简并，在空间上形成均匀分布，即如图 3-24（b）所示的正三角形。每个轨道都有一个未成对电子，可以与三个 F 原子形成三条 sp^2-p_x 重叠 σ 共价键，最后形成的 BF_3 分子是正三角形空间构型，键角为 120°。如图 3-24(a) 所示。

键角 120°是 sp^2 杂化的特征键角，在 C_2H_4 乙烯分子和 C_6H_6 苯分子中，C 原子均采取 sp^2 杂化。

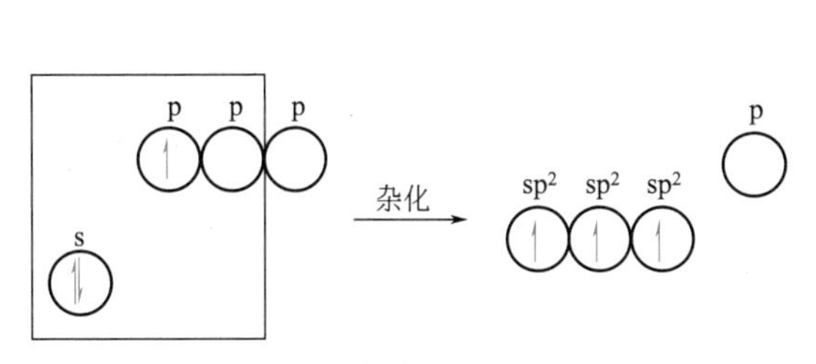

图 3-23　sp^2 杂化过程示意图

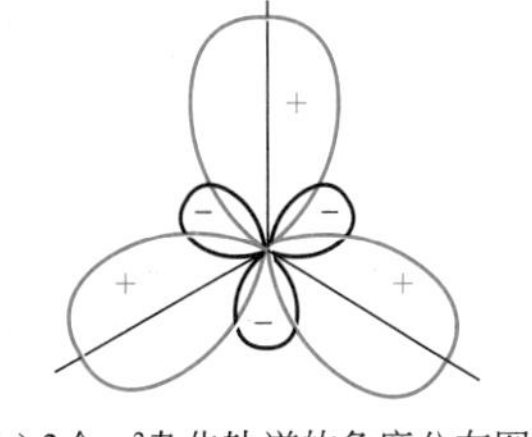

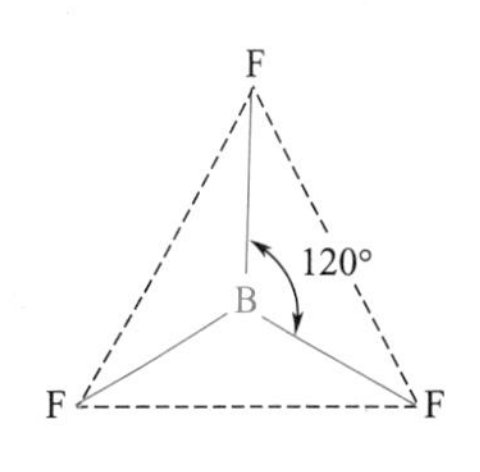

图 3-24　sp^2 杂化轨道与 BF_3 的空间构型

③ sp^3 杂化

中心原子价层上，1 条 s 轨道和 3 条 p 轨道参与的杂化为 sp^3 杂化（见图 3-25）。sp^3 杂化的情况比较复杂，可继续分为等性 sp^3 杂化和不等性 sp^3 杂化两类。

等性 sp^3 杂化：杂化后的 4 条 sp^3 杂化轨道是完全平等的，不但轨道是简并的，而且每个轨道上电子的情况也是一样的。代表性的物质是ⅣA 族元素 C、Si 的共价化合物，如 CH_4、烷烃、SiF_4、金刚石、SiC 等。

例如 CH_4，C 的价层电子构型为 $2s^2 2p^2$。sp^3 杂化后形成 4 个 sp^3 杂化轨道，每个轨道上都有一个未成对电子，符合等性杂化的条件。四根 sp^3 杂化轨道在空间排布按照斥力最大的原则，是正四面体形，如图 3-26（a）所示。由于每个轨道上均有一个未成对电子，可以与四个 H 原子形成键角均为 109°28′的 sp^3-s 重叠 σ 键，最后 CH_4 分子的空间构型就是正四面体形，如图 3-26(b) 所示。

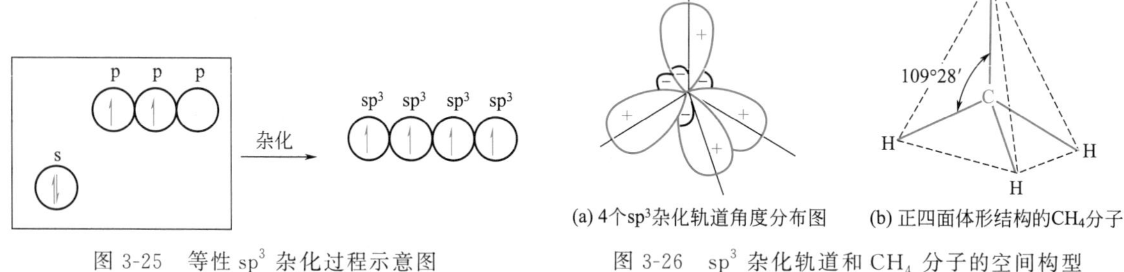

图 3-25 等性 sp^3 杂化过程示意图

(a) 4个sp^3杂化轨道角度分布图 (b) 正四面体形结构的CH_4分子

图 3-26 sp^3 杂化轨道和 CH_4 分子的空间构型

不等性 sp^3 杂化：杂化后的 4 条 sp^3 杂化轨道是不完全平等的，具体就是轨道上排布的电子数是不相等的。代表性的物质是ⅤA 族元素 N、P，ⅥA 族元素 O、S 形成的共价化合物。

以ⅤA 族元素 N 形成的 NH_3 分子为例，中心原子 N 的价电子构型是 $2s^2 2p^3$，所有的 s 和 p 轨道都参与杂化，形成了四条 sp^3 杂化轨道。但此时四条轨道的状态是不一样的，其中一条 sp^3 杂化轨道上有成对电子，即孤电子对；其他三条 sp^3 杂化轨道则各有一个未成对电子（见图 3-27）。有孤电子对的 sp^3 杂化轨道的排斥力最大，导致其他三条 sp^3 杂化轨道的键角＜109°28′，实测为 107°18′。

这四条 sp^3 杂化轨道由于只有三个轨道存在未成对电子，最后只能和三个 H 原子形成三根 sp^3-s 重叠的 σ 共价键。

在ⅥA 族元素 O 形成的 H_2O 中，中心原子 O 价层电子构型是 $2s^2 2p^4$，也是所有的 s 轨道和 p 轨道都参与杂化，形成了四条 sp^3 杂化轨道，但其中两条存在孤电子对，两条存在未成对电子，也属于不等性的 sp^3 杂化（见图 3-28）。

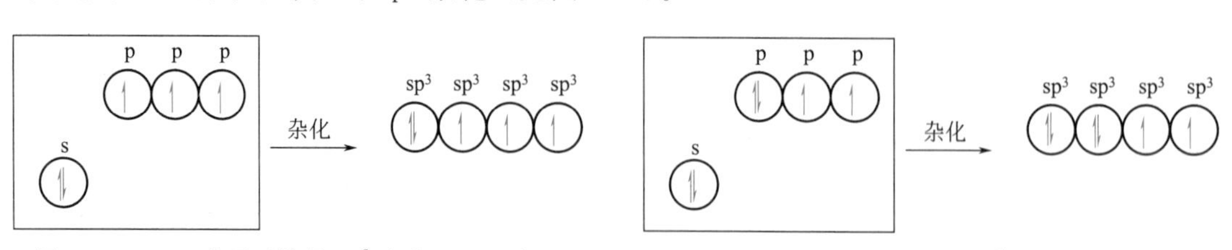

图 3-27 NH_3 分子不等性 sp^3 杂化过程示意图

图 3-28 H_2O 分子不等性 sp^3 杂化过程示意图

与 NH_3 不同的是，此时中心原子 O 具有未成对电子的杂化轨道又少了一条，所以最后只能与两个 H 形成两根 sp^3-s 重叠的 σ 共价键。O 原子价层的杂化轨道在空间排布依旧是四面体构型，如图 3-29(a) 所示。但由于存在两对不显形的孤电子对，造成最后 H_2O 分子的实际构型是折线形，如图 3-29(b) 所示。而且由于两对孤电子对排斥力更大，使得 H—O 键之间的夹角比 NH_3 分子中 N—H 键的夹角更小，实测为 104°45′。

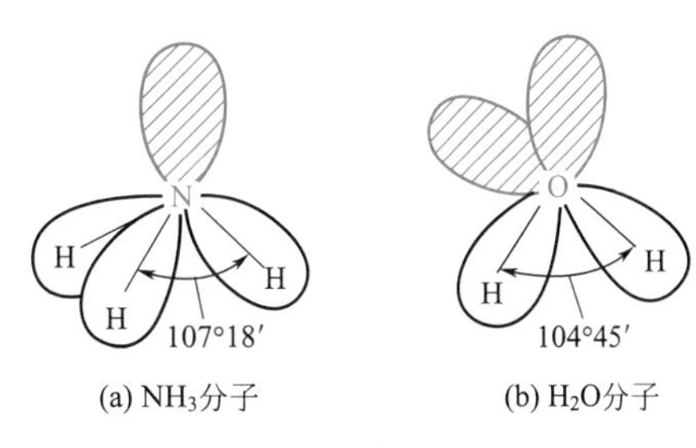

(a) NH_3分子　(b) H_2O分子

图 3-29　不等性 sp^3 杂化的分子构型（阴影代表孤电子对）

在上面的几个例子里，不难发现，按杂化轨道理论解释的分子空间构型，和前面价层电子对互斥理论预测的结果是一致的。这两种理论具有本质上的联系，即杂化轨道理论是价层电子对互斥理论的内在根源，而价层电子对互斥理论是杂化轨道理论的外在表现。

还可以总结出一些规律：即杂化方式取决于中心原子所在的族数，ⅡA 族元素价电子数为 2，采取 sp 杂化；ⅢA 族元素价电子数为 3，采取 sp^2 杂化；ⅣA 族元素价电子数为 4，采取等性 sp^3 杂化；ⅤA 族元素价电子数为 5，ⅥA 族元素价电子数为 6，均采取不等性 sp^3 杂化，但成键数和键角不同。因此同族元素的杂化方式和空间构型具有一致性，例如同在ⅥA 族的 S，形成的 H_2S 可以预测，其空间构型和 H_2O 一样也是折线形的。

中心原子杂化的各种情况，总结如表 3-11 所示。从表中还可以看出，具有中心对称结构的杂化类型（sp 杂化、sp^2 杂化、等性 sp^3 杂化），在外围元素相同的情况下，分子是没有极性的。而具有非中心对称结构的杂化（不等性 sp^3 杂化），形成的分子最后是有极性的。

表 3-11　各种杂化方式一览

杂化方式	sp 杂化	sp^2 杂化	sp^3 杂化		
			等性杂化	不等性杂化	
				NH_3 型	H_2O 型
杂化轨道空间分布	直线形	平面三角形	四面体		
中心原子所在族数	ⅡA(ⅡB)	ⅢA	ⅣA	ⅤA	ⅥA
分子构型	直线形	正三角形	正四面体	三角锥形	折线形
实例	$BeCl_2$,$HgCl_2$	BF_3,BCl_3	CH_4,SiH_4	、NH_3,PCl_3	H_2O,H_2S
分子有无极性	无	无	无	有	有

其他一些带双键和配位键的分子或离子，虽然具体的形成机理更为复杂，也可根据其空间构型及键角，判断中心原（离）子的杂化，如 $[Ag(NH_3)_2]^+$、CO_2 是直线形分子，采取了 sp 杂化；NO_3^-、SO_3 构型是正三角形，采取 sp^2 杂化；SO_4^{2-}、$[Zn(NH_3)_4]^{2+}$空间构型是正四面体，采取的是等性 sp^3 杂化。

3.2.3　分子轨道理论

价键理论（包括杂化轨道理论）建立在经典化学键理论基础上，用电子对共用成键的概念解释共价键的形成，比较直观形象，容易理解。但也存在一些实验现象，价键理论无法合理解释。例如按照价键理论，氧气分子中形成了双键，两个氧原子共用两对电子，此时 O_2 中所有电子都成对。根据泡利不相容原理，如果两个电子成对，自旋方向一定是相反的，由电子自旋产生的磁矩也会抵消，此时分子或原子表现为反磁性（diamagnetism）。O_2 应该表现出反磁性，可实际上氧气分子对磁场是有响应的，说明其中存在未成对电子，表现出的是顺磁性（paramagnetism），这是价键理论所不能解释的。

分子轨道理论

实验中又发现 H_2^+ 可以稳定存在。但是整个 H_2^+ 离子中，只有一个电子，根本不可能有共用电子对，按价键理论，也不能形成共价键，那么两个 H 原子靠什么联系在一起呢？

很显然，价键理论无能为力，必须建立新的形成化学键的理论。分子轨道理论应运而生。由于分子轨道理论涉及量子力学中较深的内容，理论性很强，本书仅讨论最简单的分子的形成，即形如 X_2 这样的双原子分子，并限定 X 为 H 到 Ne 的第一、第二周期十种元素。

（1）分子轨道理论的要点

价键理论中电子运行的轨道还是原子轨道，而分子轨道理论着眼于整个分子，认为原子在形成分子以后，原有的原子轨道应该重组，即原子轨道的波函数发生线性组合，形成新的波函数，代表属于整个分子的分子轨道（molecular orbital）。分子中的电子不再是单独属于某个原子所有，而是属于整个分子，电子依旧遵循电子排布三原则，在新形成的分子轨道上重排。如果电子重排后使得分子的能量比原来原子的能量有所降低，则说明分子的形成有利于体系的能量降低，分子可以稳定存在。否则，分子不能稳定存在。

与轨道杂化的规则相似，原子轨道性组合也应遵循轨道的数目和能量守恒、电子数守恒。

例如，H 原子的电子构型是 $1s^1$，两个 H 原子有两个 1s 轨道。

轨道数守恒：在形成的 H_2 分子时，这两个 1s 轨道进行线性组合。两个 1s 轨道线性组合后的分子轨道数也是两个，分别表示为 σ_{1s} 和 σ_{1s}^*。

能量守恒：以原来 1s 原子轨道的能量为基准，σ_{1s} 轨道能量降低，叫作成键轨道（bonding orbital）；而 σ_{1s}^* 轨道能量升高，叫作反键轨道（anti-bonding orbital）。

成键轨道能量降低了多少，对应的反键轨道的能量就升高多少，这样才能和原来原子轨道的能量守恒。

电子数守恒：两个 H 原子有两个核外电子，H_2 分子中的电子应该还是两个。

然后再按照电子排布三原则，电子重新在分子轨道上排布。

首先，这两个电子就只能排布在能量低的 σ_{1s} 轨道上。其次每个分子轨道上也只能排两个电子，且自选方向相反（见图 3-30）。可以看出这样的排布方式比原来 H 自由原子的 1s 轨道上能量下降，因此 H_2 能够稳定存在。

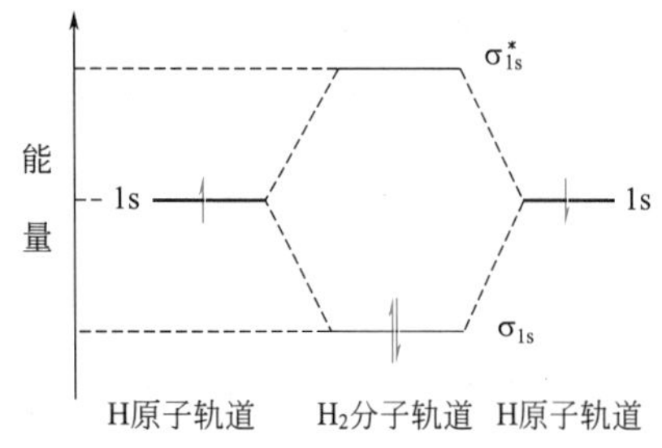

图 3-30 H 原子在形成 H_2 分子时各轨道能级示意图

形成的 H_2 分子中，分子轨道的图像如图 3-15 右边所示，相当于把两个 H 原子核都包了进去，可见在分子轨道理论中，这两个电子是属于整个 H_2 分子。而价键理论认为 H_2 分子的形成是 H 原子的原子轨道的重叠，共用电子仅存在于中间的共用区域。

（2）原子轨道线性组合的方式

一般来说，原子轨道线性组合的原则是：能量相同或者相近的电子轨道才可以线性组合，并依照组合方式的不同分成下列几类。

① s-s 组合

同核的双原子分子 X_2，每个原子的 ns 轨道能量相等，可以进行线性组合，如 1s-1s、2s-2s。两个 ns 轨道的线性组合后，其组合前原子轨道和组合后分子轨道如图 3-31 所示。成键轨道和反键轨道总是成对出现的。s 轨道无方向性，如前所述，s 轨道和 s 轨道的组合一定是“头碰头”的，只能形成 σ 键。所以沿用价键理论的叫法，称其为 σ 键轨道。

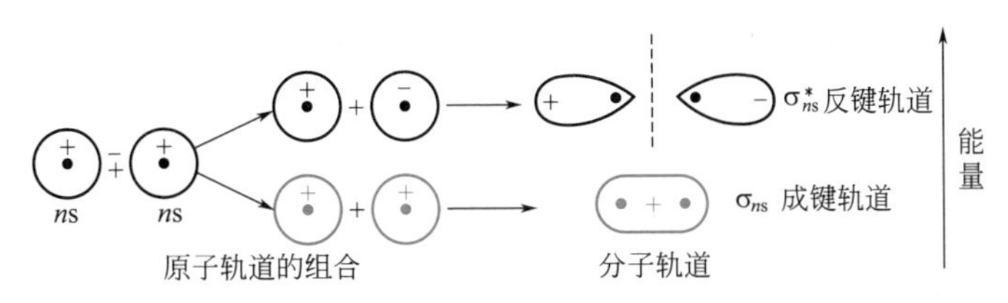

图 3-31　s-s 组合形成的分子轨道示意图

② p-p 组合

当同核双原子分子 X_2 的 np 轨道进行线性组合时，形成的情况要复杂些。因为每个原子的 p 轨道都是三个简并的轨道：p_x、p_y 和 p_z。在组合时，p_x 和 p_x 的组合相当于价键理论中的“头碰头”，形成了 σ_{np_x} 成键轨道和 $\sigma^*_{np_x}$ 反键轨道，如图 3-32(a) 所示。而 p_y 和 p_y、p_z 与 p_z 的组合相当于价键理论中的“肩并肩”，形成的是 π 键分子轨道。即 π_{np_y} 成键轨道和 $\pi^*_{np_z}$ 反键轨道、π_{np_z} 成键轨道和 $\pi^*_{np_z}$ 反键轨道，如图 3-32(b) 所示。其中 π_{np_y} 和 π_{np_z} 是能量等同的简并成键轨道，$\pi^*_{np_y}$ 和 $\pi^*_{np_z}$ 是能量等同的简并反键轨道。

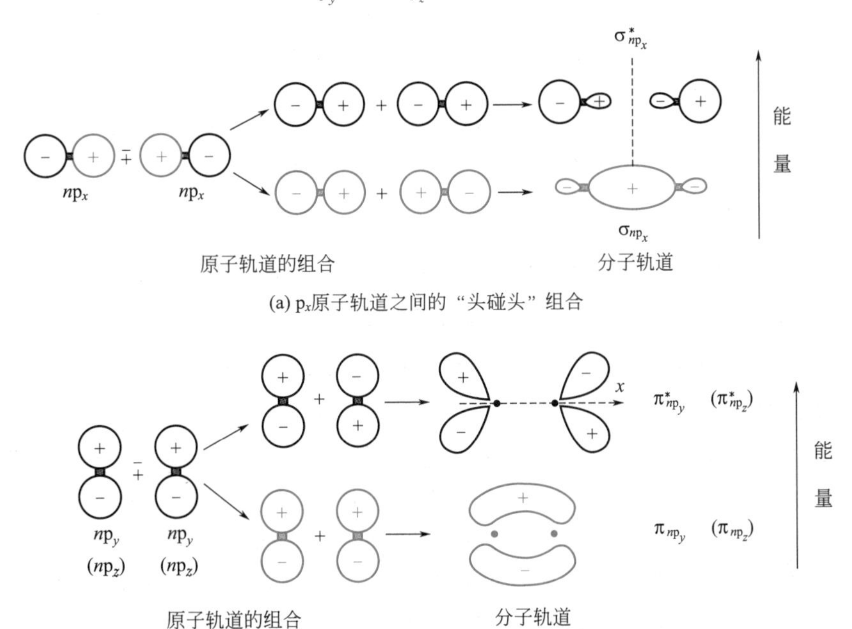

图 3-32　p-p 组合形成的分子轨道示意图

(3) 分子轨道中各能级的高低顺序

两个原子的原子轨道进行线性组合，形成了分子的分子轨道，这些分子轨道显然和原来的原子轨道一样，存在着能级的高低，而能级的高低就决定了电子的填充次序。显然，由于 1s 的能级要低于 2s，所以 s-s 组合后形成的 σ_{1s} 的能级要低于 σ_{2s}；同理，2s 的能级要低于

2p，所以形成的分子轨道 σ_{2s} 要低于 σ_{2p_x} 或者 π_{2p_y}、π_{2p_z}。

但是其他能级的高低关系就不那么直观了。而且如同原子轨道有能级交错现象一样，同一个分子轨道在不同原子核形成的分子中，也会处于不同的能级位置。所以一般分子轨道的能级高低主要依靠光谱实验来确定。

对于第一、二周期元素，O_2、F_2 分子轨道的能级高低如图 3-33(a) 所示，其他元素形成的 X_2 分子的分子轨道的能级高低均如图 3-33(b) 所示。

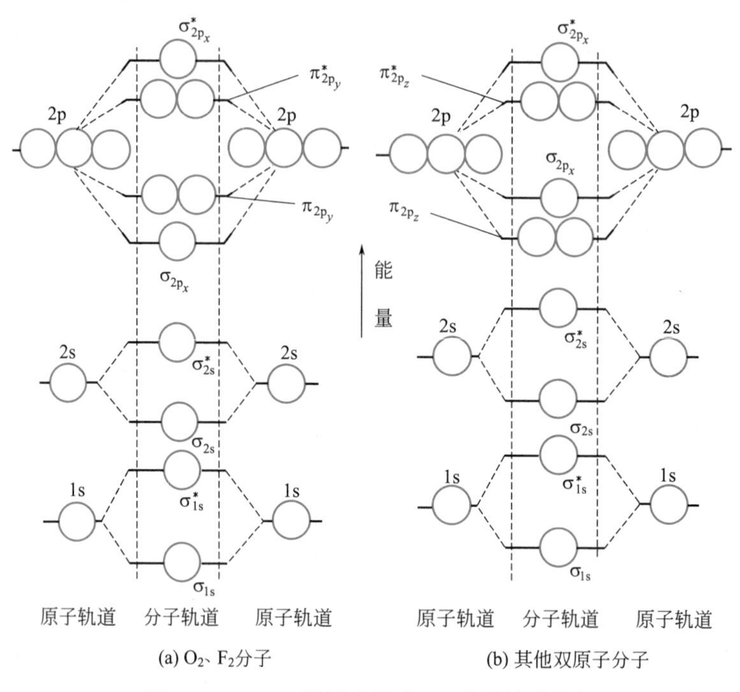

(a) O_2、F_2分子　　(b) 其他双原子分子

图 3-33　1～10 号元素形成 X_2 分子轨道能级

其实这两种能级顺序大致上是相同的，仅在 σ_{2p_x} 和 π_{np_y}、π_{np_z} 之间发生了能级交错。另外特别注意的是，图中存在两组简并的分子轨道：π_{np_y} 和 π_{np_z} 能量是等同的，$\pi^*_{np_y}$ 和 $\pi^*_{np_z}$ 能量是等同的，因此电子填充到这些轨道时要注意遵守洪特规则。

(4) 分子轨道式

现在可以像安排原子中的电子一样来安排分子中的电子了。以氮气分子为例，每个 N 原子上有 7 个电子，所以 N_2 分子上有 14 个电子。将 14 个电子排布进 N_2 的分子轨道，先从能级最低的 σ_{1s} 开始填充，按照图 3-33(b) 逐步向上排布电子。最后可以用分子轨道式简明地表示分子中电子排布的情况。所谓分子轨道式，就是将分子轨道按能级从小到大、从左到右排成一行，并把每个轨道上的电子数写在轨道符号的右上角。N_2 的分子轨道式应如下表示：

$$N_2[(\sigma_{1s})^2(\sigma_{1s}^*)^2(\sigma_{2s})^2(\sigma_{2s}^*)^2(\pi_{2p_y})^2(\pi_{2p_z})^2(\sigma_{2p_x})^2]$$

(5) 分子的键级

由 N_2 的分子轨道式可看到，处在成键轨道上的电子要多于反键轨道上的电子，因此和氮原子相比，系统的能量是降低的。可以用具体的指标来定量表示分子的稳定性，即所谓键级（bond order）：

$$键级=\frac{n-n^{*}}{2} \tag{3-6}$$

式中，n 为处于成键轨道上的电子总数；n^{*} 为处于反键轨道上的电子总数，$(n-n^{*})$ 也称为净成键电子数。

键级等于净成键电子数除以 2，相当于价键理论中的共用电子对数目，也就是共价键数目。键级越高，相当于分子中形成的共价键数目越多，分子就越稳定。

例如 N_2 分子中有 14 个电子，处于成键轨道的电子 10 个，而处于反键轨道的电子 4 个。所以 N_2 分子的

$$键级=\frac{10-4}{2}=3$$

这个结果和价键理论认为 N_2 分子中存在叁键是一致的。

也可以这样看，N_2 分子内层 σ_{1s}、σ_{1s}^{*}、σ_{2s}、σ_{2s}^{*} 轨道上电子已经填满，成键电子对体系能量的贡献刚好被反键电子对体系能量的升高所完全抵消。所以也可以认为原子的内层轨道是否形成分子轨道对体系没有影响，称它们为非键轨道。这些轨道上的电子都可以不数，只要数位于最外层的价层电子就可以了。

He_2 分子中存在 4 个电子，其分子轨道式应为：

$$He_2[(\sigma_{1s})^2(\sigma_{1s}^{*})^2]$$

两个电子在成键轨道上，两个电子在反键轨道上，分子的键级为 0。说明形成分子后，体系的能量没有变化，因此 He_2 是不存在的。

但是 He_2^{+} 却可以稳定存在，因为是带一个正电荷，所以 He_2^{+} 中只存在 3 个电子。分子轨道式为：

$$He_2^{+}[(\sigma_{1s})^2(\sigma_{1s}^{*})^1]$$

有两个电子在成键轨道上，只有一个电子在反键轨道上，键级=(2−1)/2=1/2。所以 He_2^{+} 能够存在。键级可以是 1/2，代表出现了单电子键，这也是价键理论所不能解释的。

(6) 分子的磁性

从 N_2 的分子轨道式可以看出，所有的电子都成对，没有未成对电子，所以 N_2 分子是反磁性的。而氧气分子中，一共有 16 个核外电子。O_2 分子中轨道的能级如图 3-33 (a) 所示。最后将 16 个电子按能级高低先后填入轨道，O_2 分子的分子轨道式为：

$$O_2[(\sigma_{1s})^2(\sigma_{1s}^{*})^2(\sigma_{2s})^2(\sigma_{2s}^{*})^2(\sigma_{2p_x})^2(\pi_{2p_y})^2(\pi_{2p_z})^2(\pi_{2p_y}^{*})^1(\pi_{2p_z}^{*})^1]$$

分子的键级是 2，能稳定存在。

填写的时候要特别注意 $\pi_{2p_y}^{*}$ 轨道和 $\pi_{2p_z}^{*}$ 轨道是简并轨道，所以最后两个电子应按照洪特规则，在每个轨道上分别排布一个电子。从分子轨道式就可以看出，O_2 分子中存在两个未成对电子，所以整个分子应表现出顺磁性，符合事实。这是价键理论无法解释的，这也是分子轨道理论的成功之处。

3.3 分子间作用力

化学键是分子内原子之间的强烈作用力。在分子和分子之间，还普遍存在着另外一种相对弱得多的作用力，称为分子间作用力。分子间作用力虽然较弱，却维系着分子晶体结构，保持稳定。将分子晶体从固态熔化成液态，再进一步气化所需要克服的就是这种力。即使在

分子间作用力

气体分子之间，这种力量也还是存在的。若气体分子之间没有任何作用力，这种气体称为理想气体。

1873 年，荷兰物理学家范德华（van der Waals）发现实际气体总是偏离理想气体的状态方程 $pV=nRT$，因此认为气体分子之间实际存在着一定的作用力，因而后来分子间作用力也被称为范德华力（van der Waals force）。

除了范德华力外，还有一种非常特殊的作用力，叫作氢键（hydrogen bond）。氢键往往也被归入分子间作用力的范畴，但它有时候也发生在分子内部。分子间作用力的大小，决定了分子型物质的熔沸点、相互之间的溶解性等一系列宏观物理性质。

3.3.1 范德华力

范德华力的实质也是电性作用力，即分子和分子之间存在的静电引力，这是因为分子内正负电荷中心不重合，产生了偶极矩。偶极矩的存在，造成异号电荷的相互吸引。

(1) 偶极矩分类

根据偶极矩产生的原因不同，偶极矩可分为固有偶极矩、诱导偶极矩和瞬间偶极矩。

① 固有偶极矩

如 3.2.1 中所述，极性分子中有偶极矩，这种偶极矩称作固有偶极矩。H_2O、HCl、CH_3CH_2OH、$CH_3CH_2OCH_2CH_3$、NH_3 等极性分中都存在固有偶极矩。

② 诱导偶极矩

当极性分子 A 靠近分子 B 时，分子 A 的电场会诱导分子 B 的电荷发生偏移，造成分子 B 产生一个附加偶极矩，如图 3-34 所示。这个附加偶极矩是在极性分子 A 的诱导下产生的，故称这个偶极矩为诱导偶极矩。分子 B 可以是非极性分子，通过 A 的诱导产生了极性；分子 B 也可以是极性分子，这时它能和 A 相互诱导，使得原有的极性加强。

③ 瞬间偶极矩

图 3-34 诱导偶极的产生

分子中的电子时刻在运动，会造成分子中的正、负电荷中心间的距离产生瞬间的变化，即该分子的偶极矩产生瞬间的变化。这种瞬间变化产生的附加偶极矩称为瞬间偶极矩。

所有的分子都存在瞬间偶极，这也是非极性分子（CO_2、CH_4、O_2、苯等）之间也会存在范德华力的原因。

(2) 分子间作用力分类

根据分子间的作用力的电偶极矩来源，可把分子间作用力分为如下三类。

① 取向力

由固有偶极矩造成的分子间的作用力称为取向力（dipole-dipole force），取向力只能发生在存在固有偶极矩的极性分子之间。

当许多个 HCl 分子在一起的时候，静电作用力即取向力会使得它们排列得相对规则，如图 3-35 所示。即一个 HCl 的负电荷中心要和另外一个 HCl 的正电荷中心靠近，使得整个 HCl 分子的系统中存在一种凝聚力。这种凝聚力可使 HCl 在较低温度下克服分子的无规则热运动形成液态或者固态的结构。当然由于这种力量的强度不能和分子内的化学键相提并论。所以温度一旦上升，分子无规则的热运动速度变大，就很容易挣脱这样的分子间作用力，而气化成自由分子。在以气体形式存在时，虽然取向力随着电荷中心之间的距离拉长而急剧减少，但也没有完全消失。

② 色散力

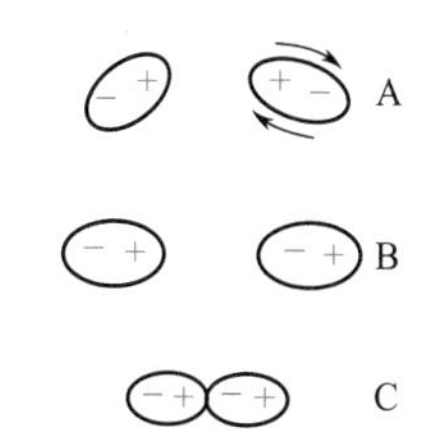

图 3-35 取向力使得极性分子相互吸引（A→B→C）

由瞬间偶极造成的分子间的作用力称为色散力（dispersion force），发生在一切分子之间，但是在非极性分子之间只存在色散力。

H_2 分子是非极性分子，但是 H_2 也可能以液态或者固态形式存在，说明 H_2 分子之间还是存在范德华力的，这种力显然不是取向力。

一般来说，色散力的大小与两个因素有关：

一是分子中原子数目的多少，原子的数目越多，电子运动时造成的正、负电荷中心的数目也越多，正负电荷中心越难重合，结果是色散力增强。

二是原子的大小，元素的原子序数越大，核外的电子数也越多，电子云的范围也越广，电子运动所造成的瞬间偶极矩更大，色散力也会越大。

③ 诱导力

由诱导偶极造成的分子间的作用力称为诱导力（induction force），发生在极性分子和其他分子之间。

一般而言，分子间作用力以色散力所占比例最高，因为它存在于任何分子之间。

3.3.2 氢键

氢键是一种非常特殊的作用力，一般存在于分子之间，有时也存在于分子之内，所以很难将它归类。考虑到它特殊的性质以及它对整个自然界和生命体系带来的巨大影响，将它单独列出来讨论。

氢键的强度要比范德华力大，但还是明显小于化学键的强度（10^2 kJ·mol^{-1}），可又具有一些化学键的性质，如饱和性和方向性；也有自己的键能、键长、键角等参数。

典型氢键形成的通式如下：

$$X—H\cdots Y \tag{3-7}$$

X 和 Y 代表电负性极大的元素，只能是 O、F、N 原子，当然 X 和 Y 也可以为同一种元素。氢原子 H 通过共价键连接在 X 原子上，而与 Y 之间形成氢键。X 也称为氢键的给体（donor），而 Y 称为氢键的受体（acceptor）。

由于 X 是电负性极大的 O、F、N，X—H 共价键的一对共用电子非常强烈地偏向于 X 原子，使得 H 原子几乎要成为裸露的质子 H^+，形成了一个比较强的正电荷中心。另外一个电负性极大的原子 Y，由于吸电子的能力强，一定是形成了比较强的负电荷中心，这样 H 和 Y 两个带异种电荷的中心相互吸引，就形成了氢键，即式子中的虚线所示部分。

这样一种力有点类似于范德华力中的取向力，强度上要远小于一般的化学键，但同时 Y（O，F，N）上还有孤电子对存在，在和 H 原子靠近的过程中，会进入 H 原子核外的空轨道。这种情况又有点类似 NH_4^+ 形成过程中 NH_3 分子中 N 上的孤电子对进入 H^+ 核外空轨道所形成的配位键。

代表氢键用的虚线伸展方向即氢键的作用力方向，因此氢键是有方向性的。一个 H 原子在形成一根氢键后，一般就不能再形成更多的氢键，具有饱和性。

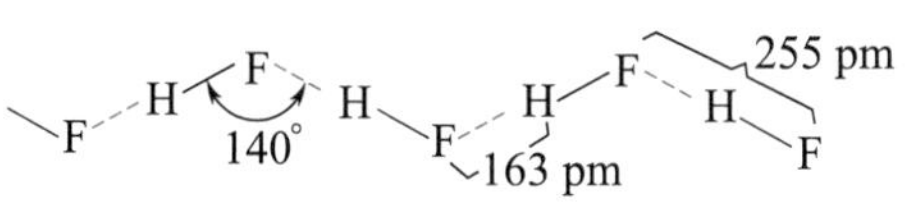

F H F H F H F H F
140°
163 pm
255 pm

图 3-36 HF 分子间的氢键

氢键还有自己的键能、键角和键长。HF 分子之间能形成如图 3-36 所示的氢键，虚线部分示意的氢键长度为 163 pm，也有认为氢键的键长是整个 F…H—F 的长度，即 255 pm，其强度为 28.0 kJ·mol^{-1}，氢键与相邻 H—F 键之间的夹角为 140 °。

氢键一旦形成，对整个物质的物理性质影响甚大。可以看出，通过氢键相连，HF 中存在着形如 $(HF)_n$ 的超分子结构，造成 HF 熔、沸点要比没有氢键的 HCl 要高得多，黏度也比较大。

氢键的形成还出现在 NH_3、H_2O 中。比如 NH_3 溶于水后，会形成一系列的氢键，H_2O 分子本身会有氢键 O—H…O—H；H_2O 分子和 NH_3 分子之间也存在氢键 N—H…O、N…H—O 等，这种氢键是双向的。即水和氨分子均可作为氢键的给体，也可作为氢键的受体。

氢键的形成造成的一个明显后果是增加了 NH_3 分子和 H_2O 之间的亲和力，使得 NH_3 比一般的气体更易溶于水。常温下，1 体积水大约能溶解 700 体积的氨气，而只能溶解大约 2.6 体积的硫化氢。因为 S 的电负性太小，不能与水形成氢键。

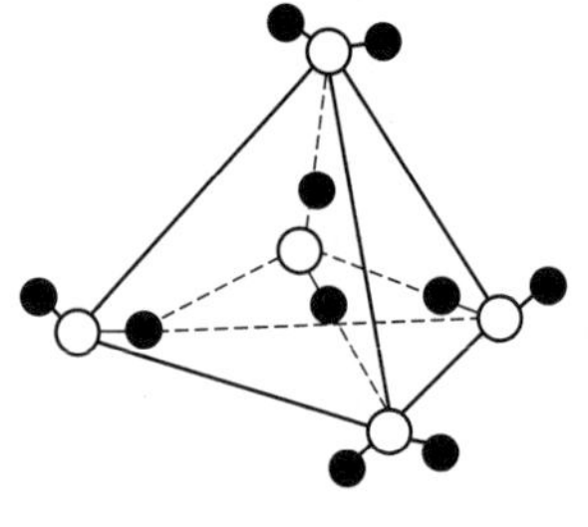

图 3-37　一个水分子形成的四根氢键

围绕着一个水分子最多能形成四根氢键，O 上连接的两个 H 原子能够和其他水分子中的 O 形成两根氢键。同时，通过杂化轨道理论知道，O 采取的是不等性的 sp^3 杂化，是一个四面体的构型，除了连接了两个 H 以外，还剩下两对孤电子对，这两对孤电子对可以和另外两个水分子中的 H 形成两根氢键。所以在一个 H_2O 分子的以 O 为中心的四面体上，连接了四个 H 原子，其中两根是 H—O 共价键，两根是 H…O 氢键，如图 3-37 所示。

随着温度的下降，水分子的流动性越来越差，这样的四面体结构也就越来越稳固，而且不断扩展下去。常压下到 0℃时，所有的液态水凝固成冰，形成了一个巨大的缔合结构，如图 3-38 所示。在这样的结构中，由于氢键具有方向性，必须保持每个 O 原子周围的四面体结构，使得分子排列不那么紧密，整个固态冰中充满了这样的蜂窝状空洞，比液态水无规律的排布还要疏松一些。由此造成水在结冰时候，密度反而会下降，浮在了水面上。

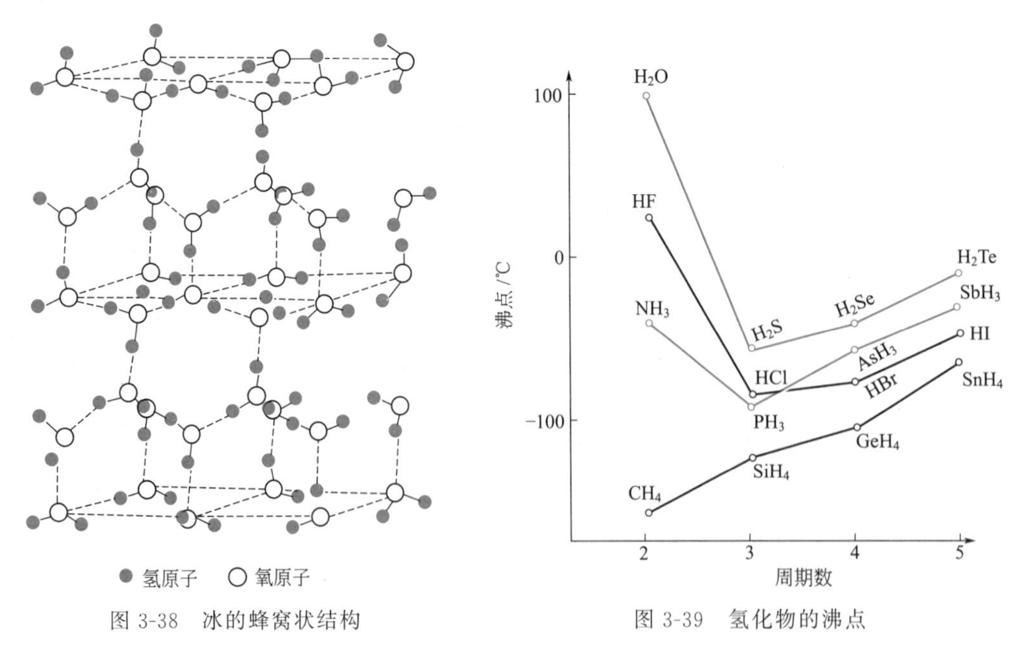

图 3-38　冰的蜂窝状结构

图 3-39　氢化物的沸点

在结构类似的同系物中，随着分子量的下降，物质的熔沸点是下降的。比如同是氧族（ⅣA）的元素形成的氢化物，分子量 $H_2Te>H_2Se>H_2S>H_2O$。而熔沸点，$H_2Te>H_2Se>H_2S$ 也是事实，如果按照这样的规律发展下去，H_2O 的熔沸点应比 H_2S 更低。但常温下 H_2S 已经是气体，实际上 H_2O 的熔沸点大于 H_2S 的。这也是由于 H_2O 中存在氢键，和 HF 类似，产生了类似 $(H_2O)_n$ 的缔合超分子结构，相当于分子量增加，所以常压下沸点达到了众所周知的 100 ℃，这一变化规律如图 3-39 所示。

在有机物分子之间，也大量地存在着氢键。比如有机物中只要含有—OH、$—NH_2$ 等官能团，就有形成氢键的条件。而各种各样的醇、羧酸、氨基酸、胺等，都含有这样的官能团。乙醇（CH_3CH_2OH）能和水无限混溶，正是它们之间形成了双向氢键。

只要符合 X—H…Y（X、Y=O，F，N）这样的通式，就可以形成氢键，而 X 和 Y 原子也可以是在同一个分子中。所以虽然一般把氢键归入分子间作用力，但也要注意分子内也可能存在氢键。

如在邻硝基苯酚中，由于羟基（—OH）上的 H 和硝基（$—NO_2$）上的 O 位置接近，可以形成如图 3-40 所示的分子内氢键，而氢键具有饱和性，一旦形成分子内氢键后，邻硝基苯酚分子间就不能再形成氢键了。

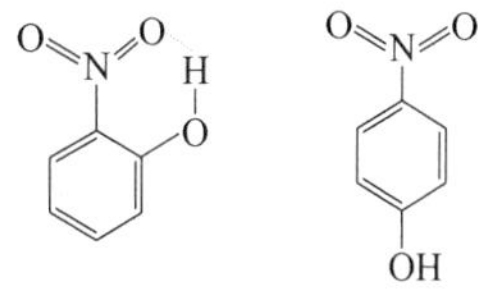

(a)　　(b)

图 3-40　邻硝基苯酚（a）和对硝基苯酚（b）

邻硝基苯酚的同分异构体对硝基苯酚，由于位置的关系分子内不能形成氢键。一般认为分子内氢键形成的条件是含五个原子或六个原子的环状结构，保持键之间的张力最小。所以对硝基苯酚只能在分子之间形成氢键。这两种分子量相同、结构也很接近的物质，由于一个形成了分子内氢键，另一个形成了分子间氢键，造成（b）的熔、沸点比前者高。

氢键的多样性及其特殊性使人们对其产生了越来越大的兴趣。特别是在生命科学和纳米材料领域，由于氢键在实现分子自组装方面的可能作用而令人关注。比如生物体内起遗传作用的脱氧核糖核酸（DNA）具有双螺旋结构，而这一结构正是通过氢键才得以实现的。DNA 的螺旋结构由两条平行且呈螺旋的多核苷酸链组成，每条链上连接着许多碱基，这些碱基一共有四种，即胸腺嘧啶（T）、胞嘧啶（C）、腺嘌呤（A）、鸟嘌呤（G）。不同链上的碱基遵循互补配对原则，即 A 与 T 配对和 G 与 C 配对，配对是通过氢键完成的，即 A 和 T 之间形成两重氢键（A=T），G 和 C 之间形成三重氢键（G≡C），如图 3-41 所示。

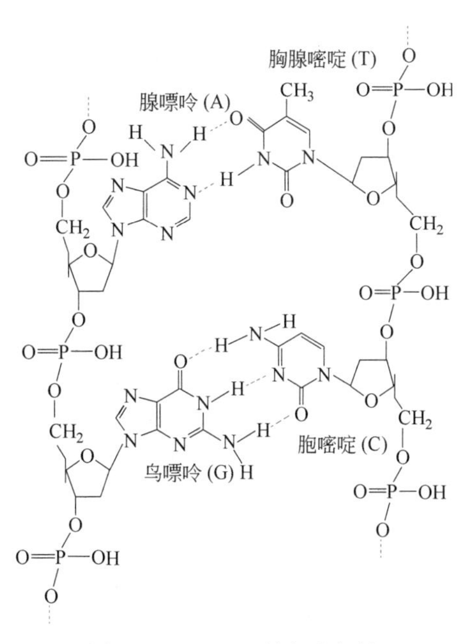

图 3-41　DNA 双链间的氢键

碱基配对的重大意义不但在于把两条 DNA 链连在了一起，而且在于 DNA 分子能够进行自我复制，从而将遗传信息即 DNA 分子链上碱基的排列顺序可靠地逐代传递。在一定酶的作用下，氢键断开，两条 DNA 链分离，然后每条链通过氢键的作用，按照碱基配对原则，进行模板复制，形成各自的另外一半。最后得到两个和原来一模一样的 DNA 分子。

氢键在这里起的重要作用是与其自身性质分不开的，首先它实现了分子的结合，而且这样的结合是有秩序的（饱和性、方向性）；其次这样的结合强度并不大，在需要的时候可以被破坏，试想如果DNA双链间依靠一般的共价键进行连接，那么DNA分子的高度稳定性会使得自我复制变得很困难；最后，DNA链在分离后又可以按照碱基配对的原则进行自我复制，氢键在其中又起了自组装的作用。

3.3.3 分子晶体

分子晶体在晶格的结点上排列着分子，这些分子通过分子间力结合，某些晶体中还有氢键。由于分子间力要比化学键小得多，因此，分子晶体的熔沸点都比较低，也不容易导电。大多数共价型非金属单质和化合物，如 HCl、NH_3、N_2、CO_2、CH_4、一般的有机化合物的固态都属于分子晶体。不同类型晶体的结构与特性归纳如表3-12所示。

表3-12 四种类型晶体内部结构及其特性

晶体类型	晶格内结点上的微粒	粒子间的作用力	晶体的特性	实 例
金属晶体	金属原子、阳离子	金属键	具有金属光泽,较好的导电性、导热性和延展性,熔沸点和硬度变化大	金属或一些合金
离子晶体	阴、阳离子	离子键	熔、沸点高,略硬而脆,熔融状态及水溶液能导电,大多溶于极性溶剂中	活泼金属的氧化物和盐类
原子晶体（共价晶体）	原子	共价键	熔、沸点很高,硬度大,导电性差,在大多数溶剂中不溶	金刚石,晶体硅,单质硼,碳化硅,氮化硼,石英
分子晶体	分子	分子间作用力（分子内共价键）	熔、沸点低,硬度小,"相似者相溶",极性分子溶于水解离后能导电	稀有气体,多数非金属单质,非金属之间的化合物,有机化合物

可以看出在四种晶体中，只有分子晶体依靠较弱的分子间作用力维系，而其他晶体分别对应于相应的化学键，即金属键形成金属晶体，离子键形成离子晶体，而共价键形成原子晶体（共价晶体）。一般而言，熔沸点和硬度的比较：原子晶体＞离子晶体＞金属晶体＞分子晶体，其中金属晶体的硬度和熔沸点变化幅度较大。

【阅读拓展】

X射线衍射技术与超分子化学

1. X射线衍射技术

结构在化学研究中占有至关重要的地位，化学物质从组成到性质之间，离不开分子或晶体结构关键环节的贡献。分子的尺寸往往在纳米数量级，科学工作者是如何在这么小空间尺度内确定原子的精确位置，从而获得键长、键角等定量参数的呢？可以说，X射线衍射（X-ray diffraction，XRD）是目前获得化学物质结构的最主要测试技术。

X射线的实质是电磁波，其波长在0.001～10 nm之间，介于紫外线和γ射线之间。部分X射线的波长匹配晶体中点阵之间的间距，可以说晶体提供了一种天然的理想衍射光栅。由于波的衍射的必要条件是，光栅中狭缝的尺寸需与波长相当，在第2章原子结构中，也提及了利用镍的单晶，对电子成功产生了衍射，证明了电子的波动性。那么，同样的道理，X射线在单晶中也可以产生衍射花样。同时，由于晶体具有各向异性，从不同方向入射的X射线会得到不同的衍射花样，可以根据这些衍射数据反推晶体中点阵的几何坐标，进而得到该化学物质的晶体结构数据。值得指出的是，只有单晶，即整个晶体颗粒中只有一个点阵，才可能通过X射线的衍射得到完整的结构信息，包括晶胞参数及原子坐标。

20世纪初期，劳埃（Max von Laue）和布拉格父子（W. H. & W. L. Bragg）分别发现了X射线对晶体的衍射现象，并分别于1914年和1915年获得诺贝尔物理学奖。其中1913年小布拉格对NaCl的X射线衍射研究，是化学史上第一个被成功解析的晶体结构。而1953年沃森（J. Watson）、克里克（F. Crick）和富兰克林（R. Franklin）通过X射线衍射对脱氧核糖核酸DNA结构的确定，被认为是二十世纪的三大科学发现之一（另外两项是量子力学和相对论），也是X射线衍射技术对人类文明最伟大的贡献。1970年后出现的四圆衍射仪，以及二十世纪八十年代后计算机广泛应用于数据处理和CCD衍射仪的出现，使得单晶X射线衍射测试手段越来越普及。目前，有超过50万种有机以及配位化合物的结构得到解析（每年还以2万～3万种的速度在增加），无机物质（金属和矿物）的结构有近9万种。

以下以一种有机化合物 $C_{22}H_{18}O_2$ 解析实例，揭示通过X射线衍射获得的各种结构信息（见图1）。

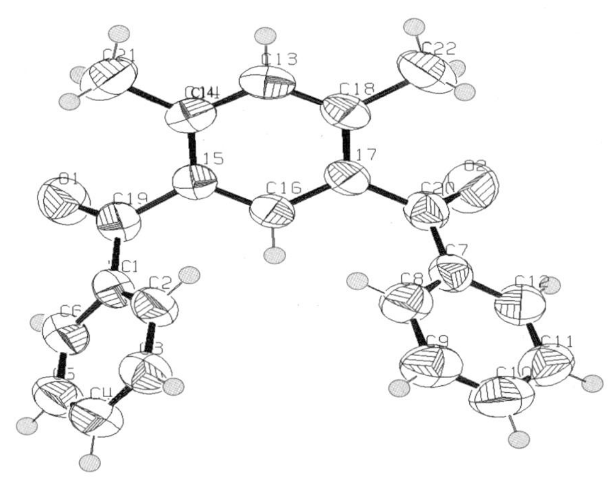

图1　$C_{22}H_{18}O_2$ 分子椭球图

首先通过分子中所有原子坐标，获得了丰富完整的分子结构信息，包括键长键角信息、含大π键苯环的平面构造信息、原子的杂化类型，还有单键旋转造成分子构象问题，以及反映原子各向异性热振动形成的椭球图。

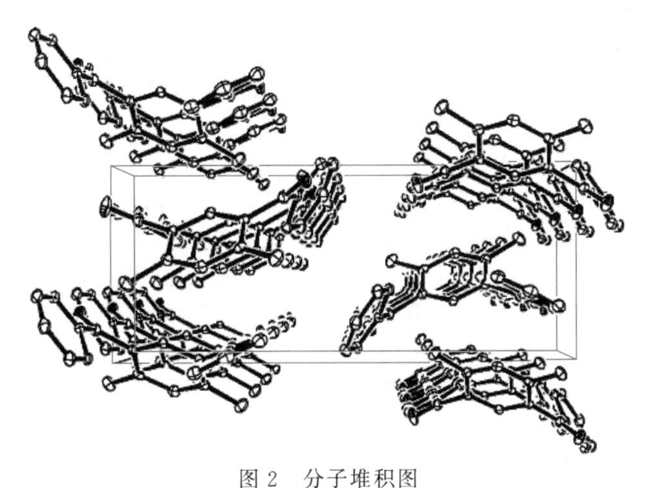

图2　分子堆积图

其次通过分子的堆积图（见图2），体现了晶体的点阵、晶胞参数等信息，并进一步展现了分子和分子之间的关联，总结出分子堆积的三原则：

① 分子间作用力最大；

② 堆积的密度最大；

③ 堆积的对称性最高。

以上三条原则存在优先次序，第一条原则体现了晶体中分子的堆积情况能反映出分子间作用力的关系。通过 XRD 得到的各式各样的晶体结构实例，大大地丰富了化学家的结构知识，也拓展了对分子间作用力的认知，从而最终诞生了超分子化学（supramolecular chemistry）。

2. 超分子化学

超分子化学研究基于分子间的非共价键相互作用而形成的分子聚集体。超分子（supramolecule）这一概念是由法国科学家莱恩（J.-M. Lehn）正式提出的。1987 年他和美国科学家佩德森（C. Pedersen）、克拉姆（D. Cram）作为超分子化学的奠基人共同被授予诺贝尔化学奖，后两人分别发现了冠醚化合物和提出了主客体化学的概念。

传统的化学可以说是分子化学，针对的化学反应是建立在化学键特别是共价键的断裂和重新生成的基础上的。随着科学技术和认知水平的不断提高，人们认识到分子之间的弱作用力，在物质作用的更高层次上不可忽略，尤其是在生命科学领域。为什么众多无生命的分子组合作用却产生了高级的生命现象？从 1944 年薛定谔《生命是什么》一书出版以后，科学家（不仅仅是化学家）就开始思考这一问题。

莱恩认为，如果分子化学研究的是单个的个体的话，那么超分子化学研究的就是分子的“社会学”。一个社会中个体与个体之间相互协调又相互制约的复杂关系，使得社会整体在各个方面的作用、效能大于每个个体的作用、效能的简单加和。分子和分子之间形形色色的分子间作用力，已经不局限于传统的范德华力和氢键，而包括了非典型的氢键（如 C—H⋯O 作用）、π-π 堆积、疏水-亲水效应，进而拓展到将构型匹配和配位作用都包含在这个范畴里。因此，分子之间尤其是复杂的有机分子之间的选择性作用，是分子无序运动向有序组织的关键过渡，也是超分子化学的一项重点研究范畴。

超分子体系具有三大主要功能：分子识别和自组装功能，反应性和催化功能，以及信息传输功能。超分子化学广泛深入到生命科学、材料科学、信息科学等当代研究的前沿领域，是一门高度交叉、应用前景广阔的新兴学科。

下面就分子识别和自组装的衍生特性做简要介绍。

（1）分子识别（molecular recognition） 不同分子之间由于特殊专一的作用，既满足相互结合的空间构型匹配，也满足分子之间各种次级价键作用力的匹配，体现出锁和钥匙的一一对应关系，从而达到匹配的分子之间能够相互识别的作用。比如钠离子和钾离子的化学性质极为相近，非常难分离，但是它们的半径有显著差别，而不同分子量的冠醚中有不同尺寸的孔穴，恰好能够容纳不同半径的碱金属离子，可以达到分子识别的目的。这一发现对于生物体内如何实现对钠离子和钾离子的选择性吸收有重大启发作用，通过长期的努力，美国科学家罗德里克终于发现了细胞膜中的钾离子通道，并于 2003 年因此而获得诺贝尔化学奖。

（2）超分子自组装（supramolecular self-assembly） 是指一种或者多种分子依靠分子间相互作用，自发地结合起来，形成分立或伸展的超分子。一般认为生物体内在温和条件下高效的生化反应，就是借助超分子自组装这一中间过渡态而得以实现的。在充分了解分子间次价键作用力的基础上，能够通过计算模拟的手段，达到设计和制造自组装构件元件，开拓分子自组装途径，从而大大推进了传统化学的合成前沿。

例如利用胺类和醛类（如吡啶-2-甲醛）在金属离子的配位模板作用下的高效专一的自组装反应，选择合适的胺类或醛类作为前体模块，反应可得到高对称性亚胺（席夫碱）配体，作为金属配位超分子结构的边或面，形成多面体笼状构造，对称性高，易于设计与表征，并存在显著的内部空腔。

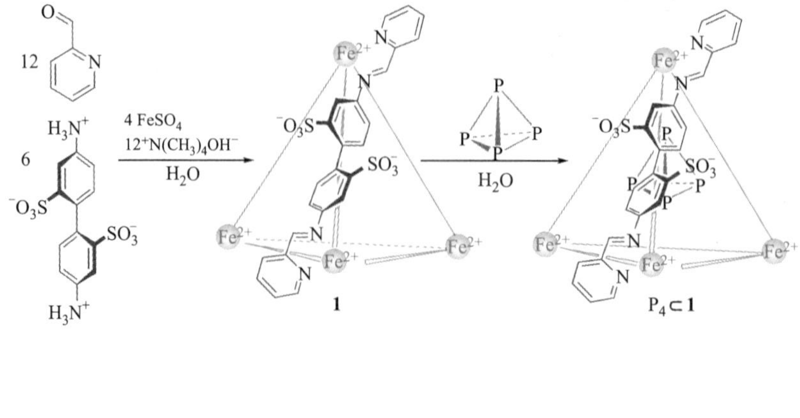

通过设计不同前体模块得到的笼状结构可对空腔的大小和对称性进行预测和调节，进而对其可能包容的客体分子进行选择和设计，例如一种 M_4L_6 四面体笼内部的空腔也具有四面体对称性，能容纳 P_4 白磷分子（见上图），实现在有氧环境下对白磷分子的保护。对笼状结构和其包容的化学分子的主客体化学研究，包括包容的稳定性、选择性和机理研究。现在公认的笼状结构应用，在分子识别与分离、化学传感器、分子马达和专一特定催化等前沿领域上均已有建树或存在重大突破的前景。

习　题

3-1 分子晶体、原子晶体、离子晶体和金属晶体，是由单质组成的还是由化合物组成的，举例说明。

3-2 试区分以下概念：

（1）孤电子对、未成对电子；（2）全满轨道、半满轨道；（3）分子式、化学式；（4）原子轨道、分子轨道；（5）顺磁性、反磁性。

3-3 表示下面各物质的化学符号，哪些是分子式，哪些是化学式？它们中各自存在哪些种类的化学键，哪些物质中还存在分子间作用力？

$$KCl、CO_2、NaOH、Fe、C_6H_6（苯）$$

3-4 写出下面各分子中的共价键哪些是 σ 键，哪些是 π 键。

$$HClO（实际原子连接顺序是 HOCl）、CO_2、C_2H_2（乙炔）、CH_3COOH（乙酸）$$

3-5 运用价层电子对互斥理论的知识，填写下列表格：

分子式	VP 数目	BP 数目	LP 数目	属于何种 AX_nE_m 型分子	空间构型
BBr_3					
$SiCl_4$					
I_3^-					
IF_5					
XeF_2					

3-6 已知 NH_4^+、CS_2、C_2H_4（乙烯）分子中，键角分别为 109°28′、180°和 120°，试判断各中心原子的杂化方式。

3-7 用杂化轨道理论判断下列分子的空间构型（要求写出具体杂化过程，即杂化前后电子在轨道上的排布情况）。

$$PCl_3、HgCl_2、BCl_3、H_2S$$

3-8 运用分子轨道理论的知识填写下表（假定 CN 分子中 C 和 N 各原子轨道能级近似相等）：

分子式	分子轨道式	键级	分子能否存在	分子有无磁性
H_2^+				
B_2				
Be_2				
O_2^-				
CN				

3-9 判断下列化学物质中，化学键的极性强弱顺序：

$$O_2、H_2S、H_2O、H_2Se、Na_2S$$

3-10 判断下列分子哪些是极性分子，哪些是非极性分子：

Ne、Br_2、HF、NO、CS_2、$CHCl_3$、NF_3、C_2H_4（乙烯）、C_2H_5OH（乙醇）、$C_2H_5OC_2H_5$（乙醚）、C_6H_6（苯）

3-11 判断下列各组不同分子之间存在哪些作用力（色散力、取向力、诱导力、氢键）：

(1) C_6H_6(苯) 和 CCl_4

(2) CH_3OH(甲醇) 和 H_2O

(3) He 和 H_2O

(4) H_2S 和 NH_3

3-12 判断下列各组不同分子间哪些能够形成氢键:

(1) H_2O 和 H_2S

(2) CH_4 和 NH_3

(3) $C_2H_5OC_2H_5$(乙醚) 和 H_2O

(4) C_2H_5OH(乙醇) 和 HF

3-13 判断下列各组物质熔沸点的高低顺序:

(1) He、Ne、Ar、Kr、Xe

(2) CH_3CH_2OH 和 CH_3OCH_3

(3) CCl_4、CH_4、CF_4、CI_4

(4) NaCl、MgO、NaBr、BaO

(5) CO_2 和 SiO_2

3-14 用离子极化理论解释:

(1) 在卤化银中,只有氟化银易溶于水,其余都难溶于水,而且溶解度从氟化银到碘化银依次减小;

(2) 氯化钠的熔点要高于氯化银。

3-15 下列说法是否正确?为什么?

(1) 溶于水能导电的晶体一定是离子晶体;

(2) 共价化合物呈固态时,均为分子晶体,且熔、沸点都较低;

(3) 稀有气体是由原子组成的,属于原子晶体;

(4) 碳有三种同素异形体:金刚石、石墨和富勒烯。

3-16 解释下列现象:

(1) SiO_2 的熔点远高于 SO_2;石墨软而能导电,而金刚石坚硬且不导电;

(2) NaF 的熔点高于 NaCl;

(3) 萘($C_{10}H_8$ 的晶体)容易挥发;

(4) 晶体锗中掺入少量镓或砷会使导电性明显增加。

3-17 C、H、O、Si 四种元素中,哪些可形成二元化合物?分别写出化学式(各举一例),判断其晶体类型及其熔点高低。

3-18 根据所学知识,填写下列表格:

物质	晶格结点上的微粒	粒子间的作用力	晶体的类型	预测熔点(高或低)
O_2				
Mg				
干冰				
SiC				

第4章 化学平衡

对于一个化学反应，人们不仅关心该反应在一定条件下能否进行；而且同样关心该反应进行到何种限度为止，以及完成整个反应需要多少时间。理论化学工作者还会关心化学反应的历程如何。化学平衡是本课程基本理论的重要部分，它是上述讨论问题的理论基础。

本章主要介绍了化学平衡的基本概念、标准平衡常数及其意义，以及影响化学平衡移动的主要因素。同时，本章也介绍了化学反应速率的有关概念。

化学平衡

4.1 化学平衡的基本概念

4.1.1 可逆反应与化学平衡状态

完全反应是指在反应中反应物能全部转化成生成物，其转化率达到100%，例如

$$2KClO_3(s) \xrightarrow[\triangle]{MnO_2} 2KCl(s) + 3O_2(g) \tag{4-1}$$

在密闭容器中，上述反应的反应物能全部转化为产物。同时，生成物 KCl 与 O_2 不能直接反应生成 $KClO_3$，因此完全反应也称为不可逆反应（irreversible reaction）。

大多数化学反应都是可逆的。例如，在一定温度下，密闭的容器中，氧气和二氧化硫合成三氧化硫，无论经过多长时间，反应物都不可能完全转化为生成物。这是因为此类反应，不但能发生正方向的合成反应，同时还能进行逆方向的分解反应，这类始终存在正逆两个方向同时进行的反应，称为可逆反应（reversible reaction）。由于该类反应不能进行到底，即反应物的转化率达不到100%，也称为不完全反应。

$$2SO_2(g) + O_2(g) \rightleftharpoons 2SO_3(g) \tag{4-2}$$

在本书中，方程式中“$=\!=\!=$”仅代表化学反应已经配平，是否可逆需要根据其他信息判定。

可逆反应虽然不能进行到底，但不是没有终点。当反应物和生成物同时共存，且浓度不再随着时间变化而变化时，从表观上看，反应好像处于静止状态，此时达到了可逆反应的终点，即化学平衡状态，简称化学平衡（chemical equilibrium），此时反应中各物质的浓度称为平衡浓度（equilibrium concentration）。但实际上，反应的正反应和逆反应都没有停止，只是正、逆反应速率相等，因此化学平衡是一种动态平衡。

4.1.2 化学平衡常数

对于可逆化学反应通式

$$mA + nB =\!=\!= xC + yD \tag{4-3}$$

若已达到平衡状态，那么 A、B、C、D 四种物质的浓度就不再随时间发生变化，此时的浓度称为平衡浓度，可用 [A]、[B]、[C]、[D] 特别标注，并用分析方法测定。实验表明：生成物平衡浓度的幂积与反应物平衡浓度的幂积之比为一常数，该式称为平衡常数表达式（equilibrium constant expression），是一切化学平衡问题，尤其是定量计算的核心关

系式：

$$K=\frac{[C]^x[D]^y}{[A]^m[B]^n} \tag{4-4}$$

K 称为化学反应式(4-3) 的平衡常数（equilibrium constant)。像式(4-4) 中，通过测量各物质的平衡浓度表示的经验平衡常数，称为 K_c。

使用式(4-4) 时，需特别注意下列问题：

① 如果 A、B、C、D 是气体，则浓度还可用各个气体的平衡分压 p_C、p_D、p_A、p_B 表达。即

$$K=\frac{p_C^x p_D^y}{p_A^m p_B^n} \tag{4-5}$$

分压单位可用 Pa、kPa 或 MPa。像式(4-5) 中，通过测量各物质的分压表示的经验平衡常数，称为 K_p。

② 若水相反应时，反应物或产物是固体沉淀或不溶于水的有机物，其浓度全当作 1 来处理；反应物或产物是水时，在溶液浓度比较稀的情况下，其浓度也当作 1 来处理。它们在平衡常数的表达式中不出现或不考虑。例如：

$$Cu(s)+2H^+(aq)+H_2O_2(aq)=\!=\!=Cu^{2+}(aq)+2H_2O(l) \tag{4-6}$$

$$K_c=\frac{[Cu^{2+}]}{[H^+]^2[H_2O_2]} \tag{4-7}$$

因为 Cu 是固体，H_2O 是溶剂，它们不在平衡常数 K 的表达式中出现。而 H_2O_2 不是溶剂，它是一种可溶性的液态溶质，和 H_2O 是两种物质。

$$CaCO_3(s)=\!=\!=CaO(s)+CO_2(g) \tag{4-8}$$

$$K_p=p_{CO_2} \tag{4-9}$$

因为 $CaCO_3$、CaO 都是固体，它们不在平衡常数 K 的表达式中出现。所以 K 的表达式只有 1 个因子。

③ A、B、C、D 前的系数 m、n、x、y 需对应在平衡常数表达式中相应物质平衡浓度或平衡分压的幂指数位置。若系数发生改变，幂指数也需相应改变。

例如：

$$2SO_2(g)+O_2(g)=\!=\!=2SO_3(g) \tag{4-10}$$

$$K_{p_1}=\frac{p_{SO_3}^2}{p_{SO_2}^2 p_{O_2}} \tag{4-11}$$

也可以写成：

$$SO_2(g)+1/2\ O_2(g)=\!=\!=SO_3(g) \tag{4-12}$$

$$K_{p_2}=\frac{p_{SO_3}}{p_{SO_2} p_{O_2}^{1/2}} \tag{4-13}$$

可推导出，$K_{p_1}=K_{p_2}^2$。

④ 当 $x+y\neq m+n$ 时，K 是一个有量纲的物理量。如果平衡常数表达式中均用相对量即相对浓度、相对分压，则此平衡常数称为标准平衡常数（standard equilibrium constant)，记作 $K^\ominus$，标准平衡常数是无量纲量。某物质 A，相对浓度定义为 $[A]/c^\ominus$，$c^\ominus$ 取值为 $1\ mol\cdot L^{-1}$；相对分压定义为 $p_A/p^\ominus$，$p^\ominus$ 取 0.10 MPa 或 100 kPa。

为了书写简单，本书不作特别说明，所有与化学平衡有关的平衡常数均为标准平衡常

数，用 K 表示，而不再特别标注为 $K^{\ominus}$，同时在平衡常数表达式中略去相对浓度 $c^{\ominus}$（因其数值为 1)。

⑤ 若某反应由几个反应式相加（或相减）得到，则该反应的平衡常数等于这几个反应平衡常数之积（或商），这种关系称为多重平衡规则（multiple equilibrium rule）。利用多重平衡规则，可通过已知反应的平衡常数求其他反应的平衡常数。

例如：

$$NO_2(g) = NO(g) + 1/2O_2(g) \tag{4-14}$$

$$SO_2(g) + 1/2O_2(g) = SO_3(g) \tag{4-15}$$

将式(4-14) 和式(4-15) 相加得到：

$$SO_2(g) + NO_2(g) = NO(g) + SO_3(g) \tag{4-16}$$

若上述三个反应的平衡常数分别为 K_1、K_2、K，则有

$$K_1 \cdot K_2 = \frac{\left(\frac{p_{NO}}{p^{\ominus}}\right)\left(\frac{p_{O_2}}{p^{\ominus}}\right)^{\frac{1}{2}}}{\left(\frac{p_{NO_2}}{p^{\ominus}}\right)} \times \frac{\left(\frac{p_{SO_3}}{p^{\ominus}}\right)}{\left(\frac{p_{SO_2}}{p^{\ominus}}\right)\left(\frac{p_{O_2}}{p^{\ominus}}\right)^{\frac{1}{2}}} = \frac{\left(\frac{p_{NO}}{p^{\ominus}}\right)\left(\frac{p_{SO_3}}{p^{\ominus}}\right)}{\left(\frac{p_{NO_2}}{p^{\ominus}}\right)\left(\frac{p_{SO_2}}{p^{\ominus}}\right)} = K \tag{4-17}$$

多重平衡规则在平衡的计算问题中经常用到。

4.1.3 平衡常数计算示例

【例 4-1】 SO_2 可以被 O_2 氧化成 SO_3，平衡时，测得反应体系的总压力为 0.100 MPa，且 SO_2、O_2、SO_3 的物质的量比为 6.70∶1.00∶8.10，计算此条件下下列反应的平衡常数 K。

$$2SO_2(g) + O_2(g) \rightleftharpoons 2SO_3(g)$$

解 先求各气体的相对分压

$$\frac{p(SO_2)}{p^{\ominus}} = \frac{0.100 \times 6.70}{(6.70 + 1.00 + 8.10) \times 0.100} = 0.424$$

$$\frac{p(SO_3)}{p^{\ominus}} = \frac{0.100 \times 8.10}{(6.70 + 1.00 + 8.10) \times 0.100} = 0.513$$

$$\frac{p(O_2)}{p^{\ominus}} = \frac{0.100 \times 1.00}{(6.70 + 1.00 + 8.10) \times 0.100} = 0.0633$$

则平衡常数为

$$K = \frac{0.513^2}{0.424^2 \times 0.0633} = 23.1$$

【例 4-2】 合成氨反应：$3H_2 + N_2 \rightleftharpoons 2NH_3$；现将 4.0 mol H_2 和 1.0 mol N_2 在恒温 350 ℃、恒压 30.0 MPa 下反应。平衡后，从系统中抽取 100.0 mL 气体，并将气体通过硫酸溶液后干燥，气体的体积还有 96.9 mL。求：在该条件下合成氨的平衡常数 K 和 N_2 转化为 NH_3 的摩尔转化率。取标准压力 $p^{\ominus} = 0.1$ MPa

解

$$N_2 + 3H_2 \rightleftharpoons 2NH_3$$

设平衡时生成 $2x$ mol NH_3，则平衡时 N_2 为 $(1.0 - x)$ mol，H_2 为 $(4.0 - 3x)$ mol，相对总压力 $P = \frac{3.0}{0.10} = 30.0$。

NH_3 通过浓硫酸溶液，有 $2NH_3 + H_2SO_4 = (NH_4)_2SO_4$

则 NH_3 在体系中的体积比为 $\frac{100.0 - 96.9}{100.0} \times 100\% = 3.1\%$

气体的体积比等于摩尔比，所以 $\dfrac{2x}{2x+1.0-x+4.0-3x}=3.1\%$

解得 $x=0.075\ \text{mol}$

N_2 为 $1.0-x=1.0-0.075=0.925\ \text{mol}$

H_2 为 $4.0-3x=4.0-3\times0.075=3.775\ \text{mol}$

则 $$\frac{p_{NH_3}}{p^{\ominus}}=\frac{3.1\%\times30.0}{0.1}=9.3$$

$$\frac{p_{H_2}}{p^{\ominus}}=\frac{3.775\times30.0}{(2\times0.075+0.925+3.775)\times0.1}=233.5$$

$$\frac{p_{N_2}}{p^{\ominus}}=\frac{0.925\times30.0}{(2\times0.075+0.925+3.775)\times0.1}=57.2$$

$$K=\frac{9.3^2}{233.5^3\times57.2}=1.2\times10^{-7}$$

N_2 转化为 NH_3 的摩尔转化率 $r=\dfrac{2x}{1.0}=\dfrac{0.075\times2}{1.0}\times100\%=15\%$

4.2 化学平衡的移动

化学平衡是一种暂时的、相对的和有条件的平衡。从微观上看，这种平衡仍处在动态中。如果外部条件发生变化，这种平衡就可能被破坏，从一个平衡状态变为另一个在新条件下建立的新的平衡状态。

在新建立的平衡状态下，反应体系中各物质的浓度与原平衡状态下各物质的浓度不完全相同。这种由于条件变化，从一个平衡状态转变为另一个平衡状态的过程，称为化学平衡的移动（shift of chemical equilibrium）。

若知道了化学平衡移动的内在规律，便可人为地控制反应条件，使化学平衡向着有利于我们既定的目标的方向移动，提高转化率和产量。

对于气相反应，影响化学平衡移动的因素主要有反应物或生成物的浓度、压力、温度；对于液相反应（包括沉淀反应）影响的因素主要有浓度、温度、pH（即酸碱度）、同离子效应或竞争反应等。

4.2.1 浓度对化学平衡的影响

对于一个均相化学反应

$$m\text{A}+n\text{B}\rightleftharpoons x\text{C}+y\text{D} \tag{4-18}$$

存在（标准）浓度商

$$Q=\frac{\left(\frac{c_C}{c^{\ominus}}\right)^x\left(\frac{c_D}{c^{\ominus}}\right)^y}{\left(\frac{c_A}{c^{\ominus}}\right)^m\left(\frac{c_B}{c^{\ominus}}\right)^n} \tag{4-19}$$

如果 A、B、C、D 为气体，则用（标准）压力商

$$Q=\frac{\left(\frac{p_C}{p^{\ominus}}\right)^x\left(\frac{p_D}{p^{\ominus}}\right)^y}{\left(\frac{p_A}{p^{\ominus}}\right)^m\left(\frac{p_B}{p^{\ominus}}\right)^n} \tag{4-20}$$

式中，$\frac{c_A}{c^\ominus}$、$\frac{c_B}{c^\ominus}$、$\frac{c_C}{c^\ominus}$、$\frac{c_D}{c^\ominus}$分别是新的化学平衡尚未达到时 A、B、C、D 任意时刻的相对浓度；$\frac{p_A}{p^\ominus}$、$\frac{p_B}{p^\ominus}$、$\frac{p_C}{p^\ominus}$、$\frac{p_D}{p^\ominus}$分别是新的化学平衡尚未达到时 A、B、C、D 任意时刻的相对分压。则化学平衡移动的准则是：

$Q<K$，化学平衡向右移动，又称为正向移动。

$Q>K$，化学平衡向左移动，又称为逆（反）向移动。

$Q=K$，已处于平衡状态，化学平衡不移动。

从式(4-19)、式(4-20) 看，若想使化学平衡正向移动，必须减小 Q 值。既可以加大分母的值（增加反应物 A 或 B 的相对浓度或相对分压）；也可以减小分子的值（减小产物 C 或 D 的相对浓度或相对分压），或二者兼而有之。

当然，平衡常数 K 增大也有利于化学平衡正向移动。

【例 4-3】 已知化学反应 $2SO_2(g)+O_2(g) \rightleftharpoons 2SO_3(g)$ 的平衡常数为 23.1，总压力是 100 kPa，（1）将 3.00 mol 的 SO_2 与 2.00 mol 的 O_2 反应，达到平衡后，生成多少摩尔 SO_3？（2）SO_2 由 3.00 mol 增加为 4.00 mol，又生成多少摩尔 SO_3？

解 （1）设生成 SO_3 x mol，由方程式 $2SO_2(g)+O_2(g) = 2SO_3(g)$ 可知，平衡时 SO_2 物质的量为（$3.00-x$）mol，O_2 物质的量为（$2.00-0.5x$）mol，则平衡时的总物质的量为 $\sum n=n(SO_2)+n(SO_3)+n(O_2)=x+(3.00-x)+(2.00-0.5x)=(5.00-0.5x)$mol，各组分的分压为 $p_i=P\times\frac{n_i}{\sum n}$。所以，相对总压力 $P=\frac{100\ \text{kPa}}{p^\ominus}=\frac{100\ \text{kPa}}{100\ \text{kPa}}=1.00$

SO_3 的相对分压

$$p(SO_3)=P\times\frac{x}{5.00-0.5x}=\frac{x}{5.00-0.5x}$$

SO_2 的相对分压

$$p(SO_2)=P\times\frac{3.00-x}{5.00-0.5x}=\frac{3.00-x}{5.00-0.5x}$$

O_2 的相对分压

$$p(O_2)=P\times\frac{2.00-0.5x}{5.00-0.5x}=\frac{2.00-0.5x}{5.00-0.5x}$$

故
$$K=\frac{\left(\frac{x}{5.00-0.5x}\right)^2}{\left(\frac{3.00-x}{5.00-0.5x}\right)^2\times\frac{2.00-0.5x}{5.00-0.5x}}=23.1$$

整理后得
$$11.05x^3-110.5x^2+381.15x-415.8=0$$

解上述高次方程，可采用迭代法，具体运算过程如下：

(a) 将最高次项 x^3 保留在方程式左边，其他各项全移至右边，并使最高次项的系数为 1，则

$$x^3=10.0x^2-34.49x+37.63$$

将方程两边同时开最高次方，即方程式左边必须是系数为 1 的一次项 x：

$$x=\sqrt[3]{10.0x^2-34.49x+37.63}$$

上式中的右式称为迭代函数或迭代形式，命名为 $\varphi(x)$。

(b) 根据具体情况，可假设一个 x_0 是这个方程的解，x_0 称为初值。根据本题题意和化学知识知道，生成的 $n(SO_3)<n(SO_2)$，即方程的解 $0<x<3.00$。可设 x_0 为区间 (0，3) 中任何值。不妨令 $x_0=1.50$。

(c) 将初值 $x_0=1.50$ 代入迭代函数或迭代形式 $\varphi(x)$ 中，计算 $\varphi(x_0)$ 的值。

(d) 比较计算值 $\varphi(x_0)$ 与初值 x_0，若 $|\varphi(x_0)-x_0|<\varepsilon$ 或 $|\varphi(x_0)-x_0|/|\varphi(x_0)|<\varepsilon$ (ε 为具体实际问题所允许的误差，例如本题 ε 可定为 0.001)，则可认为 x_0 就是在允许误差范围内的方程的解。

(e) 若 $|\varphi(x_0)-x_0|>\varepsilon$ 或 $|\varphi(x_0)-x_0|/|\varphi(x_0)|>\varepsilon$，则令新的 $x_0=\varphi(x_0)$，重复 (c)、(d) 过程，直到 $|\varphi(x_0)-x_0|<\varepsilon$ 或 $|\varphi(x_0)-x_0|/|\varphi(x_0)|<\varepsilon$ 为止。

本题的迭代计算过程及计算出的各 x_0 结果列表如表 4-1 所示。

表 4-1　SO_3 浓度的计算过程的迭代值

计算值	2.03	2.066	2.086	2.095	2.1001	2.103	2.104
两者之差绝对值	0.47	0.036	0.02	0.011	0.005	0.0029	0.001

$|2.104-2.103|\leqslant 0.001$，达到了要求。则 $x=2.104$ mol 即生成了 2.104 mol 的 SO_3。

(2) 若 SO_2 增加为 4.00 mol，则：

平衡时：SO_2 的物质的量为 $(4.00-x)$mol，O_2 的物质的量为 $(2.00-0.5x)$mol：

$$K=\frac{p_{SO_3}^2}{[p_{SO_2}^2 p_{O_2}]}$$

$$=\frac{\left(\dfrac{x}{6.00-0.5x}\right)^2}{\left(\dfrac{4.00-x}{6.00-0.5x}\right)^2\times\dfrac{2.00-0.5x}{6.00-0.5x}}=23.1$$

用迭代法可解得：$x=2.60(\text{mol})$

4.2.2　勒·夏特列原理

上例通过复杂的计算说明了反应物浓度的变化对化学平衡移动的影响。工业生产中有时只需要进行定性判断，那就不必进行复杂的计算了。可根据勒·夏特列原理(Le Chatelier principle) 进行判断。

勒·夏特列原理：一个平衡体系 (包括化学平衡)，假如改变影响平衡体系的条件，则平衡就向着减弱这种条件变化的方向移动。

例如，增加反应物浓度 (分压)，则平衡向减小反应物浓度的方向移动，即反应正向进行。减小生成物的浓度 (分压)，则平衡向增加生成物浓度的方向移动，反应也正向进行。

对反应体系进行加热，平衡向降低体系热量的方向移动，即向着吸热方向移动。

对反应体系进行冷却，平衡向升高体系热量的方向移动，即向着放热方向移动。

勒·夏特列原理是自然界的一个普遍规律。用勒·夏特列原理判断化学平衡的移动与判断化学平衡移动的准则是完全一致的。

4.2.3　压力对化学平衡的影响

一般来讲，对于没有气体参加的化学平衡，即反应物以及生成物均不是气体的化学平衡，压力的影响很小。因为一般认为液体和固体可当作不可压缩的。影响可以忽略不计。

对于有气体参加或生成的化学平衡，并且反应前后气体物质的量的变化值不为零时，压力的变化将会影响平衡的移动。对于下列反应：

$$mA(g)+nB(g)\rightleftharpoons xC(g)+yD(g)$$

令反应前后气体物质的量的变化量 $\Delta n=(x+y)-(m+n)$。

若 $\Delta n>0$：当增加体系压力时，根据勒•夏特列原理，平衡应向减小压力 p 的方向移动。因为 $p=nRT/V$，n 越大，压力 p 越大，反之亦然。所以平衡应向着物质的量减少的方向移动，即逆向移动；当减小体系压力时，平衡应向增加压力 p 的方向移动。所以平衡应向着物质的量增加的方向移动，即正向移动。

若 $\Delta n<0$：加大压力，平衡应向减小压力 p 的方向移动。所以平衡应向着物质的量减少的方向移动，即正向移动；当增大体系压力时，平衡应向减小压力 p 的方向移动。所以平衡应向着物质的量增加的方向移动，即逆向移动。

$\Delta n=0$：根据勒•夏特列原理，仅改变体系的压力，对化学平衡的移动不会产生任何影响。

4.2.4 惰性气体引入对平衡的影响

在气相反应中引入惰性气体是化工生产中经常采用的一种工艺手段。在不同的条件下，惰性气体的引入对平衡移动的影响也不同。

(1) 在恒温、恒压下引入惰性气体

恒温、恒压下引入惰性气体，这是化工生产尤其是大型化工生产中经常遇到的情况或为了某种需要而经常采用的技术措施。在这种情况下，体系总压力不变；但是，惰性气体的引入，使得体系中气体的总物质的量增加了，参加反应的各气体的摩尔比降低了。由道尔顿分压定律知，每一种气体的分压等于总压力与该气体的摩尔分数乘积。即：

未加惰性气体前，i 气体的分压 $p_i=\dfrac{Pn_i}{\sum n_i}$

加入惰性气体后，i 气体的分压 $p_i^*=\dfrac{Pn_i}{\sum n_i+\sum n_j}$

式中，P 为体系总压力；n_i 为参加反应的各气体的物质量；n_j 为加入的惰性气体的物质的量。显然：

$$p_i^*<p_i$$

这种情况相当于减小了压力，即 $s<1$。所以，$\Delta n>0$ 反应正向移动；$\Delta n<0$ 反应逆向移动；$\Delta n=0$，加入惰性气体不会使化学平衡移动。

(2) 在恒温、恒容下加入惰性气体

恒温、恒容下加入惰性气体是小型化工生产中和实验室中经常采用的措施。

i 气体的分压：

$$p_i=\frac{n_iRT}{V}$$

式中，n_i 为参加反应的各气体的物质量；由于 n_i、T、V 不变，故 p_i 不变。

因此，加入惰性气体前后 i 气体的分压完全一致。因此，在这种情况下，引入惰性气体对平衡的移动不产生影响。

【例 4-4】 N_2O_4 气体分解反应 $N_2O_4(g)\rightleftharpoons 2NO_2(g)$ 的平衡常数 $K=0.315$。

① 在 100 kPa 压力下，体系中的 N_2O_4 与 NO_2 的物质的量之比为 4∶1，判断平衡移动的方向。

② 在上述条件下达平衡后，改变体系总压力为 300 kPa，判断平衡移动方向。

③ 在①条件下平衡后的体系中加入惰性气体 5.0 mol，并使其体积不变，判断平衡移动的方向。

④ 在①条件下体系平衡后，测得体系中 N_2O_4 为 4.0 mol，此时 NO_2 为多少 mol? 平衡后若维持压力不变，再向体系中加入 2.0 mol 惰性气体，判断平衡移动的方向。

总压力的相对分压 $P=\frac{100\ \text{kPa}}{p^\ominus}=\frac{100\ \text{kPa}}{100\ \text{kPa}}=1.00$

解 ① N_2O_4 的相对分压为 $p(N_2O_4)=\frac{4}{4+1}\times 1.00=0.80$

NO_2 的相对分压为 $p(NO_2)=\frac{1}{4+1}\times 1.00=0.20$

$$Q=\frac{p^2(NO_2)}{p(N_2O_4)}=\frac{0.20^2}{0.80}=0.05<0.315\text{，平衡正向移动}$$

② 此时，总压力的相对压力 $p=\frac{300\ \text{kPa}}{p^\ominus}=\frac{300\ \text{kPa}}{100\ \text{kPa}}=3.00$

设平衡时 N_2O_4 的物质的量为 n_1，NO_2 的物质的量为 n_2。则

N_2O_4 的相对分压为 $p(N_2O_4)=3.00\times\frac{n_1}{n_1+n_2}$

NO_2 的相对分压为 $p(NO_2)=3.00\times\frac{n_2}{n_1+n_2}$

当总压力的相对压力 $p=1.00$ 时，

$$K=\frac{[pn_2/(n_1+n_2)]^2}{pn_1/(n_1+n_2)}=\frac{[n_2/(n_1+n_2)]^2}{n_1/(n_1+n_2)}$$

当总压力改变为 300 kPa 时，其相对压力 $p=300\ \text{kPa}/p^\ominus=3.00$，

分压积 $$Q=\frac{p_{NO_2}^2}{p_{N_2O_4}}=\frac{[pn_2/(n_1+n_2)]^2}{pn_1/(n_1+n_2)}$$

$$=\frac{[3.00n_2/(n_1+n_2)]^2}{3.00n_1/(n_1+n_2)}=\frac{3.00[n_2/(n_1+n_2)]^2}{n_1/(n_1+n_2)}=3.00\ K>K$$

平衡逆向移动。

也可直接利用规则判断：$\Delta n=2-1>0$，加大压力，平衡逆向移动。

③ 因为是在恒温恒容条件下加入 5 mol 惰性气体，根据上述结论，此时化学平衡不移动。

④ 设平衡时 NO_2 的含量为 x mol

总压力的相对压力 $p=100\ \text{kPa}/p^\ominus=100\ \text{kPa}/100\ \text{kPa}=1.00$。

$$K=\frac{[px/(4+x)]^2}{p\times 4/(4+x)}=\frac{[1.00x/(4+x)]^2}{4\times 1.00/(4+x)}=0.315$$

则 $$x^2-1.26x-5.04=0$$

解得 $$x=2.96$$

加入 2.0 mol 惰性气体后 N_2O_4 的相对分压：

$$p_{N_2O_4}=\frac{1.00n_1}{n_1+n_2+n_2}=\frac{4.0}{4.0+2.96+2.0}=0.446$$

NO_2 的相对分压： $$p_{NO_2}=\frac{1.00n_2}{n_1+n_2+n_2}=\frac{2.96}{4.0+2.96+2.0}=0.330$$

分压积 $$Q=\frac{p_{NO_2}^2}{p_{N_2O_4}}=\frac{0.330^2}{0.446}=0.244<K(0.315)$$

平衡正向移动。

4.2.5 温度对化学平衡的影响

温度对化学平衡的影响与浓度及压力对化学平衡的影响不同。温度发生变化，平衡常数也发生变化，从而使化学平衡发生移动。

温度升高时，平衡向吸热反应方向移动；温度降低时，平衡向放热反应方向移动。这是因为：

对于放热反应 $$m\text{A}+n\text{B} = x\text{C}+y\text{D}$$

根据勒·夏特列原理，降温即是从体系中取走热量，平衡应向着热量增加的方向移动，即正向移动；升温即给体系增加热量，平衡应向着热量减小的方向移动，即反向移动。

4.3 化学反应速率

化学反应速率

4.3.1 化学反应速率的概念及表达式

平衡常数表达了某一化学反应可以进行到的极限程度。但是，平衡常数不能回答达到这种平衡需要花多少时间，即达到平衡的速率问题。

各种化学反应的反应速率（reaction rate）相差很大，有的反应能在瞬间达到平衡。例如，火药爆炸，HCl 与 NaOH 间的中和反应。但有的反应即使经过几十年也难达到平衡，例如，在常温下 H_2 和 O_2 几十年也不会变成 1 滴水，N_2 和 H_2 也不会变成 NH_3。

化学反应速率指在一定条件下，反应物转变为生成物的速率。一般用单位时间（s 或 min 或 h）内反应物浓度的减小或生成物浓度的增加来表示，而且习惯用正值。其单位一般为 $\text{mol}\cdot\text{L}^{-1}\cdot\text{s}^{-1}$、$\text{mol}\cdot\text{L}^{-1}\cdot\text{min}^{-1}$ 或 $\text{mol}\cdot\text{L}^{-1}\cdot\text{h}^{-1}$。

对于化学反应

$$m\text{A}+n\text{B} \rightleftharpoons x\text{C}+y\text{D}$$

平均速率为

$$\bar{v}_\text{A}=-\frac{\Delta c_\text{A}}{\Delta t} \qquad \bar{v}_\text{B}=-\frac{\Delta c_\text{B}}{\Delta t} \qquad \bar{v}_\text{C}=\frac{\Delta c_\text{C}}{\Delta t} \qquad \bar{v}_\text{D}=\frac{\Delta c_\text{D}}{\Delta t}$$

为使 A 和 B 的平均速率为正值，前面两式加上负号表示反应物浓度减小。$\Delta t \rightarrow 0$ 时，$\lim\limits_{\Delta t\rightarrow 0}\bar{v}=\lim\limits_{\Delta t\rightarrow 0}\left(-\frac{\Delta c_\text{A}}{\Delta t}\right)$就是 A 的反应速率的瞬时值，其余与此式相似。

$$\lim_{\Delta t\rightarrow 0}\left(-\frac{\Delta c_\text{A}}{\Delta t}\right)=-\frac{\text{d}c_\text{A}}{\text{d}t} \qquad (\Delta t\rightarrow 0)$$

可见，反应速率是时间的函数，在实际工作中，瞬时反应速率是很难获得的。只有找到了反应速率与 t 的函数关系，才可通过求导求得瞬时速率。反应速率与 t 的函数关系主要靠实验数据模拟或模拟加理论推断获得。

【例 4-5】 在测定下列反应的速率时，所涉及数据如下：

	$2S_2O_3^{2-}$ +	I_3^- $\rightleftharpoons$	$S_4O_6^{2-}$ +	$3I^-$
0 s 时的浓度/$\text{mol}\cdot\text{L}^{-1}$	0.077	0.077	0	0
90 s 时的浓度/$\text{mol}\cdot\text{L}^{-1}$	0.074	0.0755	0.0015	0.0045

计算反应开始后 90 s 内的平均速率。

解　$\bar{v}(S_2O_3^{2-})=-\dfrac{0.074-0.077}{90}=3.3\times10^{-5}\ (mol\cdot L^{-1}\cdot s^{-1})$

$$\bar{v}(I_3^-)=-\frac{0.0755-0.077}{90}=1.67\times10^{-5}\ (mol\cdot L^{-1}\cdot s^{-1})$$

$$\bar{v}(S_4O_6^{2-})=\frac{0.0015-0}{90}=1.67\times10^{-5}\ (mol\cdot L^{-1}\cdot s^{-1})$$

$$\bar{v}(I^-)=\frac{0.0045-0}{90}=5.0\times10^{-5}\ (mol\cdot L^{-1}\cdot s^{-1})$$

上例表明，用不同物质的浓度变化来表示反应速率时，其数值不相等，但它却是对同一个反应的反应速率的表达。因此表示反应速率时，一定要标明是哪种物质浓度的变化。如果所得值全部除以化学反应方程式中各物质前的系数，则会得到一个相同的反应速率值。例如 $\bar{v}(S_2O_3^{2-})/2=3.3\times10^{-5}/2=1.65\ mol\cdot L^{-1}\cdot s^{-1}$；$\bar{v}(I^-)/3=5.0\times10^{-5}/3=1.67\ mol\cdot L^{-1}\cdot s^{-1}$。这一反应速率称为单位物质的反应速率。也就是说，无论参加化学反应各物质的计量关系如何，各物质的单位物质反应速率是相等的。

瞬时速率可以用作图法近似地求得。具体过程如下：以某个反应物或生成物的浓度值 c 为纵坐标，时间 t 为横坐标，可测得若干对 t、c 的值，在坐标系中就有若干个点。将这些点用平滑的曲线连接。对应于某个时间 t，在曲线上便有一点，过此点作曲线的切线，切线斜率的绝对值便为 t 时刻的瞬时反应速率。

【例 4-6】　N_2O_5 的分解反应为 $2N_2O_5 \rightleftharpoons 4NO_2+O_2$，测得数据见表 4-2。

表 4-2　N_2O_5 在反应过程中的浓度

t/min	0	10	20	30	40	50	60	70	80	90	100
$c(N_2O_5)/10^{-2}\ mol\cdot L^{-1}$	1.24	0.92	0.68	0.50	0.37	0.28	0.20	0.15	0.11	0.08	0.06

求反应开始后 30 min 内的平均速率和 50 min 时的瞬时速率。

解　反应开始后 30 min 内的平均速率为

$$\bar{v}(N_2O_5)=\frac{-(0.50-1.24)\times10^{-2}}{30}=2.47\times10^{-4}(mol\cdot L^{-1}\cdot min^{-1})$$

将表 4-2 中的各数据作图，如图 4-1 所示。过 (50,0.28) 点作切线，得直线 AB，交横轴于点 B，交纵轴于点 A，从图中可以看出 A 点坐标为 (0,0.71)，B 点坐标为 (79,0)，故

$$斜率=\frac{0.71}{79}\times10^{-2}=8.99\times10^{-5}(mol\cdot L^{-1}\cdot min^{-1})$$

则 50 min 时的瞬时反应速率为　$v_{50}(N_2O_5)=8.99\times10^{-5}(mol\cdot L^{-1}\cdot min^{-1})$

4.3.2　影响反应速率的因素

化学反应速率的大小，首先取决于参加反应各物质的性质。有些反应很快，如大多数离子反应、酸碱中和反应等；而有些反应却很慢，如合成氨、氢气和氧气合成水等。

外部条件的改变也会对反应速率产生很大的影响，主要的因素有反应物的浓度、反应温度、催化剂的使用等。

(1) 浓度对化学反应速率的影响

大量实验研究表明，对于大多数化学反应而言，反应物浓度增大，反应速率也会增大。

图 4-1 也反映了这一现象：在反应开始阶段，N_2O_5 浓度很大，c-t 曲线很陡峭，其切线斜率绝对值很大，即反应速率很大；随着 N_2O_5 浓度逐渐变小，c-t 曲线变得比较平缓，切线斜率绝对值也逐渐变小，即反应速率也逐渐变小。

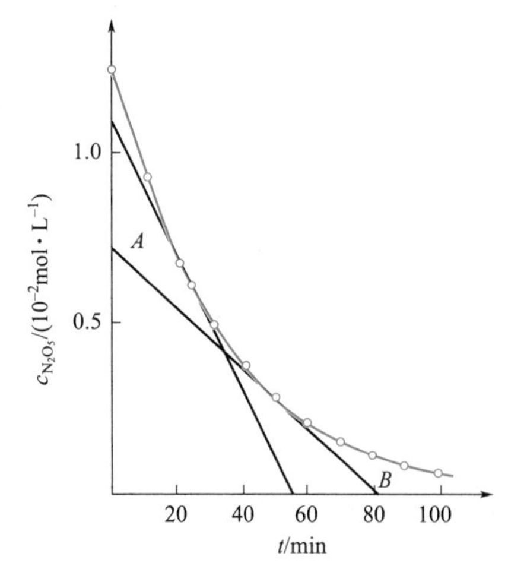

图 4-1　N_2O_5 分解反应的 c-t 曲线

对于化学反应

$$mA+nB = xC+yD$$

其反应速率的数学表达式是：

$$v=kc_A^p c_B^q \tag{4-21}$$

式(4-21) 称为速率方程（rate equation）。它说明了反应速率与各反应物浓度的关系，即反应速率与各反应物浓度的幂积成正比，这称为质量作用定律。比例常数 k 称为反应速率常数（rate constant）。溶剂、不溶物或固态物质在速率方程中通常不表示出来，因为它们的浓度与化学平衡中的规定一样，当作 1 处理。气相反应则用各反应物的分压表示。反应速率常数 k 可以根据在已知浓度时测得的反应速率求得。它的大小与反应物的浓度无关。

p 称作 A 的反应级数，q 称作 B 的反应级数，($p+q$) 称作该反应的总级数（reaction order）。

如果化学反应是一步完成的，这种反应称为基元反应（elementary step reaction）。对于基元反应，$p=m$，$q=n$。

通常碰到的化学反应，大多数不是基元反应。反应级数必须通过实验来确定。一般的化学反应方程式仅是宏观表达式，而没有反映该化学反应的历程。

例如：下列反应

$$2NO+2H_2 = N_2+2H_2O \tag{4-22}$$

若式(4-22) 是一个基元反应，H_2 的反应级数为 2，即反应速率 v 应与氢气浓度的平方成正比。若固定 NO 的浓度，不断改变 H_2 的浓度，测定反应速率，发现反应速率与 H_2 的浓度的关系是一条直线，可见 v 与 c_{H_2} 成正比，而不是与 $c_{H_2}^2$ 成正比。即对 H_2 而言，是一级反应。这表明式(4-22) 的反应不是一步完成的。有人据此实验，推测式(4-22) 的反应是经过两个基元反应而完成的。

$$2NO+H_2 = N_2+H_2O_2 \tag{4-23}$$

$$H_2O_2+H_2 = 2H_2O \tag{4-24}$$

当然。要确定式(4-23)、式(4-24) 真实性，还需要其他的实验数据。

实验还表明反应(4-23) 的反应速率很慢，而反应(4-24) 的反应速率很快。因此决定总反应(4-22) 速率的瓶颈是反应式(4-23)。即决速步骤（rate determining step），它的反应速率近似地等于整个反应的速率。所以

$$v=k \cdot c_{NO}^2 \cdot c_{H_2}$$

反应速率方程和反应速率常数一般由实验获取。

① 作图法求反应速率方程

对于化学反应：　　$mA+nB = xC+yD$

如 4.3.1 中【例 4-6】所述，用作图法可分别求出关于 A 和 B 在各时刻 t_i 的反应速率 v_i。

对于 A：　　　　　　　　$v_i = k_A c_{Ai}^p$

方程两边取常用对数　　　$\lg v_i = p \lg c_{Ai} + \lg k_A$

以 $\lg v$ 为纵坐标轴、$\lg c_A$ 为横坐标轴，将每一组数据（$\lg c_{Ai}$，$\lg v_i$）在坐标系上描点，然后画一条直线，使图上各点均匀地分布在直线的两边。这条直线的斜率

$$a = p\text{（A 的反应级数）}$$

直线在 $\lg v$ 纵轴上的截距　　　$b = \lg k_A, k_A = 10^b$

按上述步骤可求出关于 B 的反应级数 q 和反应速率常数 k_B。

上述方程的总反应速率方程　$v = k_A k_B c_A^p c_B^q = k c_A^p c_B^q$

$$k = k_A k_B$$

式(4-17) 表明，总反应平衡常数等于各步反应平衡常数之积。与此相似，总反应速率常数等于各反应物速率常数之积。

② 积分法求反应速率方程

(a) 一级反应的计算

若一个化学反应是一级反应，$v = kc$

$$v = -\mathrm{d}c/\mathrm{d}t = kc$$

$$-\mathrm{d}c/c = k\,\mathrm{d}t \tag{4-25}$$

在 $[t_1, t_2]$ 和对应的 $[c_1, c_2]$ 上，两边定积分：

$$\ln\frac{c_1}{c_2} = k(t_2 - t_1) = k\Delta t \tag{4-26}$$

上式表明：对于一级化学反应，反应物的浓度变化相同的比例所消耗的时间相同，与其浓度的大小无关。

很重要的一个例子是每一种放射性物质都有固定半衰期即放射性强度降低一半所消耗的时间。放射性衰减是典型的一级反应。

【例 4-7】 对于化学反应：　$m\mathrm{A} + n\mathrm{B} \rightleftharpoons x\mathrm{C} + y\mathrm{D}$

若对 A 是一级反应，A 从 $[\mathrm{A}]_1 = 2.80\ \mathrm{mol \cdot L^{-1}}$ 降为 $[\mathrm{A}]_2 = 1.68\ \mathrm{mol \cdot L^{-1}}$，用了 25.0 min。求 A 从 $[\mathrm{A}]_2 = 1.70\ \mathrm{mol \cdot L^{-1}}$ 降为 $[\mathrm{A}]_3 = 1.02\ \mathrm{mol \cdot L^{-1}}$，还要用多少分钟？

解　设需用时为 Δt，根据式(4-26) 则有：$\ln(2.80/1.68) = \ln 1.67 = k_A \times 25.0$

$$\ln(1.70/1.02) = \ln 1.67 = k_A \times \Delta t$$

两式相除　　　　$1.00 = 25.0/\Delta t$

$$\Delta t = 25.0(\mathrm{min})$$

② 非一级反应的反应速率常数 k 的计算

若一个化学反应是 p 级数，并知 $p \neq 1$：

$$v = kc^p$$

$$v = -\frac{\mathrm{d}c}{\mathrm{d}t} = kc^p$$

$$-\frac{\mathrm{d}c}{c^p} = k\,\mathrm{d}t$$

在 $[t_1, t_2]$ 和对应的 $[c_1, c_2]$ 上，两边定积分：

$$\frac{c_1^{1-p} - c_2^{1-p}}{1-p} = k(t_2 - t_1) \tag{4-27}$$

【例 4-8】 某温度下，$2H_2O_2 \rightleftharpoons 2H_2O+O_2$ 是基元反应，5.0 mol·L^{-1} 的 H_2O_2 溶液经过 4.5 h，其浓度降为 4.8 mol·L^{-1}，当 H_2O_2 浓度降为 0.50 mol·L^{-1}，至少还要经过多少小时？

解　因为是基元反应，对 H_2O_2 是二级反应，按式(4-27)，$p=2$。将各值代入：

$$-\left(\frac{1}{5.0}-\frac{1}{4.8}\right)=4.5k$$

$$-\left(\frac{1}{4.8}-\frac{1}{0.5}\right)=k\Delta t$$

两式相除：

$$4.65\times10^{-3}=\frac{4.5}{\Delta t}$$

$$\Delta t=9.68\times10^{2}\text{(h)}$$

(2) 温度对反应速率的影响

一般来讲，温度越高，反应速率常数越大。对同一个化学反应，在反应物浓度不变的前提下，温度每增加 10 ℃，反应速率增加约 2～3 倍，即反应速率常数 k 增加约 2～3 倍。反应速率常数 k 是温度的函数。

阿仑尼乌斯（S. A. Arrhenius）根据蔗糖水解速率与温度关系的实验数据，提出了它们之间的经验关系式：

$$k=A\exp\left(-\frac{E_a}{RT}\right) \tag{4-28}$$

两边取自然对数：

$$\ln k=-\frac{E_a}{RT}+\ln A \tag{4-29}$$

式(4-28)、式(4-29) 都称作阿仑尼乌斯方程。

式中，k 是反应速率常数；T 是热力学温度；R 是热力学常数（8.314 J·K^{-1}·mol^{-1}）；A 是指前因子；E_a 是化学反应的活化能，J·mol^{-1}。A、E_a 对同一个化学反应可以看作常数。

以 $\ln k$ 为纵坐标，$1/T$ 为横坐标，并将（$1/T_i$，$\ln k_i$）各点描在坐标图上，由式(4-29) 知道，这些点会分布在某条直线的两边。直线情况如图 4-2 所示，此直线斜率：

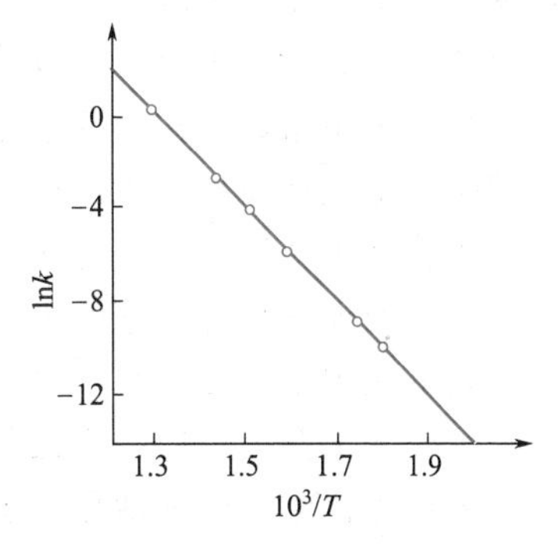

图 4-2　$\ln k$-$1/T$ 关系

$$a=-\frac{E_a}{R}$$

则活化能

$$E_a=-aR$$

直线在纵轴上的截距：

$$b=\ln A$$

通常平行实验要做 5～7 个点，即要选择 5～7 个温度做实验。

反应活化能也可按阿仑尼乌斯方程计算得到，设某反应在温度 T_1、T_2 时的速率常数分别为 k_1 和 k_2，则有 $\ln k_1=-E_a/RT_1+\ln A$；$\ln k_2=-E_a/RT_2+\ln A$

后式减去前式可得：

$$\ln\frac{k_2}{k_1}=\frac{E_a}{R}\times\frac{T_2-T_1}{T_1T_2} \tag{4-30}$$

利用式(4-30) 可求得活化能 E_a。

4.3.3 反应速率理论简介

从微观世界看，分子的热运动会产生分子间的相互碰撞。如果两种或两种以上的分子碰撞后使各分子原有化学键断裂，产生新的化合物即发生了化学反应，这种碰撞称为有效碰撞(effective collision)。发生一次有效碰撞，就发生了一次化学反应。单位时间内产生的有效碰撞次数越多，化学反应次数越多，化学反应速率越大。因为各分子的能量是不相同的，有些碰撞显得无关紧要。可以肯定，有效碰撞只是分子相互碰撞的一部分。有效碰撞次数在各种碰撞总次数中的比值称为有效碰撞率。因为分子发生化学反应产生新物质，要断旧化学键，立新化学键，只有那些动能特别大的分子才能达到这一目的。这些动能特别大且能导致有效碰撞的分子称为活化分子。

反应物浓度的增加必然导致反应物分子间的碰撞次数增加。在其他反应条件不变的情况下，虽然碰撞了的分子且发生了化学反应的概率变化并不大，但发生化学反应的分子总数仍会增加，有效碰撞次数增加，反应速率也会增加。随着反应的推进，反应物浓度下降，反应物分子间的碰撞次数也会下降，反应速率也会逐步降低。

温度升高，反应物分子的内能增加，运动会加快，温度升高，具有较高能量的反应物分子数增加，能量高的分子碰撞才可能产生化学反应，因此有效碰撞率也增加。二者使得有效碰撞次数大幅增加，反应速率大幅增加。

4.3.4 催化作用

催化剂 (catalyst) 是一种能改变化学反应速率而本身质量和组成保持不变的物质。化学反应速率除了受浓度与温度影响以外，催化剂的影响也是至关重要的。从某种意义上讲，它比浓度和温度更重要。没有催化剂，许多化学产品的工业化、商业化将是不可能完成的。

化学平衡常数表达了反应能否进行和能进行到什么程度，这是化学反应的前提。没有这个前提，反应速率根本无从谈起。

催化剂可解决化学反应从理论的可能性走向现实性的问题，它不影响理论得率。

催化剂加快反应速率的机理有多种假设，也都有实验数据支持。催化机理极其复杂，人们对它的认识还远远不够。最有可能的催化机理是，催化剂的加入可能改变了化学反应的途径，即改变了基元反应，降低了活化能 (activation energy)，使速率加快。

能产生化学反应的活化分子所具有的最低能量 E_{ac} 与反应物原分子的平均能量 E_{I} 之差称为活化能 E_a。

如图 4-3 所示：

$$E_a = E_{ac} - E_{I}$$

一般化学反应的活化能约为 $40 \sim 400\ kJ \cdot mol^{-1}$。

从阿仑尼乌斯方程式(4-28) 或式(4-29) 可以看出，活化能 E_a 越小，反应速率常数越大。反之亦然。

活化能 E_a 越小，要求活化分子具有的最低量 E_{ac} 越低，达到这个要求的分子越多，有效碰撞率得到提高，有效碰撞次数增加，化学反应速率增加。因此，对于许多化学反应，一开始总需加热，主要目的是增加活化分子数量。对于强放热反应有可能产生安全事故的反应，应避免加热。

当活化分子从活化状态变为新物质后若维持高能态，这种物质很不稳定。若新物质能稳定存在，体系必须放出能量，使新物质处于较低能态 E_{II} 状态。

若 E_{II} 比反应物原分子的平均能量 E_{I} 还要小，即

$$\Delta E = E_{\text{I}} - E_{\text{II}} > 0$$

体系放出能量，该化学反应为放热反应。

若 E_{II} 比反应物原分子的平均能量 E_{I} 大，即

$$\Delta E = E_{\text{I}} - E_{\text{II}} < 0$$

体系从外界吸收能量，该化学反应为吸热反应。如图 4-3 所示。

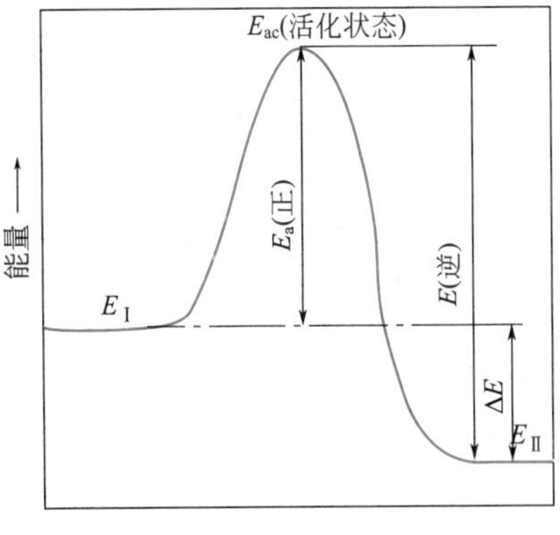

图 4-3 反应前后能量示意图

催化剂具有选择性。在使用时要注意防止其中毒失活。

4.3.5 化学反应速率与化学平衡原理的综合应用

化学反应速率与化学平衡原理是关于化学反应的基本规律，可用于解决生产实际中的许多问题。在具体工作中，应反复实践，充分分析，以求得最佳效果。

对一个物质的量减小，即 $\Delta n < 0$ 的气相反应，加大压力有利于平衡向正方向移动，同时由于加大压力，相当于提高了反应物的浓度，也有利于反应速率的提高。

对一个吸热反应而言，提高温度既有利于平衡向正方向移动，又有利于提高反应速率，加热或提高反应温度是一个一举两得的措施。

但常常会碰到某些因素对化学反应速率与化学平衡的影响是相反的情况。例如：对一个放热反应而言，升高温度，化学平衡将向反方向移动，生成物的浓度将减小。但升高温度可加快反应速率，使得单位时间内的产物总产量增加。对于这样一种矛盾的情况，要对具体问题作具体分析。考察的目标主要有：单位时间内的产物总产量（产物单位时间内总产量＝转化率×反应速率）、产品的总成本、工艺条件要求的设备投入、工艺技术的难度等。总之要看总的效果，不能片面强调一个方面。

因此，实际工作中，需关心平衡和速率两个方面。值得指出的是，除了温度、压力之外，一个最好的办法可考虑采用催化剂来提高反应速率。总的来说，最后的衡量标准是有利于产物成本的降低和产量的增加。

一般来讲，实际生产中主要矛盾在反应速率方面，因此化工生产中，包括气相生产，多采用高温、高压的方法。当平衡成为主要矛盾或高温、高压导致安全问题时，也会采用降温和降压的办法。

【阅读拓展】

非平衡态热力学中的化学振荡反应

1. 非平衡态热力学

热力学是从能量转化的观点来研究物质的有关热性质的化学分支学科。经典的热力学研究的对象是平衡体系。而平衡体系的一个特点是，化学反应作为一个整体系统，与环境之间是隔离和割裂的，只进行能量的交换（如吸热和放热），不进行物质的交换，是一种封闭系统；有时甚至连能量也无法交换（如绝热密闭容器中的反应），即孤立系统。这样的处理，仅需考虑反应的初态和终态之间的变化，简化了复杂问题的处理。

但在自然界、生物界以及生产过程中，系统和环境之间既有能量交换也有物质交换的敞开系统更为普遍，例如整个地球表面元素的循环是和大气循环、水循环、热循环密切结合在一起的，人体的新陈代谢也

时刻伴随着养分的摄入和废弃物的产生排泄，化工生产中更存在着投料和出料同时进行，传热和传质两大问题对应着能量交换和物质交换。这些过程都不可能是平衡状态，因为在空间和时间上，各化学物质的浓度都在变化。相反正是由于有了持续的物质和能量交换，系统在远离平衡状态的情况下，反而有可能出现时空有序的自组织现象，最终演化出生命的勃勃生机。

1969年，普利高津（I. Prigogine）在经历了近20年的深入探索以后，提出了基于远离平衡态开放系统的耗散结构理论，奠定了非平衡态热力学的理论基础。他在《结构、耗散和生命》一文中指出，一个不管是物理学、化学还是生物学意义上的开放系统，一旦体系的某个参量达到一定阈值后，通过涨落就可以使体系发生突变，从无序走向有序，形成新的、稳定的有序结构。这种非平衡态下的新的有序结构就是耗散结构。

2. 化学振荡反应

在化学中非平衡态热力学的一个重要研究方向就是振荡反应，具有代表性的就是丙二酸在硫酸铈的酸性溶液中被溴酸钾氧化的反应，根据发现者的名字被命名为Belousov-Zhabotinsky反应，简称为B-Z反应。在铈催化$KBrO_3$-$C_3H_4O_4$-H_2SO_4体系中，Ce^{3+}和Ce^{4+}浓度不停地发生着周期性变化，溶液一会儿呈黄色（产生过量的Ce^{4+}），一会儿呈无色（产生过量的Ce^{3+}），像钟摆一样作规则的时间振荡（化学振荡或化学钟）。

研究表明，上述体系远离平衡态，依靠Br^-、BrO_3^-竞相与$HBrO_2$反应，通过其中发生的A和B两个过程来完成。其中A过程是消耗Br^-，当[Br^-]下降到某临界值（$5\times10^{-6}\times[BrO_3^-]$），会导致A过程变为B过程；在B过程中，Ce(Ⅳ)又会使Br^-再生，当[Br^-]增加到某临界值后，体系又重新回到A过程。哪一种过程占优势，取决于体系中的[Br^-]，被消耗的[Br^-]可由BrO_3^-氧化Ce(Ⅳ)的还原产物Ce(Ⅲ)重新生成。整个体系便在两个过程间振荡，表现为Ce(Ⅳ)和[Br^-]不停地发生变化。振荡反应直到BrO_3^-耗尽为止，但如果不断补充溴酸钾等反应物，反应可以持续进行。各步反应如下：

(1) $BrO_3^- + Br^- + 2H^+ \longrightarrow HBrO_2 + HOBr$

(2) $HBrO_2 + Br^- + H^+ \longrightarrow 2HOBr$

(3) $HOBr + CH_2(COOH)_2 \longrightarrow BrCH(COOH)_2 + H_2O$

(4) $BrO_3^- + HBrO_2 + H^+ \longrightarrow 2BrO_2 + H_2O$

(5) $BrO_2 + Ce^{3+} + H^+ \longrightarrow HBrO_2 + Ce^{4+}$

(6) $2HBrO_2 \longrightarrow BrO_3^- + HOBr + H^+$

(7) $4Ce^{4+} + BrCH(COOH)_2 + H_2O + HOBr \longrightarrow 2Br^- + 4Ce^{3+} + 3CO_2 + 6H^+$

3. 振荡反应的必要条件

普利高津提出了以化学振荡反应为代表，时空有序结构产生的三个必要条件。

(1) 体系必须开放

体系要产生和获得持续的振荡，形成和维持有序，必须是开放的。根据热力学第二定律，一个孤立、封闭体系的熵总是增加的，即体系总是趋向于无序，最终达到热平衡状态。只有一个开放体系，才有可能同外界交换物质、能量与信息形成有序结构。即从外界向体系输入一个足够强的负熵流（即加入反应物等使体系的自由能或有效能不断增加而达到），以不断地提高体系的有序度，它是消耗外界有效物质与能量的过程；同时从体系向外界输出正熵流（即排出生成物等使体系的无效能不断减少而达到），以不断地减少体系的无序度，它是发散体系无效物质与能量的过程，从而使体系的总熵量增长为零或负值（$dS\leqslant0$）。这样的一耗一散，就有能在远离平衡的条件下呈现不稳定性，从而自发发展到某种时空有序状态。这也是耗散结构名称的由来，因为它们的产生与维持需要耗散能量。

(2) 体系必须远离平衡态

体系处于平衡而未受干扰（如物质、能量、信息交换），它永远不会离开平衡态。因为这时实际浓度与平衡浓度之差为零，反应推动力为零，反应达到极限，熵值已增至极大，无序度也增至极大。因此系统处于平衡态或近平衡态时，由于自发过程总是使系统的熵增加，而熵是系统无序度的一种量度，所以系统不可能产生化学振荡出现有序的耗散结构。远离平衡时，体系具有足够的反应推动力，非平衡态才有可能失去稳定性，从无序自发地转化为有序，形成耗散结构。非平衡是有序之源，它指明了从无序向有序转化的重要途径和条件。

（3）体系必须存在双稳态

即在同样的外界条件下，体系必须能在两个不同的亚稳定状态下存在。所谓系统处于亚稳定状态，是指所有外部参数都达到恒定值，并且在参数发生微小变化（例如滴入一滴酸）后仍能恢复原状而不转变成一个新的状态。双稳化学系统的显著特点是：当外部条件（或参数）改变时，可能出现奇异的滞后现象，体系可以存在于临界点 A 和 B 之间的任何状态。理论分析和计算表明，在双稳化学体系中，加入能产生滞后的化学试剂，如在碘酸盐-亚砷酸盐体系中，加入亚氯酸盐就可能诱发振荡。

4. 振荡反应的应用

人们已经在广泛的生命系统中发现了振荡，其周期从动物中枢神经系统的几分之一秒到植物节律的几年。主要涉及酶催化反应、蛋白质合成、细胞膜电位、分泌细胞、神经、肌肉，及细胞运动、生长、发育和代谢中的振荡。其中有关氨基酸的化学振荡反应已获得经验公式。

在生物学中，研究最多的生物振荡主要有糖酵解以及 CAMP（环腺苷酸）控制系统中的胞内钙循环振荡。根据生物膜或人工膜对某些分子（乙醇、糖类、胺等）具有独特的电位振荡特征来模拟味觉、嗅觉的生物过程，作为识别分子的信号来模仿味觉和嗅觉器官，其中味觉传感器的研究在模拟生物膜模型、离子在生物膜中转移机理等仿生学研究领域具有重要意义。

在化学中，由于振荡反应体系中，浓度振荡频率与催化剂浓度之间存在依赖关系，或当某些微量或痕量化学物质影响化学振荡反应的振幅、频率、诱导期等，其浓度与振荡曲线的某一参数的改变量之间存在依赖关系时，就可测定这些微量或痕量物质的浓度。目前，化学振荡反应在分析测试中的应用主要有痕量金属阳离子的检测、痕量无机阴离子的检测、气体分子浓度的检测、维生素含量的检测等。

习　题

4-1　化学平衡是对一种状态的描述，它与从什么途径达到平衡没有关系，而只是外界各影响因素的函数。你如何理解上述问题？

4-2　写出下列反应的平衡常数表达式 $K^{\ominus}$：

（1）$N_2(g)+3H_2(g) \rightleftharpoons 2NH_3(g)$

（2）$2MnO_4^- +5C_2O_4^{2-} +16H^+ \rightleftharpoons 2Mn^{2+} +8H_2O+10CO_2(g)$

（3）$2Cu^{2+} +4I^- \rightleftharpoons 2CuI\downarrow +I_2(aq)$

（4）$C(s)+H_2O(g) \rightleftharpoons CO(g)+H_2(g)$

（5）$2ZnO(s)+CS_2(g) \rightleftharpoons 2ZnS(s)+CO_2(g)$

（6）$N_2(g)+O_2(g) \rightleftharpoons 2NO(g)$

（7）$Fe_3O_4(s)+4H_2(g) \rightleftharpoons 3Fe(s)+4H_2O(g)$

4-3　已知在 1300 K 时下列反应的平衡常数：

$$H_2(g)+\frac{1}{2}S_2(g) \rightleftharpoons H_2S(g) \qquad K_1=0.80$$

$$3H_2(g)+SO_2(g) \rightleftharpoons H_2S(g)+2H_2O(g) \qquad K_2=1.8\times10^4$$

求反应 $4H_2(g)+2SO_2(g) \rightleftharpoons S_2(g)+4H_2O(g)$ 在 1300 K 时的平衡常数 $K^{\ominus}$。

4-4　已知在高温下存在反应 $2HgO(s) \rightleftharpoons 2Hg(g)+O_2(g)$，在 450 ℃时，所生成的汞蒸气与氧气的总压力为 109.99 kPa；420 ℃时，总压力为 51.60 kPa。通过计算回答下列问题：

（1）450 ℃和 420 ℃时的平衡常数 $K^{\ominus}$。

（2）在 450 ℃时，氧气的分压 $p(O_2)$ 和汞蒸气的分压 $p(Hg)$ 各为多少千帕（kPa）？

（3）上述分解反应是吸热反应还是放热反应？

（4）若有 15.0 g 氧化汞放在 1.0 L 的容器中，温度升至 420 ℃，还有多少氧化汞没有分解？

4-5　下列吸热反应已达平衡：

$$2Cl_2(g)+2H_2O(g) \rightleftharpoons 4HCl(g)+O_2(g)$$

试问在温度不变的情况下：

（1）增加容器体积，H_2O 的含量如何变化？

（2）减小容器体积，Cl_2 的含量如何变化？

（3）加入氮气后，容器体积不变，HCl 的含量如何变化？

（4）降低温度，平衡常数 K 如何变化？

4-6 下列反应达平衡后，要使其向右移动，并保持 K 不变，可采取哪些措施？

（1）$CaCO_3(s) \rightleftharpoons CaO(s) + CO_2(g)$（吸热）

（2）$CaC_2O_4(s) \rightleftharpoons CaCO_3(s) + CO(g)$（吸热）

（3）$CO_2(g) + C(s) \rightleftharpoons 2CO(g)$（吸热）

（4）$2SO_2(g) + O_2(g) \rightleftharpoons 2SO_3(g)$（放热）

（5）$N_2(g) + 3H_2(g) \rightleftharpoons 2NH_3(g)$（放热）

（6）$NH_4^+ + OH^- \rightleftharpoons NH_3(g) + H_2O$

（7）$MnO_4^- + 5Fe^{2+} + 8H^+ \rightleftharpoons Mn^{2+} + 5Fe^{3+} + 4H_2O$

（8）$3C_2O_4^{2-} + Cr_2O_7^{2-} + 14H^+ \rightleftharpoons 2Cr^{3+} + 6CO_2(g) + 7H_2O$

（9）苯酚（OH）$+ 3Br_2 \rightleftharpoons$ 2,4,6-三溴苯酚（OH，Br，Br，Br）(s) $+ 3H^+ + 3Br^-$

4-7 在某温度下密闭容器中的 CO 和 H_2O 发生下列反应：

$$CO(g) + H_2O(g) \rightleftharpoons CO_2(g) + H_2(g)$$

平衡时，$c(H_2O) = 0.2\ mol \cdot L^{-1}$，$c(CO) = 0.1\ mol \cdot L^{-1}$，$c(CO_2) = 0.2\ mol \cdot L^{-1}$，问此温度下反应的平衡常数 K 为多少？反应开始前 CO 和 H_2O 的浓度各为多少？

4-8 已知在 947 ℃时，下列化学平衡的 K 值。

（1）$Fe(s) + CO_2(g) \rightleftharpoons FeO(s) + CO(g)$　　$K_1 = 1.47$

（2）$FeO(s) + H_2(g) \rightleftharpoons Fe(s) + H_2O(g)$　　$K_2 = 0.420$

求反应 $CO_2(g) + H_2(g) \rightleftharpoons CO(g) + H_2O(g)$ 的平衡常数 K_3 为多少？

4-9 550 ℃时在 1 L 密闭容器中进行反应 $SO_2 + \frac{1}{2}O_2 \rightleftharpoons SO_3$，其平衡常数 $K_c = 7.89$。若反应前 SO_2 为 1.20 mol，O_2 为 0.700 mol，达平衡时，SO_2、O_2、SO_3 的物质的量各为多少摩尔？SO_2 的转化率又为多少？

4-10 在某温度下，3 mol 乙醇与 3 mol 醋酸反应，反应式为 $C_2H_5OH + CH_3COOH \rightleftharpoons CH_3COOC_2H_5 + H_2O$，平衡时，它们的转化率为 0.667，求平衡常数 K。

4-11 试说明采用什么方法可提高 Na_2S 溶液中的 S^{2-} 浓度？

4-12 已知下列反应为基元反应，写出质量作用定律表达式，并指出反应级数：

（1）$SO_2Cl_2 \longrightarrow SO_2 + Cl_2$

（2）$CH_3CH_2Cl \longrightarrow C_2H_4 + HCl$

（3）$2NO_2 \longrightarrow 2NO + O_2$

（4）$NO_2 + CO \longrightarrow NO + CO_2$

（5）$2NH_3 + CO_2 \longrightarrow NH_2COONH_4$

（6）$4FeS + 7O_2 \longrightarrow 2Fe_2O_3 + 4SO_2$

4-13 已知 H_2 和 Cl_2 生成 HCl 的反应速率与 $c(H_2)$ 和 $[c(Cl_2)]^{1/2}$ 均成正比，写出反应速率方程。

4-14 设某反应在室温（25 ℃）下升高 10 ℃，反应速率增加一倍。问该反应的活化能为多少？若反应速率增加两倍，活化能又为多少？

4-15 化学反应 $NO_2 + CO \longrightarrow NO + CO_2$（慢）由下列两个基元反应组成：

$$2NO_2 \longrightarrow NO_3 + NO \quad （慢）$$

$$NO_3 + CO \longrightarrow NO_2 + CO_2 \quad （快）$$

总反应速率与 NO_2 浓度有什么关系？

4-16 对于反应 $A(g)+B(g) \longrightarrow C(g)$，如果 A 的浓度增加为原来的 2 倍，则反应速率也为原来的 2 倍；如果 B 的浓度变为原来的 2 倍，则反应速率为原来的 4 倍。写出反应速率方程。

4-17 反应 $HI(g)+CH_3I(g) \longrightarrow CH_4(g)+I_2(g)$ 在 650 K 时的速率常数为 2.0×10^{-5}，在 670 K 时的速率常数为 7.0×10^{-5}，在 690 K 时的速率常数为 2.3×10^{-4}，在 710 K 时的速率常数为 6.9×10^{-4}，求反应活化能 E_a，并估算 680 K 时该反应的速率常数。

4-18 对于吸热的可逆反应 $C(s)+H_2O(g) \rightleftharpoons CO(g)+H_2(g)$，判断下列说法正确与否？

（1）达到平衡时，各反应物与生成物浓度相等。

（2）反应物与生成物的总物质的量不发生变化。

（3）升高温度，$v_{正}$ 增大，$v_{反}$ 减小，所以平衡向右移动。

（4）反应物与生成物的物质的量不变化，因此增加压力对平衡没有影响。

（5）加入催化剂使 $v_{正}$ 增大，所以平衡向右移动。

第5章　酸碱平衡及酸碱滴定法

酸碱是日常生活和生产实践中经常遇到的两类重要物质。本章首先介绍了酸碱质子理论，认为酸碱反应的实质是质子的传递，而酸碱平衡作为水溶液中的核心平衡，是研究和处理溶液中其他各类平衡的基础；本章内容还包括以酸碱反应为基础的酸碱滴定法，这是一种重要的、应用广泛的滴定分析方法，其中滴定曲线和指示剂的选择是学习的重点。

5.1　酸碱理论与酸碱平衡

5.1.1　酸碱理论的发展概述

人们对于酸碱的认识经历了一个由浅入深、由个别的特殊性到普遍性、从宏观观察到微观理论、机理研究的过程。

最初，人们对酸碱的认识只单纯地限于物质所表现出来的性质，认为具有酸味，能使蓝色石蕊试液变为红色的物质是酸；而碱就是具有涩味、滑腻感，能使红色石蕊试液变蓝的物质。这种认识使人类初步地分清了酸碱两种物质的特征性质，到现在为止，它对酸碱的应用、酸碱滴定分析等仍具有重要意义。但缺陷是：这些简单的表观现象的归纳并没有揭示酸和碱的本质。随着科学技术的发展，客观上对酸碱的本质认识有了越来越高的要求。为了适应科学技术的发展，人们提出了几种酸碱理论：

(1) 阿仑尼乌斯电离理论（简称电离理论）

阿仑尼乌斯指出：电解质（electrolyte）可分为酸（acid）、碱（base）和盐（salt）。在水溶液中电离产生的阳离子全部都是 H^+ 的电解质叫酸；在水溶液中电离产生的阴离子全部都是 OH^- 的电解质叫作碱，而盐是酸碱中和的产物。

电离理论（ionic theory）从物质的化学组成上揭示了酸碱的本质，且把酸碱与其在水溶液中的电离过程联系在一起。电离理论对 HCl、NaOH、HAc 等纯酸碱物质的性质做出了很好的理论解释。但对于 HCO_3^- 的酸碱性的解释就显得无力和牵强。HCO_3^- 电离产生的阳离子全部是 H^+，若说它是酸，可它水溶液却是碱性的（pH>7）；若说它是碱，可它又可与碱 NaOH 反应生成 Na_2CO_3。醋酸 HAc 在水溶液中是弱酸，但在有机胺的溶液中却显示强酸性。对这些现象，阿仑尼乌斯电离理论很难自圆其说。

(2) 路易斯酸碱理论

路易斯酸碱理论（Lewis acid-base theory）是建立在大量有机反应实验现象基础：在一个化学反应过程中，凡是可以接受孤电子对的物质称为酸，凡是可以给出孤电子对的物质是碱。这对于反应过程中没有 H^+ 参与的现象可做出满意的解释，尤其是对有机物。但由于路易斯理论对酸碱的解释是广义的，酸碱只是借用的一个名称而已，它的理论解释和应用将会在《有机化学》课程中详细论述。

(3) 布朗斯特质子理论（简称质子理论）

对于阿仑尼乌斯电离理论不能解释的化学现象，必须有新的酸碱理论的建立才能解决问题。新型的酸碱质子理论（proton theory）应运而生。

酸碱质子理论指出：在化学反应过程中，凡能给出质子 H^+ 的物质是酸，凡能接受质子 H^+ 的物质是碱。它把酸、碱的定义放在动态过程中，酸碱性不仅和物质的化学组成与性质有关，而且和过程有关，即与环境有关。因此，物质的酸碱性具有相对性。

另外，质子理论还排除了盐的概念。对于无机物和相当数量的有机物的酸碱反应，酸碱质子理论都非常适用，因此本书采用的就是酸碱质子理论。

质子理论只限于质子的供出和接受，所以化合物中没有活泼氢就谈不上酸碱性。这对于许多不含活泼氢的有机化合物的酸碱性就不能给出合理地解释。这是质子理论的局限性。

5.1.2 酸碱的共轭关系

根据酸碱质子理论，酸和碱不是孤立的，而是对立统一的关系。酸给出质子后生成相应的碱，碱得到质子后又生成相应的酸。

$$\text{酸} \rightleftharpoons \text{质子} + \text{碱} \tag{5-1}$$

$$HAc \rightleftharpoons H^+ + Ac^- \tag{5-2}$$

$$NH_4^+ \rightleftharpoons H^+ + NH_3 \tag{5-3}$$

$$HCO_3^- \rightleftharpoons H^+ + CO_3^{2-} \tag{5-4}$$

$$R_3N^+H \rightleftharpoons H^+ + R_3N \tag{5-5}$$

酸碱是可以相互转化的。得或失一个质子 H^+ 而相互转化的一对物质称为共轭酸碱对（conjugate acid-base pair），简称共轭酸碱，记作酸/共轭碱，例如式(5-2)中的 HAc/Ac^-。

根据酸碱质子理论，酸碱反应的实质是酸碱之间的质子传递过程。

例如：

$$\underset{\text{酸}_1}{HAc} + \underset{\text{碱}_2}{NH_3} \rightleftharpoons \underset{\text{酸}_2}{NH_4^+} + \underset{\text{碱}_1}{Ac^-} \tag{5-6}$$

酸碱质子理论不仅扩大了酸和碱的范围，还把电离作用、中和作用、水解作用等都包括在酸碱反应的范围之内，这些反应都可以看作是质子传递的过程。既然存在着 H^+ 的传递，对于 H^+ 就应有给体和受体。单独的酸碱是无法显现其酸碱性的。如：

$$HAc + H_2O \rightleftharpoons Ac^- + H_3O^+ \tag{5-7}$$

可见在 HAc 的解离过程中，HAc 给出 H^+，是给体，显现为酸；H_2O 接受质子 H^+，是受体，显现为碱。

在 NH_3 的解离过程中：

$$NH_3 + H_2O \rightleftharpoons NH_4^+ + OH^- \tag{5-8}$$

H_2O 给出 H^+，显现为酸；NH_3 接受质子 H^+，显现为碱。水既能接受 H^+ 显现碱性，又能提供 H^+ 显现酸性，既能提供质子又能接受质子的物质为两性物质（amphoteric substance）。水分子与水分子也可进行质子的自传递：

$$H_2O + H_2O \rightleftharpoons H_3O^+ + OH^- \tag{5-9}$$

上式可简写为：

$$H_2O \rightleftharpoons H^+ + OH^- \tag{5-10}$$

实验测定得知，在 298 K 时，纯水中 $[H^+] = 1.0\times10^{-7}\ mol\cdot L^{-1}$：

$$[H^+] = [OH^-] = 1.0\times10^{-7}\ mol\cdot L^{-1}$$

根据化学平衡原理，式(5-10)的化学平衡常数：

$$K_w = [H^+][OH^-] = 1.0\times10^{-14} \tag{5-11}$$

K_w 称为水的自递离子积，或称水的离子积常数（ionization product constant）。

K_w 表明，水溶液中 $[H^+]$ 和 $[OH^-]$ 之积为一常数。

5.1.3 酸碱平衡常数

对于一元酸 HAc，在水溶液中存在着如下平衡；

$$HA + H_2O \rightleftharpoons A^- + H_3O^+ \tag{5-12}$$

简写成

$$HA \rightleftharpoons H^+ + A^- \tag{5-13}$$

平衡常数：

$$K_a = \frac{[H^+][A^-]}{[HA]} \tag{5-14}$$

式(5-14) 中各组分的浓度均指平衡时的浓度。一般以 K_a 表示酸的解离平衡常数。HCl、H_2SO_4 等强酸的解离平衡常数可被认为是无穷大，即全部解离成为 H^+ 和酸根。K_a 越大，表示该物质的酸性越强。

本书附录 1 列有常见弱酸和弱碱的解离常数。

碱的解离常数用 K_b 表示。

按照酸碱质子理论，可以导出酸的 K_a 与共轭碱 K_b 的关系。某弱酸 HA 的共轭碱为 A^-，因此：

$$HA + H_2O \rightleftharpoons H_3O^+ + A^- \tag{5-15}$$

$$A^- + H_2O \rightleftharpoons HA + OH^- \tag{5-16}$$

式(5-15) 是酸的解离平衡，式(5-16) 是 HA 的共轭碱 A^- 的解离平衡。将式(5-15) 和式(5-16) 相加，得：

$$HA + H_2O + A^- + H_2O \rightleftharpoons H_3O^+ + A^- + HA + OH^- \tag{5-17}$$

即

$$H_2O + H_2O \rightleftharpoons H_3O^+ + OH^- \tag{5-18}$$

总反应的平衡常数：

$$K_w = K_a K_b = 1.0\times10^{-14} \tag{5-19}$$

式(5-19) 表明，在水溶液中，弱酸（碱）的解离常数与它对应的共轭碱（酸）的解离常数之积等于水的离子积常数 K_w。

定义：

$$pK_a = -\lg K_a \tag{5-20}$$

所以

$$pK_a + pK_b = pK_w \tag{5-21}$$

对于多元酸 H_nA，其失去第一个 H^+：

$$H_nA \rightleftharpoons H^+ + H_{n-1}A^- \tag{5-22}$$

平衡常数表示为 K_{a1}。其中右下标中的阿拉伯数字“1”表示酸失去第 1 个质子。

$$H_{n-1}A^- \rightleftharpoons H^+ + H_{n-2}A^{2-} \tag{5-23}$$

平衡常数应表示为 K_{a2}。以此类推。

对于碱 A^{n-}，它得到第一个 H^+：

$$A^{n-} + H_2O \rightleftharpoons HA^{(n-1)-} + OH^- \tag{5-24}$$

平衡常数表示为 K_{b1}。其中右下标中的阿拉伯数字“1”表示碱得到第 1 个质子。

$$HA^{(n-1)-} + H_2O \rightleftharpoons H_2A^{(n-2)-} + OH^- \tag{5-25}$$

平衡常数应表示为 K_{b2}。以此类推。

对于某些两性物质例如 $NaHCO_3$ 溶液存在下列平衡。

作为酸：
$$HCO_3^- \rightleftharpoons H^+ + CO_3^{2-} \tag{5-26}$$

上式中，HCO_3^- 失去一个 H^+ 的过程，是 H_2CO_3 失去第二个 H^+ 的过程，为平衡常数 K_{a2}。

作为碱：
$$HCO_3^- + H_2O \rightleftharpoons H_2CO_3 + OH^- \tag{5-27}$$

上式中，HCO_3^- 得到一个 H^+ 的过程，是 CO_3^{2-} 得到第二个 H^+ 的过程，为平衡常数 K_{b2}。因为 HCO_3^- 与 CO_3^{2-} 为共轭酸碱对，所以

$$K_{a2}K_{b1} = 10^{-14} \tag{5-28}$$

又因为 HCO_3^- 与 H_2CO_3 也为共轭酸碱对，所以

$$K_{a1}K_{b2} = 10^{-14} \tag{5-29}$$

查表得：

$K_{a1} = 4.2 \times 10^{-7}$，　所以　$K_{b2} = 2.4 \times 10^{-8}$

$K_{a2} = 5.6 \times 10^{-11}$，　所以　$K_{b1} = 1.8 \times 10^{-4}$

从 K_{a2}、K_{b2} 看，$K_{b2} > K_{a2}$。表明 HCO_3^- 作为碱得到 H^+ 的能力强于作为酸给出 H^+ 的能力，所以，总效果是 HCO_3^- 得到 H^+，$NaHCO_3$ 的水溶液呈碱性。

5.2 酸碱平衡的移动

酸碱平衡的移动及控制在化学研究和化工生产中都具有十分重要的意义。对于各种弱酸及其共轭碱，或者弱碱及其共轭酸，它们在水溶液中的存在形式及相关浓度会因 pH 的不同而有差异。这种差异是实际工作中所需要的，可以通过这种差异达到分离等目的。

酸碱平衡移动的影响因素主要有 pH（酸度）、稀释度、温度、盐效应、同离子效应等。

5.2.1 酸度对酸碱平衡移动的影响

对于一元弱酸而言，存在以下酸碱平衡：

$$HA \rightleftharpoons H^+ + A^- \tag{5-30}$$

当 K_a 一定，HA 的原始浓度一定时，$[A^-]$ 和 $[H^+]$ 也是一定的。酸度即 $[H^+]$ 增加时，从化学平衡移动规律看，平衡向左移动，导致 [HA] 增大、$[A^-]$ 浓度减小。若酸度减小即 pH 上升，则平衡向右移动，导致 $[A^-]$ 增加、[HA] 减小。

这种 pH 值即酸度对弱酸（碱）解离平衡的影响叫作酸效应。

5.2.2 浓度对酸碱平衡移动的影响

对于式(5-30)，K_a 是常数，若 HA 原始浓度为 c，解离后 $[H^+]=x$，则

$$K_a = \frac{x^2}{c-x} \tag{5-31}$$

设 $\alpha = \frac{x}{c}$，则

$$K_a = \frac{c^2\alpha^2}{c(1-\alpha)} = \frac{c\alpha^2}{1-\alpha} \tag{5-32}$$

K_a 是个常数，因此 α 是 c 的函数。即 α 为解离物质的量占弱酸总物质的量的百分比，α 称作解离度（又称电离度，ionization proportion）。

当弱酸的解离度很小的情况下，$1-\alpha\approx1$，可得 $\alpha=\sqrt{\frac{K_a}{c}}$ (5-33)

从式(5-33)可知：弱电解质的浓度 c 越小，其解离度 α 越大。

5.2.3 同离子效应及缓冲溶液原理

由式(5-30)可知，若向溶液中再加入 H^+ 或 A^-，则平衡向左移动。在溶液中加入原溶液中已有的离子而使化学平衡产生移动的现象，叫同离子效应（common-ion effect）。

例如在 0.10 mol·L^{-1}的 HAc 溶液中加入 NaAc，使得 NaAc 的浓度为 0.10 mol·L^{-1}，HAc 的解离度从原来的 1.3%减少至 0.018%，影响很大。

5.2.1 中所讲酸度对平衡移动的影响，实质上也是一种同离子效应，只不过是专门地对 H^+ 而言，所以酸效应只是同离子效应的一种特殊情况。

5.2.4 温度对酸碱平衡移动的影响

温度对酸碱平衡的影响主要体现在对水解反应的影响。一般来讲，温度升高，会促进水解反应的进行。

5.2.5 盐效应

实际工作中的溶液并不是理想溶液，溶液离子之间存在相互作用，溶液中其他电解质的存在，对于弱酸碱的解离有促进作用，这种作用叫盐效应（salt effect）。

例如在 0.1 mol·L^{-1} HAc 溶液中加入 NaCl，使得 NaCl 浓度达到 0.1 mol·L^{-1}，醋酸的解离度会从 1.3%增加到 1.7%。当电解质溶液较稀时，可忽略盐效应的存在。

5.3 酸碱平衡中的计算

在酸碱平衡体系中，弱酸、弱碱在水溶液中以多种形式存在，例如醋酸在水中存在已解离的醋酸根和未解离的醋酸两种形式。显然各种存在形式的分布，会随溶液中 H^+ 浓度的改变而变化，例如当溶液 pH 下降时，以醋酸为存在形式的比例就会升高。

5.3.1 分布系数与分布曲线

酸碱解离或酸碱反应达到平衡时，各种存在形式的浓度称为平衡浓度。各种存在形式的平衡浓度之和称为总浓度或分布浓度。某种存在形式的平衡浓度在其总浓度中所占的比例，称为该存在形式的分布系数，以 δ_i 表示，i 表示酸失去 H^+ 的数目。

对于一个多元弱酸 H_nA，它存在着 n 级解离反应，并且 n 个 H^+ 是逐个失去的：

$H_nA \rightleftharpoons H^+ + H_{n-1}A^-$

$$K_{a1}=\frac{[H^+][H_{n-1}A^-]}{[H_nA]} \tag{5-34}$$

$$[H_{n-1}A^-]=\frac{K_{a1}[H_nA]}{[H^+]} \tag{5-35}$$

$H_{n-1}A^- \rightleftharpoons H^+ + H_{n-2}A^{2-}$

$$K_{a2}=\frac{[H^+][H_{n-2}A^{2-}]}{[H_{n-1}A^-]} \tag{5-36}$$

$$[H_{n-2}A^{2-}]=\frac{K_{a2}K_{a1}[H_nA]}{[H^+]^2} \tag{5-37}$$

$$\vdots \qquad \vdots$$

以此类推 $HA^{(n-1)-} \rightleftharpoons H^+ + A^{n-}$

$$K_{an}=\frac{[H^+][A^{n-}]}{[HA^{(n-1)-}]} \tag{5-38}$$

$$[A^{n-}]=\frac{K_{a1}K_{a2}\cdots K_{an}[H_nA]}{[H^+]^n} \tag{5-39}$$

$$c(H_nA)=[H_nA]+[H_{n-1}A^-]+\cdots+[A^{n-}] \tag{5-40}$$

由式(5-35)、式(5-37)、式(5-39)、式(5-40) 可得：

$$c(H_nA)=[H_nA]+\frac{K_{a1}[H_nA]}{[H^+]}+\frac{K_{a1}K_{a2}[H_nA]}{[H^+]^2}+\cdots+\frac{K_{a1}K_{a2}\cdots K_{an}[H_nA]}{[H^+]^n} \tag{5-41}$$

则 H_nA 这种存在形式（未失去质子）的分布系数：

$$\delta_0(H_nA)=\frac{[H_nA]}{c(H_nA)} \tag{5-42}$$

式中 $[H_nA]$——H_nA 这种存在形式的平衡浓度；

$c(H_nA)$——含有 A 基团的各种存在形式的总浓度，即解离前加入的 n 元酸的浓度。

依此类推

$$\delta_n(A^{n-})=\frac{[A^{n-}]}{c(H_nA)} \tag{5-43}$$

将式(5-35)、式(5-37)、式(5-39)、式(5-41) 代入式(5-42)：

$$\delta_0(H_nA)=\frac{[H_nA]}{[H_nA]+\frac{K_{a1}[H_nA]}{[H^+]}+\frac{K_{a1}K_{a2}[H_nA]}{[H^+]^2}+\cdots+\frac{K_{a1}K_{a2}\cdots K_{an}[H_nA]}{[H^+]^n}} \tag{5-44}$$

分子分母约去 $[H_nA]$ 并同乘以 $[H^+]^n$，可得：

$$\delta_0(H_nA)=\frac{[H^+]^n}{[H^+]^n+K_{a1}[H^+]^{n-1}+K_{a1}K_{a2}[H^+]^{n-2}+\cdots+K_{a1}K_{a2}\cdots K_{an}} \tag{5-45}$$

同理：

$$\delta_1(H_{n-1}A^-)=\frac{K_{a1}[H^+]^{n-1}}{[H^+]^n+K_{a1}[H^+]^{n-1}+K_{a1}K_{a2}[H^+]^{n-2}+\cdots+K_{a1}K_{a2}\cdots K_{an}} \tag{5-46}$$

$$\delta_n(A^{n-})=\frac{K_{a1}K_{a2}\cdots K_{an}}{[H^+]^n+K_{a1}[H^+]^{n-1}+K_{a1}K_{a2}[H^+]^{n-2}+\cdots+K_{a1}K_{a2}\cdots K_{an}} \tag{5-47}$$

从式(5-46)、式(5-47) 可看出：对于酸或碱而言，由该酸、碱解离出的各种存在形式的分布系数仅是氢质子浓度 $[H^+]$ 即 pH 的函数，而与酸、碱溶液的总浓度无关。

对于任何一个弱酸，只要知道各级解离常数 K_{a1}，K_{a2}，…，K_{an} 和 $[H^+]$，代入式(5-46) ～式(5-48) 就可求出在该 pH 下的各种存在形式的分布系数。以 pH 为横坐标，以 δ 为纵坐标，将每种存在形式的分布系数 δ 的点连成曲线，这就是分布曲线。见图 5-1。

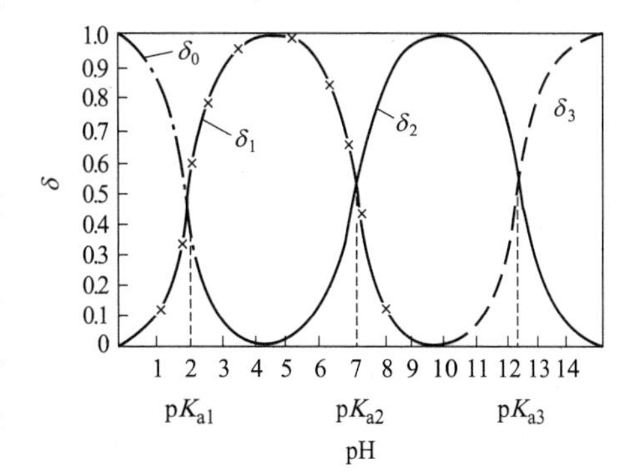

图 5-1 磷酸溶液中各种存在形式的分布系数与 pH 的关系

【例 5-1】 已知磷酸的各级解离常数 $K_{a1}=$

7.6×10^{-3}，$K_{a2}=6.3\times10^{-8}$，$K_{a3}=4.4\times10^{-13}$，已知磷酸的总浓度为 0.010 mol·L^{-1}，在 pH=8.00 时，溶液中磷酸的各存在形式的浓度各为多少（mol·L^{-1}）？并问哪种存在形式是主要形式？

解　pH=8.00 时，$[H^+]=10^{-8.00}$ mol·L^{-1}

$$\delta_0(H_3PO_4)=\frac{(10^{-8.00})^3}{(10^{-8.00})^3+(10^{-8.00})^2\times7.6\times10^{-3}+10^{-8.00}\times7.6\times10^{-3}\times6.3\times10^{-8}+7.6\times10^{-3}\times6.3\times10^{-8}\times4.4\times10^{-13}}$$

$$=\frac{10^{-24}}{5.5\times10^{-18}}=1.3\times10^{-7}\times100\%=1.8\times10^{-5}\%$$

$$\delta_1(H_2PO_4^-)=\frac{(10^{-8})^2\times7.6\times10^{-3}}{5.5\times10^{-18}}=1.4\times10^{-1}=14\%$$

$$\delta_2(HPO_4^{2-})=\frac{10^{-8}\times7.6\times10^{-3}\times6.3\times10^{-8}}{5.5\times10^{-18}}=0.86=86\%$$

$$\delta_3(PO_4^{3-})=\frac{7.6\times10^{-3}\times6.3\times10^{-8}\times4.4\times10^{-13}}{5.5\times10^{-18}}=1.9\times10^{-3}\%$$

所以

$$[H_3PO_4]=0.010\times1.8\times10^{-5}\%=1.8\times10^{-9}(\text{mol·L}^{-1})$$

$$[H_2PO_4^-]=0.010\times14\%=0.0014(\text{mol·L}^{-1})$$

$$[HPO_4^{2-}]=0.010\times86\%=0.0086(\text{mol·L}^{-1})$$

$$[PO_4^{3-}]=0.010\times1.9\times10^{-3}\%=1.9\times10^{-7}(\text{mol·L}^{-1})$$

主要存在形式为 HPO_4^{2-}。

本节采用代数法计算分布系数 δ 的公式较长，而且计算中涉及指数加法和其他运算，较为烦琐。但可以采用计算技巧，将烦琐的计算进行简化。例如上例中的分母可采取不影响误差的近似计算。分母共 4 项，第一项为 10^{-24} 数量级，第二项为 10^{-19} 数量级，第三项为 10^{-18} 数量级，第四项为 10^{-22} 数量级。第四项只有第二项的 0.1%左右，第一项则更小，可忽略不计。分母只有两项，计算方便和快速。

5.3.2 酸碱平衡计算中的平衡关系

对于酸碱平衡进行计算时，常常需要建立方程。而方程必须依赖于各种物理量之间的相互关系，这些相互关系中，有下列几个平衡等式可帮助我们建立方程。

(1) 物料平衡

物料平衡方程，简称物料平衡，用 MBE 表示。它是指在一个化学平衡体系中，某一给定物质的总浓度，等于各有关形式平衡浓度之和，即物料守恒。例如浓度为 c(mol·L^{-1}) H_2CO_3 溶液的物料平衡为

$$c=[H_2CO_3]+[HCO_3^-]+[CO_3^{2-}] \tag{5-48}$$

浓度为 c(mol·L^{-1})Na_2CO_3 溶液的物料平衡，根据需要，可列出 Na^+ 和 CO_3^{2-} 有关的两个方程

$$[Na^+]=2c \tag{5-49}$$

$$[CO_3^{2-}]+[HCO_3^-]+[H_2CO_3]=c \tag{5-50}$$

(2) 电荷平衡

电荷平衡方程，简称电荷平衡，用 CBE 表示。单位体积溶液阳离子所带正电荷的量(mol) 应等于阴离子所带负电荷的量 (mol)，根据这一电中性原则，由各离子的电荷和浓度，列出电荷平衡方程。

例如，浓度为 $c(\mathrm{mol \cdot L^{-1}})$ 的 Na_2CO_3 溶液，有下列反应：

$$Na_2CO_3 \rightleftharpoons 2Na^+ + CO_3^{2-} \tag{5-51}$$

$$CO_3^{2-} + H_2O \rightleftharpoons HCO_3^- + OH^- \tag{5-52}$$

$$H_2O \rightleftharpoons H^+ + OH^- \tag{5-53}$$

因此

$$[Na^+] + [H^+] = [HCO_3^-] + 2[CO_3^{2-}] + [OH^-] \tag{5-54}$$

当然 Na^+ 的浓度应为原始的溶质 Na_2CO_3 浓度 c 的 2 倍。

$$2c + [H^+] = [HCO_3^-] + 2[CO_3^{2-}] + [OH^-] \tag{5-55}$$

所以

$$[H^+] = [HCO_3^-] + 2[CO_3^{2-}] + [OH^-] - 2c \tag{5-56}$$

(3) 质子条件式

质子条件式，又称质子平衡方程（proton balance equation，PBE）。

按照酸碱质子理论，酸碱反应的实质是质子的得失。从酸碱反应原理看：当酸碱反应达平衡时，酸失去的质子数目与碱得到的质子数目相等，即质子守恒。若从酸碱反应产物看：得质子产物所得到的质子数目等于失质子产物所失去的质子数目。根据一个体系中与得失质子相关的各种物质相互间得失质子数目相等的关系所写出的等式称为质子条件式。它是处理酸碱平衡有关计算问题的最重要、最基本的关系式。质子条件可以由溶液中某些物质得失质子的关系直接写出，也可根据溶液的电荷平衡和物料平衡关系导出。

质子条件反映溶液中质子转移的数量关系。因此在写质子条件式时，要选一些物质作参考。以它们作为水准，来考虑质子的得失，这个水准称为质子参考水准（又叫零水准）。一般选择溶液中大量存在并参与质子转移的原始的酸碱组分作为零水准，然后根据质子转移关系列出质子条件。水溶液中溶剂分子水，始终作为零水准物，而且是作为两性物质参与质子的传递得失。

例如，在一元弱酸（HA）的水溶液中，大量存在并参加质子转移的物质是 HA 和 H_2O，选择两者作为参考水平。由于存在下列两反应：

HA 的解离反应

$$HA + H_2O \rightleftharpoons H_3O^+ + A^- \tag{5-57}$$

水的质子自递反应

$$H_2O + H_2O \rightleftharpoons H_3O^+ + OH^- \tag{5-58}$$

因而，溶液中除 HA 和 H_2O 外，还有 H_3O^+、A^- 和 OH^-，从零水平物出发考查得失质子情况，可知 H_3O^+ 是 H_2O 得质子的产物（以下简写作 H^+），而 A^- 和 OH^- 分别是 [HA] 和 [H_2O] 失质子的产物。得失质子的物质的量应该相等，可写出质子条件式如下：

$$[H^+] = [A^-] + [OH^-] \tag{5-59}$$

又如，对于 Na_2CO_3 的水溶液，可以选择 CO_3^{2-} 和 H_2O 作为零水平物，由于存在下列反应：

$$CO_3^{2-} + H_2O \rightleftharpoons HCO_3^- + OH^- \tag{5-60}$$

$$CO_3^{2-} + 2H_2O \rightleftharpoons H_2CO_3 + 2OH^- \tag{5-61}$$

$$H_2O \rightleftharpoons H^+ + OH^- \tag{5-62}$$

将各种存在形式与零水平物相比较，可知 OH^- 为 H_2O 失质子的产物，而 HCO_3^-、H_2CO_3 和第三个反应式中的 H^+ 为得质子的产物，但应注意 1 mol 的 H_2CO_3 得到 2 mol 质子，在列出质子条件式时应在 [H_2CO_3] 前乘以系数 2，以使得失质子的物质的量相等，因此 Na_2CO_3 的水溶液的质子条件式为：

$$[H^+] = [OH^-] - [HCO_3^-] - 2[H_2CO_3] \tag{5-63}$$

5.3.3 一元酸（碱）水溶液的 pH 值计算

设弱酸 HA 溶液的浓度为 $c(\text{mol}\cdot\text{L}^{-1})$，它在水溶液中有下列解离平衡：

$$HA \rightleftharpoons H^+ + A^-$$

$$H_2O \rightleftharpoons H^+ + OH^-$$

选择 HA 和 H_2O 为零水平物质，则质子条件式是：

$$[H^+]=[OH^-]+[A^-] \tag{5-64}$$

即一元弱酸碱的 H^+ 来自弱酸 HA 的解离和 H_2O 的解离。

HA 的解离常数为 K_a，根据解离平衡，得到：

$$[H^+]=\frac{K_a[HA]}{[H^+]}+\frac{K_w}{[H^+]} \tag{5-65}$$

由上式解得：

$$[H^+]=\sqrt{K_a[HA]+K_w} \tag{5-66}$$

这是计算一元弱酸溶液 H^+ 浓度的精确公式。［HA］是平衡时 HA 的浓度，它也是［H^+］的函数，可用迭代法求解，但数学处理较麻烦，更重要的是实际工作中没有必要。通常可根据计算［H^+］时的允许误差，视弱酸的 K_a 和 c 值的大小，采用近似方法计算。

溶液酸度是用 pH 计测定的，其读数一般至小数点后两位，即 $\Delta pH=0.01$。因此［H^+］的误差 $\Delta[H^+]$ 可用下式估算：

$$pH=-\lg[H^+]=\frac{-\ln[H^+]}{2.3} \tag{5-67}$$

$$\Delta pH=-\frac{1}{2.3[H^+]}\Delta[H^+]=0.01 \tag{5-68}$$

$$\left|\frac{\Delta[H^+]}{[H^+]}\right|=|-2.3\times0.01|=2.3\% \tag{5-69}$$

计算［H^+］的相对误差只要小于 2.3%，就可保证溶液 pH 的变动不大于 0.01。即与测量值保持一致。若用$\sqrt{K_a[HA]}$ 近似式(5-66)，则：

$$\frac{\sqrt{K_a[HA]+K_w}-\sqrt{K_a[HA]}}{\sqrt{K_a[HA]+K_w}}<2.3\% \tag{5-70}$$

设 $K_w=xK_a[HA]$：

则式(5-70) 变为

$$\sqrt{(1+x)K_a[HA]}-\sqrt{K_a[HA]}=0.023\sqrt{(1+x)K_a[HA]} \tag{5-71}$$

$$0.977\sqrt{(1+x)K_a[HA]}=\sqrt{K_a[HA]}$$

$$0.977\sqrt{1+x}=1$$

所以

$$x=0.047\approx0.05$$

即 $K_a[HA]\geqslant 20K_w$，K_w 可忽略，此时计算结果的相对误差不大于 5%。考虑到弱酸的解离度不是很大，［HA］$\approx c$，可以用 $K_ac\geqslant 20K_w$ 来进行判断。这样，当 $K_ac\geqslant 20K_w$ 时，K_w 可忽略，由式(5-66) 得到：

$$[H^+]\approx\sqrt{K_a[HA]} \tag{5-72}$$

根据解离平衡原理，对于浓度为 $c(\text{mol}\cdot\text{L}^{-1})$的弱酸 HA 溶液，$[HA]=c-[H^+]$，以此代入式(5-72)，得到：

$$[H^+]=\sqrt{K_a(c-[H^+])} \tag{5-73}$$

式(5-73)是计算一元弱酸溶液中$[H^+]$的近似公式。

若平衡时溶液中$[H^+]$远小于弱酸的原始浓度c，式(5-73)中的$c-[H^+]\approx c$，将其代入式(5-73)，得到：

$$[H^+]=\sqrt{K_a c} \tag{5-74}$$

式(5-74)是计算一元弱酸溶液中$[H^+]$的最简式。由式(5-69)知，为保证$\Delta pH<0.01$，用最简式(5-74)代替近似式(5-73)计算时，$[H^+]$的相对误差应小于2.3%：

$$\left|\frac{\sqrt{K_a \cdot c}-\sqrt{K_a(c-H^+)}}{\sqrt{K_a \cdot c}}\right|<0.023$$

$$1-\sqrt{1-\frac{[H^+]}{c}}<0.023$$

将式(5-74)代入

$$1-\sqrt{1-\frac{\sqrt{K_a c}}{c}}<0.023$$

$$\sqrt{1-\frac{\sqrt{K_a c}}{c}}>0.977$$

$$1-\sqrt{\frac{K_a}{c}}>0.9545$$

$$\sqrt{\frac{K_a}{c}}<0.0455$$

$$\frac{K_a}{c}<2.07\times10^{-3}$$

$$\frac{c}{K_a}>\frac{1}{2.07\times10^{-3}}=483$$

一般要求$c/K_a\geqslant500$。

当$K_a c\geqslant20K_w$时，可用近似式(5-72)计算弱酸溶液的$[H^+]$；当$\frac{c}{K_a}\geqslant500$时，可用$c$代替[HA]进行计算。满足上述两个条件时，可采用最简式(5-74)进行计算。绝大多数弱酸均满足上述条件。

若$K_a\leqslant2.0\times10^{-11}$时，则：　　$[H^+]=\sqrt{K_a c+K_w}$

若$K_a\geqslant2.0\times10^{-11}$时，则：　　$[H^+]=\sqrt{K_a(c-[H^+])}$

$$[H^+]^2=K_a c-K_a[H^+]$$

解此一元二次方程：　　$[H^+]=\frac{-K_a+\sqrt{K_a^2+4K_a c}}{2}$

【例 5-2】 甲酸 HCOOH 的$K_a=1.8\times10^{-4}$，计算0.10 mol·L^{-1}的甲酸溶液的pH。

解

$$K_a c=1.8\times10^{-4}\times0.10=1.8\times10^{-5}\geqslant20K_w$$

$$\frac{c(HA)}{K_a}=\frac{0.1}{1.8\times10^{-4}}=5.6\times10^2>500$$

可以用最简式$[H^+]=\sqrt{K_a c(HA)}$，即

$$[H^+]=\sqrt{1.8\times10^{-4}\times0.10}=4.2\times10^{-3}\ mol\cdot L^{-1}$$

故
$$pH=-\lg[H^+]=2.38$$

【例 5-3】 已知二氯乙酸 $CHCl_2COOH$ 的 $K_a=5.0\times10^{-2}$，计算 0.10 $mol\cdot L^{-1}$ 二氯乙酸溶液的 pH。

解
$$K_ac=5.0\times10^{-2}\times0.10=5.0\times10^{32}\geqslant20K_w$$

$$\frac{c}{K_a}=\frac{0.10}{5.0\times10^{-2}}=2.0<500$$

只能用近似式$[H^+]=\sqrt{K_a[HA]}$，即

$$[H^+]=\sqrt{K_a(c-[H^+])}$$

故
$$[H^+]=\frac{-K_a+\sqrt{K_a^2+4K_ac}}{2}$$

$$[H^+]=\frac{-5.0\times10^{-2}+0.15}{2}=5.0\times10^{-2}\ mol\cdot L^{-1}$$

$$pH=-\lg[H^+]=-\lg(5.0\times10^{-2})=1.30$$

对于碱而言，其最简式为：　　$[OH^-]=\sqrt{K_bc}$

5.3.4 两性物质水溶液 pH 的计算

在溶液中既可提供 H^+ 又可得到 H^+ 的物质称为两性物质。如 $NaHCO_3$、K_2HPO_4、NaH_2PO_4 及邻苯二甲酸氢钾等。在水溶液中，它们既可给出质子，显出酸性；又可接受质子，显出碱性。两性物质酸碱平衡比较复杂，在计算 $[H^+]$ 时应从具体情况出发，进行处理。

两性物质 NaHA 在溶液中存在下列质子转移反应：

作为酸
$$HA^-\rightleftharpoons H^++A^{2-}$$

作为碱
$$HA^-+H_2O\rightleftharpoons H_2A+OH^-$$

$$H_2O\rightleftharpoons H^++OH^-$$

三个平衡同时存在，其质子条件式为：

$$[H^+]=[OH^-]+[A^{2-}]-[H_2A] \tag{5-75}$$

式中，$[OH^-]=\frac{K_w}{[H^+]}$，$[A^{2-}]=K_{a2}\frac{[HA^-]}{[H^+]}$，$[H_2A]=\frac{[HA^-][H^+]}{K_{a1}}$

将上三式代入式(5-75)，并解一元二次方程，可得：

$$[H^+]=\sqrt{\frac{K_{a1}(K_{a2}[HA^-]+K_w)}{K_{a1}+[HA^-]}} \tag{5-76}$$

若 $K_{a2}[HA^-]\geqslant20K_w$，只要 $K_{a2}\geqslant10^{-11}\sim10^{-12}$，大多数两性物质均可满足上述要求，则：

$$K_{a2}[HA^-]+K_w\approx K_{a2}[HA^-]$$

式(5-76) 可变成其近似式：

$$[H^+]=\sqrt{\frac{K_{a1}K_{a2}[HA^-]}{K_{a1}+[HA^-]}} \tag{5-77}$$

若 HA^- 的解离常数 K_{a2} 不是很大，碱式解离常数 K_{b2} 也不是很大时，有

$$[HA^-] \approx c \tag{5-78}$$

若 H_2A 的解离常数 K_{a1} 不是很大，使 $c > 20K_{a1}$，则

$$K_{a1} + c \approx c \tag{5-79}$$

则近似式可简化成最简式：

$$[H^+] = \sqrt{K_{a1}K_{a2}} \tag{5-80}$$

或
$$pH = \frac{1}{2}(pK_{a1} + pK_{a2}) \tag{5-81}$$

式(5-80) 的物理意义是：两性物质水溶液的 $[H^+]$ 等于该物质作为酸的解离常数 K_{ai} 与其作为碱的共轭酸的解离常数 K_{ai-1} 乘积的平方根。即：若两性物质的浓度不是很小，溶液的 $[H^+]$ 或 pH 与 HA^- 的浓度无关。

【例 5-4】 计算 0.10 $mol \cdot L^{-1}$ 邻苯二甲酸氢钾（$C_6H_4COOHCOOK$）水溶液的 pH，已知 $K_{a1} = 1.1 \times 10^{-3}$，$K_{a2} = 3.9 \times 10^{-5}$。

解
$$K_{a2}c = 3.9 \times 10^{-5} \times 0.10 = 3.9 \times 10^{-6} > 20K_w$$

$c = 0.10$，$20K_{a1} = 20 \times 1.1 \times 10^{-3} = 2.2 \times 10^{-2}$，即 $c > 20K_{a1}$

$$pK_{a1} = -\lg(1.1 \times 10^{-3}) = 2.96, pK_{a2} = -\lg(3.9 \times 10^{-5}) = 4.41$$

因此
$$pH = \frac{1}{2}(pK_{a1} + pK_{a2}) = 3.68$$

5.3.5 缓冲溶液 pH 的计算

如果水溶液的溶质是由弱酸（或碱）与其共轭碱（或酸）组成的，这种溶液称为缓冲溶液（buffer solution）。它的特点是，当外界加入少量酸、碱或适当稀释，其溶液的 pH 值不发生显著的变化。由于酸碱缓冲溶液的这种特性，常被用在生产过程和实验中控制溶液的 pH 值。缓冲溶液的组成一般可分为三种：

① 弱酸及其共轭碱、弱碱及其共轭酸，如 HAc-NaAc、NH_3-NH_4Cl 等；

② 两性物质，如邻苯二甲酸氢钾、氨基乙酸等；

③ 高浓度酸、高浓度碱，如浓 H_2SO_4、浓 H_3PO_4、浓 NaOH 溶液等。

对于一元弱酸和其共轭碱在水中的平衡 $HA \rightleftharpoons H^+ + A^-$，当外界再加少量 H^+ 进入溶液，溶液中将发生下述变化：由于 H^+ 浓度的增加，平衡向左移动，HA 浓度增加，由 HA 解离出的 H^+ 浓度减少。因此，这种减少削弱了外加 H^+ 的作用，而使溶液的酸度变化没有在纯水中加入相同 H^+ 的酸度变化大，起到了缓冲的作用。

当外界加入少量 OH^- 进入溶液时，此时溶液中的 H^+ 即与加入的 OH^- 结合。随着 H^+ 浓度下降，平衡向右移动，即 HA 的解离程度加大，这种加大缓和了 OH^- 的加入使得 H^+ 下降的程度，因此溶液的 pH 变化也相对较小。

总之，缓冲溶液具有保持溶液 pH 相对稳定的性能，即具有缓冲作用。

缓冲溶液也是一种酸碱体系，可以根据质子条件式计算其 pH 值。但缓冲溶液多为浓度不太低的共轭酸碱对，通常采用近似计算，计算式中保留共轭酸碱的浓度比，这样更方便缓冲溶液的配制。

弱酸 HA 与其共轭碱 NaA（或 A^-）组成的溶液称为 pH 缓冲溶液。

设溶液中$[HA]^* = c_a$，$[A^-]^* = c_b$，则

$$K_a=\frac{[H^+][A^-]}{[HA]} \quad (5\text{-}82)$$

因为缓冲溶液的 pH 离 7.0 较远，水的解离均可忽略，所以式(5-82) 中不出现 K_w。

式中的 $[A^-]$ 由两部分组成，一部分是由 HA 解离出来的，它与解离出来的 H^+ 的浓度相等，另一部分是溶液中固有的$[A^-]^*=c_b$，所以$[A^-]=c_b+[H^+]$。

HA 原有的 $[HA]^*=c_a$，解离的部分应与 H^+ 浓度相等，故

$$[HA]=c_a-[H^+]$$

$$K_a=\frac{[H^+](c_b+[H^+])}{c_a-[H^+]} \quad (5\text{-}83)$$

$$[H^+]=K_a\frac{c_a-[H^+]}{c_b+[H^+]} \quad (5\text{-}84)$$

缓冲溶液的 c_a、c_b 均比较大，所以右式中 $[H^+]$ 可忽略，因此

$$[H^+]=K_a\frac{c_a}{c_b}$$

$$pH=pK_a+p\frac{c_a}{c_b} \quad (5\text{-}85)$$

对于弱碱与共轭酸组成的缓冲溶液，其

$$pOH=pK_b+p\frac{c_b}{c_a} \quad (5\text{-}86)$$

上述二式表明，缓冲溶液的 pH 值主要由酸的 K_a（或碱的 K_b）决定，比值 c_b/c_a 只能对缓冲溶液的 pH 值作小范围的微调。缓冲溶液的 c_b/c_a 比值太大（或太小），c_b 或 c_a 必有一个非常小，pH 的计算就不能使用近似式(5-85) 了。

根据式(5-85)，加入一定量的酸浓度改变 Δc_a 时，溶液 pH 变化量

$$\Delta pH=\frac{\partial pH}{\partial c_a}\Delta c_a=-\frac{1}{2.3c_a}\Delta c_a \quad (5\text{-}87)$$

上式表明：负号表示加入酸后 pH 值下降。pH 每变化 1 个单位即 $\Delta pH=1$ 时，需加入 $2.3c_a$ 的酸 HA。需加入酸的量称为缓冲溶液对酸的缓冲容量。可见，缓冲溶液中酸 HA 的浓度 c_a 越大，溶液对酸的缓冲容量越大。$\frac{1}{2.3c_a}$为 pH 对 c_a 的变化率。

根据式(5-85)，加入一定量的碱浓度改变 Δc_b 时，溶液 pH 变化量

$$\Delta pH=\frac{\partial pH}{\partial c_b}\Delta c_b=\frac{1}{2.3c_b}\Delta c_b \quad (5\text{-}88)$$

上式表明：正号表示加入碱后 pH 值上升。pH 每变化 1 个单位即 $\Delta pH=1$ 时，需加入 $2.3c_a$ 的碱 A^-。需加入碱的量称为缓冲溶液对碱的缓冲容量。可见，缓冲溶液中碱 A^- 的浓度 c_b 越大，溶液对碱的缓冲容量越大。$\frac{1}{2.3c_b}$为 pH 对 c_b 的变化率。

根据式(5-85)，pH 的全微分

$$\Delta pH=\frac{\partial pH}{\partial c_a}\Delta c_a+\frac{\partial pH}{\partial c_b}\Delta c_b=-\frac{1}{2.3c_a}\Delta c_a+\frac{1}{2.3c_b}\Delta c_b$$

应考察酸或碱的变化量相同时的 ΔpH，即令 $\Delta c_a=\Delta c_b$：

$$\Delta pH=\left(\frac{1}{2.3c_b}-\frac{1}{2.3c_a}\right)\Delta c$$

加入少量酸或碱并使 pH 变化率最小，则要求

$$\frac{1}{2.3c_b}-\frac{1}{2.3c_a}=0 \qquad 即\ c_a=c_b$$

缓冲溶液中酸 HA 和碱 A^- 的浓度越大，缓冲溶液对酸和碱的缓冲容量越大；$c_a:c_b\to 1$，pH 对外加酸或碱的变化率越小。因此，配制缓冲溶液都采取高浓度和 $c_a:c_b\approx 1$ 的办法。

【例 5-5】 100 mL 浓度 $0.10\ mol\cdot L^{-1}$ 的 HAc 和 100 mL 浓度为 $0.10\ mol\cdot L^{-1}$ 的 NaAc 混合制得缓冲溶液，计算其 pH。已知 $K_a=1.8\times10^{-5}$。

解 由于是等体积混合，所以

$$c_a=0.10\times\frac{100}{200}=0.050\ mol\cdot L^{-1}$$

$$c_b=0.10\times\frac{100}{200}=0.050\ mol\cdot L^{-1}$$

代入式(5-85) $pH=pK_a+p\frac{c_a}{c_b}=-\lg(1.8\times10^{-5})-\lg\frac{0.050}{0.050}=4.74$

由此例可推论，当共轭酸碱的浓度相等时，缓冲溶液的

$$pH=pK_a \tag{5-89}$$

【例 5-6】 在例 5-5 的溶液中加入 10 mL 浓度为 $0.010\ mol\cdot L^{-1}$ 的 HCl，此时溶液的 pH 又为多少？

解 加入 HCl，溶液中的 NaAc 与 HCl 反应

$$NaAc+HCl=\!=\!=NaCl+HAc$$

溶液的体积变为 210 mL，消耗的 NaAc 的量为

$$0.010\times10=0.10(mmol)$$

所以 NaAc 的浓度变为

$$c_b=\frac{0.050\times200-0.10}{210}=0.047(mol\cdot L^{-1})$$

HAc 的浓度变为

$$c_a=\frac{0.050\times200+0.10}{210}=0.048(mol\cdot L^{-1})$$

$$pH=-\lg(1.8\times10^{-5})-\lg\frac{0.048}{0.047}=4.73$$

与例 5-5 的结果相比，pH 只变化了 0.01 个单位，可以认为基本上没有变化，起到了维持溶液 pH 稳定的作用。

若加入 $0.010\ mol\cdot L^{-1}$ 的 NaOH 10 mL，则溶液 pH 只上升 0.01 个单位，也起到了缓冲作用。

从式(5-85) 看，缓冲溶液的 pH 只与共轭酸碱的浓度比有关，因此，只要其值固定，加水稍加稀释，而不使 c_a 或 c_b 变得非常小，缓冲溶液的 pH 仍保持不变。

5.4 酸碱滴定分析

5.4.1 滴定法的基本原理及必须解决的基本问题

将一种已知准确浓度的试剂溶液（标准溶液），滴加到被测物质的溶液中，直到所加的试剂与被测物质按化学计量定量反应为止，然后根据试剂溶液的浓度和用量，计算被测物质的含量。这一类分析方法统称为滴定分析法，又叫容量分析法。

这种已知准确浓度的试剂溶液称为标准溶液（standard solution）。在一般情况下，标准溶液作为滴定剂，从滴定管（burette）加到被测物质溶液中的过程叫滴定（titration）。当加入的标准溶液与被测物质定量反应完全时，反应到达了化学计量点（stoichiometric point）。化学计量点一般根据指示剂的变色来确定。在滴定过程中，根据指示剂的颜色突变而终止实验时，称为滴定终点（end point）。滴定终点和化学计量点不一定恰好符合，由此而造成的分析误差称为滴定误差或终点误差。

从上面的论述可以看出，若用滴定法来测定未知溶液，需要解决以下几个基本问题：

① 滴定剂与被测物之间能否反应？是否具有定量关系？能不能快速完成反应？

② 标准溶液的浓度如何确定？

③ 若要求滴定终点与化学计量点之间的误差的绝对值不大于某个指定的值，如何确定终点？

④ 通过什么样的计量关系求得未知溶液的浓度或含量？

5.4.2 滴定分析中的酸碱反应

酸碱滴定是基于酸碱反应的滴定分析方法，可以直接测定常量或半微量的酸碱组分，也可以测定那些经过适当的前处理后可以定量地转化为某种酸碱组分的物质，是普遍采用的测定未知酸碱量的定量分析方法之一。

能用于滴定定量分析要求的酸碱反应必须满足下列条件。

(1) 酸碱反应的完成率

如第1章所说，化学分析是常量分析，要求分析结果的相对误差≤0.2%。这就要求，在化学计量点，酸碱反应完99.9%，才能保证相对误差≤±0.1%。这不是所有的酸碱都可达到的。

强酸与强酸反应的实质是 H^+ 与 OH^- 间的反应，一般认为反应完成率为100%，当然可以进行酸碱滴定。

强酸（碱）与弱碱（酸）之间的反应完成率和弱碱（酸）的解离平衡常数 $K_b(K_a)$ 有关。用浓度为 $c(\mathrm{mol \cdot L^{-1}})$ 的强碱 NaOH 溶液滴定浓度与 c 相近的弱酸 HA，HA 的解离平衡常数为 K_a。在化学计量点：

$$\mathrm{HA + OH^- \rightleftharpoons A^- + H_2O}$$

$$[\mathrm{A^-}] \geqslant \frac{0.999c}{2} \approx \frac{c}{2}, [\mathrm{OH^-}] = [\mathrm{HA}] \approx \frac{10^{-3}c}{2}$$

由式(5-14) 知

$$K_a = \frac{[\mathrm{H^+}][\mathrm{A^-}]}{[\mathrm{HA}]} = \frac{K_w[\mathrm{A^-}]}{[\mathrm{HA}][\mathrm{OH^-}]}$$

$$=\frac{\frac{10^{-14}c}{2}}{\left(\frac{10^{-3}c}{2}\right)\left(\frac{10^{-3}c}{2}\right)}=\frac{2\times10^{-8}}{c}$$

$$cK_a\geqslant2\times10^{-8}\approx10^{-8} \tag{5-90}$$

这就是能否进行酸碱滴定的必要条件。当然，如果不要求相对误差$\leqslant\pm0.1\%$而是更大一点，上述条件可适度放宽。

(2) 产物单一，定量反应

上述讲的是一元酸（碱）。一般来讲，一元酸（碱）产物只有一个，可定量反应。而多元酸碱的产物往往不止一个，有时不是定量反应，就无法使用酸碱滴定法。

草酸（$H_2C_2O_4$）、柠檬酸（$H_3C_6H_5O_7$）、酒石酸（$H_2C_4H_4O_6$）等的各级解离常数比较接近，在理论上的第一化学计量点，草酸溶液中有 $HC_2O_4^-$、$C_2O_4^{2-}$ 两种形态。所以，强碱与草酸在第一化学计量点的反应是不定量的，因此对 $NaHC_2O_4$ 和 $H_2C_2O_4$ 组成的混合样，直接用酸碱滴定法无法测得各自的含量。但可以测定总量，因为在第二化学计量点时，产物只有 $C_2O_4^{2-}$，反应可定量进行。柠檬酸、酒石酸等也有类似情况。

(3) 反应速率

酸碱反应在水溶液中进行，反应仅是溶液中的质子传递过程，反应速率非常快，基本上都可以立即、定量地完全反应。

例如：

$$HCl+NaOH\rightleftharpoons NaCl+H_2O$$

$$HAc+OH^-\rightleftharpoons Ac^-+H_2O$$

$$NH_4OH+HCl\rightleftharpoons NH_4Cl+H_2O$$

$$R_3N+HCl\rightleftharpoons R_3NHCl$$

当然，也有的酸或碱是分步反应的：

$$CO_3^{2-}+H^+\rightleftharpoons HCO_3^-$$

$$HCO_3^-+H^+\rightleftharpoons H_2CO_3$$

酸和碱之间的定量关系的实质是一个 H^+ 只能和一个 OH^- 反应。

若滴定剂与被测物之间的反应不能很快进行，如用 HCl 标准溶液滴定 $CaCO_3$ 时，因为是非均相反应，反应速率较慢，不能直接滴定。可用过量的 HCl 标准溶液与固体 $CaCO_3$ 加热溶解、煮沸赶走 CO_2，再用 NaOH 标准溶液滴定多余的 HCl，最后计算出 $CaCO_3$ 的量。这种通过第三者的滴定方法叫返滴定法。

5.4.3 酸碱标准溶液浓度的确定

标准溶液浓度的确定有两种方法：直接配制法和间接标定法。

(1) 直接配制法

根据所需要的浓度，准确称取一定量的纯物质，溶解后，在容量瓶中稀释到一定体积，通过计算得出该溶液的准确浓度。

能用直接法配制标准溶液的纯物质称为基准物质（primary standard），它必须具备下列条件：

① 纯度高，即含量$\geqslant99.9\%$，其杂质含量应少到在滴定分析所允许的误差限度以下。

② 物质的组成（包括结晶水）与化学式相符。

③ 物理和化学性质稳定，例如，不易挥发、热稳定性好、不吸水、不失结晶水、不和

环境中的物质尤其是空气中 O_2、CO_2 反应等。

酸碱滴定分析中的标准溶液大多数使用的是 HCl、H_2SO_4、NaOH 等。但盐酸、H_2SO_4 是溶液，溶质 HCl、SO_3 和溶剂 H_2O 都会挥发，浓度不稳定；NaOH 会吸收空气中的水蒸气潮解或吸收空气中的 CO_2 而变成 Na_2CO_3 使组分不纯。它们都不能满足基准物质的条件，因此，不能用直接法配制。

(2) 间接标定法

粗配成近似所需浓度的溶液，然后用基准物质或另一种物质的标准溶液通过滴定的方法确定已配溶液的准确浓度。这种确定标准溶液准确浓度的过程，称为标定（calibration）。

例如，用来直接标定 NaOH 的基准物有邻苯二甲酸氢钾（$C_6H_4COOHCOOK$）、草酸（$H_2C_2O_4$）；用来直接标定 HCl、H_2SO_4 的基准物有无水 Na_2CO_3、硼砂（$Na_2B_4O_7$）等。

5.4.4 酸碱滴定曲线与滴定突跃

酸碱滴定过程中溶液的 pH 不断改变。以滴定剂的加入体积（或滴定分数）为横坐标，滴定体系的 pH 为纵坐标作图，所得曲线称为酸碱滴定曲线（acid-base titration curve）。

(1) 强碱（酸）滴定强酸（碱）的滴定曲线

这类滴定的基本反应为：$H^+ + OH^- \longrightarrow H_2O$，滴定反应的平衡常数为 $K_t = 1/K_w = 1.0\times10^{-14}$（25 ℃），$K_t$ 值越大，反应进行得越完全。

用浓度为 $c(\text{mol·L}^{-1})$ 的强碱溶液滴定相同浓度的强酸溶液 $V_0(\text{mL})$。

① 滴定开始前。溶液中仅有强酸存在，所以溶液的 pH 值取决于强酸的原始浓度 c，即

$$[H^+]=c\ \text{mol·L}^{-1}, pH=-\lg c$$

② 滴定开始至化学计量点前。若滴入 $V_1(\text{mL})$ 强碱溶液，$V_1<V_0$，剩余的强酸的浓度即：

酸碱滴定曲线和指示剂的选择

$$[H^+]=\frac{cV_0-cV_1}{V_0+V_1}$$

$$pH=-\lg\left(\frac{cV_0-cV_1}{V_0+V_1}\right)$$

③ 化学计量点前 0.1%，即 $V_1=0.999V_0$，剩余的强酸的浓度即：

$$[H^+]=\frac{c(V_0-V_1)}{0.999V_0+V_0}=0.50c\times10^{-3}$$

$$pH_1=3.30-\lg c \tag{5-91}$$

④ 化学计量点后 0.1%，即 $V_1=1.001V_0$，剩余的是强碱，强碱的浓度即：

$$[OH^-]=\frac{c(V_1-V_0)}{1.001V_0+V_0}=0.5c\times10^{-3}$$

$$pH_2=14-pOH=14+\lg(0.5c\times10^{-3})=14-3+\lg c-\lg 2=10.70+\lg c \tag{5-92}$$

在化学计量点前后各 0.1% 范围内，pH 值急剧变化的现象称为酸碱滴定突跃（acid-base titration jump）。化学计量点后 0.1% 的 pH 值（pH_2）与化学计量点前 0.1% 的 pH 值（pH_1）之差 $\Delta pH=(pH_2-pH_1)$ 称为突跃范围。

因此，强碱滴定强酸的突跃范围：

$$\Delta pH=pH_2-pH_1=7.40+2\lg c \tag{5-93}$$

可以看出，突跃范围与标准溶液和被测溶液浓度有关。因为滴定时标准溶液浓度与被测液浓度相近，标准溶液浓度上升 10 倍，被测液浓度上升也近 10 倍，突跃范围 pH 增加 2.0 个 pH 单位；各下降 10 倍，突跃范围会缩小 2.0 个 pH 单位。随着标准溶液和被测溶液浓

度的降低，突跃范围会越来越小。一般来说，突跃范围 $\Delta pH<0.3$，人眼已很难准确地判断终点，酸碱滴定分析无法进行。

(2) 强碱滴定强酸的滴定曲线计算示例

用浓度为 $0.1000\ mol\cdot L^{-1}$ 的 NaOH 溶液滴定 20.00 mL 同浓度的 HCl 溶液。

① 滴定开始前

溶液中仅有 HCl 存在，所以溶液的 pH 值取决于 HCl 溶液浓度，即

$$[H^+]=0.1000\ mol\cdot L^{-1},\ pH=1.00$$

② 滴定开始至化学计量点前

加入 18.00 mL 的 NaOH 溶液时，还剩余 2.00 mL 的 HCl 溶液未被中和，这时溶液中的 HCl 浓度即 $[H^+]$ 应为：

$$[H^+]=\frac{0.1000\times 2.00}{20.00+18.00}=5.3\times 10^{-3}(mol\cdot L^{-1})$$

$$pH=2.28$$

从滴定开始直到化学计量点前的各点都可以这样计算。

③ 化学计量点前 0.1%时

此时 HCl 尚存 $0.1000\times 20.00\times 0.1\%=0.1000\times 0.02$mol，溶液仍呈酸性。因此

$$[H^+]=\frac{0.1000\times 0.02}{20.00+19.98}=5.0\times 10^{-5}(mol\cdot L^{-1}) \tag{5-94}$$

$$pH=-\lg[H^+]=4.30$$

④ 化学计量点时

当加入 20.00 mL NaOH 溶液时，HCl 被 NaOH 全部中和，生成 NaCl，这时 pH=7.00。

⑤ 化学计量点后 0.1%时

化学计量点后，NaOH 过量，溶液 pH>7，溶液 pH 值由过量的 NaOH 决定。加入 20.02 mL NaOH 溶液时，NaOH 过量 0.02 mL。多余的 NaOH 浓度为：

$$[OH^-]=\frac{0.1000\times 0.02}{20.00+20.02}=5.0\times 10^{-5}(mol\cdot L^{-1})$$

$$[H^+]=\frac{K_w}{[OH^-]}=2.0\times 10^{-10}(mol\cdot L^{-1})$$

$$pH=9.70$$

化学计量点后都这样计算。

各点的计算结果列于表 5-1。

表 5-1 用 $c(NaOH)=0.1000\ mol\cdot L^{-1}$ NaOH 溶液滴定 20.00 mL 同浓度 HCl 溶液

加入 NaOH 溶液的体积 V/mL	剩余 HCl 溶液的体积 V/mL	过量 NaOH 溶液的体积 V/mL	pH
0.00	20.00		1.00
18.00	2.00		2.28
19.80	0.20		3.30
19.98	0.02		4.30(A)
20.02	0.00		7.00 突跃范围
20.02		0.02	9.70(B)
20.20		0.20	10.70
22.00		2.00	11.68
40.00		20.00	12.52

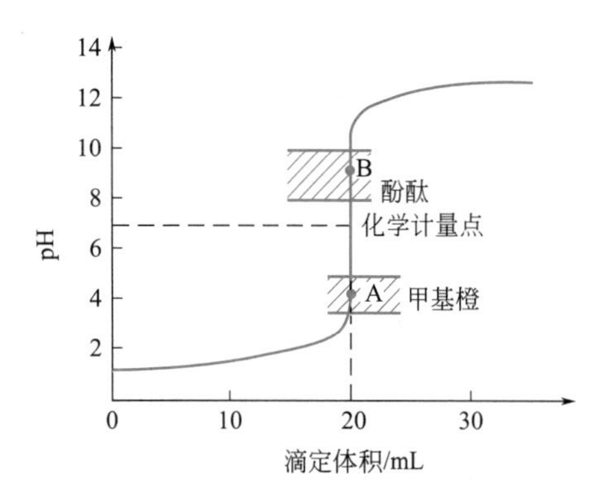

图 5-2　NaOH-HCl 的滴定曲线

从上述计算可以看出，从开始滴定一直到滴定完 99.9%的 HCl，溶液的 pH 从 1.00 变为 4.30，改变了 3.30 个 pH 单位。但从滴定完 99.9%的 HCl 到过量 0.1%的 NaOH，NaOH 的体积只消耗 0.04 mL（一滴），但 pH 从 4.30 变为 9.70，改变了 5.40 个 pH 单位。这段滴定曲线的斜率非常之大（见图 5-2）。

化学计量点一定在突跃范围内。

滴定突跃在实验中非常有意义。人们对一些连续缓慢变化的量的观察是不敏感的。但对于突变现象，人们往往可以很清楚地辨认它。

(3) 强碱（酸）滴定弱酸（碱）

对于 NaOH 滴定弱酸 HA，由于 NaOH 的加入，HA 生成 NaA，NaA 和 HA 构成缓冲溶液，因此，滴定过程中溶液的 pH 变化是缓慢的。

① 化学计量点前

溶液是缓冲溶液，若滴定了 x%，则 x%的 HA 转变成了碱 A^-，HA 还剩余 $(100-x)$%，根据式(5-85)：

$$pH=pK_a+p\frac{c_a}{c_b}=pK_a-\lg\left(\frac{100-x}{x}\right) \tag{5-95}$$

② 化学计量点前 0.1%

99.9%的 HA 已与 NaOH 反应生成 NaA，溶液是缓冲溶液。此时溶液中酸［HA］即 c_a 与共轭碱［A^-］即 c_b 的浓度之比为 1∶999，用式(5-85) 进行 pH 值估算（这里不需要准确的计算）：

$$pH_1=pK_a+p\frac{c_a}{c_b}=pK_a+3 \tag{5-96}$$

③ 化学计量点时

此时溶液是 NaAc 溶液，按式(5-75)：

$$[OH^-]=\sqrt{\frac{cK_w}{K_a}} \tag{5-97}$$

④ 化学计量点后 0.1%

由于过量 NaOH 的存在，抑制了 A^- 的解离，故此时溶液中的 pH 主要取决于过量 NaOH 的浓度，其计算方法与强碱滴定强酸相同。当 NaOH 过量 0.1%时，溶液中

$$[OH^-]=cV_1\times\frac{0.1\%}{1.001V_1+V_1}=\frac{c}{2000}$$

$$pH_2=10.70+\lg c$$

突跃范围：

$$\Delta pH=pH_2-pH_1=10.70+\lg c-pK_a-3=7.70+\lg(cK_a)=0.30 \tag{5-98}$$

$$7.70+\lg(cK_a)=0.30$$

$$cK_a=10^{-7.40}$$

考虑到 pH_1 和 pH_2 计算时有些因素被忽略，因此强碱（酸）可以滴定弱酸（碱）的必要条件为

$$cK_a > 10^{-8} \text{ 或 } cK_b > 10^{-8} \quad (5\text{-}99)$$

这与从化学平衡角度的式(5-90)得出的结论是完全一致的。只是视角不同而已。

(4) 强碱滴定弱酸滴定曲线计算示例

用 0.1000 mol·L^{-1}的 NaOH 溶液滴定 20.00 mL 同浓度的 HAc 溶液，计算滴定突跃范围。已知 HAc 的 $K_a = 1.8 \times 10^{-5}$。

因 $$cK_a = 0.1000 \times 1.8 \times 10^{-5} = 1.8 \times 10^{-6} > 10^{-8}$$

故可以滴定。

① 化学计量点前

溶液是缓冲溶液，如滴定了 80%，则

$$x = 80$$

代入式(5-95) $$\text{pH} = \text{p}K_a - \lg\frac{20}{80} = 5.34$$

② 化学计量点前 0.1%时

溶液是 HAc 与 Ac^-组成的缓冲溶液

$$\text{pH}_1 = \text{p}K_a + 3 = 4.74 + 3 = 7.74$$

③ 化学计量点时

溶液是 Ac^-的一元弱碱溶液。

$$[OH^-] = \sqrt{\frac{cK_w}{K_a}} = \sqrt{\frac{0.1000 \times 10^{-14}}{2 \times 1.8 \times 10^{-5}}} = 5.3 \times 10^{-6}$$

$$\text{pH} = 8.72$$

化学计量点落在了碱性区域。K_a 越小，化学计量点时的 pH 值越大。

④ 化学计量点后 0.1%时

当 NaOH 过量 0.1%时，溶液中

$$[OH^-] = \frac{cV_1 \times 0.1\%}{1.001V_1 + V_1} = \frac{c}{2000} = 5.0 \times 10^{-5}$$

$$\text{pH}_2 = 14 - \text{pOH} = 9.70$$

$$\Delta\text{pH} = 9.70 - 7.74 = 1.96$$

可以看出，用强碱（酸）滴定弱酸（碱）比滴定同样浓度的强酸的滴定突跃范围小得多。并且 K_a 越小，突跃范围越小。突跃范围也和浓度有关，规律与强碱（酸）滴定强酸（碱）相同。

5.4.5 酸碱指示剂和终点的判断

酸碱滴定过程一般本身并不发生显著的外观变化，需借用其他物质来指示滴定终点，在酸碱滴定中用来指示滴定终点的物质叫作酸碱指示剂（acid-base indicator）。酸碱指示剂一般是有机弱酸 HIn 或弱碱 In^-。

酸碱指示剂存在以下化学平衡：

$$HIn \rightleftharpoons H^+ + In^- \quad (5\text{-}100)$$

平衡常数为 K_{HIn}，它比常见的弱酸的平衡常数 K_a 小。

酸式 HIn 与共轭碱式 In^-具有不同的结构，且颜色具有显著差异。酸的形式 HIn 呈现一种颜色，叫酸式色；碱的形式 In^-呈现另外一种明显不同的颜色，叫碱式色。

$$K_{HIn} = \frac{[H^+][In^-]}{[HIn]}$$

$$\frac{K_{HIn}}{[H^+]}=\frac{[In^-]}{[HIn]}$$

两边取负数

$$pH=pK_{HIn}+\lg\frac{[In^-]}{[HIn]} \tag{5-101}$$

指示剂所呈现的颜色由其两种形式的浓度比 $[In^-]/[HIn]$ 决定，$[In^-]/[HIn]\leqslant 0.1$ 时，溶液呈现酸式色，$[In^-]/[HIn]\geqslant 10$ 时，溶液呈现碱式色。在两者之间，溶液呈现酸式色与碱式色的混合色，又称作过渡色。从式(5-101) 可知：$[In^-]/[HIn]=0.1$ 时，$pH_1=pK_{HIn}-1$；$[In^-]/[HIn]=10$ 时，$pH_2=pK_{HIn}+1$；$pH_1\sim pH_2$ 称为酸碱指示剂的变色范围。$[In^-]/[HIn]$ 比值从 0.1 变为 10，变化了 100 倍，即 $[H^+]$ 变化了 100 倍对应 pH 变化为 2 个 pH 单位。

如果在滴定突跃区间内，指示剂从酸式色突变为碱式色或者从碱式色突变为酸式色，可以判断滴定已经处于突跃区间内。若将此时看作滴定终点，停止滴定，此点离化学计量点的距离不会超过±0.1%，即滴定误差不会超过 0.2%。

例如，甲基橙在溶液中存在下列平衡：

$$NaO_3S-C_6H_4-N{=}N-C_6H_4-N(CH_3)_2 \underset{+OH^-}{\overset{+H^+}{\rightleftharpoons}} NaO_3S-C_6H_4-NH-N{=}C_6H_4{=}\overset{+}{N}(CH_3)_2$$

（黄色）　　　　　　　　（红色）

由于酸碱指示剂的 K_{HIn} 的大小不同，从化学平衡常数的概念看，它们应具有不同的变色范围。表 5-2 列出了常用的酸碱指示剂的变色范围。

表 5-2　常用酸碱指示剂的变色范围

指示剂	变色范围 pH	颜色变化	pK_{HIn}	组　　成	用量/(滴/10 mL 溶液)
百里酚蓝	1.2～2.8	红→黄	1.7	0.1%的 20%乙醇溶液	1～2
甲基黄	2.9～4.0	红→黄	3.3	0.1%的 90%乙醇溶液	1
甲基橙	3.1～4.4	红→黄	3.4	0.05%水溶液	1
溴酚蓝	3.0～4.6	黄→紫	4.1	0.1%的 20%乙醇溶液或其钠盐水溶液	1
溴甲酚绿	4.0～5.6	黄→蓝	4.9	0.1%的 20%乙醇溶液或其钠盐水溶液	1～3
甲基红	4.4～5.6	红→黄	5.0	0.1%的 60%乙醇溶液或其钠盐水溶液	1
溴甲酚蓝	6.2～7.6	黄→蓝	7.3	0.1%的 20%乙醇溶液或其钠盐水溶液	1
中性红	6.8～8.0	红→黄橙	7.4	0.1%的 60%乙醇溶液	1
苯酚红	6.8～8.4	黄→红	8.0	0.1%的 60%乙醇溶液或其钠盐水溶液	1
酚酞	8.0～10.0	无→红	9.1	0.5%的 90%乙醇溶液	1～3
百里酚蓝	8.0～9.0	黄→蓝	8.9	0.1%的 20%乙醇溶液	1～4
百里酚酞	9.4～10.6	无→蓝	10.0	0.1%的 90%乙醇溶液	1～2

注：百里酚蓝有两个变色点。

由于种种原因，有的滴定突跃很小，或者是由于酸碱指示剂酸式色与碱式色之间的色差不很明显，使得对终点的判断产生一定的困难，可以用混合指示剂来指示终点。混合指示剂的特点是变色范围普遍变窄；色差加大或产生颜色的互补，从而提高了指示终点的灵敏度。表 5-3 是一些常用的混合指示剂的性质。

表 5-3 几种常用的混合指示剂

指示剂溶液的组成	变色时 pH	颜色变化		备注
		酸色	碱色	
一份 0.1%甲基黄乙醇溶液 一份 0.1%亚甲基蓝乙醇溶液	3.25	蓝紫	绿	pH=3.4 时呈绿色 pH=3.2 时呈蓝紫色
一份 0.1%甲基橙水溶液 一份 0.25%靛蓝二磺酸水溶液	4.1	紫	黄绿	
一份 0.1%溴甲酚绿钠盐水溶液 一份 0.2%甲基橙水溶液	4.3	橙	蓝绿	pH=3.5 时呈黄色 pH=4.05 时呈绿色;pH=4.3 时呈绿色
三份 0.1%溴甲酚绿乙醇溶液 一份 0.2%亚甲基红乙醇溶液	5.1	酒红	绿	
一份 0.1%溴甲酚绿钠盐水溶液 一份 0.1%氯酚红钠盐水溶液	6.1	黄绿	蓝紫	pH=5.4 时蓝绿色;pH=5.8 时呈蓝色 pH=6.0 时蓝紫色;pH=6.2 时呈蓝紫色
一份 0.1%中性红乙醇溶液 一份 0.1%亚甲基蓝乙醇溶液	7.0	紫蓝	绿	pH=7.0 时呈紫蓝色
一份 0.1%甲酚红钠盐水溶液 三份 0.1%百里酚蓝钠盐水溶液	8.3	黄	紫	pH=8.2 时呈玫瑰红色 pH=8.4 时呈紫色
一份 0.1%百里酚蓝 50%乙醇溶液 三份 0.1%酚酞 50%乙醇溶液	9.0	黄	紫	从黄到绿,再到紫
一份 0.1%酚酞乙醇溶液 一份 0.1%百里酚酞乙醇溶液	9.9	无	紫	pH=9.6 时呈玫瑰红色 pH=10 时呈紫色
二份 0.1%百里酚酞乙醇溶液 一份 0.1%次茜素黄 R 乙醇溶液	10.2	黄	紫	

选择酸碱指示剂的原则如下：

① 酸碱指示剂的变色范围与滴定突跃范围一定要有交集。没有交集，表明指示剂变色时不在滴定突跃范围内。因此，滴定终点离化学计量点远大于±0.1%，不能满足滴定分析的误差要求。这种酸碱指示剂不能作为此次滴定的指示剂。

② 若交集在化学计量点之前，滴定终点要求指示剂完全变色。因为指示剂变为过渡色时，不能确定滴定已进入突跃范围。

③ 若交集在化学计量点之后，滴定终点要求指示剂只能变为过渡色。若继续滴定至完全变色，有可能已超越突跃范围。

④ 若指示剂的变色范围落在滴定突跃范围内，指示剂变为过渡色或完全变色时，均可确定为滴定终点。

5.4.6 滴定法中的计算

滴定法中的计算是相当简单的，只有一个公式：

$$\sum c_i V_i = \sum c_j V_j \tag{5-102}$$

酸碱滴定中的计算

这个公式不仅适用于酸碱滴定，也适用于其他的滴定，因此必须充分理解其物理意义。

① 在滴定过程中，可观察到或可确定 n 个终点，就一定可列出 n 个类似式(5-102) 的独立方程。解方程或解联立方程组就可得所要求的量。

② 把参加酸碱反应的物质分为两类：给出 H^+ 的或与 OH^- 产生中和反应的是酸，归为 i 类。得到 H^+ 的是碱，归为 j 类。

③ 浓度 c 是标准溶液或被滴定溶液的计量单元浓度，单位是 $mol \cdot L^{-1}$。计量单元质量的定义为：在酸碱反应中某物质得到（失去）1 mol H^+ 或与 1 mol OH^- 完全反应的物质的质量称为酸碱反应的计量单元质量，可记作$\frac{M}{n}$。$\frac{1}{n}M$ 称作计量单元，其中 M 为摩尔质量，单位是 $g \cdot mol^{-1}$；n 为酸碱反应过程中 1 mol 物质得到（失去）或相当于得到（失去）质子（H^+）的物质的量。用它表示的浓度就是计量单元浓度，可记作 $c\left(\frac{M}{n}\right)$。$c\left(\frac{M}{n}\right)$与摩尔浓度 $c(M)$ 的关系是：

$$c\left(\frac{M}{n}\right)=nc(M) \tag{5-103}$$

式(5-102) 的物理意义是：在滴定的化学计量点时，酸类物质提供的 H^+ 量等于另一类碱性物质得到或反应掉的 H^+ 的量。

例如：
$$2NaOH+H_2SO_4 \xlongequal{\quad} Na_2SO_4+2H_2O$$

NaOH 在反应中只得到 1 个 H^+，其计量单元为$\frac{M(NaOH)}{1}$，其计量单元浓度可记作 $c(NaOH)$。硫酸在反应中失去 2 个 H^+，其计量单元为$\frac{M(H_2SO_4)}{2}$，它的计量单元浓度可记作 $c\left(\frac{1}{2}H_2SO_4\right)$。

④ 若是酸碱反应，V_i 是一类物质如酸溶液的体积，V_j 为另一类物质如碱溶液的体积。使用时要保证量纲的一致性。

式(5-102) 也适用于稀释过程。等式两边 i 和 j 分别为稀释前、后溶液的浓度与体积的乘积。

⑤ 若某反应物不是溶液，则 c_iV_i 是溶质的计量单元量，即

$$c_iV_i=\frac{m}{\text{计量单元}}=\frac{m}{\frac{M}{n}} \tag{5-104}$$

式中，m 为固体试剂（不是溶液）的质量，g。

⑥ 计算过程中只考虑各种参与滴定反应的物质的起始态（滴入第一滴滴定剂前的状态）和滴定终点时的状态。不必考虑起始态变为终态的路径。若某物质起始态和终点态是相同的，则整个计算过程将与其无关。

⑦ 凡在实验中未经过分析（电子）天平称量、未通过容量瓶配制溶液或未用移液管移取的物质将都不会在计算中出现。

【例 5-7】 称取纯 $CaCO_3$ 固体 0.5013 g，溶于 50.00 mL 的 HCl 中，加热至沸，赶走 CO_2，剩余的 HCl 用 NaOH 滴定，用去 NaOH 溶液 5.87 mL。

另取 25.00 mL 该 HCl 溶液，用上述 NaOH 溶液滴定，消耗 NaOH 溶液 26.35 mL，求 HCl 和 NaOH 的浓度。

解 已知
$$CaCO_3+2HCl \xlongequal{\quad} CaCl_2+H_2O+CO_2\uparrow$$

$CaCO_3$ 起始态为 $CaCO_3$，终态为 CO_2，得到 2 个 H^+，所以 $n=2$。其计量单元

为$\frac{M(CaCO_3)}{2}$。

因 $M(CaCO_3)=100.09\ g\cdot mol^{-1}$，故$\frac{1}{2}M(CaCO_3)=50.05\ g\cdot mol^{-1}$

第一个滴定中还有一个碱 NaOH，设 NaOH 浓度为 $y(mol\cdot L^{-1})$。酸只有一个 HCl，设 HCl 的浓度为 $x(mol\cdot L^{-1})$。

将得质子的物质碱（NaOH 和 $CaCO_3$）写在方程一边，失质子的物质酸（HCl）写在方程另一边，有

$$\frac{0.5013}{\frac{1}{2}M(CaCO_3)}+5.87\times10^{-3}y=50.00\times10^{-3}x \tag{5-105}$$

体积的单位为 L。

第二个滴定中，碱物质为 NaOH，酸只有 HCl，则

$$25.00x=26.35y$$

$$x=1.054y$$

代入式(5-105)，有

$$\frac{0.5013}{50.05}+5.87\times10^{-3}y=50.00\times1.054y\times10^{-3}$$

解得

$$y=0.2139\ mol\cdot L^{-1}$$

$$x=0.2254\ mol\cdot L^{-1}$$

5.5 酸碱滴定法的应用示例

5.5.1 双指示剂法测定混合碱试样

工业上用电解食盐溶液的方法生产 NaOH，NaOH 常因吸收空气中的 CO_2 成为 Na_2CO_3，产物是 NaOH 和 Na_2CO_3 的混合物。

工业上用氨碱法或联碱法以 NaCl、NH_3、CO_2 等为原料生产 $NaHCO_3$，$NaHCO_3$ 煅烧后成纯碱 Na_2CO_3：

$$2NaHCO_3 = Na_2CO_3+CO_2\uparrow+H_2O\uparrow \tag{5-106}$$

有时因煅烧不完全，少量 $NaHCO_3$ 残留在 Na_2CO_3 中，产物是 $NaHCO_3$ 和 Na_2CO_3 的混合物。

上述两种产品试样称为混合碱试样。不存在 NaOH、Na_2CO_3 和 $NaHCO_3$ 三者共存，因 NaOH 与 $NaHCO_3$ 不可能共存：

$$NaHCO_3+NaOH = Na_2CO_3+H_2O \tag{5-107}$$

实际生产中常采用双指示剂法测定混合碱试样中 NaOH、Na_2CO_3、$NaHCO_3$ 的含量。双指示剂法操作过程如下。

试样溶解后加入酚酞（变色范围为 pH=8.0～10.0）作指示剂，试液呈强碱性，呈红色。用 0.1～0.2 $mol\cdot L^{-1}$ 的 HCl 标准溶液滴至酚酞由红变为无色，溶液 pH<8.0，此为第一滴定终点。

由前所述，用 0.1～0.2 $mol\cdot L^{-1}$ 的 HCl 标准溶液滴定 0.1～0.2 $mol\cdot L^{-1}$ 的 NaOH 溶液的滴定突跃范围应在 4.30～9.70。可见，第一滴定终点已在此滴定突跃范围内。若混合

碱试样中含有 NaOH，其已与 HCl 完全反应。

$$NaOH + HCl = NaCl + H_2O$$

由两性化合物 pH 计算的式(5-81) 知，$NaHCO_3$ 溶液的

$$pH = \frac{1}{2}(pK_{a1} + pK_{a2}) = \frac{1}{2} \times [-\lg(4.2 \times 10^{-7}) - \lg(5.6 \times 10^{-11})] = 8.38$$

显而易见，此时混合碱试样中含有的 Na_2CO_3 已与 HCl 反应全部变成了 $NaHCO_3$。

$$Na_2CO_3 + HCl = NaHCO_3 + NaCl$$

在第一滴定终点，消耗的 HCl 是与 Na_2CO_3 和 NaOH（若存在）反应的量。设 HCl 消耗量为 V_1；在第一滴定终点后，加入指示剂甲基橙（变色范围 pH 为 3.10～4.40），溶液呈现甲基橙碱式色黄色，再用 HCl 标准溶液滴至橙色为第二滴定终点。

从第一滴定终点到第二滴定终点，和 HCl 反应的仅是 $NaHCO_3$：

$$NaHCO_3 + HCl = NaCl + H_2O + CO_2 \uparrow$$

CO_2 在水中的溶解度为 0.04 $mol \cdot L^{-1}$。在第二化学计量点，溶液的

$$[H^+] = \sqrt{K_{a1}c} = \sqrt{4.2 \times 10^{-7} \times 0.04} = 1.30 \times 10^{-4}\ mol \cdot L^{-1}$$

$$pH = -\lg(1.30 \times 10^{-4}) = 3.89$$

第二化学计量点在指示剂甲基橙的变色范围内，变为过渡色橙色则为滴定终点。设在第二滴定终点时，HCl 又用去的量为 V_2，注意 V_2 不包含 V_1。

若混合碱中只有 Na_2CO_3，Na_2CO_3 得到一个 H^+ 到第一化学计量点变为 $NaHCO_3$：从第一化学计量点到第二化学计量点，$NaHCO_3$ 失去一个 H^+ 到第二化学计量点变为 CO_2。两段消耗的 HCl 量应相等。即 $V_1 = V_2$。

若混合碱由 NaOH 和 Na_2CO_3 组成，因为到第一化学计量点时，HCl 不仅要与 Na_2CO_3 反应，而且还要和 NaOH 反应。因此，从开始到从第一化学计量点消耗的 HCl 应比混合碱中只有 Na_2CO_3 的要多。即 $V_1 > V_2$。

若混合碱由 Na_2CO_3 和 $NaHCO_3$ 组成，因为到第一化学计量点时，HCl 仅和 Na_2CO_3 反应。但从第一化学计量点到第二化学计量点，HCl 不仅与由 Na_2CO_3 转化而来的 $NaHCO_3$ 反应，而且还要与试样中原有的 $NaHCO_3$ 反应。所以第二段消耗的 HCl 比混合碱中只有 Na_2CO_3 的要多。即 $V_1 < V_2$。

根据在两个化学计量点盐酸的用量 V_1 和 V_2 的关系，定性判断混合碱的组成。在判断混合碱组成后，再进行各组成的量的计算。

【例 5-8】 现称取 Na_2CO_3 工业品 0.3628 g，用 0.2324 $mol \cdot L^{-1}$ 的 HCl 标准溶液滴至酚酞变为无色，用去 HCl 标准溶液 14.21 mL。再加入甲基橙，滴至终点，又用去 HCl 标准溶液 14.78 mL。求此 Na_2CO_3 工业品中 Na_2CO_3 和未分解的 $NaHCO_3$ 的百分含量。

解　　$V_1 = 14.21$ mL，$V_2 = 14.78$ mL　　$V_1 < V_2$

所以混合碱由 Na_2CO_3 和 $NaHCO_3$ 组成。

第一滴定终点前，HCl 只和 Na_2CO_3 以 1∶1 反应生成 $NaHCO_3$，因此 $n(HCl) = n(Na_2CO_3)$，设工业品中 Na_2CO_3 含量为 x：

$$\frac{0.3628x}{105.99} = 0.2324 \times 14.21 \times 10^{-3}$$

解得：　　$x = 96.48\%$

第二滴定终点又用去 HCl 量 V_2，是和 $NaHCO_3$ 反应的结果。但此时 $NaHCO_3$ 来源由

两部分构成，即样品中原有 $NaHCO_3$ 及 Na_2CO_3 在第一步中和得到的 $NaHCO_3$ 之和；因此 V_2 比 V_1 多的部分是用在了和样品中原有的 $NaHCO_3$ 反应。即样品中原有 $n(NaHCO_3)=(V_2-V_1)c(HCl)$。

设工业品中 $NaHCO_3$ 含量为 y：

$$\frac{0.3628y}{84.01}=0.2324\times(14.78-14.21)\times10^{-3}$$

解得：$y=3.07\%$

5.5.2 磷的测定

酸碱滴定法适用于 $cK_a\geqslant10^{-8}$ 的各种酸碱的分析，而且还可以通过间接的方法测定其他物质。

磷的存在形式多种多样。如磷酸及其盐类、亚磷酸及其盐类、次磷酸及其盐类、聚合磷酸及其盐类、有机磷酸及其盐类和其他含磷的化合物。

测定磷的总量，可用酸水解无机的聚合磷酸及其盐类成正磷酸盐，如三聚磷酸钠在硫酸中水解成 H_3PO_4：

$$2Na_5P_3O_{10}+5H_2SO_4+4H_2O = 6H_3PO_4+5Na_2SO_4$$

氧化数小于 5 的亚磷酸、有机磷酸等在高温下可在强氧化剂过硫酸盐作用下生成 H_3PO_4，如羟基亚乙基二膦酸 $CH_3(OH)[PO(OH)_2]_2$（简称 HEDP）可被氧化成 H_3PO_4：

$$CH_3C(OH)[PO(OH)_2]_2+6S_2O_8^{2-}+18OH^- = 2PO_4^{3-}+12SO_4^{2-}+2CO_2\uparrow+13H_2O\uparrow$$

或$$CH_3C(OH)[PO(OH)_2]_2+3S_2O_8^{2-}+H_2SO_4 = 2PO_4^{3-}+7SO_2\uparrow+4CO_2\uparrow+5H_2O\uparrow$$

加入硝酸和喹（喹啉 C_9H_7N）钼（钼酸钠 Na_2MoO_4）柠（柠檬酸）酮（丙酮）溶液，生成磷钼酸喹啉沉淀：

$$24H^++H_3PO_4+12MoO_4^{2-}+3C_9H_7N = (C_9H_7NH)_3PO_4\cdot12MoO_3\downarrow+12H_2O \tag{5-108}$$

沉淀过滤、洗涤至无酸性后，用过量的 NaOH 标准溶液溶解磷钼酸喹啉沉淀：

$$(C_9H_7NH)_3PO_4\cdot12MoO_3\downarrow+26OH^- = 3C_9H_7N+HPO_4^{2-}+12MoO_4^{2-}+14H_2O \tag{5-109}$$

多余的 NaOH 可用 HCl 标准溶液滴定。

【例 5-9】 称取三聚磷酸钠 $Na_5P_3O_{10}(M=429.8)$ 0.2413 g，经水解后，生成 H_3PO_4，在 HNO_3 介质中生成磷钼酸喹啉沉淀。沉淀过滤、洗涤至无酸性后，加入 0.8143 $mol\cdot L^{-1}$ 的 NaOH 标准溶液 50.00 mL 溶解磷钼酸喹啉沉淀。剩余的 NaOH 用 0.1824 $mol\cdot L^{-1}$ 的 HCl 标准溶液回滴至酚酞变色，用去 10.24 mL，求 $Na_5P_3O_{10}$ 的百分含量。

解　从溶解磷钼酸喹啉沉淀反应式看，1 mol 磷钼酸喹啉可以与 26 mol 的 OH^- 定量反应，磷钼酸喹啉相当于 26 元酸。磷钼酸喹啉中只有 1 个 P，$Na_5P_3O_{10}$ 中有 3 个 P，1 mol 的 $Na_5P_3O_{10}$ 可生成 3 mol 的磷钼酸喹啉，也就是说 1 mol 的 $Na_5P_3O_{10}$ 经过一系列反应后可消耗 $26\times3=78$ mol 的 OH^-，即 $Na_5P_3O_{10}$ 相当于 78 元酸。其计量单元 $\frac{1}{78}M(Na_5P_3O_{10})=\frac{429.8}{78}=5.510$。

设 $Na_5P_3O_{10}$ 的含量为 x，则

$$\frac{0.2413x}{5.510}+0.1824\times10.24\times10^{-3}=0.8143\times50.00\times10^{-3}$$

$$x=0.8871=88.71\%$$

5.5.3 弱酸的测定

$cK_a<10^{-8}$ 的各种弱酸，不能进行直接的酸碱滴定，但可通过化学途径间接提高 K_a，使 $cK_a\geqslant10^{-8}$。途径有两条：

① 想办法将弱酸碱转化为较强的酸碱，再用强碱或强酸滴定分析。

② 改变溶剂的酸（碱）性，提高被测物质的碱（酸）性，溶剂多选择有机溶剂，这种方法称作非水滴定（其原理在本章的阅读拓展中介绍）。

硼酸 H_3BO_3 的 $pK_a=9.24$，是非常弱的酸，cK_a 约为 10^{-10}。用 NaOH 滴定，几乎没有突跃，无法正确地判断滴定终点。但 H_3BO_3 可以和多元醇反应，生成 K_a 较大的络合酸：

$$2\ \begin{matrix} & H & \\ & | & \\ R- & C & -OH \\ & | & \\ R- & C & -OH \\ & | & \\ & H & \end{matrix} + H_3BO_3 \longrightarrow H\left[\begin{matrix} & H & & & & H & \\ & | & & & & | & \\ R- & C & -O & & O- & C & -R \\ & | & & B & & | & \\ R- & C & -O & & O- & C & -R \\ & | & & & & | & \\ & H & & & & H & \end{matrix}\right] + 3H_2O$$

这种络合酸的解离常数 K_a 在 10^{-6} 左右，化学计量点在 pH=9 左右，可用酚酞或百里酚酞为指示剂，用 NaOH 标准溶液滴定。

5.5.4 铵盐的测定

NH_4^+ 是一种弱酸，由于 NH_3 的 $K_b=1.8\times10^{-5}$，所以 NH_4^+ 的 $K_a=K_w/K_b=5.56\times10^{-10}$，和 H_3BO_3 的酸性强度相近，也不可以用 NaOH 标准溶液直接滴定。可采用三种办法进行间接的酸碱滴定法测定。

① 加入过量的 NaOH 标准溶液，加热，煮沸，挥发完 NH_3。

$$NH_4^+ + OH^- \longrightarrow NH_3\uparrow + H_2O \tag{5-110}$$

剩余的 NaOH 可用 HCl 标准溶液滴定，用甲基红为指示剂。

② 测定蒸出的 NH_3，用硼酸吸收：

$$2NH_3 + 4H_3BO_3 \longrightarrow (NH_4)_2B_4O_7 + 5H_2O \tag{5-111}$$

$(NH_4)_2B_4O_7$ 是个中等强度的碱，可用盐酸标准溶液滴定：

$$B_4O_7^{2-} + 2HCl + 5H_2O \longrightarrow 4H_3BO_3 + 2Cl^- \tag{5-112}$$

用甲基红和溴甲酚绿混合液为指示剂。

③ NH_4^+ 和甲醛 HCHO 定量生成六亚甲基四胺和 H^+，用 NaOH 标准溶液滴定生成的酸：

$$4NH_4^+ + 6HCHO \longrightarrow (CH_2)_6N_4 + 4H^+ + 6H_2O \tag{5-113}$$

在 NH_4^+ 溶液中加入过量的甲醛 HCHO，充分反应后再定量加入过量的 NaOH 标准溶液，再用 HCl 标准溶液回滴多余的 NaOH。1 个 NH_4^+ 生成 1 个 H^+。

对于几乎所有含 N 的有机物（蛋白饲料、蛋白质、肥料、生物碱等），都可将其与 H_2SO_4 共煮，加入 K_2SO_4 以提高沸点，使得有机物消化分解，所有的 N 都变为 NH_4^+，C

转化为CO_2，H转化为H_2O，再测定NH_4^+的含量，此法叫凯氏定氮法。后面的测定步骤可按NH_4^+的测定法测定。现在虽然有许多先进仪器的方法测含氮的有机物，但凯氏定氮法仍是其他方法的标准。

5.5.5 氟硅酸钾法测定SiO_2含量

硅酸盐中的SiO_2含量，可采用重量法测定，重量法虽然较准确，但操作烦琐、用时太多。对于一些要求不是太高的样品的测定，可采用简单、快速的氟硅酸钾法，即强酸性条件下，在可溶性硅酸钾盐（或将不溶性硅酸盐转化为可溶性硅酸钾盐）溶液中加入过量的氟化物，生成氟硅酸钾沉淀：

$$K_2SiO_3+6F^-+6H^+ = K_2SiF_6\downarrow+3H_2O \qquad (5\text{-}114)$$

将K_2SiF_6沉淀过滤，并用KCl乙醇溶液洗涤沉淀。洗涤至无酸性，或用NaOH中和少量余酸。再加入沸水使K_2SiF_6水解，定量生成氢氟酸：

$$K_2SiF_6+3H_2O = 2KF+H_2SiO_3+4HF \qquad (5\text{-}115)$$

生成的HF可用NaOH标准溶液滴定。

在此方法中，一个SiO_2（或SiO_3^{2-}）生成4个H^+，即SiO_2的计量单元为$\frac{1}{4}M(SiO_2)$。

由于HF对玻璃有腐蚀作用，也会生成氟硅酸，因此整个过程一定要用塑料容器和塑料搅拌棒、塑料漏斗等。

【阅读拓展】

1. 弱酸弱碱盐溶液的pH计算

弱酸弱碱盐BA的溶液的质子条件式是：

$$[H^+]=[OH^-]+[B]-[HA]$$

对于酸B^+： $B^+ = B+H^+$ $\quad K_{a,B^+}=\frac{[B][H^+]}{[B^+]}$ $\quad [B]=\frac{K_{a,B^+}[B^+]}{[H^+]}$

对于碱A^-： $HA = H^++A^-$ $\quad K_{a,HA}=\frac{[A^-][H^+]}{[HA]}$ $\quad [HA]=\frac{[A^-][H^+]}{K_{a,HA}}$

$$[H^+]=\frac{K_w}{[H^+]}+\frac{K_{a,B^+}[B^+]}{[H^+]}-\frac{[A^-][H^+]}{K_{a,HA}}$$

$$\frac{K_{a,HA}[H^+]^2+[A^-][H^+]^2}{K_{a,HA}}=K_w+K_{a,B^+}[B^+]$$

$$[H^+]^2=\frac{K_{a,HA}(K_w+K_{a,B^+}[B^+])}{K_{a,HA}+[A^-]}$$

$K_{a,B^+}[B^+]>20K_w$，K_w略去。$[A^-]>20K_{a,HA}$，$K_{a,HA}$略去，$[A^-]=[B^+]$。

$$[H^+]=\sqrt{K_{a,HA}K_{a,B^+}}$$

正如5.3.4中所述，两性物质水溶液的$[H^+]$等于该物质作为酸的解离常数K_{ai}与其作为碱的共轭酸的解离常数$K_{a(i-1)}$乘积的平方根。

【例1】 求0.10 mol·L^{-1} $HCOONH_4$溶液的pH。已知：HCOOH的$K_a=1.8\times10^{-4}$，NH_3的$K_b=1.8\times10^{-5}$。

解 NH_4^+是酸，其$K_a=\frac{K_w}{K_b}=\frac{10^{-14}}{1.8\times10^{-5}}=5.6\times10^{-10}$

$$[H^+]=\sqrt{K_{a,NH_4^+}K_{a,HCOOH}}$$

$$pH=-\frac{1}{2}(\lg K_{a,NH_4^+}+\lg K_{a,HCOOH})=6.50$$

【例 2】 求 0.10 mol·L^{-1} 的 NH_4Ac 溶液的 pH。已知：HAc 的 $K_a=1.8\times10^{-5}$，NH_3 的 $K_b=1.8\times10^{-5}$。

解 NH_4^+ 是酸，其 $K_a=\frac{K_w}{K_b}=\frac{10^{-14}}{1.8\times10^{-5}}=5.6\times10^{-10}$

$$pH=-\frac{1}{2}(\lg K_{a,NH_4^+}+\lg K_{a,HAc})=7.00$$

【例 3】 求 0.10 mol·L^{-1} 的 NH_4HCO_3 溶液的 pH。已知：NH_3 的 $K_b=1.8\times10^{-5}$，$K_{a1,H_2CO_3}=4.2\times10^{-7}$，$K_{a2,H_2CO_3}=5.6\times10^{-11}$。

解 NH_4^+ 是酸，其 $K_{a,NH_4^+}=\frac{K_w}{K_b}=\frac{10^{-14}}{1.8\times10^{-5}}=5.6\times10^{-10}$

HCO_3^- 作为酸，$K_{a2,H_2CO_3}=5.6\times10^{-11}$

二者共同作用 $[H^+]=\sqrt{K_{a,NH_4^+}K_{a2,H_2CO_3}}=1.77\times10^{-10}$

$$pH=-\frac{1}{2}(\lg K_{a,NH_4^+}+\lg K_{a2,H_2CO_3})=9.75$$

【例 4】 求 0.10 mol·L^{-1} 的 H_2NCH_2COOH 溶液的 pH，$K_a=2.5\times10^{-10}$。

解 氨基酸和弱酸弱碱盐相似。H_2NCH_2COOH 作为酸，已知：

$$H_2NCH_2COOH \rightleftharpoons H^+ + H_2NCH_2COO^- \qquad K_a=2.5\times10^{-10}$$

$$H_2NCH_2COOH+H_2O \rightleftharpoons H_3N^+CH_2COOH \qquad K_b=2.2\times10^{-12}$$

$$K'_a=\frac{K_w}{K_b}=4.5\times10^{-3}$$

$$pH=\frac{1}{2}[p(2.5\times10^{-10})+p(4.5\times10^{-3})]=5.97$$

2. 弱酸混合液的 pH 计算

两种以上的弱酸混合，比较其一级解离常数。若一个解离常数比其他弱酸中解离常数最大的还大 20 倍，则可作为解离常数最大的一元弱酸来计算，否则按下式计算：

$$[H^+]=\sqrt{\Sigma(c_iK_{a,i})}$$

【例 5】 计算 0.10 mol·L^{-1} 的 HF 与 0.20 mol·L^{-1} 的 HAc 混合液的 pH。

解 $K_{HF}=6.6\times10^{-4}$，$K_{HAc}=1.8\times10^{-5}$

$$[H^+]=\sqrt{\Sigma(c_iK_{a,i})}=\sqrt{0.10\times6.6\times10^{-4}+0.20\times1.8\times10^{-5}}=8.4\times10^{-3}$$

$$pH=2.08$$

3. 非水溶液中的酸碱滴定

水是最常用的溶剂，酸碱滴定一般在水溶液中进行。但是许多有机物难溶于水，许多有机和无机物的酸碱性都非常弱，解离常数常小于 10^{-10}，在水溶液中都不能直接滴定。这个情况在生物、制药、药剂、冶金、有机合成等领域尤为普遍。为了解决这些问题可以采用非水滴定法。

将被测的酸（碱）物质溶在无水的碱（酸）性有机溶剂中，用无水的碱（酸）标准溶液进行的酸碱滴定称作酸碱的非水滴定法，简称非水滴定法。

（1）溶剂的种类和性质

非水滴定中常用的溶剂种类很多，根据溶剂的酸碱性可以分成以下四类。

① 两性溶剂　这类溶剂既能给出质子，也能接受质子，最典型的两性溶剂是甲醇、乙醇和异丙醇等低级醇类。它们的酸性即给 H^+ 的能力比水弱，却碱性比水强。

② 酸性溶剂　这类溶剂主要显现酸性，其酸性显著地比水强，较易给出质子，是疏质子溶剂。冰醋酸、乙酐、甲酸属于这一类。

③ 碱性溶剂　这类溶剂主要显现碱性，其碱性显著地比水强，对质子的亲和力比水大，易于接受质子，是亲质子溶剂。属于碱性溶剂的有胺类和酰胺等，如乙二胺、丁胺、二甲基甲酰胺等。吡啶等含 N 的环状芳香类化合物也是碱性溶剂。

④ 惰性溶剂　给出质子或接受质子的能力都非常弱或既不给出质子也不接受质子的溶剂称作惰性溶剂。惰性溶剂不参与质子转移过程，因此只在溶质分子之间进行质子的转移。苯、四氯化碳、氯仿、丙酮、甲基异丁酮都属于这一类。

（2）物质的酸碱性与溶剂的关系

水溶液中质子的传递过程都是通过溶剂水分子来实现的，因此酸碱在其他溶剂中的解离过程也和溶剂分子的作用相关，即酸碱解离常数的大小与溶剂得失质子的能力有关。这种情况在非水溶液中表现得尤为突出。

同一种酸，溶解在不同的溶剂中时，它将表现出不同的强度，例如苯甲酸在水中是较弱的酸，苯酚在水中是极弱的酸。但将苯甲酸、苯酚等极弱的酸溶解在碱性溶剂如乙二胺中，苯甲酸和苯酚的酸性都增强了。这是因为较强碱性的溶剂比弱碱性溶剂更容易从酸中夺取质子，从弱酸方面讲，弱酸将质子传递给溶剂的能力增强了。这充分说明了质子理论强调的酸碱性具有相对性的正确。

同理，吡啶、胺类、生物碱以及醋酸根阴离子 Ac^- 等在水溶液中是强度不同的弱碱，但在酸性溶剂中，它们表现出较强的碱性。

在进行非水滴定选择溶剂时，还应考虑反应进行的完全程度。

（3）拉平效应和区分效应

$HClO_4$、H_2SO_4、HCl 和 HNO_3 四种强酸，它们的强度是有区别的。可是在水溶液中它们的强度却显示不出什么差异。这是由于水是两性溶剂，具有一定碱性，对质子有一定的亲和力。当这些强酸溶于水时，只要它们的浓度不是太大，它们的质子将全部为水分子所夺取，即全部解离转化为 H_3O^+。H_3O^+ 成了水溶液中能够存在的最强的酸的形式，从而使这四种强酸的酸度全部被拉平到水合质子 H_3O^+ 的强度水平。这就是拉平效应，具有这种拉平效应的溶剂称拉平溶剂。

如果把这四种强酸溶解到冰醋酸介质中，由于醋酸是酸性溶剂，对质子的亲和力较弱，这四种强酸就不能将其质子全部转移给 HAc 分子，并且显示出程度上的差别。

实验证明，$HClO_4$ 的质子转移过程最为完全，这四种酸的强度：

$$HClO_4 > H_2SO_4 > HCl > HNO_3$$

这种能区分酸碱强度的作用称区分效应，这类溶剂称区分溶剂。

拉平效应和区分效应都是相对的。一般来讲碱性溶剂对于酸具有拉平效应，对于碱就具有区分效应。水把四种强酸拉平，但它却能使四种强酸与醋酸区分开；而在碱性溶剂液氨中，醋酸也将被拉平到和四种强酸相同的强度。

酸性溶剂对酸具有区分效应，但对碱却具有拉平效应。

在非水滴定中，利用溶剂的拉平效应可以测定各种酸或碱的总浓度；利用溶剂的区分效应，可以分别测定各种酸或各种碱的含量。

惰性溶剂没有明显的酸碱性，不参加质子转移反应，因而没有拉平效应。正因为如此，当物质溶解在惰性溶剂中时，各种物质的酸碱性的差异得以保存，所以惰性溶剂具有良好的区分效应。

（4）滴定剂

滴定弱碱性物质时，常选择 $HClO_4$ 的冰醋酸溶液作滴定的标准溶液。标准溶液由 70%～80% 的 $HClO_4$ 水溶液与冰醋酸配制而成，再加入过量乙酸酐 $(CH_3CO)_2O$ 除去水：

$$(CH_3CO)_2O + H_2O \longrightarrow 2CH_3COOH$$

$HClO_4$ 的冰醋酸标准溶液可用基准物邻苯二甲酸氢钾标定。

滴定弱酸性物质时，常选择甲（乙）醇钠（钾）的甲（乙）醇或季铵碱如氢氧化四丁基铵的甲（乙）醇溶液作滴定的标准溶液。

甲（乙）醇钠（钾）由无水甲（乙）醇与金属钠（钾）反应获得：

$$2CH_3OH + 2Na \longrightarrow 2CH_3ONa + H_2\uparrow$$

标准溶液由70%～80%的 $HClO_4$ 水溶液与冰醋酸配制而成，再加入过量乙酸酐 $(CH_3CO)_2O$ 除去水。

（5）非水滴定的应用

由于采用不同性质的非水溶剂，使一些酸碱的强度得到增强，也增加了反应的完全程度，提供了可以直接滴定的条件，因而非水滴定扩大了酸碱滴定的应用范围。

利用非水滴定可以测定一些酸类，如磺酸、羧酸、酚类、酰类，某些含氮化合物和不同的含硫化合物。

非水滴定还可测定碱类，如脂肪族的伯胺、仲胺和叔胺、芳香胺类、环状结构中含有氮的化合物。

例如，药物司可巴比妥 $C_{12}H_{18}N_2O_3$ 可用二甲基甲酰胺为溶剂，以麝香草酚蓝为指示剂，甲醇钠为滴定剂进行测定。

钢铁中碳的含量是钢铁品质的最重要的指示。测定钢铁中碳的含量时，将钢铁试样充分燃烧，钢铁中的C转化为 CO_2，用溶剂收集 CO_2 后再滴定。由于 CO_2 的酸性太弱，不能在水溶液中用NaOH标准溶液直接滴定。可采用非水滴定法。以 *N*,*N*-二甲基甲酰胺或含乙醇胺的吡啶的碱性有机溶液为吸收液，增强 CO_2 的酸性，最后用乙醇钠或四丁基氢氧化铵的甲醇、苯或甲苯的标准溶液进行滴定。

此外，非水滴定还可用于某些酸的混合物或碱的混合物的分别测定。

习　题

5-1　写出下列各物质的共轭酸或共轭碱的形式，并给出对应的 K_a、K_b 值。

（1）$HCN(K_a=6.2\times10^{-10})$　　（2）$NH_3(K_b=2.0\times10^{-5})$

（3）$HCOOH(K_a=1.8\times10^{-4})$　　（4）苯酚（$K_a=1.1\times10^{-10}$）

（5）$H_2S(K_{a1}=1.3\times10^{-7}$，$K_{a2}=7.1\times10^{-15})$

（6）$NO_2^-(K_b=2.2\times10^{-11})$

5-2　虽然 HCO_3^- 能给出质子 H^+，但它的水溶液却是碱性的，为什么？

5-3　计算下列各溶液的pH：

（1）0.10 $mol\cdot L^{-1}$的HAc溶液

（2）0.01 $mol\cdot L^{-1}$的 NH_4Cl 溶液

（3）0.10 $mol\cdot L^{-1}$的 KH_2PO_4 溶液

5-4　写出下列各物质的共轭酸、碱，并指出哪些物质是两性物质。

HAc、NH_3、HCOOH、H_2O、HCO_3^-、NH_4^+、$[Fe(H_2O)_6]^{3+}$、$H_2PO_4^-$、HS^-

5-5　将pH为1.00和4.00的两种HCl溶液等体积混合，求混合液的pH。

5-6　将pH为9.00和13.00的两种NaOH溶液按体积比为2∶1混合，求混合液的pH。

5-7　HAc的 $K_a=1.8\times10^{-5}$，0.1 $mol\cdot L^{-1}$的HAc溶液和pH=2.0的溶液等体积混合，求混合液中 Ac^- 的浓度。

5-8　已知ZnS的溶度积 $K_{sp}(ZnS)=1.2\times10^{-23}$，设锌的总浓度为0.10 $mol\cdot L^{-1}$，$[H_2S]+[HS^-]+[S^{2-}]$之和也为0.10 $mol\cdot L^{-1}$，在下列pH下，ZnS能否沉淀？

（1）pH=1.0　　（2）pH=3

5-9　计算浓度均为0.15 $mol\cdot L^{-1}$的下列各溶液的pH。

（1）苯酚（$K_a=1.3\times10^{-10}$）　　（2）$CH_2{=}CHCOOH(K_a=5.6\times10^{-5})$

（3）氯丁铵（$C_4H_9NH_3Cl$，$K_a=4.1\times10^{-10}$）（4）吡啶硝酸盐（$C_5H_5NHNO_3$，$K_a=5.6\times10^{-6}$）

5-10　计算下列各溶液的解离度 α 和pH。

（1）0.10 $mol\cdot L^{-1}$的HAc溶液　　（2）0.1 $mol\cdot L^{-1}$的HCOOH溶液

（3）0.20 $mol\cdot L^{-1}$的HAc溶液　　（4）0.2 $mol\cdot L^{-1}$的HCOOH溶液

5-11　计算下列各缓冲溶液的pH。

（1）用6 $mol\cdot L^{-1}$的HAc 34 mL、50 g $NaAc\cdot3H_2O$ 配制成的500 mL水溶液。

（2）0.1 $mol\cdot L^{-1}$的乳酸和0.1 $mol\cdot L^{-1}$的乳酸钠（$K_b=2.6\times10^{-4}$）等体积混合。

(3) 0.1 $mol \cdot L^{-1}$的邻硝基酚（$K_a=1.6\times10^{-7}$）和0.1 $mol \cdot L^{-1}$的邻硝基酚钠等体积混合。

(4) 用15 $mol \cdot L^{-1}$的氨水65 mL、30 g NH_4Cl配制成的500 mL水溶液。

(5) 0.05 $mol \cdot L^{-1}$的KH_2PO_4和0.05 $mol \cdot L^{-1}$的Na_2HPO_4等体积混合。

(6) 0.05 $mol \cdot L^{-1}$的$NaHCO_3$溶液50 mL，加入0.10 $mol \cdot L^{-1}$的NaOH溶液16.5 mL后，稀释至100 mL。

(7) 0.05 $mol \cdot L^{-1}$的NaH_2PO_4溶液50 mL，加入0.10 $mol \cdot L^{-1}$的NaOH溶液9.1 mL后，稀释至100 mL。

5-12 计算$c(H_2S)=0.10\ mol \cdot L^{-1}$的$H_2S$溶液的pH、$H^+$、$HS^-$和$S^{2-}$的浓度。

5-13 写出下列物质在水溶液中的质子条件。

(1) $NH_3 \cdot H_2O$　　(2) NH_4Ac　　(3) $(NH_4)_2HPO_4$

(4) CH_3COOH　　(5) $Na_2C_2O_4$　　(6) $NaHCO_3$

5-14 根据化学计量点时溶液pH，选择适合于下列滴定体系的指示剂。

(1) 用0.01 $mol \cdot L^{-1}$的HCl溶液滴定20 mL 0.01 $mol \cdot L^{-1}$的NaOH溶液。

(2) 用0.1 $mol \cdot L^{-1}$的NaOH溶液滴定20 mL 0.1 $mol \cdot L^{-1}$的HCOOH。

(3) 用0.1 $mol \cdot L^{-1}$的NaOH溶液滴定20 mL 0.1 $mol \cdot L^{-1}$的草酸($H_2C_2O_4$)溶液。

(4) 用0.1 $mol \cdot L^{-1}$的HCl溶液滴定20 mL 0.1 $mol \cdot L^{-1}$的$NH_3 \cdot H_2O$溶液。

5-15 用邻苯二甲酸氢钾标定0.1 $mol \cdot L^{-1}$左右的NaOH溶液，若需要用掉NaOH溶液30 mL左右，问需称取的邻苯二甲酸氢钾约为多少克?

5-16 称取混合碱试样0.4826 g，用0.1762 $mol \cdot L^{-1}$的HCl溶液滴至酚酞变为无色，用去HCl标准溶液30.18 mL。再加入甲基橙，滴至终点，又用去HCl标准溶液18.27 mL。求试样的组成及各组分的百分含量。

5-17 粗铵盐2.035 g，加过量KOH溶液后加热，蒸出的氨吸收在0.5000 $mol \cdot L^{-1}$的标准酸50.00 mL中，过量的酸用0.1535 $mol \cdot L^{-1}$的NaOH滴定，耗去2.03 mL，试计算原铵盐中NH_4^+的含量。

5-18 称取混合碱试样0.4927 g，用0.2136 $mol \cdot L^{-1}$的HCl溶液滴至酚酞变为无色，用去HCl标准溶液15.62 mL。再加入甲基橙，继续滴定，滴至甲基橙变为橙色，共用去HCl标准溶液36.54 mL。求试样的组成及各组分的百分含量。

5-19 称取纯的四草酸氢钾（$KHC_2O_4 \cdot H_2C_2O_4 \cdot 2H_2O$）2.587 g来标定NaOH溶液，滴至终点，用去NaOH溶液28.49 mL，求NaOH溶液的浓度。

5-20 乙酰水杨酸（APC）和NaOH在加热时，发生下列反应：

$$C_6H_4(COOH)(O-CO-CH_3)+2NaOH \longrightarrow C_6H_4(COONa)(OH)+CH_3COONa+H_2O$$

多余的NaOH可用硫酸标准溶液回滴，实验数据如下：

(1) 0.8365 g邻苯二甲酸氢钾，用NaOH溶液滴定，用去NaOH溶液23.27 mL。

(2) 上述NaOH溶液25.00 mL，用H_2SO_4溶液滴定，用去H_2SO_4溶液32.16 mL。

(3) 称取APC样品0.9814 g，加入NaOH溶液50.00 mL，煮沸后，用H_2SO_4溶液滴定，用去3.24 mL。

求APC样品中乙酰水杨酸的百分含量。

5-21 工业硼砂0.9672 g，用0.1847 $mol \cdot L^{-1}$的盐酸标准溶液测定，终点时，用去26.31 mL，试计算试样中$Na_2B_4O_7$和B的含量。

5-22 聚合偏磷酸盐$(NaPO_3)_n$需要测平均聚合度n。聚合偏磷酸盐的结构如下：

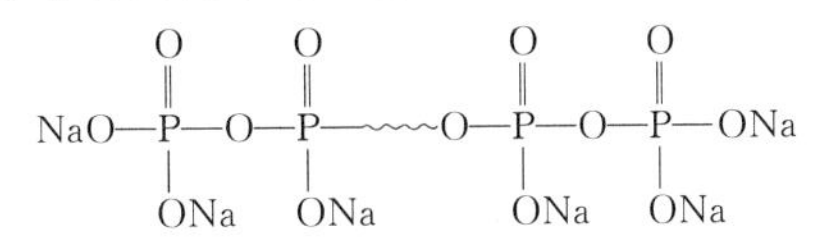

测试方法如下：称取 $(NaPO_3)_n$ 0.4872 g，溶于水后用 1 mol·L^{-1} 的 HCl 酸化，使 $(NaPO_3)_n$ 变为 $(HPO_3)_n$，pH≈3。然后用 0.2742 mol·L^{-1} 的 NaOH 标准溶液滴定，出现两个化学计量点。第一个化学计量点是 NaOH 和每一个 P 上的 H^+ 中和，第二个化学计量点是和聚合链两个端基 P 的 H^+ 中和。

若第一化学计量点时用去 NaOH 16.92 mL，第二化学计量点时共用去 NaOH 19.74 mL，已知 P 的百分含量为 29.15%，求平均聚合度 n。

第6章　配位化合物与配位滴定法

配位化合物（coordination compound）是含有配位键的化合物，简称配合物或络合物（complex），是现代化学的重要研究对象。研究配合物的化学分支学科称为配位化学，它已发展成为一门内容丰富、成果丰硕的学科。配位化学广泛应用于工业、农业、医药、环境、湿法冶金、生命科学、材料科学、信息科学等领域。配位化学的研究成果促进了材料科学、分离技术、制药、核能等高科技的发展。

本章将主要介绍配位化合物的组成、结构和形成机理，根据价键理论和晶体场理论解释配合物的磁性；并通过基于EDTA的配位反应，建立对金属离子测定的配位滴定法，重点讨论在副反应影响下多种金属离子共存的滴定可行性。

6.1　配位化合物的基本概念

配位化合物的基本概念

6.1.1　配位化合物的组成

配位化合物的组成大多数分内界和外界两大部分。书写时内界常用方括号括起来，表明其为一个整体，在大多数情况下，它们的解离常数极小，可近似地认为不解离。例如配合物 $[Cu(NH_3)_4]SO_4$，其为离子晶体，除阴离子 SO_4^{2-} 外，阳离子仅有 $[Cu(NH_3)_4]^{2+}$，在水溶液中也是如此，几乎没有 Cu^{2+} 和 NH_3。

内界常以离子形式存在，称为配离子或络离子，在方括号之外的部分为外界。例如 $[Cu(NH_3)_4]SO_4$，内界是四氨合铜配离子 $[Cu(NH_3)_4]^{2+}$，外界是 SO_4^{2-}。内界与外界一般以离子键结合，在水溶液中可解离为内界配离子和外界离子。例如 $[Cu(NH_3)_4]SO_4$ 在水溶液中解离为 $[Cu(NH_3)_4]^{2+}$ 配离子和 SO_4^{2-}。也有些配合物没有外界，本身就是一个电中性的化合物，如 $[Ni(CO)_4]$。配合物的组成如图6-1所示。

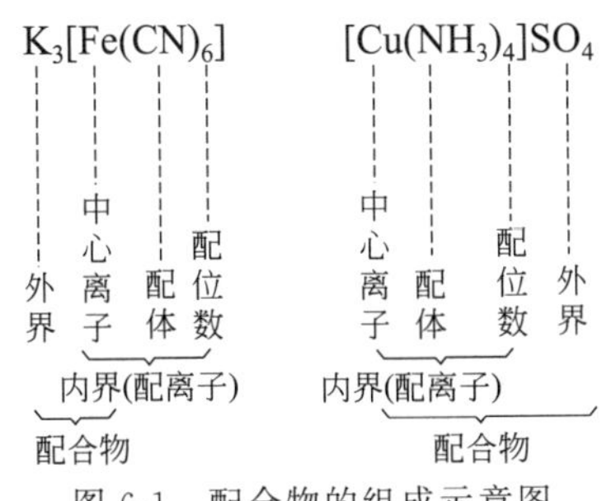

图6-1　配合物的组成示意图

配合物或配离子内的原子是依靠一种特殊的共价键，即配位键（coordination bond）而结合在一起的。在3.1.4中已介绍了共价键的本质：两个原子各提供1个未成对电子形成共用电子对，这种依靠电子对共用而形成的分子内强烈的作用力称为共价键。

如果两个原子间，一个原子提供孤电子对，另一个原子提供空轨道，也能形成共用电子对，形成一种有别于上述共价键的共价键。这种特殊的共价键称为配位键。

配位键也是通过共用电子对形成的，仅是共用电子对形成的过程不一样，配位键是一种特殊的共价键。因此，配位键具有共价键所具有的一切性质，如方向性、饱和性、极性等，也有键长、键角、键能等参数。

(1) 中心离子

配合物内界可提供空轨道的离子或原子叫中心离子（原子），又称形成体或中心体。阳离子往往有空轨道，是常见的一类中心体，特别是许多过渡金属元素的阳离子，如：

$[AlF_6]^{3-}$中的Al^{3+}、$[Ag(CN)_2]^-$中的Ag^+、$[Cu(NH_3)_4]^{2+}$中的Cu^{2+}、$[Zn(NH_3)_4]^{2+}$中的Zn^{2+}、$[Fe(CN)_6]^{4-}$中的Fe^{2+}、$[Fe(CN)_6]^{3-}$中的Fe^{3+}、$[Pt(NH_3)_2]Cl_2$中的Pt^{2+}等。

碱金属ⅠA族元素的阳离子虽然也有空轨道，但形成配合物比较困难。氧化数为正值的非金属元素的离子或原子也可以作为中心体，如 $[SiF_6]^{2-}$ 中的 Si(Ⅳ)、 $[BF_4]^-$ 中的B(Ⅲ)、 $[PF_6]^-$ 中的 P(Ⅴ)。中性原子也可作为中心体，一般为过渡金属的原子，如 $[Ni(CO)_4]$ 中的镍原子，$[Fe(CO)_5]$ 中的铁原子；阴离子为中心离子比较少见，但并不绝迹。如 $[I(I_2)]^-$中的I^-，$[S(S_8)]^{2-}$中的S^{2-}等。

(2) 配体

配位化合物内可提供孤电子对并以配位键与中心离子结合的阴离子或分子称为配位体，简称配体（ligand）。

在配体中，能提供孤电子对的原子叫配位原子，如乙二胺（$H_2NCH_2CH_2NH_2$）、NH_3中的N原子；H_2O、OH^-中的O原子；CO、CN^-中的C原子等。通常配体中一定有ⅣA、ⅤA、ⅥA、ⅦA族电负性较大的非金属元素原子，因为只有它们才能提供孤电子对。如SCN^-、CN^-、OH^-、X^-（卤素离子）、$C_2O_4^{2-}$ 等为阴离子配体；而 NH_3、H_2O、CO、乙二胺等为中性分子配体。而配位原子主要是电负性较大的非金属原子如N、O、S、F、Cl、Br、I、C等。

根据配体中能形成配位键的配位原子的数目，配体分为单齿配体和多齿配体。

只能形成一根配位键的配体，称为单齿配体（monodentate ligand），如 H_2O、NH_3、X^-等。

能同时形成两根或两根以上配位键的配体，分别称为双齿配体或多齿配体（polydentate ligand）。例如乙二胺（简写成en）、$C_2O_4^{2-}$（简写成ox）是二齿配体（结构如图6-2所示）；乙二胺四乙酸（简写为EDTA）是六齿配体（结构如图6-3所示）。下面列出一些常见的配体。

单齿配体：H_2O:、:NH_3、:F^-、:Cl^-、$[:C\equiv N]^-$、$[:O—H]^-$（羟基）、$[:O—N=O]^-$（硝基）、:CO（羰基）。

双齿配体如图6-2所示。

$H_2C—CH_2$ / $H_2\ddot{N}$ $\ddot{N}H_2$; $[O=C(\ddot{O})—C(\ddot{O})=O]^{2-}$

图6-2 乙二胺和草酸根结构示意图

多齿配体如图6-3所示。

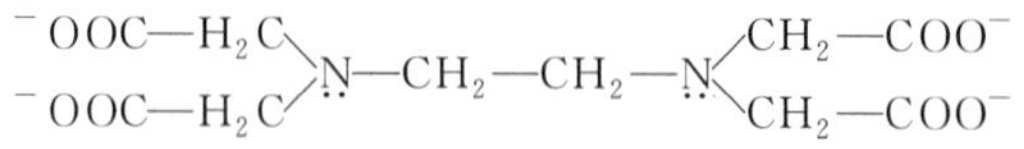

$(^-OOC—H_2C)_2\ddot{N}—CH_2—CH_2—\ddot{N}(CH_2—COO^-)_2$

图6-3 乙二胺四乙酸根结构示意图

(3) 配位数

与中心原子成键的配位原子数叫配位数（coordination number，CN），配位数也等于配位键的数目。

配合物中若配体都是单齿配体，则中心体的配位数等于配体的总数。如 $[AlF_6]^{3-}$ 中Al^{3+}的配位数为6，$[Pt(NH_3)_2Cl_2]$ 中 Pt^{2+} 的配位数为4。配合物中含有多齿配体，则中心体的配位数大于配体的总数，如 $[Cu(en)_2]^{2+}$ 配离子中，配体总数是 2，但因 en 是双齿配体，每个 en 可形成两根配位键，故中心离子 Cu^{2+} 的配位数为 4。

一般中心离子的配位数为 2～9，常见的为 2、4、6。配位数的多少取决于中心离子和配体的电荷、半径、核外电子排布以及配合物形成时的外界条件。

中心离子为阳离子时，一般所带正电荷越多，越容易吸引孤电子对，配位数就越大。如，Cu^+ 与 NH_3 形成 $[Cu(NH_3)_2]^+$，配位数是 2；而 Cu^{2+} 与 NH_3 形成 $[Cu(NH_3)_4]^{2+}$，配位数是 4；Pt^{2+} 与 Cl^- 形成 $[PtCl_4]^{2-}$，配位数是 4；而 Pt^{4+} 与 Cl^- 形成 $[PtCl_6]^{2-}$，配位数是 6 等。

中心离子半径越大，其周围可容纳的配体就越多，配位数就越大。例如同族元素 B^{3+} 和 Al^{3+} 离子半径分别为 23 pm 和 50 pm，它们的氟配离子分别是 $[BF_4]^-$ 和 $[AlF_6]^{3-}$，但若中心离子半径太大，则它对配体的吸引减弱，反而使配位数降低，例如 $[CdCl_6]^{4-}$ 和 $[HgCl_4]^{2-}$。

配体负电荷增加，配体之间的排斥力增大很快，导致配位数减少。例如 F^- 和 O^{2-} 的离子半径接近，对于相同的中心体，前者的配位数大于后者，如 $[BF_4]^-$ 和 $[BO_3]^{3-}$、$[SiF_6]^{2-}$ 和 $[SiO_4]^{4-}$。

对同一中心离子，配位数随配体半径增大而减少，如卤素离子半径 $r_{F^-} < r_{Cl^-}$，其与 Al^{3+} 形成 $[AlF_6]^{3-}$ 和 $[AlCl_4]^-$，配位数前者为 6，后者为 4。

当配体浓度很大时，易形成高配位数配合物。例如 Zn^{2+} 与 NH_3 分子配位，NH_3 浓度低时，形成 $[Zn(NH_3)_4]^{2+}$；NH_3 浓度很高时，也可形成 $[Zn(NH_3)_6]^{2+}$。

一般升高体系的温度，中心体与配体的热运动加剧，难以形成高配位数配合物。

(4) 配离子的电荷

中心离子的电荷与配体的电荷的代数和即为配离子的电荷。

例如，在 $K_2[HgI_4]$ 中，配离子 $[HgI_4]^{2-}$ 的电荷为：$2\times1+(-1)\times4=-2$。

在 $[CoCl(NH_3)_5]Cl_2$ 中，配离子 $[CoCl(NH_3)_5]^{2+}$ 的电荷为：$3\times1+(-1)\times1+0\times5=+2$。

也可根据配合物呈电中性，配离子的电荷就可以较简单地由外界离子的电荷来确定。如 $[Cu(NH_3)_4]SO_4$ 的外界为 SO_4^{2-}，据此可知配离子电荷为+2。

6.1.2 配合物的命名

配合物的命名，服从无机化合物命名的一般原则。

(1) 配离子命名

配离子的命名次序为：配体数（用汉字表达）→配体名称→加一个“合”字→中心体（氧化数）。有时合字也可省略。若配离子是阳离子，则在（氧化数）后加“离子”二字。在命名化合物时离子二字也可省略。若配离子是阴离子，则在（氧化数）后加“酸根”二字。中心离子的氧化数用带括号的罗马数字表示。例如：

$[Cu(NH_3)_4]^{2+}$	四氨合铜(Ⅱ)离子
$[Fe(CN)_6]^{4-}$	六氰合亚铁酸根(俗称黄血盐)
$[Ag(S_2O_3)_2]^{3-}$	二硫代硫酸根合银(Ⅰ)酸根

(2) 配合物的命名

和无机化合物命名一样，配离子是阳离子，外界为卤素或酸根则命名为：外界离子数(汉字)→卤(化)→配离子名称或配离子名称某酸盐。如 $[Co(NH_3)_6]Cl_3$ 可命名为三氯化六氨合钴(Ⅲ)，也可称六氨合钴(Ⅲ)盐酸盐。

配离子是阴离子，外界为阳离子，则命名为（配离子名称）酸某(阳离子)盐。如 $K_2[PtCl_6]$ 可命名为六氯合铂(Ⅳ)酸钾。$K_3[Fe(CN)_6]$ 可命名为六氰合铁(Ⅲ)酸钾，也可称为铁氰化钾，俗称赤血盐。

(3) 配体的次序

配合物中有两种或两种以上的配体，命名时配体列出的顺序也有规则。配体列出的顺序的总原则是：先无机(配体)，后有机(配体)；先离子(配体)，后分子(配体)；同类配位，字母为序；先单齿，后多齿。

① 无机配体在前面，有机配体在后面。当无机配体中既有阴离子又有中性分子时，阴离子配体在前，中性分子配体在后；不同配体名称间以“•”分开，在最后一个配位体名称之后加“合”字；如：

$K[PtCl_3NH_3]$ 三氯•一氨合铂(Ⅱ)酸钾

② 同类配体的名称，按配位原子元素符号的英文字母顺序排列。例如：

$[Co(NH_3)_5H_2O]Cl_3$ 三氯化五氨•一水合钴(Ⅲ)

③ 同类配体中若配位原子也相同，则将含较少原子数的配体列在前面，较多原子数的配体列后。例如：

$[PtNO_2NH_3NH_2OH(Py)]Cl$ 氯化一硝基•一氨•一羟胺•一吡啶合铂(Ⅱ)

④ 若配位原子相同，配体中所含原子数目也相同，则按在结构式中与配位原子相连的原子的元素符号的英文字母顺序排列。例如：

$[PtNH_2NO_2(NH_3)_2]$ 一氨基•一硝基•二氨合铂(Ⅱ)。

若配位原子尚不清楚，则以配位个体的化学式中所列的顺序为准。

(4) 无外界的配合物

中心原子的氧化数可不必标明。例如：

$[PtCl_2(NH_3)_2]$ 二氯•二氨合铂　　$Ni(CO)_4$ 四羰基合镍

6.1.3 配合物的类型

配合物的种类很多，根据中心体与配体之间的键合情况大致分为以下几类。

(1) 简单配合物

中心体与单齿配体键合形成的配合物称作简单配合物，如 $K[Au(CN)_2]$、$K_2[PtCl_6]$、$[Cu(NH_3)_4]SO_4$、$Na_3[AlF_6]$、$K_4[Fe(CN)_6]$等。

(2) 螯合物

多齿配体上的一个配位原子可与中心离子形成一根配位键，若在这个配位原子的 γ 位（间隔三根键）或 δ 位（间隔四根键）又有一个配位原子，便可形成第二根配位键。两个配位原子与同一中心离子形成了一个由五个原子组成的环状结构的配合物（五元环）或由六个原子组成的环状结构的配合物（六元环）。其中配体好似螃蟹的蟹钳一样钳牢中心离子，因而形象地称这类环状结构的配合物为螯合物（chelate）。能与中心离子形成螯合物的配体称为螯合剂（chelating agent）。

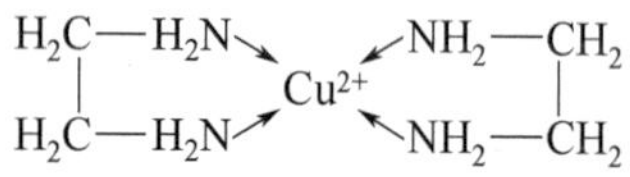

$H_2C—H_2N→Cu^{2+}←NH_2—CH_2$（上下两组 $H_2C—H_2N$ 与 $NH_2—CH_2$ 分别以竖线相连）

图 6-4　Cu^{2+} 与 en 的螯合物示意图

乙二胺形成螯合物的示意如图 6-4 所示。

例如：EDTA 是乙二胺四乙酸（ethylene diamine tetraacetic acid）及其盐的简称，它是一个六齿配体，有六个配位原子（两个氨基氮和四个羧基氧）。在配位原子 N 不同方向的 γ 位有三个配位原子 N、O、O，另一个配位原子 N 有相同的情况。因此 EDTA 可以与金属离子形成 5 个五元环的六配位的螯合物。结合得非常牢固。如图 6-5 所示。

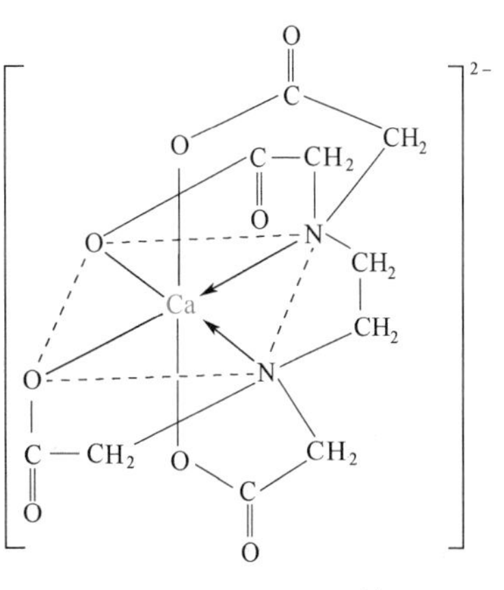

图 6-5　EDTA 与 Ca^{2+} 的螯合物示意图

由图 6-5 可以看出，EDTA 与 Ca^{2+} 形成四个 O—C—C—N（M 环）五元环及一个 N—C—C—N（M 环）五元环，具有五元环或六元环的螯合物张力小，很稳定，而且所形成的环数愈多，螯合物愈稳定。

EDTA 与金属离子形成的螯合物有如下特点：

① EDTA 具有广泛的配位性能，几乎能与所有的金属离子形成配合物。

② EDTA 与金属离子形成的螯合物的配位比简单，一般为 1∶1，主要因为 EDTA 分子中有六个配位原子，而大多数金属离子的配位数不超过六，因此不管金属离子的氧化数高或低（二价、三价和四价），EDTA 一般均按 1∶1 与其配位。只有极少数高价金属离子与 EDTA 不是形成 1∶1 配合物，如 Mo(Ⅴ) 与 EDTA 形成 2∶1 配合物。在中性或碱性溶液中 Zr(Ⅳ) 与 EDTA 也形成 2∶1 配合物。

③ EDTA 与无色金属离子配位时，形成无色的螯合物，与有色金属离子配位时，形成颜色更深的螯合物。用 Y 表示 EDTA：FeY^-（黄色）、CrY^-（深紫色）、MnY^{2-}（紫红色）、CuY^{2-}（蓝色），在滴定有色金属离子时，若金属离子浓度过大，则螯合物的颜色很深。用指示剂的变色确定滴定终点时，影响对滴定终点的观察。

(3) 多核配合物

由多个中心体形成的配合物叫作多核配合物，如同多酸（多个中心体是同一种元素）、杂多酸（多个中心体不是同一种元素）、多碱、多卤物均是多核配合物。

(4) 羰基配合物和不饱和烃配合物

羰基配合物是以羰基为配体与金属形成的一类配合物，如四羰基合镍 $Ni(CO)_4$；不饱和烃配合物是以不饱和烃与金属形成的金属配合物，如二茂铁（η^5-C_5H_5）$_2$Fe，其中 η^x 上标的 x 表示配体以 π 键结合到中心体上的 C 原子个数。

6.1.4　配合物的空间异构现象

配合物的化学组成相同、配体在空间的位置不同而产生的异构现象称为空间异构现象。

配合物的空间异构主要有几何异构和旋光异构两类。

(1) 几何异构

配合物中，多种配体围绕中心体有不同的几何分布而产生的异构体叫几何异构体。最常见的几何异构体是顺反式（几何）异构体。它主要发生在配位数为 4 的平面四方形和配位数为 6 的八面体配合物中。

配位数为 4 的四面体配合物中所有配体的位置彼此相邻，不存在顺反异构现象。平面四方形的 [MA_2B_2] 型配合物可形成同种配体处于相邻的位置的顺式和同种配体处于对角位置的反式两种异构体。典型的代表是顺式和反式的二氯·二氨合铂(Ⅱ)[$PtCl_2(NH_3)_2$]。其两种几何异构体的结构式如图 6-6 所示。

（a）顺式（棕黄色）　（b）反式（淡黄色）

图 6-6 ［$PtCl_2(NH_3)_2$］顺反结构示意图

顺式异构体结构不对称，其偶极矩 $\mu \neq 0$；而反式异构体结构对称，其 $\mu = 0$。可通过偶极矩的测定区分它们。

也可通过其他实验证实它们有不同的几何结构。例如，顺式［$PtCl_2(NH_3)_2$］容易与多齿配体 $C_2O_4^{2-}$ 发生取代反应生成新配合物［$Pt(NH_3)_2(C_2O_4)$］。由于 $C_2O_4^{2-}$ 只能占据平面四方形相邻的位置，因此可证实［$PtCl_2(NH_3)_2$］原来的两个 Cl^- 一定在四方形的同一侧，原配合物是顺式异构体［图 6-6(a)］。反式异构体［$PtCl_2(NH_3)_2$］与 $C_2O_4^{2-}$ 则形成不同的配合物［$Pt(NH_3)_2(C_2O_4)_2$］$^{2-}$，其中两个 $C_2O_4^{2-}$ 作为单齿配体置换原处于对位的两个 Cl^-，表明原配合物是反式异构体［图 6-6(b)］。

具有不对称的二齿配体的平面四方形配合物［$M(AB)_2$］也会有顺反异构现象，例如［$Pt\text{-}(NH_2CH_2COO)_2$］有如图 6-7 所示的顺反异构体。

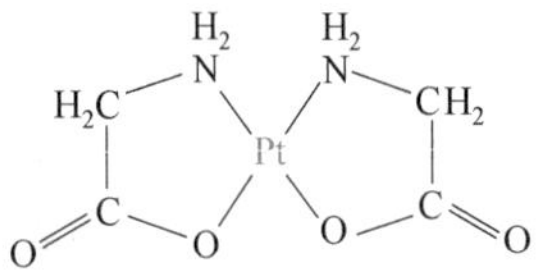

(a) 顺式　(b) 反式

图 6-7 ［$Pt(NH_2CH_2COO)_2$］顺反结构示意图

配合物几何异构体在物理及化学性质方面都有差异，例如，［$PtCl_2(NH_3)_2$］的顺式是橙黄色晶体，极性分子，易溶于水；它的反式是非极性分子，不溶于水。同样，几何异构体配合物在生理活性上也有重大差异。［$PtCl_2(NH_3)_2$］的顺式异构体具有抗癌性，而反式异构体则没有这个性质。

八面体配合物的几何异构现象更普遍。对于［MA_2B_4］型的［$CoCl_2(NH_3)_4$］$^+$ 配离子有两种几何异构体，其结构如图 6-8 所示。

顺式结构中，两个 Cl 紧邻在一起，分布在八面体相邻的两个顶点上。分子只有部分对称，偶极矩 $\mu \neq 0$；反式结构中，两个 Cl 远离分布在八面体的对顶点位置上，分子是完全对称的，$\mu = 0$。

［MA_3B_3］型八面体配合物如［$RuCl_3(H_2O)_3$］也有两种几何异构体，其结构如图 6-9 所示。

图 6-9 的（a）中三个 H_2O 和三个 Cl 均连续相邻相连；而（b）中有一个 H_2O 和一个 Cl 与其他两个 H_2O 和两个 Cl 不连续相邻相连，是不同的几何异构体。

几何异构体的数目与配位数、空间构型、配体的种类等因素有关。一般来说，配体种类越多，存在的几何异构体的数目也越多。

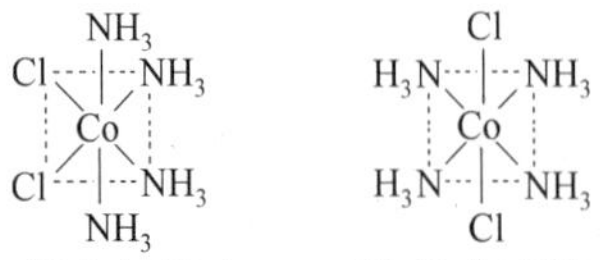

(a) 顺式（紫色）　(b) 反式（绿色）

图 6-8 ［$CoCl_2(NH_3)_4$］$^+$ 顺反异构体示意图

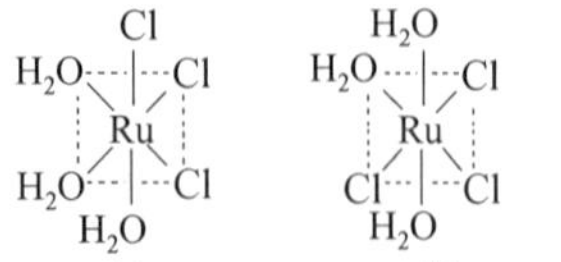

(a)　(b)

图 6-9 ［$RuCl_3(H_2O)_3$］几何异构示意图

(2) 旋光异构

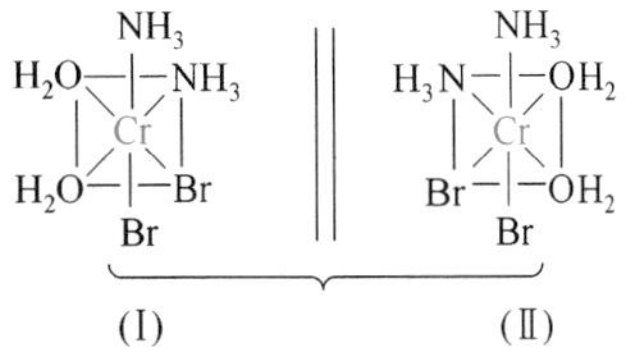

若两种配合物异构体的对称关系类似一个人的左手和右手或互成镜像关系，则这种异构关系称为旋光异构。其结构特征是配合物内没有对称面和对称中心，例如 $[CrBr_2(NH_3)_2(H_2O)_2]^+$ 配合物的空间结构就会产生旋光异构。

上述异构体中，如图 6-10 所示，（Ⅰ）和（Ⅱ）互成镜像关系，是旋光异构体。

(Ⅰ) (Ⅱ)

图 6-10 $[CrBr_2(NH_3)_2(H_2O)_2]^+$ 旋光异构示意图

通过偏振光实验可区分旋光异构体，异构体可使平面偏振光发生方向相反的偏转。其中一种称为右旋旋光异构体，用符号 D 表示。另一种称为左旋旋光异构体，用符号 L 表示。动植物体内有许多旋光活性的化合物，这些配位化合物对映体的化学性质一般差别不大，但生理功能却有极大的差别。能产生旋光异构的配合物中最少有三种以上的单齿配体，或一种单齿配体和一种完全不对称的双齿配体。

6.2 配位化合物的化学键理论

6.2.1 配位化合物的价键理论

配位键是共价键的一种。配位键与共价键不同之处仅在于共用电子对提供者不一样。共价键中共用电子对的两个电子由两个原子各提供一个；而在配位键中，共用电子对的两个电子均由配位原子提供，中心体只提供价电子空轨道。

既然配位键是共价键的一种，因此也离不开杂化轨道和空间结构的问题。如第 3 章中所述，配合物的空间结构与杂化轨道类型的对应关系列于表 6-1 中。

表 6-1 杂化轨道类型与配合物空间结构的关系

配位数	杂化轨道类型	空间类型	实例
2	sp	直线形	$[Ag(NH_3)_2]^+$
3	sp^2	平面三角形	$[CuCl_3]^{2-}$
4	sp^3	正四面体	$[Zn(NH_3)_4]^{2+}$
	dsp^2	平面正方形	$[Ni(CN)_4]^{2-}$
5	dsp^3	三角双锥	$[Fe(CO)_5]$
6	sp^3d^2	八面体	$[CoF_6]^{3-}$、$[FeF_6]^{3-}$
	d^2sp^3		$[Fe(CN)_6]^{3-}$、$[Co(NH_3)_6]^{3+}$

配合物的中心体大多数为过渡金属即副族金属元素，它们轨道的杂化除有 s、p 轨道参加外，常有 d 轨道参与。这是因为，ns 轨道有很强的钻穿效应，使能 d 轨道的能量与其靠近的 s、p 轨道的能量相近，也会参与轨道杂化。d 轨道参与杂化形成配合物时有两种情况。

(1) 外轨型配合物

外轨型配合物（outer orbital complex）的中心体采用外层的 ns、np、nd 轨道进行杂化，如 $[FeF_6]^{3-}$。

图 6-11 中左边 Fe^{3+} 中的 5 个 d 轨道上排布 5 个电子，是 Fe^{3+} 的最外层电子排布式。由于内层 d 轨道上全有电子存在，配体 F^- 提供的孤电子对不能再分布在 3d 轨道上，只能分

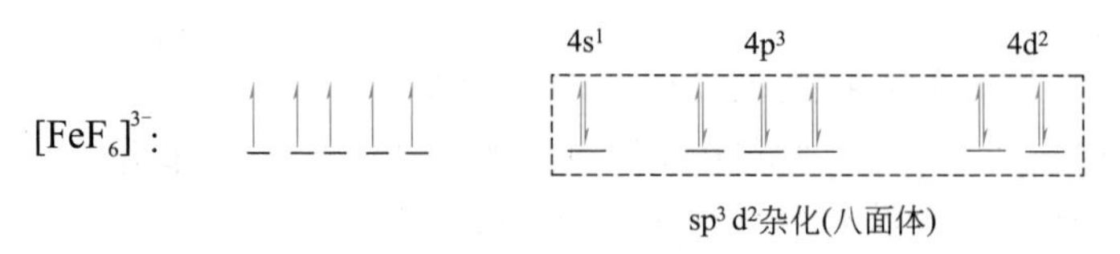

图 6-11 外轨型配离子 $[FeF_6]^{3-}$ 的电子排布示意图

布在能量稍高的外层轨道 4s、4p、4d 形成的 $4s^1 4p^3 4d^2$ 杂化轨道上，如图中虚线方框内所示。由于是配位键，$4s^1 4p^3 4d^2$ 杂化轨道上的 12 个电子全由 6 个 F^- 提供。

sp^3d^2 杂化轨道处于 Fe^{3+} 最外层轨道 3d 轨道之外，所以，由这种杂化轨道形成的配合物称为外轨型配合物。

因为孤电子对分布在能量稍高的外层 sp^3d^2 杂化轨道上，能量高，外轨型配合物稳定性较差，配位键较弱，即配离子较易解离，离子性较强。

在化合物中，若电子全部成对，自旋磁场强度为 0，称为反磁性；化合物中有未成对电子，自旋磁场强度>0，称为顺磁性。物质磁性大小以磁矩 μ 表示，μ 与未成对电子数 n 之间的近似关系是：

$$\mu = \sqrt{n(n+2)}\,\mu_B \qquad (6\text{-}1)$$

式中，μ_B 为玻尔磁子，是磁矩的基本单位。

由图 6-11 知：$[FeF_6]^{3-}$ 中有 5 个未成对的电子，因此，$[FeF_6]^{3-}$ 具有顺磁性。根据式(6-1)，$[FeF_6]^{3-}$ 的磁矩

$$\mu = \sqrt{n(n+2)}\,\mu_B = \sqrt{5\times(5+2)}\,\mu_B = 5.92\,\mu_B$$

从式(6-1) 可见，化合物中未成对电子数越多，磁矩越大、磁性越强。

外轨型配合物的中心离子仍保持原有的电子构型，未成对的电子数不变，中心离子与配合物的磁矩也不变。上述配合物中，形成配合物前，Fe^{3+} 中未成对电子数是 5 个，形成 $[FeF_6]^{3-}$ 配离子后，配合物中未成对电子数仍是 5 个，因此磁矩不变。

(2) 内轨型配合物

中心体内层 $(n-1)$d 轨道和外层 ns、np 轨道杂化后，配体提供的孤电子对分布在含有内层 $(n-1)$d 轨道所形成的杂化轨道上形成的配合物称为内轨型配合物（inner orbital complex）。如 $[Fe(CN)_6]^{3-}$ 为内轨型配合物，电子排布如图 6-12 所示。

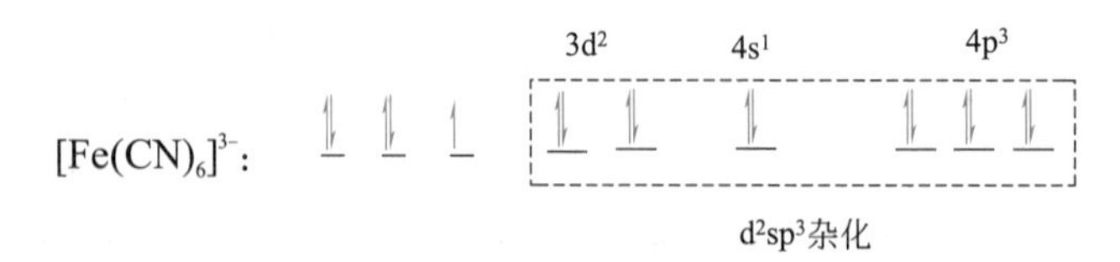

图 6-12 内轨型配离子 $[Fe(CN)_6]^{3-}$ 的电子排布示意图

由于 CN^- 对电子的排斥力比较大即场强较强，对 Fe^{3+} 中的 d 电子产生很大的排斥力，使 Fe^{3+} 中的 5 个 d 电子被向内挤成只分布在 3 个 d 轨道上，空出 2 个 d 轨道。在形成配位键时，内层的 d 轨道也参与杂化，形成 $3d^2 4s^1 4p^3$ 六条杂化轨道，如图 6-12 所示。

很明显，d^2sp^3 六条杂化轨道的能量小于 sp^3d^2 六条杂化轨道的能量。因此内轨型配合物比外轨型配合物更稳定。内轨型配合物比外轨型配合物在水溶液中更难解离为简单离子。由于原来 d 轨道上未成对的电子有的已被挤压成对，因此形成配合物后未成对的电子数目减少而使配合物的磁矩比原中心体磁矩降低，甚至由顺磁性（paramagnetism）离子变成反磁

性（diamagnetism）物质。

图 6-12 显示，Fe^{3+} 中未成对的电子数是 5 个，磁矩（magnetic moment）：

$$\mu=\sqrt{n(n+2)}\,\mu_B=\sqrt{5\times(5+2)}\,\mu_B=5.92\,\mu_B$$

实测为 $5.86\,\mu_B\approx5.92\,\mu_B$。

形成的 $[Fe(CN)_6]^{3-}$ 中未成对的电子数目只有一个。$[Fe(CN)_6]^{3-}$ 的磁矩

$$\mu=\sqrt{n(n+2)}\,\mu_B=\sqrt{1\times(1+2)}\,\mu_B=1.73\,\mu_B$$

用磁天平测量配合物的磁矩可判断配合物是外轨型还是内轨型。

【例 6-1】 实验测得 $[CoF_6]^{3-}$ 的磁矩为 $5.26\,\mu_B$，$[Co(CN)_6]^{3-}$ 的磁矩为 $0\,\mu_B$，推测配离子的空间构型、中心体的轨道杂化类型和内、外轨型。

解 $[CoF_6]^{3-}$ 的磁矩为 $5.26\,\mu_B$，

根据式(6-1)，有 $\sqrt{n(n+2)}\,\mu_B=5.26\,\mu_B$

解得 $n=4.35\approx4$

Co 是第 27 号元素，电子结构式为 $[Ar]3d^7 4s^2$，Co^{3+} 的电子结构式为 $[Ar]3d^6$，6 个 d 电子有 4 个未成对，可见 6 个 d 电子在 3d 轨道上只有 1 条 d 轨道上有 2 个电子，其余 4 条 d 轨道上均有 1 个电子。内轨 d 上没有空轨道，配体的孤电子对只能分布在外轨道上，该配合物是外轨型配合物。因为配位数是 6，轨道杂化类型应是 sp^3d^2。空间构型为正八面体。

$[Co(CN)_6]^{3-}$ 的磁矩为 $0\,\mu_B$，则 $n=0$。

Co^{3+} 的 6 个 d 电子全部成对，可见 6 个 d 电子只能分布在 3 条 d 轨道上，有两条 d 内轨空轨道，配体的孤电子对可分布在这两条内轨空轨道上，该配合物是内轨型配合物。因为配位数是 6，轨道杂化类型应是 d^2sp^3。空间构型为正八面体。

价键理论简单明了，比较成功地解释了配合物的空间结构（与杂化轨道类型相适应）、配位数（σ 配键数）、稳定性（内轨稳定）、磁性（$\mu=\sqrt{n(n+2)}\,\mu_B$）等。但是该理论毕竟是一个定性理论，不能定量或半定量地说明配合物的性质，不能解释配合物的颜色或吸收光谱；对于磁矩的说明也有一定的局限性；也不能说明某些配合物的稳定性。例如 $[Co(CN)_6]^{4-}$，价键理论认为它是一种内轨型配合物，应该很稳定，但它却很不稳定。因为它有一个未成对的 3d 电子分布在较高能级的 4d 轨道上，能量较高，这个电子很容易失去而使配离子被氧化成 $[Co(CN)_6]^{3-}$。但是平面正方形的 $[Cu(NH_3)_4]^{2+}$ 也有一个未成对电子处于较高能级的轨道上，但 $[Cu(NH_3)_4]^{2+}$ 配离子很稳定，没有还原性，理论与事实不相符。其电子排布见图 6-13。

价键理论的局限性，主要是因为它静止地看待配合物中心离子与配体之间的关系，只考虑配合物中心离子轨道的杂化情况，没有考虑到配体对中心离子的影响。因此不能说明一些配离子的特征颜色和内轨型、外轨型配合物产生的原因。也不能定量说明配合

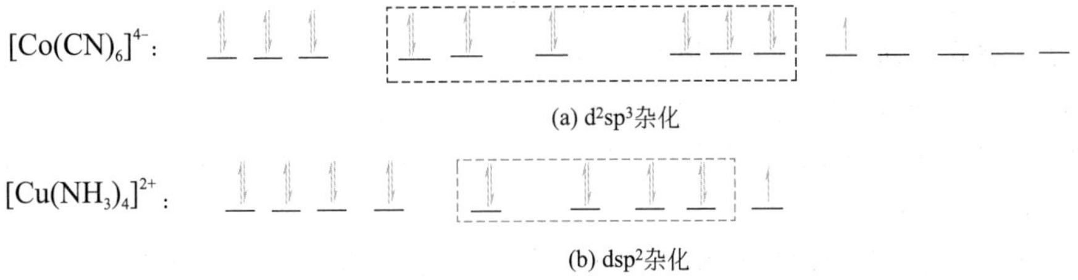

$[Co(CN)_6]^{4-}$:

(a) d^2sp^3杂化

$[Cu(NH_3)_4]^{2+}$:

(b) dsp^2杂化

图 6-13 $[Co(CN)_6]^{4-}$ 和 $[Cu(NH_3)_4]^{2+}$ 的电子排布示意图

物的性质。为了合理解释价键理论所不能解释的诸类问题，贝蒂和范•弗雷克提出了配合物的晶体场理论。

6.2.2 配位化合物的晶体场理论

20世纪50年代，晶体场理论（crystal field theory）开始应用于化学领域。与价键理论不同，晶体场理论将配体看成点电荷，重点考虑配体静电场对中心离子d轨道能级的影响，这一理论很好地解释了配合物的结构、磁性、光学性质和反应机理。

配位化合物的晶体场理论

(1) 配位化合物的晶体场理论要点

① 在配合物中，中心离子和周围配体之间的相互作用可被看成类似于离子晶体中正、负离子间的相互作用，中心离子与配体之间由于静电吸引而放出能量，使体系能量降低。

② 中心离子的5个简并d轨道受到周围非球形对称的配位体负电场的作用时，配体的负电荷与d轨道上的电子相互排斥，使得d轨道能量普遍升高。

离配体越近的d轨道上的电子受到的排斥力越大，能量升高得越多；离配体越远的d轨道上的电子受到的排斥力越小，能量升高得越少；对5条d轨道，配体的影响是不一样的，从而导致了5条d轨道发生能级分裂。

③ 由于d轨道能级的分裂，d电子将重新分布，优先占据能量较低的轨道，往往使体系的总能量下降。总能量下降值称为晶体场稳定化能，简写为CFSE，它给配合物带来了额外的稳定性。

(2) 中心离子d轨道能级分裂的原因

中心离子在价层有5个简并的d轨道，虽然伸展方向不同，但能量是相同的。放在球形对称的负电场中，则因负电场对5个简并d轨道产生的排斥力，使5个d轨道能量有所升高，但不会产生分裂。如果6个非球形对称的配体因受中心离子的吸引力而分别沿 x、y、z 轴的正、负方向接近中心离子时（图6-14），$d_{x^2-y^2}$ 轨道电子出现概率最大的方向与配体负电荷迎头相碰，受到配体电场的强烈排斥而能量升高较多；d_{xy} 轨道正好处于配体的空隙中间，其电子出现概率最大的方向则与配体负电荷方向错开，因此所受斥力较小而能量升高较小。对于其他3个轨道，d_{z^2} 与 $d_{x^2-y^2}$ 所处的状态一样；d_{xz}、d_{yz} 与 d_{xy} 所处的状态一样。因此原来5个简并d轨道在八面体场中分裂为两组：一组是能量较高的 $d_{x^2-y^2}$ 与 d_{z^2}，为二重简并轨道即有两个轨道能量相等称为 e_g 轨道；另一组是能量较低的 d_{xy}、d_{yz}、d_{xz} 为三重简并轨道即有三个轨道能量相等，称为 t_{2g} 轨道。

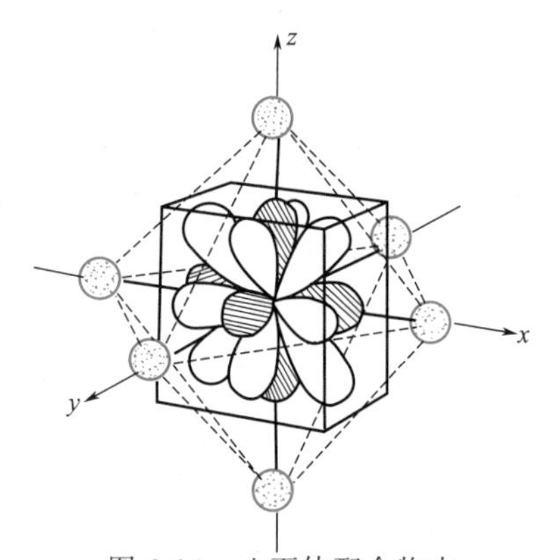

图6-14 八面体配合物中d轨道与配体的相对位置

(3) d轨道在不同配合物中能级的分裂

d轨道能级的分裂主要决定于配体在空间的分布情况。在四面体配合物中，四个配体接近中心离子时正好和 x、y、z 轴错开，避开了 $d_{x^2-y^2}$ 和 d_{z^2}，而靠近 d_{xy}、d_{xz}、d_{yz} 的极大值方向，如图6-15所示。

由图6-15可知，在四面体场中，四个配体占据了立方体中相互错开的四个顶点位置。中心离子的5条简并d轨道分裂的情况正好与八面体场相反，即 $d_{x^2-y^2}$、d_{z^2} 轨道能量升高

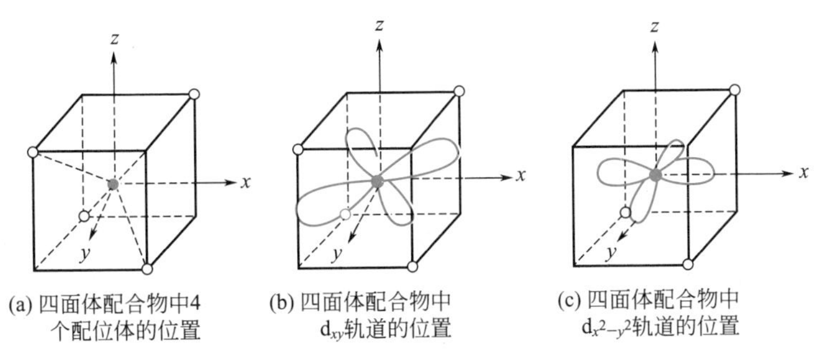

图 6-15 四面体配合物中 d 轨道与配体的相对位置

（●代表中心离子，○代表配位体，d_{yz}、d_{xz} 的位置与 d_{xy} 类似）

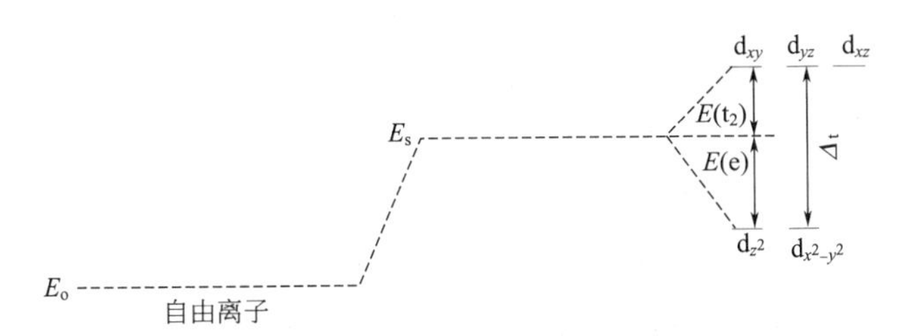

图 6-16 d 轨道在配位数为 4 的四面体场中的分裂

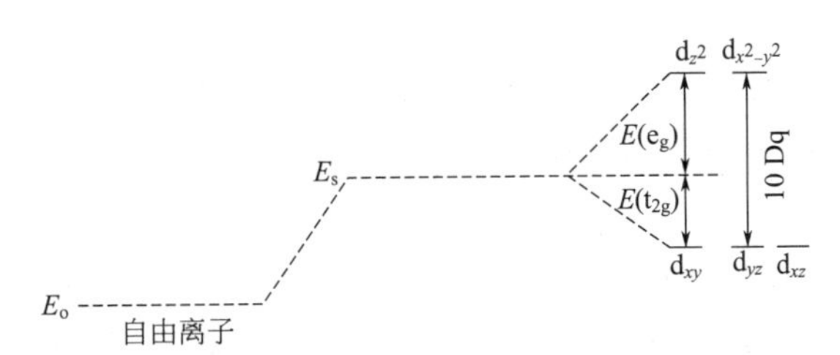

图 6-17 d 轨道在配位数为 6 的八面体场中的分裂

较小，称为 t_2 轨道；而 d_{xy}、d_{xz}、d_{yz} 一组轨道的能量升高较多，称为 e 轨道。其分裂情况如图 6-16 所示。

在平面正方形场中，四个配位体沿 x 和 y 轴的正、负方向向中心离子接近，因 $d_{x^2-y^2}$ 轨道受配体静电场的影响最强，能级升高最多，其次是 d_{xy} 轨道，然后是 d_{z^2}，而简并的 d_{xz}、d_{yz} 上升得最少。因此，在平面正方形场中，d 轨道分裂成四组。

在八面体场中，其分裂情况如图 6-17 所示。

(4) d 轨道的分裂能

在不同构型的配合物中，d 轨道分裂的方式和能量的大小都不同。分裂后较高能量 d 轨道和较低能量 d 轨道之间的能量差称为晶体场分裂能（splitting energy），通常用 Δ 表示。八面体场的分裂能用 Δ_o 表示，下标 o 代表八面体（octahedral）；四面体场的分裂能用 Δ_t 表示，下标 t 代表四面体（tetrahedral）。

在八面体场中，Δ_o 相当于 1 个电子在 $t_{2g} \rightarrow e_g$ 间跃迁所需的能量。一般将 Δ_o 分为 10 等份，每等份为 1 Dq，则 Δ_o 为 10 Dq。分裂前后 d 轨道的总能量应保持不变。若把分裂前 d 轨道的能量作为零点，那么分裂后所有 e_g 轨道的总能量等于零，即：

$$E(e_g) - E(t_{2g}) = \Delta_o = 10\ \text{Dq}$$

$$2E(e_g) + 3E(t_{2g}) = 0$$

解得：
$$E(e_g)=\frac{6}{10}\Delta_o=6\ Dq \quad \text{（比分裂前高 6 Dq）}$$

$$E(t_{2g})=-\frac{4}{10}\Delta_o=-4\ Dq \text{（比分裂前低 4 Dq）}$$

式中，$E(e_g)$ 和 $E(t_{2g})$ 分别表示 e_g 和 t_{2g} 轨道的能级。

在四面体场中因没有任何 d 轨道正对着配体，其分裂能 Δ_t 比在八面体场中的分裂能 Δ_o 要小得多。当中心离子与配体 L 二者之间的距离在四面体场和八面体场中相同时，Δ_t 仅为 Δ_o 的 4/9，即 $\Delta_t=4/9\times10$ Dq。同理，在四面体场中也可以列出两式：

$$E(e_g)-E(t_{2g})=\Delta_t=\frac{4}{9}\Delta_o=\frac{4}{9}\times10\ Dq$$

$$2E(e_g)+3E(t_{2g})=0$$

解上式得 $\quad E(e_g)=+1.78\ Dq, E(t_{2g})=-2.67\ Dq$

分裂能的大小用配合物的光谱来测定。例如，$TiCl_3$ 溶液中，Ti^{3+} 以 $[Ti(H_2O)_6]^{3+}$ 形式存在。当光通过 $TiCl_3$ 溶液时，$[Ti(H_2O)_6]^{3+}$ 吸收光的能量从低能级的 d_ε 轨道跃迁到高能级的 d_γ 轨道，被吸收光的能量就是一个 $[Ti(H_2O)_6]^{3+}$ 离子的晶体场分裂能 Δ_o。因此，只要测得 $TiCl_3$ 溶液的最大吸收波长 λ 即可。

$$\Delta_o=\frac{hc}{\lambda}=\frac{6.63\times10^{-34}\times3.00\times10^{8}}{\lambda}=\frac{1.99\times10^{-25}}{\lambda}$$

总结大量的光谱实验数据和理论研究的结果，可得出影响分裂能的因素主要有：配合物的几何构型、中心离子的电荷数和半径、d 轨道的主量子数，此外还与配体的种类有很大的关系。

以八面体场为例，当配体相同时，同一中心离子的正电荷越高，对配体的吸引力越大，中心离子与配体的核间距越小，中心离子外层的 d 电子与配体之间的斥力也越大，从而分裂能 Δ_o 也就越大。例如：

$[Fe(H_2O)_6]^{2+}$ $\quad \Delta_o=10400\ cm^{-1}$

$[Fe(H_2O)_6]^{3+}$ $\quad \Delta_o=13700\ cm^{-1}$

上式的能量单位用的是光谱中光的波数，单位为 cm^{-1}，$1\ cm^{-1}=12.0\ J\cdot mol^{-1}$。

电荷相同的中心离子，半径越大，轨道离核越远，越易在外电场作用下改变其能量，分裂能 Δ_o 值也越大。例如：

Ni^{2+} $\quad r=72$ pm $\quad [Ni(H_2O)_6]^{2+}$ $\quad \Delta_o=8500\ cm^{-1}$

Co^{2+} $\quad r=74$ pm $\quad [Co(H_2O)_6]^{2+}$ $\quad \Delta_o=9300\ cm^{-1}$

Fe^{2+} $\quad r=76$ pm $\quad [Fe(H_2O)_6]^{2+}$ $\quad \Delta_o=10400\ cm^{-1}$

氧化数相同的同族过渡金属的离子，在配体相同时，绝大多数配合物的 Δ_o 值随 d 轨道主量子数的增大而增大。例如：

$[CrCl_6]^{3-}$ $\quad \Delta_o=13600\ cm^{-1}$

$[MoCl_6]^{3-}$ $\quad \Delta_o=19200\ cm^{-1}$

对同一中心离子而言，Δ_o 值随配体场的强弱不同而改变，配体场的强度愈大，Δ_o 值愈大。大致顺序如下：

$I^- < Br^- < Cl^- < F^- < H_2O < NCS^- < NH_3 < en < NO_2^- < CN^- < CO$

该顺序根据光谱实验数据结合理论计算而得，因而称为光谱化学系列（spectrochemical series）。由此序列可知，配体可分为强场配体（strong-field ligand）如CO、CN^-和弱场配体（week-field ligand）如I^-、Br^-、Cl^-、F^-、H_2O等。一般以H_2O为分界，顺序在H_2O之前的配体为弱场配体，顺序在H_2O之后的配体为强场配体。

(5) 高自旋和低自旋配合物

在八面体场中，中心离子的d轨道能级分裂为两组t_{2g}和e_g。按照能量最低原理，电子将优先排布在能量低的t_{2g}轨道上。

在八面体配合物中，根据能量最低原理和洪特规则，$d^1 \sim d^3$构型的离子，例如Cr^{3+}（d^3构型）的三个d电子排布方式只有一种，即三个价电子全部排布在t_{2g}轨道上。$d^8 \sim d^{10}$构型的离子也只有一种排布法，即t_{2g}轨道上排布六个d电子，达到全满。其余2～4个d电子按洪特规则排布在e_g轨道上。

配位化合物高低自旋的预测

对$d^4 \sim d^7$构型的离子，d电子可以有两种排布方式。

第一种：在t_{2g}轨道上按洪特规则排布三个d电子，第四个d电子开始排布在e_g轨道上，这种电子排布法称之为高自旋。由此形成的配合物称为高自旋配合物（high-spin complex，HS）。

第二种：按洪特规则，先在t_{2g}轨道排布d电子，在t_{2g}轨道上的d电子未全满之前不填充到e_g上，这种排法称之为低自旋。由此形成的配合物称为低自旋配合物（low-spin complex，LS）。如图6-18所示。

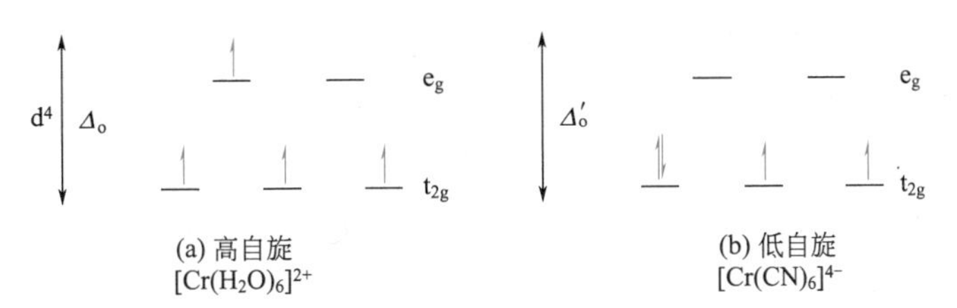

图6-18　d^4构型的离子在八面体场中d电子的两种排布

同为配合物，Cr^{2+}有4个3d电子，若按洪特规则排布时，采取高自旋，它们分布在四条d轨道上，都不成对，即$[Cr(H_2O)_6]^{2+}$，如图6-18(a)所示。若采取低自旋排布时，第4个d电子与原来的1个d电子偶合成对，即$[Cr(CN)_6]^{4-}$，如图6-18(b)所示。该电子需克服同一条轨道上电子间的排斥作用才能偶合成对。这个能量称为电子成对能（pairing energy），用E_p表示。排斥作用使势能升高，所以$E_p>0$。究竟是形成高自旋排布还是低自旋排布，就取决于轨道分裂能Δ_o与电子成对能E_p的相对大小。

若$\Delta_o>E_p$，形成低自旋，若d电子进入e_g轨道，能量升高Δ_o；若有可能留在t_{2g}轨道形成成对电子，能量升高E_p；因为$\Delta_o>E_p$，显然留在t_{2g}轨道形成低自旋的配合物的总能量的下降更多，配合物更稳定。

若$\Delta_o<E_p$，形成高自旋，若d电子进入e_g轨道，能量升高Δ_o；若有留在t_{2g}轨道形成成对电子，能量升高E_p；因为$\Delta_o<E_p$，显然d电子进入e_g轨道形成高自旋的配合物的总能量的下降更大，配合物更稳定。

不同的中心离子，电子成对能E_p相差不大，而分裂能相差较大，尤其是随晶体场的强弱而有较大差异。这样，分裂后 d 轨道中电子的排布便主要取决于分裂能 Δ_o 的大小，即晶体场的强弱。在弱场配体作用下，Δ_o 值较小，d 电子将尽可能地按洪特规则排布在不同轨道并自旋平行，保持能量最低。因此弱场配体形成的配合物将具有高自旋的结构，磁矩也较大。在强场配体作用下，Δ_o 值较大，电子进入能级较低的 t_{2g} 轨道配对能保持能量更低。所以强场配体形成的配合物将具有低自旋的结构，磁矩也较小。

(6) 晶体场稳定化能

在晶体场的作用下，中心离子的 d 轨道发生分裂，进入分裂后各轨道上的 d 电子总能量通常比未分裂前的 d 电子总能量降低，这部分降低的能量就称为晶体场稳定化能（crystal field stabilization energy，CFSE）。它应是 d 轨道发生分裂、d 电子重新排布造成的能量降低量与电子成对造成的能量上升量的代数和。对于八面体场配合物：

$$\text{CFSE}=n_1\Delta_o\times\frac{6}{10}-n_2\Delta_o\times\frac{4}{10}+(m_2-m_1)E_p \qquad (6\text{-}2)$$

式中 n_1——排布在高能轨道 e_g 上的 d 电子数；

n_2——排布在低能轨道 t_{2g} 上的 d 电子数；

m_1——d 轨道发生分裂前，中心离子的成对 d 电子的对数；

m_2——d 轨道发生分裂后，中心离子的成对 d 电子重排后的对数。

对于四面体配合物：

$$\text{CFSE}=n_1\Delta_t\times\frac{4}{10}-n_2\Delta_t\times\frac{6}{10}+(m_2-m_1)E_p \qquad (6\text{-}3)$$

式中 n_1——排布在高能轨道 t_{2g} 上的 d 电子数；

n_2——排布在低能轨道 e_g 上的 d 电子数；

m_1——d 轨道发生分裂前，中心离子的成对 d 电子的对数；

m_2——d 轨道发生分裂后，中心离子的成对 d 电子重排后的对数。

Fe^{2+} 有 6 个电子，见图 6-19(a)。在弱八面体场 $[Fe(H_2O)_6]^{2+}$ 中，因为 $\Delta_o<E_p$ 而采取高自旋结构，如图 6-19(b) 所示。由于 d 轨道发生分裂前后，成对的 d 电子对都是 1 对，所以相应的晶体场稳定能为：

$$\text{CFSE}=2\Delta_o\times\frac{6}{10}-4\Delta_o\times\frac{4}{10}+(1-1)E_p=2\times6\ \text{Dq}-4\times4\ \text{Dq}=-4\ \text{Dq}$$

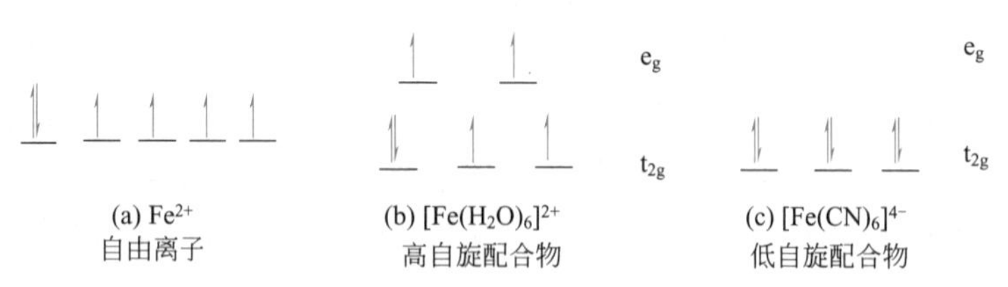

图 6-19 Fe^{2+} 的高自旋和低自旋配合物 d 电子排布

如果 Fe^{2+} 在强八面体场 $[Fe(CN)_6]^{4-}$ 中，因 $\Delta_o>E_p$ 而采取低自旋结构，如图 6-19(c) 所示。此时有三对成对电子，比它在自由离子状态时多两对成对电子，所以相应的晶体场稳定化能：

$$\text{CFSE}=6\times0\ \text{Dq}-4\times6\ \text{Dq}+(3-1)E_p=-24\ \text{Dq}+2E_p$$

在此情况下，因为 $E_p<\Delta_o$（即 10 Dq），低自旋的 CFSE<−4 Dq，比高自旋的 CFSE 还要低，应采取低自旋。

晶体场稳定化能与中心离子的 d 电子数目有关，也与晶体场的强弱有关，此外还与配合物的空间构型有关。在相同条件下晶体场稳定化能越小，形成配合物后，体系的总能量下降得越多，配合物越稳定。

(7) 晶体场理论的应用

因为分裂能 Δ_o 和电子成对能 E_p 可通过光谱实验数据求得，故能推测中心离子的电子排布及自旋状态和磁性。例如 $[Cr(H_2O)_6]^{2+}$，测得其 $\Delta_o = 13876\ cm^{-1}$，$E_p = 27835\ cm^{-1}$。因为 $\Delta_o < E_p$，可推知中心离子 Cr^{2+} 的 d 电子处于高自旋状态，d 电子排布如图 6-20 所示。

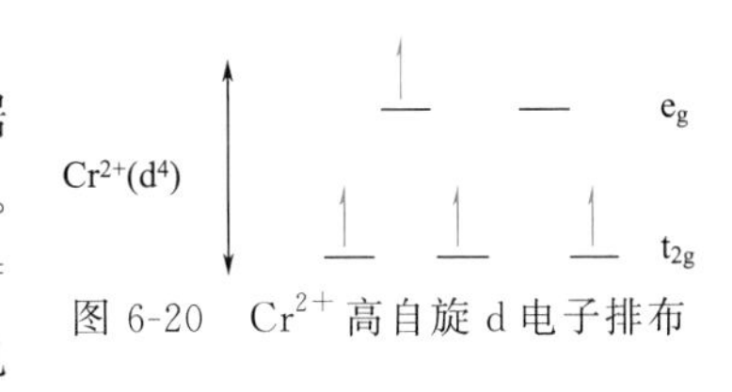

图 6-20 Cr^{2+} 高自旋 d 电子排布

由图可见，未成对电子 4 个。若再应用价键理论结果，根据 μ 与 n 的关系，还可推算 $[Cr(H_2O)_6]^{2+}$ 的磁矩为 $4.90\ \mu_B$。

晶体场理论能较好地解释配合物的颜色。配合物具有颜色是因为中心离子 d 轨道上电子没有充满，d 轨道在晶体场作用下发生了能级分裂后，d 电子就有可能从较低能级的轨道向较高能级的轨道发生 d-d 跃迁，此跃迁所需要的能量就是轨道的分裂能 Δ_o。这个能量可由光提供。d 电子吸收光能发生 d-d 跃迁，若光在可见光波长范围内，配合物就有了人们肉眼可观察到的颜色。被吸收的光波长不同，配合物显现不同的颜色。波长过短即分裂能 Δ 值过大，在可见光波长范围以外，配合物就显示不出颜色来。但吸收仍然存在，需要通过仪器才能观察得到。

如果中心离子轨道上全空（d^0）或全满（d^{10}），不可能发生上面所讨论的那种 d-d 跃迁，其水合离子是无色的，如 $[Sc(H_2O)_6]^{3+}$、$[Zn(H_2O)_6]^{2+}$ 等。

例如，$[Ti(H_2O)_6]^{3+}$ 的最大吸收波长在 490 nm 处，吸收最少的是紫色以及红色成分，所以它呈现与蓝绿光相应的互补色紫红色。

另外，根据晶体场稳定化能还能解释过渡金属离子 M^{2+} 与相同配体所生成配合物稳定性的相对强弱。例如，在正八面体场中，晶体场稳定化能的大小次序为：

$$d^1 < d^2 < d^3 < d^4 > d^5 < d^6 < d^7 < d^8 > d^9 > d^{10}$$

这个次序和 M^{2+} 配合物稳定性的次序基本上相符。即

$$d^1 < d^2 < d^3 \geqslant d^4 > d^5 < d^6 < d^7 < d^8 < d^9 > d^{10}$$

晶体场理论比较圆满地解释了配合物的构型、稳定性、自旋状态、磁性、颜色等方面的问题。因而从 20 世纪 50 年代以来，有了很大的发展。然而它也有一些明显的不足之处。

它假设配体是点电荷或偶极子，把配体与中心离子之间的相互作用完全作为静电作用来处理；假定配体电子不进入中心离子的轨道，而且中心离子的 d 电子也不进入配体的轨道，所成配位键完全具有离子键的性质。

实际上，中心离子的电子轨道和配体的电子轨道或多或少地会发生重叠，在中心离子和配体之间化学键既有离子键成分，也有共价键成分。

另外，它不能圆满地解释配合物的光谱化学序列，如为什么 NH_3 分子的场强比卤素阴离子强？为什么 CN^- 及 CO 配体场强最强？此外，难以解释中性分子配合物 $Ni(CO)_4$、$Fe(CO)_5$ 以及某些复杂配合物的形成机理与特性。

有的化学家在晶体场理论的基础上，吸收了分子轨道理论的优点，并考虑了中心离子与配体之间的化学键的共价成分，提出了配合物的配位场理论，此处不作介绍。

6.3 配合物在溶液中的解离平衡

6.3.1 配合物的平衡常数

金属离子 M 能与配位剂 L 逐步形成 ML、ML_2、…、ML_n 型配合物。其形成过程和相应的逐级稳定常数为：

$$M+L \rightleftharpoons ML \qquad K_1=\frac{[ML]}{[M][L]} \tag{6-4}$$

$$[ML]=K_1[M][L]=\beta_1[M][L]$$

$$\beta_1=K_1 \tag{6-5}$$

$$ML+L \rightleftharpoons ML_2 \qquad K_2=\frac{[ML_2]}{[ML][L]}$$

$$[ML_2]=K_2[ML][L]=K_1K_2[M][L]^2=\beta_2[M][L]^2 \tag{6-6}$$

$$\beta_2=K_1K_2 \tag{6-7}$$

$$\vdots \qquad\qquad \vdots$$

$$ML_{n-1}+L \rightleftharpoons ML_n \qquad K_n=\frac{[ML_n]}{[ML_{n-1}][L]}$$

$$[ML_n]=K_n[ML_{n-1}][L]=K_1K_2\cdots K_n[M][L]^n=\beta_n[M][L]^n \tag{6-8}$$

$$\beta_n=K_1K_2\cdots K_n \tag{6-9}$$

式中，K_1、K_2、…、K_n 称作配合物的逐级稳定常数（stepwise stability constant）；β_1、β_2、…、β_n 称作配合物的各级累积稳定常数（acumulated stability constant），β_n 称作配合物的总稳定常数 $K_{稳}$（stability constant）。

过去的一些教科书按照多元酸的解离过程模拟配合物 ML_n 的解离。如果从配合物的解离来考虑，其解离平衡常数称为解离常数，过去曾称其为配合物的不稳定常数。如 ML_n 的解离：

$$ML_n \rightleftharpoons ML_{n-1}+L \qquad K_1^*=\frac{[ML_{n-1}][L]}{[ML_n]} \tag{6-10}$$

K_1^* 称作配合物的一级不稳定常数，显而易见

$$K_1^*=\frac{1}{K_n} \tag{6-11}$$

$$ML_{n-1} \rightleftharpoons ML_{n-2}+L \qquad K_2^*=\frac{[ML_{n-2}][L]}{[ML_{n-1}]}=\frac{1}{K_{n-1}} \tag{6-12}$$

$$\vdots \qquad\qquad \vdots$$

$$ML \rightleftharpoons M+L \qquad K_n^*=\frac{[M][L]}{[ML]}=\frac{1}{K_1} \tag{6-13}$$

采用配合物不稳定常数 K^* 的概念，可将配合物 ML_n 视作 n 元酸 H_nA，配体 L 相当于 H_nA 中的 H。

6.3.2 配位平衡中的有关计算

由于金属离子的配合物 ML_n 存在逐级配合现象，在同一溶液中，金属离子有（$n+1$）种存在形式 M、ML、ML_2、…、ML_n。各存在形式的浓度也依条件而变化。

若金属离子配合物 ML_n 溶液中金属离子各种存在形式的总浓度为 c_M，c_M 称为分析浓度。根据物质守恒原理：

$$c_M=[M]+[ML]+[ML_2]+\cdots+[ML_n] \tag{6-14}$$

将式(6-4)～式(6-9) 代入

$$c_M=[M](1+\beta_1[L]+\beta_2[L]^2+\cdots+\beta_n[L]^n) \tag{6-15}$$

β_1，β_2，…，β_n 为配合物 ML_n 的各级累积稳定常数。

令 $[M]/c_M=\delta_0(M)$，称为 M 组分的分布系数，有

$$\delta_0(M)=\frac{1}{1+\beta_1[L]+\beta_2[L]^2+\cdots+\beta_n[L]^n} \tag{6-16}$$

以此类推

$$\delta_i(ML_i)=\frac{\beta_i[L]^i}{1+\beta_1[L]+\beta_2[L]^2+\cdots+\beta_n[L]^n} \tag{6-17}$$

由式(6-16) 可见，配合物各种存在形式的分布系数只是溶液中游离配体 L 的浓度的函数，而与 M 总浓度 c_M 无关。这与多元酸的各种存在形式的分布系数只是 $[H^+]$ 的函数相似。根据式(6-16)，只要知道各级累积稳定常数值，就可以计算出不同游离配体 L 的浓度下，各存在形式的分布系数 δ_i 值。

6.3.3 影响配位平衡的主要因素

以金属离子 M 与配位剂 EDTA（简记为 Y）的反应为例说明。M 与 Y 形成配合物 MY，此反应为主反应。M、Y 以及配合物 MY 都可能与体系中其他组分发生副反应，使配合物的平衡反应发生移动。其中反应物金属离子 M 及配位剂 Y 若与其他组分存在副反应，将使反应物金属离子 M、配位剂 Y 的浓度减小，化学反应反向移动。而生成物也存在各种副产物，使生成物浓度减小，反应正向移动。

副反应系数及表观稳定常数

(1) 金属离子的副反应

① 共存配位剂效应

金属离子的副反应包括金属离子与共存的其他配位剂 L 生成的其他配合物 ML_n，金属离子在一定 pH 以上水解为 $M(OH)_x$。金属离子副反应的大小可用金属离子副反应系数 α_M 来表示。

副反应系数 α_M 定义：所有未与配位剂 Y 配合的金属离子的总浓度 $[M']$ 与游离金属离子浓度 $[M]$ 之比，即

$$\alpha_M=\frac{[M']}{[M]} \tag{6-18}$$

金属离子 M 与共存的其他配位剂 L 反应生成一系列配合物 ML、ML_2、…、ML_n，它产生的影响称为配位效应；L 对 M 的副反应系数用 $\alpha_{M(L)}$ 表示，显而易见：

$$\alpha_{M(L)}=\frac{[M]+[ML]+\cdots+[ML_n]}{[M]} \tag{6-19}$$

$$=1+\beta_1[L]+\beta_2[L]^2+\cdots+\beta_n[L]^n \tag{6-20}$$

式中，β_1、β_2、…、β_n 为 M 与 L 配位反应的各级累积平衡常数。

② 水解效应

有些金属离子在水中与 OH^- 反应，生成各种羟基配离子。如 Fe^{3+} 在水溶液中能生成 $[Fe(OH)]^{2+}$、$[Fe(OH)_2]^+$ 等羟基配离子。由 OH^- 与金属离子形成羟基配合物所引起的

副反应所产生的影响，称为金属离子的水解效应。其副反应系数用 $\alpha_{M(OH)}$ 表示：

$$\alpha_{M(OH)}=\frac{[M]+[M(OH)]+\cdots+[M(OH)_n]}{[M]}$$
$$=1+\lambda_1[OH^-]+\lambda_2[OH^-]^2+\cdots+\lambda_n[OH^-]^n \tag{6-21}$$

式中，λ_1、λ_2、…、λ_n 为 M 与 OH^- 反应的各级累积平衡常数。

当 M 既与配位剂 L 又与 OH^- 发生副反应，α_M 应包括 $\alpha_{M(L)}$ 和 $\alpha_{M(OH)}$，即 M 的总副反应系数 α_M 为：

$$\alpha_M=\frac{[M']}{[M]}=\frac{[M]+[ML]+\cdots+[ML_n]+[M(OH)]+\cdots+[M(OH)_n]}{[M]} \tag{6-22}$$

$$\alpha_M=\alpha_{M(L)}+\alpha_{M(OH)}-1 \tag{6-23}$$

依此类推，当有 L_1、L_2、…、L_n 种辅助配位剂共存时，总副反应系数为：

$$\alpha_M=\alpha_{M(L_1)}+\alpha_{M(L_2)}+\cdots+\alpha_{M(L_n)}-(n-1) \tag{6-24}$$

即副反应系数是具有加和性的。

计算副反应系数时，由于各项通常大小悬殊，仅少数几项占优，其他各项可忽略不计，以简化计算。

(2) 配位剂 EDTA (Y) 的副反应

① 酸效应

配位剂 Y 除了可以和金属离子形成配合物外，它还可以得到 H^+。H^+ 与金属离子产生了竞争反应。由于 H^+ 与 Y 之间发生副反应，使得配位剂 Y 参加主反应的能力下降，H^+ 对配位剂配位能力的影响称为酸效应。酸效应的大小用酸副反系数又称作酸效应系数 $\alpha_{L(H)}$ 来衡量。

H^+ 对配位剂 Y 的酸效应系数 $\alpha_{Y(H)}$ 定义：未参加与 M 的配位反应的配位剂 Y 的总浓度 [Y′] 与游离 Y 的浓度 [Y] 之比，即

$$\alpha_{L(H)}=\frac{[Y']}{[Y]}=([Y]+[HY]+[H_2Y]+\cdots+[H_6Y])/[Y]$$
$$=1+\xi_1[H^+]+\xi_2[H^+]^2+\cdots+\xi_6[H^+]^6 \tag{6-25}$$

式中，ξ_1、ξ_2、…、ξ_6 为配位剂 Y 的各级累积质子化常数。

对于配位剂 Y 的分子状态的六元酸 H_6Y，有各级解离常数 K_{a1}、K_{a2}、…、K_{a6}，由式(6-10)～式(6-13) 可知：

$$\xi_1=\frac{1}{K_{a6}} \tag{6-26}$$

$$\xi_2=\frac{1}{K_{a6}K_{a5}} \tag{6-27}$$

$$\xi_p=\frac{1}{K_6K_{a5}\cdots K_{a2}K_{a1}} \tag{6-28}$$

由式(6-25) 可知，溶液酸度即 $[H^+]$ 越大，配位剂 Y 的酸效应系数 $\alpha_{Y(H)}$ 越大；$\alpha_{Y(H)}$ 值越大，表示酸效应引起的副反应越严重，即能与 M 配位的 Y 的有效浓度越小。若氢离子与 Y 之间没有发生副反应，即未参加配位反应的 Y 全部以游离形式存在，则 $\alpha_{Y(H)}=1$。

$\alpha_{Y(H)}$ 可以用式(6-25) 计算，在不同 pH 下酸效应系数 $\alpha_{Y(H)}$ 的值列于表 6-2。

表 6-2 EDTA 在不同 pH 时酸效应系数的对数值 $\lg\alpha_{Y(H)}$

pH	$\lg\alpha_{Y(H)}$	pH	$\lg\alpha_{Y(H)}$	pH	$\lg\alpha_{Y(H)}$	pH	$\lg\alpha_{Y(H)}$
0.0	23.64	4.0	8.44	8.0	2.27	12.0	0.01
1.0	18.01	5.0	6.45	9.0	1.28	13.0	0.00
2.0	13.51	6.0	4.65	10.0	0.45		
3.0	10.60	7.0	3.32	11.0	0.07		

② 共存金属离子效应

若溶液中除参与反应的金属离子 M 外，还存在其他金属离子 N，N 也与 Y 发生反应，这也会影响主反应的进行。金属离子对配位剂的配位能力的影响称为金属离子效应。金属离子效应的大小用金属离子副反系数 $\alpha_{Y(N)}$ 来衡量。$\alpha_{Y(N)}$ 定义：所有未与主金属离子配合的 Y 的总浓度 [Y′] 与游离配体 [Y] 之比，即

$$\alpha_{Y(N)}=\frac{[Y']}{[Y]}=\frac{[Y]+[NY]+[NY_1]+\cdots[NY_n]}{[Y]}=1+\beta_1[N]+\beta_2[N]^2+\cdots+\beta_n[N]^n \tag{6-29}$$

上式中，β_1、β_2、…、β_n 为金属离子 N 与配位剂 Y 形成配合物的各级累积稳定常数。

若两种副反应同时存在，配位剂 Y 总副反应系数

$$\alpha_Y=\alpha_{Y(H)}+\alpha_{Y(N)}-1 \tag{6-30}$$

若反应体系中有 e 个其他金属离子 N_1、N_2、…、N_e，配位剂 Y 总副反应系数：

$$\alpha_Y=\alpha_{Y(H)}+\alpha_{Y(N1)}+\cdots+\alpha_{Y(Ne)}-e \tag{6-31}$$

(3) 配合物 MY 的副反应

当溶液的酸度较高时，H^+ 可与 MY 生成酸式配合物 MHY：

$$MY+H^+ \rightleftharpoons MHY \qquad K_{MHY}=\frac{[MHY]}{[MY][H^+]}$$

其副反应系数：

$$\alpha_{MY(H)}=\frac{[MY']}{[MY]}=\frac{[MY]+[MHY]}{[MY]}=1+[H^+]K_{MHY}^{H} \tag{6-32}$$

式中，K_{MHY}^{H} 表示 H^+ 与 MY 形成 MHY 的反应的形成常数。

同样，当溶液碱度较高时，OH^- 与 MY 发生副反应，形成碱式配合物 M(OH)Y，其副反应系数为：

$$\alpha_{MY(OH)}=1+K_{M(OH)Y}^{OH}[OH^-] \tag{6-33}$$

式中，$K_{M(OH)Y}^{OH}$ 表示 OH^- 与 MY 形成 M(OH)Y 反应的形成常数。一般上述两种配合物不太稳定，因此计算中常可忽略，即 $\alpha_{MY(H)}$ 或 $\alpha_{MY(OH)}\approx 1$。所以 $c_{MY}\approx[MY]$。上述效应总的称为生成物的配位效应和酸碱效应。

6.3.4 配合物的表观稳定常数

此处仍以金属离子 M 与 EDTA（Y）的配位反应为例。若 M 与 Y 只生成一种配合物 MY，且溶液中没有副反应存在，可用各级稳定常数 $K_{稳}$ 来衡量配位反应进行的程度。但是，实际情况是比较复杂的。除主反应外，还有酸效应、配位效应、共存金离子效应、共存配位剂效应等副反应发生，使溶液中的金属离子 M 和配位剂 Y 参加主反应的有效浓度降低。当达到平衡时，溶液中：

$$[\mathrm{M}]=\frac{[\mathrm{M}']}{\alpha_{\mathrm{M}}} \tag{6-34}$$

$$[\mathrm{Y}]=\frac{[\mathrm{Y}']}{\alpha_{\mathrm{Y}}} \tag{6-35}$$

$$[\mathrm{MY}]=\frac{[\mathrm{MY}']}{\alpha_{\mathrm{MY}}} \tag{6-36}$$

将式(6-34)～式(6-36) 代入式(6-4)：

$$K_{\mathrm{MY}}=\frac{[\mathrm{MY}]}{[\mathrm{M}][\mathrm{Y}]}=\frac{[\mathrm{MY}']\alpha_{\mathrm{M}}\alpha_{\mathrm{Y}}}{[\mathrm{M}'][\mathrm{Y}']\alpha_{\mathrm{MY}}}$$

$$=\frac{\alpha_{\mathrm{M}}\alpha_{\mathrm{Y}}}{\alpha_{\mathrm{MY}}}\frac{[\mathrm{MY}']}{[\mathrm{M}'][\mathrm{Y}']} \tag{6-37}$$

令

$$K'_{\mathrm{MY}}=\frac{[\mathrm{MY}']}{[\mathrm{M}'][\mathrm{Y}']}$$

式中，K'_{MY}称为配合物 MY 的表观稳定常数或条件稳定常数（conditional stability constant）；$[\mathrm{M}']$、$[\mathrm{Y}']$ 分别为未参加主反应的 M 和 Y 的总浓度，即表观浓度；$[\mathrm{MY}']$ 为溶液中 MY、MHY 和 M(OH)Y 的浓度之和。

大多数配位反应都会伴有副反应，因此，用无副反应的 K_{MY} 评价配位反应进行的程度就无现实意义。针对不同的实验条件，可通过 6.3.3 的相关计算，得到不同的 α_{M}、α_{Y}、α_{MY} 和 K'_{MY}，K'_{MY}值的大小说明 MY 配合物在实验条件下的稳定程度，因此，用 $\lg K'_{\mathrm{MY}}$作为判断配合物在此实验条件下稳定性的判据完全符合实际情况。

对式(6-37) 两边均取常用对数得：

$$\lg K'_{\mathrm{MY}}=\lg K_{\mathrm{MY}}+\lg\alpha_{\mathrm{MY}}-\lg\alpha_{\mathrm{M}}-\lg\alpha_{\mathrm{Y}} \tag{6-38}$$

在多数情况下酸式或碱式配合物不稳定，可忽略，即 $\lg\alpha_{\mathrm{MY}}\approx 0$，故上式可简化为：

$$\lg K'_{\mathrm{MY}}=\lg K_{\mathrm{MY}}-\lg\alpha_{\mathrm{M}}-\lg\alpha_{\mathrm{Y}} \tag{6-39}$$

若溶液中无其他配位剂，酸度又高于金属离子的水解酸度，此条件下，只存在 Y 的酸效应，故式(6-38) 可进一步简化为：

$$\lg K'_{\mathrm{MY}}=\lg K_{\mathrm{MY}}-\lg\alpha_{\mathrm{Y(H)}} \tag{6-40}$$

【例 6-2】 已知配离子 $[\mathrm{Zn(NH_3)_4}]^{2+}$ 的各级累积稳定常数为：$\beta_1=10^{2.27}$、$\beta_2=10^{4.61}$、$\beta_3=10^{7.01}$、$\beta_4=10^{9.06}$；在 Zn 的总浓度 $c_{\mathrm{Zn}}=0.010\ \mathrm{mol\cdot L^{-1}}$ 的 $\mathrm{Zn^{2+}}$ 溶液中，加入 pH=11 的氨性缓冲溶液，使溶液中游离氨的浓度 $[\mathrm{NH_3}]=0.10\ \mathrm{mol\cdot L^{-1}}$。计算溶液中游离的 $\mathrm{Zn^{2+}}$ 浓度 $[\mathrm{Zn^{2+}}]$。已知 pH=11 时，$\lg\alpha_{\mathrm{Zn(OH)}}=5.40$。

解 $\alpha_{\mathrm{Zn(NH_3)}}=1+\beta_1[\mathrm{NH_3}]+\beta_2[\mathrm{NH_3}]^2+\beta_3[\mathrm{NH_3}]^3+\beta_4[\mathrm{NH_3}]^4$

$=1+10^{2.27}\times 0.10+10^{4.61}\times 0.10^2+10^{7.01}\times 0.10^3+10^{9.06}\times 0.10^4$

$=10^{5.10}$

所以

$$\alpha_{\mathrm{Zn}}=\alpha_{\mathrm{Zn(NH_3)}}+\alpha_{\mathrm{Zn(OH)}}-1=10^{5.10}+10^{5.40}-1=10^{5.60}$$

$$[\mathrm{Zn^{2+}}]=\frac{c_{\mathrm{Zn}}}{\alpha_{\mathrm{Zn}}}=\frac{0.010}{10^{5.60}}=2.5\times 10^{-8}(\mathrm{mol\cdot L^{-1}})$$

【例 6-3】 在 $0.10\ \mathrm{mol\cdot L^{-1}}$ 的 $[\mathrm{AlF_6}]^{3-}$ 溶液中，游离 $[\mathrm{F^-}]=0.010\ \mathrm{mol\cdot L^{-1}}$，溶液 pH=5.00。计算 Al-EDTA（简写成 AlY）的条件稳定常数。已知 pH=5.00 时，$\lg\alpha_{\mathrm{Al(OH)}}=0.4$。

解　查附录4知：$[AlF_6]^{3-}$的各级累积稳定常数分别为：$\beta_1=10^{6.13}$、$\beta_2=10^{11.15}$、$\beta_3=10^{15.00}$、$\beta_4=10^{17.75}$、$\beta_5=10^{19.39}$、$\beta_6=10^{19.84}$，则

$$\alpha_{Al(F)}=1+\beta_1[F^-]+\beta_2[F^-]^2+\beta_3[F^-]^3+\beta_4[F^-]^4+\beta_5[F^-]^5+\beta_6[F^-]^6$$
$$=1+10^{4.13}+10^{7.15}+10^{9.00}+10^{9.75}+10^{9.39}+10^{7.84}=8.9\times10^9$$

查表6-2，pH=5.00时，$\lg\alpha_{Y(H)}=6.45$，则

$$\alpha_{Al}=\alpha_{Al(F)}+\alpha_{Al(OH)}-1=8.9\times10^9+10^{0.4}=8.9\times10^9$$

查表6-4，$\lg K_{AlY}=16.3$，则

$$\lg K'_{AlY}=\lg K_{AlY}-\lg\alpha_{Al}-\lg\alpha_{Y(H)}=16.3-9.95-6.45=-0.1$$

计算说明AlY在此条件下很不稳定，基本上不会形成AlY配合物，以$[AlF_6]^{3-}$为主。

6.4　配合物的分析应用——配位滴定法

6.4.1　配位滴定法概述

以形成配位化合物反应为基础的滴定分析方法，称为配位滴定法。

作为滴定用的配位剂可分为无机配位剂和有机配位剂两类。能形成配合物的无机配位剂和有机配位剂很多，但能用于配位滴定的却很少。这是由于它们中的大多数不符合滴定反应的要求，原因如下。

① 大多数无机配合物的稳定常数不大，不能满足反应率>99.9%要求。

② 金属离子与配位剂存在逐级配位现象，产物不唯一，因而不能定量反应。如Cd^{2+}与CN^-配位反应，可生成$[Cd(CN)]^+$、$[Cd(CN)_2]$、$[Cd(CN)_3]^-$、$[Cd(CN)_4]^{2-}$四种配合物，它们的稳定常数分别为$10^{5.48}$、$10^{5.14}$、$10^{4.56}$、$10^{3.58}$。由于各级配合物的稳定常数相差很小，反应条件难以控制只生成一种形式的配合物。

无机配位剂用于滴定分析的比较少，目前还在使用的有银量法和汞量法。例如，用$AgNO_3$溶液来滴定CN^-时，其反应如下：

$$Ag^+ + 2CN^- \rightleftharpoons [Ag(CN)_2]^- \qquad (6\text{-}41)$$

滴定到达化学计量点时，过量Ag^+就与$[Ag(CN)_2]^-$反应生成白色的$Ag[Ag(CN)_2]$沉淀，指示终点的到达。终点时的反应为：

$$[Ag(CN)_2]^- + Ag^+ \rightleftharpoons Ag[Ag(CN)_2]\downarrow \qquad (6\text{-}42)$$

在配位滴定分析中，绝大多数都是有机配位剂，常用的是氨羧基配位剂，它们是一类含有氨基二乙酸基团的有机化合物。

有机胺中的氮易与Co、Zn、Cu、Ni、Cd、Hg等金属离子配位；羧氧基中的氧几乎能与一切高价金属离子配位。胺羧配位剂既有氨基又有羧基，所以几乎能与所有金属离子配位。在胺羧配位剂中用得最多的是乙二氨四乙酸，简称EDTA，为简便计，用H_4Y表示其分子式（分子结构式见图6-3）。

用EDTA标准溶液可以滴定几十种金属离子，这种配位滴定法又称EDTA滴定法。通常所谓的配位滴定法主要是指EDTA滴定法。

6.4.2　EDTA的性质及其配合物

EDTA在水中的溶解度很小，22 ℃时，100 mL水中仅能溶解0.02 g，故常用它的二钠盐$Na_2H_2Y\cdot2H_2O$。一般也简称EDTA。Na_2H_2Y的溶解度较大，22 ℃时，100 mL水中能

溶解 11.1 g，饱和水溶液的浓度约为 0.3 $mol \cdot L^{-1}$。

EDTA 具有双偶极离子结构，在酸性很强的溶液中形成 H_6Y^{2+}，可视作一个六元酸。它有六级解离：

$$H_6Y^{2+} \rightleftharpoons H_5Y^+ + H^+ \qquad K_{a1} = \frac{[H^+][H_5Y^+]}{[H_6Y^{2+}]} = 10^{-1.0} \tag{6-43}$$

$$H_5Y^+ \rightleftharpoons H_4Y + H^+ \qquad K_{a2} = \frac{[H^+][H_4Y]}{[H_5Y^+]} = 10^{-1.60} \tag{6-44}$$

$$H_4Y \rightleftharpoons H_3Y^- + H^+ \qquad K_{a3} = \frac{[H^+][H_3Y^-]}{[H_4Y]} = 10^{-2.0} \tag{6-45}$$

$$H_3Y^- \rightleftharpoons H_2Y^{2-} + H^+ \qquad K_{a4} = \frac{[H^+][H_2Y^{2-}]}{[H_3Y^-]} = 10^{-2.67} \tag{6-46}$$

$$H_2Y^{2-} \rightleftharpoons HY^{3-} + H^+ \qquad K_{a5} = \frac{[H^+][HY^{3-}]}{[H_2Y^{2-}]} = 10^{-6.16} \tag{6-47}$$

$$HY^{3-} \rightleftharpoons Y^{4-} + H^+ \qquad K_{a6} = \frac{[H^+][Y^{4-}]}{[HY^{3-}]} = 10^{-10.26} \tag{6-48}$$

在水溶液中，EDTA 以 H_6Y^{2+}、H_5Y^+、H_4Y、H_3Y^-、H_2Y^{2-}、HY^{3-} 和 Y^{4-} 共 7 种形式存在。它们的分布系数仅是溶液 pH 值的函数，其关系如图 6-21 所示。

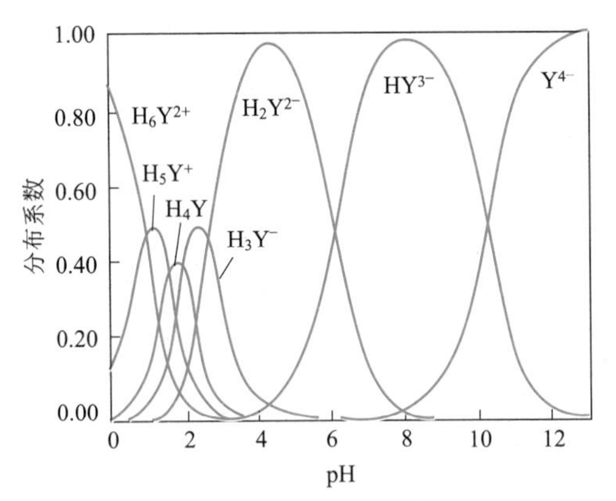

图 6-21　EDTA 的各种存在形式分布系数-pH 关系图

从图 6-21 可以看出，在不同 pH 值溶液中时，EDTA 的主要存在形式是不一样的，当 pH≥12.0 时，EDTA 将全部以 Y^{4-} 的形式存在，即 $\lg\alpha_{Y(H)}=0$，如表 6-3 所示。

表 6-3　pH 不同的溶液中 EDTA 的主要存在形式

pH 范围	<1.0	1.0～1.6	1.6～2.0	2.0～2.67	2.67～6.16	6.16～10.26	≥12
主要存在形式	H_6Y^{2+}	H_5Y^+	H_4Y	H_3Y^-	H_2Y^{2-}	HY^{3-}	Y^{4-}

在 EDTA 与金属离子形成的配合物中，以 Y^{4-} 与金属离子形成的配合物最为稳定。所以说 EDTA 与金属离子的配合物就是指 Y^{4-} 与金属离子形成的配合物。为了表达简单，Y^{4-} 一律简写为 Y。因此，溶液的酸度就成为影响金属-EDTA 配合物稳定性的一个重要条件。

如 6.1.3 和 6.4.1 中所述，EDTA 是氨羧基配位剂，几乎能与所有金属离子形成稳定的螯合物，而且配比一般为 1∶1。其配合物稳定常数的对数值如表 6-4 所示。

表 6-4　EDTA 与金属离子配合物稳定常数的对数值 $\lg K_{MY}$

Ag^{+}	Al^{3+}	Ba^{2+}	Be^{2+}	Bi^{3+}	Ca^{2+}	Ce^{3+}	Cd^{2+}	Co^{2+}	Co^{3+}
7.32	16.3	7.86	9.30	27.94	10.69	15.98	16.46	16.31	36.0
Cr^{3+}	Cu^{2+}	Fe^{2+}	Fe^{3+}	Hg^{2+}	La^{3+}	Mg^{2+}	Mn^{2+}	Na^{+}	Ni^{2+}
23.4	18.8	14.33	25.1	21.8	15.5	8.69	13.87	1.66	18.6
Pb^{2+}	Pt^{3+}	Sn^{2+}	Sr^{2+}	Th^{4+}	Ti^{3+}	TiO^{2+}	UO_2^{3+}	U^{4+}	VO_2^{+}
18.04	16.4	22.1	8.73	23.2	21.3	17.3	10	25.8	18.1

从表 6-4 可以看到：EDTA 配合物稳定常数的表观规律。

① 碱金属配合物的稳定常数一般很小，如 Na^{+} 的 $\lg K_{NaY}$ 只有 1.66；

② 离子电荷相等的副族元素配合物的稳定常数比主族元素配合物的稳定常数大，如 $\lg K_{CuY} > \lg K_{CaY}$、$\lg K_{Co(Ⅲ)Y} > \lg K_{BiY}$ 等；

③ 同一个元素，离子电荷数越多，配合物的稳定常数越大，如 $\lg K_{Co(Ⅲ)Y} > \lg K_{Co(Ⅱ)Y}$、$\lg K_{Fe(Ⅲ)Y} > \lg K_{Fe(Ⅱ)Y}$ 等。

6.4.3　配位滴定分析中的配位反应

第 5 章已述，滴定分析必须解决四大问题。配位滴定分析法当然也不能例外。

(1) EDTA 与金属离子配位反应

① EDTA 滴定金属离子的必要条件

EDTA 与大多数金属离子都可形成 1∶1 配合物，克服了许多不适合进行配位滴定的配位剂会生成多种形式的配合物的缺点。EDTA 与各金属离子配合物的稳定常数 K_{MY} 如表 6-4 所列。

在配位滴定中，在化学计量点时，要求必须有 99.9% 的 M 与 EDTA 形成配合物：

$$M + Y \rightleftharpoons MY$$

若 M 和 Y 的起始浓度均为 c，在化学计量点时：

$$[MY] = \frac{0.999c}{2} \approx \frac{c}{2}$$

$$[Y] = [M] = \frac{0.001c}{2}$$

$$K_{MY} = \frac{[MY]}{[M][Y]} \geqslant \frac{\frac{c}{2}}{\left(\frac{0.001c}{2}\right)^2} = \frac{2\times 10^6}{c}$$

$$c_M K_{MY} \geqslant 2\times 10^6$$

$$\lg(c_M K_{MY}) \geqslant 6.3 \approx 6 \qquad (6\text{-}49)$$

式(6-49) 是在没有任何副反应情况下，可用 EDTA 滴定金属离子的必要条件。

若允许的滴定误差为 0.3%，在化学计量点时：

$$[MY] = \frac{0.997c}{2} \approx \frac{c}{2}$$

$$[Y] = [M] = \frac{0.003c}{2}$$

$$K_{MY} = \frac{[MY]}{[M][Y]} \geqslant \frac{\frac{c}{2}}{\left(\frac{0.003c}{2}\right)^2} = \frac{2.2\times 10^5}{c}$$

$$\lg(c_M K_{MY}) \geqslant 5.3 \approx 5 \tag{6-50}$$

如 6.4.2 中所述，若实验中有各种副反应存在，则用条件稳定常数 K'_{MY} 取代 K_{MY}。

即
$$\lg(c_M K'_{MY}) \geqslant 6 \tag{6-51}$$

式(6-51) 便是任何实验条件下，用 EDTA 滴定金属离子的必要条件。

当 c_M 取 0.010 mol·L^{-1}时，上述条件即为 $\lg K'_{MY} \geqslant 8$。

② 配位滴定中酸度的控制

如①所述，EDTA 准确滴定单一金属离子的条件是 $\lg(cK'_{MY}) \geqslant 6$。若在配位滴定中，除了 EDTA 的酸效应之外没有其他副反应，由式(6-40) 可知：

$$\lg K'_{MY} = \lg K_{MY} - \lg\alpha_{Y(H)}$$

$$\lg(cK'_{MY}) = \lg c + \lg K'_{MY} = \lg K_{MY} + \lg c - \lg\alpha_{Y(H)} \geqslant 6$$

$$\lg\alpha_{Y(H)} \leqslant \lg(cK_{MY}) - 6 \tag{6-52}$$

当 c_M 取 0.01 mol·L^{-1}时，上述条件即为 $\lg\alpha_{Y(H)} \leqslant \lg(K_{MY}) - 8$。

因此，对溶液的酸度要有一定的控制，酸度高于 $\alpha_{Y(H)}$ 所对应的酸度，就不能进行准确滴定，这一限度就是配位滴定所允许的最高酸度（最低 pH 值）。

由式(6-52) 先算出各种金属离子的 $\lg\alpha_{Y(H)}$ 最大值，再由表 6-2 查出对应的 pH 值，这个值即为滴定某一金属离子的最低 pH 值。

通常也可将金属离子的 $\lg K_{MY}$ 值与允许的最小 pH 值［或对应的 $\lg\alpha_{Y(H)}$ 与最小 pH 值］的关系绘成曲线，这条曲线称为酸效应曲线或林邦曲线（Ringbom curve），如图 6-22 所示。图中金属离子位置所对应的 pH 值，就是滴定这种金属离子时所允许的最小 pH 值。

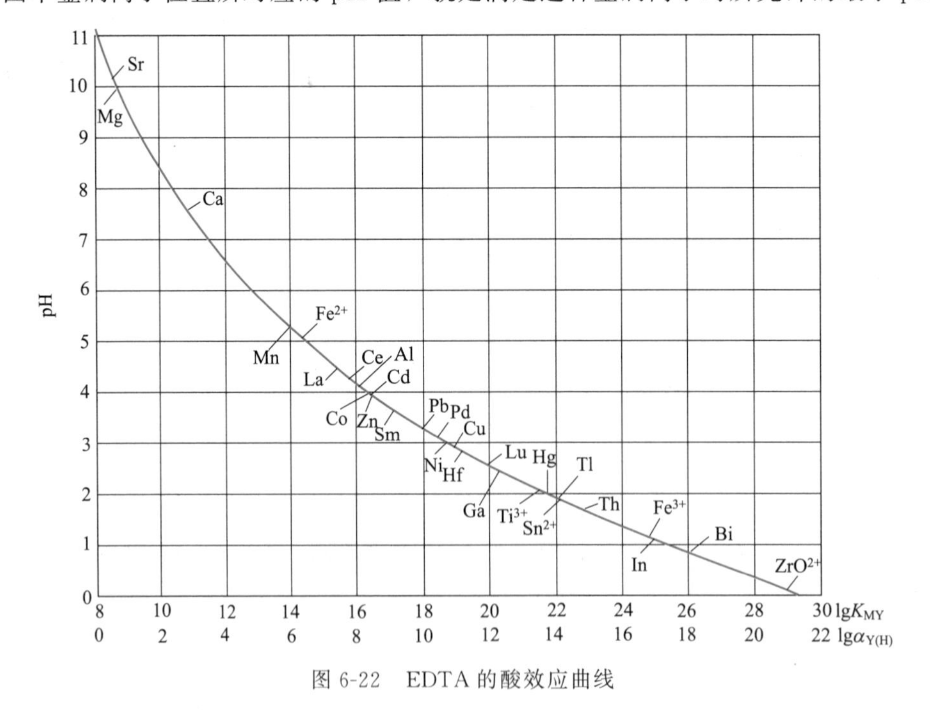

图 6-22　EDTA 的酸效应曲线

【例 6-4】 用 0.010 mol·L^{-1}的 EDTA 滴定 0.010 mol·L^{-1}的 Fe^{3+} 溶液时的最高酸度和最低酸度。已知 $\lg K_{FeY} = 25.1$，$K_{sp}[Fe(OH)_3] = 3.5 \times 10^{-38}$。

解　由式(6-52) 可知：

$$\lg\alpha_{Y(H)} \leqslant \lg cK_{MY} - 6 = 25.1 - 2 - 6 = 17.1$$

查表 6-2 知 pH=1.0 时，$\lg\alpha_{Y(H)}=18.1$；pH=2.0 时，$\lg\alpha_{Y(H)}=13.51$。用插值法可求得：

$$18.1-\frac{n(18.1-13.51)}{10}=17.1, n=2.18$$

$$pH \geqslant 1.0+0.1n=1.22$$

查林邦曲线也可得相同结论。

为了不使 Fe^{3+} 形成 $Fe(OH)_3$ 沉淀，最高 pH 由 $K_{sp}[Fe(OH)_3]$ 决定。即

$$[Fe^{3+}][OH^-]^3<K_{sp}[Fe(OH)_3]$$

$$[OH^-]=\sqrt[3]{\frac{K_{sp}[Fe(OH)_3]}{[Fe^{3+}]}}=\sqrt[3]{\frac{3.5\times10^{-38}}{0.010}}=1.5\times10^{-12}$$

$$pOH=-\lg(1.5\times10^{-12})=11.82$$

$$pH=14.00-pOH=14-11.82=2.2$$

配位滴定应控制在最高 pH 与最低 pH 之间，此范围称为配位滴定的适宜 pH 范围。因此 EDTA 滴定 Fe^{3+} 的适宜 pH 范围是 $1.22 \leqslant pH \leqslant 2.2$。在配位滴定中，随着滴定的进行，不断有 H^+ 被释放出来：

$$M^{n+}+H_2Y^{2-} = MY^{(4-n)-}+2H^+$$

因此被滴溶液的 pH 会有所减小，会带来一些副作用。所以一定要用缓冲溶液控制溶液 pH，并使 pH 尽可能地稍大一些。

(2) 配位反应的速率

大多数二价金属离子如 Ca^{2+}、Mg^{2+}、Cu^{2+}、Zn^{2+} 等与 EDTA 的反应速率都非常快，可用 EDTA 直接滴定。

三价或四价离子如 Bi^{3+}、Fe^{3+}、Al^{3+} 等与 EDTA 的反应速率较慢，而且离子半径越小，反应速率越慢。

例如，可在常温下用 EDTA 标准溶液直接滴定 Bi^{3+}，但终点时指示剂变色突然性不够。因此，临近终点时，需降低滴定速度并加强对溶液的搅拌。

Fe^{3+} 与 EDTA 的反应速率更低一些。已不能在常温下进行滴定。必须将被滴溶液加热到 70～80 ℃，才能用 EDTA 标准溶液直接滴定。

Al^{3+} 在加热时也不能与 EDTA 快速反应，只能采用返滴定法。在 Al^{3+} 溶液中加入过量的 EDTA 标准溶液，加热、煮沸 5～10 min，使 Al^{3+} 与 EDTA 反应完全。然后再用另一金属离子如 Cu^{2+}、Zn^{2+} 等标准溶液滴定过量的 EDTA。根据两种标准溶液的浓度和用量，即可求得被测离子的含量。如 6.4.2 中所述，这种方法称作返滴定法。

6.4.4 EDTA 标准溶液浓度的确定

由于有色金属离子与 EDTA 配合物颜色更深，影响指示剂变色对滴定终点的判断，一般 EDTA 标准溶液多配制在 0.01～0.02 $mol \cdot L^{-1}$。

目前尚无基准纯的 EDTA 试剂商品。因此，确定 EDTA 标准溶液的浓度只能用间接法标定。所用的基准物质有纯 Cu、ZnO、$CaCO_3$ 等。但最好的选择应考虑下列两点。

① 基准物质最好选择含有被测金属离子的物质，如测定样品中的 Ca，最好选择 $CaCO_3$ 为基准物标定 EDTA 标准溶液。只要标定与测定时的条件一样，系统误差会全部抵消。

② 若无被测金属离子的基准物质，要尽可能地选择标定与测定中的条件相近的基准物质来标定，尤其是 pH 应尽量接近。如 pH=10.0 时，用 EDTA 测定水样中的 Ca 和 Mg，

可采用$CaCO_3$为基准物，在pH≥12.0时标定EDTA；也可以ZnO为基准物，在氨-氯化铵缓冲溶液中标定EDTA。在pH=4.0～5.0时，用EDTA可滴定Pb^{2+}，则宜用ZnO为基准物，在pH≈4.75的HAc-NaAc缓冲溶液中标定EDTA。

式(6-40)表明，pH对条件稳定常数K'_{MY}影响较大，K'_{MY}不同，滴定突跃范围也会不同，指示剂的选择也不同。不同的指示剂变色的灵敏度也存在差异，这些都会导致滴定误差的微小扩大。

6.4.5 EDTA滴定曲线与滴定突跃

配位滴定也可以看作广义的酸、碱之间的滴定。金属离子接受孤电子对，是广义的酸（路易斯酸），配位剂EDTA提供孤电子对，是广义的碱（路易斯碱）。其滴定曲线可用类似于绘制酸碱滴定曲线的方法绘制。在滴定过程中，随着配位剂EDTA的不断加入，被滴定的金属离子浓度[M]就不断减少。在化学计量点前后0.1%，pM值（pM=-lg[M]）发生突变，产生突跃。配位滴定过程中M的变化规律可以用pM值对配位剂的加入量所绘制的滴定曲线来表示。考虑到实验条件不同，各种副反应有异，所以，计算pM时需要使用条件稳定常数K'_{MY}而不是稳定常数K_{MY}。

(1) EDTA滴定金属离子的滴定突跃

对于体积为V、浓度为c_M任一金属离子M，稳定常数为K_{MY}，用相同浓度c的EDTA标准溶液滴定。

$$\lg K'_{MY}=\lg K_{MY}-\lg\alpha_{Y(H)} \tag{6-53}$$

① 滴定至化学计量点前0.1%

此时应滴加EDTA溶液的体积$0.999V$，此时未形成配合物的M的表观浓度

$$[M'_1]=\frac{c_M(1-0.999)V}{V+0.999V}=5.0\times10^{-4}c_M$$

$$pM'_1=3.30-\lg c_M$$

根据式(6-33)，有

$$\frac{[M'_1]}{c_M}=\alpha_M$$

$$pM_1=3.30-\lg c_M+\lg\alpha_M \tag{6-54}$$

② 滴定至化学计量点后0.1%

此时加入的EDTA溶液的体积为$1.001V$，EDTA溶液过量$0.001V$：

$$c_{EDTA}\approx\frac{0.001Vc_M}{V+1.001V}=5\times10^{-4}c_M$$

$$[MY]\approx\frac{c_MV}{V+1.001V}=0.50c_M$$

$$\frac{[MY]}{[c_{EDTA}][M'_2]}=K'_{MY}$$

$$[M'_2]=\frac{0.50c_M}{5.0\times10^{-4}c_MK'_{MY}}=\frac{10^3}{K'_{MY}}$$

$$pM'_2=\lg K'_{MY}-3$$

$$pM_2=\lg K'_{MY}-3+\lg\alpha_M \tag{6-55}$$

化学计量点前后0.1%的突跃范围：

$$\Delta pM=pM_2-pM_1=\lg K'_{MY}-3-3.30+\lg c_M=\lg K'_{MY}+\lg c_M-6.30 \tag{6-56}$$

$$\lg K'_{MY}+\lg c_M-6.30\geqslant0$$

$$\lg(c_M K'_{MY}) \geqslant 6.30$$

上式与式(6-49) 完全一致。上式仅从滴定突跃的角度表述了 EDTA 滴定的必要条件。

(2) 滴定曲线计算示例

计算在 pH=12.0 时，用 0.01000 mol·L^{-1}的 EDTA 标准溶液滴定 20.00 mL 同浓度的 Ca^{2+}溶液的滴定曲线。

如前所述，pH=12.0 时，$\lg\alpha_{Y(H)}=0$，此时 Ca^{2+}不水解，$\lg\alpha_{M(OH)}=0$，$K'_{MY}=K_{MY}$。所以计算中使用的 K_{MY} 也就是 K'_{MY}。

① 滴定前

$$c_{Ca^{2+}}=0.01000 \text{ mol·L}^{-1} \tag{6-57}$$

$$pCa=-\lg 0.01000=2.00 \tag{6-58}$$

② 滴定至化学计量点前 0.1%

此时滴入 EDTA 溶液 19.98 mL，未形成配合物的 Ca^{2+} 的浓度为

$$[Ca^{2+}]=\frac{0.01000\times0.02}{20.00+19.98}=5\times10^{-6} \text{ mol·L}^{-1} \tag{6-59}$$

$$pCa_1=5.30 \tag{6-60}$$

③ 滴定至化学计量点时

CaY 的 $K_{CaY}=10^{10.69}$，pH=12.0 时，$\lg\alpha_{Y(H)}=0$，则

$$K'_{CaY'}=K_{CaY}=10^{10.69}$$

$$Ca+Y \rlap{=}= CaY$$

设化学计量点时 $[Ca^{2+}]=[Y]=x$ mol·L^{-1}，则

$$[CaY]=\frac{0.01000}{2}-x\approx\frac{0.01000\times20.00}{20.00+20.00}=5.000\times10^{-3} \text{ mol·L}^{-1}$$

$$K'_{CaY'}=K_{CaY}=\frac{[CaY]}{[Ca^{2+}][Y]}=\frac{5.000\times10^{-3}}{x^2}$$

解得 $x=[Ca^{2+}]=3.2\times10^{-7}$ mol·L^{-1}，$pCa_0=6.50$ (6-61)

④ 滴定至化学计量点后 0.1%。此时加入的 EDTA 溶液为 20.02 mL，EDTA 溶液过量 0.02 mL，有

$$[Y]=\frac{0.01000\times0.02}{20.00+20.02}=5\times10^{-6} \text{ mol·L}^{-1}$$

$$\frac{5\times10^{-3}}{[Ca^{2+}]\times5\times10^{-6}}=10^{10.69}$$

$$[Ca^{2+}]=10^{-7.69}, pCa_2=7.69 \tag{6-62}$$

滴定突跃范围 $\Delta pCa=pCa_2-pCa_1=7.69-5.30=2.39$

其他各点的计算所得数据列于表 6-5。根据表 6-5 的数据，绘制滴定曲线，如图 6-23 所示。

表 6-5 EDTA 加入体积（mL）与 pCa 的关系

加入 EDTA 溶液的体积/mL	剩余 Ca^{2+}原溶液的体积/mL	过量 EDTA 溶液的体积/mL	pCa
0.00	20.00		2.00
18.00	2.00		3.30
19.80	0.20		4.30
19.98	0.02		5.30
20.00	0.00		6.49
20.02		0.02	7.69

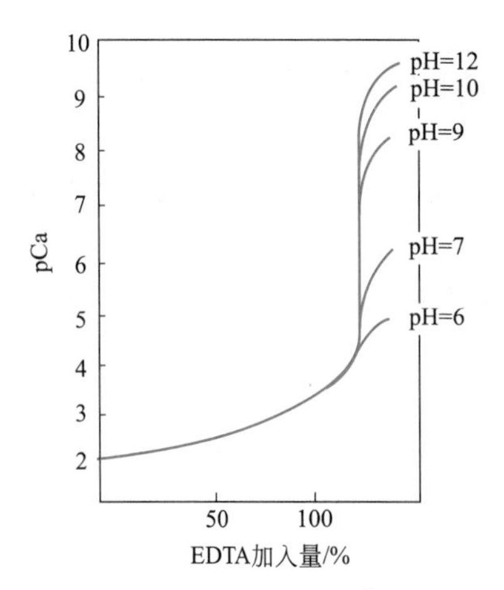

图 6-23　0.0100 mol·L^{-1}EDTA 滴定 20.00 mL 同浓度的 Ca^{2+} 的滴定曲线

(3) 滴定突跃与实验条件的关系

从图 6-23 的曲线可以看出滴定突跃与实验条件的关系：

① 用 EDTA 溶液滴定某一金属离子时（例如 Ca^{2+}），金属离子浓度的变化与溶液的酸碱度有关，即滴定突跃的大小随溶液 pH 值不同而变化。

主要原因是由于配合物的条件稳定常数 K'_{MY} 随 pH 值而改变。pH 值越大，条件稳定常数越大，配合物越稳定，滴定曲线的突跃范围越大。当 pH = 6.0 时，$\lg\alpha_{Y(H)}=4.65$，代入式(6-39)，$\lg K'_{CaY}=6.04$；代入式(6-56)，$\Delta pM=\lg c-0.26$，滴定曲线上就看不出突跃了，此条件下不能用 EDTA 滴定 Ca^{2+}。

② 若控制溶液的 pH 值较大，$\lg K'_{MY}$ 就不能按式(6-39) 计算，还应减去 $\lg\alpha_{M(OH)}$：

$$\lg K'_{MY}=\lg K_{MY}-\lg\alpha_{Y(H)}-\lg\alpha_{M(OH)} \qquad (6\text{-}63)$$

滴定至化学计量点前 0.1%的 [M] 就不能简单地按式(6-59) 计算，此时：

$$[M_1]=\frac{5.0\times10^{-4}c_M}{\alpha_{M(OH)}}$$

此时，$[M_1]$ 将变小，pM 变大，曲线的起始位置会上抬。图 6-23 中被滴定的是 Ca^{2+}，Ca^{2+} 不受水解影响，在化学计量点前的 $[Ca^{2+}]$ 与酸效应的关系不明显，即 $\lg\alpha_{M(OH)}\approx0$，所以 pH 的变化对 pCa_1 值影响不大，因而不同的 pH 值时的多条滴定曲线在化学计量点前重合在一起。

而对于那些易水解的金属离子，例如 Fe^{3+}，由于 pH 值对 Fe^{3+} 的水解效应很大，化学计量点前 pH 的影响很大，pH 值太大，金属离子将沉淀，形成两相反应，反应速率大为降低而不能进行直接滴定。

③ 如果溶液中还有其他配位剂与金属离子可形成配合物，则式(6-39) 的右边还要减去 $\lg\alpha_{M(L)}$：

$$\lg K'_{MY}=\lg K_{MY}-\lg\alpha_{Y(H)}-\lg\alpha_{M(L)} \qquad (6\text{-}64)$$

滴定至化学计量点前 0.1%的 [M] 也不能简单地按式(6-59) 计算，此时：

$$[M_1]=\frac{5.0\times10^{-4}c_M}{\alpha_{M(L)}}$$

此时，$[M_1]$ 也将变小，pM 变大，对应的滴定点位置都会升高。例如在氨性缓冲溶液中滴定 Ni^{2+}，NH_3 的浓度与 pH 值有关，pH 值大，NH_3 的浓度大，NH_3 越易与金属离子配位，游离金属离子 M_1 的浓度就越小，即溶液的 pH 值增大，化学计量点前被滴定的金属离子浓度减小，pNi 增大，因而滴定曲线上各点前位置升高。图 6-24 就是氨性缓冲溶液中用 EDTA 滴定 Ni^{2+} 溶液的滴定曲线，说明了这种变化。

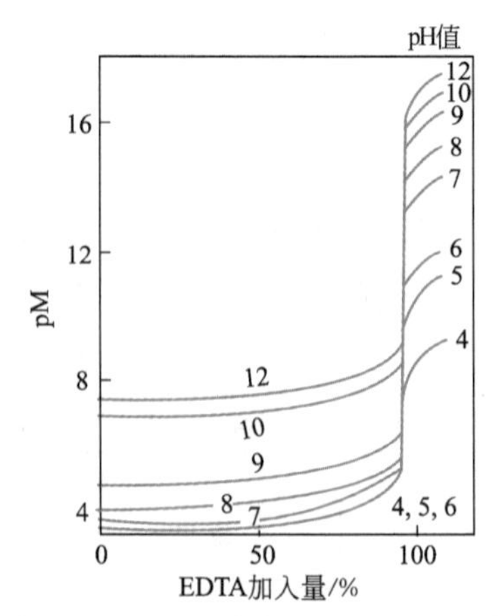

图 6-24　EDTA 滴定 0.001 mol·L^{-1} 的 Ni^{2+} 的曲线

当然，这类滴定曲线受两种因素的影响。化学计量点后曲线的位置，主要因 pH 值对 EDTA 酸效应的影响而改变；其次，M 被 EDTA 配位后，辅助配位剂将被游离，按式(6-20) 计算，$\alpha_{M(L)}$ 将变大，也会使 pM 变大。化学计量点前主要因 pH 值对辅助配位剂配位效应的影响而改变。故在选择溶液的 pH 值时，必须综合考虑这两种效应。

④ 从式(6-56) 看，突跃范围与溶液的浓度有关。

【例 6-5】 用 0.01000 mol·L^{-1} 的 EDTA 滴定 20.00 mL、0.010 mol·L^{-1} 的 Ni^{2+} 溶液，在 pH=10 的氨性缓冲溶液中，使溶液中游离氨的浓度为 0.10 mol·L^{-1}。计算化学计量点时溶液中 pNi 值。已知 pH=10.0 时 $\alpha_{Ni(OH)}=5.0$。

解 查附录 4 可知，$[Ni(NH_3)_6]^{2+}$ 的各级累积稳定常数为：

$$\beta_1=10^{2.75},\beta_2=10^{4.95},\beta_3=10^{6.64},\beta_4=10^{7.79},\beta_5=10^{8.50},\beta_6=10^{8.49}$$

$$\begin{aligned}\alpha_{Ni(NH_3)}&=1+\beta_1[NH_3]+\beta_2[NH_3]^2+\beta_3[NH_3]^3+\beta_4[NH_3]^4+\beta_5[NH_3]^5+\beta_6[NH_3]^6\\&=1+10^{-1}\times10^{2.75}+10^{-2}\times10^{4.95}+10^{-3}\times10^{6.64}+10^{-4}\times10^{7.79}+10^{-5}\times10^{8.50}+\\&\quad10^{-6}\times10^{8.49}=10^{4.17}\end{aligned}$$

所以

$$\alpha_{Ni}=\alpha_{Ni(NH_3)}+\alpha_{Ni(OH)}-1\approx10^{4.17}$$

查表 6-2 可知 pH=10，$\lg\alpha_{Y(H)}=0.45$

$$\lg K'_{NiY}=\lg K_{NiY}-\lg\alpha_{Ni}-\lg\alpha_{Y(H)}=18.60-4.17-0.45=13.98$$

在化学计量点时，Ni^{2+} 几乎全部配位为 NiY，设 $[Ni']=[Y']=x$ mol·L^{-1}

$$[NiY]=0.01\times\frac{20.00}{40.00}=5\times10^{-3}\ \text{mol·L}^{-1}$$

则

$$\frac{5\times10^{-3}}{x^2}=10^{13.98}$$

$$x=7.2\times10^{-9}$$

$$[Ni]=\frac{[Ni']}{\alpha_{Ni}}=\frac{7.2\times10^{-9}}{10^{4.17}}=4.9\times10^{-13}\ \text{mol·L}^{-1}$$

$$pNi=12.3$$

6.4.6 金属离子指示剂与滴定终点判断

配位滴定中一般也采用指示剂变色的方法指示滴定终点。在配位滴定中，通常使用一种能与金属离子生成有色的、稳定性小于 M-EDTA 的弱配位剂作指示剂，利用这种指示剂在突跃范围内的颜色变化来指示滴定终点。因为这种指示剂能与金属离子配合，因此称这种指示剂为金属离子指示剂，简称金属指示剂（metal indicator）。

(1) 金属指示剂的作用原理

在滴定开始前，在被滴定的金属离子 M 溶液中加入 2～4 滴金属指示剂，因金属离子 M 大量存在，少量金属指示剂 In 全部与金属离子 M 形成 MIn 配合物。

$$M+In\rightleftharpoons MIn \tag{6-65}$$

游离态色　配合态色

若金属指示剂本身的游离态色与指示剂和金属离子 M 配合物 MIn 的配合态色完全不同，此时溶液应显现配合物 MIn 的配合态色。

当滴入 EDTA 时，溶液中游离的 M 离子逐步被 EDTA 配位。在进入滴定突跃范围内，游离的 M 离子已几乎全部被 EDTA 配位。由于 MIn 的稳定性弱于 M-EDTA 的稳定性，

EDTA将从MIn中夺取M与其配合，而使In从MIn中释放出来。使得［In］/［MIn］≥10，溶液显现In的游离态色，引起溶液颜色突变，指示滴定终点。

$$\underset{\text{配合态色}}{MIn}+Y \rightleftharpoons MY+\underset{\text{游离态色}}{In} \tag{6-66}$$

(2) 金属指示剂与滴定终点判断

从金属指示剂的作用原理看，能满足误差要求的金属指示剂应具备下列条件：

① 在滴定的pH值范围内，指示剂In本身的颜色与配合物MIn的颜色必须有显著差别。

② 显色反应灵敏、迅速，且有良好的变色可逆性。即可从游离态色变为配合态色，也可以从配合态色变为游离态色。

③ 金属指示剂应比较稳定，便于储藏和有一定的使用时间。金属指示剂多数是具有若干双键的有机化合物，易受日光、氧化剂、空气等作用而分解。有些在水溶液中不稳定，有些日久会变质。如铬黑T、钙指示剂的水溶液均易氧化变质，所以常配成固体混合物。也可在金属指示剂溶液中加入可以防止指示剂变质的试剂。如在铬黑T溶液中加入三乙醇胺等。

④ 金属指示剂应具有一定的选择性，在一定条件下，只对某一离子发生显色反应。在符合上述前提的情况下，指示剂的显色反应最好又有一定的广泛性，既改变了滴定条件，又能作其他离子滴定的指示剂。这样就能在连续滴定两种或多种离子时，不必加入多种指示剂而发生颜色的干扰。

⑤ 金属指示剂与金属离子形成的配合物应易溶于水，如果生成胶体溶液或沉淀，在滴定时MIn与EDTA的置换作用由于在非均相中进行将变得缓慢而使终点延长，变色非常不敏锐，很难准确确定滴定终点。这种现象称为指示剂的僵化。

例如PAN作指示剂，在温度较低时，易发生僵化。为了避免指示剂的僵化，可以加入有机溶剂如甲醇、乙醇或丙酮等，或将溶液加热，增大指示剂In和MIn的溶解度。加快置换速度，使指示剂的变色较敏锐。

⑥ 金属指示剂与金属离子形成的有色配合物要有适当的稳定性。如果金属指示剂与金属离子形成的配合物太不稳定，则在远离化学计量点前指示剂就开始游离出来，终点颜色提前显现而带来较大负误差。

另一方面，如果指示剂与金属离子形成的配合物太稳定，到了滴定突跃范围内，EDTA也不能使In从MIn中游离出来而变色，甚至滴入过量的EDTA金属指示剂也不能变色。这种现象称为指示剂的封闭。

例如，用铬黑T作指示剂，在pH＝10.0的条件下，用EDTA滴定Ca^{2+}、Mg^{2+}时，少量的Al^{3+}、Fe^{3+}、Ni^{2+}和Co^{2+}与铬黑T的配合物非常稳定，始终使铬黑T与Al^{3+}等金属离子的配合物不能解离，继续保持铬黑T与金属离子配合物的红色，而不会显出铬黑T本身的蓝色，这就是封闭作用。

消除封闭现象可加入适当的无色的其他配位剂L与封闭指示剂的金属离子N形成比NIn配合物更稳定的配合物NL，解除金属离子N对金属指示剂的封闭。但配位剂L一定不与被滴金属离子配合。这个过程称为掩蔽。解除封闭现象的配位剂L称为掩蔽剂。

用EDTA滴定Ca^{2+}、Mg^{2+}时，可在被滴液中加入少量三乙醇胺$N(CH_2CH_2OH)_3$，使三乙醇胺与Al^{3+}、Fe^{3+}等形成比铬黑T配合物更稳定的无色配合物，但三乙醇胺不与Ca^{2+}、Mg^{2+}配合，掩蔽Al^{3+}和Fe^{3+}；加KCN掩蔽Cu^{2+}、Co^{2+}和Ni^{2+}而消除Cu^{2+}、Co^{2+}和Ni^{2+}对铬黑T的封闭。

若封闭离子的量较多时，要先进行分离除去。

常用的蒸馏水中会含有微量金属离子 Al^{3+}、Fe^{3+} 等，也会封闭金属指示剂。所以，进行配位滴定时常常要加一些掩蔽剂三乙醇胺、酒石酸钾、柠檬酸盐等。

⑦ 由滴定曲线可知，在化学计量点附近，被滴定金属离子的 pM 发生突跃，因此要求选用的指示剂能在此区间内发生颜色变化。同样要遵循选择酸碱指示剂的四条原则选择金属指示剂。

(3) 常用金属指示剂

① 二甲酚橙

简称 XO，属于三苯甲烷类显色剂，一般所用的是二甲酚橙的四钠盐，为紫色晶体，易溶于水，pH>6.3 时显红色，pH<6.3 时显黄色，与金属离子形成紫红色配合物。因此，它只能在 pH<6.3 的酸性溶液中使用。通常配成 0.5%水溶液，可保存 2～3 周。

② PAN

适宜酸度范围为 pH=2～12，自身显黄色。在 pH=2～3 时与 Th^{4+}、Bi^{3+}，在 pH=4～5 时与 Cu^{2+}、Ni^{2+}、Pb^{2+}、Cd^{2+}、Zn^{2+}、Mn^{2+} 形成紫红色配合物。通常配成 0.1%乙醇溶液。MIn 在水中溶解度小，为防止 PAN 僵化，滴定时必须加热。

③ 铬黑 T

简称 BT 或 EBT，最适宜使用酸度是 pH=8.1～11.0。在此酸度范围内 EBT 自身为蓝色，在 pH<8.1 时自身为鲜红色，pH>11.0 时显橘红色。与 Mg^{2+}、Zn^{2+}、Cu^{2+}、Pb^{2+}、Hg^{2+}、Mn^{2+} 等离子形成红色配合物，所以，其适宜使用的酸度范围为 pH=8.1～11.0。Al^{3+}、Fe^{3+}、Cu^{2+}、Ni^{2+} 等对 EBT 有封闭作用。

铬黑 T 固体性质稳定，但其水溶液只能保存几天，因此，常将铬黑 T 与干燥纯净的 NaCl 按 1∶100 混合均匀，研细，密闭保存。这种固体混合物被称为固体溶液。也可以用乳化剂 OP（聚乙二醇辛基苯基醚）和 EBT 配成水溶液，其中 OP 为 1%，EBT 为 0.001%，这样的溶液能保存两个月左右。

④ 钙指示剂

简称 NN，适宜的酸度为 pH=12～13，在 pH=12～13 时与 Ca^{2+} 形成红色配合物，自身为蓝色。Fe^{3+}、Al^{3+}、Ti^{4+}、Cu^{2+}、Ni^{2+}、Co^{2+}、Mn^{2+} 等离子对指示剂有封闭作用。NN 的水溶液或乙醇溶液均不稳定，故一般采用固体试剂 1∶100 NaCl 的固体溶液。

⑤ 磺基水杨酸

简称 ssal，适宜的酸度为 pH=1.5～2.5，本身为无色溶液，在此酸度范围内与 Fe^{3+} 生成紫红色配合物，通常配成 5%水溶液。

⑥ 钙黄绿素-百里酚酞（酚酞）混合指示剂

1 份钙黄绿素和 1 份百里酚酞（酚酞）与 50 份固体硝酸钾（分析纯）磨细，混匀，配成固体溶液使用。当溶液的 pH>12.5 时，指示剂钙黄绿素与 Ca^{2+} 形成绿色荧光配合物，百里酚酞（酚酞）为紫色（红色），钙黄绿素与 Ca^{2+} 配合物的绿色荧光掩盖了百里酚酞（酚酞）的紫色（红色），人们只能看到荧光绿色。当 EDTA 滴定 Ca^{2+} 到达终点时，钙黄绿素与 Ca^{2+} 配合物解离成浅黄色的钙黄绿素溶液的绿色荧光消失，百里酚酞（酚酞）的紫色（红色）便显现出来，指示滴定终点到达。

⑦ 酸性铬蓝 K-萘酚绿 B 混合指示剂

酸性铬蓝 K-萘酚绿 B 混合指示剂简称 K-B 指示剂：0.2 g 酸性铬蓝 K 与 0.4 g 萘酚绿 B 置于研体中，充分混匀研细后溶于 100 mL 水中。当溶液的 pH≈10 时，K-B 指示剂与

Ca^{2+}、Mg^{2+}形成酒红色的配合物，用EDTA滴定Ca^{2+}、Mg^{2+}，到达终点时突变为蓝色。

6.4.7 EDTA滴定法中的有关计算

EDTA滴定法中的计算按照下式进行：

$$\sum c_i V_i = \sum c_j V_j$$

由于绝大多数金属离子与EDTA形成都是1∶1的配合物，所以涉及的EDTA和被滴定的金属离子的计量单元就是其摩尔质量。

但被测物的组成中不一定只有1个被滴定离子。所以在配位滴定法中，金属样品中金属的计量单元为M/n。其中n为被测物质分子式中含有的被滴定离子的个数。

【例6-6】 称一铁矿样2.657 g，经处理后定容为250.00 mL的Fe^{3+}溶液。取该溶液25.00 mL，用0.02136 mol·L^{-1}的EDTA标准溶液滴定。终点时，用去EDTA标准溶液34.28 mL。求矿样中Fe_3O_4的百分含量。已知$M(Fe_3O_4)=231.54$。

解 Fe_3O_4分子式中有3个Fe，$n=3$

Fe_3O_4的计量单元为$\dfrac{M(Fe_3O_4)}{3}=\dfrac{231.54}{3}=77.18$

设矿样中Fe_3O_4的含量为x

$$\frac{2.657x}{M(Fe_3O_4)/3}\times\frac{25.00}{250.00}=\frac{0.2657}{77.18}=0.02136\times34.28\times10^{-3}$$

求得

$$x=21.27\%$$

混合离子的配位滴定

6.5 配位滴定法的应用

6.5.1 提高配位滴定选择性

由于EDTA能与多种金属离子形成稳定的配合物，而实际的分析对象常常是多种成分共存，在滴定时很可能相互干扰。

干扰有两个方面：一是在用EDTA滴定离子M的过程中，干扰离子N也发生反应，多消耗EDTA标准溶液而发生正误差；二是对滴定终点颜色的干扰，虽然干扰离子本身的浓度及其与EDTA形成的配合物稳定性都足够小，在滴定离子达到化学计量点时，N还基本上没反应，不干扰滴定反应。但指示剂In与干扰离子N形成有色配合物NIn，使终点无法显现，造成检测不准确。

(1) 消除金属离子干扰的条件

由前面的讨论可知，用EDTA标准溶液单独滴定某一种金属离子，要求误差≤±0.1%时，必须满足$\lg c_M K'_{MY}\geqslant 6$。若被滴定溶液还存在若干其他金属子，其中稳定常数最大的是N离子，若N与EDTA的配合可忽略，其他离子更不在话下。因此，只需要讨论N离子对滴定的干扰。

设混合液中所含的M及N两种金属离子的原始浓度分别为c_M及c_N。由于有干扰离子存在，可将滴定误差定为0.3%。已知M、N与EDTA的稳定常数分别为K_{MY}、K_{NY}。

根据式(6-30) $\alpha_Y=\alpha_{Y(H)}+\alpha_{Y(N)}-1$

$\alpha_{Y(H)}$ 在选择pH值时已考虑过 $\alpha_Y=\alpha_{Y(N)}$

因为N与EDTA形成1∶1的配合物 $\alpha_{Y(N)}=1+K_{NY}c_N$

根据准确滴定的判断条件式(6-50)　$\lg(c_M K'_{MY}) \geqslant 5$

$$\lg(c_M K'_{MY}) = \lg(c_M K_{MY}) - \lg\alpha_{Y(N)} = \lg(c_M K_{MY}) - \lg(c_N K_{NY}) \geqslant 5 \quad (6\text{-}67)$$

式(6-67) 便是排除金属离子 N 对 M 测定干扰的判断式。

当 $c_M = c_N$ 时，该式简化为 $\Delta\lg K = \lg K_{MY} - \lg K_{NY} \geqslant 5$。

(2) 消除干扰离子的措施

① 控制溶液的酸度

如果溶液中存在两种以上的金属离子，首先考虑与被测金属离子 M 配合物稳定常数最接近而且稳定常数最大的金属离子 N。

若满足式(6-67) 的条件，可用控制溶液的酸度的办法消除金属离子 N 对滴定的干扰。

首先按式(6-52) 求出准确滴定 M 的最低 pH 值，并根据金属指示剂及 N 的影响确定最适宜的 pH 范围。

例如在含有 Fe^{3+}、Al^{3+}、Ca^{2+} 和 Mg^{2+} 的混合溶液中，假定它们的浓度皆为 0.01 mol·L^{-1}，已知 $\lg K_{FeY} = 25.1$、$\lg K_{AlY} = 16.3$、$\lg K_{CaY} = 10.69$、$\lg K_{MgY} = 8.69$。其中 K_{FeY} 最大，K_{AlY} 次之，Al^{3+} 最有可能干扰 Fe^{3+} 的滴定。$\lg K_{FeY} - \lg K_{AlY} = 25.1 - 16.3 = 8.8 > 5$，可用控制溶液的酸度的办法消除 Al^{3+} 对滴定 Fe^{3+} 的干扰。从酸效应曲线和例 6-4 可知，滴定 Fe^{3+} 的适宜 pH 范围应为 1.2～2.2。另外还应注意指示剂的合适 pH 范围。本例中滴定 Fe^{3+} 时，用磺基水杨酸（黄色）作指示剂，在 pH=1.5～2.2 范围内，它与 Fe^{3+} 形成的络合物呈现红色。若在此 pH 范围内用 EDTA 直接滴定 Fe^{3+}，滴定终点时溶液从红色突变为黄色，颜色变化明显。此时 Al^{3+} 不干扰对 Fe^{3+} 的滴定。

滴定 Fe^{3+} 后，调节溶液 pH=4～5。查表 6-2，$\lg\alpha_{Y(H)} = 7.70$，$\lg K'_{AlY} = 16.3 - 7.70 > 8$，$Al^{3+}$ 可被准确滴定，Ca^{2+} 和 Mg^{2+} 不干扰对 Al^{3+} 的滴定。如前所述，Al^{3+} 与 EDTA 反应速率很慢，只能用返滴定法。定量地加入过量的 EDTA 标准溶液，煮沸约 5 min，使 Al^{3+} 与 EDTA 完全配合。用 PAN 作指示剂，用 Cu^{2+} 标准溶液滴定剩余的 EDTA，即可测出 Al^{3+} 的含量。

② 掩蔽和解蔽

当被测金属离子和干扰离子的配合物的稳定性不能满足式(6-67) 时，就不能通过控制酸度的方法进行选择性滴定。

可以向被滴液中加入另一种试剂 L 与干扰金属离子 N 反应，而不与被滴定的金属 M 反应，使干扰金属离子 N 的副反应系数 $\alpha_{N(L)}$ 增大，使 K'_{NY} 降低：

$$\lg K'_{NY} = \lg K_{NY} - \lg K_{Y(H)} - \lg\alpha_{N(L)} \quad (6\text{-}68)$$

由于 L 不与被滴定的金属离子 M 反应，K'_{MY} 保持不变，只要 pH 等条件选择合适，可确保 $\lg K'_{MY} - \lg K'_{NY} \geqslant 5$。N 的游离离子的浓度降至可忽略的范围，N 对被测离子 M 的干扰就会被消除，这种方法称为掩蔽法。用到的试剂 L 称作掩蔽剂。其实，前面讲的控制 pH 选择性滴定也可算是一种掩蔽法，掩蔽剂就是 OH^-。其他常用的掩蔽方法有配位掩蔽法、氧化还原掩蔽法和沉淀掩蔽法。

a. 沉淀掩蔽法。用掩蔽剂与干扰金属离子生成难溶性沉淀，降低干扰离子浓度，这种消除干扰的方法称为沉淀掩蔽法。

例如，在 Ca^{2+}、Mg^{2+} 共存的溶液中，加入 NaOH 使溶液的 pH>12.0。Mg^{2+} 形成 $Mg(OH)_2$ 沉淀而不干扰对 Ca^{2+} 的滴定。作为掩蔽的沉淀反应必须要注意：沉淀反应要进行完全，沉淀的溶解度要小。沉淀应是无色或浅色，并且致密的，否则，由于颜色深、体积大、吸附被测离子或指示剂而影响终点观察。

b. 氧化还原掩蔽法。用掩蔽剂与干扰金属离子进行氧化还原反应，改变干扰离子的氧化数，消除金属离子对被测离子的干扰的方法称作氧化还原掩蔽法。

例如，在 pH=1 时，用 EDTA 滴定 Bi^{3+}、Zr^{4+}、Sn^{4+} 或 Th^{4+} 等离子时，Fe^{3+} 时会干扰对 Bi^{3+} 等离子的测定。如果用盐酸羟胺（$NH_2OH \cdot HCl$）或抗坏血酸（维生素 C，Vc）将 Fe^{3+} 还原为 Fe^{2+}，由于 Fe^{2+} 与 EDTA 形成的配合物的 $K_{Fe(II)Y}$ 较小，可消除 Fe^{3+} 的干扰。

有些氧化还原掩蔽剂既具有还原性，又能与干扰离子形成配合物，更能达到消除干扰的目的。例如 Cu^{2+} 与 $Na_2S_2O_3$ 的反应：

$$2Cu^{2+} + 2S_2O_3^{2-} \rightleftharpoons 2Cu^{+} + S_4O_6^{2-} \tag{6-69}$$

$$Cu^{+} + 2S_2O_3^{2-} \rightleftharpoons [Cu(S_2O_3)_2]^{3-} \tag{6-70}$$

氧化还原掩蔽法的局限性是只适用易发生氧化还原反应的金属离子，且生成的产物不干扰测定，只有少数情况适用。

c. 配位掩蔽法。利用配位剂 L 与干扰离子形成稳定的配合物，从而消除干扰的掩蔽方法称作配位掩蔽法。

例如，在 pH=5.2 的溶液中，用二甲酚橙（XO）作指示剂，用 EDTA 滴定 Zn^{2+} 时，Al^{3+} 有干扰。因为酒石酸可与 Al^{3+} 形成更稳定的配合物，而不与 Zn^{2+} 形成配合物。所以，可加酒石酸来掩蔽 Al^{3+} 而消除了 Al^{3+} 的干扰。

又如，用 EDTA 滴定水中的 Ca^{2+}、Mg^{2+}，以测定水的硬度时，Fe^{3+}、Al^{3+} 干扰滴定。可加入三乙醇胺来掩蔽。利用配位掩蔽法时，掩蔽剂必须具备下列条件：

ⅰ. 干扰离子与掩蔽剂形成的配合物远比它与 EDTA 形成的配合物稳定；

ⅱ. 配合物的颜色应为无色或浅色；

ⅲ. 掩蔽剂不与被测离子反应，即使反应其稳定性也应远小于被测离子与 EDTA 形成的配合物，这样掩蔽剂可被 EDTA 置换；

ⅳ. 掩蔽剂适宜的 pH 范围应与滴定的 pH 范围一致。

d. 解蔽的方法。将一种离子掩蔽并滴定被测离子后，再加入一种试剂，使已被掩蔽剂掩蔽的离子重新释放出来。这个过程称为解蔽，所用试剂称为解蔽剂。利用某些有选择性的解蔽剂，可提高配位滴定的选择性。例如当 Al^{3+}、Ti^{4+} 共存时，首先用 EDTA 将 Ti 和 Al 配位成 AlY 和 TiY。用其他金属离子滴掉多余的 EDTA。然后加入 NaF，则 AlY 与 TiY 中的 EDTA 都被置换出来：

$$Al^{3+}\text{-EDTA} + 6F^{-} \rightleftharpoons [AlF_6]^{3-} + \text{EDTA}$$

$$TiO^{2+}\text{-EDTA} + 4F^{-} \rightleftharpoons [TiOF_4]^{2-} + \text{EDTA}$$

再用其他金属离子滴定释放出的 EDTA 的量，就测定了 Al、Ti 的总量。

另取一份溶液，先按上述方法滴掉多余的 EDTA，然后加入苦杏仁酸，此时只能释放出 TiY 中的 EDTA，可测得 Ti 的含量。由 Al、Ti 的总量减去 Ti 的量，即可求得 Al 的量。

③ 预先分离

如果用上述两种方法都不能消除共存离子的干扰，就只能将干扰离子预先分离出来后，再滴定被测离子。分离干扰离子可通过沉淀、离子交换、生成气体、萃取等方法来分离。分离方法将在第 15 章详细论述。

(3) 选用其他专属配位剂滴定

不同的配位剂与金属离子形成配合物的稳定性各不相同，通过选择不同的配位剂进行滴定可提高配位滴定的选择性。

EDTP 与 Cu^{2+} 的配合物较稳定，而与 Zn^{2+}、Cd^{2+}、Mn^{2+}、Mg^{2+} 等离子的配合物稳定性差得多，所以，可在 Zn^{2+}、Cd^{2+}、Mn^{2+}、Mg^{2+} 的溶液中选择 EDTP 滴定 Cu^{2+}。

在 Ca^{2+}、Mg^{2+} 的混合液中测定 Ca^{2+}，可加入 NaOH，使溶液的 pH>12，则 Mg^{2+} 形成 $Mg(OH)_2$ 沉淀而不干扰 Ca^{2+} 的滴定。也可选用 EGTA 作为滴定剂直接滴定 Ca^{2+}，因为 EGTA 与 Ca^{2+}、Mg^{2+} 形成的配合物稳定性相差较大，可满足式(6-67) 的要求。

6.5.2 配位滴定的滴定方式

配位滴定有多种不同的滴定方式，采用不同的滴定方式，可以扩大配位滴定的应用范围，也可以提高选择性。

(1) 直接滴定法

用 EDTA 标准溶液直接滴定被测离子的方法称为直接滴定法（direct titration）。前面已介绍很多。

(2) 间接滴定法

被测物质与 EDTA 不能形成配合物或形成的配合物的稳定性不能满足滴定要求时，可将被测物转化成可采用 EDTA 滴定法的物质，再用 EDTA 滴定。这种方法称作间接滴定法（indirect titration）。

例如，Na^+ 与 EDTA 形成的配合物稳定常数较小，不能满足准确滴定的要求。不能用 EDTA 直接滴定。

在 Na^+ 被测溶液中加入过量的醋酸铀酰锌溶液，使 Na^+ 生成 $NaZn(UO_2)_3(Ac)_9 \cdot xH_2O$ 沉淀。将沉淀分离、洗涤、溶解后，用 EDTA 滴定 Zn^{2+} 便可间接测得 Na^+ 的含量。

例如，测定 PO_4^{3-} 时，可向 PO_4^{3-} 被测溶液中准确加入过量的 $Bi(NO_3)_3$ 标准溶液，使之生成 $BiPO_4$ 沉淀，再用 EDTA 滴定溶液中剩余的 Bi^{3+}，便可间接测得 PO_4^{3-} 的含量。

(3) 返滴定法

① 前面已介绍过，Al^{3+} 与 EDTA 反应缓慢，必须用返滴定法（reverse titration）测定。

② 被测离子在选定的滴定条件下发生水解等副反应或无适宜的指示剂或被测离子对指示剂有封闭作用，则不能用 EDTA 直接滴定，而可采用返滴定法。定量加入过量的 EDTA 标准溶液到被测离子溶液中，待反应完全后，再用另一金属离子的标准溶液滴定过量的 EDTA。根据两种标准溶液的浓度和用量，即可求得被测离子的含量。这种方法称作返滴定法。

例如，测定 Ba^{2+} 时，没有合适的指示剂，也采用返滴定法。向被测液中定量地加入过量的 EDTA，以铬黑 T 为指示剂，用 Mg^{2+} 标准溶液返滴定多余的 EDTA。

(4) 置换滴定法

利用置换反应，置换出等物质的量的另一种金属离子或 EDTA，然后滴定，这就是置换滴定法（displacement titration）。

例如，测定某合金中的 Sn^{4+} 时，可在试液中先加入过量的 EDTA，使共存的 Pb^{2+}、Cd^{2+}、Zn^{2+}、Bi^{3+} 等与 Sn^{4+} 一起都与 EDTA 形成配合物，然后用 Zn^{2+} 标准溶液滴定过量的 EDTA 至终点，再加入 NH_4F，F^- 与 Sn^{4+} 形成稳定性更高的 SnF_6^{2-}，选择性地将 SnY 中的 EDTA 置换出来，然后再用 Zn^{2+} 标准溶液滴定置换出来的 EDTA，即可求得 Sn^{4+} 含量。

例如，测定 Ag^+ 时，由于 Ag^+ 的 EDTA 配合物不够稳定，因而不能用 EDTA 直接滴定。若在 Ag^+ 试液中加过量的 $[Ni(CN)_4]^{2-}$，发生反应：

$$2Ag^+ + [Ni(CN)_2]^{2-} \rightleftharpoons 2[Ag(CN)_2]^- + Ni^{2+}$$

置换出来的 Ni^{2+} 可在 pH＝10.0 的氨性缓冲溶液中用 EDTA 滴定，这样就可计算出 Ag^+ 的含量。

【阅读拓展】

稀土金属-有机框架材料

金属-有机框架材料（metal-organic frames，MOFs）是一类由配体与金属离子或金属簇组成的多孔材料，由于其结构多样性和广泛的应用前景，已成为无机-有机材料领域中备受关注的研究课题。在 MOFs 的组装过程中，通过选择不同的金属离子与有机配体，并进行巧妙组装，可以获得大量新颖的结构。此外，通过对有机配体进行后合成修饰等方法，还能够实现对 MOFs 结构的精确剪裁和调控。

以稀土金属离子（主要是 15 种镧系金属离子）合成的 MOFs 构成了一个引人注目的 MOFs 家族。稀土金属-有机框架具有许多与 MOFs 家族共有的特性，如永久孔隙率、可调控的孔径/形状以及可接近的 Lewis 酸性位点。此外，它还具备高配位数和独特的稀土金属离子的光学特性等独特属性。根据稀土金属节点的组成，可以分为稀土金属离子、稀土金属链或稀土金属簇等不同结构类型。

随着化学研究的不断进展，稀土金属-有机框架（Ln-MOFs）作为一类结构新颖且性能优异的多孔材料，已经在气体吸附和储存分离、非均相催化、电化学、生物医学、质子传导、磁学以及荧光传感等多个领域得到广泛应用。特别是在发光材料领域，稀土金属-有机框架展现出更为巨大的应用前景。

1. 稀土金属-有机框架的发光机制

稀土金属-有机框架可通过三种主要的发光机制实现发光，分别基于金属离子中心、有机配体以及孔道内客体。

（1）稀土离子（Ln^{3+}）发光机制

稀土离子的发光主要是通过有机配体的敏化实现的。由于稀土离子的 f 电子能级结构，其发射特点包括发射峰尖锐、发射波长分布区域宽、色纯度高和荧光寿命长等。然而，由于存在 f-f 跃迁禁阻，稀土离子直接吸收激发光的效率较低，导致直接发光较弱。通过将稀土离子与有机配体桥接成稀土金属-有机框架材料，有机配体可以通过“天线效应”转移能量，从而增强稀土离子的发光性能。这个过程要求有机配体的最低三重态能级 T_1 明显高于稀土金属离子的激发态能级，以有效地敏化稀土金属离子的发光。

（2）有机配体发光机制

有机配体发光是指配体吸收适当能量的光子，电子从基态 S_0 跃迁至单重激发态 S_1。在电子跃迁回基态 S_0 的过程中，能量以荧光的形式释放；或者是处于单重激发态 S_1 的电子通过系间窜越到达三重态 T_1，然后跃迁至基态 S_0，能量以磷光的形式释放。

（3）客体分子发光机制

客体分子发光是通过在稀土金属-有机框架的孔道中引入染料和量子点等发光客体分子来实现的。引入客体分子丰富了稀土金属-有机框架荧光探针的设计选择，并有助于实现比例型荧光传感应用。这一机制提供了灵活性，使得设计可调控的发光特性成为可能见图 1。

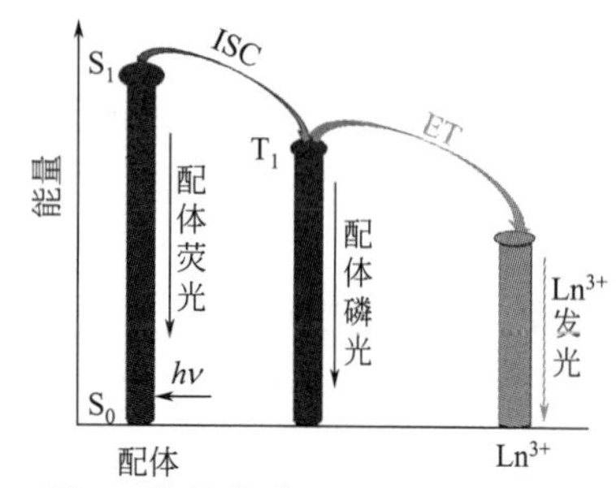

图 1 能量传递过程的简化示意图

2. 稀土金属-有机框架在荧光传感领域的应用

稀土金属-有机框架由于其独特的发光特性，在荧光传感领域成为备受关注的研究对象，主要聚焦在温度传感、小分子传感、气体传感等方面。

（1）荧光温度传感

温度作为人类生活、自然科学和工业生产中的关键参数，传统的温度传感器如热电偶、热电阻及辐射温度计等在某些应用场合存在局限，难以满足对生物组织等领域的高要求。荧光温度传感器作为一种新型的温度探针，具有抗电磁干扰、高精度、高灵敏度、稳定可靠、微小尺寸、适应性好等优异特点。

近年来，荧光金属有机框架温度计的研究受到广泛关注，推动了温度传感技术的迅速发展。稀土金属-有机框架的温度传感主要包括混合稀土金属-有机框架的温度传感、主客体型稀土金属-有机框架的温度传感和稀土金属-有机框架薄膜的温度传感。

相较于单一稀土金属-有机框架，混合稀土金属-有机框架具有多发光中心体系的优势。通过比较不同稀土离子发光的强度，实现了一种自校准机制，无需引入其他参比物质，从而减少了系统误差。此外，通过调控不同发光中心间的能量转移过程，可以分别产生发光增强和猝灭效果，实现传感材料发光颜色的转换。这些优势有利于提高传感材料性能的稳定性，同时增强对特定化学物种识别的灵敏度和选择性。构建混合稀土金属-有机框架以实现比率型温度探测被认为是一种有前景的方法。

虽然混合稀土金属-有机框架对比率发光温度计的发展具有吸引力，但可用的发射仅限于稀土金属-有机框架的骨架，即稀土金属离子和配体。一种前景广阔的方法是将有机荧光染料封装到稀土金属-有机框架的孔/通道中，形成 MOF@染料复合材料。这种方法不仅可以扩大发射范围，而且通过发光染料物种之间的相互作用/相互作用和稀土金属离子的吸收，可以调节客体染料和稀土金属离子之间的发光和能量转移。尽管自校准型荧光温度计已经取得了显著进展，但其应用受到材料稳定性差等缺点的限制。因此，近年来基于 MOF 的混合基质膜（MMMs）或 MOF 薄膜温度计的研发备受关注，因其可用于温度分布成像和热梯度成像，为温度传感技术的进一步提升提供了新的途径。

（2）小分子与金属离子传感

稀土金属-有机框架在小分子传感领域得到了广泛应用，涵盖了阴阳离子、染料、爆炸物分子、有机小分子和生物标志物等的检测。近年来，研究报道了稀土金属-有机框架在小分子荧光传感领域的多项进展，包括荧光强度及比例荧光传感、逻辑门荧光传感、阵列荧光传感和薄膜荧光传感等荧光传感方法。

① 荧光强度及比例荧光传感　稀土金属-有机框架被成功应用于小分子荧光传感，其中包括通过监测荧光强度变化或实现比例荧光传感来检测阴阳离子、染料、爆炸物分子等。这种方法具有高灵敏度、选择性和实时监测的优势。

② 逻辑门荧光传感　将 MOFs 与其他材料或传感元件整合，实现逻辑门荧光传感，为满足不同应用场合和特殊应用需求的荧光探针器件的开发提供了可能。逻辑门荧光传感方法能够通过对输入信号的逻辑操作，产生相应的输出信号，具有更为智能和复杂的分析能力。

③ 阵列荧光传感　采用阵列荧光传感方法，可以迅速、简便地区分多种金属离子及其混合物。通过设计特异性的传感器，可以针对不同的分析物质构建一系列具有指纹识别能力的传感器，利用受体和分析物之间的交叉反应获得准确的数据来识别多种分析物质。

④ 薄膜荧光传感　通过构建稀土金属-有机框架薄膜，可以实现对小分子的高度灵敏检测，同时可应用于温度分布成像和热梯度成像等领域。

这些研究不仅为小分子传感提供了新的方法和策略，而且为开发智能化、高性能的荧光传感器奠定了基础，推动了该领域的不断创新和发展。

（3）气体传感

通过稀土金属-有机框架的应用，可以实现对环境中二氧化硫（SO_2）、氧气（O_2）、氢气（H_2）、硫化氢（H_2S）、氨气（NH_3）和挥发性气体（VOCs）等的准确检测，这对于环境监测具有重要意义。然而，使用粉末样品进行荧光传感存在一定的局限性，严重限制了稀土金属-有机框架的实际应用。在这方面，稀土金属-有机框架薄膜复合材料的制备和发展为其应用拓宽提供了新的可能性，尤其在气体传感领域。

稀土金属-有机框架薄膜复合材料具有以下优势：

① 携带方便　与粉末样品相比，稀土金属-有机框架薄膜复合材料更加便于携带。薄膜形式更容易集成到传感器设备中，提高了其实际应用的便捷性。

② 可承受气体吹扫　薄膜具有较好的机械强度和稳定性，能够更好地承受气体吹扫过程中的压力和流动，保持其传感性能的稳定性。

③ 接触面积大　薄膜在与待测气体接触时，具有更大的表面积，提高了与气体相互作用的可能性，从而提高了传感器的灵敏度和响应速度。

总体而言，稀土金属-有机框架薄膜复合材料的发展为其在气体传感领域的实际应用提供了更广阔的前景，为环境监测等领域带来了新的可能性。

3. 总结与展望

稀土金属-有机框架以其良好的结晶性、丰富的多孔结构、可裁剪的结构和可设计的功能、多元的发光机制等特性，展现了作为荧光探针的巨大优势。在阴阳离子、生物分子、pH 值和小分子等的荧光传感方面，已有大量研究报道了稀土金属-有机框架的应用。然而，在荧光探测领域，稀土金属-有机框架仍然面临一些挑战。随着研究的深入，具有稳定性、灵敏性、高选择性、荧光增强、比率型、尺寸可控等特点的稀土金属-有机框架荧光探针将有更广泛的应用前景。同时稀土金属-有机框架的复合材料的合成与应用也获得研究者们极大的关注，主要包括与聚集诱导发光材料、量子点、染料等材料的结合。这样的组合能够制备出性能优异的复合材料，拓展了稀土金属-有机框架在不同领域的应用。利用发光 MOFs 作为平台开发各种复杂的光学条码和防伪标签，用于信息加密，近年来成为研究人员高度关注的研究方向。这为开发更安全的标识技术提供了新思路。最近的研究表明，稀土金属-有机框架具有双光子荧光、室温磷光、热激活延迟荧光、近红外二区荧光和圆偏振发光等新的光学特性。这些新的组合发光应用赋予了稀土金属-有机框架更多的可能性，虽然这些研究目前仍然处于起步阶段且具有挑战性，但为科研工作者提供了深入研究的机会，有望开创新的应用领域。

习　题

6-1　写出下列各配合物或配离子的化学式。

(1) 硫酸四氨合铜(Ⅱ)　　(2) 一氯化二氯·三氨·一水合钴(Ⅲ)

(3) 六氯合铂(Ⅳ)酸钾　　(4) 四硫氰·二氨合铬(Ⅲ)酸铵

(5) 二氰合银(Ⅰ)离子　　(6) 二羟基·四水合铝(Ⅲ)离子

6-2　命名下列配合物或配离子（en 为乙二胺的简写符号）。

(1) $(NH_4)_3[SbCl_6]$　　(2) $[CrBr_2(H_2O)_4]Br\cdot 2H_2O$

(3) $[Co(en)_3]Cl_3$　　(4) $[CoCl_2(H_2O)_4]Cl$

(5) $Li[AlH_4]$　　(6) $[Cr(OH)(H_2O)(C_2O_4)(en)]$

(7) $[Co(NO_2)_6]^{3-}$　　(8) $[CoCl(NO_2)(NH_3)_4]^+$

6-3　指出下列配离子的形成体、配体、配位原子、配位数。

配离子	中心体	配　体	配位原子	配位数
$[Cr(NH_3)_6]^{3+}$				
$[Co(H_2O)_6]^{2+}$				
$[Al(OH)_4]^-$				
$[Fe(OH)_2(H_2O)_4]^+$				
$[PtCl_5(NH_3)]^-$				

6-4　有三种铂的配合物，用实验方法确定它们的结构，其结果如下，请填空。

物　质	Ⅰ	Ⅱ	Ⅲ
化学组成	$PtCl_4\cdot 6NH_3$	$PtCl_4\cdot 4NH_3$	$PtCl_4\cdot 2NH_3$
溶液导电性	导电	导电	不导电
被 $AgNO_3$ 沉淀的 Cl^- 数	4	2	0
配合物的分子式			

6-5 试推断下列各配离子的中心离子的轨道杂化类型及其磁矩。

(1) $[Fe(CN)_6]^{4-}$　(2) $[Mn(C_2O_4)_3]^{4-}$　(3) $[Co(SCN)_4]^{2-}$　(4) $[Ag(NH_3)_2]^+$

6-6 若 Co^{3+} 的电子成对能 $E_p=21000\ cm^{-1}$，F^- 的配位场分裂能 $\Delta_o=13000\ cm^{-1}$，NH_3 分子的分裂能 $\Delta_o=23000\ cm^{-1}$。判断 $[CoF_6]^{3-}$、$[Co(NH_3)_6]^{3+}$ 配离子的自旋状态。

6-7 计算 Mn(Ⅲ) 离子在正八面体弱场和正八面体强场中的晶体场稳定化能。

6-8 预测下列各组形成的配离子的稳定性大小，并指出原因。

(1) Al^{3+} 与 F^- 或 Cl^- 配合　(2) Pd^{2+} 与 RSH 或 ROH 配合

(3) Cu^{2+} 与 NH_3 或 CN^- 配合　(4) Hg^{2+} 与 Cl^- 或 CN^- 配合

(5) Cu^{2+} 与 NH_2CH_2COOH 或 CH_3COOH 配合

6-9 室温下，0.010 mol 的 $Cu(NO_3)_2$ 溶于 1 L 乙二胺溶液中，生成 $[Cu(en)_2]^{2+}$，由实验测得平衡时乙二胺的浓度为 0.054 $mol\cdot L^{-1}$，求溶液中 Cu^{2+} 和 $[Cu(en)_2]^{2+}$ 的浓度。

6-10 0.1 g 固体 AgBr 能否完全溶解于 100 mL 1 $mol\cdot L^{-1}$ 的氨水中？

6-11 从稳定化能大小预测下列电子构型的离子中，哪种离子容易形成四面体构型的配离子？

$$d^1、d^3、d^5、d^7、d^8$$

6-12 市售的用作干燥剂的蓝色硅胶，常掺有带蓝色的 Co^{2+} 与 Cl^- 的配合物，用久后变为粉红色则无效。写出：(1) 蓝色配合物离子的化学式；(2) 粉红色配合物离子的化学式；(3) Co^{2+} 的 d 电子数为多少？如何排布？(4) 粉红色和蓝色配离子与水的有关反应式，并配平。

6-13 为何无水 $CuSO_4$ 粉末是白色的，$CuSO_4\cdot 5H_2O$ 晶体是蓝色的，$[Cu(NH_3)_4]SO_4\cdot H_2O$ 是深蓝色的？

6-14 化合物 $K_2[SiF_6]$、$K_2[SnF_6]$ 和 $K_2[SnCl_6]$ 都为已知的，但 $K_2[SiCl_6]$ 却不存在，请解释。

6-15 试解释以下几种实验现象：

(1) HgS 为何能溶于 Na_2S 和 NaOH 的混合溶液，而不溶于 $(NH_4)_2S$ 和 $NH_3\cdot H_2O$ 的混合溶液？

(2) 为何将 Cu_2O 溶于浓氨水中，得到的溶液为无色？

(3) 为何 AgI 不能溶于浓氨水，却能溶于 KCN 溶液？

(4) 为何 AgBr 沉淀可溶于 KCN 溶液，但 Ag_2S 则不溶？

(5) 为何 CdS 能溶于 KI 溶液？

6-16 已知 $[Co(NH_3)_6]^{2+}$ 的磁矩为 4.2 μ_B，试用价键理论阐述其配离子的轨道杂化类型、空间构型；并画出中心离子的价层电子轨道式；再用晶体场理论阐述 d 电子采取高自旋还是低自旋排布，并计算 CFSE。

6-17 计算：

(1) pH=5.0 时 EDTA 的酸效应系数 $\alpha_{Y(H)}$；

(2) 此时 $[Y^{4-}]$ 在 EDTA 总浓度中所占的百分数是多少？

6-18 在 pH=10.0 的氨性缓冲溶液中，NH_3 的浓度为 0.200 $mol\cdot L^{-1}$。用 0.0100 $mol\cdot L^{-1}$ 的 EDTA 滴定 25.00 mL 0.0100 $mol\cdot L^{-1}$ 的 Zn^{2+} 溶液，计算滴定前溶液中游离的 $[Zn^{2+}]$。

6-19 计算溶液的 pH=11.0，氨的平衡浓度为 0.10 $mol\cdot L^{-1}$ 时的 α_{Zn} 值。

6-20 当溶液的 pH=11.0 并含有 0.0010 $mol\cdot L^{-1}$ 的 CN^- 时，计算 $\lg K'_{HgY}$ 的值。

6-21 pH=5 时，锌和 EDTA 配合物的条件稳定常数是多少？假设 Zn^{2+} 和 EDTA 的浓度均为 0.01$mol\cdot L^{-1}$ (不考虑羟基配合物等副反应)，能否用 EDTA 标准溶液滴定 Zn^{2+}？

6-22 计算用 0.0100 $mol\cdot L^{-1}$ 的 EDTA 标准溶液滴定同浓度的 Cu^{2+} 溶液的适宜 pH。

6-23 用蒸馏水和 NH_3-NH_4Cl 缓冲溶液稀释 1.00 mL 的 Ni^{2+} 溶液，然后用 0.01000 $mol\cdot L^{-1}$ 的 EDTA 标准溶液 15.0 mL 处理，过量的 EDTA 用 0.01500 $mol\cdot L^{-1}$ 的 $MgCl_2$ 标准溶液回滴，用去 4.37 mL。计算原 Ni^{2+} 溶液的浓度。

6-24 分析铜锌镁合金，称取 0.5070 g 试样，溶解后，定容成 100 mL 试液。用移液管吸取 25 mL，调至 pH=6.0，用 PAN 作指示剂，用 0.05000 $mol\cdot L^{-1}$ 的 EDTA 标准溶液滴定 Cu^{2+} 和 Zn^{2+}，用去 37.30 mL。另

外又用移液管吸取 25 mL 试液，调至 pH=10.0，加 KCN 掩蔽 Cu^{2+} 和 Zn^{2+}。用同浓度的 EDTA 标准溶液滴定，用去 4.10 mL。然后加入甲醛解蔽 Zn^{2+}，再用同浓度的 EDTA 标准溶液滴定，用去 13.40 mL。计算试样中的铜、锌、镁的百分含量。

6-25 称取含 Fe_2O_3 和 Al_2O_3 的试样 0.2086 g。溶解后，在 pH=2.0 时，以磺基水杨酸为指示剂，加热至 50 ℃左右，以 0.02036 $mol\cdot L^{-1}$ 的 EDTA 标准溶液滴定至红色消失，消耗 EDTA 标准溶液 15.20 mL。然后再加入上述 EDTA 标准溶液 25.00 mL，加热煮沸，调节 pH=4.5，以 PAN 为指示剂，趁热用 0.02012 $mol\cdot L^{-1}$ 的 Cu^{2+} 标准溶液返滴定，用去 Cu^{2+} 标准溶液 8.16 mL。计算试样中 Fe_2O_3 和 Al_2O_3 的百分含量。

6-26 试计算 Ni-EDTA 配合物在含有 0.1 $mol\cdot L^{-1}$ NH_3-0.1 $mol\cdot L^{-1}$ NH_4Cl 的缓冲溶液中的条件稳定常数。

6-27 在 pH=5 的溶液中，以 0.01 $mol\cdot L^{-1}$ 的 EDTA 滴定同浓度的 Ni^{2+}，分别计算滴定至 50%、100%、200%时的 pNi 值。

6-28 在 pH=5 的溶液中，以 0.01 $mol\cdot L^{-1}$ 的 EDTA 滴定同浓度的 Cd^{2+}，计算在化学计量点前后 0.1%时的 pCd 值。

6-29 若配制 EDTA 溶液的水中含有 Ca^{2+}，下列情况对测定结果有何影响？

（1）用 $CaCO_3$ 作基准物质标定 EDTA，以二甲酚橙为指示剂，滴定溶液中的 Zn^{2+}。

（2）用金属锌作基准物质，用铬黑 T 作指示剂标定 EDTA，滴定溶液中的 Ca^{2+}。

（3）用金属锌作基准物质，用二甲酚橙作指示剂标定 EDTA，滴定溶液中的 Ca^{2+}。

6-30 称取含磷的试样 0.1000 g，处理成试液并把磷沉淀为 $MgNH_4PO_4$，将沉淀过滤洗涤后，再溶解，并调节溶液的 pH=10.0，以铬黑 T 为指示剂，用 0.01000 $mol\cdot L^{-1}$ 的 EDTA 标准溶液滴定溶液中的 Mg^{2+}，用去 20.00 mL，求试样中 P 和 P_2O_5 的含量。

▶重难点讲解
▶动画模拟
▶配套课件

第7章 氧化还原反应与氧化还原滴定法

化学物质中不同原子之间进行电子转移的反应称为氧化还原反应（oxidation-reduction reaction，或 redox reaction）。氧化和还原是共生的，是矛盾的两个方面，不存在单一的氧化反应或还原反应，氧化还原反应中电子的得失是守恒的。

在氧化还原反应中，得到电子的物质氧化数（oxidation number）降低，称为氧化剂（oxidizing agent，oxidant），在反应过程中，它被还原（reduced），发生了还原反应（reduction reaction）；失去电子的物质氧化数上升，称为还原剂（reducing agent，reductant），在反应过程中，它被氧化（oxidized），发生了氧化反应（oxidation reaction）。

本章的内容首先实现了从氧化还原反应到电化学的应用升级，运用原电池的相关概念，核心是电极电势，对氧化还原反应进行再认识；然后介绍了以氧化还原反应为基础的滴定法，即氧化还原滴定法（redox titration）。氧化还原滴定法既可用来直接滴定氧化性或还原性物质，也可用来间接滴定一些能与氧化性或还原性物质发生定量反应的物质，应用十分广泛，特别适合于许多有机物的测定。

7.1 氧化还原方程式的配平

氧化还原反应方程式的配平

7.1.1 氧化数

1970年，国际纯粹与应用化学联合会（IUPAC）确定了氧化数的定义。氧化数是某一元素的一个原子的电荷数。这个电荷数是由“化学键中的电子指定给电负性更大的原子”所决定的。氧化数可以是整数，也可以是分数。对一些常见的元素，一般状态下的氧化数有统一的规定。

① 单质的氧化数定义为0，无论该单质由几个相同原子组成，如Cu、Cl_2、P_4等。

② 化合物分子为电中性，即分子中各原子的氧化数代数和为0；在离子中，各原子的氧化数代数和为离子的电荷值。

③ 化合物中，一般规定：

氢原子的氧化数为+1；但在NaH中，钠原子电负性比氢原子更小，只有一个核外电子提供给氢原子，Na的氧化数为+1，分子NaH为电中性，氢原子的氧化数只能为−1。

氧原子的氧化数一般为−2；但在H_2O_2中，氢原子只有一个核外电子可提供给氧原子，氢的氧化数为+1，分子H_2O_2为电中性，氧的氧化数只能为−1。

在超氧化合物KO_2中，因为碱金属原子只有1个核外价电子可以提供给电负性更大的氧原子，所以碱金属的氧化数为+1，分子KO_2为电中性，氧的氧化数只能为−0.5。

在O_2F_2中，F比氧电负性更强，电子向F偏离，F的氧化数为−1，O的氧化数为+1，同理，在OF_2中，氧的氧化数为+2。

④ 在独立的离子中，氧化数为离子的电荷数。如Cu^{2+}中铜的氧化数为+2；Na^+中钠的氧化数为+1；而Cl^-中氯的氧化数为−1。

⑤ 在共价化合物中，共用电子对偏向电负性大的原子，其氧化数为负值。另一个原子

的氧化数为为正值。如在 HCl 中，Cl 的电负性比氢大，共用电子对偏向 Cl，所以氯的氧化数为−1，而氢的氧化数为+1。

【例 7-1】 求 H_2SO_4 中 S 的氧化数。

解　设 H_2SO_4 中 S 的氧化数为 x，根据上述原则，氢的氧化数为+1，氧的氧化数为−2。则有

$$+1\times2+x+(-2)\times4=0$$

解得

$$x=+6$$

所以 H_2SO_4 中 S 的氧化数为+6。

【例 7-2】 求 Fe_3O_4 中 Fe 的氧化数。

解　设 Fe_3O_4 中 Fe 的氧化数为 x，根据上述原则，氧的氧化数为−2。则

$$3x+(-2)\times4=0$$

解得：

$$x=+\frac{8}{3}$$

所以 Fe_3O_4 中 Fe 的氧化数为+8/3。

需要注意的是，氧化数和化合价是不相同的两个概念。化合价是指微观世界中原子与原子间的键合情况，这些键可以是极性的，也可以是非极性的。极性键有电子对的偏向，可表现出氧化数。非极性键中没有电子对的偏向，不体现出氧化数。化合价是化学键的表征，化学键个数不可能是非整数。化合物中如含有多个同一元素的原子，则该元素的氧化数应是每个原子共用电子对偏离数的平均值，所以氧化数有可能为非整数。如 Fe_3O_4 中 Fe 原子的氧化数为$+\frac{8}{3}$。化合价与氧化数可以相等，也可以不相等。

【例 7-3】 求甲烷 CH_4、乙烯 C_2H_4 和乙炔 C_2H_2 中 C 的氧化数。

解　设 CH_4、C_2H_4 和 C_2H_2 中 C 的氧化数分别为 x_1、x_2 和 x_3，则：

$$x_1+(+1)\times4=0 \qquad x_1=-4$$

$$2x_2+(+1)\times4=0 \qquad x_2=-2$$

$$2x_3+(+1)\times2=0 \qquad x_3=-1$$

所以 CH_4、C_2H_4 和 C_2H_2 中 C 的氧化数分别为−4、−2、−1。但 C 在上述三种化合物中的共价数为四价。不同的是 CH_4 中四根共价键全部是极性键，全部都有−1 氧化数的贡献，所以 C 的氧化数为−4。

C_2H_4 中每个 C 原子有两根共价键是在两个 C 之间的非极性键，电子不偏向任何一方，对氧化数没有贡献。只有两根共价键是在 C—H 之间的极性键，有−1 氧化数的贡献，所以 C 的氧化数为−2。

C_2H_2 中每个 C 原子有三根共价键是在两个 C 之间的非极性键，电子不偏向任何一方，对氧化数也没有贡献。只有一根共价键是在 C—H 之间的极性键，有−1 氧化数的贡献，所以 C 的氧化数为−1。

【例 7-4】 求三溴苯酚 $C_6H_2(OH)Br_3$ 中 C 的氧化数（在有机物中，卤素比碳的电负性大，电子对偏向卤素，所以，与碳相连的卤素的氧化数取−1）。

解　设三溴苯酚 $C_6H_2(OH)Br_3$ 中 C 的氧化数为 x，根据上述原则，氧的氧化数为−2，溴的氧化数为−1，氢的氧化数为+1，则

$$6x+(-2)\times1+(-1)\times3+(+1)\times3=0$$

解得：

$$x=+\frac{1}{3}$$

所以 $C_6H_2(OH)Br_3$ 中 C 的氧化数为 $\frac{1}{3}$。

根据氧化数的概念，物质中某元素氧化数值下降，表明电子对向该元素原子偏移，可称其为得到电子，这种物质称为氧化剂。得到电子的过程称为还原。

物质中某元素氧化数值上升，表明电子对远离该元素原子，可称其为失去电子，这种物质称为还原剂。失去电子的过程称为氧化。

本书所讲的得电子或失电子既指完全地得到电子或失去电子后形成离子，也包括电子的偏移，而不论这种偏移的程度如何。

7.1.2 原电池

(1) 原电池的构成

原电池定义：可把化学能转化为电能的装置叫原电池（primary battery)。

将一块锌片放在硫酸铜溶液中，锌片慢慢溶解，红色的铜不断地沉积在锌片上。这表明铜离子和金属锌之间发生了氧化还原反应，电子从 Zn 转移至 Cu^{2+}：

$$Zn + Cu^{2+} = Zn^{2+} + Cu\downarrow \qquad (7\text{-}1)$$

在上述反应中，电子从 Zn 转移至 Cu^{2+}。电子流动表明产生电流，电流方向与电子迁移方向相反。上述实验表明，化学反应产生的能量转化成了电能。

为了研究化学能是如何转化为电能的，可设计如图 7-1 的装置：在一只烧杯中放入 $ZnSO_4$ 溶液，并插入锌片。在另一只烧杯中放入 $CuSO_4$ 溶液，并插入铜片。为了不让 Zn 与 Cu^{2+} 溶液直接接触，又要使电流流动，可将两烧杯中的溶液用一个充满以琼胶为介质的饱和 KCl 溶液、倒置的 U 形管相连，这种 U 形管称为盐桥（salt bridge)。两个装有电解质溶液的容器与盐桥就构成内电路。锌片和铜片间用导线连接就构成了外电路。外电路和内电路构成一个电流回路，这种装置称为原电池。

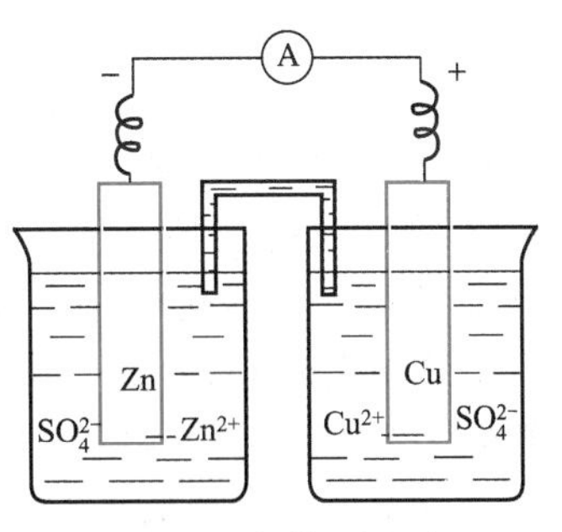

图 7-1 铜锌原电池

构成原电池正或负极的物质一定是由一种物质的高氧化数的氧化型与低氧化数的还原型构成，高氧化数的氧化型得到电子还原为其还原型，这一对因得或失电子而互变的物质称为电对，写成（氧化型)/(还原型)。例如：Zn^{2+} 与 Zn 就是一个电对，写成 Zn^{2+}/Zn。对于同一个物质，电对形式会因得或失电子数不同和条件变化而改变。

原电池使得式(7-1) 反应的电子的无序流动变为沿电回路的有序流动，就产生了电流。

回路接通后，Zn 给出电子，不断溶解：

$$Zn - 2e^- = Zn^{2+} \qquad (7\text{-}2)$$

Cu^{2+} 不断得到电子，在 Cu 上沉积：

$$Cu^{2+} + 2e^- = Cu \qquad (7\text{-}3)$$

此时，外电路上的电流计会发生偏转，说明有电流通过。

在外电路，电子从 Zn 极流向 Cu 极，电流方向相反。所以，Cu 是原电池正极（anode），Zn 是负极（cathode）。Cu^{2+}得到电子，是氧化剂；相反，Zn 失去电子是还原剂。

盐桥除了构成电池的回路外，还能使两极的溶液保持电荷平衡。随着原电池反应的进行，$ZnSO_4$ 溶液中 Zn^{2+} 的浓度增加，溶液将呈正电性；$CuSO_4$ 溶液中 Cu^{2+} 不断形成 Cu 析出，Cu^{2+} 浓度减小，溶液将呈负电性。如此，Zn 放出的带负荷的电子就会与 $ZnSO_4$ 溶液中的正电荷中和，而不会流向正极，Cu^{2+} 也不能形成 Cu 析出。电流中断，原电池失效。

加上盐桥后，盐桥中的 K^+ 流向 $CuSO_4$ 溶液，Cl^- 流向 $ZnSO_4$ 溶液，维持 $CuSO_4$ 溶液和 $ZnSO_4$ 溶液保持电中性，电流就能连续产生。

(2) 原电池的表达式和原电池的反应式

① 原电池的表达式（电池符号）

原电池是由两个半电池组成的。以铜锌原电池为例，Zn 和 $ZnSO_4$ 溶液组成负极半电池，Cu 和 $CuSO_4$ 溶液组成正极半电池。为了表达方便清晰，原电池可用符号组成的表达式表达而无须画图或用文字进行说明。铜锌原电池的表达式为：

$$(-)Zn|ZnSO_4(c_1)\|CuSO_4(c_2)|Cu(+) \qquad (7\text{-}4)$$

负极写在左边，正极写在右边。用“｜”表示固-液相的界面；用“‖”表示盐桥；盐桥的两边是半电池的组成溶液；括号内是溶液的浓度。

② 原电池的反应式

一个原电池，在负极进行氧化反应，在正极进行还原反应。原电池总反应则为两极反应之和。反应式为：

正极　(+) $Cu^{2+}+2e^- \longequal Cu$　还原反应，Cu^{2+}被还原为 Cu　(7-5)

负极　(−) $Zn-2e^- \longequal Zn^{2+}$　氧化反应，Zn 被氧化为 Zn^{2+}　(7-6)

总反应式　$Zn+Cu^{2+} \longequal Zn^{2+}+Cu$　氧化还原反应　(7-7)

7.1.3　氧化还原方程式的配平

氧化还原反应是比较复杂的反应，因为不但要涉及电子的转移、化学键性质的改变和化学键个数的增减，甚至还有结构的改变。氧化还原反应的配平（balancing）不但要考虑反应前后的质量守恒（元素的种类和原子的个数不变），对于在溶液中进行的反应，还要考虑电荷守恒（生成物电荷总和等于反应物电荷总和），最后从氧化还原反应的本质出发，电子的得失数也必须守恒，即氧化剂得电子的总数等于还原剂失电子的总数。配平氧化还原反应的氧化数法的依据即是上述最后一个守恒的推论，氧化剂氧化数下降的总和等于还原剂氧化数上升的总和。

氧化数法在中学已经熟练掌握，不再练习。现介绍另外一种配平方法，离子-电子法，也称为半反应法。该方法首先基于质量守恒和电荷守恒，需要虚拟一个原电池。虚拟原电池的正极发生还原半反应，虚拟原电池的负极发生氧化半反应。两个半反应之和便是整个氧化还原反应方程式。

(1) 配平氧化还原反应方程式的基本原则

① 氧化还原反应体系应呈电中性，即氧化剂得到的电子数与还原剂失去的电子数相等。氧化还原反应方程式两边的电荷代数值应相等。

② 参加氧化还原反应的化合物中至少有一个元素应有两个以上的氧化数存在。这个元素处于最高氧化数时，它不能作还原剂，只能作氧化剂。如高氯酸中 $HClO_4$ 的 Cl 氧化数

为+7，$HClO_4$ 只能作氧化剂。$KMnO_4$ 中的 Mn、$K_2Cr_2O_7$ 中的 Cr、$(NH_4)_2S_2O_8$ 中的 S 都是同样的例子。

元素氧化数处于最低氧化数时，它只能作还原剂，而不能作氧化剂。如各种金属单质 Fe、Zn。尤其碱金属和碱土金属单质、单质 C 等氧化数为 0，处于最低氧化数，都只能作还原剂。

氧化数处于中间状态的物质，应视另一个反应物中的反应元素而定。如 I_2 中的 I 氧化数为 0，I^- 氧化数为−1；IO_3^- 中的 I 氧化数为+5。所以 I_2 与更强的氧化剂反应，它作还原剂，可被氧化成氧化数为+5 的 IO_3^-，甚至可被氧化成氧化数为+7 的 IO_4^-。I_2 与更强的还原剂反应，它作为氧化剂，I_2 可被还原为 I^-。

③ 氧化还原反应若在溶液中进行，产物中的氧原子少于反应物中的氧原子，一般可在酸性介质（H^+）中反应，产物一定有 H_2O。如大多数含氧酸氧化剂，如 $KMnO_4$、$K_2Cr_2O_7$ 等。

若在中性溶液中（介质为 H_2O），产物必有 OH^-。如 $AsO_4^{3-} \longrightarrow AsO_2^-$ 的反应。根据化学平衡原理，酸性介质会使大多数含氧酸氧化性更强。一般不可能在碱性中进行。

④ 产物中氧原子多于反应物，则介质大多为碱性（OH^-），产物中一定有 H_2O，如 I_2 被氧化为 IO_3^- 等。若在中性介质中（H_2O），产物必有 H^+。

⑤ 氧化还原反应方程式平衡时，方程式两边不仅物质的量要相等，电荷也必须相等。因为氧化还原反应的本质是电子从还原剂流向氧化剂，所以，平衡方程应先从电荷守恒出发，再使物质的量守恒。例如：

$$MnO_4^- + Fe^{2+} + 8H^+ \longrightarrow Mn^{2+} + Fe^{3+} + 4H_2O \quad (7\text{-}8)$$

式(7-8) 从物质的量看已平衡了，但电荷数没有平衡，左边有 9 个正电荷，而右边只有 5 个正电荷，所以反应方程式并未配平。

(2) 氧化还原反应方程式配平方法与步骤

① 虚拟一个原电池，氧化剂构成正极，还原剂构成负极。例如 $MnO_4^- + Fe^{2+}$ 的反应，MnO_4^- 中 Mn 的氧化数为+7，是最高态，作氧化剂，Fe^{2+} 作还原剂。

虚拟一个原电池，在强酸介质中：

$$(-)Pt|Fe^{2+}, Fe^{3+}||MnO_4^-, H^+, Mn^{2+}|Pt(+) \quad (7\text{-}9)$$

写出正、负极的电对反应，包括介质条件。

负极反应 $$Fe^{2+} - e^- = Fe^{3+} \quad (7\text{-}10)$$

正极反应 $$MnO_4^- + 8H^+ + 5e^- = Mn^{2+} + 4H_2O \quad (7\text{-}11)$$

产物 Mn^{2+} 比反应物 MnO_4^- 的氧原子少，所以在酸性介质中反应，产物中有 H_2O。

在中性或弱酸性介质中，产物不一样，电对也不一样。正极发生的还原反应也不一样：

在中性或弱酸性中 $$MnO_4^- + 3e^- + 4H^+ = MnO_2 + 2H_2O \quad (7\text{-}12)$$

在强碱性介质中 $$MnO_4^- + e^- = MnO_4^{2-} \quad (7\text{-}13)$$

配平氧化还原反应方程式只是虚拟地借用原电池的概念，理解氧化还原反应的本质。了解这一点后，在配平氧化还原反应方程式时，则不必再去虚构原电池。只要写出氧化剂的还原半反应和还原剂的氧化半反应即可。

② 找出两个电极电对反应中得或失电子数的最小公倍数。每个反应方程式两边乘以最小公倍数与该反应得或失电子数的商。使两个反应的得失电子数相等。如上例中，最小公倍数为 5，正极反应方程式(7-11) 两边乘以 1，负极反应方程式(7-10) 两边乘以 5。得到扩张后的反应方程式：

$$MnO_4^- + 8H^+ + 5e^- = Mn^{2+} + 4H_2O \tag{7-14}$$

$$5Fe^{2+} - 5e^- = 5Fe^{3+} \tag{7-15}$$

③ 用扩张后的正极反应方程式加扩张后的负极反应方程式，消去电子。上例中，用式(7-14)和式(7-15)得

$$MnO_4^- + 8H^+ + 5e^- + 5Fe^{2+} - 5e^- = Mn^{2+} + 4H_2O + 5Fe^{3+} \tag{7-16}$$

④ 移项、合并同类项、简化方程式：

$$MnO_4^- + 8H^+ + 5Fe^{2+} = Mn^{2+} + 5Fe^{3+} + 4H_2O \tag{7-17}$$

式(7-17)已达平衡，电荷守恒，物质的量也守恒。从步骤②和③知，平衡氧化还原反应方程式应从电荷守恒入手。

【例 7-5】 平衡反应方程式 $As_2S_3 + HNO_3 \longrightarrow H_2SO_4 + H_3AsO_4 + NO$ (7-18)

解 反应式(7-18)中反应物 HNO_3 的 N 的氧化数是+5，产物 NO 的 N 的氧化数是+2。氧化数降低，是氧化剂。1 mol 的 HNO_3 得到 3 mol 电子。其反应是氧原子减少且 HNO_3 本身是酸，产物中应有 H_2O：

$$HNO_3 + 3H^+ + 3e^- = NO\uparrow + 2H_2O \tag{7-19}$$

反应式(7-18)中另一个反应物 As_2S_3 中 S 的电负性比 As 强，所以氧化数为负值。As_2S_3 中 S 的氧化数是−2，产物 H_2SO_4 中的 S 的氧化数是为+6。氧化数上升，是还原剂。1 mol 的 S 失去 8 mol 电子，3 mol 的 S 失去 24 mol 电子，产物的氧原子增加，应有 OH^- 参加。

As_2S_3 中 As 的氧化数是+3，产物 H_3AsO_4 中 As 的氧化数是+5。氧化数上升，也是还原剂，1 mol 的 As 失去 2 mol 电子，2 mol 的 As 失去 4 mol 电子，所以 1 mol 的 As_2S_3 在整个反应中会失去 28 mol 电子。产物的氧原子也是增加的，应有 OH^- 参加。每 2 mol 的 OH^- 生成 1 mol H_2O，便会给生成物提供 1 mol 氧原子。2 mol 的 As 生成 2 mol 的 H_3AsO_4 需增加 8 mol 的 O，但 2 mol 的 H_3AsO_4 又增加 6 mol 的 H，所以需要 6 mol 的 OH^- 和 2 mol 的 O；同理 3 mol 的 S 生成 3 mol 的 H_2SO_4 需 6 mol 的 OH^- 和 6 mol 的 O。共需要 12 mol 的 OH^- 和 8 mol 的 O，则需 12+8（需 O 原子数）×2=28 mol 的 OH^-，并生成 8 mol 的 H_2O：

$$As_2S_3 - 28e^- + 28OH^- = 3H_2SO_4 + 2H_3AsO_4 + 8H_2O \tag{7-20}$$

3 和 28 的公倍数为 84。式(7-19)两边乘以 84÷3=28：

$$28HNO_3 + 84H^+ + 84e^- = 28NO\uparrow + 56H_2O \tag{7-21}$$

式(7-20)两边乘以 84÷28=3：

$$3As_2S_3 - 84e^- + 84OH^- = 9H_2SO_4 + 6H_3AsO_4 + 24H_2O \tag{7-22}$$

式(7-21)和式(7-22)相加并消去电子：

$$28HNO_3 + 84H^+ + 3As_2S_3 + 84OH^- = 28NO\uparrow + 56H_2O + 9H_2SO_4 + 6H_3AsO_4 + 24H_2O \tag{7-23}$$

84 个 H^+ 加 84 个 OH^- 形成 84 个 H_2O，合并同类项：

$$28HNO_3 + 3As_2S_3 + 4H_2O = 28NO\uparrow + 9H_2SO_4 + 6H_3AsO_4 \tag{7-24}$$

【例 7-6】 完成反应方程式 $ClO^- + I_2 \longrightarrow Cl^- + IO_3^-$

解 按上述规则，ClO^- 是氧化剂，反应 $ClO^- \longrightarrow Cl^-$ 是减 O 原子反应，所以：

$$ClO^- + 2H^+ + 2e^- = Cl^- + H_2O \tag{7-25}$$

I_2 是还原剂，反应 $I_2 \longrightarrow IO_3^-$ 是 O 原子增加反应，应在 OH^- 介质中进行：

$$I_2-10e^-+12OH^- \xlongequal{} 2IO_3^-+6H_2O \quad (7\text{-}26)$$

式(7-25)×5 得 $$5ClO^-+10H^++10e^- \xlongequal{} 5Cl^-+5H_2O \quad (7\text{-}27)$$

式(7-26)和式(7-27) 相加，得：

$$5ClO^-+10H^++I_2+12OH^- \xlongequal{} 5Cl^-+5H_2O+2IO_3^-+6H_2O \quad (7\text{-}28)$$

所以 $$5ClO^-+I_2+2OH^- \xlongequal{} 2IO_3^-+5Cl^-+H_2O \quad (7\text{-}29)$$

【例 7-7】 完成反应方程式 $P_4+ClO^- \longrightarrow H_2PO_4^-+Cl^-$

解 $$ClO^-+2H^++2e^- \xlongequal{} Cl^-+H_2O \quad (7\text{-}30)$$

P_4 是还原剂，氧化数由 0 增至+5，失去 20 个电子，是氧原子增加反应，必有 OH^- 参加反应：

$$P_4-20e^-+24OH^- \xlongequal{} 4H_2PO_4^-+8H_2O \quad (7\text{-}31)$$

式(7-30)×10 得 $$10ClO^-+20H^++20e^- \xlongequal{} 10Cl^-+10H_2O \quad (7\text{-}32)$$

式(7-31)和式(7-32) 相加，得：

$$10ClO^-+20H^++P_4+24OH^- \xlongequal{} 10Cl^-+10H_2O+4H_2PO_4^-+8H_2O \quad (7\text{-}33)$$

所以 $$10ClO^-+P_4+4OH^-+2H_2O \xlongequal{} 10Cl^-+4H_2PO_4^- \quad (7\text{-}34)$$

7.2 电极电位

电极电位的能斯特方程

物质的氧化能力或还原能力的强弱可用其电极电位（electrode potential）来度量。

7.2.1 标准电极电位

(1) 电极电位

原电池的回路闭合后，会有电流通过。在外电路，电流从正极流向负极，这表明正负极之间一定存在电位差，正极的电位比负极高。

电位是势能，只能相比较而存在，只有相对值。无法测出单个电极的电位绝对值。只能选择某一电极作参比与待测电极组成原电池，才能测出待测电极与参比电极的电位差。若以某物质为原电池的一极，将其电位值定义为 0。待测物组成另一极，两极间的电位差代数值就是该物质的电极电位。

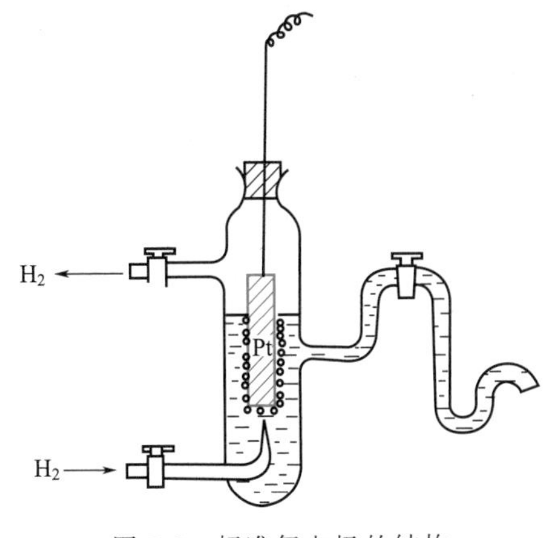

图 7-2 标准氢电极的结构

(2) 标准氢电极

温度为 298.15 K 时，在标准状态下，氢气的压力为 100 kPa、溶液中氢离子的浓度为 1 mol·L^{-1} 的氢电极的电极电位定义为 0。此状态下的氢电极称为标准氢电极（standard hydrogen electrode）。

如图 7-2 所示的是标准氢电极的结构。将镀了一层蓬松铂黑的铂片浸入氢离子的浓度为 1 mol·L^{-1} 的溶液中，在 298.15 K 时，从下方不断通入压力为 100 kPa 的纯氢气，铂黑吸收氢气直至饱和。溶液中的氢离子与氢气建立下列平衡：

$$2H^++2e^- \longrightarrow H_2 \quad (7\text{-}35)$$

此时，在铂片上的氢与溶液中氢离子之间产生的平衡电极电位，电对 H^+/H_2 的电极电位称为标准氢电极的电极电位，记作 $\varphi^{\ominus}_{H^+/H_2}=0\ V$。

(3) 标准电极电位测定

标准电极电位（standard electrode potential），即电极在标准状态下的电极电位。在标准状态下，将被测物质电极与标准氢电极组成原电池，测试原电池的标准电动势 $E^{\ominus}$（standard electromotive force）：

$$E^{\ominus}=\varphi^{\ominus}_{正}-\varphi^{\ominus}_{负} \tag{7-36}$$

由 $E^{\ominus}$ 的值便可计算出被测物质的标准电极电位。例如测 Zn 的标准电极电位：在 298.15 K 时，将锌片浸在锌离子浓度为 $1\ mol\cdot L^{-1}$ 的溶液中，与标准氢电极组成原电池。在该原电池中，外电路电流由氢电极流向锌电极，表明氢电极是正极，锌电极是负极。并测得电动势 $E^{\ominus}=0.76\ V$。

$$(-)Zn|Zn^{2+}(1\ mol\cdot L^{-1})||H^+(1\ mol\cdot L^{-1}),H_2|Pt(+)$$

所以

$$E^{\ominus}=\varphi^{\ominus}_{H^+/H_2}-\varphi^{\ominus}_{Zn^{2+}/Zn}$$

$$\varphi^{\ominus}_{Zn^{2+}/Zn}=\varphi^{\ominus}_{H^+/H_2}-E^{\ominus}=0\ V-0.76\ V=-0.76\ V$$

测 Cu 电极的标准电极电位，可在 298.15 K 时，将铜片浸在铜离子浓度为 $1\ mol\cdot L^{-1}$ 的溶液中，与标准氢电极组成原电池。在该原电池中，外电路电流由铜电极流向氢电极，表明氢电极是负极，铜电极是正极。并测得电动势的值 $E^{\ominus}=0.34\ V$。

$$(-)Pt|H_2(100\ kPa),H^+(1\ mol\cdot L^{-1})||Cu^{2+}(1\ mol\cdot L^{-1})|Cu(+) \tag{7-37}$$

所以

$$E^{\ominus}=\varphi^{\ominus}_{Cu^{2+}/Cu}-\varphi^{\ominus}_{H^+/H_2}$$

$$\varphi^{\ominus}_{Cu^{2+}/Cu}=E^{\ominus}-\varphi^{\ominus}_{H^+/H_2}=0.34\ V-0\ V=0.34\ V$$

由于电极电位规定为还原电位，即得电子的能力。所以电极电位越高，表明该电对的氧化态得电子能力越强，即越容易被还原，氧化态物质的氧化性越强，越容易作氧化剂。

电极电位越低，表明该电对的氧化态得电子能力越弱或还原态失电子能力越强，即越容易被氧化，还原态物质的还原性越强，越容易作还原剂。由上两例可知，Cu^{2+} 的氧化性比 Zn^{2+} 强得多。附录 3 和表 7-1 列出了一些物质的标准电极电位。

表 7-1　部分电对的标准电极电位（298.15 K）

电对(氧化态/还原态)	电极反应(氧化态$+ne^-\rightleftharpoons$还原态)	标准电极电位$\varphi^{\ominus}$/V
K^+/K	$K^++e^-\rightleftharpoons K$	−2.931
Zn^{2+}/Zn	$Zn^{2+}+2e^-\rightleftharpoons Zn$	−0.7618
Fe^{2+}/Fe	$Fe^{2+}+2e^-\rightleftharpoons Fe$	−0.447
Ni^{2+}/Ni	$Ni^{2+}+2e^-\rightleftharpoons Ni$	−0.257
Pb^{2+}/Pb	$Pb^{2+}+2e^-\rightleftharpoons Pb$	−0.1262
H^+/H_2	$2H^++2e^-\rightleftharpoons H_2$	0.0000
Cu^{2+}/Cu	$Cu^{2+}+2e^-\rightleftharpoons Cu$	0.3419
I_2/I^-	$I_2+2e^-\rightleftharpoons 2I^-$	0.5355
Fe^{3+}/Fe^{2+}	$Fe^{3+}+e^-\rightleftharpoons Fe^{2+}$	0.771
Ag^+/Ag	$Ag^++e^-\rightleftharpoons Ag$	0.7990
Br_2/Br^-	$Br_2+2e^-\rightleftharpoons 2Br^-$	1.006
O_2/H_2O	$O_2+2H^++2e^-\rightleftharpoons 2H_2O$	1.229
Cl_2/Cl^-	$Cl_2+2e^-\rightleftharpoons 2Cl^-$	1.35827
H_2O_2/H_2O	$H_2O_2+2H^++2e^-\rightleftharpoons 2H_2O$	1.776
F_2/F^-	$F_2+2e^-\rightleftharpoons 2F^-$	2.866

由于标准氢电极制作麻烦，氢气的净化、压力控制等都相当困难，铂黑容易中毒失效。所以直接用标准氢电极进行电极电位测试极为不方便。实际工作中，常选择一些电极制作简单、操作方便、电极电位稳定的电极与被测物质电极组成电池进行测定。这种电极称为参比电极。常用的参比电极有甘汞电极、银-氯化银电极等。

例如，饱和甘汞电极的电极电位$\varphi^{\ominus}_{参比}=+0.2438\ \text{V}$。即：

$$\varphi_{参比}-\varphi^{\ominus}_{H^+/H_2}=0.2438\ \text{V}$$

对应的半反应为 $Hg_2Cl_2(s)+2e^- \longrightarrow 2Hg(l)+2Cl^-(aq)$，氯离子浓度为饱和氯化钾的浓度（$2.8\ \text{mol}\cdot\text{L}^{-1}$）

用其测铜的电极电位，外电路电流方向表明铜电极为正极，饱和甘汞电极为负极。测得$E^{\ominus}=0.10\ \text{V}$。

所以 $$\varphi^{\ominus}_{Cu^{2+}/Cu}-\varphi_{参比}=\varphi^{\ominus}_{Cu^{2+}/Cu}-(0.2438\ \text{V}+\varphi^{\ominus}_{H^+/H_2})=0.10\ \text{V}$$

$$\varphi^{\ominus}_{Cu^{2+}/Cu}=0.10\ \text{V}+0.2438+\varphi^{\ominus}_{H^+/H_2}=0.10\ \text{V}+0.2438\ \text{V}+0\ \text{V}=0.34\ \text{V}$$

电极电位是强度性质，对同一个电极反应过程无加和性，即不论电极反应方程式两边乘以任何实数，电极电位φ不变。例如：

$$Cu^{2+}+2e^- \longrightarrow Cu \qquad \varphi^{\ominus}_{Cu^{2+}/Cu}=0.34\ \text{V}$$

$$2Cu^{2+}+4e^- \longrightarrow 2Cu \qquad \varphi^{\ominus}_{Cu^{2+}/Cu}=0.34\ \text{V}$$

$$\frac{1}{2}Cu^{2+}+e^- \longrightarrow 1/2Cu \qquad \varphi^{\ominus}_{Cu^{2+}/Cu}=0.34\ \text{V}$$

电极电位值与电极反应的方向无关，即对任一电极反应，无论其氧化态物质作氧化剂还是还原态物质作还原剂，其电极电位的代数值不变。

7.2.2 能斯特方程

标准电极电位是在标准状态时，即溶液中有关离子的浓度均为 $1\ \text{mol}\cdot\text{L}^{-1}$，同时相关气体的分压均为 100 kPa 时的测定值，一般温度取 298.15 K。因此，电极电位的大小和使用时的温度、溶液浓度或气体的压力有关。使用时的条件改变时，电极电位也会随之变化。

由于实验可在常温下进行或实验整个过程温度变化不大，且正负极处在相同温度下，也可抵消一部分系统的影响。一般可将温度考虑为 298.15 K。

在原电池中：

$$负极\ (-) \qquad Zn-2e^- \longrightarrow Zn^{2+} \tag{7-38}$$

在反应过程中 $[Zn^{2+}]$ 越来越大，负极的电位一定会发生变化。

$$正极\ (+) \qquad Cu^{2+}+2e^- \longrightarrow Cu \tag{7-39}$$

在反应过程中 $[Cu^{2+}]$ 越来越小，正极的电位也一定会发生变化。

对于任一电极反应：

$$氧化态+ne^- \longrightarrow 还原态 \tag{7-40}$$

其瞬时电极电位与电极氧化态和还原态浓度的关系是：

$$\varphi=\varphi^{\ominus}+\frac{RT}{nF}\ln\frac{c(氧化态)}{c(还原态)} \tag{7-41}$$

式中，$\varphi^{\ominus}$为标准电极电位；R 为热力学常数，$R=8.314\ \text{J}\cdot\text{mol}^{-1}\cdot\text{K}^{-1}$；$T$ 为热力学温度，K；F 为法拉第常数，$F=96480\ \text{C}\cdot\text{mol}^{-1}$；$n$ 为氧化还原过程中 1 mol 的氧化剂得到的电子数或 1 mol 还原剂失去的电子数。

若 $T=298.15$ K，并将自然对数换成常用对数：

$$\varphi=\varphi^{\ominus}+\frac{0.0592\ \mathrm{V}}{n}\lg\frac{c(\text{氧化态})}{c(\text{还原态})} \tag{7-42}$$

式(7-41)和式(7-42)都称为能斯特方程（Nernst equation）。当浓度均为 1 mol·L^{-1}的标准状态时$\varphi=\varphi^{\ominus}$。所谓氧化态浓度$c$(氧化态)是指参加还原反应方程式左边所有反应物的浓度幂积，包括介质，如H^+、OH^-等。所谓还原态浓度c(还原态)是指参加还原反应方程式右边所有产物的浓度幂积，包括介质，如H^+、OH^-等。若是气体则用相对分压即$p/100$ kPa。固体和溶剂相对浓度则定义为 1。这和化学平衡常数的规则一样。不是单指氧化剂或还原剂的浓度。

注意电极的能斯特方程和半反应是一一对应的关系，即需要根据不同的半反应调整能斯特方程的相关形式，下面两个例子给出了不同半反应对应的电极能斯特方程的定量计算。

【例 7-8】 已知 $Zn^{2+}+2e^-$ ══ Zn，$\varphi^{\ominus}_{Zn^{2+}/Zn}=-0.76$ V，求 $c(Zn^{2+})=0.0100$ mol·L^{-1}时的电极电位。

解 根据能斯特方程，有

$$\varphi_{Zn^{2+}/Zn}=\varphi^{\ominus}_{Zn^{2+}/Zn}+\frac{0.0592\ \mathrm{V}}{2}\lg\frac{0.0100}{1}=-0.76\ \mathrm{V}+\frac{0.0592\ \mathrm{V}}{2}\times(-2)=-0.819\ \mathrm{V}$$

【例 7-9】 已知 298.15 K、$p_{H_2}=100$ kPa 及中性溶液中氢电极反应为 $2H^++2e^-$ ══ H_2，求该氢电极的电极电位。

解 根据能斯特方程，有

$$\varphi_{H^+/H_2}=\varphi^{\ominus}_{H^+/H_2}+\frac{0.0592\ \mathrm{V}}{2}\lg\frac{[c(H^+)]^2}{\dfrac{100\ \mathrm{kPa}}{100\ \mathrm{kPa}}}$$

中性溶液中 $c(H^+)=10^{-7}$，所以

$$\varphi_{H^+/H_2}=0\ \mathrm{V}+\frac{0.0592\ \mathrm{V}}{2}\times\lg(10^{-7})^2=-0.41(\mathrm{V})$$

【例 7-10】 已知 $MnO_4^-+8H^++5e^-$ ══ $Mn^{2+}+4H_2O$，$\varphi^{\ominus}_{MnO_4^-/Mn^{2+}}=1.51$ V，求 $c(MnO_4^-)=c(Mn^{2+})=1.00$ mol·L^{-1}及 $c(H^+)=1.00\times10^{-5}$ mol·L^{-1}时的电极电位。

解 根据能斯特方程，有

$$\varphi_{MnO_4^-/Mn^{2+}}=\varphi^{\ominus}_{MnO_4^-/Mn^{2+}}+\frac{0.0592\ \mathrm{V}}{5}\lg\frac{c(MnO_4^-)[c(H^+)]^8}{c(Mn^{2+})}$$

$$c(MnO_4^-)=c(Mn^{2+})=1.00\ \mathrm{mol\cdot L^{-1}},\ c(H^+)=1.00\times10^{-5}\ \mathrm{mol\cdot L^{-1}}$$

则
$$\varphi_{MnO_4^-/Mn^{2+}}=1.51\ \mathrm{V}+\frac{0.0592\ \mathrm{V}}{5}\times\lg\frac{1.00\times(10^{-5})^8}{1.00}=1.04\ (\mathrm{V})$$

【例 7-11】 已知 $\varphi^{\ominus}_{Ag^+/Ag}=0.799$ V，$K_{sp}(AgCl)=1.80\times10^{-10}$，求电极电位 $\varphi^{\ominus}_{AgCl/Ag}$。

解 可虚拟一个原电池：

(－) $Ag+Cl^--e^-$ ══ AgCl 即时电极电位 $\varphi(AgCl/Ag)$ (7-43)

(＋) Ag^++e^- ══ Ag 即时电极电位 $\varphi(Ag^+/Ag)$ (7-44)

总反应 Ag^++Cl^- ══ AgCl 无电子得失，此时电极电位＝0

所以
$$\varphi_{Ag^+/Ag}-\varphi_{AgCl/Ag}=0 \tag{7-45}$$

即
$$\varphi_{Ag^+/Ag}=\varphi_{AgCl/Ag} \tag{7-46}$$

根据能斯特方程，有

$$\varphi_{AgCl/Ag}=\varphi^{\ominus}_{AgCl/Ag}+0.0592\ V\lg\frac{1}{[Cl^-]}$$

$$\varphi_{Ag^+/Ag}=\varphi^{\ominus}_{Ag^+/Ag}+0.0592\ V\lg[Ag^+]$$

则
$$\varphi^{\ominus}_{AgCl/Ag}+0.0592\ V\lg\frac{1}{[Cl^-]}=\varphi^{\ominus}_{Ag^+/Ag}+0.0592\ V\lg[Ag^+]$$

$$\begin{aligned}\varphi^{\ominus}_{AgCl/Ag}&=\varphi^{\ominus}_{Ag^+/Ag}+0.0592\ V\lg[Ag^+]-0.0592\ V\lg\frac{1}{[Cl^-]}\\&=\varphi^{\ominus}_{Ag^+/Ag}+0.0592\ V\lg([Ag^+][Cl^-])\\&=\varphi^{\ominus}_{Ag^+/Ag}+0.0592\ V\lg K_{sp}(AgCl)\\&=0.799\ V+0.0592\ V\lg(1.80\times10^{-10})=0.222\ V\end{aligned}$$

因为氧化型 Ag^+ 发生沉淀，浓度变小，所以电极电位下降，氧化性减弱。

【例 7-12】 已知 $\varphi^{\ominus}_{Cu^{2+}/Cu^+}=0.158\ V$，$K_{sp}(CuI)=1.10\times10^{-12}$，求 $\varphi^{\ominus}_{Cu^{2+}/CuI}$。

解 虚拟一个原电池：

(+) $Cu^{2+}+e^-═══Cu^+$ 即时电位 φ_{Cu^{2+}/Cu^+}

(−) $CuI-e^-═══Cu^{2+}+I^-$ 即时电位 $\varphi_{Cu^{2+}/CuI}$

总反应 $CuI═══Cu^++I^-$ 无电子得失，即时电极电位=0

$$\varphi_{Cu^{2+}/Cu^+}-\varphi_{Cu^{2+}/CuI}=0$$

根据能斯特方程，有

$$\varphi_{Cu^{2+}/Cu^+}=\varphi^{\ominus}_{Cu^{2+}/Cu^+}+0.0592\ V\lg\frac{[Cu^{2+}]}{[Cu^+]}$$

$$\varphi_{Cu^{2+}/CuI}=\varphi^{\ominus}_{Cu^{2+}/CuI}+0.0592\ V\lg([I^-][Cu^{2+}])$$

则
$$\begin{aligned}\varphi^{\ominus}_{Cu^{2+}/CuI}&=\varphi^{\ominus}_{Cu^{2+}/Cu^+}+0.0592\ V\lg\frac{[Cu^{2+}]}{[Cu^+]}-0.0592\ V\lg([I^-][Cu^{2+}])\\&=\varphi^{\ominus}_{Cu^{2+}/Cu^+}-0.0592\ V\lg\frac{[I^-][Cu^{2+}][Cu^+]}{[Cu^{2+}]}\\&=\varphi^{\ominus}_{Cu^{2+}/Cu^+}-0.0592\ V\lg K_{sp}(CuI)\\&=0.158\ V-0.0592\ V\lg(1.10\times10^{-12})=0.866\ V\end{aligned}$$

因为还原型 Cu^+ 发生了沉淀，浓度变小，所以电极电位上升，还原性减弱，氧化性增强。0.866 V 比 $\varphi^{\ominus}(I_2/I^-)=0.535\ V$ 高，所以 Cu^{2+} 可将 I^- 氧化成 I_2。

$$2Cu^{2+}+4I^-═══2CuI\downarrow+I_2 \tag{7-47}$$

该反应很重要，可用于滴定分析的氧化还原反应。

7.2.3 条件电极电位

复杂体系中，氧化（还原）态物质的存在形式也会因水解、配位等副反应而多种多样，有效浓度 $c'=c(\text{总浓度})/\alpha_{Ox(Red)}$ 会更小，可在更大程度上影响电极电位。有效浓度是指电极反应式中显现的存在形式的浓度。氧化数相同但存在形式与电极反应式所列形式不同，不能计入有效浓度。所以

$$\varphi=\varphi^{\ominus}+\frac{0.0592\ V}{n}\lg\frac{c(\text{氧化态})}{c(\text{还原态})}=\varphi^{\ominus}+\frac{0.0592\ V}{n}\lg\frac{\dfrac{c_{Ox}}{\alpha_{Ox}}}{\dfrac{c_{Red}}{\alpha_{Red}}}$$

$$=\varphi^{\ominus}+\frac{0.0592\ \mathrm{V}}{n}\lg\frac{\frac{1}{\alpha_{\mathrm{Ox}}}}{\frac{1}{\alpha_{\mathrm{Red}}}}+\frac{0.0592\ \mathrm{V}}{n}\lg\frac{c_{\mathrm{Ox}}}{c_{\mathrm{Red}}}$$

$$=\varphi^{\ominus}+\frac{0.0592\ \mathrm{V}}{n}\lg\frac{\alpha_{\mathrm{Red}}}{\alpha_{\mathrm{Ox}}}+\frac{0.0592\ \mathrm{V}}{n}\lg\frac{c_{\mathrm{Ox}}}{c_{\mathrm{Red}}}$$

$$=\varphi^{\ominus\prime}+\frac{0.0592\ \mathrm{V}}{n}\lg\frac{c_{\mathrm{Ox}}}{c_{\mathrm{Red}}}$$

即
$$\varphi^{\ominus\prime}=\varphi^{\ominus}+\frac{0.0592\ \mathrm{V}}{n}\lg\frac{\alpha_{\mathrm{Red}}}{\alpha_{\mathrm{Ox}}} \tag{7-48}$$

$\varphi^{\ominus\prime}$称为条件电极电位（conditional electrode potential），它表示在一定介质条件下，氧化态和还原态的总浓度（包括氧化数相同的各种存在形式的浓度总和）为 1 mol·L^{-1}时的电极电位。式中，α_{Ox}、α_{Red} 分别为氧化型和还原型的副反应系数，是有效氧化态或还原态分布系数的倒数，即 $\alpha_{\mathrm{Ox}}=1/\delta_{\mathrm{Ox}}$，$\alpha_{\mathrm{Red}}=1/\delta_{\mathrm{Red}}$，这在第 6 章已作过详细介绍。

例如，在 HCl 介质中的电极反应

$$Fe^{3+}+e^{-}=\!=\!=Fe^{2+} \tag{7-49}$$

由于 HCl 浓度的不同，Fe(Ⅲ) 除以 Fe^{3+} 形式存在外，还可生成 $[Fe(OH)]^{2+}$、$[FeCl]^{2+}$、$[FeCl_2]^{+}$ 等。只有 Fe^{3+} 的浓度才是有效浓度。

$$[Fe^{3+}]=c[Fe(\text{Ⅲ})_{总}]\delta(Fe^{3+})=\frac{c[Fe(\text{Ⅲ})_{总}]}{\alpha(Fe^{3+})}$$

$$[Fe^{2+}]=c[Fe(\text{Ⅱ})_{总}]\delta(Fe^{2+})=\frac{c[Fe(\text{Ⅱ})_{总}]}{\alpha(Fe^{2+})}$$

综合考虑副反应系数 α，式(7-49) 的电极电位为

$$\varphi=\varphi^{\ominus}+0.0592\ \mathrm{V}\ \lg\frac{[Fe^{3+}]}{[Fe^{2+}]}$$

$$=\varphi^{\ominus}+0.0592\ \mathrm{V}\ \lg\frac{\frac{c[Fe(\text{Ⅲ})_{总}]}{\alpha(Fe^{3+})}}{\frac{c[Fe(\text{Ⅱ})_{总}]}{\alpha(Fe^{2+})}}$$

$$=\varphi^{\ominus}+0.0592\ \mathrm{V}\ \lg\frac{\alpha(Fe^{2+})c[Fe(\text{Ⅲ})_{总}]}{\alpha(Fe^{3+})c[Fe(\text{Ⅱ})_{总}]}$$

$$=\varphi^{\ominus\prime}+0.0592\ \mathrm{V}\ \lg\frac{c[Fe(\text{Ⅲ})_{总}]}{c[Fe(\text{Ⅱ})_{总}]} \tag{7-50}$$

由上可知，条件电极电位考虑了副反应影响，比较能够反映实际情况。

7.3 氧化还原反应进行的方向和限度

7.3.1 氧化还原反应进行的方向

一个物质的氧化还原电对的即时电极电位 φ_1(不是标准电极电位）值越大，表明该物质的氧化型得电子能力越强，氧化能力越强，可作氧化剂。相比较而言，另一物质的氧化还原电对的即时电极电位φ_2 值越小，其还原型失电子能力越强，还原能力越强，可作还原剂。

在氧化还原反应中可利用电极电位的大小判断化学反应的方向。

【例 7-13】 已知 $\varphi^{\ominus}_{Cu^{2+}/Cu}=0.34\ V$，$\varphi^{\ominus}_{Cd^{2+}/Cd}=-0.41\ V$，判断在标准态时下列反应的方向。

$$Cu^{2+}+Cd \longrightarrow Cu+Cd^{2+}$$

解 标准态下的即时电极电位就是标准电极电位 $\varphi^{\ominus}$，所以用 $\varphi^{\ominus}$ 判断反应的方向。

因为 $\varphi^{\ominus}_{Cu^{2+}/Cu}>\varphi^{\ominus}_{Cd^{2+}/Cd}$，所以电对 Cu^{2+}/Cu 中的氧化型 Cu^{2+} 作氧化剂，应被还原为 Cu，而电对 Cd^{2+}/Cd 中的还原型 Cd 作还原剂，应被氧化成 Cd^{2+}，因而反应向右进行。

如果两电对的标准电极电位相差较大，浓度相差不大，其他副反应不强，这些因素对电极电位造成的影响不大时，在非标准态下，也可用标准电极电位进行氧化还原反应方向的判断。

【例 7-14】 已知 $\varphi^{\ominus}_{Pb^{2+}/Pb}=-0.126\ V$，$\varphi^{\ominus}_{Sn^{2+}/Sn}=-0.136\ V$，判断：(1) 标准态时，下列反应的方向；(2) $c(Pb^{2+})=0.0100\ mol \cdot L^{-1}$，$c(Sn^{2+})=1.00\ mol \cdot L^{-1}$ 时，下列反应的方向。

$$Pb^{2+}+Sn \longrightarrow Pb+Sn^{2+}$$

解 (1) 在标准态下，可用 $\varphi^{\ominus}$ 进行判断。因为 $\varphi^{\ominus}_{Pb^{2+}/Pb}>\varphi^{\ominus}_{Sn^{2+}/Sn}$，所以反应向右进行。

(2)当 $c(Pb^{2+})=0.0100\ mol \cdot L^{-1}$，$c(Sn^{2+})=1.00\ mol \cdot L^{-1}$ 时，应用即时电极电位判断，在此条件下：

$$\varphi_{Pb^{2+}/Pb}=\varphi^{\ominus}_{Pb^{2+}/Pb}+\frac{0.0592\ V}{2}\lg 0.0100=-0.185(V)$$

$$\varphi_{Sn^{2+}/Sn}=\varphi^{\ominus}_{Sn^{2+}/Sn}+\frac{0.0592\ V}{2}\lg 1.00=-0.136(V)$$

显然 $\varphi_{Sn^{2+}/Sn}>\varphi_{Pb^{2+}/Pb}$，所以 Sn^{2+} 是氧化剂，得电子生成 Sn，Pb 是还原剂，失电子生成 Pb^{2+}，反应向左进行。

由上可知，浓度对电极电位影响很大，可影响到氧化还原反应的方向。而副反应对有效浓度的影响也很大，要特别加以关注。如果有副反应产生，需用条件电极电位判断氧化还原反应的方向。

【例 7-15】 已知 $\varphi^{\ominus}_{Cu^{2+}/Cu^{+}}=0.158\ V$，$K_{sp}(CuI)=1.10\times10^{-12}$，$\varphi^{\ominus}_{I_2/I^-}=0.535\ V$，判断在标准态时下列反应的方向。

$$2Cu^{2+}+4I^- \longrightarrow 2CuI\downarrow+I_2$$

解 由例 7-12 知，$\varphi_{Cu^{2+}/CuI}=0.866\ V$。标准态 $\varphi_{I_2/I^-}=\varphi^{\ominus}_{I_2/I^-}=0.535\ V$，$\varphi_{Cu^{2+}/CuI}>\varphi_{I_2/I^-}$，所以 Cu^{2+} 是氧化剂，被还原为 CuI(s)，I^- 是还原剂，应被氧化成 I_2，所以反应向右进行。

7.3.2 氧化还原反应进行的程度

化学反应进行的程度可用平衡常数计算。氧化还原反应的平衡常数可通过电极电位的测定来求得，所以，氧化还原反应进行的程度可用电极电位来计算。

设对任一氧化还原反应

$$a\,Ox_1 + b\,Red_2 \longrightarrow p\,Red_1 + q\,Ox_2 \tag{7-51}$$

设氧化剂 Ox_1 得到的和还原剂 Red_2 失去的电子数均为 n。将其设计成原电池，则

$$\varphi_+ = \varphi_+^\ominus + \frac{0.0592\ V}{n}\lg\frac{c_{Ox_1}^a}{c_{Red_1}^p} \tag{7-52}$$

$$\varphi_- = \varphi_-^\ominus + \frac{0.0592\ V}{n}\lg\frac{c_{Ox_2}^q}{c_{Red_2}^b} \tag{7-53}$$

电动势 $E = \varphi_+ - \varphi_- = \varphi_+^\ominus + \frac{0.0592\ V}{n}\lg\frac{c_{Ox_1}^a}{c_{Red_1}^p} - \varphi_-^\ominus - \frac{0.0592\ V}{n}\lg\frac{c_{Ox_2}^q}{c_{Red_2}^b}$

$$= \varphi_+^\ominus - \varphi_-^\ominus - \frac{0.0592\ V}{n}\lg\frac{c_{Ox_2}^q c_{Red_1}^p}{c_{Red_2}^b c_{Ox_1}^a}$$

$$= E^\ominus - \frac{0.0592\ V}{n}\lg Q_c \tag{7-54}$$

由式(7-52)可知，随着反应的进行，Ox_1 的浓度不断减小，正极的电极电位 φ_+ 也不断降低。相反，由式(7-53)可知，随着反应的进行，Ox_2 的浓度不断增大，负极的电极电位 φ_- 不断上升。总存在某一时刻 $\varphi_+ = \varphi_-$，即正负极电位相等，电动势 $E=0$，不会再有电流产生，此状态称为原电池平衡，此时，化学反应也达到了平衡，所以平衡常数$K = Q_c$。

$$\lg Q_c = \lg K = \frac{n(\varphi_+^\ominus - \varphi_-^\ominus)}{0.0592\ V} \tag{7-55}$$

对于条件平衡常数，有

$$K' = 10^{n(\varphi_+^{\ominus\prime} - \varphi_-^{\ominus\prime})/0.0592\ V} \tag{7-56}$$

【例 7-16】 已知 $\varphi_{Cu^{2+}/Cu}^\ominus = 0.34\ V$，$\varphi_{Zn^{2+}/Zn}^\ominus = -0.76\ V$，估算 $Cu^{2+} + Zn \rightleftharpoons Cu + Zn^{2+}$ 的反应平衡常数和反应进行的限度。

解 $$\lg K = \frac{n(\varphi_+^\ominus - \varphi_-^\ominus)}{0.0592\ V} = \frac{2\times[0.34\ V-(-0.76\ V)]}{0.0592\ V} = 37.2$$

所以反应平衡常数 $$K = 10^{37.2} = 1.58\times10^{37}$$

即 $$K = \frac{[Zn^{2+}]}{[Cu^{2+}]} = 1.58\times10^{37}$$

可以认为 $[Cu^{2+}] \approx 0$，反应进行得非常彻底。

7.4 元素电位图

元素若有三个以上的氧化数时，这些物质间可组成不同的电对。各电对间的标准电极电位关系可用图解的形式表达出来。按照元素的氧化数从左到右依次降低的顺序，把它们形成的化合物分子或离子写出来并用直线连接，在直线上标明两种不同氧化数物质所组成的电对的标准电极电位值，这种图叫元素电位图（element potential diagram，Latimer diagram）。例如：

$$\varphi_a^\ominus/V \qquad O_2 \overset{0.682}{\text{———}} H_2O_2 \overset{1.77}{\text{———}} H_2O \qquad (1.229:\ O_2 \text{—} H_2O) \tag{7-57}$$

元素电位图对于了解元素及其化合物的性质具有较重要的作用，主要可用于判断物质能否发生歧化反应或汇中反应。但它的基础仍是能斯特方程，只不过元素电位图更直观。

7.4.1 元素电位图中的电位计算

由式(7-57)可知，$O_2 \rightarrow H_2O$ 的标准电极电位并不等于 $O_2 \rightarrow H_2O_2$ 与 $H_2O_2 \rightarrow H_2O$ 两段的标准电极电位之和。这是因为各个电对间传递的电子数不同以及反应介质、反应条件不同造成的。其中，传递的电子数不同是最主要的原因。在已知一些电对的标准电极电位后，可利用能斯特方程计算其他电对的标准电极电位。

例如，由下列元素电位图和$\varphi_1^\ominus$、$\varphi_2^\ominus$，求$\varphi_3^\ominus$。

$$M_1 \overset{\varphi_1^\ominus}{\text{———}} M_2 \overset{\varphi_2^\ominus}{\text{———}} M_3 \quad (M_1 \text{ 至 } M_3: \varphi_3^\ominus)$$

已知：$M_1 \rightarrow M_2$ 时，得到 n_1 个电子；$M_2 \rightarrow M_3$ 时，得到 n_2 个电子，和各个电对的标准电极电位$\varphi_1^\ominus$、$\varphi_2^\ominus$，求$\varphi_3^\ominus$。

将一定浓度的 M_1、M_2、M_3 溶液混合，达到化学平衡时，M_1、M_2、M_3 的浓度($mol \cdot L^{-1}$)分别为 c_1、c_2、c_3。此时，溶液的电极电位为 φ_e，而且溶液中各电对的电位也等于 φ_e，即：

$$\varphi_e = \varphi_1^\ominus + \frac{0.0592\ V}{n_1} \lg \frac{c_1}{c_2} \tag{7-58}$$

$$\varphi_e = \varphi_2^\ominus + \frac{0.0592\ V}{n_2} \lg \frac{c_2}{c_3} \tag{7-59}$$

$$\varphi_e = \varphi_3^\ominus + \frac{0.0592\ V}{n_1 + n_2} \lg \frac{c_1}{c_3} \tag{7-60}$$

式(7-58)$\times n_1$：

$$n_1 \varphi_e = n_1 \varphi_1^\ominus + 0.0592\ V \lg \frac{c_1}{c_2} \tag{7-61}$$

式(7-59)$\times n_2$：

$$n_2 \varphi_e = n_2 \varphi_2^\ominus + 0.0592\ V \lg \frac{c_2}{c_3} \tag{7-62}$$

式(7-60)$\times (n_1 + n_2)$：

$$(n_1 + n_2)\varphi_e = (n_1 + n_2)\varphi_3^\ominus + 0.0592\ V \lg \frac{c_1}{c_3} \tag{7-63}$$

式(7-61)+式(7-62)：

$$(n_1 + n_2)\varphi_e = n_1 \varphi_1^\ominus + 0.0592\ V \lg \frac{c_1}{c_2} + n_2 \varphi_2^\ominus + 0.0592\ V \lg \frac{c_2}{c_3} \tag{7-64}$$

$$(n_1 + n_2)\varphi_e = n_1 \varphi_1^\ominus + n_2 \varphi_2^\ominus + 0.0592\ V \lg \frac{c_1}{c_3} \tag{7-65}$$

式(7-63)−式(7-65)：

$$0 = (n_1 + n_2)\varphi_3^\ominus - n_1 \varphi_1^\ominus - n_2 \varphi_2^\ominus \tag{7-66}$$

$$(n_1 + n_2)\varphi_3^\ominus = n_1 \varphi_1^\ominus + n_2 \varphi_2^\ominus \tag{7-67}$$

$$\varphi_3^\ominus = \frac{n_1 \varphi_1^\ominus + n_2 \varphi_2^\ominus}{n_1 + n_2} \tag{7-68}$$

通式 $$\varphi_n^\ominus=\frac{\sum n_j\varphi_j^\ominus}{\sum n_i} \tag{7-69}$$

即：两个氧化态下的标准电极电位等于各段标准电极电位与对应的电子转移数之积的总和被总过程中电子转移总数相除。也可说成：两个氧化态下的标准电极电位等于各段标准电极电位与电子转移数的加权平均值。

【例 7-17】 已知下列元素电位图，求 $\varphi^\ominus_{Cu^{2+}/Cu}$。

$$Cu^{2+}\xrightarrow{0.16\ V}Cu^{+}\xrightarrow{0.52\ V}Cu \quad (\varphi^\ominus_{Cu^{2+}/Cu})$$

解 由图可知：$n_1=1$，$n_2=1$，$\sum n_i=2$

$$\varphi^\ominus_{Cu^{2+}/Cu}=\frac{1\times0.16\ V+1\times0.52\ V}{2}=0.34\ V$$

【例 7-18】 已知碱性条件下溴元素的电位图如下，求 $\varphi^\ominus_{BrO_3^-/Br^-}$、$\varphi^\ominus_{BrO_3^-/Br_2}$ 和 $\varphi^\ominus_{BrO^-/Br^-}$。

$$BrO_3^-\xrightarrow{0.54\ V}BrO^-\xrightarrow{0.45\ V}\frac{1}{2}Br_2\xrightarrow{1.07\ V}Br^- \tag{7-70}$$

解 由元素电位图可知，$n_1=4$，$n_2=1$，$n_3=1$，$n=6$，则

$$\varphi^\ominus_{BrO_3^-/Br^-}=\frac{4\times0.54\ V+0.45\ V+1.07\ V}{6}=0.61\ V$$

$$\varphi^\ominus_{BrO_3^-/Br_2}=\frac{4\times0.54\ V+0.45\ V}{5}=0.52\ V$$

$$\varphi^\ominus_{BrO^-/Br^-}=\frac{0.45\ V+1.07\ V}{2}=0.76\ V$$

【例 7-19】 已知酸性条件下溴元素的电位图如下，求 $\varphi^\ominus_{BrO_3^-/BrO^-}$ 和 $\varphi^\ominus_{BrO^-/Br^-}$。

$$BrO_3^-\xrightarrow{?}BrO^-\xrightarrow{1.59\ V}\frac{1}{2}Br_2\xrightarrow{1.07\ V}Br^- \quad (BrO_3^-\to Br^-:\ 1.44\ V) \tag{7-71}$$

解 由元素电位图可知，$n_1=4$，$n_2=1$，$n_3=1$，$n=6$，则

$$\varphi^\ominus_{BrO_3^-/Br^-}=\frac{4\varphi^\ominus_{BrO_3^-/BrO^-}+1.59\ V+1.07\ V}{6}=1.44\ V$$

$$\varphi^\ominus_{BrO_3^-/BrO^-}=\frac{1.44\ V\times6-1.59\ V-1.07\ V}{4}=1.50\ V$$

$$\varphi^\ominus_{BrO^-/Br^-}=\frac{1.59\ V+1.07\ V}{2}=1.33\ V$$

7.4.2 歧化反应及其判断

歧化反应（disproportionated realtion）是某个反应物的自身氧化还原反应，即处于中间氧化数的元素在一定条件下，一部分转化为高氧化数物质，一部分转化为低氧化数物质。该物质既是氧化剂，又是还原剂。例如，氯气与水的反应就是歧化反应。

$$Cl_2+H_2O=HClO+HCl$$

但并不是有 3 个及以上氧化数的元素组成的物质都可以产生歧化反应。即使对同一元素，也会因反应条件的变化而有可歧化和不可歧化两种情况。判断能否发生歧化反应的理论根据是用能斯特方程计算即时电极电位，判断化学反应进行的方向；也可用元素电位图直观判断。

【例 7-20】 判断碱性条件下 Br_2 能否歧化。元素电位图见式(7-70)。

解
$$\frac{1}{2}Br_2 + e^- = Br^- \qquad \varphi^{\ominus}_{Br_2/Br^-} = 1.07\ V \tag{7-72}$$

$$BrO^- + H_2O + e^- = \frac{1}{2}Br_2 + 2OH^- \qquad \varphi^{\ominus}_{BrO^-/Br_2} = 0.45\ V \tag{7-73}$$

式(7-72)－式(7-73) 得
$$Br_2 + 2OH^- = BrO^- + Br^- + H_2O \tag{7-74}$$

$$\varphi^{\ominus}_{Br_2/Br^-} - \varphi^{\ominus}_{BrO^-/Br_2} = 1.07\ V - 0.45\ V = 0.62\ V > 0$$

此式表明：电对 Br_2/Br^- 中的氧化型 Br_2 是氧化剂，电对 BrO^-/Br_2 中的还原型 Br_2 是还原剂，Br_2 既是氧化剂也是还原剂，应发生 Br_2 的歧化反应，反应向右进行，可歧化。

同理，BrO^- 也不会稳定存在，还会继续歧化：

$$BrO^- + 2H_2O + 2e^- = Br^- + 2OH^- \qquad \varphi^{\ominus}_{BrO^-/Br^-} = 0.76\ V$$

$$BrO_3^- + 2H_2O + 4e^- = BrO^- + 4OH^- \qquad \varphi^{\ominus}_{BrO_3^-/BrO^-} = 0.54\ V$$

0.76 V＞0.54 V，所以反应

$$3BrO^- = 2Br^- + BrO_3^-$$

会继续歧化，即在碱性条件下 Br_2 和 BrO^- 都不可能存在。在碱性条件下用氧化剂氧化 Br^- 时，得到的产物不会是 Br_2 和 BrO^-，而是 BrO_3^-。

在酸性介质中，情况与此有别。

【例 7-21】 判断酸性条件下 Br_2 能否歧化。元素电位图见式(7-71)。

解
$$\frac{1}{2}Br_2 + e^- = Br^- \qquad \varphi^{\ominus}_{Br_2/Br^-} = 1.07\ V \tag{7-75}$$

$$BrO^- + 2H^+ + e^- = \frac{1}{2}Br_2 + H_2O \qquad \varphi^{\ominus}_{BrO^-/Br_2} = 1.59\ V \tag{7-76}$$

式(7-75)－式(7-76) 得
$$Br_2 + H_2O = BrO^- + Br^- + 2H^+ \tag{7-77}$$

$$\varphi^{\ominus}_{Br_2/Br^-} - \varphi^{\ominus}_{BrO^-/Br_2} = 1.07\ V - 1.59\ V = -0.52\ V < 0$$

此式表明：电对 Br_2/Br^- 中的还原型 Br^- 是还原剂，电对 BrO^-/Br_2 中的氧化型 BrO^- 是氧化剂，氧化剂和还原剂不是同一种物质，不是歧化反应，反应向左进行，不可歧化。

像式(7-77) 这种向左进行的“由同一元素，两个氧化数不同（BrO^- 中的 Br 的氧化数为＋1，Br^- 中 Br 的氧化数为－1）的化合物，只生成一种中间氧化数（Br_2 中 Br 的氧化数为 0）化合物”的反应称为汇中反应（comproportionation reaction）。

从化学平衡看，式(7-77) 的总反应方程右边生成 H^+，加碱（碱性条件），反应向右移动，可歧化；加酸（酸性条件），反应向左移动，不能歧化，只能汇中。

从氧化还原反应方程平衡的原则来看，式(7-77) 的正反应是个氧原子增加的反应，是不可能在酸性介质中进行的，只能在碱性或中性溶液中进行，反应便成了式(7-74)。

可以推断，对于下列元素电位图

$$M_1 \xrightarrow{\varphi_1^{\ominus}} M_2 \xrightarrow{\varphi_2^{\ominus}} M_3$$

若 $\varphi_2^{\ominus} > \varphi_1^{\ominus}$，则 M_2 可歧化生成 M_1 和 M_3；若 $\varphi_2^{\ominus} < \varphi_1^{\ominus}$，则 M_1 和 M_3 可汇中生成 M_2。

例如，铁元素的电位图如下：

$$Fe^{3+} \xrightarrow{0.771\ V} Fe^{2+} \xrightarrow{-0.447\ V} Fe$$

$\varphi_2^{\ominus}=-0.447\ \text{V}<\varphi_1^{\ominus}=0.771\ \text{V}$，$Fe^{2+}$不会歧化为$Fe^{3+}$和 Fe。可以推断，金属 Fe 溶于非氧化性的酸中，主要生成Fe^{2+}而不会是Fe^{3+}。Fe^{2+}不稳定，易被空气中的氧气氧化成Fe^{3+}，而绝不是歧化的结果。$\varphi_2^{\ominus}<\varphi_1^{\ominus}$，不发生歧化反应，一定会发生汇中反应，可利用这一性质维持Fe^{2+}稳定存在。在Fe^{3+}溶液中加入少量铁粉：

$$2Fe^{3+}+Fe=\!=\!=3Fe^{2+}$$

又如，H_2O_2很容易歧化，所以非常不稳定：

$$2H_2O_2=\!=\!=2H_2O+O_2\uparrow$$

再如，Au^+在水溶液中几乎不存在，也是因为它会严重地歧化为Au^{3+}和 Au：

$$3Au^+=\!=\!=Au^{3+}+2Au$$

Au(Ⅰ)只能以配合物存在，如$[Au(CN)_2]^-$等。

7.5 氧化还原反应的次序与反应速率

7.5.1 氧化还原反应的次序

有时候，同一反应体系中会有两个以上的氧化剂或还原剂共存。通过一系列的氧化还原反应，最后达到平衡。

在此情况下，反应的个数虽然很多，但却是有次序的。电极电位相差最大的两种物质首先进行氧化还原反应。反应过程中氧化剂氧化型的浓度减小，使氧化剂电对的电极电位下降；还原剂的还原型浓度减小，使还原剂电对的电极电位上升。两者电极电位差值减小，若这种减小导致它们与其他氧化剂或还原剂电极电位相同时，它们就和其他氧化剂或还原剂处于同等地位而继续反应，一直到溶液中所有溶质电对的电极电位完全一样，达到了平衡，氧化还原反应宏观上才停止。

在Fe^{2+}、Sn^{2+}的混合液中加入氧化剂MnO_4^-，判断氧化还原反应进行的次序。已知：$\varphi^{\ominus}_{MnO_4^-/Mn^{2+}}=1.49\ \text{V}$，$\varphi^{\ominus}_{Fe^{3+}/Fe^{2+}}=0.77\ \text{V}$，$\varphi^{\ominus}_{Sn^{4+}/Sn^{2+}}=0.15\ \text{V}$。

因为$\varphi^{\ominus}_{MnO_4^-/Mn^{2+}}$与$\varphi^{\ominus}_{Sn^{4+}/Sn^{2+}}$相差最大，所以$MnO_4^-$首先氧化$Sn^{2+}$生成$Sn^{4+}$。随着$[Sn^{4+}]$的上升，即时电极电位$\varphi_{Sn^{4+}/Sn^{2+}}$也升高。当升到$\varphi_{Sn^{4+}/Sn^{2+}}=\varphi_{Fe^{3+}/Fe^{2+}}$时，$MnO_4^-$会同时将$Sn^{2+}$氧化成$Sn^{4+}$和将$Fe^{2+}$氧化成$Fe^{3+}$。

7.5.2 提高氧化还原反应速率的措施

前述内容，只讲了氧化还原反应能否进行、向什么方向进行、反应的次序以及可反应到什么程度，但没有回答氧化还原反应达到平衡时需要多少时间，也就是反应速率问题。

氧化还原反应涉及电子得失甚至化合物结构的变化，如从阴离子MnO_4^-变为阳离子Mn^{2+}，不少氧化还原反应速率较慢。

氧化还原反应方程式只表达了起始状态和终止状态，并不表示反应的真实过程。有些氧化还原反应的历程很复杂，会产生许多中间产物，这也会降低反应速率。有些氧化还原反应从即时电极电位来看，反应肯定可以发生，但测定生成物浓度时，其值接近于 0 或无法检出，主要原因是该反应的反应速率非常小，几乎为 0。要提高生产强度必须提高氧化还原反应的速率，这是化学化工领域的重要课题。一般讲，实验室增加反应速率可采取下列措施，有些与化工生产采取的措施是一致的。

(1) 增加反应物浓度

根据质量作用定理，因为 $v=kc_1^a c_2^b\cdots$，故增加反应物浓度可增加反应速率，所以化工生产中气相反应采用高压就是提高反应物浓度的措施。但分析化学中被测物的浓度不可能随意增大，但可增加参加了氧化还原反应但不影响被测物含量测定的介质的浓度，如 H^+、OH^- 的浓度等。

$$Cr_2O_7^{2-}+6I^-+14H^+ = 2Cr^{3+}+3I_2+7H_2O \tag{7-78}$$

可以增加 $[H^+]$，根据质量作用定律，$[H^+]$ 增大，反应速率 v 也一定增大。一般含氧酸都会在较强酸性下反应，既可提高其电极电位强化氧化性，又可提高反应速率。

式(7-78) 的反应用于滴定分析时，酸度 $[H^+]$ 可保持在 $0.8\sim1\ mol\cdot L^{-1}$。酸度太大，空气中的氧气也会将 I^- 氧化成 I_2，使上述反应不能定量进行。

在用重铬酸钾法测定废水中的需氧量 COD_{Cr} 时，为了缩短回流时间，介质中的硫酸浓度可提高到 $9\ mol\cdot L^{-1}$。但是，仅通过增加反应物浓度来提高反应速率的作用是有限的。

(2) 提高反应体系的温度

温度的提高对反应速率的提升是明显的。由阿仑尼乌斯方程可知，温度 t 每升高 10 ℃，反应速率可提高 2～3 倍，这是实验室与工业生产中最常采取的措施。所以，化工生产一般在高温下进行。

例如，在酸性溶液中

$$2MnO_4^-+5C_2O_4^{2-}+16H^+ = 2Mn^{2+}+10CO_2+8H_2O \tag{7-79}$$

在常温下，该反应非常缓慢。加热至 75～85 ℃，反应会大大加快。但加热温度也应视具体情况而定。$C_2O_4^{2-}$ 是有机物，加热温度过高会分解，不能定量反应。所以，加热温度应以反应物或生成物不分解为限。Fe^{2+}、Sn^{2+} 等加热时，很容易被大气中的氧气氧化，也不能定量测定，所以在用氧化还原反应进行定量测定时，慎用加热的方法。而对于 I_2 这类极易挥发的物质，一般不允许用加热来提高反应速率。

(3) 催化剂催化

使用催化剂可降低活化能，这是提高反应速率最重要、最有效的方法，也是实验室及化学工业中最为广泛采用的方法。实验室中过硫酸盐氧化锰离子的反应：

$$2Mn^{2+}+5S_2O_8^{2-}+8H_2O = 2MnO_4^-+10SO_4^{2-}+16H^+ \tag{7-80}$$

必须加入 Ag_2SO_4 作催化剂，这是催化法检测微量 Mn^{2+} 的重要方法。重铬酸钾法测定废水中的化学需氧量 COD_{Cr} 时，也要加入 Ag_2SO_4 作催化剂。而 MnO_4^- 与 $C_2O_4^{2-}$ 反应的催化剂是该反应的产物 Mn^{2+}，这种以产物作催化剂的现象叫自催化。

式(7-79) 的反应即使加热至 75～85 ℃，反应仍难以立即进行。用 MnO_4^- 滴定草酸溶液，MnO_4^- 刚开始滴入草酸溶液时，虽经加热，被滴溶液呈紫红色。紫红色是 MnO_4^- 的颜色，这表明 MnO_4^- 未被草酸还原为近乎无色的 Mn^{2+}，表明 MnO_4^- 与 $C_2O_4^{2-}$ 的反应速率非常慢。振摇几分钟后，溶液突然变为无色，说明反应完成。此后再滴入高锰酸钾，溶液则迅速变为无色，可见此时反应速率非常快。应该有催化剂在催化反应，显然，催化剂就是产物 Mn^{2+}。

对于 Mn^{2+} 自催化反应(7-79) 的机理有不同的解释。有一种解释认为，反应(7-79) 的反应历程如下：

$$\mathrm{Mn(VII)} \xrightarrow{\mathrm{Mn(II)}} \mathrm{Mn(VI)} + \mathrm{Mn(III)}$$

$$\xrightarrow{\mathrm{Mn(II)}} \mathrm{Mn(IV)} + \mathrm{Mn(III)}$$

$$\xrightarrow{\mathrm{Mn(II)}} \mathrm{Mn(III)}$$

$$\mathrm{Mn(III)} + nC_2O_4^{2-} \longrightarrow \mathrm{Mn}(C_2O_4)_n^{(2n-3)-} \longrightarrow \mathrm{Mn(II)} + CO_2\uparrow$$

因此，Mn^{2+}即Mn(Ⅱ)的存在加速了Mn(Ⅲ)的生成，这一步是整个反应的控制反应。这一步反应速率的提高导致整个反应的速率提高。

(4) 诱导作用

某个化学反应A反应速率太低，不能显现。但另一个化学反应B进行时，使反应A也能快速进行，这种作用称为诱导作用。化学反应B称为化学反应A的诱导反应。

用高锰酸钾可定量地测定$FeSO_4$中的Fe^{2+}。主要反应是：

$$MnO_4^- + 8H^+ + 5Fe^{2+} = Mn^{2+} + 5Fe^{3+} + 4H_2O \tag{7-81}$$

用高锰酸钾和HCl反应：

$$2MnO_4^- + 10Cl^- + 16H^+ = 2Mn^{2+} + 5Cl_2\uparrow + 8H_2O \tag{7-82}$$

反应(7-82)进行得很慢，反应并不显现。如果反应(7-81)用HCl控制H^+浓度，实验结果是：对相同量的Fe^{2+}，它比用H_2SO_4控制H^+浓度消耗了更多的MnO_4^-溶液。实验结果表明：此情况下反应(7-82)也在较快地进行。这个反应速率的提高是在反应(7-81)诱导下实现的。

为了使反应(7-82)不发生，可在反应体系中先加入大量的Mn^{2+}。降低$\varphi_{MnO_4^-/Mn^{2+}}$，使$MnO_4^-$不能与电极电位较高的$Cl^-$反应而只与电极电位较低的$Fe^{2+}$反应。

7.6 氧化还原滴定法

7.6.1 氧化还原滴定分析中的氧化还原反应

氧化还原滴定法是以氧化还原反应为基础的定量分析方法。由于氧化还原反应的复杂性，许多氧化还原反应都因各种原因不能用于氧化还原滴定。只有满足下列条件的氧化还原反应才能进行氧化还原滴定。

(1) 可进行氧化还原滴定分析的氧化还原反应的必要条件

对于氧化还原反应：

$$n_2\mathrm{Ox}_1 + n_1\mathrm{Red}_2 = n_2\mathrm{Red}_1 + n_1\mathrm{Ox}_2 \tag{7-83}$$

类似式(7-83)这种氧化还原电对的物质反应前后总物质的量不变的氧化还原反应称为对称型氧化还原反应。滴定反应要求相对误差不超过±0.1%。所以，在化学计量点，氧化剂Ox_1被还原的部分Red_1应大于99.9%；同理，还原剂Red_2被氧化的部分Ox_2也需大于99.9%。

即：

$$\frac{c_{\mathrm{Red}_1}}{c_{\mathrm{Ox}_1}} \geqslant 10^3$$

$$\frac{c_{\mathrm{Ox}_2}}{c_{\mathrm{Red}_2}} \geqslant 10^3$$

对第1种物质，得到n_1个电子 $\varphi_1' = \varphi_1'^{\ominus} + \frac{0.0592\ \mathrm{V}}{n_1}\lg\frac{c_{\mathrm{Ox}_1}}{c_{\mathrm{Red}_1}}$

对第 2 种物质，得到 n_2 个电子 $\varphi_2' = \varphi_2'^{\ominus} + \frac{0.0592\ \mathrm{V}}{n_2} \lg \frac{c_{\mathrm{Ox}_2}}{c_{\mathrm{Red}_2}}$

所以 $n_1 n_2 \varphi_1' = n_1 n_2 \varphi_1'^{\ominus} + 0.0592\ \mathrm{V} \lg \left(\frac{c_{\mathrm{Ox}_1}}{c_{\mathrm{Red}_1}} \right)^{n_2} = n_1 n_2 \varphi_1'^{\ominus} - 0.0592\ \mathrm{V} \lg \left(\frac{c_{\mathrm{Red}_1}}{c_{\mathrm{Ox}_1}} \right)^{n_2}$

同理 $n_1 n_2 \varphi_2' = n_1 n_2 \varphi_2'^{\ominus} + 0.0592\ \mathrm{V} \lg \left(\frac{c_{\mathrm{Ox}_2}}{c_{\mathrm{Red}_2}} \right)^{n_1} = n_1 n_2 \varphi_2'^{\ominus} - 0.0592\ \mathrm{V} \lg \left(\frac{c_{\mathrm{Red}_2}}{c_{\mathrm{Ox}_2}} \right)^{n_1}$

在化学计量点即化学反应平衡时，两物质的电极电位相等：

$$n_1 n_2 \varphi_1'^{\ominus} - n_1 n_2 \varphi_2'^{\ominus} = 0.0592\ \mathrm{V} \lg \left[\left(\frac{c_{\mathrm{Red}_1}}{c_{\mathrm{Ox}_1}} \right)^{n_2} \left(\frac{c_{\mathrm{Ox}_2}}{c_{\mathrm{Red}_2}} \right)^{n_1} \right] = 0.0592\ \mathrm{V} \times (3n_1 + 3n_2)$$

$$\varphi_1'^{\ominus} - \varphi_2'^{\ominus} = 0.0592\ \mathrm{V} \times \frac{3n_1 + 3n_2}{n_1 n_2}$$

当 $n_1 = n_2 = 1$ 时，必须满足：$\varphi_1'^{\ominus} - \varphi_2'^{\ominus} = 0.0592\ \mathrm{V} \times (3+3) = 0.36(\mathrm{V})$

当 $n_1 = n_2 = 2$ 时，必须满足：$\varphi_1'^{\ominus} - \varphi_2'^{\ominus} = 0.0592\ \mathrm{V} \times \frac{3\times2+3\times2}{2\times2} = 0.18(\mathrm{V})$

一般认为，对于 $n_1 = n_2 = 1$ 时，氧化剂电对与还原剂电对的条件电极电位差大于 0.4 V；$n_1 = n_2 = 2$ 时，氧化剂电对与还原剂电对的条件电极电位差大于 0.2 V 是这两类对称型氧化还原反应可用于滴定分析的必要条件。

(2) 氧化还原反应的速率

若氧化还原反应能迅速完成，可用氧化（还原）剂直接滴定还原（氧化）性试样溶液。当然，也可以采用返滴定法。

若反应速率不能满足滴定分析的要求，可按 7.5.2 所述方法提高反应速率。

若按 7.5.2 所述方法仍不能使反应速率满足滴定分析的要求，则必须采取返滴定法。例如用重铬酸钾法测定污水的化学耗（需）氧量 $\mathrm{COD_{Cr}}$ 时就必须用返滴定法。

化学耗（需）氧量是指在规定条件下用氧化剂处理试样时所消耗的氧化剂的量。污水中消耗氧化剂的物质有有机物、无机物（不包括 Cl^-）和微生物。许多有机物尤其是生物体与重铬酸钾反应非常缓慢，即使加入硫酸银为催化剂，仍不能直接滴定。

具体过程是：水样加入浓 H_2SO_4，浓度约为 9 $\mathrm{mol \cdot L^{-1}}$，加入过量的重铬酸钾标准溶液和硫酸银为催化剂，加热回流 2 h，最后用硫酸亚铁铵标准溶液滴定多余的重铬酸钾。

7.6.2 标准溶液浓度的确定

(1) 直接法配制的标准溶液

$K_2Cr_2O_7$ 的纯度可达基准纯，标准溶液可通过称量直接配制而无需标定。

碘有基准纯试剂，可直接称量纯碘配制。固体 I_2 在水中的溶解度只有 $1.3\times10^{-3}\ \mathrm{mol \cdot L^{-1}}$，浓度太低不适合作为标准溶液。为了提高 I_2 的水溶液的浓度，可采取两个措施。

① 将所需量的固体 I_2 溶解在乙醇中，再用水稀释至所需的浓度。

② 将所需量的固体 I_2 先溶解在 KI 溶液中，I_2 与 I^- 形成 I_3^-：

$$I_2 + I^- = I_3^- \qquad (7\text{-}84)$$

如此可增大 I_2 的溶解度，并且可阻止 I_2 因升华作用而挥发，使溶液浓度较稳定。

也可以准确称取纯铜片，用 HCl 和 H_2O_2 溶解后配制成 Cu^{2+} 标准溶液：

$$Cu + H_2O_2 + 2HCl = CuCl_2 + 2H_2O \qquad (7\text{-}85)$$

其他可直接配制的标准溶液有：$Ce(SO_4)_2$、$KBrO_3$、KIO_3、$(NH_4)_2Fe(SO_4)_2$、$NH_4Fe(SO_4)_2$ 等。氧化还原滴定中所用的大多数标准溶液都需经基准物质标定其准确浓度。

(2) 高锰酸钾标准溶液的配制与标定

高锰酸钾中含有 MnO_2 等多种杂质。蒸馏水中的微量还原性物质会与高锰酸钾反应，生成 $MnO(OH)_2$ 或 MnO_2 沉淀。所以，高锰酸钾标准溶液不能直接配制而必须进行标定。粗略地称取高锰酸钾配制成约等于所需浓度的高锰酸钾溶液，加热至沸约 1 h，以加速还原性物质与高锰酸钾的反应，生成 MnO_2 等沉淀。再放置 2～3 d，使上述反应完全。用微孔玻璃漏斗或塞上玻璃纤维的漏斗过滤该高锰酸钾溶液，除去各种沉淀物。存于棕色瓶中，并在暗处保存。待到使用前，再用基准物质标定其准确浓度。标定前若发现有沉淀，仍需再过滤，除去沉淀物。

标定高锰酸钾标准溶液的基准物质有：纯铁丝、As_2S_3、$(NH_4)_2Fe(SO_4)_2 \cdot 6H_2O$、$H_2C_2O_4 \cdot 2H_2O$ 和 $Na_2C_2O_4$ 等。最常用的是草酸及其钠盐。

$$2MnO_4^- + 5C_2O_4^{2-} + 16H^+ = 2Mn^{2+} + 10CO_2\uparrow + 8H_2O \qquad (7\text{-}86)$$

为使反应式(7-86) 快速、定量地进行，实验时应需控制实验条件。

① 温度控制。温度过低，反应速率太慢，滴定终点会延后，造成正误差。温度太高，$H_2C_2O_4$ 会分解，消耗的 $KMnO_4$ 的量减少。一般控制温度 $T=70 \sim 85$ ℃。

② 酸度控制。酸度不能太低，否则 MnO_4^- 的还原产物不是 Mn^{2+} 而是 MnO_2，有沉淀生成。一般用 H_2SO_4 或 H_3PO_4 等非氧化性或还原性的酸，控制 $[H^+] \approx 2\ mol \cdot L^{-1}$。

③ 滴定速度。即使在 70～85 ℃的强酸性溶液中，$KMnO_4$ 的与 $C_2O_4^{2-}$ 之间的反应也是较慢的。尤其是刚开始滴定时。一定要等第一滴 $KMnO_4$ 的紫红色完全褪去，生成微量的 Mn^{2+} 起自催化作用，才能加快反应速率。即使如此，滴定速度也不能太快。否则 MnO_4^- 会发生分解反应：

$$4MnO_4^- + 12H^+ = 4Mn^{2+} + 5O_2\uparrow + 6H_2O \qquad (7\text{-}87)$$

(3) $Na_2S_2O_3$ 标准溶液的配制与标定

碘量法中，最常用的滴定剂是 $Na_2S_2O_3$ 标准溶液。

固体 $Na_2S_2O_3$ 容易风化，含有少量杂质，$Na_2S_2O_3$ 溶液还会与空气产生氧化作用、与溶解于水的 CO_2 及与细菌作用，发生歧化反应，生成高氧化数的硫化合物及硫沉淀。

$$2Na_2S_2O_3 + O_2 = 2Na_2SO_4 + 2S\downarrow \qquad (7\text{-}88)$$

$$Na_2S_2O_3 + CO_2 + H_2O = NaHSO_3 + NaHCO_3 + S\downarrow \qquad (7\text{-}89)$$

$$Na_2S_2O_3 \xlongequal{\text{细菌}} Na_2SO_3 + S\downarrow \qquad (7\text{-}90)$$

因此 $Na_2S_2O_3$ 标准溶液不能直接配制，必须经基准物质标定。

为了防止反应(7-88)～反应(7-90) 的发生，配制 $Na_2S_2O_3$ 标准溶液时所用蒸馏水中应除去 O_2、CO_2 和细菌（嗜硫菌），煮沸即可起到这三种作用，所以 $Na_2S_2O_3$ 标准溶液需用煮沸后的蒸馏水配制。此外，还需在 $Na_2S_2O_3$ 标准溶液中加少量 Na_2CO_3，使溶液呈弱碱性，抑制细菌生长。

配制好的 $Na_2S_2O_3$ 标准溶液应储于棕色瓶中并置于暗处，以防光照分解。

配制好的 $Na_2S_2O_3$ 标准溶液不能立即标定，因为在 10 天内，它的浓度一直不稳定，约 10 天后浓度才趋于稳定。所以，应在 10 天后标定。标准溶液使用一段时间后，需重新标定。

标定 $Na_2S_2O_3$ 标准溶液的常用基准物质有：$K_2Cr_2O_7$、KIO_3、$KBrO_3$、I_2、纯铜片等。除了用 I_2 标准溶液可以直接滴定 $Na_2S_2O_3$ 标准溶液外，其余的基准物都可与 KI 定量生成 I_2，用 $Na_2S_2O_3$ 标准溶液滴定生成的 I_2。

如
$$Cr_2O_7^{2-}+6I^-+14H^+ = 2Cr^{3+}+3I_2+7H_2O \tag{7-91}$$
$$I_2+2S_2O_3^{2-} = 2I^-+S_4O_6^{2-}$$

(4) 碘标准溶液的标定

碘标准溶液可用直接法配制，若无基准纯的碘片，也可以用还原性基准物质 As_2O_3 标定。

用 NaOH 溶液溶解 As_2O_3 生成亚砷酸盐：

$$As_2O_3+6NaOH = 2Na_3AsO_3+3H_2O \tag{7-92}$$

再用 HCl 酸化溶液并用 $NaHCO_3$ 调节溶液 pH 约为 8，I_2 可以与 AsO_3^{3-} 定量快速反应：

$$AsO_3^{3-}+I_2+2OH^- = AsO_4^{3-}+2I^-+H_2O \tag{7-93}$$

可根据 As_2O_3 的量，计算出碘标准溶液的浓度。

7.6.3 氧化还原滴定曲线与滴定突跃

以滴定液体积 V（或与计量点体积的百分比）为横坐标，溶液的电极电位 φ 为纵坐标而绘制成 φ-V 曲线，称作氧化还原滴定曲线。

在滴定过程中，要求每滴一滴滴定剂，都要充分摇匀，待反应达到平衡后再滴下一滴，所以可以认为滴定过程中反应体系始终处于平衡态，即氧化剂电对和还原剂电对在滴定开始后电极电位一直相等；因此在相关计算中，可选择其中计算较为方便的电对来计算电极电位。一般地讲，用过量的物质电对计算溶液的电极电位比较容易。

本书只讨论对称型氧化还原反应的滴定曲线和滴定突跃。

(1) 对称型氧化还原反应的滴定曲线与滴定突跃

对称型氧化还原反应：

$$n_2Ox_1+n_1Red_2 = n_2Red_1+n_1Ox_2 \tag{7-94}$$

$Ox_1 \rightarrow Red_1$ 时，得到 n_1 个电子；$Red_2 \rightarrow Ox_2$ 时，失去 n_2 个电子。设用 Ox_1 滴定 Red_2。

① 化学计量点前

Red_2 过量，用还原剂电对计算溶液的电极电位。例如，滴至 80%时，80%的 Red_2 被氧化成了 Ox_2，还有 20%的 Red_2 保持原状态：

$$\frac{[Ox_2]}{[Red_2]}=\frac{80\%}{20\%}$$

$$\varphi=\varphi^{\ominus}_{Ox_2/Red_2}+\frac{0.0592\ V}{n_2}\lg\frac{[Ox_2]}{[Red_2]}=\varphi^{\ominus}_{Ox_2/Red_2}+\frac{0.0592\ V}{n_2}\lg\frac{0.8}{0.2}$$

② 化学计量点前 0.1%时

Red_2 过量，用还原剂电对计算溶液的电极电位。99.9%的 Red_2 被氧化成了 Ox_2，还有 0.1%的 Red_2 保持原状态：

$$\varphi_1=\varphi^{\ominus}_{Ox_2/Red_2}+\frac{0.0592\ V}{n_2}\lg\frac{[Ox_2]}{[Red_2]}=\varphi^{\ominus}_{Ox_2/Red_2}+\frac{0.0592\ V}{n_2}\lg\frac{99.9}{0.1}$$
$$=\varphi^{\ominus}_{Ox_2/Red_2}+\frac{3\times 0.0592\ V}{n_2}$$

③ 化学计量点时

此时，可用氧化剂电对计算溶液的电极电位：

$$\varphi_e=\varphi^{\ominus}_{Ox_1/Red_1}+\frac{0.0592\ V}{n_1}\lg\frac{[Ox_1]}{[Red_1]}$$

$$n_1\varphi_e=n_1\varphi^{\ominus}_{Ox_1/Red_1}+0.0592\ V\lg\frac{[Ox_1]}{[Red_1]} \tag{7-95}$$

也可用还原剂电对计算溶液的电极电位：

$$\varphi_e=\varphi^{\ominus}_{Ox_2/Red_2}+\frac{0.0592\ V}{n_2}\lg\frac{[Ox_2]}{[Red_2]}$$

$$n_2\varphi_e=n_2\varphi^{\ominus}_{Ox_2/Red_2}+0.0592\ V\lg\frac{[Ox_2]}{[Red_2]} \tag{7-96}$$

式(7-95)和式(7-96)相加，得：

$$(n_1+n_2)\varphi_e=n_1\varphi^{\ominus}_{Ox_1/Red_1}+n_2\varphi^{\ominus}_{Ox_2/Red_2}+0.0592\ V\lg\frac{[Ox_1][Ox_2]}{[Red_1][Red_2]}$$

由式(7-94)知：

$$\frac{[Ox_1]}{[Red_1]}=\frac{[Red_2]}{[Ox_2]} \tag{7-97}$$

$$\lg\frac{[Ox_1][Ox_2]}{[Red_1][Red_2]}=\lg 1=0$$

$$(n_1+n_2)\varphi_e=n_1\varphi^{\ominus}_{Ox_1/Red_1}+n_2\varphi^{\ominus}_{Ox_2/Red_2}$$

$$\varphi_e=\frac{n_1\varphi^{\ominus}_{Ox_1/Red_1}+n_2\varphi^{\ominus}_{Ox_2/Red_2}}{n_1+n_2} \tag{7-98}$$

④ 化学计量点后 0.1%时

化学计量点后 0.1%时，氧化剂 Ox_1 过量 0.1%，即 $[Ox_1]/[Red_1]=1/1000$。用氧化剂 Ox_1 电对计算溶液电极电位方便。所以：

$$\varphi_2=\varphi^{\ominus}_{Ox_1/Red_1}+\frac{0.0592\ V}{n_1}\lg\frac{[Ox_1]}{[Red_1]}=\varphi^{\ominus}_{Ox_1/Red_1}-\frac{3\times 0.0592\ V}{n_1}$$

滴定突跃：

$$\Delta\varphi=\varphi_2-\varphi_1=\varphi^{\ominus}_{Ox_1/Red_1}-\frac{3\times 0.0592\ V}{n_1}-\varphi^{\ominus}_{Ox_2/Red_2}-\frac{3\times 0.0592\ V}{n_2}$$

$$=(\varphi^{\ominus}_{Ox_1/Red_1}-\varphi^{\ominus}_{Ox_2/Red_2})-3\times 0.0592\ V\left(\frac{1}{n_1}+\frac{1}{n_2}\right) \tag{7-99}$$

若 $n_1=n_2=1$，则

$$(\varphi^{\ominus}_{Ox_1/Red_1}-\varphi^{\ominus}_{Ox_2/Red_2})-3\times 0.0592\ V\left(\frac{1}{n_1}+\frac{1}{n_2}\right)>0$$

$$\varphi^{\ominus}_{Ox_1/Red_1}-\varphi^{\ominus}_{Ox_2/Red_2}>6\times 0.0592\ V=0.36\ V$$

这从滴定突跃的角度，论证了对称型氧化还原反应可用于滴定分析的必要条件，与 7.6.1 的结论是完全一致的。

(2) 滴定曲线与滴定突跃计算示例

用 0.1000 mol·L^{-1}的 $Ce(SO_4)_2$ 滴定 20.00 mL 0.1000 mol·L^{-1}的 Fe^{2+} 溶液。

已知：$\varphi'^{\ominus}_{Fe^{3+}/Fe^{2+}}=0.68\ V$，$\varphi'^{\ominus}_{Ce^{4+}/Ce^{3+}}=1.44\ V$。

$$Ce^{4+}+Fe^{2+}=\!=\!=Ce^{3+}+Fe^{3+} \tag{7-100}$$

计算滴定曲线和滴定突跃。

① 化学计量点前 0.1%时

Fe^{2+} 过量，尚有 0.1% 的被测物 Fe^{2+} 未被氧化，Fe^{2+} 被氧化生成的 Fe^{3+} 的已达 99.9%，所以 $[Fe^{3+}]/[Fe^{2+}]=999:1$。

此时还原剂过量，用还原剂计算溶液的电极电位方便，即

$$\varphi_1=\varphi'^{\ominus}_{Fe^{3+}/Fe^{2+}}+\frac{0.0592\ V}{1}\lg\frac{[Fe^{3+}]}{[Fe^{2+}]}=0.68+3\times0.0592=0.86\ V$$

② 化学计量点时

将数据代入式(7-98)：

$$2\varphi_e=\varphi'^{\ominus}_{Ce^{4+}/Ce^{3+}}+\varphi'^{\ominus}_{Ce^{4+}/Ce^{3+}}=1.44\ V+0.68\ V$$

$$\varphi_e=\frac{1.44\ V+0.68\ V}{2}=1.06\ V$$

③ 化学计量点后 0.1%时

化学计量点后 0.1%时，滴定剂 Ce^{4+} 过量 0.1%，即 $[Ce^{4+}]/[Ce^{3+}]=1:1000$。用 Ce 计算溶液电极电位方便，即

$$\varphi_2=\varphi'^{\ominus}_{Ce^{4+}/Ce^{3+}}+\frac{0.0592\ V}{1}\lg\frac{[Ce^{4+}]}{[Ce^{3+}]}=1.44\ V-3\times0.0592\ V=1.26\ V$$

滴定突跃：

$$\Delta\varphi=\varphi_2-\varphi_1=1.26\ V-0.86\ V=0.40\ V$$

其他各点的电极电位计算结果列于表 7-2 中。

表 7-2　0.1000 $mol\cdot L^{-1}$ Ce^{4+} 滴定 0.1000 $mol\cdot L^{-1}$ Fe^{2+} 溶液时电位的变化

滴定百分数/%	[Ox]/[Red]	φ/V
	$[Fe^{3+}]/[Fe^{2+}]$	0.68 V+0.0592 V lg($[Fe^{3+}]/[Fe^{2+}]$)
9	10^{-1}	0.68−0.0592×1=0.62
50	10^{0}	0.68+0.0592×0=0.68
91	10^{1}	0.68+0.0592×1=0.74
99	10^{2}	0.68+0.0592×2=0.80
99.9	10^{3}	0.68+0.0592×3=0.86
100		(0.68+1.44)/2+0=1.06
	$[Ce^{4+}]/[Ce^{3+}]$	1.44 V+0.0592 V lg($[Ce^{4+}]/[Ce^{3+}]$)
100.1	10^{-3}	1.44−0.0592×3=1.26
101	10^{-2}	1.44−0.0592×2=1.32
110	10^{-1}	1.44−0.0592×1=1.38
200	10^{0}	1.44−0=1.44

由表 7-2 可见，滴定百分数为 50%时，溶液的电极电位就是被滴定物电对的电极电位。滴定百分数为 200%时，溶液的电极电位就是滴定剂电对的电极电位。这两个电极电位值相差越大，化学计量点附近的滴定突跃越大，滴定终点的判断越容易。

将表 7-2 的数据绘制成滴定曲线如图 7-3 所示。

若滴定不是在标准状态下进行的，在上述计算中，标准电极电位$\varphi^{\ominus}$用条件电极电位$\varphi'^{\ominus}$取代即可。

当然，滴定时的介质不同，被滴定物质与滴定剂的条件电极电位也会有所改变，滴定突跃的位置及大小也会变化。如式(7-48) 所示，条件电极电位$\varphi'^{\ominus}$与滴定时的条件密切相关。图 7-4 就是用 $KMnO_4$ 滴定 Fe^{2+} 在不同介质中的滴定曲线和滴定突跃。显然可见，提高氧

化剂电对的条件电极电位、降低还原剂电对的条件电极电位都可增加滴定突跃区间 $\Delta\varphi$。在 H_3PO_4 介质中用 $KMnO_4$ 滴定 Fe^{2+} 时，由于 Fe^{3+} 与 PO_4^{3-} 易形成较稳定的配合物 $[Fe(PO_4)_2]^{3-}$，使还原剂电对 Fe^{3+}/Fe^{2+} 的条件电极电位降低，滴定突跃增长。

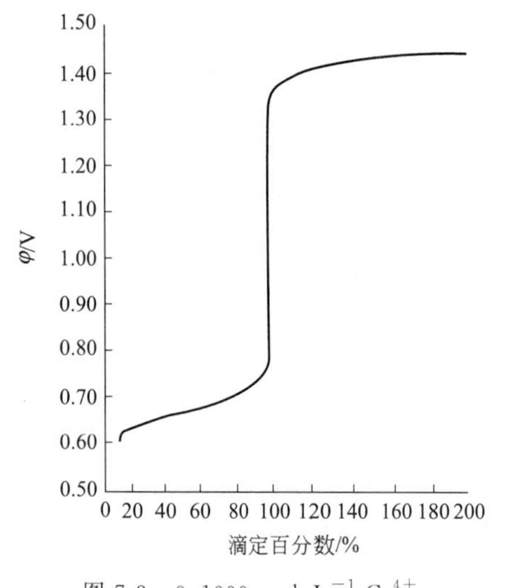

图 7-3 0.1000 mol·L^{-1} Ce^{4+} 滴定 0.1000 mol·L^{-1} Fe^{2+} 的滴定曲线

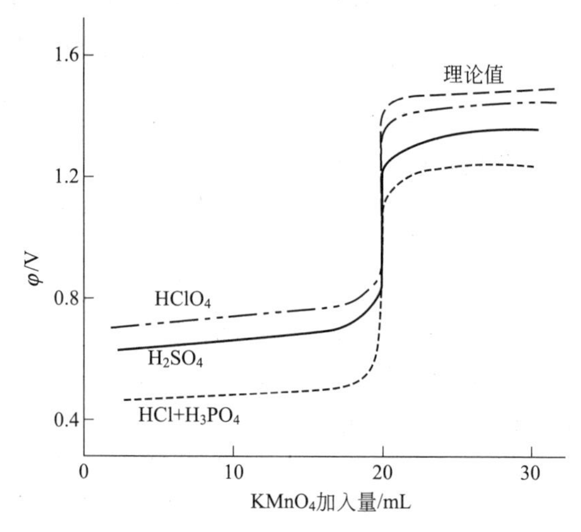

图 7-4 $KMnO_4$ 溶液在不同介质中滴定 Fe^{2+} 的滴定曲线

在 H_2SO_4 介质中，SO_4^{2-} 会与氧化剂的中间存在形式 Mn(Ⅲ)［如 7.5.2 (3) 中所述］形成配合物，使氧化剂电对 Mn(Ⅲ)/Mn(Ⅱ) 的条件电极电位降低，突跃范围比 H_3PO_4 介质中小。

7.6.4 氧化还原滴定终点判断与氧化还原指示剂

氧化还原滴定与酸碱滴定等一样，可使用指示剂在突跃范围内的变色指示滴定终点的到达。这类指示氧化还原滴定终点的指示剂称为氧化还原指示剂。

(1) 通用型氧化还原指示剂

氧化还原指示剂是一类结构复杂的有机化合物。与“酸碱指示剂是弱的酸碱、金属指示剂是弱配位剂”的原理一样，它们是弱的氧化剂或还原剂。其氧化态 In(Ox) 与还原态 In(Red) 的颜色完全不同。

$$\mathrm{In(Ox)} + n\mathrm{e}^- \rightleftharpoons \mathrm{In(Red)} \tag{7-101}$$

根据能斯特方程

$$\varphi_{\mathrm{In(Ox)/In(Red)}} = \varphi^{\ominus\prime}_{\mathrm{In(Ox)/In(Red)}} + \frac{0.0592\ \mathrm{V}}{n}\lg\frac{[\mathrm{In(Ox)}]}{[\mathrm{In(Red)}]} \tag{7-102}$$

在滴定中，氧化性（还原性）滴定剂首先与强还原性（强氧化性）被测物反应。若选用与被测物相似的弱还原性（弱氧化性）指示剂。此时溶液呈 In(Red) 的颜色。随着滴定的进行，溶液的电极电位即被测物电对的电极电位不断上升（下降）。当进入滴定突跃时，被测物电对的电极电位与指示剂电对的电极电位 $\varphi_{\mathrm{In(Ox)/In(Red)}}$ 相等。滴定剂则同时与被测物、指示剂反应。改变了指示剂还原态与氧化态浓度之比。当 $[\mathrm{In(Ox)}]/[\mathrm{In(Red)}] \geqslant 10$ 时，呈现 In(Ox) 的颜色。溶液颜色突变，指示终点到达。

和酸碱指示剂有变色的 pH 范围一样，氧化还原指示剂也有变色的电位区间。当 $[\mathrm{In(Ox)}]/[\mathrm{In(Red)}] \geqslant 10$ 时，溶液呈现 In(Ox) 的颜色。根据式(7-102)：

$$\varphi_{In(Ox)/In(Red)} \geqslant \varphi^{\ominus\prime}_{In(Ox)/In(Red)} + \frac{0.0592\ V}{n} \lg \frac{[In(Ox)]}{[In(Red)]} = \varphi^{\ominus\prime}_{In(Ox)/In(Red)} + \frac{0.0592\ V}{n}$$

当 $[In(Red)]/[In(Ox)] \geqslant 10$ 时，溶液呈现 In(Red) 的颜色。根据式(7-102)：

$$\varphi_{In(Ox)/In(Red)} \leqslant \varphi^{\ominus\prime}_{In(Ox)/In(Red)} + \frac{0.0592\ V}{n} \lg \frac{[In(Ox)]}{[In(Red)]} = \varphi^{\ominus\prime}_{In(Ox)/In(Red)} - \frac{0.0592\ V}{n}$$

氧化还原指示剂变色的电位范围为：

$$\Delta\varphi = \varphi^{\ominus\prime}_{In(Ox)/In(Red)} \pm \frac{0.0592\ V}{n}$$

只要它与被测物滴定突跃范围有交集，就可作该滴定的指示剂。这和酸碱指示剂的原理是类似的。

不同的氧化还原指示剂有不同的$\varphi^{\ominus\prime}_{In(Ox)/In(Red)}$值，其值列于表 7-3 中。在选择氧化还原指示剂时，应尽量使$\varphi^{\ominus\prime}_{In(Ox)/In(Red)}$值落在滴定突跃范围之内。即使如此，有时也不一定能保证滴定误差满足要求。因为上述数据均是在一定实验条件下获取的，而实际工作中，情况就复杂得多，都会影响电极电位。所以，选择什么指示剂还要靠标准样品的回收实验确定。

表 7-3　常用的氧化还原指示剂

指　示　剂	颜　　色		$\varphi^{\ominus\prime}_{In(Ox)/In(Red)}(pH=0)/V$
	氧化态	还原态	
5-硝基邻二氮菲亚铁	浅蓝	紫红	1.25
1,10-邻二氮菲亚铁	浅蓝	红	1.06
二苯胺磺酸钠	紫红	无色	0.85
亚甲基蓝	蓝	无色	0.53
中性红	红	无色	0.24

例如，作为氧化还原指示剂的 1,10-邻二氮菲亚铁 $[(phen)_3Fe]^{2+}$ 的半反应为：

$$[(phen)_3Fe]^{3+} + e^- \Longrightarrow [(phen)_3Fe]^{2+}$$

滴定时它的变色的电位范围为 (1.06 ± 0.06) V，因为 $[(phen)_3Fe]^{2+}$ 的红颜色比 $[(phen)_3Fe]^{3+}$ 的浅蓝色强度大得多，即 $[(phen)_3Fe^{3+}]/[(phen)_3Fe^{2+}] \geqslant 10$ 时，还不能完全显现浅蓝色，而在 1.12 V 才会变色。用 Ce^{4+} 滴定 Fe^{2+} 时，用 1,10-邻二氮菲亚铁作指示剂最为合适。终点时，溶液由红色变为浅蓝色。也可用于 Fe^{2+} 滴定 Ce^{4+}，终点时，溶液由浅蓝色变为红色。

(2) 自身指示剂

在氧化还原滴定中，还可利用滴定剂或被测物氧化态与还原态颜色的变化指示滴定终点。称其为自身指示剂，即其兼顾滴定剂和指示剂双重任务。最常用到的是利用 MnO_4^-（紫红色）还原为 Mn^{2+}（无色）指示滴定终点。

在酸性介质中，用 MnO_4^- 标准溶液滴定无色或浅色还原剂溶液，化学计量点前，还原剂过量，溶液呈无色或浅色。只要 MnO_4^- 标准溶液过量一滴，即 $[MnO_4^-] \approx 2\times10^{-6}\ mol \cdot L^{-1}$，溶液呈粉红色，指示滴定终点的到达。

因为环境中的还原性物质也会使高锰酸钾褪色。所以，滴定至溶液的粉红色在 0.5 min 内不褪色，即可认为滴定终点已经到达。

(3) 专属指示剂

有些指示剂只与某个或少数物质的氧化态或还原态产生特殊的颜色，这类指示剂称为专属指示剂。例如 I_2 吸附可溶性淀粉呈现蓝色，而其还原态 I^- 却无此性质。根据被滴定液蓝色的消失或出现指示滴定终点的到达，所以可溶性淀粉溶液是碘量法的专属指示剂。

氧化还原滴定终点除用指示剂变色确定外，还可以用电化学方法确定。

7.6.5 氧化还原滴定前的预处理

氧化还原滴定前有时需将待测物转化为一定氧化数的物质，这个过程称作氧化还原滴定前的预处理。

例如，测定某试样中的 Mn^{2+}、Cr^{3+} 的含量。由于 $\varphi^{\ominus}_{MnO_4^-/Mn^{2+}}$（1.51 V）和 $\varphi^{\ominus}_{Cr_2O_7^{2-}/Cr^{3+}}$（1.33 V）很高，几乎没有一个试剂可以快速地将它们氧化为 MnO_4^- 或 $Cr_2O_7^{2-}$ 而直接进行氧化还原滴定。但可以用过量的更强的氧化剂，如 $(NH_4)_2S_2O_8$、$NaBiO_3$ 等将其氧化为 MnO_4^-、$Cr_2O_7^{2-}$，然后再用还原剂标准溶液滴定这些氧化型物质。

又例如，测定某试样中的 Sn^{4+} 的含量。由于 $\varphi^{\ominus}_{Sn^{4+}/Sn^{2+}}$（0.15 V）太低，很难找到一个条件电极电位比其更低的还原剂直接进行氧化还原滴定。通常用金属 Al 将 Sn^{4+} 还原为 Sn^{2+}，然后再用 I_2 标准溶液滴定 Sn^{2+}。

由于多数还原性滴定剂易被空气氧化，在氧化还原滴定中，大多采用氧化剂作为滴定的标准溶液。所以，一般需对被测组分进行还原性处理。

预处理中使用的氧化剂或还原剂需满足下列要求。

① 能使被测物定量转化为所需氧化数的物质，速度不能太慢。

② 具有选择性。若用氧化还原滴定测定 Fe^{3+}（$\varphi^{\ominus}_{Fe^{3+}/Fe^{2+}}=0.77$ V）、Ti^{4+}（$\varphi^{\ominus}_{Ti^{4+}/Ti^{3+}}=0.10$ V）混合物中的 Fe^{3+}，如果用锌片 Zn（$\varphi^{\ominus}_{Zn^{2+}/Zn}=-0.76$ V）还原，则：

$$2Fe^{3+}+Zn = 2Fe^{2+}+Zn^{2+}$$

$$2Ti^{4+}+Zn = 2Ti^{3+}+Zn^{2+}$$

Fe^{3+} 和 Ti^{4+} 全部被还原，再用 $K_2Cr_2O_7$ 标准溶液滴定，测定的是 Fe^{3+} 和 Ti^{4+} 的总量。

若用 $SnCl_2$（$\varphi^{\ominus}_{Sn^{2+}/Sn}=0.15$ V）作预还原剂，其电位比 Ti^{4+} 高，不能还原 Ti^{4+}。只能将 Fe^{3+} 还原为 Fe^{2+}，再用 $K_2Cr_2O_7$ 标准溶液滴定。测定的仅是 Fe^{2+}（即 Fe^{3+}）的量。此法有较好的选择性。

③ 过量的氧化剂或还原剂易用简单的办法清除。一般利用加热、沉淀过滤、形成稳定的配合物等方法清除预处理中残余的过量氧化剂或还原剂。不影响后面的氧化还原定量滴定。$(NH_4)_2S_2O_8$、H_2O_2 都可以通过加热清除，所以它们都是常用的预处理剂。

常用的预处理剂及余量消除方法见表 7-4。

表 7-4 常用的预氧化剂和预还原剂及余量消除方法

试剂	反应条件	主要用途	过量试剂除去的方法
氧化剂			
$(NH_4)_2S_2O_8$	酸性，Ag^+ 催化	$Cr^{3+} \longrightarrow Cr_2O_7^{2-}$	煮沸分解
		$Mn^{2+} \longrightarrow MnO_4^-$	
		$Ce^{3+} \longrightarrow Ce^{4+}$	
		$VO^{2+} \longrightarrow VO_3^-$	
$NaBiO_3$	酸性	$VO^{2+} \longrightarrow VO_3^-$	过滤除去
$KMnO_4$	酸性	$VO^{2+} \longrightarrow VO_3^-$	加尿素和 $NaNO_2$
H_2O_2	碱性	$Cr^{3+} \longrightarrow CrO_4^{2-}$	Ni^{2+} 或 I^- 催化，煮沸分解
	酸性	$Ce^{3+} \longrightarrow Ce^{4+}$	加尿素和 $NaNO_2$

续表

试剂	反应条件	主要用途	过量试剂除去的方法
还原剂			
$SnCl_2$	酸性，加热	$Fe^{3+} \longrightarrow Fe^{2+}$ $As(V) \longrightarrow As(III)$ $Mo(VI) \longrightarrow Mo(V)$	加 $HgCl_2$ 氧化、沉淀
SO_2	含有 SCN^- 的 $1\ mol \cdot L^{-1}$ 的 H_2SO_4	$Fe^{3+} \longrightarrow Fe^{2+}$ $As(V) \longrightarrow As(III)$ $Sb(V) \longrightarrow Sb(III)$	煮沸或通 CO_2
Al	HCl 溶液	$Sn^{4+} \longrightarrow Sn^{2+}$ $Ti^{4+} \longrightarrow Ti^{3+}$	

7.6.6 高锰酸钾法

氧化还原反应比较复杂。因此，氧化还原滴定的条件对各种方法而言也不相同。

(1) 基本原理

高锰酸钾是一种常用的强氧化剂。在强酸溶液中，$KMnO_4$ 被还原为 Mn^{2+}，其半反应：

$$MnO_4^- + 8H^+ + 5e^- \longrightarrow Mn^{2+} + 4H_2O \qquad \varphi^{\ominus}_{MnO_4^-/Mn^{2+}} = 1.51\ V$$

在弱酸或中性溶液生成 MnO_2 沉淀，溶液浑浊，不易确定终点：

$$MnO_4^- + 4H^+ + 3e^- \longrightarrow MnO_2 + 2H_2O \qquad \varphi^{\ominus}_{MnO_4^-/MnO_2} = 1.68\ V$$

所以滴定一般选择在强酸中进行。同时强酸介质也更提高了其氧化性。调节酸度要用硫酸或磷酸，不使用有还原性的盐酸、醋酸和有氧化性的硝酸。若体系中有 Fe^{2+} 存在，Fe^{2+} 与 MnO_4^- 的反应将诱导 HCl 被 MnO_4^- 氧化，干扰测定。醋酸的酸性不够，它也容易被高锰酸钾氧化。硝酸也是氧化剂，当然会干扰测定。

高锰酸钾法的优缺点是：

① 氧化能力强，所以使用范围广；

② 自身可作指示剂，无须用其他指示剂；

③ 有自催化作用，只需开始时加热；

④ 氧化能力强，能氧化的物质也多，因而选择性较差，干扰多；

⑤ 氧化能力强，稳定性较差，因此其标准溶液必须即时标定。

常用氧化还原方法

(2) 高锰酸钾法的应用

① 直接滴定法

可用高锰酸钾标准溶液直接滴定 Fe^{2+}、$C_2O_4^{2-}$、H_2O_2、Sn^{2+}、As(Ⅲ) 等。

② 间接滴定法

对一些非氧化还原性物质不能用高锰酸钾标准溶液直接滴定，但可以间接滴定。如测定 Ca^{2+} 时，可将 Ca^{2+} 定量生成 CaC_2O_4 沉淀，过滤、洗涤后，用热的稀硫酸溶解 CaC_2O_4 沉淀，再用高锰酸钾标准溶液滴定 $C_2O_4^{2-}$，可以间接地测定 Ca^{2+} 的量。

③ 返滴定法

对一些反应速率较慢或其他原因不能直接滴定的物质，还可采用返滴定法。测定 MnO_2 的含量时，在弱酸性中，MnO_2 与过量的 $C_2O_4^{2-}$ 反应

$$MnO_2 + C_2O_4^{2-} + 4H^+ \longrightarrow Mn^{2+} + 2CO_2 \uparrow + 2H_2O \tag{7-103}$$

过量的 $C_2O_4^{2-}$ 再用高锰酸钾标准溶液滴定，便可计算出 MnO_2 的含量。

④ 有机物的测定

用高锰酸钾法测定有机物的含量，多采用碱性介质下的返滴定法。如测定甘油时，可在碱性条件下准确加入过量的 $KMnO_4$ 标准溶液，充分反应。

$$\underset{\large OH}{\underset{|}{CH_2}}-\underset{\large OH}{\underset{|}{CH}}-\underset{\large OH}{\underset{|}{CH_2}} + 14MnO_4^- + 14OH^- = 3CO_2\uparrow + 14MnO_4^{2-} + 11H_2O$$

作用完毕后，将溶液酸化，锰酸根 MnO_4^{2-}（绿色）歧化为 MnO_4^- 和 MnO_2 或 Mn^{2+}。再加入过量的 Fe^{2+} 标准溶液，将所有锰还原为 Mn^{2+}。过量的 Fe^{2+} 用高锰酸标准溶液滴定。由加入的 MnO_4^- 的总量（包括和有机物反应的与滴定过量的 Fe^{2+} 消耗的量）和 Fe^{2+} 标准溶液的量计算出甘油的含量。甲酸、甲醛、柠檬酸、酒石酸、葡萄糖等均可用此法测定。

7.6.7 碘量法

碘量法是最重要的氧化还原滴定方法之一。它应用范围特别大。既适合检测氧化性物质，也可检测还原性物质。尤其在测定有机物、药物、生物等方面使用得更多些。

(1) 基本原理

碘量法用于氧化还原滴定的半反应电对是：

$$I_2 + 2e^- = 2I^-$$

或写成

$$I_3^- + 2e^- = 3I^- \qquad \varphi^\ominus_{I_2/I^-} = 0.535\ V \tag{7-104}$$

其氧化型 I_2 是一个中等强度的氧化剂。它能以 I_2 为氧化剂，与较强的还原剂进行直接滴定或返滴定。如 I_2 可以氧化 S^{2-} 成 SO_4^{2-}、氧化 SO_3^{2-} 成 SO_4^{2-}、氧化 Sn^{2+} 成 Sn^{4+}、氧化 AsO_3^{3-} 成 AsO_4^{3-} 等。

其还原型 I^- 是一个中等强度的还原剂。它可被较强的氧化剂 Cu^{2+}、CrO_4^{2-}、$Cr_2O_7^{2-}$、IO_3^-、BrO_3^-、AsO_4^{3-}、SbO_4^{3-}、Cl_2、Br_2、ClO^-、MnO_4^-、MnO_2 以及 H_2O_2 等定量地氧化成 I_2。再用强还原剂标准溶液滴定生成的 I_2，可测定各种氧化性试样，这种方法称为间接碘量法。

最重要、最常使用的滴定 I_2 的还原剂标准溶液是硫代硫酸钠标准溶液。硫代硫酸钠可以定量地和 I_2 反应：

$$I_2 + 2S_2O_3^{2-} = 2I^- + S_4O_6^{2-} \tag{7-105}$$

间接碘量法是应用最为广泛的方法。

若实验中使反应(7-105) 能定量地进行，需要控制一些实验条件。

① 酸度控制

在较强的碱性溶液中，$S_2O_3^{2-}$ 与 I_2 的反应产物不唯一，不能进行定量滴定：

$$4I_2 + S_2O_3^{2-} + 10OH^- = 8I^- + 2SO_4^{2-} + 5H_2O \tag{7-106}$$

和

$$3I_2 + 6OH^- = 5I^- + IO_3^- + 3H_2O \tag{7-107}$$

在强酸性溶液中，会有下列副反应产生：

$$S_2O_3^{2-} + 2H^+ = SO_2\uparrow + S\downarrow + H_2O \tag{7-108}$$

和

$$4I^- + 4H^+ + O_2 = 2I_2 + 2H_2O \tag{7-109}$$

所以式(7-105) 的反应应在中性或弱酸性中进行。

② 防止 I_2 挥发和 I^- 被氧化

I_2 挥发和 I^- 被环境中氧气等氧化是碘量法最重要的误差来源。如上所述防止 I_2 挥发，

可在 I_2 液中加入 KI，形成 I_3^- 难以挥发。为防止 I_2 挥发，应控制滴定温度不要太高，一般在常温下进行。滴定应在碘量瓶中进行，并及时塞上塞子进行水封。摇动碘量瓶应轻摇，不可过于剧烈。

使用间接碘量法时，为防止 I^- 被环境中氧气等氧化，应立即将 I^- 生成 I_2，过量的 I^- 与 I_2 生成 I_3^-，$[I^-]$ 降低，φ_{I_2/I^-} 上升，降低了 I^- 被环境中氧气等氧化为 I_2 的干扰。滴定的速度应适当地快些，尤其是刚开始滴定时。防止日光直接照射，I^- 溶液应避光放置。当用水溶性淀粉为指示剂时，被滴定溶液由蓝色变成无色即为终点，而不管其后是否返回蓝色。

③ 淀粉指示剂加入时间

$Na_2S_2O_3$ 滴定 I_2 时，指示剂应在临近终点即溶液由棕红色变为淡黄色时再加入。指示剂加入过早，被淀粉吸附的 I_2 很难解吸，蓝色不易褪去，使终点延后，造成误差。

(2) 碘量法的应用实例

① 直接碘量法——硫化钠总还原能力的测定

硫化钠又称硫化碱，是一种还原性的碱产品。硫化钠中常含有 Na_2SO_3、$Na_2S_2O_3$ 等还原性杂质，所以碘量法测定的是硫化钠总还原能力。测定依据的化学反应：

$$I_2+H_2S+2OH^- \longrightarrow S\downarrow+2I^-+2H_2O \tag{7-110}$$

测定时，在硫化钠待测液中加入过量的碘标准溶液，上述反应完毕后，再用 $Na_2S_2O_3$ 标准溶液滴定过量的碘。

钢铁、矿石、石油、废水以及有机物中的含硫物质可以经过样品的预处理，将其转化为 S^{2-}，再用碘量法滴定。

② 间接碘量法——铜矿石中铜含量的测定

铜矿石样品经 HCl 加少量 H_2O_2 处理，溶解成被测溶液：

$$Cu+2HCl+H_2O_2 \longrightarrow CuCl_2+2H_2O \tag{7-111}$$

煮沸，将多余的 H_2O_2 分解掉：

$$2H_2O_2 \longrightarrow H_2O+O_2\uparrow \tag{7-112}$$

在弱酸性条件下，被测溶液中加入 NH_4F，掩蔽 Fe^{3+}：

$$Fe^{3+}+6F^- \longrightarrow [FeF_6]^{3-} \tag{7-113}$$

然后，加入过量的 KI：

$$2Cu^{2+}+4I^- \longrightarrow 2CuI\downarrow+I_2 \tag{7-114}$$

最后用 $Na_2S_2O_3$ 标准溶液滴定定量生成的碘。间接碘量法也可测定甲醛、丙酮、硫脲和葡萄糖等有机物的含量。

7.6.8 其他氧化还原滴定方法

(1) 重铬酸钾法

$K_2Cr_2O_7$ 是一种较稳定的强氧化剂，在强酸性介质中可被还原为 Cr^{3+}：

$$Cr_2O_7^{2-}+14H^++6e^- \longrightarrow 2Cr^{3+}+7H_2O \qquad \varphi^{\ominus}_{Cr_2O_7^{2-}/Cr^{3+}}=1.33\ V \tag{7-115}$$

$K_2Cr_2O_7$ 的氧化能力没有 $KMnO_4$ 强，适用范围也稍小一点。六价铬盐毒性较大，但该法也有高锰酸钾法所不具备的优点。

① 常温下 $K_2Cr_2O_7$ 不能将 Cl^- 氧化，因此低浓度 Cl^- 不干扰滴定。所以可以选择 HCl 体系滴定。这对于盐酸盐试样的测定很方便。

② $K_2Cr_2O_7$ 标准溶液浓度较稳定，不必当场标定；储于密闭容器中浓度可长期不变。

重铬酸钾法也有直接滴定法和间接滴定法，指示剂为二苯胺磺酸钠或氨基苯甲酸钠。

直接滴定法的例子是在强酸介质中测定亚铁盐：

$$Cr_2O_7^{2-}+6Fe^{2+}+14H^+ = 2Cr^{3+}+6Fe^{3+}+7H_2O \tag{7-116}$$

间接滴定的例子是在 H_2SO_4 介质中测定有机物，如 CH_3OH 的测定，在测试液中加入过量的 $K_2Cr_2O_7$ 标准溶液：

$$Cr_2O_7^{2-}+CH_3OH+8H^+ = 2Cr^{3+}+CO_2\uparrow+6H_2O \tag{7-117}$$

加热反应完毕后，用 Fe^{2+} 标准溶液返滴多余的 $K_2Cr_2O_7$。

(2) 溴酸钾法

溴酸钾也是强氧化剂，在强酸性介质中可被还原为 Br^-：

$$BrO_3^-+6H^++6e^- = Br^-+3H_2O \qquad \varphi^{\ominus}_{BrO_3^-/Br^-}=1.44\ V \tag{7-118}$$

溴酸钾的纯度可达基准纯，标准溶液可直接配制而无须标定。可用溴酸钾标准溶液直接滴定 Fe^{2+}、AsO_3^{3-}、Sb^{3+} 等还原性物质。

$$BrO_3^-+6Fe^{2+}+6H^+ = Br^-+6Fe^{3+}+3H_2O \tag{7-119}$$

$$BrO_3^-+3AsO_3^{3-} = Br^-+3AsO_4^{3-} \tag{7-120}$$

$$BrO_3^-+3Sb^{3+}+6H^+ = Br^-+3Sb^{5+}+3H_2O \tag{7-121}$$

溴酸钾法与碘量法联用可测定一些芳香族有机物。溴酸钾和溴化钾在酸性条件下可发生汇中反应：

$$BrO_3^-+5Br^-+6H^+ = 3Br_2+3H_2O \tag{7-122}$$

对一些芳香环（苯环、萘环、喹啉环等）上有强供电子基（如—OH、$-NH_2$ 等）的有机化合物，如苯酚、8-羟基喹啉、对氨基水杨酸（扑热息痛）等，在取代基—OH 等的邻位和对位产生溴代反应，产物为沉淀。如：

$$C_6H_5OH(\text{苯酚})+3Br_2 = C_6H_2Br_3OH(\text{三溴苯酚})\downarrow+3HBr \tag{7-123}$$

$$C_9H_6NOH(\text{8-羟基喹啉})+2Br_2 = C_9H_4NBr_2OH(\text{5,7-二溴-8-羟基喹啉})\downarrow+2HBr \tag{7-124}$$

反应后，加入过量的 KI，多余的溴与 KI 生成 I_2：

$$Br_2+2I^- = I_2+2Br^- \tag{7-125}$$

最后用 $Na_2S_2O_3$ 标准溶液滴定定量生成的碘。

(3) 铈量法

Ce^{4+} 也是强氧化剂，在酸性介质中：

$$Ce^{4+}+e^- = Ce^{3+} \qquad \varphi^{\ominus}_{Ce^{4+}/Ce^{3+}}=1.44\ V \tag{7-126}$$

铈量法的应用范围与高锰酸钾法相近。一般用 1,10-二邻氮杂菲亚铁为指示剂。铈标准溶液比高锰酸钾稳定得多。能在较高浓度的 HCl 溶液中滴定还原剂。滴定过程中副反应少。这都是铈量法的优点。但铈盐较贵、Ce^{4+} 与 $C_2O_4^{2-}$、As(Ⅲ) 等还原剂反应速率较慢。

7.7 氧化还原滴定的计算

7.7.1 计算基本原理

计算原理、计算公式和注意事项已在 5.4.6 中介绍过，不再重复。对于氧化还原滴定计算，有些特殊性需特别注意。

① 氧化还原滴定有时需经过若干步反应（一般不包括预处理阶段），无论滴定反应经过多少步，只要有 n 个滴定终点，就一定有 n 个方程，不会多，也不会少。

② 在整个滴定过程中，要确定哪些物质是氧化剂，哪些物质是还原剂，而不是从某一两步反应的局部考虑问题。

③ 由于氧化剂、还原剂得失电子的数目往往大于1，因此用计量单元代表传递1个电子所对应的氧化剂（还原剂）的摩尔质量，即计量单元 $N=M/n$。n 为1 mol氧化剂（还原剂）在反应中得失电子的物质的量。计量单元的单位为 $g \cdot mol^{-1}$(电子)，氧化剂（还原剂）除以相应的计量单元，得到氧化剂（还原剂）在反应中转移的电子的物质的量。

④ 由于得失电子数守恒，氧化剂除以其计量单元＝还原剂除以其计量单元。

⑤ 未经准确计量的试剂、加入的试剂在滴定前和终点时形态（主要指氧化数）相同的物质不在计算中涉及。而不管其经过多么复杂的反应。

7.7.2 应用示例

【例7-22】 取25.00 mL H_2O_2 试样，定容于250 mL容量瓶中，制成被测液。移取25.00 mL被测液于250锥形瓶中，用0.01974 $mol \cdot L^{-1}$ 的 $KMnO_4$ 标准溶液滴定。滴至终点时，用去 $KMnO_4$ 标准溶液25.40 mL，求试样中 H_2O_2 的含量($g \cdot L^{-1}$)。

解
$$2MnO_4^- + 5H_2O_2 + 6H^+ = 2Mn^{2+} + 5O_2\uparrow + 8H_2O \quad \text{(a)}$$

氧化剂是 $KMnO_4$。$KMnO_4$ 被还原为 Mn^{2+}，1 mol $KMnO_4$ 得到5 mol电子，计量单元 $N=M(\frac{1}{5}KMnO_4)$，浓度应用 $c\left(\frac{1}{5}KMnO_4\right)$表示。

$$c\left(\frac{1}{5}KMnO_4\right)=5c(KMnO_4)=5\times0.01974=0.09870(mol \cdot L^{-1}) \quad \text{(b)}$$

还原剂是 H_2O_2。H_2O_2 被氧化为 O_2，1 mol H_2O_2 失去2 mol电子，计量单元为 $N=M(\frac{1}{2}H_2O_2)=34.02/2=17.01\ g \cdot mol^{-1}$，其浓度应用 $c\left(\frac{1}{2}H_2O_2\right)$表示。$H^+$ 没有定量加入，只需保持足够酸度即可，所以

$$c\left(\frac{1}{5}KMnO_4\right)V(KMnO_4)=c\left(\frac{1}{2}H_2O_2\right)V(H_2O_2)$$

$$0.09870\times25.40=\frac{c\left(\frac{1}{2}H_2O_2\right)\times25.00\times25.00}{250.00}$$

$$c\left(\frac{1}{2}H_2O_2\right)=1.003(mol \cdot L^{-1})=1.003\times17.01=17.06(g \cdot L^{-1})$$

【例7-23】 取20.00 mL电解铜废铜液，加酸酸化后，加入过量的KI，析出 I_2，最后用 $c(Na_2S_2O_3)=0.2746\ mol \cdot L^{-1}$ 的 $Na_2S_2O_3$ 标准溶液滴定，消耗28.41 mL，求试样中的 $[Cu^{2+}]$。

解
$$2Cu^{2+} + 4I^- = 2CuI\downarrow + I_2$$
$$I_2 + 2S_2O_3^{2-} = 2I^- + S_4O_6^{2-}$$

氧化剂是 Cu^{2+}，$Cu^{2+} \longrightarrow CuI\downarrow$，1 mol Cu^{2+} 得到1 mol电子，计量单元就是摩尔质量。

还原剂是 $S_2O_3^{2-}$，$S_2O_3^{2-} \longrightarrow S_4O_6^{2-}$，$S_2O_3^{2-}$ 中S的氧化数是2，$S_4O_6^{2-}$ 中S的氧化数是2.5，1 mol $S_2O_3^{2-}$ 中有2 mol S，被氧化为 $S_4O_6^{2-}$ 的过程中，1 mol $S_2O_3^{2-}$ 将失去

1 mol 电子，所以其计量单元也为其本身。加入的 KI 中碘的氧化数为－1，虽然中间变为 I_2，但滴定终点时，无论在 CuI 中，还是在溶液中的 I^-，氧化数仍为－1，没有变化，因此计算中不涉及。所以

$$c(Cu^{2+})V(Cu^{2+})=c(S_2O_3^{2-})V(S_2O_3^{2-})$$

$$c(Cu^{2+})=\frac{c(S_2O_3^{2-})V(S_2O_3^{2-})}{V(Cu^{2+})}=\frac{0.2746\times 28.41}{20.00}=0.3901(mol\cdot L^{-1})$$

【例 7-24】 称取 0.6075 g $KBrO_3$ 和 5 g KBr 溶解后定容于 250.00 mL 容量瓶中。称取 0.2872 g 苯酚 C_6H_5OH，溶解后也定容于 250.00 mL 容量瓶中。吸取 25.00 mL $KBrO_3$-KBr 溶液和 25.00 mL 苯酚溶液于锥形瓶中，加盐酸酸化，生成三溴苯酚沉淀（$C_6H_2Br_3OH$）。然后加入过量的 KI，生成 I_2。用 0.1267 $mol\cdot L^{-1}$ 的 $Na_2S_2O_3$ 标准溶液滴定，消耗 3.21 mL。计算苯酚试样中苯酚的百分含量。

解　反应方程式有 4 个：

$$BrO_3^- + 5Br^- + 6H^+ \Longrightarrow 3Br_2 + 3H_2O \qquad (7\text{-}127)$$

$$C_6H_5OH + 3Br_2 \Longrightarrow C_6H_2Br_3OH\downarrow + 3HBr \qquad (7\text{-}128)$$

$$Br_2 + 2I^- \Longrightarrow I_2 + 2Br^- \qquad (7\text{-}129)$$

$$I_2 + 2S_2O_3^{2-} \Longrightarrow 2I^- + S_4O_6^{2-} \qquad (7\text{-}130)$$

反应虽有 4 步，但终点只有 1 个，因此只需建立 1 个方程。

由式(7-127)～式(7-128)知，$KBrO_3$ 中溴的氧化数为＋5，最终变为氧化数为－1 的 Br^-，因此在整个滴定过程中，$KBrO_3$ 得 6 个电子最后还原为 Br^-。因为在三溴苯酚沉淀 $C_6H_2Br_3OH$ 中，Br^- 的氧化数也为－1，所以氧化剂只有一个 $KBrO_3$。$KBrO_3$ 的基本计量单元为 $\frac{1}{6}M(KBrO_3)$，所以 $c\left(\frac{1}{6}KBrO_3\right)=\dfrac{m(KBrO_3)}{\frac{1}{6}M(KBrO_3)\times 250.00\times 10^{-3}}$。

由式(7-128)知，C_6H_5OH 是还原剂。设 C_6H_5OH 中 C 的氧化数为 y，则

$$6y+6\times(+1)+(-2)=0$$

$$y=-\frac{4}{6}$$

同理得三溴苯酚 $C_6H_2Br_3OH$ 中 C 的氧化数为 2/6。1 mol 的 C 将失去 [2/6－(－4/6)]＝1 mol 电子，1 mol 苯酚 C_6H_5OH 中有 6 mol C，所以 1 mol C_6H_5OH 将失去 6 mol 电子。C_6H_5OH 的计量单元为 $\frac{1}{6}M(C_6H_5OH)$。设 C_6H_5OH 的百分含量为 x，则

$$c\left(\frac{1}{6}C_6H_5OH\right)=\frac{xm(C_6H_5OH)}{\frac{1}{6}M(C_6H_5OH)\times 0.2500}$$

另一个还原剂是 $Na_2S_2O_3$，其计量单元就是其本身。而 KBr 和 KI 中的 Br^- 和 I^- 在滴定前和终点时的氧化数均为－1，没有变化，因此计算中不涉及。

$$\frac{m(KBrO_3)\times 25.00}{\frac{1}{6}M(KBrO_3)\times 0.2500}=\frac{xm(C_6H_5OH)\times 25.00}{\frac{1}{6}M(C_6H_5OH)\times 0.2500}+c(S_2O_3^{2-})V(S_2O_3^{2-})$$

$$\frac{0.6075\times 25.00}{\frac{167.01}{6}\times 0.2500}=\frac{0.2872\times 25.00x}{\frac{94.11}{6}\times 0.2500}+0.1267\times 3.21$$

解方程可得　　$x=0.9699\approx 97.0\%$

【阅读拓展】

1. 非对称型氧化还原滴定化学计量点电极电位的计算

非对称型氧化还原滴定化学计量点电极电位的计算，以 $Cr_2O_7^{2-}$ 滴定 Fe^{2+} 为例（设 $[H^+]=1\ mol \cdot L^{-1}$）。

$$Cr_2O_7^{2-}+6Fe^{2+}+14H^+ = 2Cr^{3+}+6Fe^{3+}+7H_2O$$

$$\varphi_e=\varphi^{\ominus\prime}_{Fe^{3+}/Fe^{2+}}+\frac{0.0592\ V}{1}\times\lg\frac{[Fe^{3+}]}{[Fe^{2+}]}$$

$$\varphi_e=\varphi^{\ominus\prime}_{Cr_2O_7^{2-}/Cr^{3+}}+\frac{0.0592\ V}{6}\lg\frac{[Cr_2O_7^{2-}][H^+]^{14}}{[Cr^{3+}]^2}$$

平衡时
$$\frac{[Fe^{3+}]}{[Fe^{2+}]}=\frac{[Cr^{3+}]}{2[Cr_2O_7^{2-}]}$$

则
$$7\varphi_e=\varphi^{\ominus\prime}_{Fe^{3+}/Fe^{2+}}+6\varphi^{\ominus\prime}_{Cr_2O_7^{2-}/Cr^{3+}}+0.0592\ V\lg\frac{[Fe^{3+}][Cr_2O_7^{2-}][H^+]^{14}}{[Fe^{2+}][Cr^{3+}]^2}$$

$$=\varphi_1^{\ominus\prime}+6\varphi_2^{\ominus\prime}+0.0592\ V\lg\frac{[H^+]^{14}}{2[Cr^{3+}]}$$

$$\varphi_e=\frac{\varphi_1^{\ominus\prime}+6\varphi_2^{\ominus\prime}+0.0592\ V\lg\frac{[H^+]^{14}}{2[Cr^{3+}]}}{7}$$

与对称反应相比，多了浓度参数项，此项的值要视具体反应而定。

2. 生物体内的超氧离子

生物机体在代谢过程中，会产生一些氧化性很强的中间体，如超氧离子 O_2^-、H_2O_2 等，这些中间体称为活性氧中间体，又称活性氧。虽然这些中间体在生物体内的浓度极低、寿命也非常短，但它们与人类的健康关系密切，是生命科学研究的热点之一。

正常情况下，活性氧的产生、利用、清除三个过程处于相互平衡的状态，活性氧的浓度保持在满足生命活动所需的低浓度水平上。例如，超氧离子 O_2^- 的浓度维持在 $10^{-12}\ mol \cdot L^{-1}$ 左右。在此状态下，活性氧的存在不会损伤生物机体，反而会直接或间接地发挥对生物机体有益的生物效应，如解毒、吞噬细胞、杀菌等。若在某些病理条件下，活性氧的产生作用增强或者清除作用减弱，使活性氧的浓度超过生命活动所需浓度的上限，就可能导致对生物机体不利的生物效应的发生，使机体的氧化作用增强和加速，从而加快机体的衰老和死亡。

超氧离子 O_2^- 是生物体内最重要的活性氧，它是氧分子在生物体内捕获一个电子的产物。因为它含有未成对的单个电子，故又称其为氧自由基，记作 $O_2^-\cdot$。氧自由基 $O_2^-\cdot$ 是生物体内产生其他活性氧如 $HO_2\cdot$、H_2O_2、$OH\cdot$ 的物质基础。在正常的生理条件下，超氧离子的浓度过大，生物体内的抗氧化物质便会将其清除。抗氧化物质大多数是生物酶，其中超氧化物歧化酶 SOD 便是一种能催化超氧离子 O_2^- 发生歧化反应的重要的抗氧化剂。含有 Cu^{2+} 和 Zn^{2+} 的超氧化物歧化酶 SOD 是最重要的酶，其中 Cu^{2+} 是 SOD 的活性催化中心。

$$O_2+e^- \longrightarrow O_2^- \qquad \varphi_{O_2/O_2^-}=-0.36\ V$$

$$SOD\text{-}Cu^{2+}+e^- \longrightarrow SOD\text{-}Cu^+ \qquad \varphi_{SOD\text{-}Cu^{2+}/SOD\text{-}Cu^+}=0.42\ V$$

$$O_2^-+2H^++e^- \longrightarrow H_2O_2 \qquad \varphi_{O_2^-/H_2O_2}=0.90\ V$$

因此，超氧离子 O_2^- 歧化反应的催化机理可能是

$$SOD\text{-}Cu^{2+}+O_2^- \longrightarrow SOD\text{-}Cu^++O_2$$

$$SOD\text{-}Cu^++O_2^-+2H^+ \longrightarrow SOD\text{-}Cu^{2+}+H_2O_2$$

$SOD\text{-}Cu^{2+}$ 的起始状态和终止状态完全相同，所以它只起了催化剂的作用。

除了超氧化物歧化酶 SOD 外，还有一些酶也有抗氧化作用。此外，具有还原性的维生素 B 和维生素 C 也有抗氧化能力。一些天然小分子药物，如黄酮类物质、茶多酚、茶碱、咖啡因等也具有抗氧化能力。因

此，常食用含有上述物质的新鲜水果、蔬菜等天然食品和经常饮茶，都可增强机体抗氧化和抗衰老的能力。

另外，硒在生物氧化过程中也起催化作用，它也是一种过氧化物酶的组分，能消除生物体内的自由基，可保护血红蛋白免受过氧化物的损害。实验证明，硒具有一定的抗癌和防心肌（克山）病的作用。

3. 生物体内氧的输送

生物体内氧的输送主要依靠血红蛋白中铁的氧化还原作用完成。铁的含量约占人体总重量的 0.006%，其中 3/4 分布于血红蛋白（Hb）中。Hb 是 Fe-卟啉类的复杂配合物，是血液中红细胞的主要组分，其主要生物功能是输送氧气，而 Hb 本身是蓝色的，所以动脉血呈鲜红色而静脉血呈紫红色。

$$\mathrm{Hb\cdot H_2O + O_2 \Longleftrightarrow HbO_2 + H_2O}$$

人体的肺部有大量的 O_2，使平衡右移，O_2 以氧合血红蛋白（HbO_2）的形式为红细胞所吸收并输送给各种细胞组织以供应新陈代谢所需的氧。但是 CO、CN^- 可以取代氧与血红蛋白形成比 HbO_2 更稳定的配合物，阻止了氧的输送，造成组织缺氧而中毒，这是煤气及氰化物中毒的原因。

铁也是某些酶如过氧化氢酶、过氧化物酶、苯丙氨酸羟化酶和许多氧化还原体系所不可缺少的元素，它在生物催化、电子传递等方面也都起着重要作用。

4. 环境中的氧化还原作用

大气中某些痕量气体含量增加而引起的地球平均气温上升的现象称为温室效应，这类痕量气体称为温室气体，主要是 CO_2、CH_4、O_3、N_2O、$CFCl_3$、CF_2Cl_2 等，其中以 CO_2 的温室效应最大。

引起温室效应最重要的原因是臭氧层遭到严重破坏。臭氧是大气平流层的关键组分，绝大部分集中在距离地面约 25 km 处，其厚度约 20 km。臭氧层能吸收掉太阳发射出的对人类、动物、植物有害的大量紫外线辐射（200～300 nm），阻止紫外线对人类、动物及植物的伤害。平流层中臭氧主要通过氧分子光化学分解出的原子氧与分子氧结合生成：

$$\mathrm{O_2} + h\nu \longrightarrow \mathrm{O\cdot + O\cdot} \qquad (\lambda < 243\ \mathrm{nm})$$

$$\mathrm{O\cdot + O_2 \longrightarrow O_3}$$

平流层中 O_3 的消除主要是 O_3 的光解所致：

$$\mathrm{O_3} + h\nu \longrightarrow \mathrm{O_2 + O\cdot} \qquad (\lambda < 300\ \mathrm{nm})$$

上述光解反应产生氧自由基，其化学性质非常活泼，很快与 O_2 分子结合成臭氧，故不会影响臭氧的浓度。而光解反应的进行，吸收掉大量的短波紫外线辐射，对地球生物起保护作用。

近年来臭氧层正在变薄，甚至出现了空洞。经研究，O_3 层遭破坏主要是人类活动产生的一些痕量气体如 NO_x 和氯氟烃（氟里昂）如 $CFCl_3$、CF_2Cl_2 等进入平流层，发生化学反应产生自由基 Cl·，使平流层中活性粒子的浓度大大增加，加速了臭氧的消耗。

$$\mathrm{CFCl_3} + h\nu \longrightarrow \mathrm{CFCl_2\cdot + Cl\cdot}$$

$$\mathrm{Cl\cdot + O_3 \longrightarrow ClO\cdot + O_2}$$

$$\mathrm{NO_2 + O\cdot \longrightarrow NO + O_2}$$

总反应

$$\mathrm{O_3 + O\cdot \longrightarrow O_2 + O_2}$$

平流层 O_3 含量的减少，使射入地面的短波辐射剂量增加，对人类造成极大危害。例如，破坏生物体内的脱氧核糖核酸，使人类皮肤癌发病率增加；还会伤害植物的表皮细胞，抑制植物的光合作用和生长速度，使粮食减产。另外还将导致气候出现异常，由此带来危害。

习　题

7-1 指出下列各物质中划线元素的氧化数。

$\underline{\mathrm{O}}_2$　$\mathrm{K\underline{O}_2}$　$\mathrm{H_2\underline{O}_2}$　$\mathrm{H_2\underline{O}}$　$\mathrm{\underline{O}F_2}$　$\underline{\mathrm{N}}_2$　$\mathrm{H_2\underline{N}OH}$　$\mathrm{\underline{N}_2H_4}$　$\mathrm{\underline{N}H_3}$　$\mathrm{H_2\underline{P}O_4^-}$　$\mathrm{H_3\underline{P}O_3}$　$\mathrm{H_3\underline{P}O_2}$　$\underline{\mathrm{P}}_4$

7-2 配平下列各氧化还原反应方程式。

(1) $\mathrm{Zn + H_2SO_4}$(浓)$\longrightarrow \mathrm{ZnSO_4 + H_2S\uparrow}$

(2) $\mathrm{MnO_2 + H_2O_2 + HCl \longrightarrow MnCl_2 + O_2\uparrow}$

(3) $\mathrm{KMnO_4 + K_2SO_3 + KOH \longrightarrow K_2MnO_4 + K_2SO_4}$

(4) $\mathrm{(NH_4)_2Cr_2O_7 \longrightarrow Cr_2O_3 + N_2\uparrow}$

(5) $K_2Cr_2O_7 + KI + H_2SO_4 \longrightarrow Cr_2(SO_4)_3 + I_2 + K_2SO_4$

(6) $Cl_2 + H_2O_2 \longrightarrow HCl + O_2\uparrow$

(7) $Ca(OH)_2 + Cl_2 \longrightarrow Ca(ClO)_2 + CaCl_2$

(8) $HNO_3 + As_2O_3 \longrightarrow H_3AsO_4 + NO\uparrow$

(9) $HNO_3 + FeS \longrightarrow Fe(NO_3)_3 + NO\uparrow + H_2SO_4$

(10) $CuS + HNO_3 \longrightarrow Cu(NO_3)_2 + H_2SO_4 + NO\uparrow$

(11) $Mn(NO_3)_2 + PbO_2 + HNO_3 \longrightarrow HMnO_4 + Pb(NO_3)_2$

7-3 配平下列各氧化还原反应方程式（用半反应法）。

(1) $I_2 + S_2O_3^{2-} \longrightarrow I^- + S_4O_6^{2-}$

(2) $MnO_4^- + H_2O_2 + H^+ \longrightarrow Mn^{2+} + O_2\uparrow$

(3) $Zn + NO_3^- + H^+ \longrightarrow NH_4^+ + Zn^{2+}$

(4) $PbO_2 + Cr^{3+} \longrightarrow Pb^{2+} + Cr_2O_7^{2-}$（酸性介质）

(5) $Zn + ClO^- + H^+ \longrightarrow Zn^{2+} + Cl^- + H_2O$

(6) $MnO_4^- + H_2S \longrightarrow Mn^{2+} + S\downarrow$

(7) $N_2H_4 + Cu(OH)_2 \longrightarrow Cu + N_2\uparrow$

(8) $PH_4^+ + Cr_2O_7^{2-} \longrightarrow Cr^{3+} + P_4$

(9) $Br_2 + IO_3^- \longrightarrow Br^- + IO_4^-$

(10) $Al + NO_3^- \longrightarrow [Al(OH)_4]^- + NH_3\uparrow$

7-4 对于氧化还原反应

$$Zn + Fe^{2+} = Zn^{2+} + Fe$$

和

$$MnO_4^- + 8H^+ + 5Fe^{2+} = Mn^{2+} + 5Fe^{3+} + 4H_2O$$

(1) 分别指出哪种物质是氧化剂？哪种物质是还原剂？写出对应的半反应式。

(2) 将上面的反应设计成原电池，并写出其符号。

7-5 改变下列条件，则标准状态下铜锌原电池的电动势如何变化？

(1) 增加 $ZnSO_4$ 的浓度；

(2) 在 $ZnSO_4$ 溶液中加入 $NH_3\cdot H_2O$；

(3) 在 $CuSO_4$ 溶液中加入 $NH_3\cdot H_2O$。

7-6 根据标准电极电位，计算下列反应在 25 ℃时的平衡常数。

(1) $Ni + Sn^{4+} = Ni^{2+} + Sn^{2+}$

(2) $Cl_2 + 2Br^- = 2Cl^- + Br_2$

(3) $Fe^{2+} + Ag^+ = Fe^{3+} + Ag$

7-7 根据标准电极电位，判断下列反应进行的方向。

(1) $Fe^{3+} + Sn = Fe^{2+} + Sn^{2+}$

(2) $Zn^{2+} + Cu = Zn + Cu^{2+}$

(3) $PbO_2 + 4HCl = PbCl_2 + Cl_2\uparrow + 2H_2O$

7-8 今有一种含有 Cl^-、Br^-、I^- 三种离子的混合溶液，欲使 I^- 氧化为 I_2 而又不使 Br^-、Cl^- 氧化，在常用的氧化剂 $Fe_2(SO_4)_3$ 和 $KMnO_4$ 中，选择哪一种比较合适？为什么？

7-9 试分别计算由下列反应设计成的原电池的电动势。括号内的数字为各离子的浓度，单位为 $mol\cdot L^{-1}$。

(1) $Zn + Ni^{2+}(1.0) = Zn^{2+}(1.0) + Ni$

(2) $Zn + Ni^{2+}(0.050) = Zn^{2+}(0.10) + Ni$

(3) $Ag^+(1.0) + Fe^{2+}(1.0) = Ag + Fe^{3+}(1.0)$

(4) $Ag^+(0.1) + Fe^{2+}(0.010) = Ag + Fe^{3+}(0.10)$

7-10 用镍电极和标准氢电极组成原电池。当 $c(Ni^{2+}) = 0.10\ mol\cdot L^{-1}$时，原电池的电动势为 0.287 V。其中镍为负极，计算镍电极的标准电极电位。

7-11 从磷元素的电位图

$$\varphi^{\ominus}/\mathrm{V} \qquad H_2PO_2^- \xrightarrow{-2.25} P_4 \xrightarrow{-0.89} PH_3$$

计算电对 $H_2PO_2^-/PH_3$ 的标准电极电位。

7-12 由下列电极反应的标准电极电位，计算 AgBr 的溶度积。

$$Ag^+ + e^- \longrightarrow Ag \qquad \varphi^{\ominus}_{Ag^+/Ag} = 0.7990\ \mathrm{V}$$

$$AgBr + e^- \longrightarrow Ag + Br^- \qquad \varphi^{\ominus}_{AgBr/Ag} = 0.0730\ \mathrm{V}$$

7-13 已知 $\varphi^{\ominus}_{MnO_4^-/Mn^{2+}} = 1.51\ \mathrm{V}$，$\varphi^{\ominus}_{Cl_2/Cl^-} = 1.36\ \mathrm{V}$。

（1）判断下列反应进行的方向：

$$2MnO_4^- + 10Cl^- + 16H^+ \longrightarrow 2Mn^{2+} + 5Cl_2 \uparrow + 8H_2O$$

（2）将以上两个电对组成原电池。用电池符号表示原电池的组成，标明正、负极，并计算其标准电动势。

（3）当 $c(H^+) = 0.10\ \mathrm{mol \cdot L^{-1}}$，其他各离子浓度均为 $1.0\ \mathrm{mol \cdot L^{-1}}$，$p(Cl_2) = 1.01 \times 10^5\ \mathrm{Pa}$ 时，求电池的电动势。

7-14 已知 $\varphi^{\ominus}_{Ag^+/Ag} = 0.7990\ \mathrm{V}$，计算电极反应 $Ag_2S + 2e^- \longrightarrow 2Ag + S^{2-}$ 在 pH＝3.00 缓冲溶液中的电极电位。

7-15 根据下列反应

$$Cu + Cu^{2+} + 2Cl^- \longrightarrow 2CuCl \downarrow$$

制备 CuCl 时，若以 $0.10\ \mathrm{mol \cdot L^{-1}}$ 的 $CuSO_4$ 和 $0.2\ \mathrm{mol \cdot L^{-1}}$ 的 NaCl 溶液等体积混合并加入过量的 Cu，求反应达到平衡时 Cu^{2+} 的转化率。已知：$\varphi^{\ominus}_{Cu^{2+}/Cu^+} = 0.16\ \mathrm{V}$，$\varphi^{\ominus}_{Cu^{2+}/Cu} = 0.34\ \mathrm{V}$，$K_{sp}(CuCl) = 1.72 \times 10^{-7}$。

7-16 在 $[H^+] = 1\ \mathrm{mol \cdot L^{-1}}$ 的 H_2SO_4 介质中，用 $KMnO_4$ 溶液滴定 $FeSO_4$ 溶液。已知：$\varphi^{\ominus'}_{MnO_4^-/Mn^{2+}} = 1.45\ \mathrm{V}$，$\varphi^{\ominus'}_{Fe^{3+}/Fe^{2+}} = 0.68\ \mathrm{V}$。试计算在化学计量点时溶液的电位及条件平衡常数。

7-17 用 20.00 mL 的 $KMnO_4$ 溶液滴定，恰能完全氧化 0.07500 g 的 $Na_2C_2O_4$，试计算 $KMnO_4$ 溶液的浓度。

7-18 称取含有 PbO、PbO_2 的试样 1.2420 g，加入 20.00 mL 浓度为 $0.4000\ \mathrm{mol \cdot L^{-1}}$ 的草酸（$H_2C_2O_4$）溶液，将 PbO_2 还原为 Pb^{2+}；然后用氨水中和，此时 Pb^{2+} 以 PbC_2O_4 形式沉淀。

（1）过滤、洗涤，将滤液酸化后用浓度为 $0.04000\ \mathrm{mol \cdot L^{-1}}$ 的 $KMnO_4$ 标准溶液滴定，用掉 10.80 mL。

（2）再将滤渣 PbC_2O_4 沉淀溶于酸中，也用同浓度的 $KMnO_4$ 标准溶液滴定，用掉 39.00 mL。

计算原试样中 PbO 和 PbO_2 的百分含量。已知：$M(PbO) = 223.2\ \mathrm{g \cdot mol^{-1}}$，$M(PbO_2) = 239.2\mathrm{g \cdot\ mol^{-1}}$。

7-19 将含有杂质的 $CuSO_4 \cdot 5H_2O$ 试样 0.6500 g 于锥形瓶中，加水和 H_2SO_4 溶解。加入 10% 的 KI 溶液 10 mL，析出 I_2，立即用 $0.1000\ \mathrm{mol \cdot L^{-1}}$ 的 $Na_2S_2O_3$ 标准溶液滴定至淀粉指示剂由蓝色变成无色为终点，消耗 $Na_2S_2O_3$ 标准溶液 25.00 mL。求试样中铜的百分含量。

7-20 在 0.2500 g 基准纯的 $K_2Cr_2O_7$ 溶液中加入过量的 KI，析出的 I_2 用 $Na_2S_2O_3$ 溶液滴定，用去 11.43 mL。计算 $Na_2S_2O_3$ 溶液的准确浓度。

7-21 将 1.000 g 钢样中的铬氧化成 $Cr_2O_7^{2-}$ 试液，在此试液中加入 $0.1000\ \mathrm{mol \cdot L^{-1}}$ 的 $FeSO_4$ 标准溶液 25.00 mL，然后用 $0.02000\ \mathrm{mol \cdot L^{-1}}$ 的 $KMnO_4$ 标准溶液滴定过量的 $FeSO_4$，用去 $KMnO_4$ 标准溶液 6.50 mL。计算钢样中铬的百分含量。

7-22 将等体积的 $0.2000\ \mathrm{mol \cdot L^{-1}}$ 的 Fe^{2+} 溶液与 $0.05000\ \mathrm{mol \cdot L^{-1}}$ 的 Ce^{4+} 溶液混合，计算反应达平衡时 Ce^{4+} 的浓度。

7-23 KI 试液 25.00 mL 中加入浓度为 $c(KIO_3) = 0.05000\ \mathrm{mol \cdot L^{-1}}$ 的 KIO_3 标准溶液 10.00 mL 和适量 HCl，生成 I_2。加热煮沸使生成的 I_2 全部挥发。冷却后，加入过量的 KI 溶液，使其与剩余的 KIO_3 反应，再析出 I_2。用 $0.1008\ \mathrm{mol \cdot L^{-1}}$ 的 $Na_2S_2O_3$ 标准溶液滴至终点，用于 21.14 mL，求原 KI 试液的浓度。

7-24 称取 $FeCl_3 \cdot 6H_2O$ 试样 0.5000 g，溶于水，加浓 HCl 酸化，再加 KI 固体 5 g，最后用 $0.1000\ \mathrm{mol \cdot L^{-1}}$ 的 $Na_2S_2O_3$ 标准溶液滴至终点，用去 18.17 mL，求试样中 $FeCl_3 \cdot 6H_2O$ 的百分含量。

7-25 测定某样品中丙酮的含量时，称取试样 0.1000 g 于碘量瓶中，加 NaOH 溶液，振荡。再加入浓度为 $c\left(\frac{1}{2}I_2\right)=0.1000\ mol\cdot L^{-1}$ 的 I_2 标准溶液 50.00 mL，盖好，放置一段时间，丙酮被氧化为 CH_3COOH 和 CHI_3。最后加硫酸调至微酸性，过量的 I_2 用 $0.1000\ mol\cdot L^{-1}$ 的 $Na_2S_2O_3$ 标准溶液滴至终点，用去 10.00 mL。求被测样品中丙酮的百分含量。

7-26 现有含 As_2O_3 与 As_2O_5 的试样 0.2834 g。溶解后，用 $c(I_2)=0.0500\ mol\cdot L^{-1}$ 的 I_2 标准溶液滴定，用去 20.00 mL。完毕后，再在溶液中加入过量的 KI 和硫酸，析出 I_2。最后用 $0.1500\ mol\cdot L^{-1}$ 的 $Na_2S_2O_3$ 标准溶液滴至终点，耗去 30.00 mL。求试样中 As_2O_3、As_2O_5 和 As 的百分含量。

7-27 在 0.1023 g 铝样品中，加入 NH_3-NH_4Ac 缓冲溶液使其 pH=9.0，然后加入过量的 8-羟基喹啉，生成 8-羟基喹啉铝 $Al(C_9H_6NO)_3$ 沉淀。沉淀过滤洗涤后溶解在 $2.0\ mol\cdot L^{-1}$ 的 HCl 中，在溶液中加入 25.00 mL 浓度为 $0.05000\ mol\cdot L^{-1}$ 的 $KBrO_3$-KBr 标准溶液，产生的 Br_2 与 8-羟基喹啉发生取代反应，生成 $C_9H_4Br_2NOH$。然后，再加入 KI，使其与剩余的 Br_2 反应生成 I_2。最后用 $0.1050\ mol\cdot L^{-1}$ 的 $Na_2S_2O_3$ 标准溶液滴至终点，耗去 2.85 mL。求试样中 Al_2O_3 的百分含量。

第8章　沉淀平衡及其在分析中的应用

广义上的沉淀指溶液中难溶解的固体物质从溶液中释出，因密度较大而沉积于底部。本章中讨论的是狭义上的沉淀，指在水溶液中难溶的电解质（包括酸、碱和盐）。沉淀的生成与溶解是一类十分常见的化学平衡。例如，日常用水产生的水垢成分就是碳酸钙、氢氧化镁、碳酸镁、硫酸钙等难溶电解质；而自然界中钟乳石的形成也与沉淀的反复生成和溶解有关。本章的学习内容包括：通过掌握沉淀的生成与溶解条件，在生产生活中用于分离物质、处理污水或制备材料，以及建立基于沉淀反应的各类化学分析法，来定量测定待测离子。

8.1　溶解沉淀平衡

8.1.1　溶度积和溶度积规则

在水溶液中，若干种离子相遇时，有时会产生沉淀（precipitation）。组成沉淀晶体的离子称作构晶离子，如：

$$Ag^{+}+Cl^{-} \rightleftharpoons AgCl\downarrow \quad (8\text{-}1)$$

$$Ca^{2+}+2F^{-} \rightleftharpoons CaF_2\downarrow \quad (8\text{-}2)$$

式(8-1) 中的 AgCl 和式(8-2) 中的 CaF_2 由于受到水分子的作用也会发生从右向左的溶解（dissolution）反应。

$$AgCl \rightleftharpoons Ag^{+}+Cl^{-} \quad (8\text{-}3)$$

$$CaF_2 \rightleftharpoons Ca^{2+}+2F^{-} \quad (8\text{-}4)$$

即晶体物质或难溶电解质溶于水后，全部解离成其构晶离子。体系中若有 AgCl、CaF_2 固体存在，就表明 AgCl、CaF_2 溶液的浓度已达饱和，AgCl、CaF_2 不能再继续溶解。

按照化学平衡常数表达式的书写规则，式(8-3) 和式(8-4) 的化学平衡常数分别为

$$K=[Ag^{+}][Cl^{-}]$$

和

$$K=[Ca^{2+}][F^{-}]^{2}$$

这种化学平衡常数称为溶度积常数，简称溶度积（solubility product），分别记作 K_{sp}(AgCl) 和 $K_{sp}(CaF_2)$，括号内标注的是沉淀物的化学式。它是电解质固体在水中发生溶解和电离反应的化学平衡常数。

即

$$K_{sp}(AgCl)=[Ag^{+}][Cl^{-}]$$

溶度积常数是各种难溶电解质溶解性能的一种表征。组成比相同的难溶电解质，溶度积越大，电解质溶解度越大，反之亦然。

从附录中查得：$K_{sp}(AgBr)=4.1\times10^{-13}$、$K_{sp}(AgCl)=1.8\times10^{-10}$、$K_{sp}(AgI)=8.3\times10^{-17}$、$K_{sp}(AgSCN)=1.8\times10^{-12}$。它们都属于组成比为 1∶1 的难溶电解质，所以，溶解度 AgCl>AgSCN>AgBr>AgI。

对组成比不相同的难溶电解质，不能通过溶度积的大小直接比较溶解度的大小，要具体计算。

在难溶电解质溶液中，其构晶离子的浓度幂积称为浓度积，用 Q 表示，它的意义与化

学平衡中的反应商相似。式(8-3)、式(8-4) 的浓度积分别为：

$$Q(AgCl)=c(Ag^+)c(Cl^-)$$

$$Q(CaF_2)=c(Ca^{2+})c^2(F^-)$$

根据第4章相关内容，对浓度积（Q）和溶度积（K_{sp}）比较，可得到沉淀平衡的移动规则，称为溶度积规则（solubility product rule）：

$Q>K_{sp}$，沉淀平衡左移，有沉淀产生，此时的溶液称为过饱和溶液（supersaturated solution）；

$Q<K_{sp}$，沉淀平衡右移，沉淀溶解，此时的溶液称为不饱和溶液（unsaturated solution）；

$Q=K_{sp}$，沉淀反应达到平衡状态，此时的溶液称为饱和溶液（saturated solution）。

8.1.2 溶度积和溶解度之间的关系

溶解度（solubility）可表示为单位体积饱和溶液中溶解的物质的质量（如 $g \cdot L^{-1}$ 等），也可表示为单位体积饱和溶液中溶解的物质的量（如 $mol \cdot L^{-1}$）。它与溶度积一样，均可表示物质溶解能力的大小。因此，它们两者之间存在必然的联系。

若知道溶度积，可求得溶解度；相反，若已知溶解度，也可求得该难溶电解质的溶度积。不作特殊说明，本书中的溶解度，指的是该物质在纯水中的溶解度，也称为固有溶解度。

【例 8-1】 25 ℃时 AgCl 和 Ag_2CrO_4 的溶度积分别 1.8×10^{-10} 和 1.1×10^{-12}，求该温度下 AgCl 和 Ag_2CO_4 的溶解度（$mol \cdot L^{-1}$），并比较两者溶解度的大小。

解　设 AgCl 的溶解度为 x $mol \cdot L^{-1}$

$$AgCl \rightleftharpoons Ag^+ + Cl^-$$

则
$$[Ag^+]=x\ mol \cdot L^{-1}, [Cl^-]=x\ mol \cdot L^{-1}$$

$$K_{sp}(AgCl)=[Ag^+][Cl^-]=1.8\times10^{-10}$$

$$x^2=1.8\times10^{-10}$$

求得 AgCl 的溶解度：
$$x=1.3\times10^{-5}\ mol \cdot L^{-1}$$

设 Ag_2CrO_4 的溶解度为 y $mol \cdot L^{-1}$

$$Ag_2CrO_4 \rightleftharpoons 2Ag^+ + CrO_4^{2-}$$

则
$$[Ag^+]=2y, [CrO_4^{2-}]=y$$

$$K_{sp}(Ag_2CrO_4)=[Ag^+]^2[CrO_4^{2-}]=1.1\times10^{-12}$$

$$(2y)^2y=1.1\times10^{-12}$$

求得 Ag_2CO_4 的溶解度：
$$y=6.5\times10^{-5}\ mol \cdot L^{-1}$$

显然 $y>x$，即 Ag_2CrO_4 的溶解度大于 AgCl 的溶解度。此例表明：对于组成比不同的难溶电解质，不能简单地用溶度积判断其溶解度的大小。

【例 8-2】 25 ℃时，CaF_2 的溶解度是 $0.0159\ g \cdot L^{-1}$，求其该温度下的溶度积 $K_{sp}(CaF_2)$。

解　CaF_2 的摩尔质量为 $78.08\ g \cdot mol^{-1}$，CaF_2 饱和溶液的浓度为：

$$\frac{0.0159\ g \cdot L^{-1}}{78.08\ g \cdot mol^{-1}}=2.04\times10^{-4}\ mol \cdot L^{-1}$$

$$CaF_2 \rightleftharpoons Ca^{2+} + 2F^-$$

$$[Ca^{2+}]=2.04\times10^{-4}\ mol \cdot L^{-1}, [F^-]=2\times2.04\times10^{-4}\ mol \cdot L^{-1}$$

$$K_{sp}(CaF_2)=[Ca^{2+}][F^-]^2=2.04\times10^{-4}\times(2\times2.04\times10^{-4})^2=3.40\times10^{-11}$$

关于固体电解质在溶液中是否会完全溶解或电解质溶液有无沉淀产生还有两点特别要注意。

① 有时溶液中构晶离子的浓度积已大于溶度积，但溶液中仍无沉淀产生，实际上这是一种不稳定的过饱和中间状态。溶液处于过饱和状态时，只要外界稍稍变化，沉淀会立即产生，例如用玻璃棒摩擦器皿壁、加热后冷却、加入晶种等。离子的浓度积大于溶度积只表明达到平衡时，一定有沉淀产生。平衡何时到达、如何到达，溶度积是无法回答的。

② 肉眼看不到沉淀不等于没有产生沉淀，因为有的沉淀颗粒细小或沉淀物过少，不易观察到。但仪器（如光度仪、浊度计）却能观察到沉淀带来的溶液某些物理量的改变，或用其他化学方法可以证实沉淀确实已经产生。

8.2 沉淀的形成过程

8.2.1 沉淀的形成

沉淀按照其物理性质的不同，可分为两大类。

一类是沉淀物颗粒间有明显界限，内部粒子排布非常有规律的晶形沉淀。大多数盐类沉淀属于晶形沉淀，如 $BaSO_4$、NaCl 等。

第二类是沉淀物颗粒间界限不明显、颗粒直径小（$<0.02\ \mu m$）、组成不一定固定的非晶形沉淀。非晶形沉淀又可分为无定形沉淀和凝乳状沉淀两种，大多数氢氧化物沉淀如 $Fe_2O_3 \cdot xH_2O$、$Al_2O_3 \cdot xH_2O$、AgCl、$SiO_2 \cdot xH_2O$ 等为凝乳状沉淀。

沉淀的形态和条件选择

沉淀的形成一般经过晶核形成和晶核长大两个过程。

形成沉淀的离子浓度（分析浓度）积大于该沉淀溶度积时，离子间相互碰撞，聚集成微小的固体，称之为晶核。当然晶核也可以是外加物质，例如微小的灰尘颗粒等。紧接着，溶液中的构晶离子向晶核表面靠近，使晶核逐渐长大成沉淀微粒。单位时间到达晶核表面的构晶离子的物质的量称作聚集速度（$mol \cdot s^{-1}$）。

构晶离子到达晶核表面后按一定的晶格进行排列，是有方向性的。这种定向排列成晶体的速度叫定向速度。

如果聚集速度大于定向速度，则许多到达晶核表面的构晶离子来不及按晶格排列就沉淀在晶核表面，形成了非晶形沉淀。若聚集速度小于或等于定向速度，那么就会形成晶形沉淀。这两种速度的不同组合，可能形成不同类型的沉淀。

定向速度主要取决于沉淀物本身的性质，是由其晶体的晶格所决定的。一般来讲，极性强的盐类 $BaSO_4$、$MgNH_4PO_4$、CaC_2O_4 等具有较大的定向速度，也就是说构晶离子到达晶核表面后，能很快按晶格进行排列。而金属离子的氢氧化物，特别是高价的金属离子氢氧化物，定向排列困难，定向速度较小，容易形成质地疏松、体积庞大的非晶形胶体沉淀，金属离子硫化物大多数也是如此。

聚集速度主要由沉淀的实验条件决定，其中最重要的是浓度积和溶度积的关系。浓度积与溶度积之差称为过饱和度。

从化学平衡的角度来看，沉淀的形成是一个沉淀-溶解过程的动态平衡。沉淀形成的起始阶段，肯定是沉淀速率大于溶解速率。若浓度积≫溶度积，则将有许多构晶离子需向晶核表面聚集，因此聚集速度很大。若浓度积只略大于溶度积，则向晶核表面聚集的构晶离子非常少，因此聚集速度大大降低，有利于晶体沉淀的形成。聚集速度与过饱和度的关系可用经验公式表达：

$$\mu = K \times \frac{Q-S}{S} \tag{8-5}$$

式中 μ——聚集速度；

Q——加入沉淀剂、晶核尚未形成的瞬间构晶离子的浓度积；

S——构晶离子的溶度积；

K——比例常数。

由式(8-5) 可见，$Q-S$ 的差值越小，即过饱和度越低，聚集速度越慢，越有利于晶形沉淀的形成。因此，在实验中只要选择一定的实验条件，降低聚集速度，可以使一些非晶形沉淀形成晶形沉淀；也可以提高聚集速度，使晶形沉淀形成非晶形沉淀。选择哪种沉淀，则要由应用目的来决定。如果沉淀的定向速度非常小，降低聚集速度也不能将非晶形沉淀转变为晶形沉淀。

8.2.2 晶形沉淀条件的选择

由上述可知，聚集速度和定向速度的相对大小影响着沉淀的类型，实验过程中应选择合适的实验条件、改变聚集速度。

对于晶形沉淀可选择的沉淀条件如下：

(1) 较稀的溶液浓度

在适当稀的溶液中进行沉淀，即减小 Q 值，降低聚集速度。将沉淀剂缓慢分次加入，可以降低聚集速度。因为一次性加入会使局部的 Q 值增加，聚集速度加大；在加入沉淀剂的同时加强搅拌，可以克服局部过浓。

(2) 较高的温度

由于 K_{sp} 是温度的函数，对于大多数沉淀而言，K_{sp} 随温度升高而增大。因此，在较高温度下加入沉淀剂，此时 S 增大，过饱和度减小，聚集速度减小。

沉淀形成后要缓缓冷却溶液，冷却速度过快，使过饱和度增加过快，聚集速度也增加过快，于晶形沉淀的形成不利。

温度升高，还可以减少晶体表面对杂质的吸附，提高沉淀的纯度。

将沉淀和母液一起放置一段时间，此过程称作陈化。沉淀过程是一个溶解与沉淀的动态平衡，即溶解与沉淀达到平衡后，形成沉淀的量不再发生变化，但溶解与沉淀反应仍在进行。

在沉淀实验中，由于实验条件控制不够严格，导致沉淀颗粒大小不同，甚至有些来不及形成晶形沉淀。由于这些非晶形沉淀或颗粒细小的晶体比表面积（$m^2 \cdot g^{-1}$）大、有更多的角、边及缺陷，与溶剂的接触面积大，在陈化过程的溶解-沉淀间的动态平衡中比大颗粒的晶形沉淀更易溶解。当然，构晶离子的浓度积是不变的，因此它们将再次沉积在大颗粒晶形沉淀表面上，大颗粒沉淀将越长越大，并且沉淀的缺陷也会得到修复，使晶型更完美。由于此时过饱和度为 0，聚集速度最小，最有利于晶形沉淀的形成。

陈化将晶体沉淀的颗粒变大，比表面积减小，还可以减少吸附作用带来的杂质。

对某些沉淀，陈化过程中还伴随有晶型的转变，将初生沉淀转化成更稳定的晶型。例如，CoS 初生成的沉淀是 α 型，$K_{sp}=4.0\times10^{-21}$。陈化后可转变为 β 型，其 $K_{sp}=2.0\times10^{-25}$。溶解度变小，使沉淀更完全，沉淀的总质量增加。

CaC_2O_4 初生时带有较多的水分，蒸煮后，可转变为稳定的 $CaC_2O_4 \cdot 4H_2O$。类似的例子还有很多，如 $CaSO_4$ 所带的结晶水可随温度的变化而改变，偏硅酸钠的结晶水也是如此。

(4) 盐效应

在溶液中事先加入适量的盐，由于盐解离出的离子可以阻止或缓和构晶离子向晶核的聚集，减小聚集速度，使结晶颗粒更大。这种效应在 5.2.5 已讲过，叫盐效应（salt effect）。当然在进行定量分析时，需考虑盐效应带来溶解度的增加，使溶解损失超过定量分析的要求。克服的办法是加入更过量的沉淀剂来进行补正。

(5) 均相沉淀

不向溶液中直接加入沉淀剂，而是通过溶液中的某些化学反应缓慢而均匀产生沉淀剂，使过饱和度很小，缓慢而均匀地形成沉淀，使沉淀过程在人为的控制下进行，这种沉淀方法叫均相沉淀法。均相沉淀法产生的沉淀剂速度是人为控制的、缓慢的。由于沉淀剂是由化学反应产生的，沉淀剂的生成在整个体系中是均匀的，避免了局部过浓，用这种方法生成的沉淀颗粒较大，结构紧密，易于洗涤和过滤。

例如，为了使溶液中的 Ca^{2+} 和 $C_2O_4^{2-}$ 能形成颗粒较大的沉淀，可在 pH 为 1 左右的酸性 Ca^{2+} 溶液中加入草酸铵，由于酸效应，草酸铵有如下转化：

$$(NH_4)_2C_2O_4 + 2H^+ = H_2C_2O_4 + 2NH_4^+ \tag{8-6}$$

草酸根主要以 $H_2C_2O_4$ 形式存在，沉淀所需形式为 $C_2O_4^{2-}$ 而不是 $H_2C_2O_4$，因此，此时 $[Ca^{2+}][C_2O_4^{2-}]<K_{sp}(CaC_2O_4)$，不会产生沉淀。若加入尿素并加热，由于发生下列反应：

$$H_2NCONH_2 + H_2O = 2NH_3 + CO_2\uparrow \tag{8-7}$$

$$NH_3 + H^+ = NH_4^+ \tag{8-8}$$

使溶液中 $[H^+]$ 下降，沉淀所需形式 $[C_2O_4^{2-}]$ 逐渐增加，最后会使 $[C_2O_4^{2-}][Ca^{2+}]>K_{sp}(CaC_2O_4)$ 而形成 CaC_2O_4 沉淀。可通过控制温度使式(8-7) 的反应缓慢进行，溶液的过饱和度一直维持在低水平上，可获得较大颗粒的沉淀。

当然，可用于均相沉淀的化学反应远不止式(8-7)，还有很多其他反应，如水解皂化、配合物分解、氧化还原反应等，所用试剂包括硫酸二甲酯（缓慢释放 SO_4^{2-}）、磷酸三甲酯（缓慢释放 PO_4^{3-}）、8-羟基喹啉乙酸酯（缓慢释放 8-羟基喹啉）等。

8.2.3 非晶形沉淀条件的选择

对于非晶形沉淀，随着应用的目的不同，也会选择不同的沉淀条件。

(1) 沉淀剂的加入

对于一些非晶形沉淀，特别是胶体沉淀，由于其定向速度极小，改变实验条件，大多数情况下均不会使聚集速度小于或等于定向速度。因此，对实验时的溶液浓度没有特别的要求，沉淀剂的加入也是一次加入。

(2) 温度的影响

非晶形沉淀有时也需加热进行，加热的主要目的与晶形沉淀不同。非晶形沉淀尤其是胶体沉淀体积庞大、结构松散、比表面积非常大，表面吸附的杂质量很大，使得沉淀纯度不高。加热可使非晶形沉淀凝聚，体积减小，降低比表面积，减少表面吸附的杂质量。其次，随着温度的升高，杂质分子热运动速度加快，摆脱沉淀表面吸附的能力上升而使沉淀表面吸附的杂质量降低。

加热还可防止生成黏度很大的胶体沉淀，减小溶液的黏度，便于沉淀的过滤和洗涤。

(3) 纯度与陈化的关系

若要得到较纯的非晶形沉淀物，无须陈化。因为非晶形沉淀颗粒细小，比表面积大，吸附杂质的量会随时间增加。陈化会使吸附的杂质增加，沉淀更不纯净，沉淀应立即过滤和洗涤。若是利用共沉淀或后沉淀进行富集，则需放置一段时间，但也无须太长。

(4) 分散剂的作用

若沉淀为晶形沉淀，但需获得较细颗粒的沉淀时，可在溶液中加入分散剂。分散剂除了有增溶作用外，还可以使晶格发生畸变，即分散剂的一端吸附在晶核上，其余部分则围绕在晶核周围，阻止其他构晶离子聚集到晶核上，使晶核无法增长，使得晶格歪曲、晶粒变小。

也有人认为分散剂的作用是吸附在晶核周围，而使其表面带有负电荷，与各晶核表面电荷性质相同，相互排斥，而不能使晶核长大。例如，聚丙烯酸可使 $CaCO_3$ 沉淀晶粒变小；某些有机醇也可使 $SiO_2 \cdot xH_2O$ 沉淀颗粒变细。

从上述实验现象和理论来看式(8-5)，聚集速度也不是越小越好，聚集速度太小使得构晶离子很难达到晶核表面，也不利于晶体的生长。

当然上述加入试剂的方法很难用于重量分析和获得纯净的沉淀物，但在实际应用中却大有用武之地。如水中 $Ca(HCO_3)_2$ 遇热会形成 $CaCO_3$ 沉淀而结垢，不利于传热和流动。可加入阻垢分散剂，形成颗粒细小并且松软的沉淀，随水流而流出，不形成坚硬的垢；$SiO_2 \cdot xH_2O$ 的颗粒小，可作不同的填充料，用高级醇作分散剂可调控 $SiO_2 \cdot xH_2O$ 的颗粒大小。另外，在无机纳米粒子的制备中，也常用分散剂调控纳米粒子的尺寸及形貌，防止纳米粒子聚集。

(5) 絮凝作用

三价 Al、Fe 的碱式盐及其聚合碱式氯化铝 $[Al_2(OH)_nCl_{6-n}]_m$、聚合碱式硫酸铁 $[Fe(OH)_n \cdot (SO_4)]_{3-0.5n}]_m$ 等无机高分子化合物，在水溶液中主要以 $[M(H_2O)_6]^{3+}$ 状态存在，在 pH>3 以后，随 pH 升高逐步水解：

$$[M(H_2O)_6]^{3+} \rightleftharpoons [M(OH)(H_2O)_5]^{2+} + H^+$$

直到

$$[M(OH)_2(H_2O)_4]^+ \rightleftharpoons [M(OH)_3(H_2O)_3] + H^+$$

当分子中 OH^- 增加时，它们之间可发生架桥连接，产生多核羟基配合物和缩聚反应物：

$$2[Al(OH)(H_2O)_5]^{2+} \rightleftharpoons \left[(H_2O)_4Al \begin{matrix} \diagup OH \diagdown \\ \diagdown OH \diagup \end{matrix} Al(H_2O)_4 \right]^{4+} + 2H_2O \tag{8-9}$$

上述反应产物带正电荷，与带负电荷的悬浮粒子因静电作用而聚集，形成的絮凝体由小变大，最终被沉淀，如传统的明矾净水作用。

8.3 沉淀的生成和溶解

沉淀溶解平衡及其影响因素

绝对不溶解的物质是没有的，只不过难溶的电解质的 K_{sp} 很小。而易溶电解质的 K_{sp} 较大。当然，离子强度对溶解度的影响也很大。

沉淀的形成或溶解主要受该难溶电解质的浓度积影响，即构晶离子的浓度大小的影响。影响构晶离子浓度的大小主要有下列几种因素。

8.3.1 同离子效应

根据化学平衡移动原理，同离子的存在，将会使沉淀平衡发生移动，难溶电解质的溶解度发生改变，称为同离子效应（common-ion effect）。

【例 8-3】 求 25 ℃时 Ag_2CrO_4 在下列条件下的溶解度：

①纯水中；②在 0.10 $mol \cdot L^{-1}$ 的 K_2CrO_4 溶液中的溶解度。已知 $K_{sp}(Ag_2CrO_4)=1.1\times10^{-12}$。

解　①在 8.22 中例 8-1 已计算过

纯水中 Ag_2CrO_4 的溶解度为 6.5×10^{-5} $mol \cdot L^{-1}$

②设 Ag_2CrO_4 在 0.10 $mol \cdot L^{-1}$ 的 K_2CrO_4 溶液中的溶解度为 x $mol \cdot L^{-1}$，K_2CrO_4 是强电解质，在合适的 pH 下，全部解离，则

$$[CrO_4^{2-}]=x+0.10\ mol \cdot L^{-1},\ [Ag^+]=2x\ mol \cdot L^{-1}$$

则
$$(2x)^2(x+0.10)=K_{sp}(Ag_2CrO_4)=1.1\times10^{-12}$$

因
$$x \ll 0.10，故\ x+0.10\approx0.10$$

即
$$4x^2\times0.10=1.1\times10^{-12},\ x=1.6\times10^{-6}\ mol \cdot L^{-1}$$

即 25 ℃时 Ag_2CrO_4 在 0.10 $mol \cdot L^{-1}$ K_2CrO_4 溶液中的溶解度为 1.6×10^{-6} $mol \cdot L^{-1}$。显而易见，由于构晶同离子 CrO_4^{2-} 的存在，使 Ag_2CrO_4 的溶解度减小。

【例 8-4】 用 100 mL 水洗涤 0.10 g 的 $BaSO_4$ 沉淀，求 $BaSO_4$ 沉淀的损失率。若用 0.010 $mol \cdot L^{-1}$ 的硫酸 100 mL 洗涤沉淀，求 $BaSO_4$ 沉淀的损失率。已知 $K_{sp}(BaSO_4)=1.1\times10^{-10}$。

解　① 设在水中 $BaSO_4$ 溶解度为 x $mol \cdot L^{-1}$，则 $[Ba^{2+}]=x$ $mol \cdot L^{-1}$，$[SO_4^{2-}]=x$ $mol \cdot L^{-1}$，有

$$x \cdot x=1.1\times10^{-10}$$
$$x=1.05\times10^{-5}\ mol \cdot L^{-1}$$

100 mL 水中损失 $BaSO_4$ 的物质的量为 $1.05\times10^{-5}\times0.10=1.05\times10^{-6}$(mol)

故
$$1.05\times10^{-6}M_{BaSO_4}=1.05\times10^{-6}\times233.4=0.245\ mg$$

损失率
$$\frac{0.245\times10^{-3}}{0.10}=0.245\%$$

② 用 0.010 $mol \cdot L^{-1}$ 的 H_2SO_4 洗涤时，H_2SO_4 为强电解质，在稀溶液时完全解离。设 $BaSO_4$ 在 0.010 $mol \cdot L^{-1}$ 硫酸溶液中的溶解度为 y $mol \cdot L^{-1}$，则 $[SO_4^{2-}]\approx0.01$ $mol \cdot L^{-1}$，$[Ba^{2+}]=y$ $mol \cdot L^{-1}$，即

$$y\times0.010=1.1\times10^{-10}$$

故
$$y=1.1\times10^{-8}\ mol \cdot L^{-1}$$

100 mL 0.010 $mol \cdot L^{-1}$ 硫酸洗涤，$BaSO_4$ 的损失量为：

$$1.1\times10^{-8}\times0.10M_{BaSO_4}=1.1\times10^{-8}\times0.10\times233.4=2.6\times10^{-7}\ g$$

损失率
$$\frac{2.6\times10^{-7}}{0.10}\times100\%=2.6\times10^{-4}\%$$

此例说明，用稀的构晶离子溶液洗涤沉淀比用水洗涤沉淀的损失少得多。

【例 8-5】 已知 AgCl 的溶度积 $K_{sp}(AgCl)=1.8\times10^{-10}$，并且知有下列反应存在：

$$Ag^+ + 2Cl^- \rightleftharpoons [AgCl_2]^- \tag{8-10}$$

且平衡常数为 $K=3.1\times10^5$。求在 0.010 $mol \cdot L^{-1}$、0.50 $mol \cdot L^{-1}$ 和 2.0 $mol \cdot L^{-1}$ 的 HCl 中 AgCl 的溶解度（忽略活度的影响）。

解　① 在 0.010 $mol \cdot L^{-1}$ 的 HCl 中，Cl^- 的浓度远大于 Ag^+ 和 $[AgCl_2]^-$ 的浓度，所以 Cl^- 浓度可看成恒定为 0.010 $mol \cdot L^{-1}$。设 AgCl 的溶解度为 x $mol \cdot L^{-1}$，则

$$[Ag^+][Cl^-]=K_{sp}(AgCl) \tag{8-11}$$

$$K=\frac{[AgCl_2^-]}{[Ag^+][Cl^-]^2} \tag{8-12}$$

由式(8-11) 可得：$[Ag^+]=\frac{K_{sp}(AgCl)}{[Cl^-]}=1.8\times10^{-8}\ mol\cdot L^{-1}$

由式(8-12) 可得：$[AgCl_2^-]=K[Ag^+][Cl^-]^2=5.6\times10^{-7}\ mol\cdot L^{-1}$

AgCl 的溶解部分包括两种形式，一种为游离的 Ag^+，另一种为 $[AgCl_2]^-$。

故 AgCl 的溶解度 $x=[Ag^+]+[AgCl_2^-]=5.6\times10^{-7}+1.8\times10^{-8}=5.8\times10^{-7}\ mol\cdot L^{-1}$。

AgCl 在水中的溶解度为 $1.3\times10^{-5}\ mol\cdot L^{-1}$，由于同离子效应，使 AgCl 在 $0.010\ mol\cdot L^{-1}$ HCl 溶液中的溶解度明显减小。

② 在 $0.50\ mol\cdot L^{-1}$ 的 HCl 溶液中，同样 Cl^- 的浓度远大于 Ag^+ 和 $[AgCl_2]^-$ 的浓度，所以 Cl^- 的浓度也可看成恒定为 $0.50\ mol\cdot L^{-1}$。设 AgCl 的溶解度为 $y\ mol\cdot L^{-1}$

由式(8-11) 可得：$[Ag^+]=\frac{1.8\times10^{-10}}{0.50}=3.6\times10^{-10}\ mol\cdot L^{-1}$

由式(8-12) 可得：$[AgCl_2^-]=3.1\times10^5\times3.6\times10^{-10}\times(0.50)^2=2.8\times10^{-5}\ mol\cdot L^{-1}$

$$y=[Ag^+]+[AgCl_2^-]=2.8\times10^{-5}\ mol\cdot L^{-1}$$

③ 在 $2.0\ mol\cdot L^{-1}$ 的 HCl 溶液中，设 AgCl 的溶解度为 $z\ mol\cdot L^{-1}$

由式(8-11) 可得：$[Ag^+]=\frac{1.8\times10^{-10}}{2.0}=9.0\times10^{-11}\ mol\cdot L^{-1}$

由式(8-12) 可得：$[AgCl_2^-]=3.1\times10^5\times9.0\times10^{-11}\times(2.0)^2=1.1\times10^{-4}\ mol\cdot L^{-1}$

$$z=[Ag^+]+[AgCl_2^-]=1.1\times10^{-4}\ mol\cdot L^{-1}$$

由②、③的计算结果可见，同样是在 HCl 溶液中，$[Cl^-]$ 较大时反应式(8-10) 占主导地位，只要外加的 $[Cl^-]$ 足够大，AgCl 是可以溶解的。因此 AgCl 可溶于浓 HCl 溶液中。

8.3.2 酸效应

溶液的酸度对一些金属离子的氢氧化物沉淀的影响自不待言，对大多数弱酸盐的沉淀也有较大的影响。提高溶液的酸度，这类沉淀溶解度变大，甚至完全溶解。

溶液酸度对沉淀的影响称作酸效应。可通过化学平衡的移动解释沉淀溶解现象。

(1) 金属离子氢氧化物开始沉淀和沉淀完全

对于金属离子，当 pH 上升为一定值时，会形成 $M(OH)_n$ 沉淀，当刚有第一粒 $M(OH)_n$ 诞生时，叫开始沉淀。当溶液中金属离子 M^{n+} 的浓度小于原始浓度的 0.1%，即一般要求其小于 $1.0\times10^{-5}\ mol\cdot L^{-1}$时叫作沉淀完全。

若 $K_{sp}[M(OH)_n]$ 已知，M^{n+} 的浓度也已知，则：

$$K_{sp}[M(OH)_n]=[M^{n+}][OH^-]^n$$

所以

$$[OH^-]=\left\{\frac{K_{sp}[M(OH)_n]}{[M^{n+}]}\right\}^{\frac{1}{n}} \tag{8-13}$$

开始沉淀时的 pH：

$$pH=14+\frac{1}{n}\{\lg K_{sp}[M(OH)_n]-\lg[M^{n+}]\} \tag{8-14}$$

当沉淀完全时，$[M^{n+}]=1.0\times10^{-5}\ mol\cdot L^{-1}$，此时的pH按式(8-15)计算。

$$pH=14+\frac{1}{n}\lg K_{sp}[M(OH)_n]-\frac{1}{n}\lg10^{-5}=14+\frac{5}{n}+\frac{1}{n}\lg K_{sp}[M(OH)_n] \quad (8\text{-}15)$$

【例 8-6】 求 $0.010\ mol\cdot L^{-1}$ 的 Mn^{2+} 开始沉淀为 $Mn(OH)_2$ 和沉淀完全时溶液的 pH。已知 $K_{sp}[Mn(OH)_2]=2.6\times10^{-13}$。

解　将 $[Mn^{2+}]=0.010\ mol\cdot L^{-1}$、$n=2$ 和 $K_{sp}[Mn(OH)_2]$ 值代入式(8-14) 和式(8-15)

开始沉淀时：　$pH=14+\frac{1}{2}\times[\lg(2.6\times10^{-13})-\lg0.010]=8.70$

沉淀完全时：　$pH=14+\frac{5}{2}+\frac{1}{2}\times\lg(2.6\times10^{-13})=10.21$

【例 8-7】 将 $0.010\ mol\cdot L^{-1}$ 的 Fe^{3+} 溶液和 $0.010\ mol\cdot L^{-1}$ 的 Zn^{2+} 溶液混合，调节 $pH\leqslant8.0$，能否将两者进行沉淀分离。已知：$K_{sp}[Fe(OH)_3]=3.5\times10^{-38}$，$K_{sp}[Zn(OH)_2]=1.2\times10^{-17}$。

解　直接利用式(8-14) 和式(8-15)

Fe^{3+} 开始沉淀时：$pH=14+\frac{1}{3}\times[\lg(3.5\times10^{-38})-\lg0.010]=2.18$

$$[H^+]=10^{-2.18},[OH^-]=10^{-11.82}$$

此时　$[Zn^{2+}][OH^-]^2=10^{-2.00}\times(10^{-11.82})^2=10^{-25.63}\leqslant K_{sp}[Zn(OH)_2]$

所以 Zn^{2+} 不沉淀。

当 Fe^{3+} 完全沉淀时：$pH=14+\frac{5}{3}+\frac{1}{3}\times\lg(3.5\times10^{-38})=3.18$

即　$[H^+]=10^{-3.18},[OH^-]=10^{-10.82}$

此时　$[Zn^{2+}][OH^-]^2=10^{-2.00}\times(10^{-10.82})^2=10^{-23.6}<K_{sp}[Zn(OH)_2]$

所以 Zn^{2+} 不沉淀。

$Zn(OH)_2$ 开始沉淀时：$pH=14+\frac{1}{2}\times[\lg(1.2\times10^{-17})-\lg0.010]=6.54$

所以，调节 pH 为 3.18～6.54 时可通过沉淀分离 $0.010\ mol\cdot L^{-1}$ 的 Fe^{3+} 和 $0.010\ mol\cdot L^{-1}$ 的 Zn^{2+}。

(2) 酸度对弱酸盐沉淀的影响

对于一弱酸盐的沉淀，盐中酸根不仅可和金属离子形成盐，而且它还可以和溶液中的 H^+ 结合成弱酸，即有下列平衡存在：

$$mM+nA \Longrightarrow M_mA_n(m\neq n) \quad (8\text{-}16)$$

$$A^{m-}+mH^+ \rightleftharpoons H_mA$$

【例 8-8】 已知 CaF_2 的溶度积 $K_{sp}(CaF_2)=3.4\times10^{-11}$，HF 解离常数 $K_a=3.5\times10^{-4}$，现将 $0.010\ mol\cdot L^{-1}$ 的 Ca^{2+} 溶液和 $0.010\ mol\cdot L^{-1}$ 的 NaF 溶液等体积混合时，求 Ca^{2+} 开始沉淀和沉淀完全的 pH。

解　开始沉淀时　$[Ca^{2+}][F^-]^2=3.4\times10^{-11}$　(8-17)

由第 5 章分布系数推导　$\delta(F^-)=\frac{K_a}{K_a+[H^+]}$　(8-18)

$$[F^-]=\delta(F^-)c_{NaF}=\frac{0.010}{2}\times\frac{K_a}{K_a+[H^+]}=0.0050\frac{K_a}{K_a+[H^+]} \tag{8-19}$$

$$[Ca^{2+}]=0.010/2=0.0050 \tag{8-20}$$

将式(8-19)、式(8-20)代入式(8-17)得

$$\left(\frac{0.0050\times3.5\times10^{-4}}{3.5\times10^{-4}+[H^+]}\right)^2\times0.0050=3.4\times10^{-11}$$

解得：$[H^+]=2.09\times10^{-2}\ mol\cdot L^{-1}$，即 pH=1.68

沉淀完全时：$[Ca^{2+}]=0.0050\times0.1\%=5.0\times10^{-6}\ mol\cdot L^{-1}$，有

$$\frac{0.0050\times3.5\times10^{-4}}{(3.5\times10^{-4}+[H^+])^2}\times5.0\times10^{-6}=3.4\times10^{-11}$$

解得：$[H^+]=3.2\times10^{-4}\ mol\cdot L^{-1}$，即 pH=3.49

从上例可以看出，对于弱酸盐来讲，从酸根的角度看，pH 越大越有利于其盐的沉淀生成，pH 小到一定值后，沉淀就不能形成。但是也必须考虑 OH^- 对金属离子的影响。若 pH 过大，则在弱酸盐形成沉淀时，金属离子的氢氧化物也可能形成沉淀，不能得到纯的弱酸盐沉淀。pH 小到一定程度，沉淀也会溶解。

8.3.3 配位效应

溶液中除了存在沉淀剂外，还可能存在能与被沉淀离子或沉淀剂形成配合物的组分，也对沉淀平衡产生较大的影响。配位平衡对沉淀溶解度的影响称为配位效应。例如，溶液中存在可与被沉淀构晶离子形成配合物的组分 L，则溶液中应有下列平衡（省略电荷符号）：

$$M+A \rightleftharpoons MA\downarrow \tag{8-21}$$

$$\begin{aligned} M+L &\rightleftharpoons ML \quad &\text{累积稳定常数 } \beta_1 \\ M+2L &\rightleftharpoons ML_2 \quad &\text{累积稳定常数 } \beta_2 \\ &\vdots \quad \vdots &\vdots \\ M+nL &\rightleftharpoons ML_n \quad &\text{累积稳定常数 } \beta_n \end{aligned} \tag{8-22}$$

式(8-21)中的沉淀物溶度积常数：

$$K_{sp}(MA)=[M][A] \tag{8-23}$$

根据 6.3.3 所述，金属离子 M 的副反应系数：

$$\alpha_M=1+\beta_1[L]+\beta_2[L]^2+\cdots+\beta_n[L]^n \tag{8-24}$$

$$[M]=\frac{[M']}{\alpha_M} \tag{8-25}$$

M 溶解在溶液中有 M、ML、ML_2、……、ML_n，其溶解度：

$$S=[M]+[ML]+[ML_2]+\cdots+[ML_n] \tag{8-26}$$

$$S=\alpha_M[M] \tag{8-27}$$

由式(8-23)可知：

$$[M]=\frac{K_{sp}(MA)}{[A]} \tag{8-28}$$

则

$$S=\alpha_M\frac{K_{sp}(MA)}{[A]} \tag{8-29}$$

显然，有 L 配位剂存在时的溶解度大于没有配位剂存在时的溶解度。从式(8-24)和式(8-29)可以看出，随着 [L] 的增大，金属离子 M 的副反应系数 α_M 增大，沉淀溶解度增大。如果 L 的浓度足够大，就可能使沉淀全部溶解。

【例 8-9】 为了使 0.010 mol 的 AgCl 溶解于 1 L 的水中，需最少加入多少体积浓度为 6 $mol \cdot L^{-1}$ 的氨水？加入氨水后再将溶液体积稀释至 1.0 L。已知：Ag^+ 与 NH_3 配合物累积稳定常数 $\beta_1 = 10^{3.40}$，$\beta_2 = 10^{7.40}$。$K_{sp}(AgCl) = 1.8 \times 10^{-10}$。

解 AgCl 全部溶解时 $S = 0.010\ mol \cdot L^{-1}$，故

$$[Cl^-] = 0.010\ mol \cdot L^{-1}$$

代入式(8-28) $$[Ag^+] = \frac{K_{sp}(AgCl)}{[Cl^-]} = 1.8 \times 10^{-8}$$

代入式(8-29) $$\alpha_M = \frac{0.010 \times 0.010}{K_{sp}(AgCl)} = 5.6 \times 10^5$$

代入式(8-24) $$5.6 \times 10^5 = 1 + \beta_1[NH_3] + \beta_2[NH_3]^2$$

即 $$10^{7.40}[NH_3]^2 + 10^{3.40}[NH_3] - 5.6 \times 10^5 + 1 = 0$$

解上述一元二次方程 $$[NH_3] = 0.15\ mol \cdot L^{-1}$$

由式(8-22)知 $[Ag(NH_3)^+] = \beta_1[Ag^+][NH_3] = 6.8 \times 10^{-6}\ mol \cdot L^{-1}$

$$[Ag(NH_3)_2{}^+] = \beta_2[Ag^+][NH_3]^2 = 0.010\ mol \cdot L^{-1}$$

NH_3 的总浓度应为：

$$[NH_3] + [Ag(NH_3)^+] + 2[Ag(NH_3)_2^+] = 0.15 + 0.020 = 0.17\ mol \cdot L^{-1}$$

$$0.17\ mol \cdot L^{-1} \times 1000\ mL = 6\ mol \cdot L^{-1} \times V$$

解得 $$V = 28.3\ mL$$

最少加入 6 $mol \cdot L^{-1}$ 的氨水 28.3 mL 才能使 AgCl 全部溶解。一般来讲，总是加入过量的氨水使 AgCl 沉淀溶解。

从上面的计算可以看出，M 的二级配合物浓度 $[ML_2]$ 远远大于一级配合物浓度 [ML]，即一级配合物可忽略不计。对于多级配合物，也可近似地只计算最高级的配合物平衡及浓度。如此，上面计算就简单得多。利用氨性缓冲溶液还可使 AgCl、$Zn(OH)_2$、$Ni(OH)_2$、$Cu(OH)_2$ 等沉淀转化为氨配离子而溶解。

8.3.4 氧化还原效应

用氧化剂或还原剂可使沉淀离子发生氧化还原反应，降低其平衡浓度，最终使得其浓度积小于溶度积而使沉淀不生成或使其溶解，这种影响称为氧化还原效应：

$$CuS \rightleftharpoons Cu^{2+} + S^{2-} \tag{8-30}$$

$$3S^{2-} + 2NO_3^- + 8H^+ \rightleftharpoons 3S + 2NO\uparrow + 4H_2O \tag{8-31}$$

从式(8-31) 看，只要有足够的氧化剂 NO_3^- 和 H^+，就可以不断地使 S^{2-} 转化为单质 S，继而使式(8-30) 的平衡不断向右移动，最后导致 CuS 全部溶解。

8.3.5 沉淀的转化

如果沉淀 A 置于溶液中，若溶液还存在可与沉淀 A 中的构晶离子生成沉淀 B 的组分，沉淀 A 就有可能转化为沉淀 B。$CaSO_4$ 溶解度很小，但在 Na_2CO_3 溶液中，可将其转化成溶解度更小的 $CaCO_3$ 沉淀，$BaSO_4$ 也有类似的情况。

$$CaSO_4 + CO_3^{2-} \rightleftharpoons CaCO_3\downarrow + SO_4^{2-} \tag{8-32}$$

式(8-32) 的平衡常数：

$$K = \frac{[SO_4^{2-}]}{[CO_3^{2-}]} = \frac{K_{sp}(CaSO_4)}{K_{sp}(CaCO_3)} = \frac{9.1 \times 10^{-6}}{2.8 \times 10^{-9}} = 3.3 \times 10^3 \tag{8-33}$$

【例 8-10】 已知 $K_{sp}(CaSO_4)=9.1\times10^{-6}$，$K_{sp}(CaCO_3)=2.8\times10^{-9}$。在 1.0 L 的 Na_2CO_3 溶液中，加入 0.010 mol 的 $CaSO_4$，若使 $CaSO_4$ 全部转化为 $CaCO_3$，Na_2CO_3 的原始浓度应为多少？

解 由式(8-33) 可知

$$\frac{[SO_4^{2-}]}{[CO_3^{2-}]}=\frac{9.1\times10^{-6}}{2.8\times10^{-9}}=3.3\times10^{3}$$

$CaSO_4$ 全部转化为 $CaCO_3$，则 $[SO_4^{2-}]=0.010\ mol\cdot L^{-1}$

$$[CO_3^{2-}]=\frac{[SO_4^{2-}]}{3.3\times10^{3}}=\frac{0.010}{3.3\times10^{3}}=3.0\times10^{-6}(mol\cdot L^{-1})$$

上式中 $[CO_3^{2-}]$ 是游离的 Na_2CO_3 浓度，还有一部分 CO_3^{2-} 和 Ca^{2+} 形成了 $CaCO_3$ 沉淀，它与 $CaSO_4$ 的物质的量或 $[SO_4^{2-}]$ 相等，因此，Na_2CO_3 的浓度应为两者之和。

$$[Na_2CO_3]=[CO_3^{2-}]+[SO_4^{2-}]=3.0\times10^{-6}+0.010=0.010(mol\cdot L^{-1})$$

8.4 沉淀的净化

沉淀形成时，由于其所处环境的不同，沉淀会被其他成分沾污，要获得纯净的沉淀则必须对其净化。

8.4.1 沉淀沾污的原因

当一种沉淀形成时，其他的本不该沉淀的非构晶组分也会同时被沉淀的现象称作共沉淀。形成共沉淀的作用主要有表面吸附、包藏（吸留）和形成混合晶体。若沉淀形成时，某种非构晶组分未被沉淀下来，但在沉淀放置的过程中，这些非构晶组分又被沉淀到原沉淀上，这种现象叫后沉淀。

8.4.2 沉淀条件的选择

针对不同类型的沉淀，可选择不同的沉淀条件，这有助于沉淀的完全和净化。其内容已在 8.2 中讲过，不再重复。一般而言，晶形沉淀的比表面积小，污染程度较小。非晶形沉淀的比表面积很大，结构松散，污染程度较大。

8.4.3 沉淀的洗涤

若要获得纯净的沉淀，对沉淀进行洗涤是必不可少的。为了尽量减少沉淀洗涤时的损失，洗涤沉淀时需遵从下列规则。

(1) 晶形沉淀洗涤法

洗涤晶形沉淀应采用倾泻洗涤法：将有晶形沉淀的溶液静置，使沉淀物沉积于烧杯底部，将上层清液通过铺有滤纸的漏斗或砂芯漏斗，但尽量不要将沉淀物转移到滤纸或砂芯漏斗上。在烧杯中加入洗涤剂用玻璃棒轻轻搅动，对沉淀进行洗涤，然后再静置，重复前面的过程，直至沉淀被洗干净。最后将沉淀一次转移到滤纸或砂芯漏斗上，再用蒸馏水淋洗 1～2 次即可。

(2) 洗涤剂的用量

洗涤剂每次的用量要少，以免沉淀损失过多。在洗涤剂用量恒定时，可选择少量多次的办法（原理在第 11 章中介绍）。

(3) 洗涤剂的选择

若沉淀的溶度积较大，开始时可选择稀的沉淀剂溶液洗涤，最后再用蒸馏水洗涤。也可以用易挥发的有机溶剂或有机溶剂-蒸馏水混合液洗涤。

洗涤剂最好能在较高温度下全部挥发，如 H_2O、CH_3CH_2OH、NH_4NO_3 溶液等。

(4) 非晶形沉淀洗涤法

非晶形沉淀应趁热（必要时可加热）一次性倒入铺有滤纸的漏斗或砂芯漏斗中进行过滤。洗涤用热水或稀电解质如 NH_4NO_3 等溶液。加热和用电解质溶液洗涤均是防止胶体形成。否则，胶体会将滤纸或砂芯漏斗上的微孔堵塞，使过滤无法进行。

8.5 重量分析法

重量法

将被测组分形成沉淀，用过滤法将其与其他溶解组分进行分离，沉淀物经洗涤、干燥或灼烧后称量。根据称量物的质量确定待测组分含量，这种分析方法称作重量分析法，有时简称为重量法。

8.5.1 重量分析法的基本过程和特点

首先将待测样品溶解在一定的溶剂中，溶剂一般为水，也可以是有机溶剂或混合溶剂。加入过量沉淀剂，使被测组分与沉淀剂形成难溶的化合物而完全沉淀。然后将沉淀过滤、洗涤、干燥或灼烧、称量，最后通过被称量物质的质量计算求出待测组分的含量。

重量分析法是一种经典分析方法，属于无标（准物质）分析法。若无基准物质，可作为其他分析方法的标准，也是其他分析方法的仲裁分析方法。

重量分析法与滴定法、仪器分析法相比，有其独特之处。

① 它是一种直接测量的方法，无须使用基准物质或标准试剂。

② 准确度高、相对误差小，相对误差可达到0.1%～0.2%，甚至更低。

③ 分析操作的步骤多、速度慢、耗时长；但对高含量的 Si、S、P、W、Ni 和稀土元素等的分析，仍需采用重量分析法。

④ 重量分析法的操作技术包括了溶样、移液、沉淀、定量转移、洗涤、过滤、干燥或灼烧、称量等，对操作技术要求很高。

⑤ 当对用其他分析方法测量的结果产生分歧时，重量分析法往往是仲裁法。许多国家标准都规定重量分析法为仲裁方法。

⑥ 它所涉及的原理和操作对化工生产中分离技术的应用有重要意义。

8.5.2 沉淀形式

被测组分与沉淀剂反应后，生成沉淀，该沉淀的化学式称为沉淀形式。

在重量分析法中，沉淀形式应满足如下要求：

① 沉淀形式的溶解度要很小，即溶度积要很小，未被沉淀的待测组分的质量不得超过待测组分总质量的0.1%。

② 沉淀形式应容易过滤和洗涤。为此，重量分析法中希望获得粗大的晶形沉淀。这是因为沉淀的颗粒大，比表面积小，吸附的杂质少，容易洗涤。洗涤次数少，沉淀形式损失也少。颗粒大，不会阻塞滤纸的微孔，过滤速度也比较快。

③ 若沉淀的组成不恒定，但在被烘干或灼烧后，它的组成必须单一、恒定，并与表达

式完全一致。如 $SiO_2 \cdot xH_2O$ 中 x 不是固定的，组成不恒定，但经 950 ℃灼烧后成 SiO_2，组成单一、恒定。

8.5.3 称量形式

沉淀经过滤、洗涤、烘干或灼烧后进行称量的物质的化学式称为称量形式。称量形式应满足如下要求：

① 组成单一，组成与分子式完全一致，包括结晶水的数量。

② 有足够的化学稳定性，在一定的时间范围内，不与空气中的 CO_2 和 O_2 反应、不分解、不变质。

③ 在短时间内，不吸水潮解。

④ 称量形式的摩尔质量越大越好。由于称量形式的摩尔质量越大，相同物质的量的称量形式的质量也越大。万分之一天平的绝对误差为±0.0001 g，是固定的，所以天平称量引起的相对误差将越小。

8.5.4 沉淀剂的选择

① 沉淀剂必须与被测组分生成沉淀，其沉淀的溶度积要符合分析误差的要求，即被溶解的沉淀的质量应小于沉淀质量的 0.1%。

② 沉淀剂应有较好的选择性，即除与被测组分形成沉淀外，和溶液中其他组分不发生沉淀反应。

③ 在实验条件允许的前提下，沉淀剂最好在灼烧或干燥过程中能被除去，因此，对洗涤的要求便可降低一些。

④ 其他要求与对沉淀形式的要求完全一致。

【例 8-11】 在 M^{2+} 溶液中，$[M^{2+}] \approx 0.010\ mol \cdot L^{-1}$，沉淀剂 $[A^-] \approx 0.020\ mol \cdot L^{-1}$，若要求沉淀 MA_2 的损失不超过 0.1%，MA_2 的溶度积 $K_{sp}(MA_2)$ 最大为多少？

解 在沉淀过程中沉淀剂总是过量的，但是不可能过量许多。所以可以按化学计量关系进行计算，要求 M^{2+} 的损失小于 0.1%。若 M^{2+} 溶液与沉淀剂 A^- 溶液两者等体积混合，沉淀平衡时：

$$[M^{2+}]=\frac{0.010 \times 0.1\%}{2}=5.0 \times 10^{-6}$$

$$[A^-]=\frac{0.020 \times 0.1\%}{2}=1.0 \times 10^{-5}$$

故 $[M^{2+}][A^-]^2=K_{sp}(MA_2)=5.0 \times 10^{-6} \times 1.0 \times 10^{-10}=5.0 \times 10^{-16}$

因此，要求 $K_{sp}<5.0 \times 10^{-16}$ 才可以保证被测组分 M^{2+} 损失不大于 0.1%。

8.5.5 重量分析法中的计算

按照式(5-103) 所赋予的计量单元的意义，被测物质的计量单元量应与称量形式的计量单元量相等，即

$$\frac{m_x}{M_x/n_x}=\frac{m_1}{M_1/n_1} \tag{8-34}$$

式中 m_1——沉淀灼烧或干燥后称量形式的质量，g；

M_1——称量形式的摩尔质量，$g \cdot mol^{-1}$；

n_1——称量形式中被测主元素原子的个数；

m_x——试样的质量，g；

M_x——被测物质的摩尔质量，$g \cdot mol^{-1}$；

n_x——被测物质中主元素原子的个数。

【例 8-12】 测定磁铁矿中的 Fe_3O_4 含量时，将质量为 0.6146 g 的试样溶解氧化后，将 Fe^{3+} 沉淀为 $Fe(OH)_3$，然后将 $Fe(OH)_3$ 灼烧为 Fe_2O_3，称得 Fe_2O_3 的质量为 0.1503 g，求原铁矿中 Fe_3O_4 的质量分数。已知 $M_{Fe_2O_3}=159.69$；$M_{Fe_3O_4}=231.54$。

解　已知：$M_x=231.54$，$M_1=159.69$，$m_1=0.1503$ g，$m_x=0.6146$ g。

此测定中被测定的主元素是 Fe。因称量形式 Fe_2O_3 分子中含有 2 个 Fe 原子，$n_1=2$；被测物质 Fe_3O_4 分子中含有 3 个 Fe 原子，$n_x=3$。

矿中 Fe_3O_4 的质量分数为 x：

$$\frac{0.6146x}{231.54/3}=\frac{0.1503}{159.69/2}$$

解得

$$x=23.64\%$$

【例 8-13】 称取由 NaCl、NaBr 和其他惰性物质组成的混合物试样 0.3257 g，溶于水后加入 $AgNO_3$ 溶液，得到 AgCl、AgBr 混合物沉淀，干燥后该混合物质量为 0.7303 g。再将此混合物在 Cl_2 中加热，使 AgBr 全部转化为 AgCl，再称量，其质量为 0.6977 g，求原试样中 NaCl 和 NaBr 的质量分数。已知：$M_{NaCl}=58.45\ g \cdot mol^{-1}$，$M_{NaBr}=102.9\ g \cdot mol^{-1}$，$M_{AgCl}=143.3\ g \cdot mol^{-1}$，$M_{AgBr}=187.8\ g \cdot mol^{-1}$。

解　设原试样中 NaCl、NaBr 的质量分数分别为 x、y。

由于 Cl、Br 在被测物质和称量形式中都只有一个原子，所有的 n 均为 1。由第一个称量形式可得：

$$0.3257\times\left(\frac{xM_{AgCl}}{M_{NaCl}}+\frac{yM_{AgBr}}{M_{NaBr}}\right)=0.7303$$

由第二种称量形式可得：

$$0.3257\times\left(\frac{xM_{AgCl}}{M_{NaCl}}+\frac{yM_{AgCl}}{M_{NaBr}}\right)=0.6977$$

解上述两个方程的联立方程组，可得：

$$x=0.7423,\ y=0.2314$$

所以，原样品中 NaCl 的质量分数为 74.23%，NaBr 的质量分数为 23.14%。

8.6　沉淀滴定法

以沉淀平衡为基础进行的容量分析方法称作沉淀滴定法（precipitation titration）。

沉淀反应很多，但能用于沉淀滴定法的却不多。主要原因是相当多沉淀的组成不恒定、共沉淀现象严重等。

可以用于沉淀滴定法的沉淀反应必须满足下列条件。

① 生成的沉淀的溶度积很小，必须满足滴定误差的要求。即沉淀损失不超过 0.1%。

② 沉淀的组成中被测组分与沉淀剂的摩尔比值必须恒定，沉淀中的其他组分是否恒定无关紧要。

③ 沉淀反应必须迅速，沉淀物要稳定。

④ 沉淀的颜色要浅，不可过深，否则影响滴定终点的观察。

⑤ 能够有适当的指示滴定终点的办法。

第⑤项要求是比较困难的。虽然从理论上可以计算出滴定曲线及其 pM^{n+} 的突跃。但在实验中明确无误地指示突跃到达的实例并不多。沉淀滴定法大多数采用标准物质测定来评价沉淀滴定的方法是否可用于实际测量。

可以用沉淀滴定法定量测定的物质仅有 Cl^-、Br^-、I^-、Ag^+、CN^-、SCN^-、NH_4^+、K^+、四苯硼钠、有机季铵盐、有机碱等。

常用的沉淀滴定法主要有银量法和四苯硼钠法。

下面仅就银量法介绍几种常见的沉淀滴定法，它们指示滴定终点的原理是不相同的。其他的沉淀滴定方法均是这几种方法的延伸和扩展。

8.6.1 莫尔法——铬酸钾指示剂法

莫尔法是银量法的一种，它采用铬酸钾为指示剂，所以又称为铬酸钾指示剂法。

莫尔法是用指示剂变色确定滴定终点。寻找指示剂的思路与酸碱滴定法、配位滴定法、氧化还原滴定法寻找指示剂的思路一致。酸碱滴定中的指示剂是一种有机弱酸或弱碱；配位滴定中的指示剂是一种弱配位剂；氧化还原滴定中的指示剂是一种弱的氧化剂或还原剂；以此类推，沉淀滴定法的指示剂应当是一种弱的沉淀剂。在银量法中，铬酸钾就是一种弱沉淀剂。

在沉淀滴定法中，若被测组分被完全沉淀后，指示剂立即和沉淀剂形成沉淀且其颜色与被测组分沉淀的颜色有明显差异，就会指示滴定终点到达。难点就在被测组分沉淀的溶度积与指示剂沉淀的溶度积匹配度要求很高。二者相差太小，二者会同时沉淀，滴定终点提前显现，造成负误差；指示剂沉淀的溶度积过大，滴定终点延后显现，造成正误差。

以 K_2CrO_4 为指示剂，用 Ag^+ 测定 Cl^-：

$$Ag^+ + Cl^- \rightleftharpoons AgCl\downarrow(\text{白色}) \qquad K_{sp}(AgCl)=1.8\times10^{-10} \tag{8-35}$$

$$2Ag^+ + CrO_4^{2-} \rightleftharpoons Ag_2CrO_4\downarrow(\text{砖红色}) \qquad K_{sp}(Ag_2CrO_4)=1.1\times10^{-12} \tag{8-36}$$

用 $AgNO_3$ 溶液滴定 Cl^- 溶液，在化学计量点：

$$[Ag^+]=[Cl^-]$$

即：$[Ag^+]=[Cl^-]=\sqrt{K_{sp}(AgCl)}=\sqrt{1.8\times10^{-10}}=1.3\times10^{-5}(mol\cdot L^{-1})$

若此时要求 Ag_2CrO_4 刚好开始沉淀，则：

$$[Ag^+]^2[CrO_4^{2-}]=1.1\times10^{-12}$$

故 $$[CrO_4^{2-}]=\frac{1.1\times10^{-12}}{[Ag^+]^2}=\frac{1.1\times10^{-12}}{1.8\times10^{-10}}=6.1\times10^{-3}(mol\cdot L^{-1})$$

只要 $[CrO_4^{2-}]\leqslant6.1\times10^{-3}\ mol\cdot L^{-1}$，在化学计量点之前 Ag_2CrO_4 就不会与 AgCl 同时沉淀。在 $[CrO_4^{2-}]\approx6.1\times10^{-3}\ mol\cdot L^{-1}$ 时，K_2CrO_4 的黄色还是比较深的，因此沉淀颜色的变化不容易准确判断。一般加入的指示剂 $[CrO_4^{2-}]<6.1\times10^{-3}\ mol\cdot L^{-1}$，因而，到达化学计量点时，$Ag_2CrO_4$ 还不会沉淀，滴定终点必然延后出现，造成正误差。

【例 8-14】 用 $0.01000\ mol\cdot L^{-1}$ 的 $AgNO_3$ 溶液滴定 $0.01000\ mol\cdot L^{-1}$ 的 NaCl 溶液

25.00 mL，加入 5.00 mL、$[K_2CrO_4] \approx 0.02\ mol \cdot L^{-1}$ 的 K_2CrO_4 溶液作指示剂。①当沉淀由白色变为砖红色时，消耗多少体积的 $AgNO_3$？②若用 25.00 mL 的水代替 NaCl 溶液，消耗多少体积的 $AgNO_3$？

解 ① 在化学计量点，溶液的体积为

$$25.00+25.00+5.00=55.00(mL)$$

此时 K_2CrO_4 的浓度为

$$\frac{0.02 \times 5}{55}=1.8 \times 10^{-3}(mol \cdot L^{-1})$$

$$[Ag^+]=[Cl^-]=\sqrt{1.8 \times 10^{-10}}=1.3 \times 10^{-5}\ mol \cdot L^{-1}$$

此时 $[Ag^+]^2[CrO_4^{2-}]=1.8 \times 10^{-10} \times 1.8 \times 10^{-3}=3.24 \times 10^{-13} < K_{sp}(Ag_2CrO_4)$，$Ag_2CrO_4$ 不沉淀，不能指示滴定终点的到达。假设滴定 $AgNO_3$ 溶液 V_0 mL 后 Ag_2CrO_4 发生沉淀，则

$$[CrO_4^{2-}]=\frac{0.02 \times 5}{55+V_0}$$

$$[Ag^+]=\frac{c(AgNO_3)V_0}{55+V_0}$$

$$\left(\frac{0.01000V_0}{55+V_0}\right)^2\left(\frac{0.02 \times 5}{55+V_0}\right)=K_{sp}(Ag_2CrO_4)=1.1 \times 10^{-12}$$

$$\frac{V_0^2}{(55+V_0)^3}=1.1 \times 10^{-7}$$

用迭代法解上述方程 $$V_0=\sqrt{1.1 \times 10^{-7} \times (55+V_0)^3}$$

$$V_0=0.14\ mL$$

终点延后了 0.14 mL，相对误差=0.14 mL/25.00 mL=0.56%。若加入指示剂的量再小一些，终点会更延后，相对误差更大。

作为指示剂，浓度是不可能那么精确控制的，有时也没有那么浓。也就是说，Ag_2CrO_4 发生沉淀不是在 AgCl 沉淀反应的化学计量点，而是滞后了一段。滞后量可用实验确定，确定的办法是做空白试验。

所谓空白试验是指用蒸馏水代替试样溶液，其他实验步骤、各试剂用量等均和原实验完全一样的实验。这里要特别提出的是指示剂须用移液管移取而不能用滴管滴几滴，同时也要对 K_2CrO_4 的浓度进行大概地估算，使得 $[K_2CrO_4]$ 不要比 $6.1 \times 10^{-3}\ mol \cdot L^{-1}$ 小得太多。空白实验消耗的 $AgNO_3$ 的体积记作 V_0。这就是 AgCl 沉淀完全后，到 Ag_2CrO_4 发生沉淀所需的 $AgNO_3$ 的滞后体积，当然，这也包括了由于其他试剂引入的试剂空白。

② 设滴入 V_0 mL $AgNO_3$ 溶液时，产生红色的 Ag_2CrO_4 沉淀。

溶液总体积 $$V=25.00+5.00+V_0=30.00+V_0$$

此时 K_2CrO_4 的浓度为

$$[CrO_4^{2-}]=\frac{0.02 \times 5.00}{30.00+V_0}\ mol \cdot L^{-1}$$

平衡时 $$[Ag^+]=\frac{0.0100 \times V_0}{30.00+V_0}$$

$$[Ag^+]^2[CrO_4^{2-}]=K_{sp}(Ag_2CrO_4)=\left(\frac{0.0100V_0}{30.00+V_0}\right)^2 \times 0.02 \times \frac{5.00}{30.00+V_0}$$

解得 $V_0=0.14\ \text{mL}$

由本题①知，终点延后了 0.14 mL，而空白试验消耗了 $AgNO_3$ 溶液也是 0.14 mL，这就是终点延后的值。将本题①实验中消耗的 $AgNO_3$ 溶液体积减去本题②实验（空白实验）中消耗的 $AgNO_3$ 溶液体积，差值便为消耗在被测定物 NaCl 上的 $AgNO_3$ 溶液的体积。

莫尔法的使用是有条件限制的。

(1) 莫尔法适宜的 pH

因为 $K_{sp}(AgOH)=1.5\times10^{-8}$，化学计量点时 $[Ag^+]=1.3\times10^{-5}\ \text{mol·L}^{-1}$，则

$$[Ag^+][OH^-]<1.5\times10^{-8}$$

$$[OH^-]<1.15\times10^{-3}$$

$$pH<11.0$$

当溶液的 pH 大于 11.0 时，AgOH 会与 AgCl 同时沉淀，进而生成黑色的 Ag_2O。

当溶液处于碱性时，溶液中不能含有铵盐，因为 NH_3 可与 Ag^+ 形成 $[Ag(NH_3)_2]^+$ 配离子而溶解。所以，溶液中若含有铵盐，溶液的 pH 必须控制在 7.2 以下。

溶液的 pH 也不能太小，因为 CrO_4^{2-} 在酸性溶液中，有下列化学平衡：

$$2H^+ + 2CrO_4^{2-} \rightleftharpoons 2HCrO_4^- \rightleftharpoons Cr_2O_7^{2-} + H_2O \tag{8-37}$$

当 pH=6.5 时，CrO_4^{2-} 的分布系数为 0.5 左右，若用 0.01 mol·L^{-1} $AgNO_3$ 滴定 25.00 mL 的 NaCl 溶液时，假设化学计量点 $[K_2CrO_4]=6.1\times10^{-3}\ \text{mol·L}^{-1}$，此时

$$[CrO_4^{2-}]=0.5\times6.1\times10^{-3}=3.05\times10^{-3}\ \text{mol·L}^{-1}$$

$$[Ag^+]=1.3\times10^{-5}\ \text{mol·L}^{-1}$$

故 $$[Ag^+]^2[CrO_4^{2-}]=5.49\times10^{-14}<K_{sp}(AgCrO_4)$$

Ag_2CrO_4 不发生沉淀，设过量 V_0 mL $AgNO_3$，溶液总体积约为 50 mL，Ag_2CrO_4 发生沉淀。则

$$\left[\frac{V_0\times0.01}{50}\right]^2[CrO_4^{2-}]=1.1\times10^{-12}$$

$$V_0=0.09\ \text{mL}$$

这个滞后不算太大，相对误差=0.09 mL/25.00 mL=0.3%，可以被接受。当然，也可用空白试验扣除滞后值。

溶液的 pH<6.5，$[H^+]$ 增大，$[CrO_4^{2-}]$ 明显降低，Ag_2CrO_4 沉淀出现过迟，甚至不会出现沉淀。因此要求溶液的 pH 应大于 6.5。所以，莫尔法只能在中性或弱碱性条件下进行。

(2) 莫尔法的干扰

莫尔法测定 Cl^- 时的干扰也很多，凡是在 pH=6.5～11.0 区间能与 Ag^+ 产生沉淀的阴离子，如 CO_3^{2-}、PO_4^{3-}、S^{2-}、$C_2O_4^{2-}$、SO_3^{2-} 等以及与 CrO_4^{2-} 生成沉淀的 Pb^{2+}、Ba^{2+} 或者发生水解的高价金属离子 Fe^{3+}、Al^{3+}、Bi^{3+} 等全部干扰分析。这是莫尔法致命的弱点。

8.6.2 佛尔哈德法——铁铵矾指示剂法

为了克服 CO_3^{2-}、PO_4^{3-} 等弱酸盐对 Cl^- 测定的干扰，必须降低溶液的 pH。在较低 pH 下（≤2），CO_3^{2-}、PO_4^{3-} 等均不与 Ag^+ 产生沉淀。

当然，在低 pH 下，K_2CrO_4 就不能作指示剂了。佛尔哈德法（Volhard）就是为了克服莫尔法中的 CO_3^{2-}、PO_4^{3-} 等的干扰而出现的另一种银量法。

在Cl^-的溶液中定量地加入过量的Ag^+，Cl^-和Ag^+产生AgCl沉淀。然后用NH_4SCN标准溶液滴定多余的Ag^+，以铁铵矾$FeNH_4(SO_4)_2$作指示剂。当NH_4SCN刚刚过量时：

$$Ag^+ + SCN^- \rightleftharpoons AgSCN\downarrow(\text{白色}) \tag{8-38}$$

$$Fe^{3+} + nSCN^- \rightleftharpoons [Fe(SCN)_n]^{(n-3)-}(\text{血红色}) \tag{8-39}$$

溶液变为红色，指示滴定终点到达。这种在低pH下的沉淀滴定法称为佛尔哈德法，又称作铁铵矾指示剂法。

由于$K_{sp}(AgSCN)=1.03\times10^{-12}$，$K_{sp}(AgCl)=1.77\times10^{-10}$，AgSCN的溶度积小于AgCl的溶度积，在$SCN^-$的作用下，有可能发生沉淀的转化反应：

$$AgCl + SCN^- \rightleftharpoons AgSCN\downarrow + Cl^- \tag{8-40}$$

使终点向后移动，增大了滴定误差。克服这个现象可采用下列两种措施：

① 加入过量的Ag^+形成AgCl沉淀后，将溶液加热，使细小的AgCl沉淀凝聚、过滤并洗涤沉淀，然后用NH_4SCN标准溶液滴定滤液。

② 在AgCl沉淀的溶液中加入硝基苯。硝基苯是一种有机液体，不溶于水。AgCl沉淀会被硝基苯包裹在有机液体内，阻止了AgCl与SCN^-的接触，使得沉淀的转化不能进行。硝基苯称之为包裹剂。除硝基苯外，还可用邻苯二甲酸二丁酯等有机液体作包裹剂。当然，如果第二沉淀剂（上例中的SCN^-）所形成的沉淀的溶度积比第一沉淀剂（Cl^-）形成的沉淀的溶度积小得太多，包裹剂将有可能不能阻止沉淀的转化，则必须滤去第一沉淀物。如果第一沉淀剂改为Br^-、I^-，$K_{sp}(AgBr)=4.1\times10^{-13}$、$K_{sp}(AgI)=8.3\times10^{-17}$均小于$K_{sp}(AgSCN)$，在化学计量点附近，AgBr、AgI沉淀不可能转化为AgSCN沉淀，因此就不必使用包裹剂。

8.6.3 法扬司法——吸附指示剂法

吸附指示剂是一类有色的有机化合物，游离态吸附指示剂的颜色为A，当它被吸附在胶体微粒表面时，显示颜色B。这种沉淀表面的颜色变化可以用来指示滴定的终点。用吸附指示剂指示滴定终点的沉淀滴定法称作法扬司法（Fajans method），又称作吸附指示剂法。

用$AgNO_3$标准溶液滴定Cl^-时，用吸附指示剂荧光黄作指示剂，荧光黄用HIn表示。在一定的pH下，HIn可解离为H^+和In^-，In^-有一定的颜色，对荧光黄而言，In^-是黄绿色，一般要求In^-是浅色的。

在化学计量点之前，溶液中存在着过量Cl^-，AgCl胶体沉淀表面将会首先吸附构晶离子Cl^-，使沉淀的表面呈负电荷。In^-也为负电荷，因此不被沉淀表面吸附。溶液呈黄绿色。

在化学计量点之后，溶液中存在着过量的Ag^+，AgCl胶体沉淀表面会吸附Ag^+而使其表面从负电性突变为正电性。此时带正电荷的沉淀表面会吸附指示剂In^-。被吸附的In^-在AgCl表面能和Ag^+形成某种物质而呈淡红色，指示终点的到达。

可用法扬司法的体系还有：用Ag^+滴定SCN^-，Ba^{2+}滴定SO_4^{2-}，四苯硼钠滴定K^+、季铵盐或铵盐等。

法扬司法的滴定终点时，沉淀表面颜色的变化有时不够敏锐，可采用下列措施提高敏锐度。

① 由于吸附指示剂的颜色变化发生在沉淀微粒表面上，因此应尽可能地使沉淀呈胶体状态，有较大的表面积。为此，可在滴定前将溶液稀释，并加入糊精、淀粉等高分子化合物

作为胶体保护剂，防止沉淀凝聚。

② 控制适当的 pH，一般要求 $pH>pK_a$（吸附指示剂 HIn 的酸解离常数），使 HIn 有较大的电离度，$[In^-]$ 较大，被吸附的吸附指示剂离子量也较大。

③ 胶体微粒对指示剂离子的吸附能力应略小于对被测离子的吸附能力。

若胶体微粒对指示剂离子的吸附能力过小，到了化学计量点指示剂离子仍不能取代被测离子被胶体微粒表面吸附，会使滴定终点延后或变色不敏锐。

若胶体微粒对指示剂离子的吸附能力大于对被测离子的吸附能力，指示剂离子将提前被胶体微粒表面吸附，会使滴定终点提前。

④ 被测离子的浓度不能太低。浓度过低时，沉淀少，胶体微粒表面积小，吸附量小，终点观察困难。

⑤ 被测离子和滴定剂不能互换，因为从不吸附突变为吸附，速率快，而反过来则存在脱附过程，速率慢，终点的变色不明显。表 8-1 中列出了常用的吸附指示剂及其应用。

表 8-1　常用的吸附指示剂

指示剂名称	待测离子	滴定剂	使用 pH 范围	指示剂名称	待测离子	滴定剂	使用 pH 范围
荧光黄	Cl^-	Ag^+	7～10	橙黄素Ⅳ 氨基苯磺酸 溴酚蓝	Cl^- 和 I^- 的混合液	Ag^+	微酸性
二氯荧光黄	Cl^-	Ag^+	4～6				
曙红	Br^-、I^-、SCN^-	Ag^+	2～10				
甲基紫	SO_4^{2-}、Ag^+	Ba^{2+}、Cl^-	1.5～3.5	二甲基二碘荧光黄	I^-	Ag^+	中性

8.6.4　其他沉淀滴定方法简介

沉淀滴定法除了上述三种方法外，还有一些实用的方法，简介如下。

(1) 电位滴定法

用离子选择性 Ag_2S 膜电极指示滴定终点，在化学计算点附近，电位会发生突变而确定滴定终点。

(2) 酸碱返滴定法

将沉淀过滤、洗涤干净后，加酸、碱或其他有机溶剂，使沉淀定量转化成 H^+ 或 OH^-，然后用标准溶液滴定生成的 H^+ 或 OH^-。例如，磷钼酸喹啉沉淀在过量碱中溶解，以 HCl 标准溶液滴定剩余的碱。又如，K^+、NH_4^+、季铵盐等和四苯硼钠生成沉淀：

$$R^3\text{—}\overset{\displaystyle R^2}{\underset{\displaystyle R^4}{N^+}}\text{—}R^1+[B(C_6H_5)_4]^- \rightleftharpoons R^3\text{—}\overset{\displaystyle R^2}{\underset{\displaystyle R^4}{N}}\text{—}R^1\cdot[B(C_6H_5)_4]\downarrow$$

生成的四苯硼盐是离子对化合物，不溶于水，而溶于丙酮。将沉淀洗涤、过滤后用丙酮溶解，并加入 $HgCl_2$ 可定量生成 HCl：

$$R^3\text{—}\overset{\displaystyle R^2}{\underset{\displaystyle R^4}{N}}\text{—}R^1\cdot[B(C_6H_5)_4]+4HgCl_2+3H_2O \overset{\triangle}{\rightleftharpoons} 4C_6H_5HgCl+R^3\text{—}\overset{\displaystyle R^2}{\underset{\displaystyle R^4}{N}}\text{—}R^1\cdot Cl+H_3BO_3+3HCl$$

生成的 HCl 用 NaOH 标准溶液滴定，而 H_3BO_3 的酸性太弱，不干扰测定：

$$HCl+NaOH = NaCl+H_2O$$

(3) 两相滴定

季铵盐在一定的 pH 下可以和酸性染料溴酚蓝或麝香草酚蓝生成沉淀，加入 $CHCl_3$ 后，其沉淀溶于 $CHCl_3$，为蓝色。用四苯硼钠溶液滴定，又生成四苯硼铵沉淀，其不溶于水，也不溶于 $CHCl_3$，当季铵盐被沉淀完全后，有机相中只剩下酸性染料，只显其颜色为黄色，指示终点的到达。

【阅读拓展】

纳米材料

1. 纳米材料概述

纳米材料是指微粒尺寸在 1～100 nm 的一种新型材料。微粒可以是晶体也可以是非晶体。状态多数为粉体，需压制烧结成块体，也可以直接是块体或薄膜，或将纳米颗粒附着在载体之上。

格莱特首次采用金属蒸发凝聚-原位冷压成型法制备出纳米 Cu、Pd 等纯金属，后来又分别制备了纳米合金、纳米晶玻璃、纳米陶瓷等。目前纳米材料已从导体、绝缘体发展到纳米半导体，从晶态扩展到非晶态，从无机物扩展到有机物高分子。根据纳米结构被约束的空间维数，纳米材料可分为以下四类：①准零维的纳米原子团簇；②一维纤维，长度显著大于宽度，如碳纳米管；③二维薄膜，长度和宽度尺寸至少比厚度大得多，晶粒尺寸在一个方向上为纳米级；④三维的纳米固体。

目前，人们研究的重点是三维结构的纳米固体，其次是二维薄膜，而对一维纳米纤维则研究得较少。

2. 纳米材料的特性

当固体微粒的尺寸逐渐减小时，其理化性质上的改变已不是量变而是一种质变，主要表现如下：

(1) 表面效应

随着粒径的减小，比表面积将会显著增大，表面原子所占的比例会显著增加。对于粒径大于 100 nm 的颗粒，表面效应可忽略不计。粒径为 5 nm 的颗粒的表面原子数占总原子数的 40%，而粒径为 100 nm 的颗粒的表面原子数只占总原子数的 2%。纳米颗粒的表面具有很高的活性和吸附性，如金属的超细颗粒在空气中会燃烧，无机物的超细颗粒在空气中会吸附气体，并与气体进行反应。

(2) 小尺寸效应

当超微粒子的尺寸与德布罗意波长及超导态的相关长度或透射深度等物理特征尺寸相当或更小时，晶体周期性的边界条件将被破坏，非晶态纳米粒子的表面层附近原子密度减小，导致一系列宏观物理性质的变化，称为小尺寸效应。

① 特殊的光学性质

金属纳米化后都呈现为黑色，尺寸越小，颜色越黑，光吸收显著增加并产生吸收峰的等离子体共振频移。利用这种性质可通过改变尺寸控制吸收峰的位移，制造具有一定频宽的微波吸收材料，可用于电磁屏蔽、隐形飞机等。

② 特殊的热学性质

金属超细化后，其熔点远小于块状金属，如银的常规熔点为 670 ℃，而超细银粉的熔点可低于 100 ℃。利用这一特性为粉末冶金工业提供了新工艺，如可以将超细银粉制成的导电浆料进行低温烧结，元件的基片便可用塑料，同时可使膜厚均匀，覆盖面积大，节省原材料，降低成本。

③ 特殊的磁性质

颗粒超细化，磁有序态向磁无序转化。例如，强磁性纳米粒子铁钴合金、氧化铁等，当颗粒尺寸为单磁临界尺寸时，具有很高的矫顽力，可制成磁信用卡、磁性钥匙、磁性车票等；还可以制成磁性液体，广泛用于电声器件、阻尼器件、旋转密封润滑、选矿等领域。

(3) 量子尺寸效应

当粒子尺寸降到某一值时，金属纳米能级附近的电子能级由准连续变为分立的能级，纳米半导体微粒存在不连续的最高被占据分子轨道和最低被占据分子轨道能级，能隙变宽。能隙变宽的现象被称为量子尺寸效应。例如纳米粒子所含电子数的奇偶性不同，低温下的比热容、磁化率有极大差别。而大块材料的磁化率、比热容与电子数的奇偶性无关。导电的金属在超细化时，可能变成绝缘体。

3. 纳米材料的制备

纳米材料的合成有很多方法，制备方法可以分为两大类：自上而下和自下而上的合成方法。自上而下的合成方法多为物理法，即通过机械球磨法或超声波粉碎，将大块物体分裂成细小颗粒。自下而上的合成方法多为化学法，包括沉淀法、水热法、溶胶-凝胶法、反相胶束微乳液法、气相沉积法等。

（1）液相合成法

溶液法自下而上合成纳米材料的过程一般也包括两个过程：成核过程和生长过程。成核又分为均相成核和异相成核。均相成核是指原子或分子（纳米晶的单体）在溶液中达到过饱和，有固体析出，即形成晶核。而异相成核是指将单体加入到预先形成的晶种中，单体在晶种表面发生相变沉积上。一般情况下，异相成核的能垒小于均相成核的能垒。下面具体地介绍几种液相合成方法：

① 沉淀法

在含一种或多种粒子的可溶性盐溶液中，加入沉淀剂（如 OH^-、$C_2O_4^{2-}$、CO_3^{2-} 等）或在一定温度下使盐溶液发生水解，形成不溶性的氢氧化物或盐从溶液中析出，经洗涤、干燥、焙烧和热分解即得到所需的氧化物或盐粉料。沉淀法又分为均相沉淀法、金属醇盐水解法和配合物分解法等。

a. 均相沉淀法　在本章正文中已介绍过。

b. 金属醇盐水解法　该法是用金属有机醇盐溶于有机溶剂，使其发生水解，生成氢氧化物沉淀或氧化物沉淀来制备粉料的一种方法。其优点是所得粉体纯度高，可制备化学计量的复合金属氧化物粉末，且氧化物组成均一。

c. 配合物分解法　配合物分解法的原理是金属离子与 NH_3、EDTA 等配体形成稳定的配合物，在适宜的温度和 pH 下，将配合物破坏，金属离子重新释放出来与溶液中的 OH^- 及外加沉淀剂、氧化剂作用生成不同价态不溶性的金属氧化物、氢氧化物、盐等沉淀物，进一步处理可得一定粒径甚至一定形态的纳米粒子。近年来，将微波、光和辐射技术引入沉淀法，发展了微波水解、光合成和辐射还原等新技术。

② 水热法

水热法是利用水热反应制备粉体的一种方法。水热反应是高温高压下，在水溶液或蒸汽等流体中进行有关化学反应的总称。水热反应有水热氧化、水热沉淀、水热合成、水热还原、水热分解、水热结晶等类型。水热法为各种前驱物的反应和结晶提供了一个常压条件下无法得到的特殊物理和化学环境。该法制备的粉体经历了溶解、结晶过程，相对于其他方法该法有许多优点，如晶粒发育完整、粒度小、分布均匀、颗粒团聚较轻、可使用较为便宜的原料、易得到合适的化学计量物和所需的晶形。

近年来发展的新技术主要有微波水热法、超临界水热合成，而反应电极埋弧（RESA）法则是水热法中制备纳米颗粒的最新技术。

③ 溶胶-凝胶法

溶胶-凝胶法是将金属醇盐或无机盐经溶液、溶胶、凝胶而固化，再将凝胶低温热处理变为氧化物或其他固体的方法。该法包括下面两个过程。

a. 溶胶的制备　制备溶胶的方法有两种：一种是用沉淀剂先将部分或全部组分沉淀出来，经解凝，使原来团聚的沉淀颗粒分散成原始颗粒；另一种是由同样的盐溶液出发，通过对沉淀条件的仔细控制，使形成的颗粒不团聚为大颗粒的沉淀而直接得到溶胶。

b. 溶胶-凝胶转化　凝胶是指含有亚微米孔和聚合链的相互连接的网络。网络可以是有机网络、无机网络或无机有机互穿网络。溶胶-凝胶化过程是液体介质中的基本单元发展为三维网络结构的过程。凝胶的制备及干燥是溶胶-凝胶法的关键环节。溶胶-凝胶转化可按有机化学途径和无机化学途径进行。在有机化学途径中，从醇盐制备凝胶是利用醇盐水解和聚合而成凝胶。也可通过聚合反应实现溶胶-凝胶转化，溶液的凝胶化是通过形成有机聚合物网络而完成的，这一有机聚合物网络不依赖于先驱成分，易形成亲水不可逆聚合物网络。凝胶化后，再经过陈化、干燥和热处理而得到产物。无机化学途径制备凝胶是指从胶体化学出发，将粒子溶胶化，再进行溶胶-凝胶转化。初始原料为无机盐（硝酸盐、氯化物）溶液，向溶液中加碱（如氨水），使水解反应正向进行，逐渐形成 $M(OH)_n$ 沉淀，经充分洗涤、过滤后再分散于强酸溶液中便得稳定的溶液，再经加热脱水，溶胶变为凝胶，干燥和焙烧后形成金属氧化物固体。溶胶-凝胶法制成的纳米颗粒具有高纯度、化学均匀性好、颗粒细及合成温度低等优点，但有烧结性差和干燥收缩性大的缺点。它在高技术陶瓷，如压电、热电、超导材料制备以及高纯玻璃、陶瓷纤维、薄膜、催化剂载体等方面起到很大作用。

④ 反相胶束微乳液法

该法是液相化学制备法中最新颖的一种。微乳液通常由表面活性剂、助表面活性剂、油和水组成，它是各向同性的、透明或半透明的热力学稳定体系。反相胶束微乳液又称油包水（W/O）型微乳液，在W/O型微乳液中，“水核”主要被由表面活性剂和助表面活性剂组成的界面膜所包围，其尺寸往往在5～100 nm，是很好的反应介质。颗粒的成核、晶体生长、聚结团聚等过程就是在水核中进行的，颗粒的大小、形态和化学组成都受到微乳液组成和结构的显著影响。因此，通过调整微乳液的组成和结构等因素，实现对微粒尺寸、形态、结构乃至物性的人为调控。反相胶束微乳液法的优点是实验装置简单、能耗低、操作容易；粒径分布窄，与其他方法相比粒径易于控制；适应面广，可以制备各种材质的催化剂、半导体、超导材料和多功能材料，如金属、合金、氧化物、盐和有机聚合物复合材料。W/O微乳液法制备纳米粒子已被证明是十分理想的方法，目前已经用该法制备了很多纳米粒子。从组成来看，有纳米金属，如Au、Ag、Pt、Pd、Cu、Rh；纳米氧化物，如TiO_2、ZrO_2、NiO、MgO；纳米盐类，如$CaCO_3$、CdS、ZnS、CdSe和无机有机复合纳米粒子。从功能来看，有功能性强、附加值高的产品，包括超细催化剂纳米粒子、超细半导体纳米粒子、超细磁性纳米粒子、超细陶瓷材料纳米粒子、超细超导材料纳米等。从制备技术来看，微波、超声波、辐射、超临界萃取分离技术也逐渐引入到微乳液法中，使该法日臻完善。

（2）化学气相沉淀法

使一种或数种物质在高温下经气化发生化学反应，在气相中析出纳米颗粒的化学方法称化学气相沉淀法（CVD法）。CVD法的原料为金属氯化物、金属醇盐、氯氧化物、烃化物和羟基化合物；加热的方法有电炉、化学火焰、等离子体、激光等。该法的优点是除了制备氧化物外，还能制备在水溶液中无法制备的非氧化物超微颗粒。如与NH_3或N_2反应能制备AlN、Si_3N_4、TiN、Zr_3N_4等纳米颗粒；与碳化物反应可制备NbC、WC、TaC、TiC等。

习　题

8-1 影响沉淀溶解度的因素有哪些？是怎样产生影响的？

8-2 形成沉淀的性状主要与哪些因素有关？哪些是本质因素？

8-3 已知在常温下，下列各盐的溶解度，求其溶度积（不考虑水解的影响）。

（1）AgBr(7.1×10^{-7} mol·L^{-1})　　（2）BaF_2(6.3×10^{-3} mol·L^{-1})

（3）根据（2）中的结果，计算BaF_2在0.10 mol·L^{-1} NaF中的溶解度。

8-4 计算下列溶液中CaC_2O_4的溶解度。（1）pH=5；（2）pH=3；（3）pH=3的0.01 mol·L^{-1}的草酸钠溶液中。

8-5 水处理剂HEDP($C_2H_8P_2O_7$)，可用喹钼柠酮溶液形成沉淀（$(C_9H_7NH)_3PO_4\cdot12MoO_3$），取HEDP样品0.1274 g，沉淀洗涤后，于4号玻璃砂芯漏斗中干燥后称重，若玻璃砂芯漏斗质量为18.3421 g，测定后的质量为18.8964 g，求：（1）样品中HEDP的百分含量；（2）样品中P的百分含量。

8-6 0.8641 g合金钢溶解后，将Ni^{2+}转变为丁二酮肟镍沉淀（$NiC_8H_{14}O_4N_4$），烘干后，称得沉淀的质量为0.3463 g，计算合金钢中Ni的百分含量。

8-7 由CaO和BaO组成的混合物2.431 g，将其转化为CaC_2O_4和BaC_2O_4测定，烘干后称重为4.823 g，求CaO和BaO的百分含量。

8-8 NaCl、NaBr和其他惰性物质组成的混合物0.4327 g经$AgNO_3$沉淀为AgCl和AgBr，烘干后，质量为0.6847 g。此沉淀烘干后再在Cl_2中加热，使AgBr转化成AgCl，再称重，其质量为0.5982 g。求原样品中NaCl和NaBr的百分含量。

8-9 在10 mL浓度为1.5×10^{-3} mol·L^{-1}的$MnSO_4$溶液中，加入0.495 g固体$(NH_4)_2SO_4$（溶液体积不变）。再加入0.15 mol·L^{-1}的$NH_3\cdot H_2O$溶液5.00 mL，能否有$Mn(OH)_2$沉淀生成？若不加固体

$(NH_4)_2SO_4$，又能否有沉淀生成？列式计算说明理由。

8-10 在 1.0 mol·L^{-1}的 Mn^{2+} 溶液中含有少量的 Pb^{2+}，欲使 Pb^{2+} 形成 PbS 沉淀，而 Mn^{2+} 不沉淀，溶液中 S^{2-} 应控制在什么范围内？若通入 H_2S 气体来实现上述目的，问溶液的 pH 应控制在什么范围内？已知 H_2S 在水中的饱和浓度为 $[H_2S]=0.1$ mol·L^{-1}。

8-11 设计分离下列各组物质的方案（规定用沉淀法）。

（1）AgCl 和 AgI　（2）$BaCO_3$ 和 $BaSO_4$　（3）$Mg(OH)_2$ 和 $Fe(OH)_3$　（4）ZnS 和 CuS

8-12 计算下列沉淀转化的平衡常数：

（1）$\alpha\text{-ZnS(s)}+Cu^{2+} \rightleftharpoons CuS(s)+Zn^{2+}$

（2）$AgCl(s)+SCN^- \rightleftharpoons AgSCN(s)+Cl^-$

（3）$PbCl_2(s)+CrO_4^{2-} \rightleftharpoons PbCrO_4(s)+2Cl^-$

8-13 用银量法测试样品中的氯含量时，选用哪种指示剂指示终点较合适？用何种银量法？为什么？

（1）NH_4Cl　（2）$BaCl_2$　（3）$FeCl_2$

（4）$NaCl+Na_3PO_4$　（5）$NaCl+Na_2SO_4$　（6）$KCl+Na_2CrO_4$

8-14 为什么说用佛尔哈德法测定 Cl^- 比测定 Br^- 或 I^- 时引入的误差概率要大一些？

8-15 在含有相等物质的量浓度的 Cl^- 和 I^- 的混合溶液中，逐滴加入 Ag^+ 溶液，哪种离子先被 Ag^+ 沉淀？第二种离子开始沉淀时，Cl^- 和 I^- 的浓度比为多少？

8-16 测定铵或有机铵盐可用四苯硼钠沉淀滴定法，以二氯荧光黄为指示剂。可用邻苯二甲酸氢钾标定四苯硼钠，结果如下所述。标定四苯硼钠：0.4984 g 邻苯二甲酸氢钾溶解后，用四苯硼钠标准溶液滴定，终点时，消耗标准溶液 24.14 mL。$(NH_4)_2SO_4$ 样品的测定：称取 0.2541 g $(NH_4)_2SO_4$ 样品，溶解后，用上述四苯硼钠标准溶液滴定，终点时，消耗标准溶液 35.61 mL。

（1）求样品中 $(NH_4)_2SO_4$ 的百分含量。

（2）假设被测有机铵盐的摩尔质量为 M_s，其他各数值用字母表示，并已知有机铵盐中 NH_4^+ 的个数为 $n(n\geqslant 1)$，求有机铵盐含量的通式。请注明各字母的含义。

8-17 某金属氯化物纯品 0.2266 g，溶解后，加入 0.1121 mol·L^{-1}的 $AgNO_3$ 溶液 30.00 mL，生成 AgCl 沉淀，然后用硝基苯包裹，再用 0.1158 mol·L^{-1}的 NH_4SCN 溶液滴定过量的 $AgNO_3$，终点时，消耗 NH_4SCN 溶液 2.79 mL。计算试样中氯的百分含量，并推测此氯化物可能是什么物质。

8-18 某混合物由 NaCl、NaBr 和惰性物质组成，取混合样 0.6127 g 用 $AgNO_3$ 沉淀后，称得烘干的沉淀质量为 0.8785 g，再取一份混合样 0.5872 g，用 $AgNO_3$ 进行沉淀滴定，用去浓度为 0.1552 mol·L^{-1}的 $AgNO_3$ 标准溶液 29.98 mL，求混合物中 NaCl 和 NaBr 的百分含量。

8-19 称取三聚磷酸钠（$Na_5P_3O_{10}$）样品 0.3627 g，溶于水，加酸分解为 PO_4^{3-}，在 $NH_3\text{-}NH_4Cl$ 缓冲溶液中，加入 0.2145 mol·L^{-1}的 Mg^{2+} 溶液 25.00 mL，形成 $MgNH_4PO_4$ 沉淀，过滤，洗涤。沉淀灼烧成 $Mg_2P_2O_7$，称重为 0.3192 g，滤液和洗涤液混合后用 EDTA 滴定多余的 Mg^{2+}，终点时，消耗 EDTA（$c=0.1241$ mol·L^{-1}）多少毫升？三聚磷酸钠的百分含量为多少？

8-20 将 0.1173 g NaCl 溶解后，再加入 30.00 mL $AgNO_3$ 标准溶液，过量的 Ag^+ 用 NH_4SCN 标准溶液滴定，耗去 3.20 mL。已知用该 $AgNO_3$ 滴定上述 NH_4SCN 时，每 20.00 mL $AgNO_3$ 溶液消耗 NH_4SCN 标准溶液 21.06 mL，问 $AgNO_3$ 溶液和 NH_4SCN 溶液的浓度各多少 mol·L^{-1}？

▶重难点讲解
▶动画模拟
▶配套课件

第9章　主族元素

元素无处不在，大到无限宇宙，小到生命个体，都有元素存在的身影。而且，人们现在的生活和未来的美好生活，都要以元素为基础去创造神奇的新化学物质。现今的元素周期表，包含了已经发现的118种元素，其中天然存在的元素有92种，其余为人工合成元素。它们的排列遵循元素周期律，即能级交错后的电子填充规律，因此造成元素周期表中元素重要的分类就是主族元素和副族元素，价电子都在最外层的称为主族元素，包括s区和p区；价电子除了最外层外，还在次外层或再次外层的，称为副族，也叫过渡（金属）元素，包括d区、ds区和f区。在s区主族元素中，除氢为非金属外，其余的都是金属元素。由于氢的特殊地位，一般也可以把它从s区元素中拿出来，单独讨论。

本章的内容包括主族元素各区的通性，重要元素的分布，及其单质和化合物的性质、制备与应用。

9.1　氢

9.1.1　氢的分布和同位素

氢是周期表中第一个元素，也是宇宙中最丰富的元素，约占宇宙总质量的74%，如太阳主要由氢组成，是太阳的核燃料。在自然界中氢主要以化合形态存在。水、烃类化合物及所有生物的组织中都含有氢。氢有三种同位素，它们的名称和符号分别是：氕，^{1}H；氘，又叫重氢，^{2}H 或 D；氚，又叫超重氢，^{3}H 或 T。

在自然界中，^{1}H 的含量占氢同位素的99.984%，氘的含量大约为0.015%，氚仅以痕量存在，约 10^{-16}%。通过分步电解氢氧化钠溶液，再将残留物反复蒸发可获得重水和重氢。超重氢可通过核反应获得，即在核反应堆中，用慢中子辐射Li/Mg合金产生超重氢。它是一种不稳定的放射性同位素。

由于氢的三种同位素具有相同的价电子构型 $1s^1$，化学性质十分相似，但由于三种核素之间质量差相对较大，所以它们的单质在物理性质方面表现出的差别比其他任何元素的同位素之间都大得多。表9-1列出氢的三种同位素的性质。同时氢和重氢的化合物之间在性质上存在着差异，从水、重水和超重水的性质可以说明这一点。

表9-1　氢的三种同位素的性质

名　称	氕	氘	氚
符号	^{1}H 或 H	^{2}H 或 D	^{3}H 或 T
英文名称	Protium	Deuterium	Tritium
原子质量/amu	1.0078	2.0141	3.0160
自然丰度/%	99.9844	0.0156	约 10^{-16}
核稳定性	稳定	稳定	放射性
电离能/$kJ \cdot mol^{-1}$	1311.7	1312.2	—
分子的熔点/K	13.96	18.73	20.62
分子的沸点/K	20.39	23.67	25.04

氢的同位素具有广泛应用，由于重氢^2H（在化合物中可写成 D）在 NMR 谱中不产生共振波峰，所以在做化合物尤其是液态有机化合物或其溶液等的 NMR 谱时，溶剂一律采用氘代溶剂。常用的氘代溶剂有重水（D_2O）、氘代丙酮 CD_3COCD_3、氘代氯仿 $CDCl_3$、氘代亚砜 CD_3SOCD_3 等。重氢化合物还可用于振动光谱、中子衍射法确定氢的位置。重氢还可以在化学反应机理、药理、生物代谢机理、医学研究中作为示踪原子。用示踪原子研究化学反应机理最著名的例子便是乙醇与乙酸的成酯反应，实验结果可用一句话概括，即酸脱羟基醇脱氢。重水在原子能工业中可用作原子能反应堆的减速剂、冷却剂。超重氢是一种毒性最小的放射性同位素。

9.1.2 氢气的性质

(1) 氢气的物理性质

氢气是所有物质包括气体中密度最小的物质，在标准状况下，它的密度仅为 0.09 $g \cdot L^{-1}$。在常温常压下，氢气是无色、无臭的气体。氢气是非极性分子，分子间作用力仅存在色散力，非常小，因而它的熔点（13.96 K）和沸点（20.39 K）都非常低。氢气在水中的溶解度当然也很小，在 0 ℃、0.1 MPa 下，1 体积水只能溶解 0.02 体积的氢气。有些金属（如 Rh、Pd、Pt）却能溶解很多氢气，1 体积的 Rh 能吸收 2900 体积的氢气。被这类金属吸收后的氢被释放的一瞬间以原子状态存在，因此有很强的化学活泼性。这对许多有氢参与的化学反应而言，反应速率肯定加快。因此，Rh、Pd、Pt 等这类金属都是良好的加氢、脱氢反应的高效催化剂。

(2) 氢气的化学性质

① 氢气的解离

在氢气分子内，由于氢原子很小，没有内层电子，两个氢原子间的结合力非常强，解离能高达 436 $kJ \cdot mol^{-1}$。H—H 的键能几乎比其他单键的键能都大，因此它是所有同核共价单键中最强的键。单质氢气是较不活泼的气体，在常温常压下，氢气不和任何物质作用。

② 氢气与氧的反应

氢气与氧气、氮气或碳单质化合时都要在高温或催化剂作用下才能进行。氢气在氧气或空气中燃烧时生成水，并放出 241.84 $kJ \cdot mol^{-1}$的热量：

$$2H_2(g)+O_2(g) \xlongequal{} 2H_2O(g)$$

实验结果表明，氢气和纯氧气混合时，氢气的体积分数在 4%～94%，遇到明火会立即发生爆炸。氢气和空气混合时，氢气的体积分数为 4.1%～74%时，遇到火花时也会发生爆炸。此二区域分别称为氢气与氧气爆炸极限区和氢气与空气的爆炸极限区。在进行上式反应时，一定要避开这两个区域。

有氢气参加反应的化工厂，在停车检修时需用明火，如焊接前，一定要用氮气排除容器中的氢气，使之稀释，避开爆炸极限区。

由于氢气在燃烧时放出大量的热，如果用特殊的燃烧管，并以过量的氧气通入氢气的火焰，这种火焰称之为富氧焰。富氧焰的温度可达 2800 ℃左右，在这种火焰中相当多的金属都能熔化，如钢铁等。因此氢氧焰常常用于焊接金属和切割金属。

③ 氢气的还原反应

在高温时，氢气能从许多金属化合物中还原出金属单质，所以它还是一种还原剂。如氢气通过灼热的氧化铜时，会发生以下反应：

$$CuO+H_2 \longrightarrow Cu+H_2O \tag{9-1}$$

在冶金工业中采用此法可获得高纯度的金属单质，如：

$$Fe_3O_4+4H_2 \longrightarrow 3Fe+4H_2O \tag{9-2}$$

此外，氢气也可以从某些非金属化合物中将非金属单质还原出来。如：

$$SiCl_4+2H_2 \longrightarrow Si+4HCl \tag{9-3}$$

④ 加氢反应

氢气还能够加在连接两个碳原子的双键或叁键上，这类反应称为加氢反应。它广泛用于将植物油由液体变为固体、石油的催化加氢以及一些合成有机化学产品的生产上，甲醇的合成反应为：

$$2H_2(g)+CO(g) \xrightarrow{\text{催化剂}} CH_3OH(l) \tag{9-4}$$

9.1.3 氢的成键类型及其氢化物

氢原子的价电子构型为 $1s^1$，没有内层轨道和电子，它可以失去一个电子形成 H^+，类似ⅠA 族元素。氢失去 1 个电子后并不具有稳定的全充满的稀有气体的电子结构。氢与卤素的化合物是共价化合物，而不像碱金属卤化物那样是离子化合物；氢原子也可以获得一个电子成为氢负离子 H^-，使价层轨道全充满。H^- 可与 Na^+ 形成化合物氢化钠 NaH，类似于卤素离子。但是与卤化物不同的是，氢化钠与水反应产生氢气，而卤化钠却不能。所以，氢兼有碱金属和卤素的一些性质，但与它们又有区别，这就是它的独特性。

(1) 共价型氢化物

除稀有气体外，几乎所有非金属元素都可与氢形成共价型氢化物。

不同的共价型氢化物的理化性质存在很大的差别，如它们的热稳定性相差较大，一般来说，同一周期中从左到右稳定性增加。如乙硼烷热稳定性远不如乙烷、NH_3、H_2O、HF。同一主族自上而下稳定性减小。

一些氢化物极不稳定，常温下很快分解；氢化物与水作用后的溶液显示出不同的酸性，酸性的变化规律一般是同一周期从左到右依次增强。NH_3 水溶液呈碱性、H_2O 呈中性或两性而 HF 溶液呈酸性。同一主族自上而下酸性也依次增强即碱性减弱，水溶液酸性：HCl＜HBr、H_2O＜H_2S 等。

(2) 盐型氢化物

氢原子和卤素类似，可获得一个电子形成氢负离子 H^-，但由于氢原子的电子亲和能很小，所以只能与活泼性很强的金属，如碱金属以及钙、锶、钡等在高温条件下形成氢化物。如 NaH、CaH_2 等。由于其性质类似于盐，所以又称为盐型氢化物。在这些化合物中，氢负离子以离子键和金属离子结合。

$$2Na+H_2 \longrightarrow 2NaH \tag{9-5}$$

$$Ca+H_2 \longrightarrow CaH_2 \tag{9-6}$$

由于氢负离子的存在，盐型氢化物具有强还原性，与水反应立即生成氢气和对应的氢氧化物：

$$MH+H_2O \longrightarrow MOH+H_2\uparrow \tag{9-7}$$

因此盐型氢化物可作为优良的还原剂和氢气发生剂，在野外常用 CaH_2 与水制取氢气。

(3) 过渡型氢化物

氢与 d 区、f 区的金属、s 区的铍和镁、p 区的铟和铊或金属合金作用时，形成过渡型的固态金属氢化物：

$$M(s)+\frac{x}{2}H_2(g)=\!=\!=MH_x(s) \tag{9-8}$$

氢原子以多种形式的化学键和金属原子结合，并且在金属晶格的空隙中填充着半径很小的氢分子，生成固溶体，这种氢化物称作过渡型氢化物。它既不同于共价型氢化物，也不同于盐型氢化物，有时也被称为大分子氢化物。过渡型氢化物不遵守化合价规则，化学式中的金属都不呈现它们的稳定氧化数。过渡型氢化物保留着母体金属的外观特征和反应性，如具有金属光泽、能导电等特性。

过渡型氢化物可以作为储存氢和制备超纯氢的材料，因为它能够可逆地吸氢和放氢。人们最先注意到 Pd、Pt 等过渡金属具有吸收氢气的性质。1 体积的 Pd 在标准状态下可吸收 900 体积的氢气，减压加热时氢又被放出。

9.1.4 氢能源

当今世界对能源的需求日益增长，并且增长速度越来越快。目前使用的能源中 90%以上来源于地下的矿物燃料，如石油、煤和天然气等，但这些能源主要存在两个问题：

① 它们都是碳氢化合物，燃烧时产生大量的煤烟及一氧化碳、二氧化硫、二氧化氮、醛类等有害物质，会造成光化学烟雾、酸雨等；排出的大量二氧化碳气体会引起温室效应，由此引发严重的环境问题。

② 地球上的石油、煤和天然气等资源有限，不是取之不尽、用之不竭的。随着开采技术的发展，石油、煤和天然气等资源正在走向枯竭。据估计，全世界的煤可供人类再使用几百年，而石油也会在不太长的时间内被耗尽。

面对日趋严重的能源危机，人们迫切寻求新的能源。近年来，以氢作为未来动力能源的研究得到了迅速的发展，它被认为是未来最有可能的新能源之一。

氢气被认为是一种理想的新能源，因为它具有如下特点。

① 氢气本身是一种无色、无臭、无毒的气体，燃烧产物是水。不会污染环境，也无须安装排气设备，是清洁能源。

② 氢气的热值很高，1 kg 氢气燃烧放出的热量是同质量汽油的三倍、木炭的四倍。

③ 氢气主要来源于水，燃烧又产生水，可以循环使用。因而资源不受限制，可以储存和用管道输送。

④ 液氢的冷却性能好，为一般喷气发动机燃料冷却性能的三十倍。用液态氢作燃料能有效地散发机身和涡轮发动机产生的热量，使之保持足够的低温，因而液氢特别适合用作远航飞机和火箭的燃料。现在，液氢的喷气式发动机和火箭式发动机已有应用，我国的长征二号、长征三号火箭就是以液氢为燃料，把人造卫星送入浩瀚的太空的。

氢能源也有致命的缺点。

① 氢气和电一样，是一种二级能源，即必须消耗一次能源如石油、煤、太阳能等来生产它。使用氢气作动力是清洁的，但制造它的过程未必是清洁的。氢能源仅是能量转化过程中的一个中间产物，它不是能源的源头。

② 氢气还容易爆炸，因此如何能大量而廉价安全地生产、储存、运输和使用氢气已成为许多国家致力研究的课题。

氢气的储存是一个比较复杂的问题。目前一般采用加压液化为液氢储存，或者使用固态金属氢化物或储氢合金如 $MgNiH_4$、$LaNi_5H_6$、TiH_2 等来可逆地吸氢和放氢。目前，氢气替代汽油驱动汽车、氢燃料电池的使用及其在冶金方面的应用已有报道。

核聚变反应是氢能源的巨大宝库，由 2 个或 2 个以上的轻原子核聚变成一个较重原子的反应，称为核聚变反应。如：

$$ {}_{1}^{2}H + {}_{1}^{2}H \longrightarrow {}_{2}^{4}He \tag{9-9} $$

$$ {}_{1}^{2}H + {}_{1}^{3}H \longrightarrow {}_{2}^{4}He + {}_{0}^{1}n \tag{9-10} $$

上述核聚变反应能释放出巨大的能量。核聚变反应的原料是氢的同位素氘 ^{2}H 和氚 ^{3}H。氘广泛分布在海水中，海洋中每 6500 个氢原子中就有 1 个氘原子。所以，在科学技术更加发达的未来，大海将会为人类源源不断地提供清洁的新能源。

9.2 s 区元素

s 区元素是最后一个核外电子填入 s 轨道的元素，处于周期表的最左侧，包括氢、氦、碱金属和碱土金属，但氦通常归为稀有气体，所以 s 区元素共有 13 个，价层电子构型分别为 ns^1 和 ns^2。在这些元素中，除氢为非金属外，其余的都是金属元素。

9.2.1 碱金属和碱土金属物理通性

在周期表中，ⅠA 族元素包括锂（Li）、钠（Na）、钾（K）、铷（Rb）、铯（Cs）、钫（Fr）六种元素，它们的氢氧化物都是易溶于水的强碱，所以称它们为碱金属。其中放射性元素钫半衰期很短，极不稳定。

ⅡA 族元素包括铍（Be）、镁（Mg）、钙（Ca）、锶（Sr）、钡（Ba）、镭（Ra）六种元素，因钙、锶、钡的氢氧化物也有较强碱性，但大多数难溶于水，熔点也很高，即显现较强的土性，因此习惯上把它们称为碱土金属。镭有强放射性。

碱金属元素原子的价层电子构型为 ns^1，次外层为 8 个电子（锂为 2 个电子），碱金属元素原子很容易失去最外层一个 s 电子。尤其是铯和铷，由于原子序数很大，价电子的 s 轨道离原子核距离很远，失电子能力很强，非常容易失去最外层电子。当铯和铷受到光照射时，金属表面的电子也会很容易地逸出，使得金属表面出现空穴。金属内部的电子便向金属表面移动填补空穴，这种电子的定向移动便产生电流，这种现象称为光电效应。因此，碱金属铯和铷常被用来制造光电管。如用铯光电管制成的天文仪器可以推算地球与星星的距离。

碱金属元素价电子只有 1 个 s 电子能成为自由电子，自由电子与碱金属元素的原子或离子间的作用力比较小，金属键较弱。因此，碱金属单质的熔点、沸点、升华热较低，硬度较小。其中铯的熔点最低，只有 28.5 ℃，仅高于汞。铯还是最软的金属。锂的密度为 $0.53\ g \cdot cm^{-3}$，是密度最小的金属。碱金属元素从锂到铯，随着原子序数的增加，金属键逐渐减弱，导致熔、沸点逐渐降低，硬度逐渐变小。

ⅡA 族元素，原子的价层电子构型为 ns^2，自由电子有 2 个，金属键比ⅠA 族对应元素强得多，因此熔点、沸点、硬度都比碱金属大，密度最大的是钡，最小的是钙。

碱金属和碱土金属单质的表面都具有银白色光泽。它们都是密度小于 $5.0\ g \cdot cm^{-3}$ 的轻金属，除铍和镁外，都是较软的金属，可用小刀切割。碱金属和碱土金属还具有良好的导电、导热性能。锂及其化合物可用在高能燃料、高能电池的制造上；铍和镁可用于轻质合金的制备，同时还用于仪表、计算机部件、航空工业的材料等。

碱金属和碱土金属的一些性质列于表 9-2 中。

表 9-2　碱金属和碱土金属的物理参数

性　　质	元　　素				
	Li	Na	K	Rb	Cs
价层电子构型	$2s^1$	$3s^1$	$4s^1$	$5s^1$	$6s^1$
原子半径/pm	133.6	153.9	169.2	216	235
沸点/℃	1347	881.4	756.5	688	705
熔点/℃	180.54	97.81	73.2	39.0	28.5
密度/$g \cdot cm^{-3}$	0.53	0.97	0.86	1.53	1.90
莫氏硬度	0.6	0.4	0.5	0.3	0.2
性　　质	元　　素				
	Be	Mg	Ca	Sr	Ba
价层电子构型	$2s^2$	$3s^2$	$4s^2$	$5s^2$	$6s^2$
原子半径/pm	90	136	174	191	198
沸点/℃	2500	1105	1494	1381	1850
熔点/℃	1287	649	839	768	727
密度/$g \cdot cm^{-3}$	1.85	1.74	1.55	2.63	3.62
莫氏硬度	4	2.5	2	1.8	

9.2.2　自然界中的碱金属和碱土金属

由于碱金属和碱土金属都是很活泼或较活泼的金属，所以在自然界中不存在单质矿，只能以它们的化合物形式存在。

在地壳中，钠、钙和镁的丰度都居于前十位，主要矿物有钠长石 $Na[AlSi_3O_8]$、白云石 $CaCO_3 \cdot MgCO_3$、菱镁矿 $MgCO_3$、方解石 $CaCO_3$、石膏 $CaSO_4 \cdot 2H_2O$、重晶石 $BaSO_4$ 等。

钠和钾主要来源于岩盐 NaCl、海水、天然氯化钾、光卤石 $KCl \cdot MgCl_2 \cdot 6H_2O$ 等。锂、铷和铯在自然界中含量少而分散，主要存在于各种硅酸盐矿中。

9.2.3　重要化合物的性质和用途

碱金属和碱土金属单质的化学性质都很活泼。除铍以外，这两族元素所形成的化合物都是离子化合物。它们的氢氧化物一般有碱性，它们的盐都是强电解质。

(1) 氢化物

碱金属和碱土金属与氢反应，除铍、镁生成过渡型金属氢化物外，其余都生成离子型氢化物。例如：

$$2K + H_2 = 2KH \tag{9-11}$$

$$Sr + H_2 = SrH_2 \tag{9-12}$$

离子型氢化物受热时生成金属单质和放出氢气。在碱金属氢化物中以氢化锂最稳定，在碱土金属氢化物中以氢化钙最稳定。

$$MH_2 = M + H_2\uparrow \tag{9-13}$$

$$2MH = 2M + H_2\uparrow \tag{9-14}$$

如前所述，离子型氢化物能被水强烈地分解放出氢气和产生相应的碱：

$$MH + H_2O = MOH + H_2\uparrow \tag{9-15}$$

$$NaH + H_2O = H_2\uparrow + NaOH \tag{9-16}$$

碱金属离子型氢化物还可与 $AlCl_3$、BF_3 等形成配位氢化物，其中最主要的是氢化铝锂

$LiAlH_4$，它是由氢化锂在乙醚中与三氯化铝反应而成的：

$$4LiH + AlCl_3 = LiAlH_4 + 3LiCl \quad (9\text{-}17)$$

它在有机合成中用作还原剂，在无机合成上用于制备一些氢化物，如：

$$4BCl_3 + 3LiAlH_4 = 2B_2H_6 + 3AlCl_3 + 3LiCl \quad (9\text{-}18)$$

（2）氧化物

碱土金属氧化物除了通过金属单质与氧气反应获得外，还可以通过它们的碳酸盐或硝酸盐的热分解而得到：

$$CaCO_3 = CaO + CO_2\uparrow \quad (9\text{-}19)$$

碱金属氧化物从氧化锂到氧化铯，颜色依次加深。除氧化锂和氧化钠外，其余金属的氧化物在未到达熔点之前就开始分解。因此，煅烧碱金属碳酸盐或硝酸盐是不可能获得它们的氧化物的。

碱土金属的氧化物都是白色难溶粉末，受热难以分解，除氧化铍是正四面体体心型晶体外，其余氧化物都是正六面体面心型晶体。

与碱金属离子相比，碱土金属离子电荷多、离子半径小，故碱土金属氧化物具有较大的晶格能，熔点很高，硬度也较大。所以，氧化铍和氧化镁在工业上可作耐火材料。

纯的过氧化钠为白色粉末，工业品一般为淡黄色。由于过氧化钠具有强碱性，熔融时应用铁、镍器皿，而不能用瓷制或石英容器。过氧化钠与水或稀酸作用时会生成过氧化氢：

$$Na_2O_2 + 2H_2O = 2NaOH + H_2O_2 \quad (9\text{-}20)$$

$$Na_2O_2 + H_2SO_4 = Na_2SO_4 + H_2O_2 \quad (9\text{-}21)$$

在酸性介质中，过氧化钠遇到高锰酸钾时会显示出还原性质；在碱性介质中，它是强氧化剂，可在常温下把所有的有机物转化为碳酸盐。也可作为分解矿石的熔剂，例如：

$$3Na_2O_2(s) + Cr_2O_3(s) = 2Na_2CrO_4(l) + Na_2O(l) \quad (9\text{-}22)$$

$$Na_2O_2(s) + MnO_2(s) = Na_2MnO_4(l) \quad (9\text{-}23)$$

钙、锶、钡的氧化物与过氧化氢反应得到相应的过氧化物的水合物：

$$MO + H_2O_2 + 7H_2O = MO_2 \cdot 8H_2O \quad (9\text{-}24)$$

实验表明，在过氧化物中存在过氧离子 O_2^{2-}，在超氧化物中存在超氧离子 O_2^-，其结构分别为：

过氧离子 $[:\ddot{O}-\ddot{O}:]^{2-}$ 超氧离子 $[:O:::O:]^-$

按照分子轨道理论，过氧离子 O_2^{2-} 有 18 个电子，其分子轨道电子排布式为：

$$(\sigma_{1s})^2(\sigma_{1s}^*)^2(\sigma_{2s})^2(\sigma_{2s}^*)^2(\sigma_{2p})^2(\pi_{2p})^4(\pi_{2p}^*)^4$$

键级为 1，只有一个 σ 单键。

超氧离子 O_2^- 有 17 个电子，其的分子轨道电子排布式为：

$$(\sigma_{1s})^2(\sigma_{1s}^*)^2(\sigma_{2s})^2(\sigma_{2s}^*)^2(\sigma_{2p})^2(\pi_{2p})^4(\pi_{2p}^*)^3$$

键级为 1.5，有一个 σ 键和一个三电子 π 键，并且由于含有一个未成对电子，所以 O_2^- 具有顺磁性。

从氧分子 O_2、过氧离子 O_2^{2-} 和超氧离子 O_2^- 的结构可以看出，过氧离子和超氧离子的反键轨道上的电子都比氧分子多，键级比氧分子小，键能也要比氧分子小得多，因此过氧化物和超氧化物皆不稳定。当加热、遇水、遇二氧化碳时它们都会分解或发生反应，放出氧气，如：

$$K_2O_2 + 2H_2O = H_2O_2 + 2KOH \quad (9\text{-}25)$$

$$2H_2O_2 = 2H_2O + O_2\uparrow \quad (9\text{-}26)$$

$$2Na_2O_2 + 2CO_2 = 2Na_2CO_3 + O_2\uparrow \quad (9\text{-}27)$$

$$4KO_2 + 2CO_2 = 2K_2CO_3 + 3O_2\uparrow \quad (9\text{-}28)$$

因此过氧化物和超氧化物必须储存于密闭容器中，以防与空气中的水蒸气、二氧化碳接触。

过氧化物和超氧化物可用作高空飞行、深井作业、水下工作、宇宙航天、战地医院的供氧剂和二氧化碳吸收剂。过氧化钠在工业上可作漂白剂，但若遇到如棉花、木炭或铝粉等强还原性物质时，容易发生爆炸，所以使用时须特别小心。

在冷冻条件下，臭氧可与氢氧化钾生成臭氧化钾：

$$6KOH + 4O_3 = 4KO_3(s) + 2KOH\cdot H_2O(s) + O_2 \quad (9\text{-}29)$$

臭氧化钾与过氧化物、超氧化物性质相似，遇水反应放出氧气：

$$4MO_3 + 2H_2O = 4MOH + 5O_2 \quad (9\text{-}30)$$

(3) 氢氧化物

s区元素的氧化物中，氧化铍几乎不与水作用，氧化镁与水缓慢作用生成氢氧化镁，其他氧化物遇水都能发生剧烈反应，生成相应的碱：

$$M_2O + H_2O = 2MOH \quad (9\text{-}31)$$

$$MO + H_2O = M(OH)_2 \quad (9\text{-}32)$$

碱金属和碱土金属的氢氧化物都是白色固体，在空气中容易吸收水分而潮解，所以固体氢氧化钠可作干燥剂；同时它们又易与空气中的二氧化碳作用生成碳酸盐，故应密封保存。密封时，通常用橡皮塞而不用玻璃塞，因为碱液对玻璃有腐蚀作用：

$$2NaOH + SiO_2 = Na_2SiO_3 + H_2O \quad (9\text{-}33)$$

碱金属的氢氧化物都易溶于水，仅氢氧化锂的溶解度较小，溶解时还放出大量的热。

碱金属氢氧化物中以氢氧化钠和氢氧化钾最重要，它们对纤维、皮肤等有强烈的腐蚀作用，所以称为苛性碱。熔融的苛性碱不仅会浸蚀玻璃和瓷器，而且会破坏铂器皿，因此在实验室熔化碱金属氢氧化物时要用银坩埚，在工业上一般用铸铁坩埚。

氢氧化钠又称为烧碱，它是实验室常用的重要试剂，也是重要的工业原料。它能除去气体中酸性物质如二氧化碳、二氧化硫、二氧化氮、硫化氢等。氢氧化钠易于熔化，具有熔解某些金属氧化物和非金属氧化物的能力，因此在工业生产和分析工作中，常用于熔解矿物试样。

氢氧化钠还能熔解某些单质，例如铝和硅等，可分别生成可溶性的偏铝酸钠和硅酸钠：

$$2Al + 2NaOH + 2H_2O = 2NaAlO_2 + 3H_2\uparrow \quad (9\text{-}34)$$

$$Si + 2NaOH + H_2O = Na_2SiO_3 + 2H_2\uparrow \quad (9\text{-}35)$$

它也能与许多金属离子作用生成难溶的该金属的氢氧化物沉淀：

$$Fe^{3+} + 3OH^- = Fe(OH)_3\downarrow \quad (9\text{-}36)$$

$$Mg^{2+} + 2OH^- = Mg(OH)_2\downarrow \quad (9\text{-}37)$$

卤素、硫、磷等非金属在强碱中会发生歧化反应，如：

$$Cl_2 + 2NaOH = NaClO + NaCl + H_2O \quad (9\text{-}38)$$

相对而言，碱土金属的氢氧化物溶解度则较小，随着离子半径的增大，碱土金属氢氧化物的溶解度从铍到钡逐渐增大，其中氢氧化铍和氢氧化镁是难溶的氢氧化物。

碱土金属的氢氧化物中氢氧化钙较重要，氢氧化钙也称熟石灰，可由生石灰（氧化钙）与水作用制得。氢氧化钙在水中的溶解度较小，而且随温度升高而减小，所以通常使用的是它在水中的悬浮物或浆状物，因其价廉易得，被大量应用于建筑业和化学工业。较重要的碱土金属氢氧化物还有氢氧化镁，氢氧化镁悬浮液在兽医临床上作为调节胃酸过多的药剂。

(4) **盐类**

最常见的碱金属和碱土金属的盐有卤化物、硫酸盐、碳酸盐、硝酸盐等。除少数锂、铍、镁的盐有共价性外，其余盐类都是离子型化合物。具有较高的熔点、沸点，熔融状态时能导电。值得注意的是，碱土金属中的铍盐毒性很大，可溶性钡盐也有毒。

碱金属和碱土金属的盐在水溶液中完全电离，形成的阳离子 M^+ 或 M^{2+} 都是无色的，所以盐固体和水溶液的颜色取决于相应的阴离子的颜色。如无色阴离子 X^-、NO_3^-、CO_3^{2-}、SO_4^{2-}、ClO^- 等的碱金属和碱土金属盐固体是白色的，水溶液则是无色的；而有色阴离子 MnO_4^-（紫色）、$Cr_2O_7^{2-}$（橙色）、CrO_4^{2-}（黄色）等的碱金属和碱土金属盐有相应颜色，如紫色的高锰酸钾、橙色的重铬酸钾、黄色的铬酸钡等。

碱金属盐大多数易溶于水。碱金属的硫酸盐、碳酸盐的溶解度从锂到铯依次增大。少数的盐微溶或难溶于水，如锂的某些盐，六羟基合锑(Ⅴ)酸钠 $Na[Sb(OH)_6]$，醋酸铀酰锌钠 $NaZn(UO_2)_3(Ac)_6$，钾、铷、铯的高氯酸盐和氯铂酸盐等，其中铷和铯盐比相应的钾盐溶解度还要小。

碱土金属的盐大部分是难溶的，除了硝酸盐、氯化物、醋酸盐溶解度较大外，其他的如草酸盐、碳酸盐、硫酸盐等都是难溶的。

碱土金属的铬酸盐中只有钡盐不溶于水，锶盐难溶，镁盐和钙盐可溶于酸性中。当可溶性铬酸钾与钡离子的中性水溶液作用时，便有黄色的铬酸钡析出：

$$Ba^{2+} + CrO_4^{2-} \longrightarrow BaCrO_4 \downarrow \tag{9-39}$$

当向可溶性重铬酸盐溶液中加入钡离子时，也可以得到黄色的铬酸钡沉淀：

$$2Ba^{2+} + Cr_2O_7^{2-} + H_2O \longrightarrow 2BaCrO_4 \downarrow (黄色) + 2H^+ \tag{9-40}$$

碱土金属的硫酸盐和铬酸盐的溶解度从铍到钡依次减小，常用几滴氯化钡溶液来鉴定溶液中是否含有硫酸根离子：

$$Ba^{2+} + SO_4^{2-} \longrightarrow BaSO_4 \downarrow (白色) \tag{9-41}$$

在碱土金属的草酸盐中以草酸钙最重要，在无机和分析化学中，常利用它的难溶性来进行离子的分离和鉴别。例如，在定量分析中利用钙离子和草酸根离子反应，得到白色的草酸钙沉淀，再结合高锰酸钾法，用来间接测定钙的含量：

$$Ca^{2+} + C_2O_4^{2-} \longrightarrow CaC_2O_4 \downarrow \tag{9-42}$$

钙、锶、钡的碳酸盐可溶于过量的二氧化碳溶液中，生成相应的酸式盐：

$$CaCO_3 + CO_2 + H_2O \longrightarrow Ca(HCO_3)_2 \tag{9-43}$$

酸式盐受热又析出碳酸盐，如：

$$Ca(HCO_3)_2 \longrightarrow CaCO_3 \downarrow + CO_2 + H_2O \tag{9-44}$$

基于上述反应，自然界便形成了石笋林立的石灰岩溶洞。我国桂林芦笛岩、肇庆七星岩、张家界黄龙洞、宜兴善卷洞都是世界著名的石灰岩溶洞。

一般地讲，碱金属和碱土金属的酸式盐溶解度大于相应的正盐，如碳酸钙难溶，碳酸氢钙易溶于水。但是碳酸钠的溶解度在常温下却大于碳酸氢钠，这是由于在溶液中碳酸氢根离子间形成了氢键从而使溶解度降低。因此工业上制纯碱，首先制得碳酸氢钠，因其溶解度小，易于沉析分离。然后再煅烧，使碳酸氢钠转化为碳酸钠。

碱金属和碱土金属的含氧酸正盐的热稳定性都较高，而且碱金属盐的热稳定性比碱土金属盐还要高。除了碳酸锂在高温下部分分解外，其余碱金属碳酸盐都很难分解。

碱土金属碳酸盐在强热下分解：

$$MCO_3(s) \xlongequal{} MO(s)+CO_2(g) \tag{9-45}$$

在上述反应体系中，当 $p(CO_2)=101.325$ kPa 时的温度称为该盐的分解温度。在ⅡA 族中，从铍到钡，相应碳酸盐的热稳定性依次增高，分解温度也逐渐升高。分别为：

$BeCO_3$	$MgCO_3$	$CaCO_3$	$SrCO_3$	$BaCO_3$
<373 K	813 K	1173 K	1563 K	1633 K

碱金属酸式盐的热稳定性较差，碳酸氢钠的分解温度为 543 K；碳酸氢钾在 373～393 K 分解。

碱金属和钙、锶、钡盐在灼烧时，离子的外层电子被激发，当电子又从激发态返回到基态时，释放出的能量以可见光的形式放出。

由于各种离子的结构不同，从激发态返回到基态时释放出的能量也不同。由式(2-5)知，发出光的波长就不等，导致火焰的颜色也不一样。物质灼烧火焰的特征颜色可用于鉴定该离子是否存在，这种验证反应被称为焰色反应。例如钠的黄色火焰，是最灵敏的焰色反应，当钠的浓度≥10^{-6} mol·L^{-1}时，都可被检测出来。由于存在焰色反应，人们可将各种盐混合配制成各种绚丽多彩的烟花商品。硝酸锶和硝酸钡在灼烧时火焰呈现鲜艳的色彩，故可制造焰火或红、绿信号弹。各种离子的火焰颜色列于表 9-3 中。

表 9-3　一些碱金属和碱土金属离子的火焰颜色

离子	Li^+	Na^+	K^+	Rb^+	Cs^+	Ca^{2+}	Sr^{2+}	Ba^{2+}
火焰颜色	洋红	黄色	紫色	紫红	紫红	橙红	深红	黄绿

氯化钠是制造所有其他氯、钠的化合物的常用原料，在日常生活和工业生产中都是必不可少的。氯化钠广泛存在于自然界中。由海水或盐湖水晒制可得到含有硫酸钙和硫酸镁等杂质的粗盐，把粗盐溶于水，加入适量的氢氧化钠、碳酸钠和氯化钡，使溶液中的钙离子、镁离子、硫酸根离子以沉淀的形式析出，从而得到较为纯净的精盐。

氯化镁 $MgCl_2·6H_2O$ 是无色晶体，它可从光卤石 $KCl·MgCl_2·6H_2O$ 或海水中得到。无水氯化镁是生产单质镁的主要原料。无水氯化镁的制备可通过将 $MgCl_2·6H_2O$ 在干燥的氯化氢气流中加热脱水得到。

无水氯化钙具有很强的吸水性，是一种廉价的干燥剂，但它不能干燥氨气，因为氯化钙能和氨生成加合物，如 $CaCl_2·8NH_3$。它还可用作致冷剂，将 $CaCl_2·6H_2O$ 与冰水按不同的比例混合，可以得到不同程度的低温，最低可达－54.9 ℃。

碱金属碳酸盐中以碳酸钠最重要。碳酸钠又称苏打，俗称纯碱，是基本的化工产品之一。目前工业上常用联合制碱法或氨碱法制备纯碱。联碱法是用氨、二氧化碳和食盐水制碱，还可得到副产品氯化铵，这种方法是由我国著名化学工程学家侯德榜发明的，因而也称为侯氏制碱法。

碳酸钙是生产重要建筑材料水泥、氧化钙的原料。碳酸钙难溶于水，但可溶于稀酸中。

用硫酸处理碳酸钠或氢氧化钠可得到硫酸钠，硫酸钠主要用于玻璃、纸张和染料等制造业。含十个结晶水的硫酸钠 $Na_2SO_4·10H_2O$ 称为芒硝，无水 Na_2SO_4 称为元明粉。

硫酸钙的二水合物 $CaSO_4·2H_2O$ 俗称为生石膏，加热到 120 ℃，失去部分结晶水，生成 $CaSO_4·0.5H_2O$，俗称熟石膏：

$$CaSO_4·2H_2O \xlongequal{} CaSO_4·0.5H_2O+1.5H_2O \tag{9-46}$$

在 163 ℃以上，将粉末状的硫酸钙与水混合后有可塑性，然后逐渐硬化变为熟石膏，可用作雕塑，外科医学用于造型和固定。

硫酸钡是制造其他钡盐的原料。一般是在高温条件下用碳将硫酸钡还原为可溶性的硫化钡，再由硫化钡制造其他钡盐。因为硫酸钡不溶于胃酸，所以硫酸钡是唯一无毒的钡盐。同时硫酸钡又能强烈地吸收X射线，因而在医学上用它做钡餐来检查肠胃病。

硫酸钡还是较好的白色颜料。

钠和钾的硝酸盐都是可溶性的化肥，且它们性质相似。但硝酸钠仅是氮化肥，而硝酸钾则是氮和钾的双效化肥。硝酸钾可用于制造黑火药，但不能用硝酸钠制造黑火药，因为硝酸钠在空气中易潮解。

9.2.4 锂、铍性质的特殊性及其对角线规则

锂的化合物性质与它相邻ⅡA族右下方的元素镁的化合物性质有相似性，主要表现在以下几个方面。

① 锂和镁在空气中的燃烧产物都是普通氧化物。

② 锂、镁的氟化物、磷酸盐、碳酸盐都难溶于水，它们的碳酸盐在加热时都分解为相应的普通氧化物和二氧化碳。

③ 锂、镁带结晶水的氧化物加热易失水分解；它们的氢氧化物都为中强碱，且在水中的溶解度都不大。

④ 锂和镁易在氮气中燃烧生成氮化物。

$$3Mg + N_2 \xlongequal{\quad} Mg_3N_2 \tag{9-47}$$

$$6Li + N_2 \xlongequal{\quad} 2Li_3N \tag{9-48}$$

⑤ 锂、镁的化合物的化学键都具有一定的共价性。

⑥ 锂离子和镁离子都有很大的水合能，即不易形成水合离子。

除锂和镁、铍和铝以外，还有ⅢA族的硼与ⅣA族的硅，也存在着对角线关系。

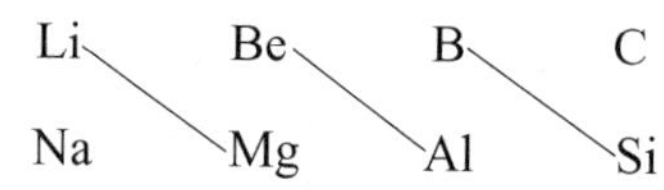

对角线规则是人们从有关元素及其化合物的许多性质中总结出的一条经验规律，它可以用离子极化的观点加以粗略地说明。

离子极化的大小与离子的电荷、半径和电子层结构有关。同一周期最外层电子构型相同的金属离子，从左到右，离子电荷数越多，极化作用越强；同一主族电荷相同的金属离子，自上而下随着离子半径的增大极化作用减弱。锂离子和钠离子虽然电荷相同，但锂离子的半径小，而且只有两个电子，故锂离子的极化作用比钠离子强得多，而镁离子的极化作用又强于钠离子，锂离子与镁离子的离子极化作用比较接近，从而使它们的化合物在性质上也显示出某些相似性。

9.2.5 钠、钾、钙、镁的生理作用

生命起源于海洋，人体内的细胞依然浸泡于相当于海水的细胞外液中，所以海水中的金属元素钠、钾、钙、镁自然也存在于人类的机体中，它们是以无机盐的形式存在的。人们通常称人体内的无机盐为电解质，这类没有生命的无机矿物质元素对于人类的许多功能都起着决定性的作用，它们主要有以下一些生理功能。

① 维持体液的电中性，平衡细胞内带负电荷的有机大分子。

② 维持细胞内的渗透压，以使活细胞饱满并阻止其衰退。

③ 建立物质溶解所需的一定条件。

④ 建立体液酸碱平衡所需的缓冲体系。

⑤ 通过生物酶的强化和抑制，影响代谢过程。

⑥ 维持神经系统的兴奋性，使机体具有接受环境刺激和做出反应的能力。

⑦ 是构成骨骼和牙齿的原料。

作为构成生命体器官的必要元素，钠、钾、钙、镁在生物体中各自起着不同的生理作用。钠和钾这两种碱金属元素对于生物的生长和正常发育是绝对重要的。钠盐和钾盐可以控制细胞、组织液和体液内的电平衡和酸碱平衡，从而保证体液正常流通。它们还能衍生出消化食物的盐酸及胃液、胰岛液和胆汁等助消化的化合物。这些衍生化合物和钙盐、镁盐一起，还能保持神经和肌肉系统的应激能力。

钠主要是高等动物的必需元素，而钾对于几乎所有动植物都非常重要。钾是许多酶的活化中心，能促进光合作用、糖类代谢以及蛋白质合成，提高作物对干旱、霜冻、盐害等不良环境的抗御性，可以使植物茎秆坚固并提高抗倒伏、抗病虫害的能力。植物中如果缺钾将会引起叶片收缩、发黄或出现棕褐色斑点等症状，并会强烈地延缓根系的生长，因此，必须经常给植物施钾肥，常用的钾肥有氯化钾、硝酸钾、草木灰等。

镁广泛存在于植物中，肉和内脏含镁丰富。镁对中枢神经系统的抑制起着重要的作用。人体中镁含量减少，会使人情绪激动，镁含量过高，会导致局部或全身麻木和瘫痪。

钙是人体中含量最多的金属宏量元素，约占人体质量的 1.5%～2.0%，99%存在于骨骼和牙齿中，组成人体的支架，并作为机体内钙的储存库。人体缺钙会得佝偻病和软骨病，人体内只有维持正常的钙离子浓度，才能触发肌肉的收缩和维持心脏正常跳动，血液中必须含有钙离子，血液才会凝固，但若钙含量太高，会引起体温下降。

9.2.6 硬水及其软化

工业上把含有较多量的可溶性钙、镁的天然水叫作硬水，硬水又可分为暂时硬水和永久硬水。硬水中存在的阴离子一般是碳酸氢根离子、氯离子和硫酸根离子等。

1 L 水中含氧化钙和氧化镁的总量相当于 10 mg 氧化钙时，水的硬度定义为 1 度。

【例 9-1】 1 L 水中含氧化钙为 100 mg，氧化镁为 50 mg，计算水的硬度。

解 氧化钙：$100\ \text{mg}/10\ \text{mg}=10°$

$$\text{氧化镁：}\frac{50\ \text{mg}\times M_{\text{CaO}}/M_{\text{MgO}}}{10\ \text{mg}}=\frac{50\times 56.08/40.30}{10}=7°$$

所以该水的硬度为 17°。

通常规定水的硬度划分如表 9-4。

表 9-4 水的硬度的划分

0～4°	4°～8°	8°～16°	16°～30°	>30°
超软水	软水	中硬水	硬水	超硬水

含有钙、镁碳酸氢盐的水叫暂时硬水，可以用加热煮沸的方法软化。钙、镁碳酸氢盐转化为碳酸盐沉淀，将生成的碳酸盐沉淀除去而使之软化：

$$Ca^{2+}+2HCO_3^- \xlongequal{} CaCO_3\downarrow+CO_2+H_2O \tag{9-49}$$

含有其他钙盐、镁盐（通常是硫酸盐）的水叫永久硬水，加热沸腾不能将水软化。

硬水主要有两大危害：一是钙离子、镁离子等能和肥皂作用生成不溶性沉淀（如硬脂酸钙、硬脂酸镁等)，浪费肥皂，污染衣服；二是暂时硬水加热时在锅炉的内壁上产生锅垢，主要成分是硫酸钙、碳酸钙、碳酸镁及部分铁盐和铝盐，不但阻碍传热，浪费燃料，而且会堵塞管道，垢的破裂还可能导致爆炸。日常生活中，如饮用硬度过高的水，由于钙离子、镁离子会刺激肠黏膜，容易引起慢性腹泻。

因此化学实验用水或锅炉用水需经过处理，将钙、镁等可溶性盐从硬水中除去的过程叫作水的软化；除去钙离子、镁离子外，还要除去其他杂质离子和化学物质的过程称为水的净化。软化或净化水的方法有很多。

(1) 化学软化法

在硬水中加入一定数量的碳酸钠、石灰乳 [$Ca(OH)_2$]、磷酸钠 (Na_3PO_4)、磷酸氢二钠 (Na_2HPO_4)，使硬水中的钙离子、镁离子以沉淀的形式析出，反应终了再加絮凝剂，澄清后得到软水。

$$CaSO_4 + Na_2CO_3 = CaCO_3 \downarrow + Na_2SO_4 \tag{9-50}$$

$$Ca(HCO_3)_2 + Ca(OH)_2 = 2CaCO_3 \downarrow + 2H_2O \tag{9-51}$$

$$3Ca^{2+} + 2PO_4^{3-} = Ca_3(PO_4)_2 \downarrow \tag{9-52}$$

(2) 离子交换法

其原理及操作过程将在第 11 章中详细介绍。

9.3 p 区元素

p 区元素的价电子构型通式为 $ns^2np^{1\sim6}$ (氦为 $1s^2$)，包含了元素周期表中多数主族元素和除氢以外的所有非金属元素，包括硼族 (ⅢA)、碳族 (ⅣA)、氮族 (ⅤA)、氧族 (ⅥA)、卤素 (ⅦA) 和稀有气体 (ⅧA，也称零族) 六个族，一共有 31 种元素 (不包括第 112 号元素后新发现而未命名的元素)，其中钋、砹和氡三种是放射性元素。p 区元素的名称及符号如表 9-5 所示。

表 9-5 p 区元素的名称及符号

金属	非金属	稀有气体			ⅧA	族 / 周期
ⅢA	ⅣA	ⅤA	ⅥA	ⅦA	氦(He)	1
硼(B)	碳(C)	氮(N)	氧(O)	氟(F)	氖(Ne)	2
铝(Al)	硅(Si)	磷(P)	硫(S)	氯(Cl)	氩(Ar)	3
镓(Ga)	锗(Ge)	砷(As)	硒(Se)	溴(Br)	氪(Kr)	4
铟(In)	锡(Sn)	锑(Sb)	碲(Te)	碘(I)	氙(Xe)	5
铊(Tl)	铅(Pb)	铋(Bi)	钋(Po)	砹(At)	氡(Rn)	6

p 区元素最大的特点是多样性。金属元素和非金属元素同时共存，还包括稀有气体各元素。

根据元素周期表电负性的变化规律，非金属元素处于 p 区元素表 9-5 的右上角，而金属元素应处于表 9-5 的左下角，一般以 Al-Ge-Sb-Po 和 B-Si-As-Te-At 两条斜线作为金属和非金属的分界线。在这两条斜线上的一些元素，往往会同时具有金属和非金属的一些特性，许多半导体材料都和该区域的元素有关。

p 区元素包含了许多自然界和生物界中的重要元素，其中氧、硅、铝是地壳中含量最多的三种元素，铝还是含量最多的金属元素。

以碳为核心形成的有机物是所有生命体的物质基础。氧和氢的化合物水是生物存在必不可少的条件。在人体含量最多的十种元素中，p 区元素占了六种，即碳、氧、氮、磷、硫、氯。另外一些元素在人体中含量虽然微乎其微，但却不可缺少，称为微量必需元素，如硼、氟、碘、硒等。

9.3.1 p 区元素概论

(1) 氧化数

很多 p 区元素具有多种氧化数，这也是 p 区元素多样性的表现之一。

除了氧化数为零的单质以外，p 区元素形成化合物时具有的氧化数如表 9-6 所示。

表 9-6 p 区元素常见的氧化数

ⅢA		ⅣA		ⅤA		ⅥA		ⅦA		ⅧA		族/周期
										氦	—	1
硼	−3、3	碳	−4、2、4	氮	−3、1、2、3、4、5	氧	−2、−1	氟	−1	氖	—	2
铝	1、3	硅	−4、2、4	磷	−3、1、3、5	硫	−2、2、4、6	氯	−1、1、3、5、7	氩	—	3
镓	1、3	锗	2、4	砷	−3、3、5	硒	−2、4、6	溴	−1、1、3、5、7	氪	2、4	4
铟	1、3	锡	2、4	锑	−3、3、5	碲	−2、4、6	碘	−1、1、3、5、7	氙	2、4、6、8	5
铊	1、3	铅	2、4	铋	3、5	钋	2、4	砹	−1、1、3、5、7	氡	2	6

元素呈现的氧化数与其电负性、价层电子构型密切相关。电负性的大小决定其氧化数的正负倾向，而价层电子多少决定其氧化数的极值。

p 区元素表 9-5 中左下角的 p 区元素金属性强，所以氧化数呈正值；右上角的元素非金属性强，氧化数多呈负值。

特别是电负性特别大的元素如氟的氧化数只有负值；而氧的氧化数大多数呈负值，只有与氟形成化合物时才呈正值。

一般地讲，各族元素的最高氧化数与其族数即价层电子（ns、np 层电子）数相等，但也有许多例外。它们也可表现出一些次高价，往往相邻氧化数之差为 2。比如氯具有 1、3、5、7 等一系列氧化数；硫具有 2、4、6 等一系列氧化数。这是因为原子在价层上的电子往往是成对的，当参与反应时，这些电子可以不参与形成共价键，而以孤电子对存在或与中心体形成配位键。或者成对电子分开与另一原子形成两根共价键，造成氧化数的差数为 2。

同一元素不同氧化数的化合物，一般来说其氧化数越高，氧化性就越强。氧化数最高的物质由于无电子可再失去，只有氧化性。而氧化数最低的物质只有还原性。如硫元素具有 −2、0、2、2.5、4、6 等氧化数的代表性物质分别为 H_2S、S、$S_2O_3^{2-}$、$S_4O_6^{2-}$、SO_2、SO_3 等。其中 H_2S 中的 S 具有最低氧化数 −2，它只有还原性，H_2S 是一种强还原剂。SO_3 中的 S 具有最高氧化数 +6，只有氧化性。氧化数处于中间状态的 S 和 SO_2 氧化性和还原性兼备，总体来说氧化性强弱的次序是 $SO_3 > SO_2 > S_4O_6^{2-} > S_2O_3^{2-} > S$，还原性强弱的次序是 $H_2S > S > S_2O_3^{2-} > S_4O_6^{2-} > SO_2$。

第六周期的元素铊、铅和铋的最高氧化数 $+n$（$n=3$，4，5）的化合物均不稳定，因为氧化性太强，很容易得到电子形成其还原态形式而稳定存在，PbO_2 和 $NaBiO_3$ 在酸性介质中都呈现很强的氧化性。

$$TlCl_3+2e^- \longrightarrow TlCl+2Cl^- \qquad (9\text{-}53)$$

$$PbO_2+C_2O_4^{2-}+4H^+ \longrightarrow Pb^{2+}+2H_2O+2CO_2\uparrow \qquad (9\text{-}54)$$

$$2Mn^{2+}+5BiO_3^-+14H^+ \longrightarrow 2MnO_4^-+5Bi^{3+}+7H_2O \qquad (9\text{-}55)$$

而氧化数等于（$n-2$）的化合物则可稳定存在，如 TlCl、PbO 和 $BiCl_3$ 等。说明这些元素 6 轨道上的两个价电子比较稳定，称其为 6 惰性电子对效应。而其他 p 区元素往往是最高氧化数化合物最稳定，如 In(Ⅲ)比 In(Ⅰ)、Sn(Ⅳ)比 Sn(Ⅱ)、P(Ⅴ)比 P(Ⅲ)、S(Ⅵ)比 S(Ⅳ)化合物要稳定。其相应的低氧化数物质如 InCl、$SnCl_2$、H_3PO_3 和 H_2SO_3 都是比较强的还原剂。

(2) 单质的晶体类型

p 区元素的聚集状态和晶体类型很多，许多元素还存在同素异形现象。表 9-7 所示为 p 区元素单质的部分稳定晶型。

从表 9-7 可以看出，位于 p 区左下角的元素，电负性较小，基本上是以金属晶体的形式存在；而位于右上角的元素，电负性较大，多以共价键结合在一起形成分子晶体；而处于两者交界处的元素往往以原子晶体或者混合型晶体（层状、链状）存在。如硼、碳、硅、锗四种元素，因为能够在原子之间形成较多的共价单键，形成了大分子的原子晶体结构；而砷、锑、硒、碲等元素则形成了层状或者链状的大分子混合型晶体结构。所以，同族元素单质自上而下，从分子晶体经过原子晶体或混合型晶体向金属晶体过渡；同周期元素单质从右到左从分子晶体经过原子晶体或混合型晶体向金属晶体过渡。

表 9-7　p 区元素单质的存在形式

金属晶体	原子晶体	分子晶体			ⅧA	族 周期
ⅢA	ⅣA	ⅤA	ⅥA	ⅦA	He	1
B	C(金刚石)	N_2	O_2	F_2	Ne	2
Al	Si	P_4(白磷)	S_8(单斜)	Cl_2	Ar	3
Ga	Ge	As_4(黄砷)	Se_8(红硒)	Br_2	Kr	4
In	Sn(白锡)	Sb_4(黑锑)	Te	I_2	Xe	5
Tl	Pb	Bi	Po	At	Rn	6

p 区元素的单质具有的同素异形现象。主要发生在非金属元素中，这和它们的原子在形成共价键时有多种结合方式有关。

非金属单质的成键方式，存在“$(8-n)$规则”：第 n 族数非金属元素，可以提供（$8-n$）个价电子，与同元素原子形成（$8-n$）根共价键。例如，卤素的族数为 7，所以 $8-n=1$，两个卤素原子之间借助一根共价键形成双原子分子，晶体为分子晶体；氧族族数为 6，所以 $8-n=2$，可以在原子之间形成双键，如 O_2，也可以几个原子形成环状结构如 S_8(单斜或者斜方硫)，或者形成长链的结构（弹性硫）；硒的同素异形体一种是具有环状结构的红硒 Se_8，第二种是具有链状结构的灰硒；氮族族数为 5，所以 $8-5=3$，可以在原子之间形成叁键如 N_2，也可以几个原子组成四面体的结构如 P_4(白磷)、As_4(黄砷)，也可以形成层状结构的晶体如灰砷和灰锑；碳族族数为 4，所以 $8-4=4$，因为原子之间最多只能形成叁键，所以其原子往往彼此无穷无尽地连接起来，形成具有三维空间结构的原子晶体，如 C(金刚石)、单晶硅和单晶锗。锡则有两种同素异形体，白锡是金属晶体，灰锡则是金刚石型的原子晶体。而碳还可以形成层状结构的过渡型晶体（石墨）。

(3) 单质的熔沸点

从表 9-8 看，p 区元素单质的熔沸点随晶体类型不同，差异很大。

表 9-8　p 区元素单质的熔沸点　　单位：K

ⅢA		ⅣA		ⅤA		ⅥA		ⅦA		ⅧA		族/周期
										He	0.95	1
											4.22	
B	2573	金刚石	3773①	N_2	63.3	O_2	54.8	F_2	53.5	Ne	24.48	2
	2823		4203		77.4		90.2		85.0		27.10	
Al	933.5	Si	1687	P_4	317.3	单斜硫	392.2	Cl_2	172.2	Ar	84.0	3
	2740		2628		553.7		717.8		238.6		87.5	
Ga	302.9	Ge	1210.6	As	1090②	灰硒	494.4	Br_2	266.0	Kr	116.7	4
	2676		3103		886③		958.1		331.9		120.3	
In	429.8	白锡	505.1	Sb	903.9	Te	722.7	I_2	386.8	Xe	161.3	5
	2353		2543		2023		1263.0		457.6		166.1	
Tl	576.7	Pb	600.7	Bi	544.5	Po	527	At	575	Rn	202.2	6
	1730		2013		1833		1235		610		211.4	

① 6.35 MPa 加压下；②2.84 MPa 加压下；③升华温度。

第一类是 B、C、Si、Ge 形成的原子晶体，熔沸点最高，其中金刚石的熔点在所有 p 区元素的单质中是最高的。

第二类是 As、Sb、Te 等元素形成的具有层状或者链状结构的混合型晶体，熔沸点也较高。

第三类是 In、Sn、Pb 等金属元素形成的金属晶体，熔沸点与第二类相当或者略低，p 区元素的金属由于价电子较多，金属原子或金属离子对其控制不牢，所以金属键强度不高，导致其熔沸点在金属单质中是较低的。

第四类是非金属元素如 O、N、F、Cl、惰性气体各元素形成的分子晶体，其熔沸点最低，在常温下多呈气态或者液态。

对于同族相同类型的分子晶体中，原子量越大，熔沸点越高。这是因为分子之间的色散力随着分子量增加而增大。比如氟单质和氯单质在常温下是气态，而溴单质在常温下是液态，碘单质则是固态。

惰性气态也存在类似的变化规律，特别是氦，由于其原子量小，导致其熔点只有 0.95 K，沸点只有 4.25 K，在所有物质中其熔沸点是最低的，因此，氦常用于超低温技术。

(4) 氢化物

p 区元素的氢化物以共价型为主，它们的分子式如表 9-9 所示，同一族的氢化物有同样的构型，如卤素都是 HX，氧族都是 H_2X。

① 氢化物的稳定性

p 区元素氢化物的稳定性差别很大，这是由于各 p 区元素电负性差异造成的。一般来说，元素的电负性越大，形成的氢化物越稳定，比如 HF、H_2O、HCl、NH_3 非常稳定，在高温下也不易分解，而 BiH_3、H_3P 这样的氢化物在常温下即可分解。

表 9-9　p 区元素的氢化物

硼	B_2H_6	碳	CH_4	氮	NH_3	氧	H_2O	氟	HF
铝	Al_2H_6	硅	SiH_4	磷	PH_3	硫	H_2S	氯	HCl
镓	Ga_2H_6	锗	GeH_4	砷	AsH_3	硒	H_2Se	溴	HBr
铟	—	锡	SnH_4	锑	SbH_3	碲	H_2Te	碘	HI
铊	—	铅	PbH_4	铋	BiH_3	钋	—	砹	—

酸性 →　　稳定性 →　　还原性 ←

酸性 ↓　　还原性 ↓　　稳定性 ↑

因此，p 区同族元素的氢化物的稳定性从上到下依次减弱，同周期元素从左到右依次增强。整体而言，左下角元素形成的氢化物稳定性低于右上角元素形成的氢化物。

② 氢化物的还原性

p 区元素的电负性越大，其氢化物越不容易被还原，如氟化氢就基本不表现出还原性，而水则要在电解情况下才会分解。而一般的氢化物在遇到氧气、氯气、高锰酸钾、重铬酸钾、氯酸钾等强氧化剂时，均会被氧化，表现出较强的还原性。如：

$$4HBr + O_2 = 2Br_2 + 2H_2O \tag{9-56}$$

$$8NH_3 + 3Cl_2 = 6NH_4Cl + N_2\uparrow \tag{9-57}$$

像 H_2S 这样较强的还原剂，甚至可以被三价铁所氧化：

$$H_2S + 2Fe^{3+} = 2Fe^{2+} + 2H^+ + S\downarrow \tag{9-58}$$

H_3P 在常温下可以自燃：

$$2H_3P + 4O_2 = P_2O_5 + 3H_2O \tag{9-59}$$

③ 氢化物水溶液的酸碱性

p 区元素氢化物与水作用大致可以分为以下几种情况。

(a) 强碱性。硼、铝、硅、锗的氢化物，在水中不能稳定存在，与水作用强烈，生成相应的含氧酸或两性氢氧化物，并释放出氢气。与碱金属、碱土金属氢化物类似，显示较强的碱性。如：

$$B_2H_6 + 6H_2O = 2H_3BO_3 + 6H_2\uparrow \tag{9-60}$$

(b) 与水不作用。碳、锗、锡、磷、砷、锑的氢化物，与水不作用，亦不表现出酸碱性。

(c) 弱碱性。氮的氢化物 NH_3，与水作用微弱，溶液呈弱碱性：

$$NH_3 + H_2O \rightleftharpoons NH_4^+ + OH^- \tag{9-61}$$

(d) 弱酸性。氧、硫、硒、碲的氢化物，在水中微弱解离，都呈弱酸性，且酸性依次增强，如：

$$H_2S \rightleftharpoons H^+ + HS^- \tag{9-62}$$

(e) 强酸性。卤素元素氟、氯、溴、碘的氢化物，除了氟化氢以外，在水中都几乎完全电离，呈强酸性，且酸性依次增强，如：

$$HCl = H^+ + Cl^- \tag{9-63}$$

所以，p 区元素的氢化物的水溶液，在同一周期中，从左到右酸性增强；在同一族中，从上到下，酸性增强。

(5) 卤化物

p 区元素的卤化物主要是共价键化合物。除非形成卤化物的两种元素电负性差异特别大，如 B 以外的ⅢA 族活泼的金属铝等与活泼的非金属氟形成的 AlF_3 就是离子型的。卤化物在水中的反应剧烈程度差别很大，一般来说，电负性较小的金属元素的卤化物发生部分水解，产物为碱式盐沉淀，如：

$$SnCl_2 + H_2O = Sn(OH)Cl\downarrow + HCl \quad (9\text{-}64)$$

$$BiCl_3 + H_2O = BiOCl\downarrow + 2HCl \quad (9\text{-}65)$$

而电负性较大的非金属卤化物遇水激烈反应，完全水解，生成相应的含氧酸，如：

$$BCl_3 + 3H_2O = H_3BO_3 + 3HCl \quad (9\text{-}66)$$

$$SiCl_4 + 3H_2O = H_2SiO_3\downarrow + 4HCl \quad (9\text{-}67)$$

$$PCl_5 + 4H_2O = H_3PO_4 + 5HCl \quad (9\text{-}68)$$

也有一些卤化物与水不作用，如 CCl_4、CF_4、SF_6 等。

(6) 氧化物

p 区元素的氧化物可以分为离子型和共价型两种，一般电负性很小的金属元素形成离子型的氧化物。

p 区元素中除了 B 以外的ⅢA 族元素形成离子型氧化物外，其余各元素都形成共价型氧化物。氧化物的晶体类型也是多样性的。除了离子型氧化物是离子晶体以外，共价型氧化物可能是分子晶体、原子晶体和混合型晶型。如表 9-10 所示。

表 9-10　p 区元素的氧化物类型

键　型	晶体类型	代　表　性　物　质
离子键	离子晶体	Al_2O_3
共价键	分子晶体	N_2O、NO、N_2O_3、NO_2、CO_2、Cl_2O、Cl_2O_7、ClO_2、P_4O_{10}、SO_2、SO_3、As_4O_6
	原子晶体	SiO_2、B_2O_3
	链状晶体	$(SO_3)_n$、Sb_2O_3
	层状晶体	As_2O_3

氧化物的熔沸点高低取决于其晶体类型，离子晶体和原子晶体的氧化物熔沸点一般很高，如 α-Al_2O_3（刚玉）的熔点高达 2273 K，且硬度很大，常用于生产耐火材料、制作砂轮、用作磨料。而分子晶体的熔沸点要低得多，常温下许多氧化物以气体存在，如 NO、CO_2、SO_2 等。

(7) 氢氧化物

p 区元素氢氧化物的通式可写成 $R(OH)_n$。有的氢氧化物在水溶液中呈酸性，有的呈碱性，有的是两性物质，主要是由于电离时 R—O—H 的断裂位置不同而造成的。如图 9-1 所示，若断裂的是 R—O 键，则电离出 OH^-，称为碱式电离；断裂的是 O—H 键，则电离出 H^+，称为酸式电离。如 9.2.5 中所述，电离模式取决于离子的离子势 φ。p 区元素的离子 M 所带正电荷一般比ⅠA 族、ⅡA 族多，而同周期元素的从左到右离子半径减小，离子势 φ 比较大，碱性降低而容易呈现两性或酸性。

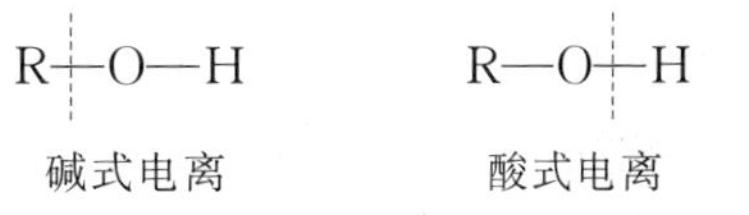

R┆O—H　　　R—O┆H

碱式电离　　　酸式电离

图 9-1　氧化物水合物的电离方式

也可以认为，R 的电负性比较大，吸引电子的能力强，则 H 上的电子越容易偏向 R，容易发生酸式电离，R 吸引电子能力越强，该物质酸性越强；如果 R 的电负性不大，则不容易吸引电子，相邻的 O 易把 R—O 键的共用电子对拉向自己，造成碱式电离，R 电负性越低，该物质的碱性越强。

不同元素形成的含氧酸，一般以元素的电负性大小作为判断酸强度的依据。S的电负性大于P，所以硫酸的酸性大于磷酸；P的电负性大于C，所以磷酸的酸性大于碳酸；而电负性较小的Tl、Bi氧化物的水合物$Tl(OH)_3$、$Bi(OH)_3$就显示弱碱性。

当R的电负性不是特别大也不是非常小时，p区元素的氢氧化物一般是两性的。根据酸碱质子理论，两性氢氧化物的电离模式还与溶液的酸碱性有关。如果溶液呈碱性，则发生酸式电离，断裂O—H键；如果溶液呈酸性，则发生碱式电离，断裂R—O键。比如氧化铝的水合物，即氢氧化铝，分子式可以写为$Al(OH)_3$，也可以写为H_3AlO_3，实际上是同一种物质。氢氧化铝是典型的两性物质，既溶于酸，

$$Al(OH)_3 + 3H^+ \xlongequal{} Al^{3+} + 3H_2O \tag{9-69}$$

也溶于碱：

$$Al(OH)_3 + OH^- \xlongequal{} [Al(OH)_4]^- \tag{9-70}$$

在p区的左部，大多数元素的氧化物的水合物呈两性。但越向下，酸性越弱，碱性增强，$Tl(OH)_3$、$Bi(OH)_3$就显示弱碱性而没有酸性。在p区元素表右上方的元素水溶液呈酸性，左下角的元素则呈碱性，在中间一些区域的元素呈两性。这与元素电负性大小的变化规律是一致的，如表9-11所示。

表9-11 主族元素最高价态氧化物的水合物酸碱性

	ⅠA	ⅡA	ⅢA	ⅣA	ⅤA	ⅥA	ⅦA	
	→ 酸性增强							
碱性增强（↓）	LiOH 中强碱	$Be(OH)_2$ 两性	H_3BO_3 弱酸	H_2CO_3 弱酸	HNO_3 强酸	—	—	酸性增强（↑）
	NaOH 强碱	$Mg(OH)_2$ 中强碱	$Al(OH)_3$ 两性	H_2SiO_3 弱酸	H_3PO_4 中强酸	H_2SO_4 强酸	$HClO_4$ 极强酸	
	KOH 强碱	$Ca(OH)_2$ 中强碱	$Ga(OH)_3$ 两性	$Ge(OH)_4$ 两性	H_3AsO_4 中强酸	H_2SeO_4 强酸	$HBrO_4$ 强酸	
	RbOH 强碱	$Sr(OH)_2$ 中强碱	$In(OH)_3$ 两性	$Sn(OH)_4$ 两性	$H[Sb(OH)_6]$ 弱酸	H_6TeO_6 弱酸	H_5IO_6 中强酸	
	CsOH 强碱	$Ba(OH)_2$ 强碱	$Tl(OH)_3$ 弱碱	$Pb(OH)_4$ 两性	—	—	—	
	← 碱性增强							

9.3.2 硼族元素

硼族位于元素周期表中ⅢA族，包括硼（B）、铝（Al）、镓（Ga）、铟（In）、铊（Tl）五个元素。硼族元素的价层电子构型为ns^2np^1，最高氧化数为+3。除了硼是非金属外，其余都是金属元素。硼族元素的一些性质见表9-12。

硼以硼砂（$Na_2B_4O_7 \cdot 10H_2O$）、硼镁矿（$Mg_2B_2O_5 \cdot H_2O$）、方硼石（$2Mg_3B_8O_{15} \cdot MgCl_2$）的形式存在于天然矿物中。我国硼的储量居世界之首。硼还是人体必需的微量元素。

铝在地壳中的丰度居所有元素第三位，是含量最丰富的金属元素。以铝硅酸盐（云母、长石、沸石）、水合氧化铝（铝土矿）和冰晶石（Na_3AlF_6）等形式存在。土壤的主要成分也是一种铝硅酸盐，故本族元素有时候也称为土族。

表 9-12　硼族元素的一些性质

元　素	硼	铝	镓	铟	铊
英文名	Boron	Aluminum	Gallium	Indium	Thallium
原子序数	5	13	31	49	81
原子量	10.81	26.98	69.72	114.82	204.37
价层电子构型	$2s^2 2p^1$	$3s^2 3p^1$	$4s^2 4p^1$	$5s^2 5p^1$	$6s^2 6p^1$
地壳中的丰度/%①	0.0010(36)	8.23(3)	0.0015(34)	0.1×10^{-4}(65)	0.45×10^{-4}(61)
天然同位素及其丰度/%	^{10}B 19.9 ^{11}B 80.1	^{27}Al 100	^{69}Ga 60.108 ^{71}Ga 39.892	^{113}In 4.29 ^{115}In 95.71	^{203}Tl 29.52 ^{205}Tl 70.48

① 指地壳岩石圈及毗邻的水圈及大气圈中的质量分数，括号内为存在量的排名。

镓和铟存在于铅矿石和锌矿石中，但丰度较低。铊分布更为分散，可以从熔烧黄铁矿矿石的烟道灰中回收少量铊。

(1) 硼族元素单质

① 硼的单质

硼的单质常温下为黑色发亮的原子晶体，六方或者三方晶系，硬度为 9.5，熔点很高。硼单质的晶体结构是所有非金属单质中最复杂的。基本的单元是 B_{12}，B_{12} 是正二十面体，硼原子位于十二个顶点的位置上，如图 9-2 所示。依照 B_{12} 之间连接的方式不同，形成各种不同的硼晶体。晶体硼非常稳定，只能被浓热的硝酸缓慢氧化。

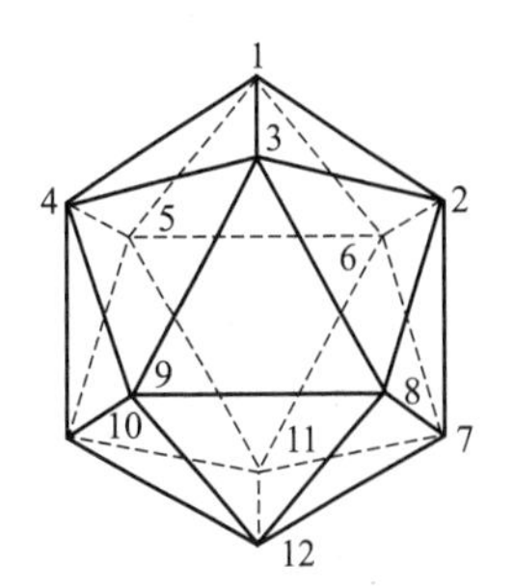

图 9-2　B_{12} 的正二十面体结构

硼还有无定形的单质存在，为不透明褐色粉末，化学性质就比较活泼。易与氧、硫、氟、氯、溴等电负性较大的非金属单质作用，在高温下也能与水蒸气反应：

$$2B+6H_2O(g) \xlongequal{\triangle} 2H_3BO_3+3H_2\uparrow \quad (9\text{-}71)$$

并能溶于浓碱和氧化性的浓酸：

$$2B+2NaOH(浓)+2H_2O = 2NaBO_2+3H_2\uparrow \quad (9\text{-}72)$$

$$B+3HNO_3 = H_3BO_3+3NO_2\uparrow \quad (9\text{-}73)$$

② 铝的单质

铝是活泼的有色轻金属，常温下是银白色的金属晶体，面心立方紧密堆积，硬度为 2.9，密度为 2.7 $g\cdot cm^{-3}$，延展性和韧性都很好，导电导热性能优异。铝与氧的结合力很强，Al—O 键键能为 585 $kJ\cdot mol^{-1}$，所以极易被空气中的氧气氧化，在表面形成一层致密的氧化膜，常温下不容易进一步被氧化。这层膜与空气、水不反应，还会被浓硝酸、浓硫酸钝化而不发生反应，所以可以用纯铝的容器运送冷的浓硝酸和浓硫酸。

虽然自然界中铝的丰度很高，但由于与氧结合紧密、键能很大，所以制取难度很大。用传统的煤炭还原方法很难得到单质铝。直到发明了电解法生产铝以后，铝才开始大规模地在工业和日常生活中使用。铝主要的用途是生产铝合金，铝合金材料的强度接近于钢而重量却小得多。

铝是强还原剂，由于和氧结合时能放出大量的热，常用它还原其他金属氧化物制备其他金属单质，即所谓铝热法，甚至可以还原二氧化硅：

$$4Al+3SiO_2 = 2Al_2O_3+3Si \quad (9\text{-}74)$$

③ 镓、铟、铊的单质

镓是分散的稀有金属，常温下是发亮的浅灰银白色金属晶体，斜方晶系。熔点极低，但沸点很高，硬度仅为1.5，凝固时体积膨胀3.1%，反光能力强。镓是重要的半导体材料，还可利用其熔点（302.9 K）与沸点（2676 K）之间存在的极其宽的温度差，制造高温温度计。

铟是分散的稀有重金属，常温下是发亮的银白色金属晶体，四方晶系。硬度为1.2。熔点低，有延展性。可用作铟镀层，在半导体工业中用量也很大。

铊也是分散的稀有重金属，常温下是带微蓝色光泽的银白色金属晶体，α晶型为六方紧密堆积，β晶型为立方晶系，升温至503 K时α晶型转变为β晶型。熔点较低，韧性差，是剧烈的神经性毒物，对人的致死量为0.8 g。在空气中易氧化，应储存于煤油中。用于制造有特殊用途的光学玻璃和电光源灯。

（2）硼的氢化物

硼与氢形成的分子，在组成和性质上与烷烃、硅烷相似，因此也称为硼烷。最简单的硼烷并不是甲硼烷 BH_3，而是乙硼烷 B_2H_6。这是因为硼价电子层上有1条2s和三条2p共四条轨道，但价层电子只有3个，这种原子称作缺电子的原子。乙硼烷中两个硼之间没有σ键。乙硼烷通过氢桥将两个 BH_3 分子的B连接在一起，如图9-3所示。中间的H连接着两头的B原子，2个硼和1个氢三个原子共享2个电子（H原子提供1个价电子，2个硼只能提供1个价电子），称为三中心二电子键，简称三中心键。三中心键是缺电子原子的一种特殊成键方式，是一种电子非定域的共价键，强度只有一般共价键的一半，乙硼烷中一共有两个三中心键，故硼烷的性质比烷烃活泼。

硼的卤化物在乙醚等有机溶剂中与强还原剂反应可制得乙硼烷：

$$3LiAlH_4 + 4BCl_3 = 3LiCl + 3AlCl_3 + 2B_2H_6 \tag{9-75}$$

由于硼烷是缺电子的化合物，因此有可能与氨、一氧化碳等具有孤电子对的分子发生配合作用：

$$B_2H_6 + 2CO = 2[H_3B \leftarrow CO] \tag{9-76}$$

$$B_2H_6 + 2NH_3 = 2[H_3B \leftarrow NH_3] \tag{9-77}$$

（3）硼的氧化物、含氧酸及盐

硼在自然界中总是以各种含氧化合物形式存在，因为B—O键的键能非常大，为560 kJ·mol⁻¹，所以硼的氧化物具有很高的稳定性。硼的含氧化合物如三氧化二硼、硼酸和硼酸盐的骨架都是由硼氧 $B—O_3$ 平面三角形构成的。

硼的氧化物三氧化二硼是一种片状结构的分子晶体，如图9-4所示，B_2O_3 是其化学式。将硼酸加热至熔点以上，脱水生成三氧化二硼。

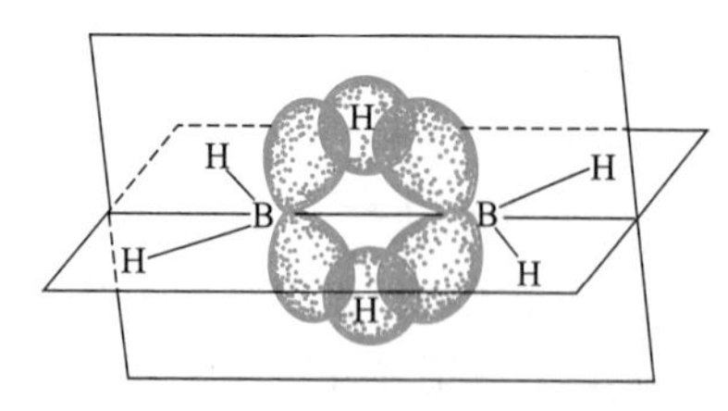

图9-3　乙硼烷的空间构型

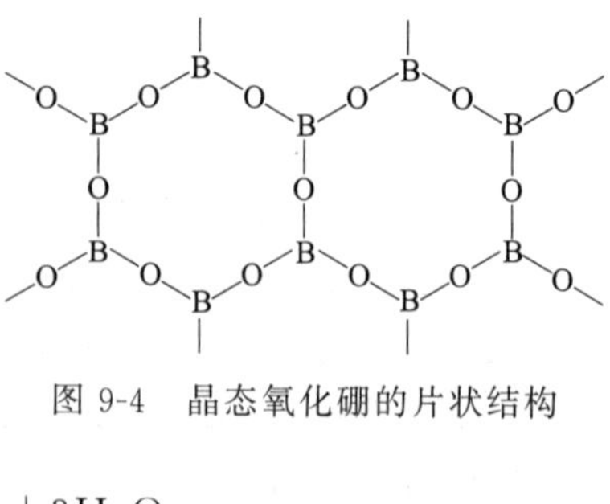

图9-4　晶态氧化硼的片状结构

$$2H_3BO_3 \xlongequal{\triangle} B_2O_3 + 3H_2O \tag{9-78}$$

硼的含氧酸包括偏硼酸 HBO_2、硼酸 H_3BO_3 和多硼酸 $xB_2O_3 \cdot yH_2O$。基本结构单位都是 $B(OH)_3$，也是平面三角形的构型。

硼酸是一元弱酸，其 $K_a = 5.75 \times 10^{-10}$。硼原子有4条外层电子轨道，但只有3个电子，必有1条空的价电子层轨道。而水电离出的OH^-有孤电子对，二者可形成一根配位键，所以只能产生一个H^+，显现一元酸而不是三元酸：

$$H_3BO_3+H_2O \rightleftharpoons [H_3B(OH)O_3]^- + H^+ \tag{9-79}$$

$[H_3B(OH)O_3]^-$也可写成$[B(OH)_4]^-$，但4个OH^-来源是不一样的。

硼酸盐相应地包括偏硼酸盐、硼酸盐和多硼酸盐等，其中最重要的是四硼酸钠，其含结晶水的盐俗称硼砂$Na_2B_4O_7 \cdot 10H_2O$。

硼酸根离子在不同环境的溶液中呈现不同的分布形态，在酸性介质中，以硼酸的形式存在；当溶液呈弱碱性时，以四硼酸根的形式存在：

$$4H_3BO_3+2OH^- \rightleftharpoons B_4O_7^{2-}+7H_2O \tag{9-80}$$

在碱性比较强的介质中（pH＝11～12），四硼酸根会水解生成偏硼酸根：

$$B_4O_7^{2-}+2OH^- \rightleftharpoons 4BO_2^-+H_2O \tag{9-81}$$

硼砂是无色透明的晶体，在空气中易风化失水。铁、钴、镍、锰等金属的氧化物，可以熔解在硼砂的熔体中，并显示出各种特征颜色，如钴显蓝色、锰显绿色。利用硼砂的这一性质可以鉴定某些金属离子，叫作硼砂珠实验。硼砂在实验室还常用于配制缓冲溶液，另外还作为一种重要的化工原料应用于搪瓷和玻璃等工业。

(4) 铝的卤化物

铝的卤化物中最重要的是$AlCl_3$，由于铝盐容易水解，所以不能用铝盐和浓盐酸作用制得。无水$AlCl_3$只能用干法制备：

$$2Al+6HCl(g) = 2AlCl_3+3H_2 \tag{9-82}$$

$$2Al+3Cl_2 \xlongequal{\triangle} 2AlCl_3 \tag{9-83}$$

无水$AlCl_3$几乎能溶解于所有的有机溶剂中。与水作用则强烈水解，甚至与空气中水汽也会形成烟雾。常温下$AlCl_3$是白色晶体，在673 K时双聚成Al_2Cl_6气体分子。其结构式如图9-5所示，因为铝和硼一样也是缺电子原子，所以可以和氯原子上的孤电子对形成配位结构。

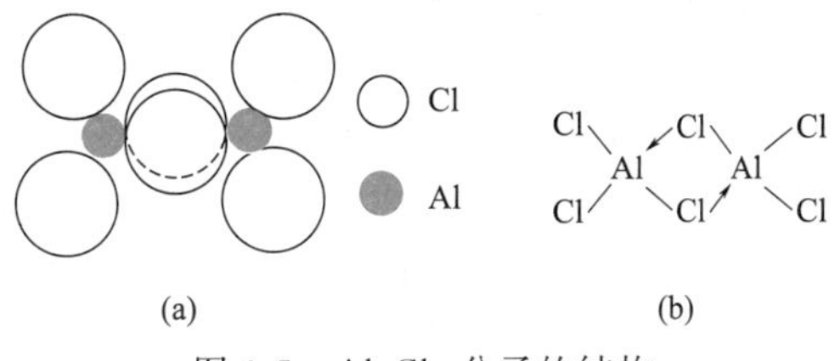

图9-5　Al_2Cl_6分子的结构

无水$AlCl_3$也能与醚、醇、胺、酰氯等有机物形成配合结构，常在有机合成和石化工业中作为催化剂，是一种非常重要的化学试剂。

(5) 铝的氧化物

氧化铝有两种主要的变体，α-Al_2O_3及γ-Al_2O_3，α-Al_2O_3也称为刚玉，硬度仅次于金刚石，可作高硬度材料、耐火材料；γ-Al_2O_3硬度小、质轻，但其比表面积要比等质量的活性炭大2～4倍，又称为活性氧化铝，常作为吸附剂和催化剂使用。天然氧化铝中含有少量Cr(Ⅲ)时呈现红色，称为红宝石，含少量Fe(Ⅱ)、Fe(Ⅲ)和Ti(Ⅳ)的氧化铝则称为蓝宝石。

铝土矿中含有大量的氧化铝，是制备金属铝的主要来源。目前主要用电解法来进行制备：

$$2Al_2O_3 \xlongequal{电解} 4Al+3O_2\uparrow \tag{9-84}$$

因为Al_2O_3的熔点高达2273 K，为了降低能耗，在Al_2O_3中加入冰晶石（Na_3AlF_6），使得其熔化温度下降1000 K左右，而冰晶石在电解过程中基本不消耗，可重复使用。

(6) 氢氧化铝

氢氧化铝是典型的两性物质，溶于酸生成铝离子，溶于碱则生成铝酸盐：

$$Al(OH)_3+3H^+ \rightleftharpoons Al^{3+}+3H_2O \tag{9-85}$$

$$Al(OH)_3 + OH^- \rightleftharpoons Al(OH)_4^- \quad (9\text{-}86)$$

经证实，在水溶液中的铝酸盐形式是 $Al(OH)_4^-$，而不是偏铝酸根 AlO_2^-。

铝或者氢氧化铝与浓盐酸在 160 ℃和加压条件下，可生成聚合氯化铝 $[Al_2(OH)_nCl_{6-n}]_m$，聚合氯化铝是一种无机高分子聚合物，作为高效的絮凝剂，广泛用于水处理。

(7) 分子筛

分子筛是一种新型高效的选择性吸附剂，可以用来分离气体或者液体中大小不同或者极性不同的分子。沸石类的铝硅酸盐是天然的分子筛，如图 9-6 所示的是泡沸石 $Na_2O \cdot Al_2O_3 \cdot 2SiO_2 \cdot nH_2O$ 的结构，A 处是空腔，B 处是孔道，这样的开放结构可以容纳某些特定尺寸的分子。

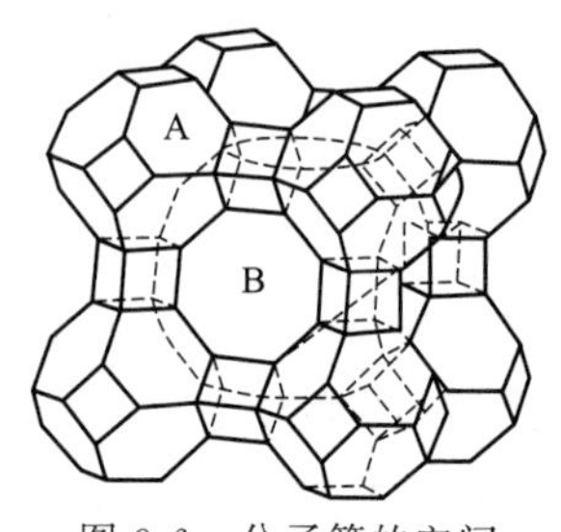

图 9-6 分子筛的空间结构（局部）

人工合成分子筛的原料则是水玻璃（$Na_2O \cdot xSiO_2$）、偏铝酸钠和氢氧化钠，将这些原料配成溶液后按一定比例混合，得到乳白色的液体，然后在 373 K 下保温使之转变为晶体，最后洗涤干燥、脱水成型即得产品。

分子筛作用的关键就是其中呈立体构架的铝硅酸盐，大量的空穴和微孔使得其比表面积极大，可达 800～1000 $m^2 \cdot g^{-1}$，因此具有很强的吸附能力。如果其空腔的尺寸比较均一，就可以让小于这一尺寸的分子通过，将大于这一尺寸的分子阻留，达到筛分分子级物质的作用，故名分子筛。

9.3.3 碳族元素

碳族元素位于元素周期表ⅣA 族，包括碳（C）、硅（Si）、锗（Ge）、锡（Sn）、铅（Pb）五种元素，其中碳、硅是典型的非金属元素，锗是准金属元素，锡和铅是典型的金属元素。碳族元素的价层电子构型为 ns^2np^2，能形成氧化数为+2 和+4 的化合物。由于 6s 惰性电子对效应，碳族元素从上到下，氧化值为+2 的化合物稳定性增加，而+4 的化合物稳定性下降。

在自然界中，碳的丰度虽然不是很大，但是它形成的化合物种类最多，这主要归因于碳作为有机物的骨架而生成种类数目巨大的有机物。碳在自然界中分布也很广，大气中存在二氧化碳，在地层中储藏的煤、石油和天然气的成分是有机碳化合物，无机碳化合物则主要以碳酸盐的形式存在于矿物中，如 $CaCO_3$（石灰石、方解石、大理石）和 $CaCO_3 \cdot MgCO_3$（白云石）。动植物生物体内也存在复杂的含碳有机物。碳族元素的一些性质见表 9-13。

表 9-13 碳族元素的一些性质

元 素	碳	硅	锗	锡	铅
英文名	Carbon	Silicon	Germanium	Tin(Stannum)	Lead(Plumbum)
原子序数	6	14	32	50	82
原子量	12.01	28.09	72.59	118.69	207.19
价层电子构型	$2s^22p^2$	$3s^23p^2$	$4s^24p^2$	$5s^25p^2$	$6s^26p^2$
地壳中的丰度①/%	0.0200(6)	28.15(2)	1.5×10^{-4}(52)	2×10^{-4}(49)	0.00125(35)
天然同位素及其丰度/%	^{12}C 98.89 ^{13}C 1.11	^{28}Si 92.23 ^{29}Si 4.67 ^{30}Si 3.10	^{70}Ge 21.23 ^{72}Ge 27.66 ^{73}Ge 7.73 ^{74}Ge 35.94 ^{76}Ge 7.44	^{112}Sn 0.97 ^{114}Sn 0.65 ^{115}Sn 0.34 ^{116}Sn 14.53 ^{117}Sn 7.68 ^{118}Sn 24.23 ^{119}Sn 8.59 ^{120}Sn 32.59 ^{122}Sn 4.63 ^{124}Sn 5.79	^{204}Pb 1.4 ^{206}Pb 24.1 ^{207}Pb 22.1 ^{208}Pb 52.4

① 指地壳岩石圈及毗邻的水圈及大气圈中的质量分数，括号内为存在量的排名。

硅的含量居所有元素第二位，如果说碳是有机世界的主角，那么硅则是无机世界的主角。由于硅易与氧结合，所以在自然界中不存在游离态的硅，而以二氧化硅或者硅酸盐等化合物存在。天然硅酸盐的种类达上千种，是地壳中岩石、泥土和许多矿物的主要成分。各种人造硅酸盐则是玻璃、陶瓷和水泥的主要成分。

锗常以硫化物的形式伴生在其他金属的硫化物矿中。锡和铅主要以氧化物和硫化物的矿物存在。如锡石 SnO_2 和方铅石 PbS，我国云南个旧以盛产锡石而闻名。硅和锗还是重要的半导体材料。

(1) 碳族元素的单质

① 碳的单质

碳的单质以多种非金属同素异形体存在，有低结晶态的无定形碳如活性炭，有以原子晶体存在金刚石、以层状结构存在的混合型晶体石墨和具有封闭笼状结构的大分子形式存在富勒烯 C_{60}、C_{26}、C_{32}、C_{52}、C_{90}、C_{94}、…、C_{240}、…、C_{540}。

低结晶态的碳种类很多，包括在工业上大有用途的炭黑、活性炭和碳纤维。它们的结构尚未完全确定，可能与石墨类似，但结晶程度和微粒形状不同。

石墨属于六方晶系，在常温下是钢灰色不透明的松软鳞片状叠合体，硬度只有 1，具有润滑性能，导电和导热性能均好。

金刚石则属于立方晶系，是无色透明的结晶体，硬度为 10，在所有元素的单质中硬度最大，其折射率也最大。钻石就是纯净的金刚石。金刚石在理论上可以自发转变为石墨，但速率慢到了几乎不发生的地步。由于金刚石密度较高，所以在高压下可以使得石墨转变为金刚石，这就是人造钻石的原理。

富勒烯 C_{60} 是 60 个碳原子组成的一个空心球，球表面由 20 个六边形、12 个五边形构成。每个碳原子以 sp^2 杂化轨道与相邻的三个碳原子形成三根 σ 键，各个碳原子上未杂化轨道的 p 轨道垂直于 sp^2 杂化轨道所在的平面，分布在球面外侧和球面内侧。60 个 p 轨道上电子云相互肩并肩地形成了 60 根 π 键。

富勒烯 C_{60} 的制备方法如下：纯石墨作电极→在氦气氛围中放电→烟炱（下述）→用甲苯或苯在索氏提取器中提取→由 C_{60}、C_{70}、C_{84}、C_{78} 等组成的混合溶液→液相色谱分离→纯的紫红色 C_{60} 溶液→蒸去溶剂→紫红色 C_{60} 晶体。

近年来，还制得了许多 C_{60} 的衍生物，如 $C_{60}F_{60}$，其球面已布满 F 原子，使 C_{60} 球面内侧的所有电子不会与其他分子结合，球表面也不易粘上其他物质，润滑性大大提高。

若将 K、Cs、Rb 等原子引入 C_{60} 的空心球内，形成 K_3C_{60}、$RbCs_2C_{60}$ 等，它们都具有超导性能。$C_{60}H_{60}$ 则可作火箭燃料。

在十分缺氧条件下，燃烧低结晶态的碳生成的炭黑称为烟炱。烟炱可能具有如图 9-7 所示的结构，好像是把石墨的层状面按照 C_{60} 的方式曲卷起来。

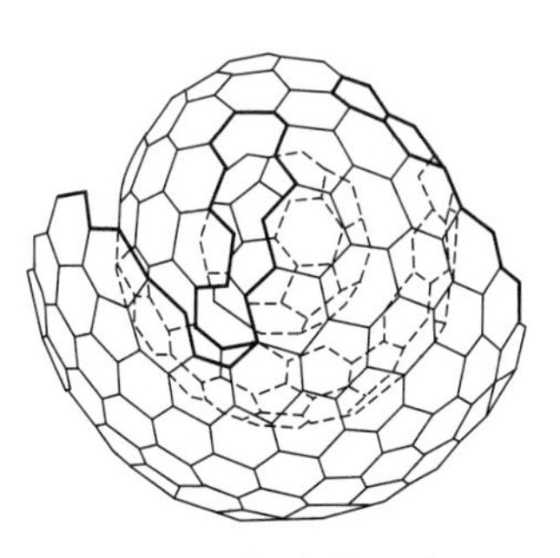
图 9-7 烟炱的一种可能构型

在制出了 C_{60} 后，人们又制出了单壁碳纳米管，碳纳米管具有完全相对立的两种性质，既有高硬度又有高韧性，既可全吸光又能全透光，既可作绝缘体也可作半导体、高导体和超导体等。正是碳纳米管材料具有这些奇特的特性，决定了它在微电子和光电子领域具有广阔的应用前景。

90%以上炭黑产品被用作橡胶制品特别是车辆、飞机轮胎的填料，能大大提高其耐磨强度，并缓解受光照产生的老化现象。

炭黑还可用作油墨和笔用黑墨水的黑色颜料。

活性炭是通过有机物的控制热解制得的，粒度极小且有很大的比表面积（400～2500 $m^2 \cdot g^{-1}$），因而具有很好的吸附性能，可以吸附水中的有机污染物、空气中的有害气体，给溶液脱色。

沥青纤维或合成纤维的控制热解可以制备碳纤维，碳纤维质轻但力学性能很好，有很好的弹性和强度，常用于制造各种运动器材或者各种机械零部件。

② 硅的单质

硅也存在晶体硅和无定形硅两种非金属单质。晶体硅的构造与金刚石类似，属于立方晶系的原子晶体，是灰黑色很亮的晶体，具有较高的熔沸点和硬度（7.0）；无定形硅则是深褐色发亮粉末。高纯单晶硅是微电子工业和光伏行业重要的材料。在电子工业中，无论是集成电路的元件，还是计算机控制芯片都需要纯度极高的单晶硅。单晶硅主要的合成方法是用氢气还原高纯度的四氯化硅：

$$SiCl_4(g) + 2H_2 = Si + 4HCl \tag{9-87}$$

硅还可以炼制硅钢，含硅量较高的硅钢耐蚀性很强，常可用来制造化工设备。硅钢又具有高磁性，故硅钢片是制造变压器等电力设备不可缺少的材料。

③ 锗的单质

锗是分散的稀有金属，其单质是灰白色发亮的晶体，具有金刚石的结构，立方晶系，很硬且脆（硬度6.5），不能接受机械加工。单晶锗也是重要的微电子行业材料。

④ 锡的单质

锡是有色重金属，其单质存在三种同素异形体，灰锡 α-Sn 是金刚石型的原子晶体；白锡 β-Sn 和脆锡 γ-Sn 是金属晶体。白锡是银白色很亮的晶体，属于四方晶系；脆锡属于正交晶系。这三种晶形之间能够相互转换。当温度高于434 K时，以脆锡存在；常温下以白锡存在；温度低于286.4 K时，白锡缓慢地向灰锡转换，但温度低于－48 ℃，白锡会迅速转变为灰锡。由于灰锡的密度为5.7 $g \cdot cm^{-3}$，而白锡的密度为7.31 $g \cdot cm^{-3}$，所以白锡向灰锡转化时，体积骤然膨胀，会使得锡器碎裂成粉末状，这一现象称为锡疫，所以在极寒地区不能用锡的容器或者用锡进行密封。

锡的熔点很低，较软，硬度为1.5～1.8，延展性好。锡无毒，但其有机化合物剧毒。锡易在表面生成氧化膜而具有耐腐蚀性，将锡镀在铁的表面可以起保护作用，俗称马口铁。80％以上的锡用作镀层，其他用途还有用锡箔作包装材料，锡还常用于制造各种合金，如焊锡是锡和铅的合金、青铜是铜和锡的合金。

⑤ 铅的单质

铅是有色重金属，单质是具有浅蓝光泽的金属晶体，面心立方紧密堆积，熔点低，较软（硬度1.5），富于延展性。铅的单质固体、蒸气及化合物均有毒。常温下，铅的表面会形成氧化铅的保护膜，性质比较稳定，主要用于制造电缆，铅蓄电池，由于能有效吸收各种放射线，还用在放射线的屏蔽保护设备上。

(2) 碳的氧化物

碳的氧化物有一氧化碳和二氧化碳。

一氧化碳是碳的不完全燃烧产物，工业上制备一氧化碳是用水蒸气和空气通入炙热的碳层，产物是氢气和一氧化碳，这样的混合气体称为合成气（水煤气）。

一氧化碳分子中，碳原子上的孤电子对具有较强的配位能力，可以和许多金属离子或原子形成配合物称为羰基配合物。如 $[Ni(CO)_4]$、$[Fe(CO)_5]$ 和 $[Cr(CO)_6]$ 等。一氧化碳的毒性就与此有关，人体血液中的血红蛋白含有 Fe(Ⅱ)，能与氧结合形成 Fe(Ⅲ)，将氧传给人体某部位后，又还原为 Fe(Ⅱ)，达到运输氧气的目的。而一氧化碳和血红蛋白中 Fe(Ⅲ)的结合能力要比氧气大两百倍，使输氧循环链打断，所以空气中一氧化碳体积超过 0.1%时，血红蛋白中的 Fe(Ⅲ)就失去了运输氧气的能力，造成缺氧中毒。

一氧化碳具有还原性，在工业上常作为还原剂，与金属氧化物如 Fe_2O_3、CuO、MnO_2 等作用，提取金属单质。

二氧化碳在大气中的体积分数为 0.03%，主要来源于有机物质的燃烧和动植物的呼吸作用。植物通过光合作用可以将二氧化碳转化为氧气，达到空气中二氧化碳和氧气的动态平衡。然而由于工业化进程的加剧，以及对森林植被的破坏，造成大气中二氧化碳含量持续上升。二氧化碳允许太阳辐射通过，却能吸收地球表面发散的红外线，好像温室里的玻璃一样起到了保温效果。据认为近百年来，全球平均温度已经提高了 0.5 ℃，这种现象称为温室效应。虽然温室效应对某些寒冷地带的气候改善会有益处，但打破了地球上长久自然形成的动态平衡，造成一系列有害后果，其深远影响难以预料。比如会使得两极地区的冰雪融化，从而造成沿海低洼地区被淹没。目前温室效应及其后果越来越受到各国政府和科学界的重视，如何采取措施来减少更多的二氧化碳排入大气也是当前全世界关注的热点问题。

二氧化碳的分子式为 O═C═O，可以认为碳氧之间通过双键结合，但碳氧之间的距离实际上是介于双键和叁键之间。目前公认的价键结构式如图 9-8 所示。

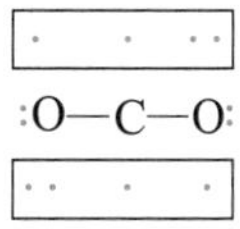

:O—C—O:

图 9-8 二氧化碳的价键结构式

价键结构式的含义：横线表示 σ 键，方框表示 π 键，方框内的黑点表示该 π 键由哪几个原子分别提供多少个电子，其他的黑点表示不参与成键的孤电子对。因此可以看出二氧化碳分子中，碳氧之间有两根 σ 单键，此外整个分子中还存在两个三中心四电子的离域大 π 键，记为 Π_3^4，每个氧原子上还有一对孤电子对存在。

(3) 硅的氧化物及硅酸盐

由于硅对氧的亲和力很大，Si—O 键键能为 368 $kJ \cdot mol^{-1}$，所以自然界中的硅与氧结合形成化合物，如二氧化硅及各种天然硅酸盐。

二氧化硅在自然界中有晶体和无定形体两种存在状态，石英是最常见的晶体，纯净无色透明的石英叫作水晶，含有杂质的石英多呈颜色，普通的砂粒也是以二氧化硅为主要成分。无定形的二氧化硅有硅藻土和燧石等。

石英在 1873 K 融化成黏稠液体，其内部有序结构被破坏，一旦急速冷却，来不及重新结晶就形成了石英玻璃。石英玻璃的性能非常优越，如热胀系数小，骤冷骤热都不易破裂，透光性能好，特别能透过紫外线，这是一般玻璃所做不到的，因此常用于制作高级的玻璃器皿和光学镜头。

二氧化硅性质稳定，与一般的酸不起反应，只与氢氟酸作用。

$$SiO_2 + 4HF \xlongequal{\quad} SiF_4 \uparrow + 2H_2O \tag{9-88}$$

天然硅酸盐是硅和其他一些元素（铝、钙、镁等）的氧化物的混合物，是地壳的主要成分，为了表示简单起见，往往写成是各种氧化物复合的化学式，举例如下：

正长石 $K_2O \cdot Al_2O_3 \cdot 6SiO_2$　　石棉 $CaO \cdot 3MgO \cdot 4SiO_2$

白云母 $K_2O \cdot 3Al_2O_3 \cdot 6SiO_2 \cdot 2H_2O$　　滑石 $3MgO \cdot 4SiO_2 \cdot H_2O$

高岭土 $Al_2O_3 \cdot 2SiO_2 \cdot 2H_2O$　　泡沸石 $Na_2O \cdot Al_2O_3 \cdot 2SiO_2 \cdot nH_2O$

可以把这些物质看成是部分被其他金属元素取代的硅酸盐。作为天然硅酸盐的基本骨架是硅氧的正四面体，如图 9-9 所示。这些四面体通过桥氧的连接，可以形成链状、环状、层状和立体网格结构，如图 9-10 所示。结构变化非常多，造成自然界中多种形式的含硅矿物存在。

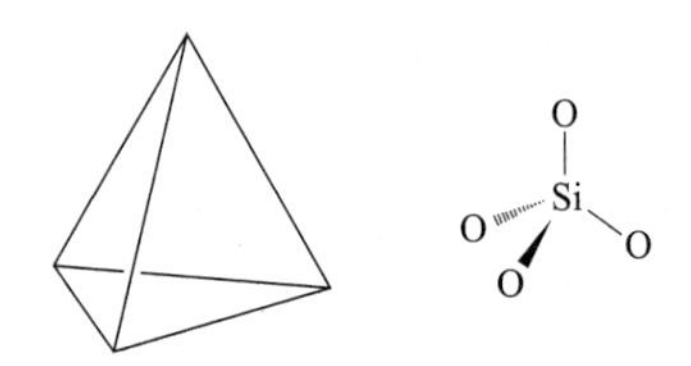

图 9-9　硅氧四面体示意图

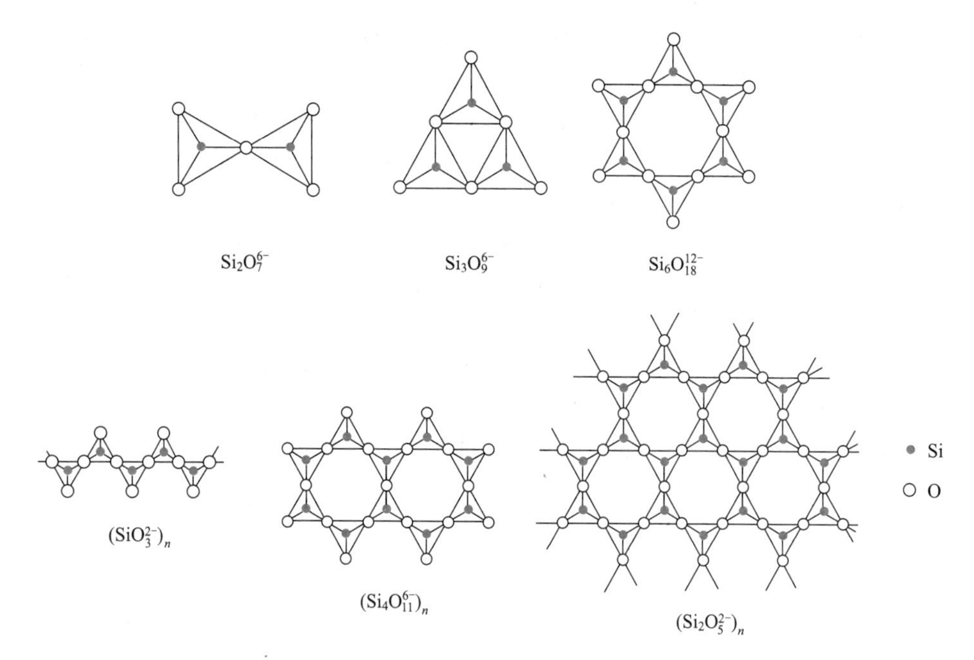

图 9-10　各种形式的硅酸盐离子（俯视图）

将二氧化硅与烧碱或者纯碱共熔，制得硅酸钠：

$$SiO_2 + 2NaOH \xlongequal{\triangle} Na_2SiO_3 + H_2O \tag{9-89}$$

$$SiO_2 + Na_2CO_3 \xlongequal{\triangle} Na_2SiO_3 + CO_2\uparrow \tag{9-90}$$

硅酸钠溶解于水后得到的黏稠液体称为水玻璃，也叫泡花碱。硅酸钠实际的存在形式是多硅酸盐，可以表示为 $Na_2O\cdot nSiO_2$，n 称为水玻璃的模数。市售的水玻璃模数一般在 3 左右。不同模数的水玻璃具有不同的用途，模数在 3.1～3.4 的水玻璃具有相当强的黏结能力，是工业上重要的无机黏结剂，具备有机黏结剂所没有的耐高温性；模数小于 3 的水玻璃可作洗涤剂的配料，钾钠水玻璃（$K_2O\cdot Na_2O\cdot nSiO_2$）是制作焊条的原料。

将可溶性硅酸盐与盐酸作用，得到硅酸。硅酸实际上也是以多种聚合体形式存在的，其中以偏硅酸 H_2SiO_3 的形式最为简单，一般也用 H_2SiO_3 代表硅酸。

硅酸的多聚体可以看成硅酸的单体分子逐步缩合，脱水形成的，如图 9-11 所示。

当硅酸的多聚体发展到一定长度，则形成了硅酸的溶胶，用电解质或者酸使得溶胶沉淀，得到硅酸的凝胶。硅酸凝胶含水量高，富有弹性，将其中大部分水脱去后，得到白色固

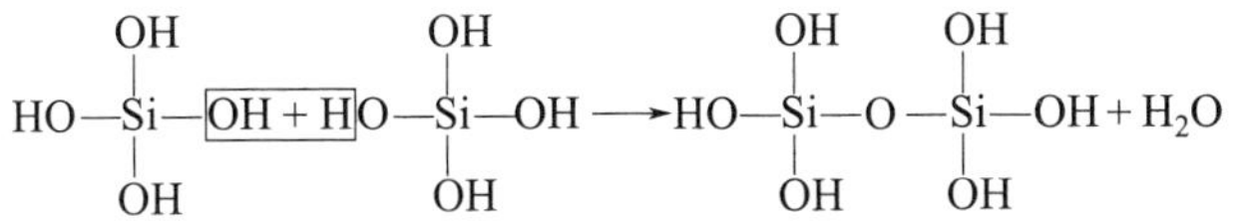

$$\begin{array}{c} OH \\ | \\ HO-Si-\boxed{OH+H}O-Si-OH \\ | \\ OH \end{array} \begin{array}{c} OH \\ | \\ \\ | \\ OH \end{array} \longrightarrow \begin{array}{c} OH \quad\quad OH \\ | \quad\quad\quad | \\ HO-Si-O-Si-OH+H_2O \\ | \quad\quad\quad | \\ OH \quad\quad OH \end{array}$$

图 9-11 硅酸的缩合

态的干胶，即硅胶。硅胶内有许多细小的孔隙，比表面积很大，达 800～900 $m^2 \cdot g^{-1}$，具有很强的吸附能力，常用作吸附剂、干燥剂和催化剂的载体。如实验室中用来干燥药品的变色硅胶，就是加入了无水的 $CoCl_2$，呈蓝色，一旦吸水后形成了 $[Co(H_2O)_6]^{2+}$，就变为粉红色。所以可以根据颜色判断硅胶是否失效，失效后的硅胶经烘烤脱水，颜色又变回蓝色，可以继续使用。

(4) 锡和铅的氧化物及氢氧化物

锡和铅在化合物中氧化数为 +2 和 +4，因此可以形成高价和低价的氧化物 MO 和 MO_2，对应的氢氧化物则有 $M(OH)_2$ 和 $M(OH)_4$。其中氢氧化物都呈两性，但 $Pb(OH)_2$ 的碱性要强一些，而 $Sn(OH)_4$ 则酸性要显著一些。

因为锡和铅的氧化物难溶于水，锡和铅的氢氧化物都是用相应的盐溶液与碱作用制得，如 Sn^{2+} 与碱作用生成氢氧化亚锡的白色沉淀，因为氢氧化亚锡是两性的氢氧化物，继续加碱，则沉淀溶解：

$$Sn^{2+} + 2OH^- = Sn(OH)_2 \downarrow \tag{9-91}$$

$$Sn(OH)_2 + 2OH^- = [Sn(OH)_4]^{2-} \tag{9-92}$$

铅的氧化物除了 PbO 和 PbO_2 以外，还有混合态的氧化物，比如鲜红色的铅丹 Pb_3O_4 和橙色的 Pb_2O_3。铅丹的化学性质稳定，与亚麻仁油混合后作为油灰，涂在管道的衔接处防止漏水。

(5) 锡和铅的盐类

锡和铅形成的盐类，也存在氧化数为 +2 和 +4 两种盐类，由于 $6s^2$ 惰性电子对效应，高价的铅具有很强的氧化性，易被还原成低价的铅，所以铅的盐类多以二价存在。比如 PbO_2 可以在酸性介质中将二价锰氧化，生成紫红色的高锰酸根离子：

$$2Mn^{2+} + 5PbO_2 + 4H^+ = 2MnO_4^- + 5Pb^{2+} + 2H_2O \tag{9-93}$$

铅蓄电池原理如下： $(-)Pb|PbSO_4||H_2SO_4|PbO_2(+)$ (9-94)

使用时，它是原电池，将化学能转化为电能：

(+) 极反应 $PbO_2 + 2e^- + 4H^+ = Pb^{2+} + 4H_2O$ $\varphi^\ominus_{PbO_2/Pb^{2+}} = 1.69\ V$

(−) 极反应 $Pb + 2e^- + SO_4^{2-} = PbSO_4$ $\varphi^\ominus_{PbSO_4/Pb} = -0.356\ V$

所以铅蓄电池的电动势 $E = 1.69 - (-0.356) = 2(V)$

充电时，它是电解池，将电能转化为化学能：

阳极反应 $Pb^{2+} - 2e^- + 2H_2O = PbO_2 + 4H^+$

阴极反应 $PbSO_4 + 2e^- = Pb + SO_4^{2-}$

锡的高价化合物较稳定，低价的锡化合物则具有很强的还原性，特别是在碱性介质中，还原性更强，此时二价锡以 $[Sn(OH)_4]^{2-}$ 的形态存在，可以将铋盐还原为黑色的单质铋，常用来鉴定铋盐的存在：

$$2Bi^{3+} + 6OH^- + 3[Sn(OH)_4]^{2-} = 2Bi \downarrow + 3[Sn(OH)_6]^{2-} \tag{9-95}$$

二价锡的盐还容易发生水解生成碱式盐或者氢氧化锡的沉淀：

$$Sn^{2+} + Cl^- + H_2O \longrightarrow SnOHCl\downarrow + H^+ \tag{9-96}$$

所以配制 $SnCl_2$ 溶液时，要将 $SnCl_2$ 固体溶解在浓盐酸中，再稀释到所需要浓度。为了防止二价锡被空气中氧气氧化，即

$$2Sn^{2+} + O_2 + 4H^+ \longrightarrow 2Sn^{4+} + 2H_2O \tag{9-97}$$

还常在溶液中加入一些锡粒，使得已被氧化的锡还原为亚锡：

$$Sn^{4+} + Sn \longrightarrow 2Sn^{2+} \tag{9-98}$$

9.3.4 氮族元素

氮族元素位于元素周期表ⅤA族，包括氮（N）、磷（P）、砷（As）、锑（Sb）、铋（Bi）五种元素。氮和磷是非金属元素，砷是准金属元素，锑和铋是金属元素。

氮族元素的价层电子构型为 ns^2np^3，氮族元素在化合物中的氧化数主要为+3和+5。由于惰性电子对效应，氮族元素从上到下，氧化数为+3的化合物稳定性增加，氧化数为+5的化合物稳定性下降。

自然界中，氮主要以单质形式存在于空气中；而磷主要存在于矿物中，如氟磷灰石的成分是 $Ca_5F(PO_4)_3$。人体中也存在磷元素，如骨骼和体液中的无机磷酸盐，蛋白质中的有机磷；砷、锑、铋是亲硫元素，主要以硫化物的矿存在，如雄黄 As_4S_4、雌黄 As_2S_3、辉锑矿 Sb_2S_3、辉铋矿 Bi_2S_3 等。我国锑的储量居世界首位。氮族元素的一些性质见表9-14。

表9-14 氮族元素的一些性质

元素	氮	磷	砷	锑	铋
英文名	Nitrogen	Phosphorus	Arsenic	Antimony(Stibium)	Bismuth
原子序数	7	15	33	51	83
原子量	14.01	30.97	74.92	121.75	208.98
价层电子构型	$2s^22p^3$	$3s^23p^3$	$4s^24p^3$	$5s^25p^3$	$6s^26p^3$
地壳中的丰度①/%	0.0020(31)	0.1050(10)	1.8×10^{-4}(51)	0.2×10^{-4}(62)	0.17×10^{-4}(64)
天然同位素及其丰度/%	^{14}N 99.634 ^{15}N 0.366	^{31}P 100	^{75}As 100	^{121}Sb 57.21 ^{123}Sb 42.79	^{209}Bi 100

① 指地壳岩石圈及毗邻的水圈和大气圈中的质量分数，括号内为存在量的排名。

(1) 氮气

氮气在常温下是无臭无味的气体，难溶于水，298 K时，100 mL水中溶解度是1.75 mL。氮气的固态存在两种晶型，其立方晶系的α晶型升温至35.6 K时转变为六方晶系的β晶型。

氮气主要通过空气的液化和精馏得到。尽管大气中富含氮气，但由于N≡N叁键键能高达946 kJ·mol^{-1}，因此通过一般的方法很难将氮转化成化合物。自然界中豆科植物根部的根瘤菌和某些藻类植物，能将氮气在常温常压下高效率地转化成氨，这一过程称为固氮。人工固氮是目前国内外化学界研究的热门课题，也是高科技的难题。固氮的关键环节是削弱氮气分子叁键的能量，增加其反应活性。固氮酶就有削弱氮气分子叁键的能量的功能。其活性部分的可能结构如图9-12所示：氮气分子与两个桥基铁配合，形成Fe…N≡N…Fe的结构，削弱了两个氮原子的结合程度，使氮气分子容易裂解而被还原成 NH_3。

(2) 磷的单质

磷有多种同素异形体，以白磷、红磷和黑磷最为重要。

纯白磷是无色透明的固体，不纯的白磷略带黄色，称为黄磷。白磷具有恶臭的气味，在暗处显蓝色的磷光，硬度仅为0.5，有剧毒，成人的致死量为0.1 g。白磷是分子晶体，属

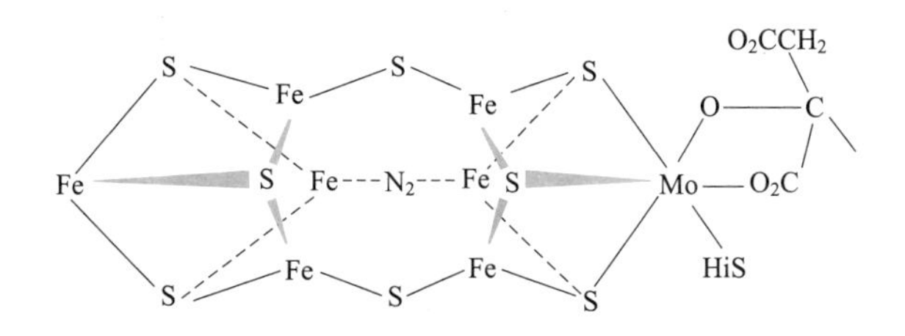

图 9-12　固氮酶与氮分子的结合

于立方晶系，其分子式为 P_4，分子呈正四面体构型，如图 9-13(a) 所示。每个磷原子位于正四面体的一个顶角，用三个 p 轨道上的未成对电子和其他磷原子成键，p 轨道之间的夹角是 90°，而实际形成的分子键角只有 60°，所以白磷分子中存在着键张力，使白磷很不稳定，是最活泼的单质磷。白磷在空气中 318 K 以上即氧化自燃，需储存于煤油或者水中。

白磷在氯气中燃烧，生成 PCl_3 和 PCl_5，它们均是重要的化工原料。

白磷可被浓硝酸氧化成磷酸：

$$P_4+20HNO_3 = 4H_3PO_4+20NO_2\uparrow+4H_2O \tag{9-99}$$

白磷在碱性溶液中可发生歧化成磷化氢和次磷酸二氢盐：

$$P_4+3KOH+3H_2O = PH_3\uparrow+3KH_2PO_2 \tag{9-100}$$

白磷也有较强的还原性，可将贵金属和铅从其盐溶液中置换出：

$$P_4+10CuSO_4+16H_2O = 10Cu+4H_3PO_4+10H_2SO_4 \tag{9-101}$$

根据式(9-101)，硫酸铜可作为白磷中毒的解毒剂。

白磷在隔绝空气的情况下，加热到 533 K 就缓慢转变为红磷。红磷属于单斜晶系，是一种暗红色的粉末，无毒，也具有一定的还原性，但较白磷稳定。红磷的结构还有待研究，有人建议红磷的结构式如图 9-13(b)，是将白磷分子内的一根 P—P 键拆散后，再彼此连接起来形成的长链分子。但此说并未被化学界一致认可。

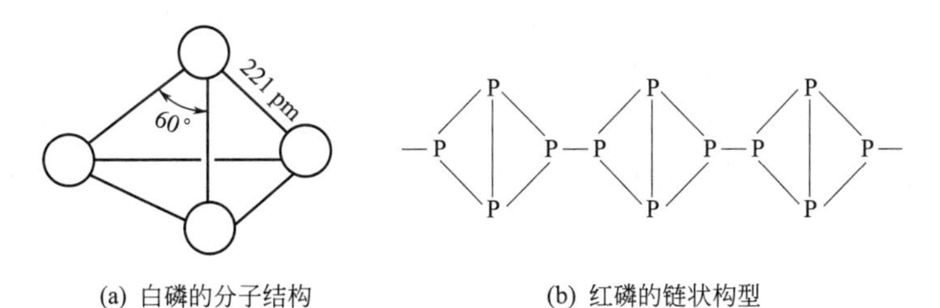

图 9-13　磷的同素异形体

在很高的压力下加热白磷得到黑磷晶体，黑磷性质更不活泼，但是能导电，有金属磷的称呼，黑磷中具有石墨般的层状结构，属于斜方晶系。

白磷用于制造纯磷酸，生成有机磷杀虫剂、烟幕弹等。红磷用于火柴生产，火柴盒侧面摩擦生火的涂层就是红磷与三氧化二锑的混合物。

(3) 氮的氢化物

① 氨和铵

氨是氮最重要的氢化物，几乎所有含氮的化合物都是以氨为初始原料制备的。工业上制备氨是在高温、高压和催化剂存在的条件下，用氮气和氢气合成制得。

液态的氨是一种良好的溶剂，和水类似，也存在着微弱的质子自递过程，在 223 K 时，其电离常数 $K=10^{-30}$：

$$2NH_3(l) \rightleftharpoons NH_4^+(aq)+NH_2^-(aq) \qquad (9\text{-}102)$$

NH_4^+ 的离子半径为 143 pm，与 K^+ 的离子半径 133 pm 接近，故铵盐和钾盐无论在颜色、晶形和溶解度等方面都类似，常把铵盐和碱金属的盐归为一类。

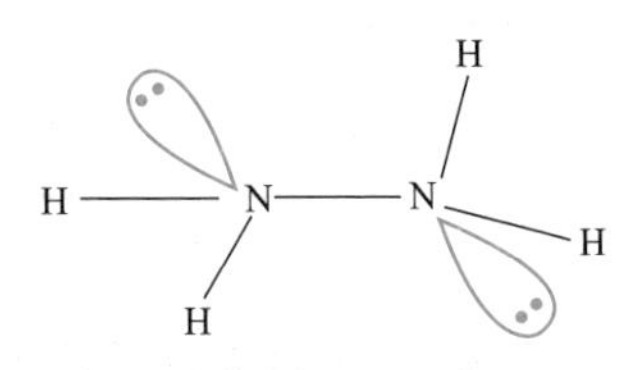

图 9-14 联氨的分子结构

② 联氨(肼)、羟胺和叠氮酸

联氨 N_2H_4 又称肼，相当于两个氨直接相连，结构式如图 9-14 所示。

联氨分子中存在两对孤电子对，孤电子对间的相互排斥力使得它们处于反位。

联氨分子不稳定，是强还原剂，在空气中燃烧放出大量的热。比如联氨和双氧水的反应，不但是强放热反应，而且反应后产生的气体使得体积急剧增大，所以可以用来作为火箭的燃料。

$$N_2H_4(l)+2H_2O_2(l)=N_2(g)+4H_2O(g) \qquad (9\text{-}103)$$

联氨与 N_2O_4 可发生激烈的反应并自动点火，气温可升至 2973 K，曾用作宇宙飞船的燃料。

$$2N_2H_4(l)+N_2O_4(l)=3N_2(g)+4H_2O(g) \qquad (9\text{-}104)$$

联氨可通过下列反应制备：

$$2NH_3+Cl_2=NH_2Cl+NH_4Cl \qquad (9\text{-}105)$$

$$2NH_3+NH_2Cl=N_2H_4+NH_4Cl \qquad (9\text{-}106)$$

羟胺 NH_2OH 可以看成氨分子的一个氢被羟基取代后的产物，羟胺为白色固体，不稳定，288 K 以上即分解：

$$3NH_2OH=NH_3\uparrow+N_2\uparrow+3H_2O \qquad (9\text{-}107)$$

羟胺也是一个碱，只是碱性比氨更弱：

$$NH_2OH+H_2O=NH_3OH^++OH^- \qquad K_b=6.6\times10^{-9} \qquad (9\text{-}108)$$

羟胺中氮的氧化数为−1，以还原性为主，在碱性介质中可被碘氧化为氮气：

$$2NH_2OH+I_2+2OH^-=N_2\uparrow+2I^-+4H_2O \qquad (9\text{-}109)$$

式(9-109) 表明，以羟胺为还原剂不会给原反应体系引入杂质。

叠氮酸 HN_3 是无色有刺激性味道的液体，其蒸气有剧毒。其结构式如图 9-15 所示，三个氮原子在同一直线上，分子中存在三个 σ 键，一个 N−N 间的 π 双键，还有一个三中心四电子的离域大 π 键，记作 Π_3^4。

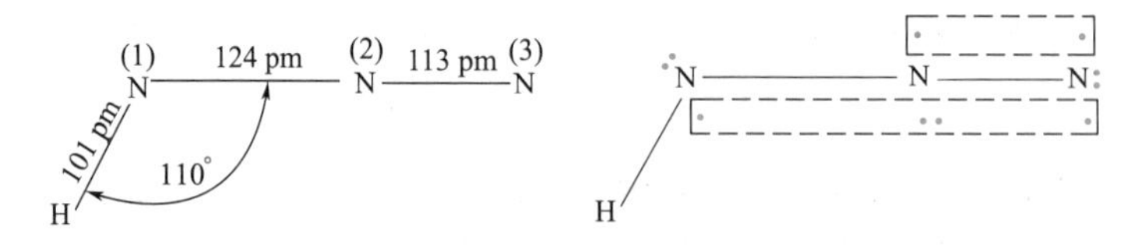

图 9-15 叠氮酸的分子结构

叠氮酸 HN_3 不稳定，受热或振荡即爆炸分解：

$$2HN_3(g)=H_2(g)+3N_2(g) \qquad (9\text{-}110)$$

叠氮酸是一元弱酸，$K_a=1.9\times10^{-5}$，与碱或者金属作用生成叠氮化物：

$$HN_3+NaOH=NaN_3+H_2O \qquad (9\text{-}111)$$

$$2HN_3+Zn=Zn(N_3)_2+H_2\uparrow \qquad (9\text{-}112)$$

活泼金属的叠氮化物是离子型，加热分解为金属单质和氮气，而重金属如银、铜、铅、汞的叠氮化物是共价型，加热分解的时候反应剧烈，会发生爆炸。基于这一性质，

$Pb(N_3)_2$ 和 $Hg(N_3)_2$ 等常用作引爆剂。

(4) 氮的氧化物

氮与氧结合时，其氧化数可从+1到+5，形成多种氮氧化物，它们的结构和性质见表9-15。

表 9-15 氮氧化物的结构和性质

分子式	性 状	熔点/K	沸点/K	结 构	
N_2O	无色气体	182	184.5	N—N—O；N 112 pm N 119 pm O	N以sp杂化轨道成键，分子中有两个σ键、两个Π_3^4键
NO	无色气体	109.5	121	N — O；N 113 pm O	N以sp杂化成键，分子中有一个σ键、一个π键、一个三电子π键
N_2O_3	固体为蓝色，气态时易分解为NO_2和NO	172.4	276.5(分解)	105°，113°，111 pm，120 pm，186 pm，118°，122 pm	N以sp^2杂化成键，形成四个σ键、一个Π_5^6键
NO_2	红棕色气体	262	294.2	O—N—O；120 pm，134°	N以sp^2杂化成键，形成两个σ键、一个Π_3^3键
N_2O_4	无色气体	181.2	294.3	175 pm，118 pm，134°	N以sp^2杂化成键，形成5个σ键、一个Π_6^8键
N_2O_5	无色固体，气体不稳定	305.6	320(升华)	115 pm，273 pm，122 pm；O—N—O—N—O	固体由N_2O^+和NO_3^-构成，如左方上图；气体结构则如左方下图，分子中存在6个σ键、两个Π_3^4键

NO因含有未成对的电子而具有顺磁性，但在低温的固体或液态时是反磁性的，这是由于形成了双聚体$(NO)_2$分子，没有未成对电子存在的缘故。双聚体$(NO)_2$的分子化学键结构如图9-16所示。

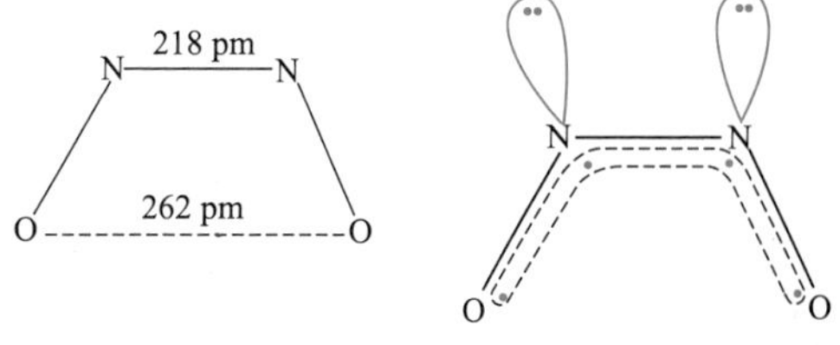

图 9-16 $(NO)_2$分子化学键结构

氮原子采取sp^2杂化，分子为平面四边形分子，存在3个σ键，一个Π_3^4键，电子全部成对。

铜与浓硝酸作用可制得NO_2，NO_2在常温下是红棕色气体。温度低的时候凝结为无色固体。2个NO_2分子聚合成一个N_2O_4分子，N_2O_4分子是无色的。这一转换是可逆的，每

摩尔 N_2O_4 的生成热为 57.2 kJ：

$$2NO_2(g) \rightleftharpoons N_2O_4(g) \tag{9-113}$$

所以降低温度有利于生成 N_2O_4，升高温度则生成 NO_2。室温下的二氧化氮气体实际上是 NO_2 和 N_2O_4 的混合物。温度超过 150 ℃时，NO_2 开始分解：

$$2NO_2 = 2NO + O_2 \tag{9-114}$$

NO_2 分子中氮的氧化数是＋4，所以氧化性和还原性并存，但以氧化性为主。NO_2 和红热的碳、硫、磷等接触可起火燃烧。

只有遇高锰酸钾、双氧水等强氧化剂时才表现出还原性。

NO_2 溶于水发生歧化反应，生成硝酸和亚硝酸：

$$2NO_2 + H_2O = HNO_2 + HNO_3 \tag{9-115}$$

工业废气、煤的燃烧及汽车尾气中都含有氮氧化物，主要是 NO 和 NO_2，是空气的主要污染源之一。NO 对人体有害，NO_2 以及 NO 和大气中的水汽作用生成硝酸和亚硝酸，是酸雨的主要有害成分之一。

(5) 氮的含氧酸及盐

① 亚硝酸及其盐

将等物质的量的 NO 和 NO_2 混合物溶解在冷水中，或者在亚硝酸盐的冷溶液中加入硫酸，均可生成亚硝酸：

$$NO + NO_2 + H_2O = 2HNO_2 \tag{9-116}$$

$$Ba(NO_2)_2 + H_2SO_4 = BaSO_4\downarrow + 2HNO_2 \tag{9-117}$$

亚硝酸很不稳定，只存于冷的稀溶液中，一旦加热或浓缩就发生分解：

$$2HNO_2 = N_2O_3(\text{蓝色}) + H_2O = NO + NO_2(\text{棕色}) + H_2O \tag{9-118}$$

亚硝酸是较弱的酸，$K_a = 7.2\times10^{-4}$，比醋酸略强。

亚硝酸虽然不稳定，但亚硝酸盐却比较稳定。碱金属和碱土金属的亚硝酸盐，热稳定性很高。即使在熔融状态下也不会分解。其他金属的亚硝酸盐在高温下会分解为 NO、NO_2 和金属氧化物：

$$Pb(NO_2)_2 = PbO + NO_2\uparrow + NO\uparrow \tag{9-119}$$

亚硝酸盐一般易溶解于水，只有 $AgNO_2$ 是浅黄色的沉淀。亚硝酸根的电子结构式如图 9-17 所示。N 以 sp^2 杂化成键，形成 2 根 σ 键，1 个 Π_3^4 键。亚硝酸根的氮和氧上都有孤电子对，能以两种方式与金属离子配合，即 $M\leftarrow NO_2$ 和 $M\leftarrow ONO$。

亚硝酸及亚硝酸盐中 N 的氧化数为＋3，比 N 的最高氧化数＋5 低，但比最低氧化数－3 高。所以，它们既有氧化性又有还原性。

在酸性溶液中主要显示氧化性：

$$2NO_2^- + 2I^- + 4H^+ = 2NO\uparrow + I_2 + 2H_2O \tag{9-120}$$

此反应是定量进行的。因此，可用间接碘量法测定亚硝酸及亚硝酸盐的含量。

在碱性溶液中主要显示还原性：

$$2NO_2^- + O_2 = 2NO_3^- \tag{9-121}$$

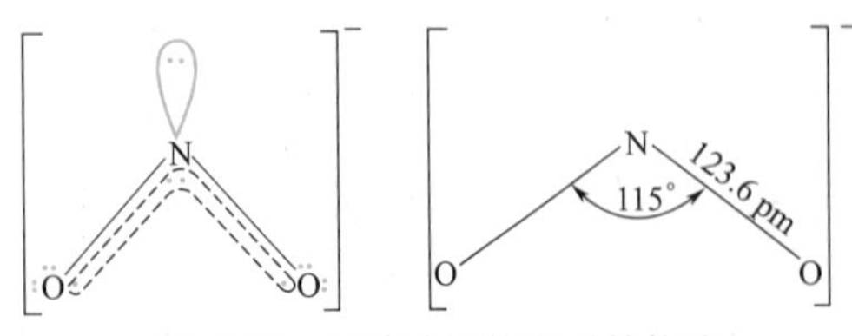

图 9-17　亚硝酸根的电子结构式

KNO_2 和 $NaNO_2$ 大量用在染料和有机合成工业中，还常用于食品防腐。但如果摄入过多，对人体有害，因为亚硝酸盐进入血液后，会把血红蛋白中 Fe(Ⅱ) 氧化成 Fe(Ⅲ)，使得血红蛋白失去活性，不能携带氧气，中毒症状与煤气中毒类似，严重者危及生命。工业用盐中含有大量亚硝酸盐，如误作食盐食用后果严重，亚硝酸盐的味道咸中带甜，应注意鉴别。

可以用铵盐或者尿素来清除亚硝酸盐：

$$NH_4^+ + NO_2^- \xlongequal{} N_2\uparrow + 2H_2O \tag{9-122}$$

$$CO(NH_2)_2 + 2HNO_2 \xlongequal{} 2N_2\uparrow + CO_2\uparrow + 3H_2O \tag{9-123}$$

② 硝酸及其盐

硝酸是无色溶液，沸点为 356 K，易挥发。硝酸只能存于水溶液中，市售的浓硝酸含 HNO_3 的质量分数为 68%～70%，折合硝酸浓度大约有 16 $mol \cdot L^{-1}$。

硝酸受热分解后产生的 NO_2 溶于 HNO_3，随着 NO_2 含量的增加，硝酸溶液的颜色从黄到红颜色逐渐加深：

$$4HNO_3 \xlongequal{} 4NO_2\uparrow + O_2\uparrow + 2H_2O \tag{9-124}$$

硝酸是强酸，在水中完全电离。硝酸和硝酸根的电子结构式如图 9-18 所示。

硝酸分子中，氮原子以 sp^2 杂化成键，与三个氧原子形成 3 个 σ 键，氮原子上未杂化的一个 p 轨道和另外两个非羟基的氧原子的 p 轨道都垂直于分子平面，形成了 Π_3^4 键。中心氮原子和羟基氧原子之间是单键。而硝酸根中，除了 3 个 N－O 单键以外，整个分子中还存在一个 Π_4^6 键，所以硝酸根的稳定性比硝酸高。

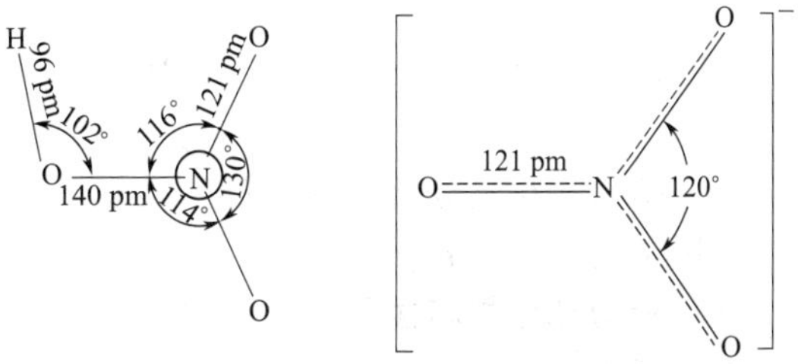

(a) HNO_3　　(b) NO_3^-

图 9-18　硝酸和硝酸根的结构式

硝酸中的氮呈最高氧化数＋5，具有强氧化性，能把许多非金属元素的单质氧化成相应的氧化物或含氧酸如碳酸、硫酸、磷酸和高碘酸。

硝酸与金属单质的反应较复杂，大致可以分为三种类型。

第一种是金属和冷的浓硝酸发生钝化反应，如铝、铁、铬、镍、钒、钛等金属；第二种是不和硝酸反应的贵金属，如金、铂、铱等，但是它们能够溶于王水，原因是王水中的浓盐酸提供高浓度的 Cl^-，与金属离子形成稳定的配合物，电极电位大幅下降，致使贵金属被硝酸氧化：

$$Au + HNO_3 + HCl \xlongequal{} H[AuCl_4] + NO\uparrow + 2H_2O \tag{9-125}$$

$$3Pt + 4HNO_3 + 18HCl \xlongequal{} 3H_2[PtCl_6] + 4NO\uparrow + 8H_2O \tag{9-126}$$

第三种就是硝酸与一般金属的反应。在将金属氧化时，硝酸的还原产物在不同条件下也不相同。从下面硝酸的元素电位图可以看出，还原产物 NO_2、NO、N_2O、NH_4^+ 都可能产生。

从图 9-19 硝酸的电极电位图可以看出，NO_3^-/N_2 电对的标准电极电位最大，硝酸被还原成 N_2 的可能性最大，然而这一反应的反应速率很慢，很少能实现。

硝酸的还原产物，取决于硝酸的浓度和金属的活泼性。硝酸越稀，被还原的程度越大，大多数生成 NO。而浓硝酸的最后还原产物多是 NO_2；比如铜和硝酸的反应：

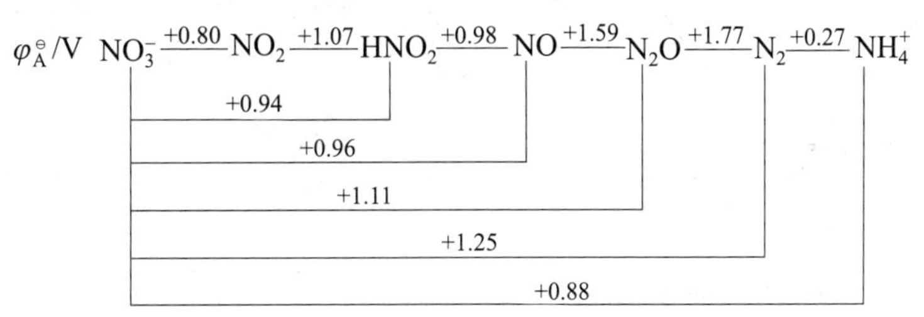

图 9-19　硝酸的电极电位图

$$Cu + 4HNO_3(浓) = Cu(NO_3)_2 + 2NO_2\uparrow + 2H_2O \quad (9\text{-}127)$$

$$3Cu + 8HNO_3(稀) = 3Cu(NO_3)_2 + 2NO\uparrow + 4H_2O \quad (9\text{-}128)$$

金属越活泼，硝酸被还原的程度也越大，比如锌与硝酸的反应：

$$4Zn + 10HNO_3(稀) = 4Zn(NO_3)_2 + N_2O\uparrow + 5H_2O \quad (9\text{-}129)$$

若硝酸极稀，硝酸还可被还原成 NH_4^+：

$$4Zn + 10HNO_3(极稀) = 4Zn(NO_3)_2 + NH_4NO_3 + 3H_2O \quad (9\text{-}130)$$

图 9-20 表示的是铁与不同浓度硝酸反应的还原产物比例，硝酸浓的时候 NO_2 是主要产物，而硝酸稀的时候以 NO、NH_4^+ 为主。可见硝酸和金属反应，生成物实际上多为混合气体。

硝酸盐多是白色、易溶于水的晶体，在常温下比较稳定，也不具有氧化性。但在高温时，硝酸盐容易分解。金属活泼性强于镁的金属的硝酸盐受热分解生成亚硝酸盐和氧气，如：

$$2KNO_3 = 2KNO_2 + O_2\uparrow \quad (9\text{-}131)$$

金属活泼性在镁和铜之间的金属硝酸盐，加热得到相应的氧化物，并放出二氧化氮和氧气，如：

$$2Zn(NO_3)_2 = 2ZnO + 4NO_2\uparrow + O_2\uparrow \quad (9\text{-}132)$$

活泼性比铜更弱的金属硝酸盐，加热得到金属单质，并放出二氧化氮和氧气，如：

$$2AgNO_3 = 2Ag + 2NO_2\uparrow + O_2\uparrow \quad (9\text{-}133)$$

由于硝酸盐在热分解过程中都生成氧气，所以将它们和可燃性的物质放在一起起助燃作用，常用于制作烟火和黑火药。

(6) 磷的氢化物和卤化物

① 膦和联膦

磷化氢 PH_3 又称作膦，和联膦 P_2H_4 是磷最常见的两种氢化物，其结构和性质与氨 NH_3 和肼即联氨 N_2H_4 类似。

膦是无色气体，具有大蒜臭味，剧毒。膦的分子构型和氨类似，是三角锥形，但不能形成分子间的氢键。所以膦的熔沸点要比氨低，在水中溶解度也不大。

膦具有较强的还原性，在空气中燃烧生成磷酸。白磷与碱溶液反应，可制得膦：

$$P_4 + 3KOH + 3H_2O = PH_3\uparrow + 3KH_2PO_2 \quad (9\text{-}134)$$

联膦为无色液体，性质不稳定，易分解：

$$3P_2H_4 = 2P + 4PH_3\uparrow \quad (9\text{-}135)$$

② 磷的卤化物

磷的卤化物中最重要的是三氯化磷 PCl_3 和五氯化磷 PCl_5，它们的分子结构如图 9-21 所示。

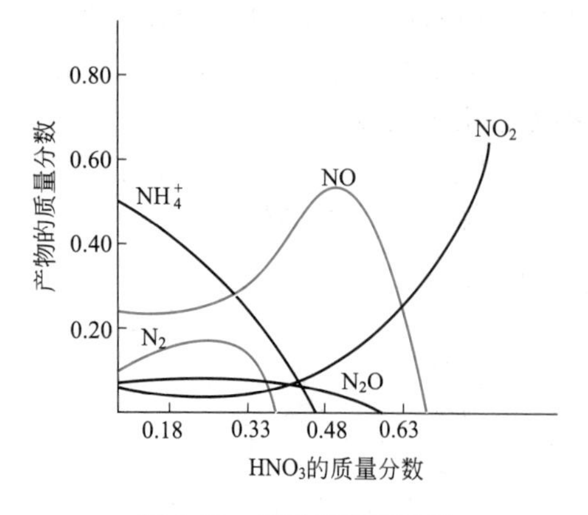

图 9-20 不同浓度硝酸与铁反应的还原产物

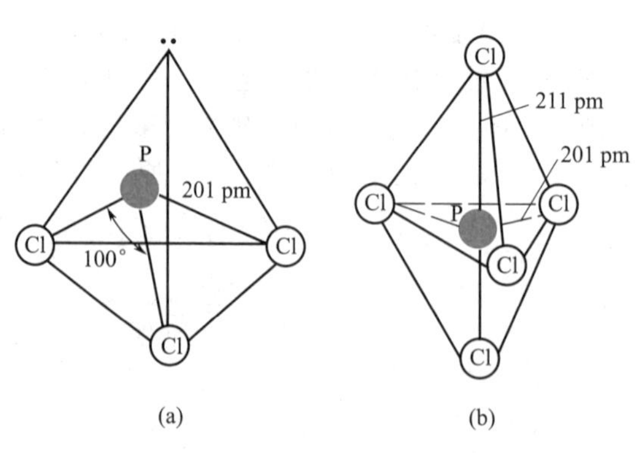

图 9-21 三氯化磷（a）和五氯化磷（b）的分子结构

在三氯化磷分子中，磷采取不等性的 sp^3 杂化，与三个氯原子成键后，还剩下一对孤电子对，故三氯化磷可以与金属离子形成配合物。

三氯化磷是无色的液体，用干燥的氯气和过量的磷反应制得。三氯化磷很容易水解形成亚磷酸和盐酸，故三氯化磷遇潮湿空气会产生烟雾：

$$PCl_3 + 3H_2O \longrightarrow H_3PO_3 + 3HCl \tag{9-136}$$

五氯化磷呈三角双锥构型，分子中磷原子以 sp^3d 杂化成键。过量的氯气与磷作用制得五氯化磷的白色固体，五氯化磷也易水解，但水量不足时，会生成三氯氧磷 $POCl_3$ 和氯化氢：

$$PCl_5 + H_2O(\text{不足}) \longrightarrow POCl_3 + 2HCl \tag{9-137}$$

$$PCl_5 + 4H_2O(\text{过量}) \longrightarrow H_3PO_4 + 5HCl \tag{9-138}$$

(7) 磷的氧化物及含氧酸

磷的氧化物常见的有 P_4O_{10} 和 P_4O_6，也常用 P_2O_5 和 P_2O_3 的化学式来表示，分别称为磷酸酐和亚磷酸酐。磷在充足的空气中燃烧得到 P_4O_{10}，如氧气不足得到 P_4O_6，它们的分子结构如图 9-22 所示。

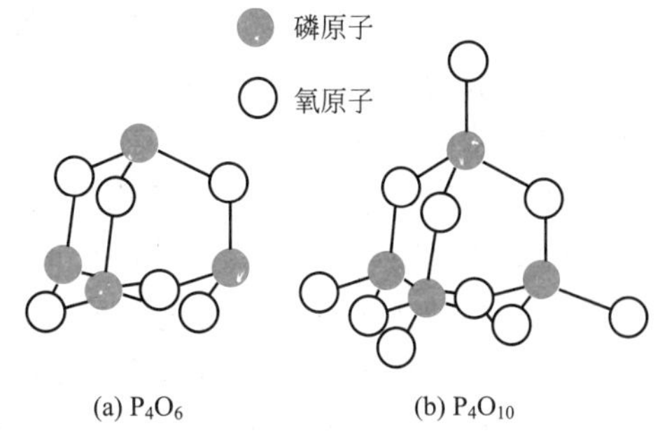

图 9-22 磷的氧化物

磷酸酐为白色雪花状晶体，有很强的吸水性，不但能从空气和溶液中吸水，甚至可以从化合物中按水分子的组成夺去氢和氧生成磷酸，可使硫酸和硝酸生成硫酐 SO_3 和硝酐 N_2O_5：

$$P_4O_{10} + 6H_2SO_4 \longrightarrow 6SO_3 + 4H_3PO_4 \tag{9-139}$$

$$P_4O_{10} + 12HNO_3 \longrightarrow 6N_2O_5 + 4H_3PO_4 \tag{9-140}$$

磷能形成多种氧化数的含氧酸，如氧化数为+1 的次磷酸 H_3PO_2、氧化数为+3 的亚磷酸 H_3PO_3、氧化数为+5 的偏磷酸 HPO_3、正磷酸 H_3PO_4、焦磷酸 $H_4P_2O_7$。它们的结构和解离常数列在表 9-16 中。

表 9-16 磷的含氧酸结构与解离常数

分子式	H_3PO_2	H_3PO_3	H_3PO_4	$H_4P_2O_7$
结构	O=P(H)(H)—OH	O=P(H)(OH)—OH	O=P(OH)(OH)—OH	HO—P(=O)(OH)—O—P(=O)(OH)—OH
解离常数	$K_{a1}=10^{-2}$	$K_{a1}=1.6\times10^{-2}$ $K_{a2}=7\times10^{-7}$	$K_{a1}=7.5\times10^{-3}$ $K_{a2}=6.2\times10^{-8}$ $K_{a3}=2.2\times10^{-13}$	$K_{a1}=1.4\times10^{-1}$ $K_{a2}=3.2\times10^{-2}$ $K_{a3}=1.7\times10^{-6}$ $K_{a4}=6.0\times10^{-9}$

磷的含氧酸中，磷以 sp^3 杂化成键，形成磷的四面体结构，分别连接羟基氧和非羟基氧或者直接连接氢原子。

在羟基上的氢是可以电离的，表现出酸性，直接连接在磷上的氢不能电离。一般认为非羟基氧与磷原子之间的键具有双键性质，是由一个 P→O 配位单键和一个从氧的 p 轨道到磷的 d 轨道的反馈配位键构成的，经常就简写为 P=O 双键。

正磷酸是由单一的磷氧四面体构成的，纯磷酸是无色晶体，熔点 315.5 K。

市售的磷酸为黏稠溶液，含 H_3PO_4 质量分数约 83%，折合磷酸浓度为 14 $mol\cdot L^{-1}$。磷酸是无氧化性、不挥发的三元中强酸。磷酸具有很强的配位能力，可以与 Fe^{3+} 形成配离子：

$$Fe^{3+} + 2H_3PO_4 = [Fe(HPO_4)_2]^- + 4H^+ \tag{9-141}$$

磷酸是三元酸，所以其盐有三种，即磷酸盐、磷酸氢盐和磷酸二氢盐，如磷酸钠 Na_3PO_4、磷酸氢二钠 Na_2HPO_4 和磷酸二氢钠 NaH_2PO_4。

磷酸二氢盐均溶于水，其他两种盐除了钾盐、钠盐和铵盐以外一般难溶于水。磷酸盐是重要的化肥，也是食品和动物饲料的添加剂。磷酸盐在生命活动中起到重要的作用，特别是参与许多能量的传递和转移过程，如光合作用、新陈代谢、肌肉活动等。

磷酸盐在硝酸介质中与过量钼酸铵 $(NH_4)_2MoO_4$ 加热反应，可生成黄色的杂多酸盐磷钼酸铵沉淀，俗称磷钼黄：

$$PO_4^{3-} + 12MoO_4^{2-} + 24H^+ + 3NH_4^+ = (NH_4)_3PO_4 \cdot 12MoO_3 \downarrow + 12H_2O \tag{9-142}$$

当磷酸盐浓度较小时，磷钼黄是黄色溶液，颜色的深浅与磷酸盐浓度相关，可用比色法测定磷酸盐的浓度。

磷钼黄中的 12 个 Mo 的氧化数全部是+6。在磷钼黄中再加入还原剂二氯化锡或抗坏血酸或硫酸肼，磷钼黄的 12 个 Mo 中的偶数个 Mo 的氧化数被还原为+5。产物为蓝色，俗称磷钼蓝。其中 4 个 Mo 的氧化数是+5 的磷钼杂多酸盐的蓝色最深。利用它在约 700 nm 处进行分光光度法测定，检测的磷酸盐浓度可小到 0.01 $mg \cdot L^{-1}$。

$$(NH_4)_3PO_4 \cdot 12MoO_3 + 4e^- + 4H^+ = (NH_4)_3PO_4 \cdot 8MoO_3 \cdot 2Mo_2O_5 + 2H_2O \tag{9-143}$$

磷酸在 475～573 K 下脱水，可生成焦磷酸：

$$2H_3PO_4 \xlongequal{\triangle} H_4P_2O_7 + H_2O \tag{9-144}$$

焦磷酸是无色玻璃状固体，易溶于水，相当于磷酸的二聚体。

焦磷酸根具有强的配位性能，过量的焦磷酸根能使得一些难溶的焦磷酸盐沉淀溶解，生成配离子。因此，焦磷酸盐在实验室常作为溶剂使用。

焦磷酸钠与偏磷酸钠共熔，进一步脱水，可得到三聚磷酸钠：

$$Na_4P_2O_7 + NaPO_3 = Na_5P_3O_{10} \tag{9-145}$$

偏磷酸是硬而透明的玻璃状物质，易溶于水，常见的偏磷酸有环状多聚体形式，如三聚偏磷酸 $(HPO_3)_3$ 和四聚偏磷酸 $(HPO_3)_4$。也有链状的多聚体形式（可达 20～100 个磷氧四面体单元），其钠盐称为格雷汉姆盐，记为 $(NaPO_3)_n$，也称为六偏磷酸钠，但其中 n 并不等于 6。该盐具有配位性质，可和水中的钙、镁离子形成可溶性配合物，用于水的软化。

亚磷酸是白色固体，在水中溶解性很好，亚磷酸及其盐表现出强的还原性，能将银、铜、汞等金属离子还原成单质，如：

$$H_3PO_3 + CuSO_4 + H_2O = Cu + H_3PO_4 + H_2SO_4 \tag{9-146}$$

次磷酸是白色易潮解的固体，由于其中磷的氧化数是+1，其还原性比亚磷酸更强，不仅能还原不活泼金属的离子，而且还能和镍离子作用：

$$NiCl_2 + H_3PO_2 + H_2O = Ni + H_3PO_3 + 2HCl \tag{9-147}$$

(8) 砷、锑、铋的氧化物及其水合物

砷、锑、铋的氧化物有+3 价和+5 价的两种，即：

As_2O_3（白色）	Sb_2O_3（白色）	Bi_2O_3（黄色）
As_2O_5（白色）	Sb_2O_5（淡黄色）	Bi_2O_5（红棕色）

+3 价的氧化物可由单质在空气中燃烧制得，而+5 价的氧化物是用硝酸氧化单质得到

含氧酸再脱水制得的，例如：

$$3As+5HNO_3+2H_2O \longrightarrow 3H_3AsO_4+5NO\uparrow \tag{9-148}$$

$$2H_3AsO_4 \xlongequal{\triangle} As_2O_5+3H_2O \tag{9-149}$$

但是硝酸只能把铋氧化成+3价，只有在强碱性介质中用强氧化剂才能生成+5价的铋：

$$Bi(OH)_3+Cl_2+3NaOH \longrightarrow NaBiO_3+2NaCl+3H_2O \tag{9-150}$$

用酸处理 $NaBiO_3$ 得到 Bi_2O_5，但极不稳定，很快会分解为 Bi_2O_3 和 O_2。

As_2O_3 俗称砒霜，是剧毒的白色粉末，致死量约为0.1 g，主要用来制造杀虫剂、除草剂和含砷药物。

As_2O_3 微溶于水，生成亚砷酸 H_3AsO_3，亚砷酸是两性偏酸的化合物。

Sb_2O_3 的水合物两性明显，而 Bi_2O_3 的水合物呈弱碱性，也就是说从砷到锑到铋，+3价的氧化物水合物都具有两性，但其酸性逐渐减弱，碱性逐渐增强。

氧化值为+5价的砷、锑、铋，其氧化物水合物都是酸性，且具有氧化性，氧化性依次增强。由于6s惰性电子对效应，Bi(Ⅴ)很不稳定，表现出强的氧化性，在酸性介质中能将 Mn^{2+} 氧化成紫红色的 MnO_4^-，可以利用该反应来鉴定溶液中的 Mn^{2+}。

砷、锑、铋氧化物及其水合物的酸碱性及氧化还原性变化规律如图9-23所示。

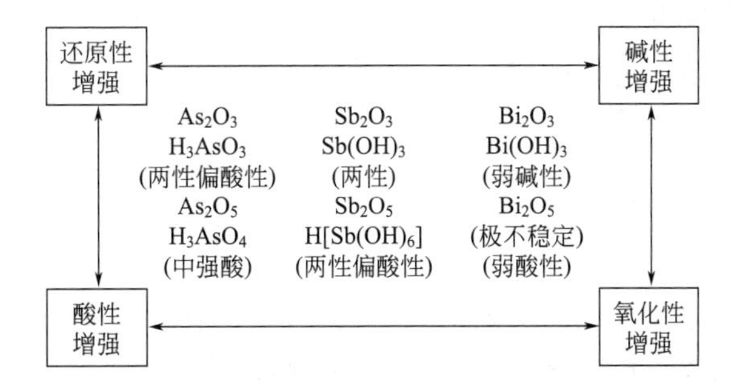

图9-23 砷、锑、铋氧化物及其水合物的性质变化规律

9.3.5 氧族元素

氧族元素位于元素周期表ⅥA族，包括氧（O）、硫（S）、硒（Se）、碲（Te）、钋（Po）五种元素。氧和硫是典型的非金属元素，硒和碲是准金属元素，钋是金属元素。其性质参见表9-17。

表9-17 氧族元素的一些性质

元素	氧	硫	硒	碲	钋
英文名	Oxygen	Sulfur	Selenium	Tellurium	Polonium
原子序数	8	16	34	52	84
价层电子构型	$2s^22p^4$	$3s^23p^4$	$4s^24p^4$	$5s^25p^4$	$6s^26p^4$
地壳中的丰度①/%	46.4(1)	0.0260(15)	0.05×10^{-4}(66)	—	—
天然同位素及其丰度/%	^{16}O 99.76 ^{17}O 0.04 ^{18}O 0.20	^{32}S 95.02 ^{33}S 0.75 ^{34}S 4.21 ^{36}S 0.02	^{74}Se 0.89 ^{76}Se 9.36 ^{77}Se 6.63 ^{78}Se 23.78 ^{80}Se 49.61 ^{82}Se 8.73	^{120}Te 0.096 ^{122}Te 2.603 ^{123}Te 0.908 ^{124}Te 4.816 ^{125}Te 7.139 ^{126}Te 18.9523 ^{128}Te 1.687 ^{130}Te 33.799	—

① 指地壳岩石圈及毗邻的水圈及大气圈中的质量分数，括号内为存在量的排名。

氧族元素的价层电子构型是 ns^2np^4，其原子有获得两个电子达到稀有气体稳定构型的趋势，故表现出较强的非金属性。氧的电负性仅次于氟，形成的化合物氧化数一般是－2。在过氧化物中氧化数为－1。

氧可以和大多数金属元素形成离子型的氧化物，硫、硒、碲和金属元素则以共价型化合物为主。氧族元素与非金属化合时以共价型物质为主。

氧占地壳差不多一半的质量（46.4%），丰度在所有元素中是最高的。

自然界中氧和硫能以单质存在，但大量的氧和硫以金属的氧化物和硫化物形式分布于岩石和矿床中，故这两种元素也称为成矿元素，水中更藏有巨量的氧。

硒和碲是分散稀有元素，无单独的矿物，常作为杂质存在于重金属的硫化物矿中，在煅烧这些矿物特别是贵金属的硫化物时，硒和碲往往就富集在烟道灰中。硒还是人体必需的微量元素。钋是一种放射性元素，存在于 U 和 Th 的矿物中。

（1）氧族元素的单质

① 氧的单质

氧的单质有两种存在形式，氧气和臭氧。

氧气是无色无味的气体，是地球上有氧呼吸生命体不可缺少的物质，难溶于水，298 K 时，在 100 mL 水中溶解 3.16 mL。

氧的固态和液态呈浅蓝色，固体存在三种晶型，α 晶体属于斜方晶型，升温至 23.5 K，α 晶体就转变成 β 晶体。β 晶体属于三斜方晶型，在 43.4 K 时，β 晶体转变 γ 晶体。γ 晶体属于立方晶型。

氧气分子中，两个氧原子通过一个 σ 键和两个三电子 π 键结合。由于存在两个未成对电子，氧分子具有顺磁性。

氧气具有广泛的用途，纯氧用于炼钢或者医疗，氢气-氧气或者氧气-乙炔混合气体点燃后产生高温，用于切割和焊接金属，液氧是火箭发动机的助燃成分。

臭氧（O_3）是氧的同素异形体，位于大气的平流层，它的产生是由于氧气分子受太阳辐射而形成的。臭氧能吸收太阳的紫外辐射，保护地球上生物免受太阳过强的紫外辐射。

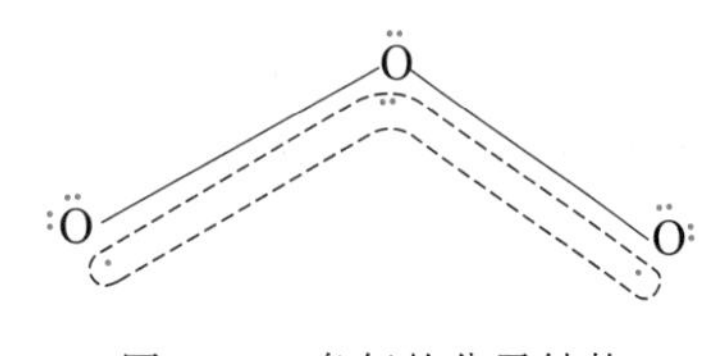

图 9-24　臭氧的分子结构

臭氧常温下是浅蓝色的气体，有一种类似鱼腥的特殊臭味，故名臭氧。臭氧在 161 K 时凝结为深蓝色液体，在 80 K 时凝结为黑紫色固体。组成臭氧分子的三个氧排列成折线形，键角为 116.8°，键长为 127.8 pm，中心氧原子采取 sp^2 杂化，与其他两个氧原子形成两个 σ 键，另外分子中还有一个 Π_3^4 键。分子的结构如图 9-24 所示。

臭氧不稳定，常温下就缓慢分解为氧气，在 473 K 以上分解很快。臭氧具有强氧化性，超过氧气，仅次于氟。利用臭氧与碘化钾的反应，可以鉴定臭氧并测定臭氧的含量：

$$O_3 + 2I^- + 2H^+ = I_2 + O_2 + H_2O \tag{9-151}$$

生成的 I_2 可使湿的淀粉试纸变蓝。

利用臭氧的强氧化性和不易导致二次污染的特点，常用它来净化空气和消毒饮用水。空气中微量的臭氧不仅能杀菌，而且能刺激神经中枢，使人感觉精神振奋。

② 硫的单质

硫有许多同素异形体，其中最主要的是其 α 型和 β 型，分别称为斜方硫和单斜硫。它们都是由 S_8 的环形分子构成的，只是在晶体中分子的排列方式有所不同。在 S_8 的分子中，硫原子均采取 sp^3 杂化的方式，以共价键相互连接，如图 9-25 所示。斜方硫升温至 386.7 K

时转变为单斜硫。

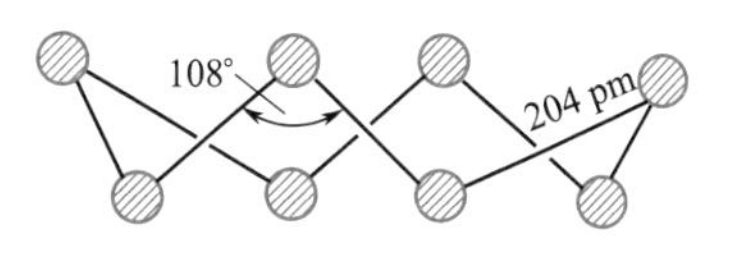

图 9-25 S_8 分子的环状结构

硫质脆易碎，不易导电、导热，难溶于水，易溶于有机溶剂，313 K 时在 100 g 二硫化碳中可溶解单质硫 100 g。

将单质硫加热融化，则 S_8 分子会断开形成线形分子，并且聚合成长链的大分子，黏度明显增大。在 473 K 时硫链高度聚合；温度再升高，则长链破裂形成较短的链状分子，到 2273 K 时，硫基本上分解成单原子蒸气。

利用硫的链状结构，往往可以在橡胶中掺入硫，在橡胶高分子链之间建立硫桥，从而减少了分子链之间的相对滑动，提高橡胶的强度和耐磨性，这一过程称为橡胶的硫化。硫化橡胶的过程与分子结构如图 9-26 所示。

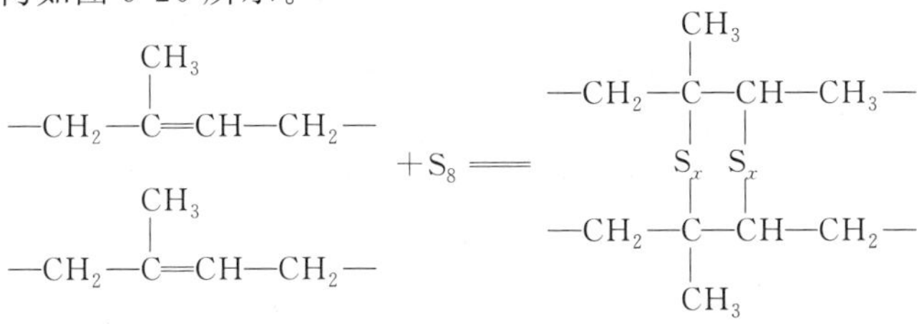

$$
\begin{array}{c}
-CH_2-\overset{\overset{\displaystyle CH_3}{|}}{C}{=}CH-CH_2- \\
-CH_2-\overset{\overset{\displaystyle CH_3}{|}}{C}{=}CH-CH_2-
\end{array}
+S_8 =
\begin{array}{c}
-CH_2-\overset{\overset{\displaystyle CH_3}{|}}{C}-CH-CH_3- \\
\quad\quad\;\; | \quad\;\;\, | \\
\quad\quad\;\; S_x \quad S_x \\
\quad\quad\;\; | \quad\;\;\, | \\
-CH_2-\underset{\underset{\displaystyle CH_3}{|}}{C}-CH-CH_2-
\end{array}
$$

图 9-26 橡胶的硫化

③ 硒、碲、钋的单质

硒是分散的稀有的非金属元素，具有六种同素异形体，最主要的是红硒和灰硒。

红硒外观棕红色，发亮透明，属于单斜晶系的分子晶体，分子式为 Se_8。

灰硒外观钢灰发亮，是具有链状结构的六方晶系。硒性脆，333 K 时变软可塑，用于制造硒玻璃，硒化物则是重要的半导体材料。硒还是人体必需的微量元素，存在于谷胱甘肽和过氧化物酶中。

碲是分散的稀有非金属，其晶体属于六方晶系，外观浅灰色，光亮如银。其无定形体则是灰褐色的粉末。碲性脆，高纯度碲是制造半导体化合物的材料。

钋是放射性稀有元素，外观银灰色，很亮。其 α 晶型属于立方晶系，β 晶型属于三斜方晶系，升温至 327 K 时 α 晶型转变成 β 晶型。钋最稳定的同位素 ^{209}Po 半衰期为 103 年。钋与铍可共作中子源，或作 α 射线源。

(2) 过氧化氢

氧的性质活泼，能和大多数元素形成氧化物，因此氧的化合物多在其他元素中分述。这里只讨论过氧化氢的性质。

过氧化氢中含有过氧键（—O—O—），两个氧原子的两头各连接一个氢原子，但并不是直线形的结构。其分子结构如图 9-27 所示。分子中，氧原子采取 sp^3 不等性杂化，由于孤电子对的存在，导致两个氢原子不在一个平面上，使得整个分子稳定性下降，因此过氧化氢容易发生分解反应：

$$2H_2O_2 = 2H_2O + O_2\uparrow \quad (9\text{-}152)$$

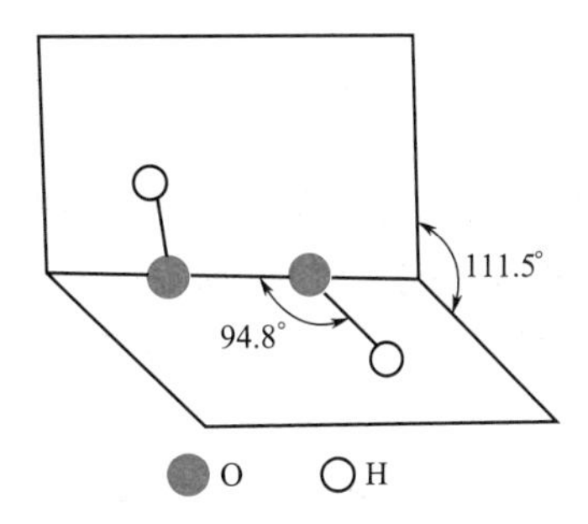

图 9-27 过氧化氢的分子结构

过氧化氢在光照和在高温下分解速率大大加快，甚至可发生爆炸。另外在碱性介质中的分解速率也大于在酸性介质中的分解速率。所以过氧化氢宜保存在棕色玻璃瓶中，并置于阴凉处。

纯的过氧化氢是无色的黏稠液体，分子间存在氢键，缔合程度比水还高，所以沸点可达 423 K，即 150 ℃。

过氧化氢与水可按任意比例互溶，水溶液称为双氧水。过氧化氢中的氧的氧化数是－1，所以它既有氧化性也有还原性，在酸性介质中氧化性加强，可以将碘离子氧化成单质碘：

$$H_2O_2 + 2I^- + 2H^+ = I_2 + 2H_2O \quad (9\text{-}153)$$

其还原性只有遇到更强的氧化剂才表现出来，如与高锰酸钾的反应：

$$2MnO_4^- + 5H_2O_2 + 6H^+ = 2Mn^{2+} + 5O_2\uparrow + 8H_2O \quad (9\text{-}154)$$

工业上常用上述高锰酸钾法测量过氧化氢的含量。

一般来说，过氧化氢的氧化性比还原性要显著，主要作为氧化剂来使用。还原产物是水，不会给体系引入杂质，而且过量的过氧化氢也很容易加热分解除去，是其优点所在。

过氧化氢具有很弱酸性，电离生成氢离子和过氧氢根，$K_a = 2.2\times10^{-12}$：

$$H_2O_2 = H^+ + HO_2^- \quad (9\text{-}155)$$

过氧化氢实际上还可以发生二级解离，但解离更加困难，$K_{a2}\approx10^{-25}$。过氧化氢可以和碱反应，生成过氧化物，比如：

$$H_2O_2 + Ba(OH)_2 = BaO_2\downarrow + 2H_2O \quad (9\text{-}156)$$

因此，金属的过氧化物可视为金属离子的过氧化氢酸的盐。

过氧化氢能同其他化合物反应使过氧链转移，生成过氧化物或过氧酸。如：

$$CH_3C(O)OH(\text{醋酸}) + H{-}O{-}O{-}H = CH_3C(O){-}O{-}OH(\text{过氧醋酸}) + H_2O \quad (9\text{-}157)$$

$$(O{=})_2V{-}OH + H_2O_2 = (O{=})_2V{-}O{-}O{-}H + H_2O \quad (9\text{-}158)$$

这类过氧化物或过氧酸可以把 I^- 氧化成 I_2，称它们为真过氧化物或真过氧酸。

(3) 硫化氢和氢硫酸

硫蒸气和氢直接反应生成硫化氢，硫化氢是无色有臭鸡蛋味的有毒气体，吸入大量的硫化氢气体会危及生命。

由于硫化氢具有挥发性且有毒，存放和使用都不方便，实验室常用硫代乙酰胺 CH_3CSNH_2 作为替代品，在需要硫化氢的实验中将硫代乙酰胺加热水解，生成硫化氢参与反应，可减少直接污染：

$$CH_3CSNH_2 + 2H_2O = CH_3COO^- + NH_4^+ + H_2S\uparrow \quad (9\text{-}159)$$

硫化氢分子的结构与水类似，呈折线形，中心原子硫采取 sp^3 不等性杂化。硫化氢的熔点是－85 ℃，沸点是－60 ℃，比水低得多，这是因为硫化氢分子之间不能形成氢键的缘故。

硫化氢水溶液称为氢硫酸。293 K 时，硫化氢的饱和水溶液浓度约为 0.1 mol·L^{-1}。

氢硫酸是弱的二元酸，其 $K_{a1} = 1.1\times10^{-7}$，$K_{a2} = 1.3\times10^{-13}$：

$$H_2S \rightleftharpoons H^+ + HS^- \quad (9\text{-}160)$$

$$HS^- \rightleftharpoons H^+ + S^{2-} \quad (9\text{-}161)$$

硫化氢中硫的氧化数为最低的－2，因此具有较强的还原性。如氢硫酸在空气中放置时，易被氧气氧化生成游离的硫，使得溶液变浑浊。强氧化剂更可使得氢硫酸氧化成硫酸：

$$H_2S + 4Cl_2 + 4H_2O = H_2SO_4 + 8HCl \quad (9\text{-}162)$$

(4) 硫化物

氢硫酸可以形成正盐和酸式盐，其酸式盐均溶于水，而正盐中除了碱金属及铵盐以外，大多数硫化物难溶解于水。金属硫化物沉淀往往有特征颜色，在分析化学上常根据这一性质鉴别不同的金属离子。

难溶的硫化物的溶解性有很大的差别，按溶解性从小到大可以分成四类。

第一类是能溶于稀盐酸，如硫化锌：

$$ZnS + 2H^+ \xlongequal{} Zn^{2+} + H_2S\uparrow \tag{9-163}$$

第二类是能溶于浓盐酸，如硫化铅。主要是因为浓盐酸提供了高浓度的 Cl^-，Cl^- 与 Pb^{2+} 形成了稳定的配合物，而促使平衡反应向溶解方向移动：

$$PbS + 4HCl \xlongequal{} H_2[PbCl_4] + H_2S\uparrow \tag{9-164}$$

第三类是溶于浓硝酸，如硫化铜。因为浓硝酸的氧化作用，使得硫化物分解：

$$3CuS + 8HNO_3 \xlongequal{} 3Cu(NO_3)_2 + 3S\downarrow + 2NO\uparrow + 4H_2O \tag{9-165}$$

第四类是只溶于王水，对于溶解度最小的硫化汞来说，只有在浓硝酸的氧化作用和氯离子的配合作用同时存在的情况下，才能使得反应向溶解方向进行：

$$3HgS + 2HNO_3 + 12HCl \xlongequal{} 3H_2[HgCl_4] + 3S\downarrow + 2NO\uparrow + 4H_2O \tag{9-166}$$

常见难溶硫化物按以上标准分类，并将其颜色注明列在表 9-18 中。

表 9-18 难溶硫化物的分类

溶于稀盐酸	溶于浓盐酸	溶于浓硝酸	溶于王水
MnS(肉色)、CoS(黑色)、ZnS(白色)、NiS(黑色)、FeS(黑色)	SnS(褐色)、Sb_2S_3(橙色)、SnS_2(黄色)、Sb_2S_5(橙色)、PbS(黑色)、CdS(黄色)、Bi_2S_3(暗棕)	CuS(黑色)、As_2S_3(浅黄)、Cu_2S(黑色)、As_2S_5(浅黄)、Ag_2S(黑色)	HgS(黑色)、Hg_2S(黑色)

上述硫化物不同的溶解性，是分离各种金属离子的依据之一。

(5) 硫的氧化物及含氧酸

① 硫的氧化物

硫的氧化物有二氧化硫和三氧化硫。

二氧化硫是无色有刺激性臭味的气体，它的分子与臭氧类似，呈折线形，中心原子硫以 sp^2 杂化成键，形成两个 O—S 单键，同时整个分子中还有一个 Π_3^4 键。分子结构如图 9-28 所示。

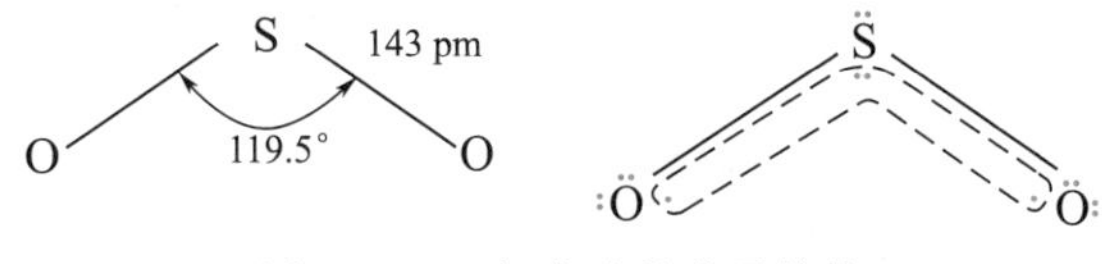

图 9-28 二氧化硫的分子结构

二氧化硫对人体极为有害，大气中的二氧化硫遇水蒸气形成的亚硫酸，是酸雨的主要成分。我国煤炭和石油中含硫量较高，大量燃烧排放的二氧化硫进入大气，是许多地方大气污染的主要来源之一。

气体三氧化硫的分子呈平面三角形，中心硫原子以 sp^2 杂化成键，形成三个 S—O 单键，同时整个分子中还有一个 Π_4^6 键。

二氧化硫主要表现为还原性，而三氧化硫具有强氧化性，可以氧化单质磷和碘化物等：

$$5SO_3 + 2P \xlongequal{} 5SO_2 + P_2O_5 \tag{9-167}$$

$$SO_3 + 2KI \xlongequal{} K_2SO_3 + I_2 \tag{9-168}$$

② 亚硫酸及盐

二氧化硫的水溶液称为亚硫酸，它是一种水合物的结构 $SO_2 \cdot xH_2O$，还没有制得纯的亚硫酸 H_2SO_3。亚硫酸为二元中强酸，分两步电离，$K_{a1} = 1.3\times10^{-2}$，$K_{a2} = 6.2\times10^{-8}$。

亚硫酸可形成正盐和酸式盐，正盐除了钾、钠、铵盐以外都不溶于水，酸式盐的溶解性很好。无论是二氧化硫还是亚硫酸、亚硫酸盐，其中硫的氧化数均是+4，氧化性和还原性同时具备，但以还原性为主，被氧化成三氧化硫、硫酸和硫酸盐。

③ 硫酸及盐

三氧化硫溶于水生成硫酸，硫酸是最重要的化工原料之一，在农药、染料、医药、化纤等行业有大量应用。

纯硫酸是无色油状液体，无挥发性。硫酸作为二元酸，其第一步解离是完全的，而第二步解离并不完全，HSO_4^- 相当于中强酸：

$$H_2SO_4 = H^+ + HSO_4^- \qquad (9\text{-}169)$$

$$HSO_4^- = H^+ + SO_4^{2-} \qquad K_a = 1.0 \times 10^{-2} \qquad (9\text{-}170)$$

硫酸具有四面体的结构，中心原子硫采取 sp^3 杂化，分别连接两个羟基氧和两个非羟基氧。一般认为，硫和四个氧原子形成四个 σ 单键，另外硫和两个非羟基氧原子之间还能形成两个 d-p 轨道重叠的 π 键。硫酸的分子结构如图 9-29 所示。而硫酸电离出两个氢离子后，形成的硫酸根则是正四面体，四根硫氧键完全等同。

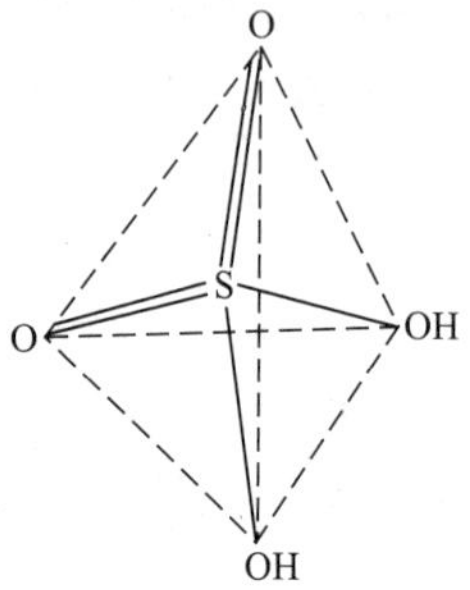

图 9-29 硫酸的分子结构

浓硫酸还是一种氧化性酸，几乎能氧化所有的金属。一些非金属如碳和硫也能被氧化，浓硫酸则被还原成二氧化硫，如：

$$Cu + 2H_2SO_4(\text{浓}) = CuSO_4 + SO_2\uparrow + 2H_2O \qquad (9\text{-}171)$$

$$C + 2H_2SO_4(\text{浓}) = 2CO_2\uparrow + SO_2\uparrow + 2H_2O \qquad (9\text{-}172)$$

由于硫酸是二元酸，所以形成的盐有正盐和酸式盐，酸式硫酸盐大多易溶解于水。硫酸盐中除了硫酸钡、硫酸铅和硫酸钙等难溶于水外，其余也都易溶。

带有结晶水的过渡金属硫酸盐俗称矾，如胆矾或蓝矾 $CuSO_4 \cdot 5H_2O$、绿矾 $FeSO_4 \cdot 7H_2O$、皓矾 $ZnSO_4 \cdot 7H_2O$。

硫酸的复盐 $(NH_4)_2SO_4 \cdot FeSO_4 \cdot 6H_2O$ 被称为莫尔盐，$K_2SO_4 \cdot Al_2(SO_4)_3 \cdot 24H_2O$ 被称为明矾或白矾。硫酸盐的用途很大，如明矾是常见的净水剂，胆矾可以杀菌消毒，绿矾是农药和制造墨水的原料，芒硝 $Na_2SO_4 \cdot 10H_2O$ 在陶瓷、玻璃工业中都是不可或缺的原料。

④ 多硫酸及其盐

硫酸及硫酸根还能以双聚的形式形成焦硫酸（盐），焦硫酸（盐）可被看作是硫酸或者硫酸根之间发生脱水缩合形成的双聚硫酸盐，如图 9-30 所示。

焦硫酸比硫酸具有更强的氧化性、吸水性及腐蚀性，也是良好的磺化剂，常用于制造染料、炸药等有机磺酸类化合物。

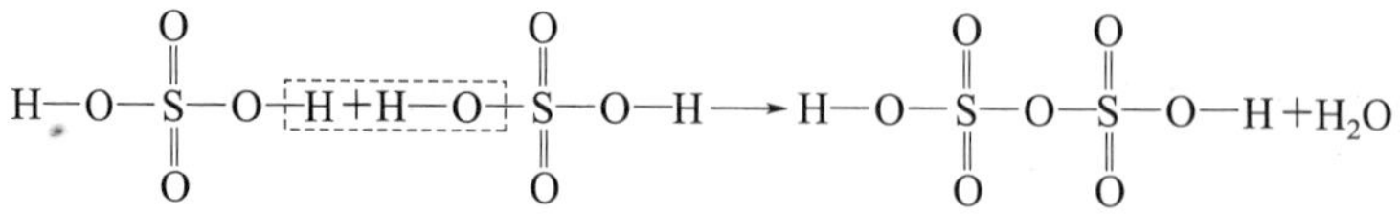

图 9-30 焦硫酸的形成

连硫酸及连硫酸盐中，硫与硫原子直接相连，根据硫的数量，可分为连二硫酸、连四硫酸和连多硫酸等，如连四硫酸的结构式如图 9-31 所示。

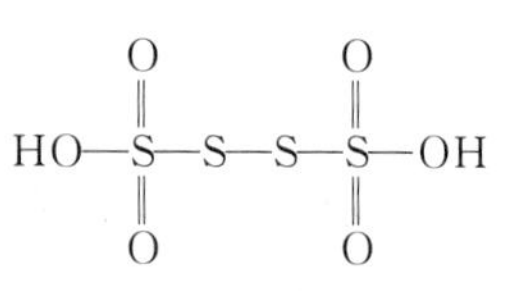

图 9-31 连四硫酸的结构式

重要的连硫酸盐是连二硫酸钠，又称为保险粉，在无氧条件下，$NaHSO_3$ 用锌粉还原制得：

$$2NaHSO_3 + Zn \longrightarrow Na_2S_2O_4 + Zn(OH)_2 \quad (9\text{-}173)$$

连二硫酸钠是很强的还原剂，常用它来吸收氧气：

$$Na_2S_2O_4 + O_2 + H_2O \longrightarrow NaHSO_3 + NaHSO_4 \quad (9\text{-}174)$$

连二硫酸钠主要用于印染工业，可保持印染纺织品的色泽鲜艳，不被空气中氧气氧化，故名保险粉。

将硫粉溶于沸腾的亚硫酸钠溶液，可以得到硫代硫酸钠：

$$Na_2SO_3 + S \xlongequal{\triangle} Na_2S_2O_3 \quad (9\text{-}175)$$

含结晶水的硫代硫酸钠 $Na_2S_2O_3 \cdot 5H_2O$ 又称为海波或大苏打，是无色透明的晶体，易溶于水，呈弱碱性。在酸性溶液中，硫代硫酸钠迅速分解：

$$S_2O_3^{2-} + 2H^+ \longrightarrow S\downarrow + SO_2\uparrow + H_2O \quad (9\text{-}176)$$

硫代硫酸根可以看成是硫酸根中一个氧原子被硫取代的结果，因此与硫酸根类似都是四面体的构型。分子中硫的平均氧化数为+2，是中等强度的还原剂，与较弱的氧化剂碘反应生成连四硫酸盐，与强氧化剂作用则生成硫酸盐：

$$2S_2O_3^{2-} + I_2 \longrightarrow S_4O_6^{2-} + 2I^- \quad (9\text{-}177)$$

$$S_2O_3^{2-} + 4Cl_2 + 5H_2O \longrightarrow 2SO_4^{2-} + 8Cl^- + 10H^+ \quad (9\text{-}178)$$

分析化学中利用前一反应来测定碘的含量，后一反应则用在纺织和造纸工业中除氯。

硫代硫酸根具有较强的配位能力，可以与银离子形成配合物，而使卤化银沉淀溶解，如：

$$AgBr + 2S_2O_3^{2-} \longrightarrow [Ag(S_2O_3)_2]^{3-} + Br^- \quad (9\text{-}179)$$

定影剂的成分就是硫代硫酸钠，利用这一反应，可将未曝光的溴化银溶解、除去。

9.3.6 卤素

卤素位于元素周期表中ⅦA族，包括氟（F）、氯（Cl）、溴（Br）、碘（I）和砹（At）共五种元素，其中砹是放射性元素，自然界中没有稳定存在的砹。

卤素原子的价层电子构型的通式为 ns^2np^5，与惰性气体稳定的8电子构型相比，只少一个价电子，故卤素单质具有较强的氧化性。

卤素元素的一些性质见表9-19。

表9-19 卤素元素的一些性质

元素	氟	氯	溴	碘	砹
英文名	Fluorine	Chlorine	Bromine	Iodine	Astatine
原子序数	9	17	35	53	85
原子量	19.00	35.45	79.91	126.90	210
价层电子构型	$2s^22p^5$	$3s^23p^5$	$4s^24p^5$	$5s^25p^5$	$6s^26p^5$
地壳中的丰度①/%	0.0625(12)	0.0130(19)	2.5×10^{-4}(48)	0.5×10^{-4}(58)	—
天然同位素及其丰度/%	^{19}F 100	^{35}Cl 77.77 ^{37}Cl 24.23	^{79}Br 50.69 ^{81}Br 49.31	^{127}I 100	—

① 指地壳岩石圈及毗邻的水圈及大气圈中的质量分数，括号内为存在量的排名。

卤素的意思就是成盐元素。自然界中，氯、溴、碘主要以各种无机盐的形式存在于海水中，其中以NaCl的含量最高。海水中除 H_2O 以外各元素的含量如表9-20所示。氟则以萤石 CaF_2 和冰晶石 Na_3AlF_6 等矿物形式存在。由于碘能被某些海洋植物选择性地吸收，故海藻、海带中碘的含量较高。氟和碘是人体必需的微量元素。

表 9-20　海水中元素含量（未计入溶解气体）

元素	Cl	Na	Mg	S	Ca	K	Br	无机 C	Sr
质量分数/%	1.9	1.0	0.13	0.089	0.042	0.040	0.0065	0.0028	0.0013
元素	B	Si	有机 C	Al	F	N	Rb	Li	I
质量分数/$\times10^{-4}$%	4.6	4	3	1.9	1.4	0.9	0.2	0.1	0.05

(1) 卤素单质的性质

卤素元素在各族元素中，最典型地体现了同族元素性质相似的特点，比如卤素都是非金属元素，其单质都是双原子分子，具有氧化性。卤素都能形成卤化氢、含氧酸及其盐。

卤素元素的单质以双原子分子 X_2 的形式存在。两个原子通过一对共用电子，形成一根共价单键，使得两个原子的价层都达到了 8 电子的构型。从价键理论的角度来分析，这根 X—X 之间的共价键属于 np-np 的 σ 键。随着从氟到碘原子半径的逐渐增大，这根共价键的键长也变大，造成键能下降。

在温度较低时，卤素单质都以分子晶体的形式存在。由于卤素单质的分子都是非极性分子，所以它们之间的范德华力只有色散力，因此卤素单质的熔沸点是比较低的。另外同系物之间，色散力随着分子量的增加而增强，导致物质熔沸点的上升，所以从 F_2 到 I_2，它们的熔沸点依次上升。在常温下，氟、氯以气体状态存在，溴是易汽化的液态，而碘是固体，这正如它们名称中偏旁所表示的那样。

常温下，氟是浅黄色的气体，有特殊刺激性臭味，剧毒。液固态呈黄色。固体具有两种晶系，α 晶系在温度升至 45.6 K 时候转变成 β 晶型。氟的电负性在所有元素中最大，其化学性质最活泼，常温下就可以和几乎所有元素化合，腐蚀性极强。

氟可用来制造各种有机氟化物，如灭火剂 CBr_2F_2、杀虫剂 CCl_3F、耐温耐腐蚀塑料聚四氟乙烯等。在核工业中，氟还用于制备 UF_6。氟还是人体中形成强壮骨骼和预防龋齿的微量元素，以 $Ca_5F(PO_4)_3$ 形式存在，但过多氟的摄入对人体是有害的。

氯在常温下是淡黄绿色的气体，具有强烈的窒息臭味，剧毒。液固态呈浅黄色，固态属于四方晶型的分子晶体。化学性质活泼，铜、铁、铝等均可在氯气中燃烧，除氧、碳和惰性气体以外，氯和多数元素在高温下均可化合。

氯是重要的工业原料，用于合成盐酸、聚氯乙烯、漂白粉、农药和许多化学试剂。

溴在常温下是液态，在所有元素中只有汞具有同样的性质。液态溴呈发暗的红褐色，固态则是暗红色的，属于斜方晶系的分子晶体。溴易挥发，有窒息性气味，剧毒。能蚀伤皮肤和黏膜组织，应密封瓶口运输储存。溴的化学活性比氯稍差。

溴可用于制备 $C_2H_4Br_2$，作为汽油抗震剂的成分。此外在染料、感光材料和无机试剂等方面也有应用。

碘在常温下是紫黑色的固体，属于斜方晶系的分子晶体，质软且脆，加热可升华，有毒，过量可中毒致死。

碘是人体不可缺少的元素，每个甲状腺素分子中就存在四个碘原子，日常饮食中常用加碘的盐来进行补充。AgI 可用于人工降雨。I_2 在水中的溶解度不大，可以将 I_2 溶解在 KI 溶液中以增加溶解度：

$$I_2 + I^- \longrightarrow I_3^- \qquad (9\text{-}180)$$

砹是放射性元素，具有某些金属性。其最稳定的同位素 ^{210}At 半衰期为 8.3 h。

卤素单质的一些基本性质如表 9-21 所示。

表 9-21　卤素单质的一些性质

卤素单质(X_2)	氟	氯	溴	碘
常温下状态	气体	气体	液体	固体
颜色	浅黄	黄绿	红棕	紫黑
熔点/K	53.38	172	265.8	386.5
沸点/K	84.46	238.4	331.8	457.4
键能/$kJ\cdot mol^{-1}$	158	242	193	151
标准电极电势 $\varphi^{\ominus}_{X_2/X^-}$/V	2.87	1.36	1.065	0.535
在水中溶解度/$g\cdot(100\ g)^{-1}$	反应	0.732	3.58	0.029

卤素的单质均有毒，毒性从碘到氟依次增加，使用时候应特别注意。在实验室中涉及卤素单质的反应（除了碘以外），都应当在通风橱中进行。

(2) 卤化氢和氢卤酸

卤化氢均为有强烈刺激性气味的气体，液态的卤化氢不导电，证明它们是共价型化合物。卤化氢的分子具有极性，易溶于水，在空气中和水汽结合生成白色酸雾，卤化氢的水溶液叫作氢卤酸。卤化氢的一些常见性质见表 9-22。其中氟化氢具有反常的高熔、沸点，是因为其分子之间能够形成氢键。

表 9-22　卤化氢的性质

卤化氢(HX)	HF	HCl	HBr	HI
熔点/K	190.1	158.4	189.7	222.4
沸点/K	292.7	188.3	206.2	237.8
H—X 键键能/$kJ\cdot mol^{-1}$	567	431	366	298
分子偶极矩 $\mu/\times10^{-30}$ C·m	6.40	3.61	2.63	1.27
在水中溶解度/$g\cdot(100\ g)^{-1}$	35.3	42	49	57

从 HF、HCl、HBr 到 HI，在水溶液中的酸性依次增强。氢氟酸是弱酸，常温下，浓度为 0.1 $mol\cdot L^{-1}$的 HF 解离度大约只有 10%，而其他几种酸的同浓度溶液解离度都大于 90%。因为 F 原子半径最小，H—X 结合得最紧密，不容易断裂，使得其电离较困难。

但是氢氟酸有个特殊的性质，其浓溶液的解离度要大于稀溶液的解离度，使浓氢氟酸成为强酸。这是因为 HF 能形成氢键，在较浓的 HF 溶液中，已经解离的 F^-与 HF 发生缔合，形成 HF_2^- 等一系列缔合离子，使得溶液中 F^-浓度下降，促使 HF 进一步解离：

$$HF \rightleftharpoons H^+ + F^- \qquad K_a = 7.2\times10^{-4} \tag{9-181}$$

$$F^- + HF \rightleftharpoons HF_2^- \qquad K = 5.1 \tag{9-182}$$

(3) 卤素的含氧酸

① 卤素含氧酸的通性

除了氟以外，其他卤素均能形成氧化数不同的多种含氧酸，即 HXO_4、HXO_3、HXO_2 和 HXO，其中卤素的氧化数分别为+7、+5、+3 和+1，用“高”、“正”（或省略“正”字）、“亚”、“次”的词头加以区分。如 $HClO_4$ 称为高氯酸，$HClO_3$ 称为（正）氯酸，$HBrO_2$ 称为亚溴酸，HIO 称为次碘酸。

卤素元素在酸性溶液中，各价态的电极电位如图 9-32 所示。

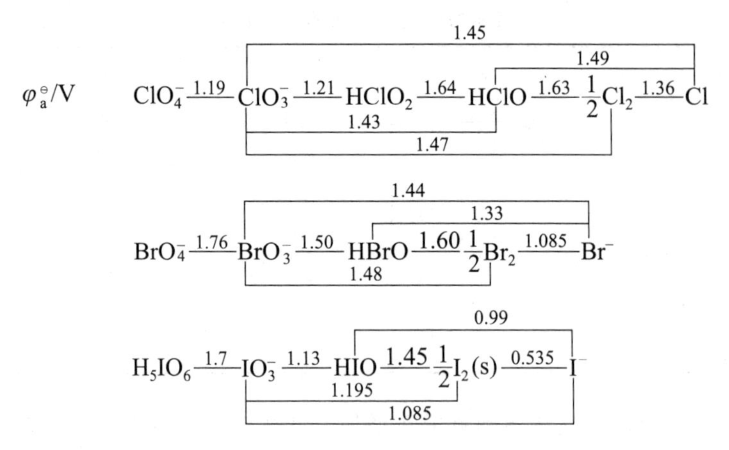

图 9-32　卤素元素在酸性介质中的电极电位图

从图中可以看到，几乎所有的电对电极电位都有较大的正值，表明卤素单质及其含氧酸有较强的氧化性，另外可以根据这些电对的电极电位值来判断各物质是否容易发生歧化反应，或者能否共存。

卤素含氧酸的酸根离子的空间构型可以用价层电子对互斥理论来进行判断，中心原子是卤素，外围的价电子排布都呈四面体构型，依据连接的氧原子数目的不同，具体结构式如图 9-33 所示。

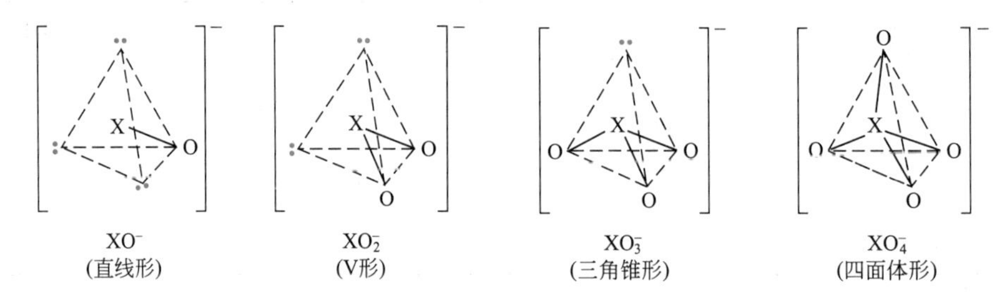

图 9-33　卤素含氧酸根的结构

高价态的卤素含氧酸强度要大于低价态的卤素含氧酸，如：

$$HClO_4 > HClO_3 > HClO_2 > HClO \tag{9-183}$$

不同元素同氧化数的含氧酸的强度，则要看元素的电负性大小，电负性越大，则酸性越强，如：

$$HClO_4 > HBrO_4 > H_5IO_6 \tag{9-184}$$

卤素含氧酸的氧化性强弱则显示出不同的规律，如氯元素各种氧化数的含氧酸的氧化性次序如下：

$$HClO > HClO_2 > HClO_3 > HClO_4 \tag{9-185}$$

低氧化数的含氧酸的氧化性比高氧化数的含氧酸强，这主要与含氧酸的结构有关。从结构上看，卤素含氧酸在氧化还原时需断裂 Cl—O 键，高氯酸中 Cl—O 键数最多，断键所需的能量最大。

② 次氯酸、氯酸和高氯酸及其盐

次氯酸是很弱的酸，其解离常数 $K_a = 2.9 \times 10^{-8}$，比碳酸还弱，且不稳定，易发生如下两种分解反应：

$$2HClO = 2HCl + O_2\uparrow \quad 光照 \tag{9-186}$$

$$3HClO = 2HCl + HClO_3 \quad 加热 \tag{9-187}$$

漂白粉的有效成分是次氯酸钙，因为当次氯酸钙加酸生成次氯酸后，具有一定的氧化性，可以起到漂白、消毒作用。所以，漂白粉在酸性溶液中才能有较好的使用效果。

用氯酸钡和稀硫酸作用可制得氯酸：

$$Ba(ClO_3)_2 + H_2SO_4 = BaSO_4\downarrow + 2HClO_3 \tag{9-188}$$

氯酸也不稳定，浓度超过40%即分解：

$$3HClO_3 = 2O_2\uparrow + Cl_2\uparrow + HClO_4 + H_2O \tag{9-189}$$

氯酸是强酸，酸度和盐酸、硝酸相近。由于氯酸中氯的氧化数较高，为+5，其还具有较强的氧化性，能将还原剂如碘单质氧化：

$$2HClO_3 + I_2 = 2HIO_3 + Cl_2\uparrow \tag{9-190}$$

氯酸钾是重要的氯酸盐，以 MnO_2 为催化剂，加热后氯酸钾即分解，释放出氧气，实验室常用该反应来制备少量氧气：

$$2KClO_3 \xlongequal{\triangle} 2KCl + 3O_2\uparrow \tag{9-191}$$

用浓硫酸和高氯酸钾作用，可制得高氯酸：

$$KClO_4 + H_2SO_4 = KHSO_4 + HClO_4 \tag{9-192}$$

无水高氯酸是无色、黏稠的液体。浓 $HClO_4$ 不稳定，受热分解：

$$4HClO_4 \xlongequal{\triangle} 2Cl_2\uparrow + 7O_2\uparrow + 2H_2O \tag{9-193}$$

高氯酸是最强的无机酸之一，实验室里常用高氯酸溶液提供强酸性的反应环境。

9.3.7 稀有气体元素

稀有气体元素位于元素周期表第Ⅷ族（零族），包括氦（He）、氖（Ne）、氩（Ar）、氪（Kr）、氙（Xe）、氡（Rn）六种元素。由于稀有气体元素有价层电子全充满的稳定构型，一般情况下都以单原子分子的形式存在。由于稀有气体原子之间只存在微弱的色散力，它们的熔沸点都很低，常温下均以气态存在。随着原子量的增加，其熔沸点依次提高。稀有气体的一些基本性质及其在自然界中的存在情况如表9-23所示。

表9-23 稀有气体的一些性质

元素	氦	氖	氩	氪	氙	氡
英文名	Helium	Neon	Argon	Krypton	Xenon	Radon
原子序数	2	10	18	36	54	86
原子量	4.00	20.18	39.95	83.80	131.30	222
价层电子构型	$1s^2$	$2s^2 2p^6$	$2s^2 2p^6$	$3s^2 3p^6$	$4s^2 4p^6$	$5s^2 5p^6$
在大气中丰度/$\times 10^{-6}$	5.2	18	9300	1.14	0.086	10^{-6}
在水中的溶解度(273 K)/$mL \cdot L^{-1}$	13.8	14.7	37.9	73	110.9	—
天然同位素及其丰度/%	^{4}He 100	^{20}Ne 90.48 ^{21}Ne 0.27 ^{22}Ne 9.25	^{36}Ar 0.337 ^{38}Ar 0.063 ^{40}Ar 99.600	^{78}Kr 0.35 ^{80}Kr 2.25 ^{82}Kr 11.6 ^{83}Kr 11.5 ^{84}Kr 57.0 ^{86}Kr 17.3	^{124}Xe 0.10 ^{126}Xe 0.09 ^{128}Xe 1.91 ^{129}Xe 26.4 ^{130}Xe 4.1 ^{131}Xe 21.2	^{132}Rn 26.9 ^{134}Rn 10.4 ^{136}Rn 8.9

(1) 稀有气体的单质

稀有气体在自然界主要存在于大气中，其丰度以 Ar 为最高，以体积计达 9300 $mL \cdot m^{-3}$。

He 由于其密度小，往往很难被地球重力场所留住，所以如果没有放射性元素 α 裂变不断产生 He，和来自太阳风中部分 He 的补充，地球上 He 的含量要少很多，He 还在天然气中少量存在。

Rn 是核动力工厂或者自然界中放射性元素 U 和 Th 的裂变产物，也具有放射性，其最稳定的同位素 ^{222}Rn 的半衰期为 3.82 天。在土壤、岩石或者建筑材料中如果 U 的浓度达到一定程度后，会导致这些地区建筑内部的 Rn 含量超标，对人体的健康构成危害。

稀有气体都是无色无味的。在固态时均为分子晶体，其中氦为六方密堆积，其他元素为面心立方密堆积。

He 由于其密度仅高于氢气，且性质稳定不会燃烧，所以可以用来填充气球和飞艇。另外 He 的熔沸点是所有物质中最低的，常被用作低温超导研究中的致冷剂。

稀有气体由于其化学反应活性低，广泛地被用来作为保护气体。

稀有气体另外一大类用途是作为霓虹灯的光源和激光光源。当气体放电时，部分原子的电子跃迁或电离处于激发态，再由激发态回到较低的能级或基态的时候会发射出各种颜色的光。比如电流通过含 Ne 的真空灯管时发出红光，充 Ar 则产生蓝光，填充 Kr 则发出黄绿色光辉，填充 Xe 的灯发光强度大，有小太阳的称呼。氡具有放射性，在医疗中用于肿瘤治疗。

(2) 稀有气体的化合物

1962 年以前，人们认为稀有气体的元素是不可能参与化学反应的。

1962 年英国科学家 N. Bartlett 合成了第一个稀有气体的化合物 $Xe[PtF_6]$。

N. Bartlett 合成 $Xe[PtF_6]$ 的思路值得我们思考。N. Bartlett 在研究中发现 PtF_6 是一个很强的氧化剂，它与氧可生成 $O_2^+[PtF_6]^-$。O_2 的第一电离能为 1175.7 $kJ \cdot mol^{-1}$，Xe 的第一电离能为 1170.4 $kJ \cdot mol^{-1}$，二者非常接近，因此，N. Bartlett 推测 Xe 也可能与 PtF_6 发生类似的反应。

他将 PtF_6 的蒸气与过量的 Xe 在室温下混合，很容易就得到了一种红色的晶体。经测试确定这种红色的晶体是 $Xe[PtF_6]$。从此稀有气体的化学性质问题得到了关注，“稀有气体不会发生化学反应”的结论被打破，外层电子全充满构型是最稳定的“结构-性质”关系说也受到质疑。用惰性气体来称呼该族元素似乎也不那么贴切，因此该族元素又称为“稀有气体”。

稀有气体原子只有与电负性很大的元素才可能反应，如 F、O、N、Cl 等，而且越是原子半径大的稀有气体原子越容易发生反应。Rn 应该是最容易实现反应的，然而其放射性增加了研究工作的困难，目前主要合成的是 Xe 的含 F 含 O 化合物 XeF_2、XeF_4、XeF_6、XeO_3 等。有关 Kr 的化合物也有报道，而其他稀有气体元素只在理论上有形成化合物的可能性，而没有获得实际进展。

最典型的一个反应是 Xe 与 F 的反应。在密闭的镍容器中，将 Xe 和 F_2 加热加压反应，F 的比例和总压力越高，越有利于形成含 F 较多的化合物，分别是直线形、正方形和畸变的八面体形，如图 9-34 所示。它们的构形可以用价层电子对互斥理论来进行判断，比如 XeF_6 分子，中心原子 Xe，价层电子 8 个，形成 6 根共价键，成键电子对数目 BP=6，剩下两个

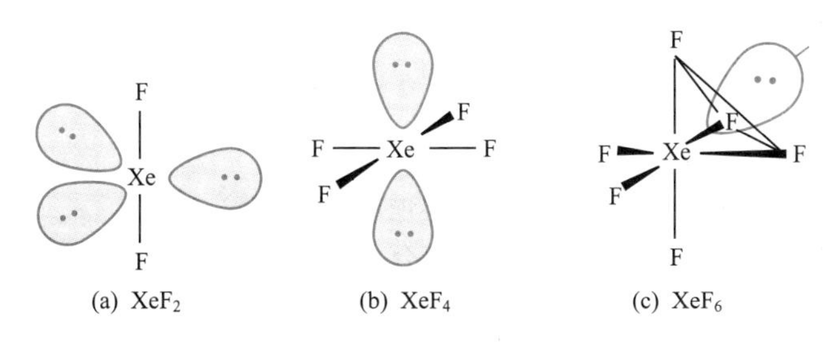

图 9-34 氙的几种氟化物空间构形

电子，即孤电子对数目 LP=1。六对成键电子构成了八面体的构形，剩下一对孤电子对伸展向八面体的一个面的中心，同时由于孤电子对的排斥作用，影响到邻近的共价键位置，最后形成的是一种畸变的八面体。

这三种物质都具有较大的反应活性，如遇水强烈分解，还能与石英作用：

$$2XeF_2+2H_2O \xlongequal{} 2Xe+4HF+O_2\uparrow \tag{9-194}$$

$$2XeF_6+SiO_2 \xlongequal{} 2XeOF_4+SiF_4\uparrow \tag{9-195}$$

并表现强氧化性：

$$XeF_2+H_2 \xlongequal{} Xe+2HF \tag{9-196}$$

$$XeF_2+H_2O_2 \xlongequal{} Xe+2HF+O_2\uparrow \tag{9-197}$$

Xe 的其他化合物如 H_4XeO_6 和 XeO_3 都具有强氧化性，而且还原产物都是 Xe，不会给体系留下杂质。Xe 可以回收重复使用，所以说 Xe 的化合物作为一种氧化剂是有很多优良性能的。

【阅读拓展】

二次电池

能源是人类社会进步最为重要的基础，能源结构的重大变革导致了人类社会的巨大进步，然而，由于人类长期的过量开采，作为主要能源的石油、煤炭和天然气正日益减少。为了开发新能源，人们开始利用太阳能、地热能、风能和海水等，并试图将它们转化为二次能源。氢是一种非常重要的二次能源，它具有资源丰富、发热值高和不污染环境等优点，但是氢的存储是一大难题。目前，储氢合金研究领域中最为活跃的课题就是利用储氢合金作为负极材料研制二次电池。镍氢电池、锂离子电池、钠离子电池和钙钛矿太阳能电池也是靠电极材料的储能效果和能量转化而发展起来的新型二次电池。

1. 储氢合金

20 世纪 60 年代，Beck 和 Pebler 等人首先提出氢与合金、金属间的化合反应。1974 年，美国人发表了 TiFe 合金储氢的报告，从此储氢合金的研究和利用得到了较大发展。1987 年，人们开始重视储氢电池的开发，当时主要利用 $LaNi_5$ 合金作负极，尤其是 $LaNi_5$ 基多元合金在循环寿命方面的研究取得突破后，用金属氢化物电极代替 Ni-Cd 电池中的负极而组成的 Ni-MH 电池开始进入实用化阶段。Ni-MH 电池被人们誉为绿色电池。

储氢合金的作用原理是：利用某些金属或合金与氢反应，生成金属氢化物而使氢被吸收、固定。生成的金属氢化物在一定的条件下又能把氢释放出来。作为储氢材料的金属氢化物，就其结构而论，有两种类型。一类是第ⅠA 族元素和第ⅡA 族元素。它们与氢生成离子型氢化物。这类化合物中，氢以负离子态嵌入金属离子间。另一类是第ⅢB 族和第ⅣB 族过渡金属以及铅等。它们与氢结合，生成金属型氢化物。其中，氢以正离子态固溶于金属晶格的间隙中。储氢材料的储氢量因金属或合金的不同而不同。

研究表明，用于二次电池材料的储氢合金应具备如下条件。

① 电化学容量高；在较宽的温度范围内工作稳定、平衡氢压要适当；同时对氢的阳极极化应具有良好

的催化作用；吸氢、释氢速度快。

② 储氢合金在工作环境中应有良好的抗氧化能力，对氧、水和二氧化碳等杂质敏感性小，且在电解质溶液中组分应该相对稳定，能反复充放电。

③ 储氢合金还应具有良好的电和热的传导能力。

④ 原材料及生产成本低廉，且在储存与运输中性能可靠、安全、无毒。

目前储氢合金主要有稀土系储氢合金、钛系储氢合金、镁系储氢合金和非晶态储氢材料四类，其中，前三种已经投入使用，第四种正在研发中。储氢合金目前存在的主要问题是：循环容量衰减速度较快、电极寿命短暂等。因此，储氢合金成分与结构的优化、合金的制备技术及表面改性处理仍将是进一步提高电极合金性能的主要研究方向。

储氢合金作为储氢容器，具有质量轻、体积小的特点，而且无需高压及储存液氢的极低温设备和绝热措施，节约能源，安全可靠。储氢合金还可以作为车辆氢燃料的储存器，为氢能汽车的开发提供了理论上的可能。此外，储氢合金还在分离、回收氢以及制备高纯度氢气等方面起到很重要的作用。

2. 镍氢电池

镍氢电池是在研究氢能源基础上发展起来的一种高科技产品，它是集能源、材料、化学、环境于一身的新型化学能源。镍氢电池以氢氧化镍为正极活性材料，以储氢合金为负极活性材料，以碱性氢氧化钾及氢氧化钠水溶液作为电解质。镍氢电池具有能量密度高、可快速充放电、无明显的记忆效应、无环境污染等优点。目前，镍氢电池已广泛应用于移动通信、笔记本电脑等各种小型便携式电子设备，并朝着提高电池的能量密度及功率密度、改善电池的放电特性和提高电池的循环寿命等方面改进。

3. 锂离子电池

锂离子电池是继镍氢电池产生之后的又一种新型二次电池。锂离子电池材料有数十种，如电解质溶剂、电解质盐、正负极活性物质、正负极导电添加剂、正负极胶黏剂、正负极集流片、正温度系数开关、防爆片等。

锂离子电池同时也符合人们对电池应具备与环境友好、性能优良的要求，而且锂离子电池具有高电压、高容量、循环寿命长、安全性能好等显著优点，尤其是它的平均工作电压为 3.6 V，是镍氢电池的 3 倍。锂离子电池在通信设备、电动汽车、空间技术等方面展示了广阔的应用前景和潜在的巨大经济效益，迅速成为广为关注的研究热点。

4. 钠离子电池

受限于相关原材料的成本和储量等因素，锂离子电池难以同时支撑起电动汽车和电网储能两大产业的发展。因此，寻求一种成本低廉、适于大规模储能电网发展的技术仍是亟待解决的问题。在众多电化学储能技术中，室温钠离子电池除具有能量密度高、循环寿命长的特点外，还具有其他电池体系所不具有的资源丰富和成本低廉的优势，是一种较理想的规模储能电池体系。

早在 20 世纪 70 年代末期，对钠离子电池技术的研究几乎与锂离子电池同时期开展，其电池构成与锂离子电池相同，包括正极、负极、隔膜和电解液，此外，两者还具有相似的离子脱出/嵌入机制。近年来，我国钠离子电池的研发速度很快，学界和产业界的参与热度非常高。由于钠离子相对更大，需要更大的能量来驱动离子的运动，这方面一度是新电池技术的关键难题，直到科学家们像碳芯电池一样，采用碳作为驱动介质，使得钠离子电池的能效可以达到锂电池的 7 倍之多，而且可循环充电的次数更多。此外，钠离子的液态记忆以及优异的低温性能这些难题也分别被攻克。2022 年 11 月，全球首条吉瓦时（GW•h）级钠离子电池生产线产品在安徽省阜阳市下线。

5. 钙钛矿太阳能电池

太阳能电池是一种通过光电效应或者光化学反应直接把光能转化成电能的装置。太阳能技术发展大致经历了三个阶段：第一代太阳能电池主要指单晶硅和多晶硅太阳能电池，其在实验室的光电转换效率已经分别达到 25%和 20.4%；第二代太阳能电池主要包括非晶硅薄膜电池和多晶硅薄膜电池。第三代太阳能电池主要指具有高转换效率的一些新概念电池，如染料敏化电池、量子点电池以及有机太阳能电池等。

钙钛矿指的是一类与钙钛矿（$CaTiO_3$）晶体结构类似的“ABX_3”化合物。钙钛矿结构可以用 ABX_3 表示，简而言之，钙钛矿材料不是指用狭义的“钙钛矿”做的材料，而是具有某种特定结构的材料的总称。

钙钛矿晶体为ABX_3结构，一般为立方体或八面体结构。在钙钛矿晶体中，B离子位于立方晶胞的中心，被6个X离子包围成配位立方八面体，配位数为6（下图a）；A离子位于立方晶胞的角顶，被12个X离子包围成配位八面体，配位数为12（下图b）。其中，A离子和X离子半径相近，共同构成立方密堆积。钙钛矿太阳能电池中，A离子通常指的是有机阳离子，最常用的为$CH_3NH_3^+$（R_A= 0.18 nm），其他诸如$NH_2CH{=}NH_2^+$（R_A=0.23 nm），$CH_3CH_2NH_3^+$（R_A=0.19～0.22 nm）也有一定的应用。B离子指的是金属阳离子，主要有Pb^{2+}（R_B=0.119 nm）和Sn^{2+}（R_B=0.110 nm）。X离子为卤族阴离子，即I^-（R_X=0.220 nm）、Cl^-（R_X=0.181 nm）和Br^-（R_X=0.196 nm）。

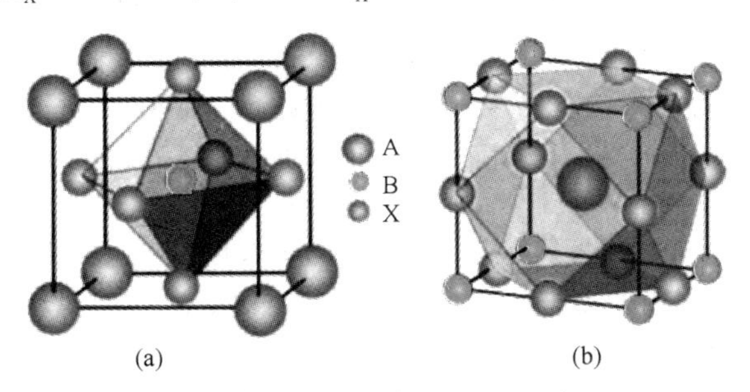

基于有机-无机杂化钙钛矿材料（$CH_3NH_3PbX_3$）制备的太阳能电池效率自2009年从3.8%增长到19.6%，因其较高的光吸收系数、较低的成本及易于制备等优势获得了广泛关注。钙钛矿材料不仅可以作为光吸收层，还可用作电子和空穴传输层，以此制备出不同结构的钙钛矿太阳能电池。近年来，有关钙钛矿太阳能电池的研究异常活跃，并且得到了突飞猛进的发展。2023年4月，中国能源报官方微信公众号宣布由杭州纤纳光电科技有限公司自主研发的钙钛矿太阳能电池α组件顺利通过了IEC61215、IEC61730稳定性全体系的国内外双认证，并获颁了全球首个钙钛矿分布式电站的容量评估报告。纤纳光电成为全球首家同时获得国内外双认证和钙钛矿电站实证检测的机构。

习　题

9-1 完成并配平下列反应式。

(1) $Li+O_2 \longrightarrow$　(2) $KO_2+H_2O \longrightarrow$　(3) $Be(OH)_2+NaOH \longrightarrow$

(4) $Sr(NO_3)_2$（加热）$\longrightarrow$　(5) $CaH_2+H_2O \longrightarrow$　(6) $Na_2O_2+CO_2 \longrightarrow$

(7) $NaCl+H_2O$（电解）$\longrightarrow$　(8) $Mg^{2+}+NH_3+H_2O \longrightarrow$

9-2 有一份白色固体混合物，其中含有$MgCl_2$、KCl、$BaCl_2$、$CaCO_3$中的若干种，根据下列实验现象，判断混合物中有哪几种物质。(1) 混合物溶于水，得到透明澄清溶液；(2) 经过焰色反应，火焰呈紫色；(3) 向溶液中加碱，产生白色胶状沉淀。

9-3 在一含有浓度均为0.1 mol·L^{-1}的Ba^{2+}和Sr^{2+}的溶液中，加入CrO_4^{2-}，问：(1) 首先从溶液中析出的是$BaCrO_4$还是$SrCrO_4$？为什么？(2) 逐滴加入CrO_4^{2-}，能否将这两种离子分离？为什么？已知：$K_{sp}(BaCrO_4)=1.2\times10^{-10}$，$K_{sp}(SrCrO_4)=12.2\times10^{-5}$。

9-4 分析某一水样，其中含Mg^{2+} 20 mg·L^{-1}、Ca^{2+} 80 mg·L^{-1}，试计算此水样的硬度。

9-5 试述对角线规则。

9-6 工业碳酸钠的主要杂质是Ca^{2+}、Mg^{2+}、Fe^{3+}等，去除杂质的方法是将碳酸钠配成溶液后放置，并加热保温，必要时还可加少量NaOH溶液。试问这种除杂质方法的原理是什么？加少量NaOH溶液的目的是什么？

9-7 在形成分子时，原子八电子稳定构型的机理是什么？为什么四面体是一种常见的空间构型？

9-8 金属钠着火时，能否用水、二氧化碳或石棉毯灭火？为什么？

9-9 为什么常用Na_2O_2作为供氧剂？如果现有0.5 kg过氧化钠固体，问在标准状态下，能产生多少升氧气？

9-10 试鉴别下列两组物质。

(1) CaO、$CaCO_3$、$CaSO_4$ (2) $Mg(OH)_2$、$Al(OH)_3$、$Mg(HCO_3)_2$

9-11 氢气的制备方法有哪些？举例说明。

9-12 碱金属与氧可生成哪些类型的氧化物？它们各有什么性质和特点？

9-13 试用 ROH 规则分析碱金属、碱土金属的氢氧化物的碱性递变规律。

9-14 写出下列物质主要成分的俗称或化学式：

$Na_2SO_4 \cdot 10H_2O$、NaOH、$KCl \cdot MgCl_2 \cdot 6H_2O$、石膏、方解石、重晶石、纯碱

9-15 实验室有三瓶失去标签的固体试剂，分别为 NaOH、Na_2CO_3、$NaHCO_3$，用简单的方法鉴别之。写出有关化学方程式。

9-16 为什么说 p 区元素最大的特点是其多样性？试从 p 区元素及单质所属类型等方面来进行阐述。

9-17 写出氧气、氮气和氟气分子的分子轨道式，并判断其键级和有无磁性。

9-18 B、C、N、O、F、Ne、S、P、Al 的单质中，哪些是双原子分子？哪些是多原子分子？哪些形成了原子晶体？哪些形成了金属晶体？

9-19 用价层电子对互斥理论判断下列分子的空间构型：PCl_3、PCl_5、XeF_2、XeF_4。

9-20 判断下列分子中心原子的杂化类型：BF_3、CO_2、CCl_4、SO_4^{2-}、NO_3^-。

9-21 将下列各组物质按其性质排序。

(1) 熔沸点： (a) CH_4、CF_4、CCl_4、CI_4、CBr_4； (b) F_2、Cl_2、Br_2、I_2； (c) AlF_3、$AlCl_3$、$AlBr_3$、AlI_3。

(2) 在水中溶解度：He、Ne、Ar、Kr、Xe。

(3) 酸性： (a) $HBrO_4$、$HBrO_3$、$HBrO_2$、HBrO； (b) $HClO_3$、$HBrO_3$、HIO_3； (c) HI、HF、HBr、HCl。

(4) 氧化性：HBrO、$HBrO_3$、$HBrO_4$。

(5) 还原性：I^-、Cl^-、Br^-、F^-。

(6) 第一电离能：C、N、O、F。

(7) 电负性：C、N、O、F。

(8) 原子半径：F、Cl、I、Br。

(9) 极性：NH_3、PH_3、AsH_3、SbH_3。

(10) 热稳定性：(a) H_2CO_3、$NaHCO_3$、Na_2CO_3、$BaCO_3$；(b) HF、PH_3、BiH_3。

(11) 水解程度：CCl_4、$SnCl_2$、PCl_5。

9-22 填空：

(1) 地壳中丰度最大的元素是________，其次是________；丰度最大的金属元素是________，同时总的排名为________。

(2) 元素周期表中电负性最大的元素是________，熔沸点最低的物质是________，熔点最高的单质是________，除氢外密度最小的物质是________。

9-23 写出下列物质的分子式或化学式：硼砂、纯碱、洗涤碱、砒霜、富勒烯、大苏打、水晶、刚玉、水玻璃。

9-24 分别写出臭氧、XeF_2、双氧水作为氧化剂的一个反应，并解释其优点。

9-25 用反应式表示下列过程：

(1) 氯水滴入 KBr 溶液；(2) 氯气通入石灰溶液；(3) 用 $HClO_3$ 处理 I_2；(4) 碘单质溶于 KI 溶液。

9-26 完成且配平下列方程式。

(1) $H_2O_2 + KI + H_2SO_4 \longrightarrow$

(2) $HS + FeCl_3 \longrightarrow$

(3) $S_2O_3^{2-} + I_2 \longrightarrow$

(4) $H_2S + H_2SO_3 \longrightarrow$

(5) $S + HNO_3$(浓)$\longrightarrow$

(6) $CuS + HNO_3$(浓)$\longrightarrow$

(7) $5NaBiO_3 + Mn^{2+} + H^+ \longrightarrow$

(8) $PCl_5 + H_2O \longrightarrow$

(9) $SiO_2 + HF \longrightarrow$

(10) $B_2H_6 + H_2O \longrightarrow$

(11) $BF_3 + NH_3 \longrightarrow$

(12) $SiCl_4 + H_2O \longrightarrow$

(13) NH_3 + CuO (加热)⟶ (14) $XeF_2 + H_2O$ ⟶

9-27 如何配制 $SnCl_2$、$SbCl_3$ 和 $Bi(NO_3)_3$ 溶液？

9-28 一氧化碳和亚硝酸盐为何对人体有毒？为何中毒症状相似？

9-29 大气污染物的种类有哪几种？各造成什么样的污染？温室气体指的是什么？其对气候影响是怎么样的？臭氧层对生物起什么样的保护作用？

9-30 下列物质能否在溶液中共存，如果发生反应请写出有关反应方程式。

(1) SiO_3^{2-}、H^+ (2) Fe^{3+}、CO_3^{2-} (3) Sn^{2+}、Fe^{3+}

(4) Pb^{2+}、Fe^{3+} (5) KI、KIO_3 (6) $FeCl_3$、KI

9-31 用简便的方法鉴别下列物质。

(1) NH_4Cl 和 $(NH_4)_2SO_4$ (2) KNO_2 和 KNO_3

(3) $SnCl_2$ 和 $AlCl_3$ (4) $Pb(NO_3)_2$ 和 $Bi(NO_3)_3$

9-32 选择合适的稀有气体以满足下列目的。

(1) 温度最低的液体冷冻剂；

(2) 电离能最低的、安全发光光源；

(3) 廉价的惰性气氛。

9-33 试根据电极电位图，判断 HIO、I_2 和 IO_3^- 在酸性介质中是否容易歧化，如能发生歧化，写出有关反应方程式。

9-34 将 0.3814 g 硼砂溶解于 50 mL 水中，以甲基红为指示剂，用 HCl 滴定耗去 19.55 mL，求 HCl 溶液的浓度。

9-35 溶液中 Ca^{2+}、Pb^{2+} 和 Al^{3+} 浓度均为 0.2 $mol \cdot L^{-1}$，此时加入等浓度等体积的碳酸钠溶液，得到的沉淀产物是什么？已知：$CaCO_3$、$Ca(OH)_2$、$PbCO_3$、$Pb(OH)_2$、$Al(OH)_3$ 的 K_{sp} 分别为 8.7×10^{-9}、5.5×10^{-6}、3.3×10^{-14}、2.8×10^{-16}、1.3×10^{-33}。

第 10 章　副族元素

副族元素也称为过渡元素或过渡金属元素，包括元素周期表中的 d 区、ds 区和 f 区元素。从第四周期的ⅢB 钪到ⅡB 的锌，第五周期的ⅢB 钇到ⅡB 的镉以及第六周期的ⅢB 镧到ⅡB 的汞共 30 多种元素，分别称为第一、二、三过渡系列元素。镧系元素、锕系元素又称作内过渡元素。

本章的内容包括副族元素各区的通性，重要元素的分布，及其单质和化合物的性质、制备与应用。

10.1　d 区元素

10.1.1　d 区元素的通性

(1) d 区元素的原子与单质

d 区元素的最后一个外层电子一定填入 d 轨道，价层电子不仅包括最外层的 s 电子，还包括了次外层的 d 电子。

过渡元素的原子半径随周期和原子序数变化的情况列于表 10-1 中。

表 10-1　过渡元素某些性质的有关数据

第一过渡系	钪(Sc)	钛(Ti)	钒(V)	铬(Cr)	锰(Mn)	铁(Fe)	钴(Co)	镍(Ni)	铜(Cu)	锌(Zn)
价层电子构型	$3d^1 4s^2$	$3d^2 4s^2$	$3d^3 4s^2$	$3d^5 4s^1$	$3d^5 4s^2$	$3d^6 4s^2$	$3d^7 4s^2$	$3d^8 4s^2$	$3d^{10} 4s^1$	$3d^{10} 4s^2$
金属半径/pm	161	145(α)	132	125	137(β)	124(α)	125	127	128	133
第一电离能/$kJ \cdot mol^{-1}$	633	658	650	653	718	759	759	737	745	906
第二过渡系	钇(Y)	锆(Zr)	铌(Nb)	钼(Mo)	锝(Tc)	钌(Ru)	铑(Rh)	钯(Pd)	银(Ag)	镉(Cd)
价层电子构型	$4d^1 5s^2$	$4d^2 5s^2$	$4d^4 5s^1$	$4d^5 5s^1$	$4d^5 5s^2$	$4d^7 5s^1$	$4d^8 5s^1$	$4d^{10} 5s^0$	$4d^{10} 5s^1$	$4d^{10} 5s^2$
金属半径/pm	181	160	143	136	136	133	135	138	145	149
第一电离能/$kJ \cdot mol^{-1}$	616	660	664	685	703	711	720	805	731	868
第三过渡系	镧(La)	铪(Hf)	钽(Ta)	钨(W)	铼(Re)	锇(Os)	铱(Ir)	铂(Pt)	金(Au)	汞(Hg)
价层电子构型	$5d^1 6s^2$	$5d^2 6s^2$	$5d^3 6s^2$	$5d^4 6s^2$	$5d^5 6s^2$	$5d^6 6s^2$	$5d^7 6s^2$	$5d^9 6s^1$	$5d^{10} 6s^1$	$5d^{10} 6s^2$
金属半径/pm	188	156	143	137	137	134	136	138	144	160
第一电离能/$kJ \cdot mol^{-1}$	538	676	761	770	760	840	878	869	890	1007

由表 10-1 可见，d 区元素的原子半径在同周期元素中随原子序数的增加而减小，但变化程度较主族元素小。这是由于电子填入内层 d 轨道，其对外层电子有较强的屏蔽作用，使有效核电荷的增加作用有所减弱。

由表 10-1 可以看出，过渡元素的价电子层中的 s 电子有 1～2 个，因此，可以首先失去 s 电子而形成+1 和+2 氧化数的化合物，例如铜有 Cu^+ 和 Cu^{2+}，汞有 Hg_2^{2+} 和 Hg^{2+} 等。

其次，过渡元素价层电子中的 d 电子也有可能失去，可以形成多种可变的氧化数。例如锰可以有 Mn(Ⅱ) 如 Mn^{2+}；Mn(Ⅲ) 如 $Mn(OH)_3$；Mn(Ⅵ) 如 MnO_2；Mn(Ⅵ) 如

K_2MnO_4 和 Mn(Ⅶ) 如 $KMnO_4$。因此，大多数 d 区元素会呈现多种氧化数，形成的化合物的种类远比 s 区元素、p 区元素多得多，也复杂得多。

d 区元素 Sc、Y、La 仅有一种氧化数+3，这是因为它们的电子结构式中次外层 d 轨道上只有一个电子，很容易失去。

第二、三过渡系的 d 区元素的最高氧化数更稳定，因此，有趋于生成高氧化数化合物的倾向。例如锇（Os）的氧化数为+8 的化合物是很稳定的，氧化数为+5 钽（Ta）的化合物、氧化数为+6 的钨（W）的化合物也都是非常稳定的。

而第一过渡系的 d 区元素则趋于生成低氧化数物质，这正好和 p 区元素相反，如氧化数为+6 的铁（Fe）化合物较难制备，氧化数为+3 钴（Co）的化合物制备也比较困难。要制得氧化数为+4 的钴（Co）的化合物就更困难了。

一些羰基化合物中，d 区元素氧化数会呈现−1、0 等。如 $Cr(CO)_6$ 中 Cr(0)、$[Mn(CO)_5]^-$ 中 Mn(−1) 等。其他情况可见表 10-2。

表 10-2　过渡元素的氧化态

第一过渡系	Sc	Ti	V	Cr	Mn	Fe	Co	Ni	Cu	Zn
氧化态	+3①	+2～+4 +4①	+1～+5 +5①	+1～+6 +3①，+6①	+1～+7 +2①，+4① +7①	+1～+6 +2① +3①	+1～+4 +2①	+1～+4 +2①	+1～+3 +1① +2①	+2①
第二过渡系	Y	Zr	Nb	Mo	Tc	Ru	Rh	Pd	Ag	Cd
氧化态	+3①	+3 +4①	+1～+5 +5①	+1～+6 +6①	+3～+7 +7①	+2～+4 +6，+8 +4①	+1～+4 +6 +3①	+1～+4 +2①，+4①	+1～+3 +1①	+2①
第三过渡系	La	Hf	Ta	W	Re	Os	Ir	Pt	Au	Hg
氧化态	+3①	+2～+4 +4①	+2～+5 +5①	+2～+6 +6①	+2～+7	+2～+8 +4① +8①	+3～+6 +3① +4①	+1～+6 +2① +4①	+1① +3①	+1① +2①

① 氧化态为常见的稳定的氧化态。

过渡元素的原子半径都较小，例如主族元素钠 Na 的原子半径为 186 pm，钾 K 的原子半径为 227 pm，而 d 区元素除 Y、La 的原子半径在 180 pm 左右外，其余均在 160 pm 以下。这是由于随着核内电荷增加但核外电子填入内层 d 轨道，电子轨道层没有增加，原子半径增加不大。内层 d 轨道对外层 s 轨道的屏蔽作用，使有效核电荷数增加减缓，原子核对核外电子吸引力增加不大。因而 s 层和 d 亚层电子都可以参与形成金属键并且都较强或很强。

d 区元素除了 Zn、Cd、Hg 外大都具有高沸点、高熔点的性质，其中钨和铼的熔点最高，钨的熔点可达 3410 ℃，沸点达 5900 ℃。

d 区元素密度大。其中锇的密度最大，可达 22.7 $g\cdot cm^{-3}$。

d 区元素硬度大。硬度最大的是铬，若以金刚石的硬度为 10，则铬的硬度可达 9，比玻璃、陶瓷还要硬。过渡元素的主要物理性质见表 10-3。

(2) d 区元素的化学性质与用途

一般来说，d 区元素的金属性比同周期的 p 区元素要强，例如，在空气中 Sc、Y、La 能迅速被氧化，与水作用放出氢气，比同周期的 Ga、Ge 强，但比同周期的碱金属和碱土金属要弱。

表 10-3　过渡元素的物理性质

第一过渡系	Sc	Ti	V	Cr	Mn	Fe	Co	Ni	Cu	Zn
熔点/K	1812	1933	2163	2130	1517	1808	1768	1726	1356	692
沸点/K	3105	3560	3653	2945	2235	3023	3143	3005	2582	1180
密度/$g \cdot cm^{-3}$	2.99	4.54	6.11	7.20	7.44	7.78	8.90	8.90	8.92	7.14
晶格	六方	六方	体心	体心	多种	体心	面心	面心	面心	六方
第二过渡系	Y	Zr	Nb	Mo	Tc	Ru	Rh	Pd	Ag	Cd
熔点/K	1796	2125	2741	2890	2445	2583	2239	4000	1233	593
沸点/K	3610	4650	5015	4885	5150	4173	4000	3413	2223	1040
密度/$g \cdot cm^{-3}$	4.47	6.51	8.57	10.22	11.50	12.41	12.41	12.02	10.5	7.14
晶格	面心	六方	体心	体心	六方	六方	面心	面心	面心	六方
第三过渡系	La	Hf	Ta	W	Re	Os	Ir	Pt	Au	Hg
熔点/K	1193	2500	3269	3683	3453	3318	2683	2045	1336	234
沸点/K	3727	4875	5698	5933	5900	5300	4430	4100	2873	629
密度/$g \cdot cm^{-3}$	6.15	13.31	16.65	19.3	21.0	22.6	22.42	21.45	19.3	13.55(L)
晶格	六方	六方	体心	体心	六方	六方	面心	面心	面心	六方

在同族元素中，随原子序数的增加，金属性变化并不显著，仅略有减弱。这比 s、p 区元素的变化要缓和得多。第二或第三系列过渡元素已不能被稀酸中 H_3O^+ 所氧化，W、Zr、Hf 甚至不与硝酸反应，Au、Zr、Hf 等可溶于王水，而 Ru、Rb、Os、Ir 与王水也不反应。

大多数 d 区元素的水合离子都有颜色，按照晶体场理论，这是由于离子中 d 轨道上电子没有充满，d 电子发生跃迁时吸收不同波长的可见光的缘故。当离子中 d 轨道上电子全充满或全空时，离子为无色，如 Cu^+、Ag^+、Zn^{2+}、Sc^{3+} 等的水合离子均为无色。

d 区元素的原子或离子大都具有空的价层电子轨道，很容易与具有孤电子对的配位体形成配位化合物。例如，Fe^{2+} 和邻菲啰啉就可形成杏红色的配合物。

d 区元素及其化合物大多数含有未成对的 d 电子，因而具有顺磁性。Fe、Co、Ni 均是磁性材料的原料。

化工生产中使用的催化剂，多数都是用 d 区、ds 区、f 区元素及其化合物制得的。例如 V_2O_5 可作为氧化 SO_2 生成 SO_3 的催化剂；烯烃的加氢反应，可用 Pd 作催化剂；乙烯制备乙醛可以用 $PdCl_2$ 作催化剂；由天然气经过一次转化生产合成气（$CO+H_2$）时，可用 Ni 及其化合物作催化剂；合成氨工业中可用 Fe 作催化剂等。

酶是生物反应的重要催化剂，而起关键作用的是酶中的 d 区、ds 区元素，例如维生素 B_{12} 辅酶的中心有 Co，固氮酶中含有 Mo 和 Fe。d 区元素可起催化作用是因为过渡元素易形成配合物以及有多种氧化数。

d 区元素在地壳中的丰度并不高，但在我们日常的生产、生活中具有举足轻重的地位。工业生产中各种设备设施大多数都是由钢铁制造的。钢是铁与碳的化合物，是最重要的一种材料。如果没有钢铁，现代社会的正常运行将是不可想象的。

d 区元素中的 Cr、Ni、Mo、W、V、Mn 等还可以和 Fe 形成各种具有不同功能的合金钢，例如耐高压、耐高温、高硬度耐磨、耐酸碱腐蚀等合金钢。

若将镧系元素和锆、镁形成合金，不但强度高，质地轻，而且能耐高温；钛合金也是性能优良的新型材料，常作为强腐蚀条件下的材料。

电子、电力产业中都离不开铜、银、金、铱、铂等金属。

10.1.2 钛副族

钛副族包括钛（Ti）、锆（Zr）、铪（Hf）三种元素，它们的价层电子构型均为 $(n-1)d^2ns^2$，均易脱去四个价层电子，形成氧化数为+4 的化合物。钛也有氧化数为+3 的化合物，氧化数为+2 的化合物却很少见。

(1) 钛元素

英国人格莱谷尔于 1790 年在钛铁矿中发现了钛，1795 年克拉普罗特在研究后将其命名为“titanium”。1910 年亨脱尔首先制得金属钛。

钛在自然界主要存在于钛铁矿 $FeTiO_3$ 和金红石矿 TiO_2 中。其次存在于钒钛铁矿、钙钛矿中。

金属钛具有银白色光泽。它具有钢的机械强度和加工性，但它的密度比钢小得多，只有 $4.5\ g\cdot cm^{-3}$，几乎是钢铁的一半。

金属钛表面会形成一层钝性的致密的氧化物膜，它保护钛基体不与氧化介质、冷的稀酸、稀碱、海水发生化学反应，呈现优越的抗腐蚀性能。

钛的耐热性能也很好，在空气中加热到 500～600 ℃时，它仍是稳定的。由于金属钛有上述优良的性能，它被广泛用于飞机制造、化学工业、航海、舰艇制造、导弹及航天事业中。在医学上金属钛也被用于接骨。

钛的合金用途也非常广泛。TiNb 合金是超导材料。钛锆合金制成的真空泵可抽真空至 10^{-4} Pa。

① 钛单质的化学性质

金属钛可溶于热的浓盐酸或硫酸：

$$2Ti + 3H_2SO_4 = Ti_2(SO_4)_3 + 3H_2\uparrow \qquad (10\text{-}1)$$

$$2Ti + 6HCl = 2TiCl_3 + 3H_2\uparrow \qquad (10\text{-}2)$$

硝酸可氧化金属钛表面而形成钝性的偏钛酸膜：

$$Ti + 4HNO_3 = H_2TiO_3 + 4NO_2\uparrow + H_2O \qquad (10\text{-}3)$$

② 二氧化钛的性质

自然界中 TiO_2 矿是红色或黄色晶体，因此称为金红石。工业产品是较纯的 TiO_2 白色粉末，俗称钛白粉。

钛白粉既具有铅白的掩盖性能，又具有锌白的持久性能，是更高级的白色颜料。TiO_2 是世界上最白的物质之一，是生产高级涂料的原料，也可作造纸工业中的填充剂和化纤的消光剂，高级的钛白粉也是高档化妆品的重要原料。

钛白粉热稳定性好，熔点高达 2073 K。二氧化钛是两性氧化物，不溶于水和稀酸，可微溶于碱：

$$TiO_2 + 2NaOH = Na_2TiO_3 + H_2O \qquad (10\text{-}4)$$

(2) 锆和铪元素概述

锆是克拉普罗特于 1789 年首先发现的，柏采利乌斯在 1824 年首次获得金属锆，1923 年考斯脱从 X 射线光谱中发现铪。

金属锆和铪外观似钢，有良好的金属光泽。

纯的金属锆和铪都具有可塑性，若混有杂质可使它们变得硬而脆。

锆和铪在自然界常常是共生的，主要的矿石有锆英石 $ZrSiO_4$，其中含锆 2%～7%，而铪的含量则为锆的 2%左右。

锆具有很小的中子吸收截面和抗腐蚀性，常可作为原子能反应堆中铀棒的外套材料。含有少量锆的合金钢锆钢具有很高强度和韧性，并有良好的焊接性能，因此常被用于炮筒制造，坦克和舰艇的装甲。

锆和铪的其他多种合金也可用于电子技术、外科刀具等方面。

紧密状态的锆和铪在空气中极稳定，灼热时仅在表面上发暗。但粉末状的锆和铪在空气中易氧化。例如，锆和铪的细丝可用火柴点燃；锆和铪粉末也可在200 ℃时燃烧，是良好的脱氧剂。

锆和铪不和水、稀酸或强碱溶液作用，但可溶于王水和氢氟酸中，也会被熔融的碱所侵蚀。

在灼热至表面暗红时，锆可与氯气作用；在1000 ℃以上，可与氮气化合。

10.1.3 钒副族

钒副族包括钒（V）、铌（Nb）、钽（Ta）三种元素，它们的最外层电子结构是不完全一致的。钒和钽的价层电子构型是 $(n-1)d^3ns^2$，而铌则为 $4d^45s^1$。氧化数可从 $+1 \rightarrow +5$，其中钒的化合物的氧化数以+3、+5为主。

(1) 钒元素

墨西哥人得里乌于1801年在铅矿中首先发现了钒。1830年瑞典人塞夫斯特勒姆给它命名为“vanadium”。1867年英国人罗斯谷首次获得了纯的钒粉末。

由于 V^{3+} 的离子半径与 Fe^{3+} 的离子半径相近，在自然界中钒常存于铁矿中，例如我国攀枝花的钒钴铁矿。

氧化数为+5的钒常可以独立成矿，以钒酸盐的形式存在，常与铀和磷共生。它也存在于煤、沥青、石油中；重要的矿石有绿硫钒矿 $V(S_2)_2$、铅钒矿 $Pb_5(VO_4)_3Cl$、绿云母 $KV_2[AlSi_3O_{10}](OH)_2$、钒酸钾铀矿 $K_2(UO_2)_2(VO_4)_2 \cdot 3H_2O$ 等。

钒单质呈钢灰色，纯钒有延展性，熔点很高。

钒是制造合金钢的重要原料之一，钢中加入钒，可使钢质紧密，韧性、弹性和强度都会提高，并有很好的耐磨损性和抵抗撞击的作用，因此常可以用来制造齿轮、弹簧、工具、钢轨，它对汽车和飞机制造也有着特殊的意义。

① 钒单质的化学性质

常温下，块状钒不与空气、水、苛性碱作用。但可溶解在熔融状态的强碱中，形成钒的化合物。

钒单质是强还原剂，但易钝化。常温下，钒不与非氧化性酸作用，但可溶于氧化性很强的王水、硝酸中。在加热时，钒可与HF和 H_2SO_4 反应。

在高温下，钒有较强的活泼性。可与大多数非金属元素如C、N、Si生成硬度高、熔点也高的VC、VN、VSi。也可以与氧、卤素生成 V_2O_5、VF_5、VCl_4、VBr_3 等。

钒有+2、+3、+4、+5氧化数的化合物，其中氧化数为+5的化合物最稳定，其次是氧化数为+4的化合物，氧化数为+2和+3的化合物都不稳定。

氧化数为+3的钒的化合物有形成多酸的趋势，氧化数为+4的化合物多数为多酸，氧化数为+5的化合物以多酸为主。

② 五氧化二钒的化学性质

五氧化二钒 V_2O_5 是最重要的钒的化合物。V_2O_5 是橙黄至砖红色的晶体，无臭、无味、有毒、微溶于水。V_2O_5 是两性物质，既可溶于酸，也可溶于碱：

$$V_2O_5+2H^+ \xlongequal{} 2VO_2^+ +H_2O \tag{10-5}$$

$$V_2O_5+2NaOH \xlongequal{} 2NaVO_3+H_2O \tag{10-6}$$

V_2O_5 是较强的氧化剂，溶于 HCl 并使 HCl 氧化为氯气：

$$V_2O_5+6HCl \xlongequal{} 2VOCl_2+3H_2O+Cl_2\uparrow \tag{10-7}$$

在硫酸工业中，它是 SO_2 转化成 SO_3 反应的重要催化剂。

③ 钒酸和偏钒酸

五氧化二钒溶于水，可生成钒酸或偏钒酸：

$$V_2O_5+3H_2O \xlongequal{} 2H_3VO_4 \tag{10-8}$$

$$V_2O_5+H_2O \xlongequal{} 2HVO_3 \tag{10-9}$$

在很多含氧酸中，成酸主元素的原子只有 1 个，例如 H_2SO_4、HNO_3、H_3PO_4 等中的 S、N、P 等。但也有些酸中的成酸元素只有一种，但原子却不止 1 个，这类由多个同种成酸元素形成的含氧酸称为同多酸。一般讲同多酸是由多个含氧酸分子彼此缩水而成，如第 9 章讲的焦硫酸、焦磷酸等。

若含氧酸中成酸元素多于 1 种，这类由两种或两种以上成酸元素形成的含氧酸称为杂多酸，如第 9 章讲的磷钼酸铵等。

(2) 铌和钽元素

铌（Nb）是哈切特于 1801 年发现的，1929 年首次制得铌。而钽（Ta）则是爱森堡于 1802 年首先发现，1903 年由鲍尔登首次制得。

铌和钽外形似铂，有很高的熔点，属于硬金属但又具有可塑性，因此有很好的延展性，尤其是钽，可以进行冷加工。

铌和钽在自然界是共生的，主要矿石有铌铁矿 $Fe[NbO_3]_2$ 和钽铁矿 $Fe[TaO_3]_2$。

铌和钽化学稳定性特别高，除了氢氟酸可以和钽进行缓慢的作用外，铌和钽与其他无机酸包括王水均不作用。但在加热的情况下，仍可溶于浓硫酸和浓的强碱液或与碱共熔。

铌在超导方面有广泛用途。含铌的合金钢可提高钢在高温时的抗氧化性、改善焊接性能和增加抗蠕变性能。铌-钌作催化剂可提高烯的产率。

钽最重要的用途是化学工业中作为耐酸设备的材料。半毫米厚的钽片内衬，可用于耐酸热交换装置和冷凝器。钽也可制造成盐酸吸收装置和硫酸蒸发设备。钽还可以用于制造外科刀具、人造纤维拉线模等。

10.1.4 铬副族

铬副族包括铬（Cr）、钼（Mo）、钨（W）三种元素。铬和钼的价层电子结构为 $(n-1)d^5ns^1$，而钨为 $(n-1)d^4ns^2$。价层电子共有 6 个，可以形成氧化数为 +2～+6 的化合物。

铬副族元素生成低价化合物的倾向性自上而下逐渐减弱。例如，铬的低氧化数 +2 和 +3 化合物可稳定存在。而钼和钨的化合物的氧化数主要显 +6，氧化数为 +2 和 +5 的化合物均不稳定。

虽然钼和铬价层电子结构相同，但由于镧系收缩的原因，钼的原子半径几乎和钨相等，因此钼与钨的性质非常相近。

(1) 铬元素

1797 年浮克伦在铬铅矿中发现了铬。

铬的主要矿石有铬铁矿 $FeO\cdot Cr_2O_3$、铬铅矿 $PbCrO_4$。其次铬尖晶石和铬云母中也含有铬。

铬是银白色带光泽的金属。含有杂质的铬硬而脆，高纯的铬软一些，且有延展性，但它仍是金属中最硬的元素。

金属铬的表面会形成致密的氧化物薄膜而使其钝化，有很好的耐腐蚀性能。常可作为其他金属的保护镀层，且铬有银白色的光泽，非常漂亮，因此也常镀在其他金属的表面起装饰作用。

铬可以形成合金，当钢中含有铬 14%左右时就形成不锈钢。铬镍合金可耐高温，常用来做成电炉丝和热电偶。

① 铬单质的化学性质

铬在潮湿的空气中是稳定的，加热时与氧化合成 Cr_2O_3。铬可慢慢地溶于稀盐酸和稀硫酸中，形成氧化数为+2 的蓝色亚铬盐，亚铬盐很不稳定，与空气接触后，很快被氧化成氧化数为+3 的绿色铬盐：

$$Cr+2HCl = CrCl_2(蓝色)+H_2\uparrow \tag{10-10}$$

$$4CrCl_2+O_2+4HCl = 4CrCl_3(绿色)+2H_2O \tag{10-11}$$

金属铬与浓硫酸作用，直接生成氧化数为+3 的绿色铬盐：

$$2Cr+6H_2SO_4(浓) = Cr_2(SO_4)_3+3SO_2\uparrow+6H_2O \tag{10-12}$$

铬不溶于浓硝酸，这是因为浓硝酸的强氧化作用，在铬金属表面形成了一层非常致密的 Cr_2O_3 氧化保护膜，阻止铬与硝酸进一步作用。

在高温条件下，金属铬也可与活泼的非金属单质 C、B、N_2、卤素反应。

② 三氧化二铬的化学性质

氧化数为+3 的铬氧化物有三氧化二铬（或称氧化铬）。

Cr_2O_3 微溶于水，熔点为 1990 ℃，呈两性。既溶于酸形成铬盐，也可溶于强碱形成绿色的亚铬酸盐：

$$Cr_2O_3+3H_2SO_4 = Cr_2(SO_4)_3+3H_2O \tag{10-13}$$

$$Cr_2O_3+2NaOH = 2NaCrO_2+H_2O \tag{10-14}$$

灼烧过的 Cr_2O_3 不溶于酸。但可与酸性熔剂如焦硫酸钾共熔而转变为可溶性的盐：

$$Cr_2O_3+3K_2S_2O_7 \xlongequal{熔融} Cr_2(SO_4)_3+3K_2SO_4 \tag{10-15}$$

Cr_2O_3 具有漂亮的绿色，可用作颜料，如陶瓷的绿色釉中就含有它。

③ 三氯化铬的性质

铬(Ⅲ)盐的另一种重要化合物是 $CrCl_3$。

无水的 $CrCl_3$ 呈红紫色，不易溶于冷水，但有微量的强还原剂例如 $CrCl_2$ 存在时，则易溶于水，$Cr_2(SO_4)_3$ 也具有相同的性质。

从溶液中结晶出来的 $CrCl_3$ 组成为 $CrCl_3\cdot 6H_2O$，呈暗绿色。

$CrCl_3\cdot 6H_2O$ 在干燥器中用浓硫酸将晶体脱水，只有两个水分子脱去，这表明另外四个水分子不是结晶水，而是与铬形成配合物的配位体。用 $AgNO_3$ 沉淀 $CrCl_3\cdot 6H_2O$ 水溶液，实验结果显示只有 1 个 Cl^- 和 Ag^+ 形成沉淀，这说明其他两个 Cl^- 与铬形成了配合物，而不是作为外界阴离子。所以绿色的氯化铬的结构应为$[Cr(H_2O)_4Cl_2]Cl\cdot 2H_2O$。

三价铬离子 Cr^{3+} 的价电子构型为 $3d^3$，加上 4s 和 4p 有六个价层空轨道，对原子核的屏蔽作用较小，因此 Cr^{3+} 有较高的有效核电荷，同时其离子半径也较小，有较强的正电场。Cr^{3+} 容易形成 d^2sp^3 内轨型配合物。上述$[CrCl_2(H_2O)_4]Cl\cdot 2H_2O$ 就是一个例证。

条件不同，配合物$[CrCl_2(H_2O)_4]Cl\cdot 2H_2O$的内外界会发生改变，也会显出不同的颜色。

$$\underset{\text{暗绿色晶体}}{[CrCl_2(H_2O)_4]Cl\cdot 2H_2O} \xrightarrow[\text{冷却结晶}]{HCl} \underset{\text{紫色晶体}}{[Cr(H_2O)_6]Cl_3} \xrightarrow[\text{HCl,结晶}]{\text{乙醚}} \underset{\text{淡绿色晶体}}{[CrCl(H_2O)_5]Cl_2\cdot 2H_2O}$$

Cr^{3+}的配合物的配位数是6，内界中水分子可被NH_3置换而显示出不同的颜色。

$[Cr(H_2O)_6]^{3+}$	$[Cr(NH_3)_2(H_2O)_4]^{3+}$	$[Cr(NH_3)_3(H_2O)_3]^{3+}$
（紫色）	（紫红色）	（浅红色）
$[Cr(NH_3)_4(H_2O)_2]^{3+}$	$[Cr(NH_3)_5(H_2O)]^{3+}$	$[Cr(NH_3)_6]^{3+}$
（橙红色）	（橙黄色）	（黄色）

④ 铬酸、重铬酸及其盐的化学性质

铬酸H_2CrO_4是一种较强的酸，$K_{a1}=1.8\times10^{-1}$；而二级酸则较弱，$K_{a2}=3.2\times10^{-7}$。在中性附近（pH=7），铬酸可以$HCrO_4^-$形式存在，而在强酸性条件下，铬酸根将以重铬酸根形式存在。

$$2CrO_4^{2-}(\text{黄色})+2H^+ \rightleftharpoons Cr_2O_7^{2-}(\text{橙色})+H_2O \tag{10-16}$$

在碱性介质中，许多重金属都与CrO_4^{2-}形成沉淀：

$$CrO_4^{2-}+Pb^{2+} = PbCrO_4\downarrow(\text{黄色}) \tag{10-17}$$

$$CrO_4^{2-}+Ba^{2+} = BaCrO_4\downarrow(\text{柠檬黄色}) \tag{10-18}$$

$$CrO_4^{2-}+2Ag^+ = Ag_2CrO_4\downarrow(\text{砖红色}) \tag{10-19}$$

上述反应也可用于鉴定CrO_4^{2-}的存在。铬黄、柠檬黄常作为颜料用于制造油漆、水彩等。式(10-19)表达了莫尔法中指示剂K_2CrO_4指示滴定终点的原理。

另外，当向可溶性重铬酸盐溶液中分别加入Pb^{2+}、Ba^{2+}、Ag^+时，得到的产物仍然是相应的铬酸盐沉淀。这是因为铬酸盐的溶解度一般比重铬酸盐小。

在酸性条件下，CrO_4^{2-}或$Cr_2O_7^{2-}$都可被H_2O_2氧化为过氧化铬CrO_5［或写成$CrO(O_2)_2$］：

$$Cr_2O_7^{2-}+4H_2O_2+2H^+ = 2CrO_5+5H_2O \tag{10-20}$$

$$CrO_4^{2-}+2H_2O_2+2H^+ = CrO_5+3H_2O \tag{10-21}$$

CrO_5的结构式为：

(10-22)

过氧化铬CrO_5是蓝色的。若在溶液中加入乙醚或戊醇，则CrO_5可被萃入有机相，蓝色的CrO_5可以较稳定地存在一段时间。可用此现象鉴定CrO_4^{2-}或$Cr_2O_7^{2-}$的存在。在水溶液中CrO_5不稳定，易分解为Cr^{3+}和O_2：

$$4CrO_5+12H^+ = 4Cr^{3+}+7O_2\uparrow+6H_2O \tag{10-23}$$

Cr^{3+}也可以通过H_2O_2氧化为CrO_4^{2-}或$Cr_2O_7^{2-}$，并在酸性溶液中被进一步氧化为CrO_5，这也是Cr^{3+}的特征鉴定反应。

铬酸盐和重铬酸盐是很强的氧化剂，尤其在酸性镕液中：

$$Cr_2O_7^{2-}+14H^++6e^- \rightleftharpoons 2Cr^{3+}+7H_2O \qquad \varphi^{\ominus}_{Cr_2O_7^{2-}/Cr^{3+}}=1.33\ V \tag{10-24}$$

重铬酸钾是实验室中常用的氧化剂，可以氧化许多物质，这些反应往往是定量的，可通过氧化还原滴定对某些还原性物质进行测定。例如用$Cr_2O_7^{2-}$标准溶液可滴定Fe^{2+}：

$$Cr_2O_7^{2-}+14H^++6Fe^{2+} = 2Cr^{3+}+6Fe^{3+}+7H_2O \tag{10-25}$$

重铬酸钾又称红矾钾，在低温下的溶解度极小，极易提纯，且不含结晶水，固态时非常稳定，故常可作为分析中的基准试剂，可用它来标定硫代硫酸钠标准溶液的浓度：

$$Cr_2O_7^{2-} + 14H^+ + 6I^- = 2Cr^{3+} + 3I_2 + 7H_2O \quad (10\text{-}26)$$

$$I_2 + 2S_2O_3^{2-} = 2I^- + S_4O_6^{2-} \quad (10\text{-}27)$$

重铬酸盐还可把一些有机物氧化成有色物质，例如它可把二苯卡巴肼氧化成红色的腙类化合物，然后可用分光光度法确定其含量，这是测定微量的Cr(Ⅵ)的方法之一，也是Cr(Ⅵ)与Cr(Ⅲ)的区分方法之一。

由于重铬酸盐的强氧化性及在强酸介质中可完全氧化有机物和生物体，因此，常用它来测定污水中的化学耗氧量，记作COD_{Cr}。

利用重铬酸钾的氧化性，还可将其饱和溶液与浓硫酸混合，这种混合液称为洗液。它是棕红色溶液，常用来洗涤实验室里的玻璃仪器，如滴定管、移液管等。当溶液变为绿色时，说明重铬酸钾已被还原为Cr^{3+}，洗液已失效。

⑤ 含铬废水的处理

化学工业、冶金、电镀、印染、皮革等生产部门排放的污水中，含有许多可溶性重金属。Cr(Ⅲ)与其他重金属离子一样，会造成血液中的蛋白质沉淀。而Cr(Ⅵ)的毒性比Cr(Ⅲ)大100倍。由于Cr(Ⅵ)的强氧化性，常可使人呼吸道发炎甚至溃疡，会引起皮肤发痒。饮用含铬的水，也会引起贫血、肾炎、神经炎，并且它还是致癌物质。

含铬污水的处理必须根据污水的水质和含铬的多少来确定方法。同时也要考虑污水排放点，以免产生二次污染。一般先将Cr(Ⅵ)转化为Cr(Ⅲ)，使之成为$Cr(OH)_3$沉淀，再灼烧为Cr_2O_3回收。

在还原法中，可用各种还原剂或电解法将Cr(Ⅵ)还原。还原剂用硫酸亚铁或亚硫酸氢钠：

$$Cr_2O_7^{2-} + 14H^+ + 6Fe^{2+} = 2Cr^{3+} + 6Fe^{3+} + 7H_2O \quad (10\text{-}28)$$

$$Cr_2O_7^{2-} + 3HSO_3^- + 5H^+ = 3SO_4^{2-} + 2Cr^{3+} + 4H_2O \quad (10\text{-}29)$$

再加石灰使Cr^{3+}形成$Cr(OH)_3$沉淀：

$$Cr^{3+} + 3OH^- = Cr(OH)_3 \downarrow \quad (10\text{-}30)$$

然后再加入碱，Cr^{3+}、Fe^{3+}和未反应完的Fe^{2+}均形成氢氧化物沉淀。在加热条件下，通入空气，使部分Fe^{2+}氧化为Fe^{3+}，当Fe^{3+}与Fe^{2+}含量达一定比例时，可生成$Fe_3O_4 \cdot xH_2O$沉淀。$Fe_3O_4 \cdot xH_2O$具有磁性，称之为铁氧体。由于Cr^{3+}和Fe^{3+}具有相同的电荷和相近的离子半径，可产生共沉淀，即Cr^{3+}可取代$Fe_3O_4 \cdot xH_2O$中的Fe^{3+}，可用磁铁将沉淀吸出水体以达到净化水的目的，因此沉淀无需过滤。

如果污水处理量较小，Cr(Ⅵ)含量不太高，可将污水经过阳离子交换树脂，使Cr(Ⅵ)留在树脂上，然后再用NaOH再生树脂并使Cr(Ⅵ)得到回收。

此外，还可用腐殖酸类物质处理Cr(Ⅵ)污水，或用活性污泥进行生化处理。

处理后污水中铬的含量必须小于$0.5\ mg \cdot L^{-1}$，才能达到国家规定的排放标准。

(2) 钼、钨元素

钼主要以辉锡矿MoS_2存在于自然界中，常与钨酸钙矿、钨锰铁矿、锡石共存。

块状的钼呈银白色并带金属光泽，粉末状的钼是深灰色的。沸点5179 ℃，熔点2620 ℃。

钼的主要用途是制造特种钢。钼钢又硬又韧、耐高温，含钼较高的钼钢也很耐腐蚀，尤

其是耐 Cl^- 和酸的腐蚀。它还是制造切削工具、大炮炮身、坦克装甲板的材料。

在常温下，钼对于水和空气是稳定的，在 500 ℃时，钼与氧形成 MoO_3。钼与稀酸、浓盐酸均不发生反应。与钼产生作用的有浓 HNO_3、王水、氟、溴、氯（250 ℃时）。在 1100 ℃时可与碳生成 MoC_2。钼粉在氨气中加热，可生成 Mo_2N 或 MoN。与 CO 可形成碳基化合物 $Mo(CO)_6$。

(3) 钨元素概述

重要的钨矿有黑色的钨锰铁（$FeWO_4 \cdot MnWO_4$），又称黑钨矿。还有黄灰色的钨酸钙矿 $CaWO_4$，又称白钨矿。

块状钨呈白色，具有金属光泽，钨粉则是深灰色的。钨的熔点为 3410 ℃。纯钨可以压制成丝，是制作电光源的重要材料之一。钨可以与其他金属形成合金，可用作切削工具。如高速工具钢中含：8%～20% W，2%～7% Cr，0～2.5% V 和 1%～5% Co。司太立合金中：3%～15% W，25%～35% Cr，45%～65% Co，0.5%～2.75% C，硬度很大，具有耐磨性、抗腐性和耐热性，可用作钻探机和凿岩机的钻头。钨和铜或银可形成电接触点合金。是电器行业不可缺少的原材料，它具有熔点高、导电性良好等优点。

10.1.5 锰副族

锰副族包括锰（Mn）、锝（Tc）、铼（Re）三种元素，其中锝元素在自然界是不存在的。1937 年由人工蜕变得到锝。铼的丰度非常小且高度分散。

(1) 锰的单质

自然界中锰主要以矿石存在，有软锰矿 $MnO_2 \cdot xH_2O$、黑锰矿 Mn_3O_4、水锰矿 MnO(OH) 和褐锰矿 Mn_2O_3。

锰的外形与铁相似，粉末状的锰是灰色的，块状锰是银白色的金属。锰有 α、β、γ 三种晶型：

$$\alpha\text{-Mn} \xrightleftharpoons{727\ ℃} \beta\text{-Mn} \xrightleftharpoons{1100\ ℃} \gamma\text{-Mn} \qquad (10\text{-}31)$$

在室温下，α 型是稳定的，高温下 β 型比较稳定。α 型和 β 型锰质硬而脆；γ 型的锰质软且有展延性。用铝热法冶炼出来的锰常是 α 与 β 的混合型，而电解法得到的锰则是 γ 型。

纯锰的用途不大，它的合金却有广泛的用途。锰矿和铁矿的混合物在高炉里用焦炭还原可制造出锰铁（含 60%～90% Mn）和镜铁（含 15%～22% Mn），它们都是冶炼工业中的脱氧剂和脱硫剂。因此钢铁中普遍含有锰的成分（0.3%～0.8%）。钢中含有 1%以上的锰称为锰钢，锰钢具有强度大、硬度高和耐磨、耐大气腐蚀的特点，因此，锰在钢铁工业中有重要的地位。

锰还可以代替镍制造不锈钢，锰铜镍合金有很大的膨胀系数；铜锰合金有很大的力学强度；而 84% Cu、12% Mn 和 4% Ni 组成的铜锰合金的电阻受温度的影响很小。

锰原子的价层电子构型为 $3d^5 4s^2$。因此它可形成氧化数为＋2～＋7 的化合物，最高的氧化数为＋7，其中最稳定与最常见的化合物是氧化数为＋2、＋4、＋6、＋7 的化合物。

块状的锰在空气中生成一层致密的氧化物保护膜：但粉末状的锰却较易被氧化。

(2) 锰的化合物

① 锰(Ⅱ)的化合物

重要的锰(Ⅱ)化合物有氧化锰 MnO 及其锰(Ⅱ)盐。

氧化锰是绿色粉末，难溶于水，易溶于酸而形成锰(Ⅱ)盐。

多数锰(Ⅱ)盐如卤化锰、硝酸盐以及硫酸锰等均易溶于水，硫化锰、磷酸锰 $Mn_3(PO_4)_2$ 和碳酸锰微溶于水。易溶的锰(Ⅱ)盐在酸性溶液中是稳定的，只有很强的氧化剂如铋酸钠、过硫酸盐才可将其氧化成氧化数更高的化合物。在 d 区元素中，Mn^{2+} 形成配合物的倾向也很小。

锰(Ⅱ)盐在碱性溶液中很不稳定：

$$Mn^{2+} + 2OH^- = Mn(OH)_2 \downarrow \tag{10-32}$$

$Mn(OH)_2$ 是白色难溶于水的碱性氢氧化物，它很容易立即被溶解在水中的氧气氧化：

$$4Mn(OH)_2 + O_2 + 2H_2O = 4Mn(OH)_3 \downarrow \tag{10-33}$$

$$4Mn(OH)_3 + O_2 = 4MnO_2 \downarrow + 6H_2O \tag{10-34}$$

可以利用上述原理，将溶解在水中的氧气固定下来，再用酸和 KI 使 MnO_2 溶解，并且定量地生成 I_2：

$$MnO_2 + 2I^- + 4H^+ = Mn^{2+} + I_2 + 2H_2O \tag{10-35}$$

生成的 I_2 用 $Na_2S_2O_3$ 标准溶液滴定：

$$I_2 + 2S_2O_3^{2-} = 2I^- + S_4O_6^{2-} \tag{10-36}$$

式(10-33)～式(10-36) 就是碘量法测定水中溶解氧的原理。

锰(Ⅱ)之所以在碱性中易被氧化，是因为它们的电极电位较低：

$$MnO_2 + 2H_2O + 2e^- \rightleftharpoons Mn(OH)_2 \downarrow + 2OH^- \qquad \varphi^{\ominus}_{MnO_2/Mn(OH)_2} = -0.05\ V$$

重要的锰(Ⅱ)盐有 $MnSO_4$ 和 $MnCO_3$。

无水硫酸锰是白色的。当其从水溶液析出时呈玫瑰红色，这是因为它含有结晶水，结晶水可以是七个、五个、四个，也可以是一个。

$$MnSO_4 \cdot 7H_2O \xrightleftharpoons{9\ ℃} MnSO_4 \cdot 5H_2O \xrightleftharpoons{26\ ℃} MnSO_4 \cdot 4H_2O \xrightleftharpoons{27\ ℃} MnSO_4 \cdot H_2O \tag{10-37}$$

硫酸锰是最稳定的锰(Ⅱ)盐，即使在红热时也不分解，可利用这个特性纯化 $MnSO_4$。而铁(Ⅱ)、镍(Ⅱ)等硫酸盐经强热分解的生成物不溶于水。将红热后的盐再溶于水，则可滤出铁和镍。

$MnCO_3$ 可用来生产锰铁和镜铁。在惰性气体中，$MnCO_3$ 加热不超过 100 ℃即可分解：

$$MnCO_3 \xlongequal{\triangle} MnO + CO_2 \uparrow \tag{10-38}$$

$MnCO_3$ 呈白色，也可作为油漆的填充料。

② 锰(Ⅳ)的化合物

二氧化锰是最重要的锰(Ⅳ)化合物，其他的锰(Ⅳ)盐都不太稳定，只有它们的配合物才是稳定的，例如 $K_2[MnF_6]$、$Ba[MnF_6]$、$K_2[MnCl_6]$ 等。

经过低氧化数锰化合物的氧化或高氧化数锰化合物的还原都很容易得到 MnO_2。

MnO_2 在酸性溶液中呈现较强的氧化性：

$$MnO_2 + 4HCl = MnCl_2 + 2H_2O + Cl_2 \uparrow \tag{10-39}$$

MnO_2 在氨气中加热，可将 NH_3 氧化为 N_2：

$$6MnO_2 + 4NH_3 = 3Mn_2O_2 + 2N_2 \uparrow + 6H_2O \tag{10-40}$$

MnO_2 在碱性中呈现较强的还原性，将 MnO_2 与 KOH 共熔：

$$2MnO_2 + 4KOH + O_2 = 2K_2MnO_4 + 2H_2O \uparrow \tag{10-41}$$

将 MnO_2、KOH 和 $KClO_3$ 共熔：

$$3MnO_2 + 6KOH + KClO_3 = 3K_2MnO_4 + KCl + 3H_2O \uparrow \tag{10-42}$$

③ 锰(Ⅵ)的化合物

锰(Ⅵ)的化合物以锰酸盐的形式存在，锰酸盐在酸性或中性溶液中均不稳定，只能存在于强碱性溶液中：

$$3MnO_4^{2-} + 2H_2O \rightleftharpoons 2MnO_4^- + MnO_2 \downarrow + 4OH^- \tag{10-43}$$

$$3MnO_4^{2-} + 4H^+ \rightleftharpoons 2MnO_4^- + MnO_2 + 4H_2O \tag{10-44}$$

式(10-44) 是一个可逆反应，溶液的碱性加强时，溶液由紫红色的 MnO_4^- 变为绿色的 MnO_4^{2-}；溶液变为酸性时，式(10-44) 的平衡向右移动。

锰酸盐可由二氧化锰与碱混合在空气中加热至 250 ℃共熔制得，或由 $KClO_3$ 代替氧而制得。

④ 锰(Ⅶ)的化合物

锰(Ⅶ)的化合物以高锰酸盐形式存在，高锰酸及盐类均是紫红色化合物，这是 MnO_4^- 的颜色。

锰(Ⅶ)的价层电子结构中，没有 d 电子，它应该是无色的。但在 MnO_4^- 中 Mn 和 O 之间存在较强的极化效应，从而使氧化数为 -2 的 O 的电子易吸收部分可见光而向锰(Ⅶ)迁移，由于这种迁移吸收了能量较低的绿色、黄光，所以 MnO_4^- 呈现其补色紫色。

与此相似的还有 VO_4^{3-} 和 CrO_4^{2-}，只是它们的迁移所需能量较大，吸收了波长较短的蓝光而使它们呈现其补色黄色。

高锰酸是强酸但极不稳定，它只能以极稀的浓度存在于水溶液中。

锰(Ⅶ)最重要的化合物是高锰酸钾。它是紫色针状晶体，易溶于水，遇热分解：

$$2KMnO_4 \xlongequal{200\ ℃} K_2MnO_4 + MnO_2 + O_2 \uparrow \tag{10-45}$$

这是实验室制备少量 O_2 的方法之一。

高锰酸钾溶液也不稳定，在酸性溶液中会慢慢分解：

$$4MnO_4^- + 4H^+ = 4MnO_2 \downarrow + 2H_2O + 3O_2 \uparrow \tag{10-46}$$

光线对 $KMnO_4$ 的分解有促进作用，因此 $KMnO_4$ 溶液应保存在棕色瓶中。

高锰酸钾也是非常强的氧化剂，尤其是在酸性溶液中氧化能力更强：

$$MnO_4^- + 8H^+ + 5e^- = Mn^{2+} + 4H_2O \qquad \varphi^\ominus_{MnO_4^-/Mn^{2+}} = 1.49\ V \tag{10-47}$$

它可以定量地氧化 Fe^{2+}、$C_2O_4^{2-}$ 等：

$$MnO_4^- + 8H^+ + 5Fe^{2+} = Mn^{2+} + 5Fe^{3+} + 4H_2O \tag{10-48}$$

$$2MnO_4^- + 5C_2O_4^{2-} + 16H^+ = 2Mn^{2+} + 10CO_2 \uparrow + 8H_2O \tag{10-49}$$

上述两个方程式分别是定量测定铁和 $H_2C_2O_4$ 标定 $KMnO_4$ 浓度的理论依据。

也可以利用 $KMnO_4$ 的氧化性来氧化较清洁水（饮水、工业循环水等）中的还原性物质，测定其耗氧量，记作 COD_{Mn}。由于其对有机物尤其是生物体的氧化不完全，因此不能用它测定污水的化学耗氧量。

在酸性溶液中，要将 Mn^{2+} 氧化为 MnO_4^- 非常不容易，需要用更强的氧化剂，这些氧化剂有 PbO_2、$KBiO_3$、$K_2S_2O_8$：

$$2Mn^{2+} + 5PbO_2 + 4H^+ = 2MnO_4^- + 5Pb^{2+} + 2H_2O \tag{10-50}$$

$$2Mn^{2+} + 5BiO_3^- + 14H^+ = 2MnO_4^- + 5Bi^{3+} + 7H_2O \tag{10-51}$$

$$2Mn^{2+} + 5S_2O_8^{2-} + 8H_2O \xlongequal{Ag^+} 2MnO_4^- + 10SO_4^{2-} + 16H^+ \tag{10-52}$$

当式(10-50)、式(10-51)的化学反应发生时，溶液就会由近乎无色变为明显的紫红色，这可以用来鉴定 Mn^{2+} 的存在。

高锰酸钾常用于无机盐产品提纯和有机产品生产中，如在生产安息香酸、维生素C、烟酸时作氧化剂。

高锰酸钾还用作防毒面具中的消毒剂、水的净化剂、纤维产物的漂白剂、着色剂。在医药工业上，高锰酸钾也常用作防腐剂、除臭剂、消毒剂等。

10.1.6 铁系元素

周期表中ⅧB族的元素共有九种，铁（Fe）、钴（Co）、镍（Ni）、钌（Ru）、铑（Rh）、钯（Pd）、锇（Os）、铱（Ir）、铂（Pt）。

ⅧB族元素虽然有些地方与同族元素存在着相似性，即纵向相似性。但这九种元素相似性更多地表现在横向上。即同周期的元素各方面的性质则更相似。ⅧB族九种元素按横向分为两组；Fe、Co、Ni为一组，称为铁系元素；其余六个元素为一组，称为铂系元素。

(1) 铁系元素的单质

铁、钴、镍不像过渡元素钒、铬、锰那样易形成阴离子（VO_3^-、CrO_4^{2-}、MnO_4^-），除了有极不稳定的高铁酸盐 M_2FeO_4 存在外，Co和Ni均未发现含氧的阴离子存在。

铁、钴、镍的价层电子构型分别为 $3d^64s^2$、$3d^74s^2$ 和 $3d^84s^2$，它们都极易形成氧化数为+2的化合物。3d层电子的失去随着原子序数的增加而更加困难。铁(Ⅲ)离子或其化合物是常见的，但其具有氧化性；钴(Ⅲ)离子或其化合物则较难获得，且是很强的氧化剂；镍(Ⅲ)离子或其化合物则很难获得。

铁、钴、镍都是白色而有光泽的金属。铁和镍的延展性好，钴则硬而脆。

铁的土要矿石为赤铁矿（Fe_2O_3）、磁铁矿（$FeO \cdot Fe_2O_3$）、菱铁矿（FeC_3）、褐铁矿[$Fe_2O_3 \cdot 2Fe(OH)_3$]、硫铁矿（FeS_2）等。

钴和镍在自然界是共生的，重要的矿石有辉钴矿（CoAsS)、镍黄铁矿（NiS•FeS）。

铁与碳形成的合金通称为钢，钢的各种性能都非常适合于当代的各种产业的需要，并且还可以通过调节碳和其他金属的含量，改变其性能，以适应产业界对其更高的要求。工业上将铁及铁的合金称为黑色金属，其他的非黑色金属统称为有色金属。

纯铁块在大气中较稳定，但含有杂质的铁却不稳定，例如钢铁在潮湿的空气中易生锈。由于生成了疏松多孔的铁锈 $Fe_2O_3 \cdot xH_2O$，因此这样的腐蚀可继续深入下去。

钴、镍虽能被空气所氧化，但氧化膜致密，因此类似的腐蚀难以继续深入内层。

(2) 铁的重要化合物

① 氧化物

铁有三种氧化物：氧化亚铁（FeO)、四氧化三铁（Fe_3O_4）和氧化铁（Fe_2O_3）。分析结果表明，它们的化学组成与括号中的表达式并不一致，其中Fe的含量总是略微偏低。例如氧化亚铁中Fe与O的比为Fe∶O=0.95∶1，这是因为在其晶体的晶格中铁原子没有充满其应占有的位置。

FeO在干燥常温的环境中是稳定的，它不溶于水，但可溶于酸：

$$FeO + 2H^+ \longrightarrow Fe^{2+} + H_2O \quad (10\text{-}53)$$

FeO可由草酸亚铁在隔绝空气的情况下加热获得：

$$FeC_2O_4 \xlongequal{\triangle} FeO + CO\uparrow + CO_2\uparrow \qquad (10\text{-}54)$$

Fe_2O_3 有 α 和 γ 两种构型。α 型是顺磁性的，γ 型是铁磁性的。

将硝酸与草酸铁加热，可制得 α 型 Fe_2O_3，俗称铁红：

$$Fe_2(C_2O_4)_3 + 6HNO_3 \xlongequal{\triangle} Fe_2O_3 + 6CO_2\uparrow + 6NO_2\uparrow + 3H_2O\uparrow \qquad (10\text{-}55)$$

氧化 Fe_3O_4 的生成物是 γ 型的 Fe_2O_3。

Fe_2O_3 的水合物也有 α 型和 γ 型，α 型是红色的，γ 型是黄色的。用氨水处理 Fe^{3+} 盐溶液，可得到红棕色无定形沉淀，具有很高的表面活性，能吸附 As_2O_3，故可作砷的解毒剂。

三氧化二铁可用作颜料，著名的有铁红、铁黄，也可作磨光粉和某些催化剂。

天然的 Fe_3O_4 具有磁性，是电的良导体。天然的 Fe_3O_4 既不溶于酸也不溶于碱。X 射线分析结果表明，Fe_3O_4 并不是等物质量的 FeO 与 Fe_2O_3 的混合物，它是一种氧化数为＋3 的铁(Ⅲ)酸亚铁盐，分子式为 $Fe[Fe(FeO_4)]$。左边铁的氧化数是＋2，另两个铁的氧化数是＋3。

② 铁(Ⅱ)的盐类

Fe(Ⅱ)盐称为亚铁盐。亚铁的强酸盐如硫酸盐、硝酸盐、盐酸盐、卤化物等均溶于水。溶液呈浅绿色，稀溶液几近无色。

它的弱酸盐均不溶于水，而可溶于强酸。在碱性溶液中，亚铁盐生成白色胶状的氢氧化物沉淀：

$$Fe^{2+} + 2OH^- \xlongequal{\quad} Fe(OH)_2\downarrow \qquad (10\text{-}56)$$

Fe^{2+} 和氢氧化亚铁均不稳定，在空气中很容易被氧气氧化为 Fe(Ⅲ)，使溶液或沉淀颜色变深：

$$4Fe^{2+} + O_2 + 4H^+ \xlongequal{\quad} 4Fe^{3+}(\text{黄色}) + 2H_2O \qquad (10\text{-}57)$$

$$4Fe(OH)_2 + O_2 + 2H_2O \xlongequal{\quad} 4Fe(OH)_3\downarrow(\text{棕色}) \qquad (10\text{-}58)$$

若需要二价铁离子的溶液稳定，必须在溶液中保留过剩的金属铁：

$$2Fe^{3+} + Fe \xlongequal{\quad} 3Fe^{2+} \qquad (10\text{-}59)$$

$Fe(OH)_2$ 具有很弱的酸性，与浓强碱的热溶液反应可生成亚铁酸盐：

$$Fe(OH)_2 + 2NaOH \xlongequal{\triangle} Na_2[FeO_2] + 2H_2O \qquad (10\text{-}60)$$

最重要的亚铁盐有 $FeSO_4$、$FeCl_2$、$(NH_4)_2Fe(SO_4)_2\cdot 6H_2O$。带有结晶水的 $FeSO_4\cdot 7H_2O$ 俗称绿矾，它并不稳定，在空气中会逐步失水并被氧化为黄褐色的碱式铁盐：

$$4FeSO_4\cdot 7H_2O + O_2 \xlongequal{\quad} 4Fe(OH)SO_4(\text{黄褐色}) + 26H_2O \qquad (10\text{-}61)$$

在加热时，$FeSO_4\cdot 7H_2O$ 易失去六个结晶水：

$$FeSO_4\cdot 7H_2O \xlongequal{\triangle} FeSO_4\cdot H_2O + 6H_2O \qquad (10\text{-}62)$$

继续加热至 250 ℃，$FeSO_4\cdot H_2O$ 发生分解：

$$2FeSO_4\cdot H_2O \xlongequal{250\ ℃} Fe_2O_3 + SO_2\uparrow + SO_3\uparrow + 2H_2O\uparrow \qquad (10\text{-}63)$$

因此，可以将生产钛白粉中的副产品 $FeSO_4\cdot 7H_2O$ 或钢铁厂清洗钢板的废酸液中的 $FeSO_4$ 用来生产红色颜料铁红 α-Fe_2O_3。

$FeSO_4$ 还可以和碱金属或铵的硫酸盐形成复盐，其中最重要的是 $(NH_4)_2Fe(SO_4)_2\cdot 6H_2O$，称为莫尔盐。它比 $FeSO_4$ 稳定得多，在分析化学中常作基准试剂，标定高锰酸钾等氧化性标准溶液。

③ 铁(Ⅲ)的盐类

铁(Ⅲ)盐在溶液中会逐渐由黄棕色变为深棕色，这是 Fe^{3+} 的水解作用而引起的：

$$Fe^{3+} + H_2O \rightleftharpoons [Fe(OH)]^{2+} + H^+ \quad (10\text{-}64)$$

$$[Fe(OH)]^{2+} + H_2O \rightleftharpoons [Fe(OH)_2]^+ + H^+ \quad (10\text{-}65)$$

$$2Fe^{3+} + 2H_2O \rightleftharpoons [Fe_2(OH)_2]^{4+} + 2H^+ \quad (10\text{-}66)$$

$[Fe_2(OH)_2]^{4+}$ 还会带有水分子，形成多核配合物：

$$[(H_2O)_4Fe(\mu\text{-}OH)_2Fe(OH_2)_4] \quad (10\text{-}67)$$

因此，在 pH 增高的情况下，借氢氧桥进一步的桥联作用，将会有比双核配合物更高级的缩合物产生，形成胶体溶液，将溶液中带电荷的微粒沉淀下来。因此许多铁(Ⅲ)盐均是很好的絮凝剂，常用于江河水的净化沉淀或污水的沉淀中。如 $FeCl_3$、$Fe_2(SO_4)_3$、聚合态的聚合硫酸铁。

Fe^{3+} 是一种弱氧化剂，在酸性溶液中，它可以氧化 Sn^{2+}、I^-、Cu、H_2S：

$$2Fe^{3+} + Sn^{2+} = 2Fe^{2+} + Sn^{4+} \quad (10\text{-}68)$$

$$2Fe^{3+} + 2I^- = 2Fe^{2+} + I_2 \quad (10\text{-}69)$$

$$2Fe^{3+} + Cu = 2Fe^{2+} + Cu^{2+} \quad (10\text{-}70)$$

$$2Fe^{3+} + H_2S = 2Fe^{2+} + 2H^+ + S\downarrow \quad (10\text{-}71)$$

重要的铁(Ⅲ)盐是 $FeCl_3 \cdot 6H_2O$，它是深黄色晶体，用加热法无法使其脱水而成无水盐。它可用在印刷电路、印花滚筒上作蚀刻剂。

另一个重要的铁(Ⅲ)盐是铁铵矾 $NH_4Fe(SO_4)_2 \cdot 12H_2O$。铁铵矾是紫蓝色的晶体，也是较稳定的铁盐，在分析化学中常可用作三价铁的标准物。

④ 高铁酸盐

Fe^{3+} 在强碱性溶液中有微弱的还原性和酸性，可被氧化成氧化数为+6 的高铁酸盐。

将 Fe_2O_3、KNO_3 和 KOH 加热共熔，可生成高铁酸盐：

$$Fe_2O_3 + 3KNO_3 + 4KOH \xlongequal{\triangle} 2K_2FeO_4 + 3KNO_2 + 2H_2O\uparrow \quad (10\text{-}72)$$

另外，在强碱性溶液中，用 NaOCl 氧化 $Fe(OH)_3$ 也可得到红紫色的高铁酸盐溶液：

$$2Fe(OH)_3 + 3ClO^- + 4OH^- = 2FeO_4^{2-} + 3Cl^- + 5H_2O \quad (10\text{-}73)$$

在酸性溶液中，FeO_4^{2-} 是很强的氧化剂，比 MnO_4^- 的氧化性还要强，因此 FeO_4^{2-} 是很不稳定的，这从它们的标准电极电位便可看出：

$$FeO_4^{2-} + 8H^+ + 3e^- \rightleftharpoons Fe^{3+} + 4H_2O \qquad \varphi^{\ominus}_{FeO_4^{2-}/Fe^{3+}} = 1.9\ V \quad (10\text{-}74)$$

$$FeO_4^{2-} + 2H_2O + 3e^- \rightleftharpoons FeO_2^- + 4OH^- \qquad \varphi^{\ominus}_{FeO_4^{2-}/FeO_2^-} = 0.72\ V \quad (10\text{-}75)$$

⑤ 铁的配合物

铁的另一个重要特征是很容易形成配合物。Fe^{2+}、Fe^{3+} 的价层电子分别是 6、5 个，具有 9～18 电子构型。一般来讲，具有这种电子构型的离子都易形成配合离子，因为这类离子的静电场皆高于具有 8 电子构型的离子。

铁离子的半径相对较小，且有未充满的 d 轨道，则更易形成配离子。

比较重要的铁的配合物有亚铁氰化钾、铁氰化钾、硫氰酸铁配离子、亚硝基铁配离子、血红素、五羰基铁等。

Fe^{2+}、Fe^{3+} 在水溶液中均会形成外轨型、高自旋的水配合物，如淡绿色的 $[Fe(H_2O)_6]^{2+}$、棕黄色的 $[Fe(H_2O)_6]^{3+}$。$[Fe(H_2O)_6]^{2+}$ 极易被空气中的氧氧化成 $[Fe(H_2O)_6]^{3+}$。

如第 8 章所述，在酸性条件下，Fe^{3+} 可与 SCN^- 形成血红色的配离子：

$$Fe^{3+} + nSCN^- \longrightarrow [Fe(SCN)_n]^{3-n} \qquad (n=1\sim6) \tag{10-76}$$

此反应是鉴定和比色法测定 Fe^{3+} 含量的特征反应。如第 8 章所述，这也是沉淀滴定法中佛尔哈德法的理论依据。

Fe^{2+} 也可与 SCN^- 形成配离子 $[Fe(SCN)_6]^{4-}$，但其极不稳定，很容易被空气中的氧氧化或在氨水中形成 $Fe(OH)_2$ 沉淀：

$$4[Fe(SCN)_6]^{4-} + O_2 + 4H^+ \longrightarrow 4[Fe(SCN)_6]^{3-} + 2H_2O \tag{10-77}$$

$$[Fe(SCN)_6]^{4-} + 2NH_3 + 2H_2O \longrightarrow Fe(OH)_2\downarrow + 2NH_4SCN + 4SCN^- \tag{10-78}$$

Fe^{3+} 可与卤素离子形成配离子 $[FeX_6]^{3-}$，其中 $[FeF_6]^{3-}$ 最稳定，其累积平衡常数 $\beta_6 = 10^{18}$。

Fe^{2+}、Fe^{3+} 都不可能形成氨配离子，因为在含有氨的溶液中，Fe^{2+}、Fe^{3+} 均会发生水解，形成 $Fe(OH)_2$、$Fe(OH)_3$ 沉淀。

Fe^{2+} 和 CN^- 先形成沉淀：

$$Fe^{2+} + 2CN^- \longrightarrow Fe(CN)_2\downarrow (\text{白色}) \tag{10-79}$$

当 CN^- 过量时，沉淀溶解：

$$Fe(CN)_2 + 4CN^- \longrightarrow [Fe(CN)_6]^{4-} \tag{10-80}$$

亚铁氰化离子是典型的内轨型、低自旋配离子。因此，$[Fe(CN)_6]^{4-}$ 是极稳定的配离子，在水溶液中不会解离。

带有三个结晶水的钾盐 $K_4[Fe(CN)_6]\cdot 3H_2O$ 是黄色晶体，又称为黄血盐。当其遇到 Fe^{3+}，便会形成蓝色沉淀，称为普鲁士蓝：

$$4Fe^{3+} + 3[Fe(CN)_6]^{4-} \longrightarrow Fe_4[Fe(CN)_6]_3\downarrow (\text{普鲁士蓝}) \tag{10-81}$$

普鲁士蓝可用作颜料，可用于涂料和印染业。

黄血盐在强热的情况下就可分解：

$$K_4[Fe(CN)_6]\cdot 3H_2O \xlongequal{\triangle} 4KCN + FeC_2 + N_2\uparrow + 3H_2O \tag{10-82}$$

亚铁氰化钾在氯气的作用下，会被氧化为深红色的铁氰化钾，又称为赤血盐：

$$2K_4[Fe(CN)_6] + Cl_2 \longrightarrow 2KCl + 2K_3[Fe(CN)_6] \tag{10-83}$$

当 Fe^{2+} 和赤盐反应时，可生成滕氏蓝沉淀：

$$3Fe^{2+} + 2[Fe(CN)_6]^{3-} \longrightarrow Fe_3[Fe(CN)_6]_2\downarrow (\text{滕氏蓝}) \tag{10-84}$$

赤血盐溶液的稳定性比黄血盐溶液差。在碱性溶液中，赤血盐是一种氧化剂：

$$4K_3[Fe(CN)_6] + 4KOH \longrightarrow 4K_4[Fe(CN)_6] + O_2\uparrow + 2H_2O \tag{10-85}$$

在中性溶液中，又有微弱的水解作用：

$$K_3[Fe(CN)_6] + 3H_2O \longrightarrow Fe(OH)_3\downarrow + 3KCN + 3HCN \tag{10-86}$$

所以使用赤血盐时，最好现用现配。防止 HCN 挥发中毒伤人。

铁还是生物体的必需元素，血液中的血红素就是由 Fe^{2+} 与一种卟啉分子形成的配合物（如图 10-1 所示）。Fe^{2+} 大都可以形成六配位的八面体配合物，其中卟啉中的四个氮原子形成

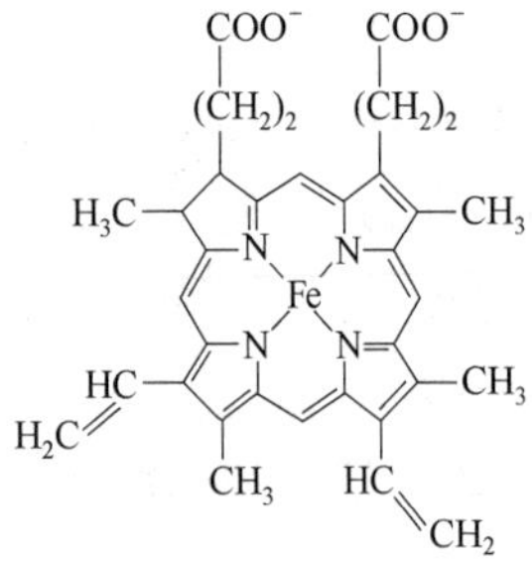

平面四方形，还有上下两个配位原子（图中未标出），其中一个被血红蛋白中一种球状蛋白质中的组氨酸分子的 N 原子占据，第六个配位原子则由 O_2 或 H_2O 提供，这第六个配位点上的 H_2O 与 O_2 很容易发生互易作用，用 Hb 表示五个配位点已被占据的血红素：

$$Hb(H_2O)+O_2 \rightleftharpoons Hb(O_2)+H_2O \qquad (10\text{-}87)$$

当血液流经肺部时，由于氧气充足，血红蛋白从肺部摄取 O_2，形成配合物流向身体各部分。在那里，血红蛋白结合的 O_2 被 H_2O 取代，即完成输氧过程。

图 10-1　血红素的结构

当肺部吸入 CO，则 Hb 与 CO 的结合力远远大于与 O_2 的结合力，使得血红蛋白在肺部不能与 O_2 结合，而造成输氧的中断，使人 CO 中毒，严重的可致死亡。

如果血液中进入了与 Fe^{2+} 更强的配位剂如 CN^-、砷化物等，它们和铁形成更稳定的配合物，也使输氧中断。

在 100～200 ℃与 20 MPa 大气压下，铁粉和一氧化碳作用可生成五羰基铁 $Fe(CO)_5$。它是黄色液体，不溶于水而溶于苯和乙醚。在隔绝空气中加热至 140 ℃即又可分解为铁和一氧化碳，可利用其制备纯铁。

（3）钴和镍的重要化合物

① 钴和镍的氧化物和氢氧化物

CoO 比较稳定，当有强氧化剂时，Co_2O_3 只能以水合物 $Co_2O_3 \cdot H_2O$ 形式存在。

到目前为止，尚未证实无水 Ni_2O_3 可以稳定存在。

氧化钴 CoO 为灰绿色粉末，氧化镍 NiO 为绿色。它们均不溶于水，可溶于酸，形成二价盐。

CoO 可用来制作颜料，SiO_2、K_2CO_3 和 CoO 熔融，可得蓝色颜料；$Zn(OH)_2$ 和 CoO 共热，可得绿色颜料。

将强碱加入到钴(Ⅱ)和镍(Ⅱ)的盐溶液中，可得到 $Co(OH)_2$ 或 $Ni(OH)_2$ 沉淀。但是它们与 $Fe(OH)_2$ 不同，它们可形成 $[Co(NH_3)_6]^{2+}$、$[Ni(NH_3)_6]^{2+}$ 配离子而溶解在氨溶液中。

$Fe(OH)_2$ 可较快的被空气中的氧气氧化为 $Fe(OH)_3$，而 $Co(OH)_2$ 或 $Ni(OH)_2$ 则较难被氧化。$Co(OH)_2$ 在空气中只能缓慢地被氧化为棕色的水合氧化高钴(Ⅲ)；而 $Ni(OH)_2$ 则必须在强氧化剂如 NaOCl 等的作用下才能被氧化为黑色的水合氧化高镍(Ⅲ)。$Co(OH)_3$、$Ni(OH)_3$ 氧化性非常强，遇到还原剂即被还原。例如，用 HCl 溶解，它们立即被还原为 M^{2+}，同时 HCl 被氧化为 Cl_2。

② 钴(Ⅱ)和镍(Ⅱ)的盐

重要的钴(Ⅱ)盐和镍(Ⅱ)盐有卤化物、硫酸盐和硝酸盐。这些盐大多数都带有结晶水，结晶水的个数和颜色也因温度而异：

$$\underset{\text{粉红色}}{CoCl_2 \cdot 6H_2O} \xrightleftharpoons{52.25\ ℃} \underset{\text{紫红色}}{CoCl_2 \cdot 2H_2O} \xrightleftharpoons{90\ ℃} \underset{\text{蓝色}}{CoCl_2 \cdot H_2O} \qquad (10\text{-}88)$$

$$NiCl_2 \cdot 7H_2O \xrightleftharpoons{33.3\ ℃} NiCl_2 \cdot 6H_2O \xrightleftharpoons{28.8\ ℃} NiCl_2 \cdot 4H_2O \xrightleftharpoons{64\ ℃} NiCl_2 \cdot 2H_2O \qquad (10\text{-}89)$$

在干燥器中放入干燥的硅胶和 $CoCl_2 \cdot H_2O$，若颜色由蓝色变为粉红则表示干燥剂已无干燥作用，必须进行处理。

$NiCl_2 \cdot xH_2O$ 无论 x 为多少，均是绿色的。$CoSO_4 \cdot 7H_2O$ 是红色的，$NiSO_4 \cdot 7H_2O$ 是黄绿色的。它们均可与碱金属的硫酸盐形成矾，如 $(NH_4)_2Ni(SO_4)_2 \cdot 6H_2O$，它在镀镍时

可作为电解质溶液。

高钴(Ⅲ)盐不稳定，例如 $Co_2(SO_4)_3 \cdot 18H_2O$ 极不稳定，但它与碱金属硫酸盐形成矾后就较稳定。镍(Ⅲ)盐则更不稳定。

$Co(NO_3)_2 \cdot 6H_2O$ 是红色晶体，$Ni(NO_3)_2 \cdot 6H_2O$ 是绿色晶体，加热脱水后，可作为陶瓷工业上的彩釉。

③ 钴和镍的配合物

钴(Ⅱ)盐和镍(Ⅱ)盐中的结晶水实际上是由配位键键合的配位水。$CoCl_2 \cdot 6H_2O$ 的结构式应是 $[Co(H_2O)_6]Cl_2$、$NiCl_2 \cdot 6H_2O$ 的结构式应分别是 $[Ni(H_2O)_6]Cl_2$。$[Co(H_2O)_6]^{3+}$ 极不稳定、有很强的氧化性：

$$[Co(H_2O)_6]^{3+} + e^- \rightleftharpoons [Co(H_2O)_6]^{2+} \quad \varphi^{\ominus}_{[Co(H_2O)_6]^{3+}/[Co(H_2O)_6]^{2+}} = 1.92\ V \tag{10-90}$$

Co^{2+}、Ni^{2+} 的六水合离子在水溶液中会释放出 H^+，形成一羟基五水合钴(Ⅱ)或镍(Ⅱ)离子：

$$[Co(H_2O)_6]^{2+} = [Co(OH)(H_2O)_5]^+ + H^+ \tag{10-91}$$

$$[Ni(H_2O)_6]^{2+} = [Ni(OH)(H_2O)_5]^+ + H^+ \tag{10-92}$$

Co^{2+} 可与 F^- 形成外轨型、高自旋的配合物 $[CoF_6]^{2+}$。

Co^{2+}、Ni^{2+} 与氨分子可分别形成黄色的 $[Co(NH_3)_6]^{2+}$ 和蓝色的 $[Ni(NH_3)_4]^{2+}$。$[Co(NH_3)_6]^{2+}$ 在空气中可被氧化成红褐色的 $[Co(NH_3)_6]^{3+}$。$[Ni(NH_3)_4]^{2+}$ 却十分稳定。

Co^{2+} 与 KCN 反应，先形成 $Co(CN)_2$ 红棕色沉淀：

$$Co^{2+} + 2KCN = Co(CN)_2 \downarrow (\text{红棕色}) + 2K^+ \tag{10-93}$$

当 KCN 过量时，沉淀溶解，形成六氰合钴(Ⅱ)酸盐：

$$Co(CN)_2 \downarrow (\text{红棕色}) + 4KCN = K_4[Co(CN)_6](\text{紫红色}) \tag{10-94}$$

如第 6 章所述，$K_4[Co(CN)_6]$ 中的 CN^- 是强场配体，必形成内轨型和低自旋配合物，Co^{2+} 应采取 $3d^2 4s^1 4p^3$ 轨道杂化，但 Co^{2+} 的 3d 轨道上有 7 个电子，因此必有一个未成对的 3d 电子跃迁至高能级的 4d 轨道上，能量很高，如图 10-2 所示，因此，$K_4[Co(CN)_6]$ 很不稳定。这个 4d 电子很容易失去而使配离子 $[Co(CN)_6]^{4-}$ 被氧化成 $[Co(CN)_6]^{3-}$：

$$K_4[Co(CN)_6] - e^- \rightleftharpoons K_3[Co(CN)_6] + K^+ \tag{10-95}$$

$$2K_4[Co(CN)_6] + 2H_2O = 2K_3[Co(CN)_6] + 2KOH + H_2 \uparrow \tag{10-96}$$

平面正方形的 $[Cu(NH_3)_4]^{2+}$ 有一个未成对电子处于较高能级的 4p 轨道上，此 4d 轨道的能量低得多，$[Cu(NH_3)_4]^{2+}$ 配离子能稳定存在。如图 10-2 所示。

镍氰配合物 $Na_2[Ni(CN)_4] \cdot 3H_2O$、$K_2[Ni(CN)_4] \cdot H_2O$ 是橙黄色的。

Co^{2+} 还可与 SCN^- 形成蓝色的 $[Co(SCN)_4]^{2-}$ 配离子，在水溶液中极不稳定，在有机溶液(如丙酮)中较稳定。常用这个反应鉴定 Co^{2+} 的存在。Ni^{2+} 与 SCN^- 不能形成任何形式的配合物。

将 $Ni(OH)_2$ 溶于 HBr 并加入过量氨水，有紫色的溴化六氨合镍 $[Ni(NH_3)_6]Br_2$ 析

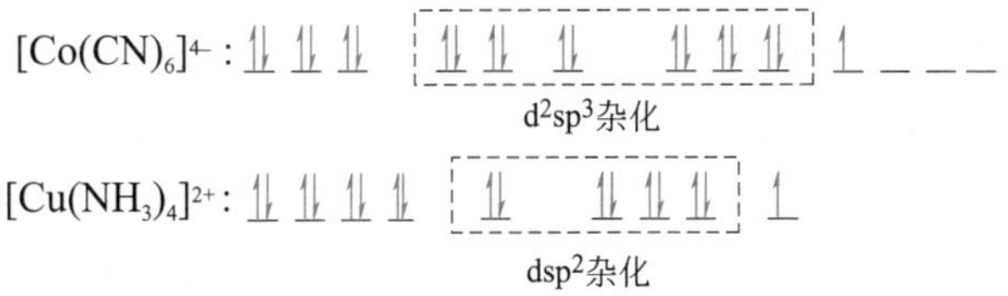

$[Co(CN)_6]^{4-}$: ⇅ ⇅ ⇅ [⇅ ⇅ ⇅ ⇅ ⇅ ⇅] ↑ _ _ _

d^2sp^3杂化

$[Cu(NH_3)_4]^{2+}$: ⇅ ⇅ ⇅ ⇅ [⇅ ⇅ ⇅ ⇅] ↑

dsp^2杂化

图 10-2 $[Co(CN)_6]^{4-}$ 和 $[Cu(NH_3)_4]^{2+}$ 的电子排列

出，而钴没有此性质。据此可分离 Ni 和 Co，并制备高纯度的镍化合物。

Co^{2+} 与亚硝酸盐反应，还可生成硝基配离子：

$$Co^{2+} + 13NO_2^- + 14H^+ = [Co(NO_2)_6]^{3+} + 7NO\uparrow + 7H_2O \qquad (10\text{-}97)$$

镍还可以和丁二酮肟形成鲜红色的配合物沉淀，反应极为灵敏，可用于鉴定 Ni^{2+} 。

10.1.7 铂系元素

铂系元素包括钌（Ru）、铑（Rh）、钯（Pd）、锇（Os）、铱（Ir）、铂（Pt）六个元素，钌（Ru）、铑（Rh）、钯（Pd）称为轻铂元素，锇（Os）、铱（Ir）、铂（Pt）称为重铂元素，铂系元素均是金属，具有高熔点、高沸点、低蒸气压和高温抗氧化性、抗腐蚀等优良性能，故可制作高温容器、发热体，如坩埚、高温热电偶等，也可作惰性电极材料。

大多数铂系金属能吸收气体，尤其是氢气。特别是 Pd 吸收氢气更容易，因此它是化学工业、石油化学工业中常用的氢化反应的催化剂。其他如铂、铑、钌都有作催化剂的实例，一种钌与吡啶的配合物，在阳光照射下，可使水分解为 H_2 和 O_2，这开辟了一条利用太阳能制氢的新途径。

（1）铂系元素单质的化学性质

铂不溶于一般的强酸和氢氟酸，而溶于王水生成淡黄绿色的氯铂酸：

$$Pt + 6HCl + 4HNO_3 = H_2[PtCl_6] + 4NO_2\uparrow + 4H_2O \qquad (10\text{-}98)$$

钯溶于王水生成氯钯酸：

$$Pd + 6HCl + 4HNO_3 = H_2[PdCl_6] + 4NO_2\uparrow + 4H_2O \qquad (10\text{-}99)$$

也可将钯溶于通有 Cl_2 的盐酸中，得到氯钯酸：

$$Pd + 2HCl + 2Cl_2 = H_2[PdCl_6] \qquad (10\text{-}100)$$

$H_2PtCl_6 \cdot 6H_2O$ 是红色的柱状晶体，而 H_2PtCl_4 只能存在于溶液中。

其他的铂系元素单质既不溶于一般酸，也不溶于王水。只能与强氧化剂、碱共熔形成盐后才能溶解。只有在高温下，铂系元素单质才能与 N、O、S、F 等非金属元素反应，如可生成 OsO_4 等。

（2）铂、钯的化合物

① 氯铂(钯)酸及其盐的化学性质

铂的化合物几乎全是配合物。铂的氧化数主要显＋4、＋2，在少数化合物中，氧化数显＋5、＋6，如 PtF_6、PtF_5 等。

氯铂酸钠可溶于水，其他盐均难溶于水：

$$Na_2[PtCl_6] + 2NH_4^+ = (NH_4)_2[PtCl_6]\downarrow + 2Na^+ \qquad (10\text{-}101)$$

$$H_2[PtCl_6] + 2K^+ = K_2[PtCl_6]\downarrow + 2H^+ \qquad (10\text{-}102)$$

$(NH_4)_2[PtCl_6]$ 在加热的条件下，可溶于王水：

$$(NH_4)_2[PtCl_6] + 4HNO_3 + 6HCl \xlongequal{\triangle} H_2[PtCl_6] + 2NCl_3 + 4NO\uparrow + 8H_2O \qquad (10\text{-}103)$$

$(NH_4)_2$ $[PtCl_6]$ 加热至 360 ℃时开始分解，至 700～800 ℃可制得海绵状的铂，工业上的催化剂铂、钯大多数是海绵状的：

$$3(NH_4)_2[PtCl_6] \xlongequal{\triangle} 3Pt + 16HCl + 2NH_4Cl + 2N_2\uparrow \qquad (10\text{-}104)$$

氯铂酸及其盐遇到还原剂如草酸、SO_2 等，可被还原为氧化数为＋2 的配合物：

$$H_2[PtCl_6] + SO_2 + 2H_2O = H_2[PtCl_4] + H_2SO_4 + 2HCl \qquad (10\text{-}105)$$

$$K_2[PtCl_6] + H_2C_2O_4 = K_2[PtCl_4] + 2HCl + 2CO_2\uparrow \qquad (10\text{-}106)$$

对于 $H_2[PtCl_6]$ 或 $H_2[PdCl_6]$ 而言，当被加热或被蒸干时，它都会分解：

$$H_2[PtCl_6] \xlongequal{\triangle} H_2[PtCl_4] + Cl_2\uparrow \xlongequal{} PtCl_2 + 2HCl + Cl_2\uparrow \quad (10\text{-}107)$$

$$H_2[PdCl_6] \xlongequal{} H_2[PdCl_4] + Cl_2\uparrow \xlongequal{} PdCl_2 + 2HCl + Cl_2\uparrow \quad (10\text{-}108)$$

氯钯(Ⅳ)酸盐的稳定性比氯铂(Ⅳ)酸盐差，当加热氯钯(Ⅳ)酸盐悬浮液至沸腾时，便产生分解而使悬浮液澄清：

$$(NH_4)_2[PdCl_6] \xlongequal{} (NH_4)_2[PdCl_4] + Cl_2\uparrow \quad (10\text{-}109)$$

② 氯亚铂(钯)酸及其盐

$H_2[PtCl_4]$、$H_2[PdCl_4]$ 分别是铂(Ⅱ)和钯(Ⅱ)与 Cl^- 形成的配合物。在 $[PtCl_4]^{2-}$、$[PdCl_4]^{2-}$ 的酸性溶液中，逐滴加入氨水，则 NH_3 分子可逐步取代 Cl^-，形成含有 1～4 个 NH_3 分子的配合物，其中含有 2 个 NH_3 分子的配合物是不溶于水的黄色沉淀：

$$[PtCl_4]^{2-} + 2NH_3 \xlongequal{} [PtCl_2(NH_3)_2]\downarrow(\text{黄色}) + 2Cl^- \quad (10\text{-}110)$$

$$[PdCl_4]^{2-} + 2NH_3 \xlongequal{} [PdCl_2(NH_3)_2]\downarrow(\text{黄色}) + 2Cl^- \quad (10\text{-}111)$$

继续加入氨水：

$$[PtCl_2(NH_3)_2] + 2NH_3 \xlongequal{} [Pt(NH_3)_4]^{2+} + 2Cl^- \quad (10\text{-}112)$$

$$[PdCl_2(NH_3)_2] + 2NH_3 \xlongequal{} [Pd(NH_3)_4]^{2+} + 2Cl^- \quad (10\text{-}113)$$

当 pH＝5 时：

$$[PdCl_2(NH_3)_2] + 2NH_3 + [PdCl_4]^{2-} \xlongequal{} [Pd(NH_3)_4][PdCl_4]\downarrow(\text{玫瑰红色}) + 2Cl^- \quad (10\text{-}114)$$

当 pH＝8 时：

$$[Pd(NH_3)_4][PdCl_4] + 4NH_3 \xlongequal{} 2[Pd(NH_3)_4]^{2+}(\text{淡黄色至无色}) + 4Cl^- \quad (10\text{-}115)$$

当溶液被盐酸溶液酸化时，反应又向左进行，因此上述反应是可逆的。

另外，CN^- 也可以和 Pt(Ⅱ)形成配合物 $H_2[Pt(CN)_4]$，它非常稳定，是一个二元强酸，$H_2[Pt(CN)_4]\cdot 5H_2O$ 也是红色晶体。将 $[PtCl_4]^{2-}$ 与乙烯（C_2H_4）在水溶液中反应还可以形成二聚态的金属有机配合物 $[Pt(C_2H_4)_2Cl_2]_2$。

10.2 ds 区元素

ds 区元素包括铜族元素和锌族元素，这两族元素的共同特点是价电子层中的 d 层电子是全充满的。

铜族和锌族元素的次外层都是 18 电子结构，所以它们失去最外层的 s 电子后形成的阳离子属于 18 电子构型，极化能力很强，如 CuCl、Cu_2O、AgI、Ag_2O、HgI_2 等。二元化合物中的阴离子产生很大的变形。所以，这类二元化合物带有明显的共价性，其阳离子容易形成配合物。当它们相应离子的 d 电子是全充满时，其化合物、配合物均是无色的。

10.2.1 铜副族

铜副族包括铜（Cu）、银（Ag）、金（Au）三种元素，它们的最外层电子结构为 $(n-1)d^{10}ns^1$。当失去 1 个 s 电子形成氧化数为＋1 的阳离子时，d 层电子全充满，因此水溶液是无色的，如 Cu^+ 和 Ag^+ 水溶液。

当失去了部分 d 电子，形成氧化数大于＋1 的阳离子时，因价层中存在未成对的 d 电子，因此水溶液带有颜色，如 Cu^{2+} 为蓝色，Au^{3+} 为红色。

铜副族和主族碱金属在性质上有很大区别，铜副族均是不活泼的贵金属，且呈现多种氧化数。

另一方面，铜副族位于铁铂系元素与锌副族之间，因此也常表现出与铁系元素、锌族元素类似的性质。

(1) 铜元素

铜是人类最早使用的金属之一，几千年前，人们就使用了青铜器。铜带红色光泽，纯铜质软，延展性很好，并有良好的导热性、导电性。

铜可以和其他金属 Sn、Zn、Al、Ni 制成合金，因此有青铜、黄铜、铝青铜、白铜之分。铜合金却比纯铜硬，机械加工性能有所提高，但导热、导电性能有所降低。

铜多以化合物的形式存在于地壳中，辉铜矿 Cu_2S 是一种重要的铜矿。最丰富的是黄铜矿 $CuFeS_2$，它具有很大的经济价值。其他的铜矿还有赤铜矿（Cu_2O）、蓝铜矿［$2CuCO_3 \cdot Cu(OH)_2$］和孔雀石［$CuCO_3 \cdot Cu(OH)_2$］。

① 铜单质的化学性质

铜的化学活泼性较差，室温下它不与氧和水直接起作用，但可以和含有 CO_2 的潮湿空气作用，生成绿色的碱式碳酸铜，这是紫铜物件腐蚀的主要原因与产物：

$$2Cu+O_2+H_2O+CO_2 = Cu_2(OH)_2CO_3(\text{绿色}) \quad (10\text{-}116)$$

铜单质在空气中加热，可生成黑色的 CuO：

$$2Cu+O_2 = 2CuO(\text{黑色}) \quad (10\text{-}117)$$

将 CuO 加热至 1100 ℃时，黑色的 CuO 又分解为暗红色的 Cu_2O：

$$4CuO = 2Cu_2O+O_2\uparrow \quad (10\text{-}118)$$

卤素在常温下与铜作用缓慢，加热时反应剧烈：

$$Cu+Cl_2 = CuCl_2 \quad (10\text{-}119)$$

加热时，铜和硫、硒都可以直接化合：

$$Cu+S = CuS \quad (10\text{-}120)$$

将氨气通过红热的铜时：

$$6Cu+2NH_3 = 2Cu_3N+3H_2\uparrow \quad (10\text{-}121)$$

铜不能从稀酸中置换出氢，但在通入氧气的情况下，铜可以缓慢地溶解在稀酸中：

$$2Cu+4HCl+O_2 = 2CuCl_2+2H_2O \quad (10\text{-}122)$$

若在稀酸中通入过氧化氢或加入氧化剂，铜就会非常迅速地溶入其中：

$$Cu+2HCl+H_2O_2 = CuCl_2+2H_2O \quad (10\text{-}123)$$

$$3Cu+6HCl+KClO_3 = 3CuCl_2+KCl+3H_2O \quad (10\text{-}124)$$

分析化学中常以铜为基准物，就是用这种方法溶解铜，再加热可去除多余的 H_2O_2。

在加热时，铜也可以与浓 HCl 或浓的碱金属氰化物反应，置换出氢气：

$$2Cu+8HCl(\text{浓}) = 2H_3[CuCl_4]+H_2\uparrow \quad (10\text{-}125)$$

$$2Cu+8CN^-+2H_2O = 2[Cu(CN)_4]^{3-}+2OH^-+H_2\uparrow \quad (10\text{-}126)$$

因为 Cu^+ 形成了配离子，使得电对 Cu^+/Cu 中的氧化型 Cu^+ 的浓度大大降低，使其电极电位也大大地下降至$\varphi^\ominus<0$。所以可置换出氢气。例如：

$$[Cu(CN)_4]^{3-}+e^- \rightleftharpoons Cu+4CN^- \qquad \varphi^\ominus_{[Cu(CN)_4]^{3-}/Cu}=-0.758\ V<0 \quad (10\text{-}127)$$

在氧气存在下，铜可溶于氨水，但不能置换出氢气：

$$2Cu+8NH_3+O_2+2H_2O = 2[Cu(NH_3)_4]^{2+}+4OH^- \quad (10\text{-}128)$$

因为 $[Cu(NH_3)_4]^{2+}$ 的稳定常数比 $[CuCl_4]^{3-}$、$[Cu(CN)_4]^{3-}$ 小，使其电极电位为：

$$\varphi^{\ominus}_{[Cu(NH_3)_4]^{2+}/Cu}=0.0224\ V>0 \tag{10-129}$$

Cu 还可以溶在含有硫脲 $CS(NH_2)_2$ 的盐酸中，生成配合物并置换出氢气。

$$2Cu+2HCl+4CS(NH_2)_2 = 2\{Cu[CS(NH_2)_2]_2\}Cl+H_2\uparrow \tag{10-130}$$

铜还可以溶解在稀、浓硝酸和浓 H_2SO_4 等氧化性的酸中：

$$3Cu+8HNO_3(稀) = 3Cu(NO_3)_2+2NO\uparrow+4H_2O \tag{10-131}$$

$$Cu+4HNO_3(浓) = Cu(NO_3)_2+2NO_2\uparrow+2H_2O \tag{10-132}$$

$$Cu+2H_2SO_4(浓) = CuSO_4+SO_2\uparrow+2H_2O \tag{10-133}$$

铜还可以被 $FeCl_3$ 氧化而腐蚀、溶解：

$$Cu+2FeCl_3 = CuCl_2+2FeCl_2 \tag{10-134}$$

制造印刷电路板便是利用了这个方程。

② 氧化铜 CuO

铜(Ⅱ)的化合物主要有 CuO、$Cu(OH)_2$、$CuSO_4$、$CuCl_2$ 等。

Cu^{2+} 的电子构型为 $3d^9$，有未成对的 d 电子，因此水溶液中水合铜离子是蓝色的。

CuO 是黑色粉末，不溶于水，但溶于酸成铜(Ⅱ)盐。

CuO 是碱性氧化物，热稳定性较好，但不如 Cu_2O 高。CuO 加热至 1000 ℃以上：

$$4CuO \xlongequal{\triangle} 2Cu_2O+O_2\uparrow \tag{10-135}$$

CuO 有一定的氧化性，在加热时，可以氧化 H_2、NH_3、C、CO 等。

在 150 ℃时：

$$2CuO+H_2 = Cu_2O+H_2O\uparrow \tag{10-136}$$

高温下：

$$CuO+H_2 \xlongequal{\triangle} Cu+H_2O\uparrow \tag{10-137}$$

$$3CuO+2NH_3 \xlongequal{\triangle} 3Cu+3H_2O\uparrow+N_2\uparrow \tag{10-138}$$

$$2CuO+C \xlongequal{\triangle} 2Cu+CO_2\uparrow \tag{10-139}$$

$$CuO+CO \xlongequal{\triangle} Cu+CO_2\uparrow \tag{10-140}$$

③ 氢氧化铜 $Cu(OH)_2$

$Cu(OH)_2$ 是一个偏碱性的两性化合物，它能溶于酸，形成铜(Ⅱ)盐：

$$Cu(OH)_2+H_2SO_4 = CuSO_4+2H_2O \tag{10-141}$$

$Cu(OH)_2$ 也可以溶于很浓的强碱溶液中，形成铜酸盐：

$$Cu(OH)_2+2NaOH = Na_2[Cu(OH)_4](蓝色) \tag{10-142}$$

铜酸盐有氧化性，可被弱的还原剂甲醛、葡萄糖还原成红色的氧化亚铜 Cu_2O：

$$2[Cu(OH)_4]^{2-}+HCHO = Cu_2O\downarrow(红色)+HCOOH+2H_2O+4OH^- \tag{10-143}$$

$$2[Cu(OH)_4]^{2-}+C_6H_{12}O_6 = Cu_2O\downarrow(红色)+C_6H_{12}O_7+2H_2O+4OH^- \tag{10-144}$$

在有机化学中，式(10-143)可用于检验醛，称为斐林试剂。在医学上，式(10-144)可用于检验尿糖等。

$Cu(OH)_2$ 也可以溶解在氨水中，生成深蓝色的铜氨配离子溶液：

$$Cu(OH)_2+4NH_3 = [Cu(NH_3)_4]^{2+}(深蓝色)+2OH^- \tag{10-145}$$

④ 铜(Ⅱ)盐

$CuSO_4$ 是最重要的铜(Ⅱ)盐。

$CuSO_4 \cdot 5H_2O$ 俗称胆矾，是蓝色的晶体。胆矾的五个结晶水在 102 ℃时可脱去两个，113 ℃时再脱去两个，最后一个水分子要到 258 ℃时才可完全脱去。完全脱去结晶水的 $CuSO_4$ 则是白色的。$CuSO_4$ 吸水性很强，吸水后即显蓝色。可利用这一性质，检验乙醇、乙醚中痕量的水。

$CuSO_4$ 也是弱的氧化剂，它可氧化 KI：

$$2CuSO_4 + 4KI = 2CuI\downarrow + 2K_2SO_4 + I_2 \qquad (10\text{-}146)$$

上述反应是定量进行的，可以用 $Na_2S_2O_3$ 溶液滴定生成的 I_2。分析化学中常用此法定量测定铜或用铜标准溶液来标定 $Na_2S_2O_3$ 溶液的浓度。

$CuSO_4$ 和石灰水的混合物称为波尔多液，可用来消灭果树上的害虫，尤其是葡萄植株上的害虫。

$CuSO_4$ 还是一种灭藻剂，加入到储水池中可防止藻类生长等。

$CuCl_2$ 是另一种重要的铜(Ⅱ)盐，在卤素离子过量时，铜的卤化物易生成 $[CuCl_3]^-$ 或 $[CuCl_4]^{2-}$ 配离子。

$[CuCl_4]^{2-}$ 是黄色的溶液，在不同的浓度下，$[CuCl_4]^{2-}$ 溶液的颜色可发生黄→黄绿→绿色的变化，这是 $[CuCl_4]^{2-}$ 和 $[Cu(H_2O)_4]^{2+}$（蓝色）以不同比例混合的结果。

硫化铜 CuS 是一种不溶于水的铜(Ⅱ)盐，它也不溶于稀酸。它的溶度积 $K_{sp} = 8.5 \times 10^{-43}$，非常小，但可溶于热的硝酸：

$$3CuS + 8HNO_3 \xlongequal{\triangle} 3Cu(NO_3)_2 + 3S\downarrow + 2NO\uparrow + 4H_2O \qquad (10\text{-}147)$$

硫化铜可溶于氰化钾溶液：

$$2CuS + 8CN^- = 2[Cu(CN)_4]^{2-} + 2S^{2-} \qquad (10\text{-}148)$$

⑤ 铜(Ⅰ)化合物

氧化亚铜 Cu_2O 是红色的有毒固体，在玻璃、陶瓷、搪瓷工业和船底用漆中作红色颜料。它有很高的热稳定性，在 1235 ℃熔融而不分解。

氧化亚铜 Cu_2O 是弱碱性物质，不溶于水，可溶于稀硫酸生成硫酸亚铜 Cu_2SO_4：

$$Cu_2O + H_2SO_4 = Cu_2SO_4 + H_2O \qquad (10\text{-}149)$$

亚铜盐在水溶液中极不稳定，立即发生歧化反应：

$$Cu_2SO_4 = CuSO_4 + Cu\downarrow \qquad (10\text{-}150)$$

Cu_2O 溶于稀盐酸生成氯化亚铜 CuCl 沉淀而不歧化：

$$2Cu_2O + 4HCl = 4CuCl\downarrow(\text{白色}) + 2H_2O \qquad (10\text{-}151)$$

Cu^+ 可以和许多配位体形成配合物，其稳定性按下列顺序增强：

$$Cl^- < Br^- < I^- < SCN^- < NH_3 < S_2O_3^{2-} < CS(NH_2)_2 < CN^- \qquad (10\text{-}152)$$

当氢卤酸 HCl 过量时，CuCl 沉淀溶解，生成二卤配铜(Ⅰ) 离子：

$$CuCl(\text{白色}) + Cl^- = [CuCl_2]^-(\text{棕黄色}) \qquad (10\text{-}153)$$

Cu_2O 溶于氨水可形成氨配离子：

$$Cu_2O + 4NH_3 + H_2O = 2[Cu(NH_3)_2]OH(\text{无色}) \qquad (10\text{-}154)$$

二卤配铜(Ⅰ)离子、二氨配铜(Ⅰ)离子都易被空气氧化，生成铜(Ⅱ)配离子：

$$4[Cu(NH_3)_2]^+ + 8NH_3 + 2H_2O + O_2 = 4[Cu(NH_3)_4]^{2+}(\text{蓝色}) + 4OH^- \quad (10\text{-}155)$$

$[Cu(NH_3)_2]^+$溶液吸收CO的能力非常强：

$$[Cu(NH_3)_2]^+ + CO = [Cu(NH_3)_2CO]^+ \quad (10\text{-}156)$$

合成氨厂常用$[Cu(NH_3)_2]^+$溶液清除合成气中的痕量CO，可使CO浓度降至约20 $mg \cdot L^{-1}$，这个过程称为铜洗。

在环境监测中，将烟道气通过$[Cu(NH_3)_2]^+$溶液后，气体体积的减少量便是烟道气中CO的体积量。钢铁行业中利用此性质检测钢铁中C的含量。

Cu(I)的配合物中，常见的配位数是2，当配位体浓度增大时，也可形成配位数为3或4的配合物，如$[Cu(CN)_3]^{2-}$、$[Cu(CN)_4]^{3-}$。

(2) 银元素

银的矿石在自然界有闪银矿Ag_2S、深红银矿Ag_2SbS_2、淡红银矿Ag_3AsS_3、含银的铅锌矿以及与铅、铜、锑、砷共生的矿等。

银有白色的金属光泽，硬度介于铜和金之间，有很好的延展性，一流的导热、导电性。

① 银单质

银的活泼性也介于铜和金之间，在空气中加热并不变暗。银可以和硫直接反应生成Ag_2S。

在氧气和H_2S的共同作用下，银表面发暗：

$$4Ag + O_2 + 2H_2S = 2Ag_2S + 2H_2O \quad (10\text{-}157)$$

银和铜相似，不溶于盐酸，但可溶于有H_2O_2的盐酸中：

$$2Ag + H_2O_2 + 2HCl = 2AgCl\downarrow + 2H_2O \quad (10\text{-}158)$$

银也可溶于稀硝酸和热的浓硫酸中：

$$3Ag + 4HNO_3 = 3AgNO_3 + NO\uparrow + 2H_2O \quad (10\text{-}159)$$

银和金还可溶解在通空气的NaCN溶液中：

$$4Ag + O_2 + 2H_2O + 8NaCN = 4Na[Ag(CN)_2] + 4NaOH \quad (10\text{-}160)$$

与Ag、Au共生的Pb、Sb等均无此反应。因此，湿法冶金法根据这个性质来提取金、银矿石中的Au、Ag。

② 银(Ⅰ)的重要化合物

银的化合物中银的氧化数显+1。重要的化合物有Ag_2O、AgX、$AgNO_3$、$[Ag(NH_3)_2]^+$、$[Ag(CN)_2]^+$等。

大多数银盐不溶于水，只有$AgNO_3$、AgF可溶于水，Ag_2SO_4微溶于水。

将NaOH加入银盐溶液中，生成AgOH，但它不稳定立即脱水变为暗棕色的Ag_2O。

Ag_2O可溶于氨水或NaCN溶液：

$$Ag_2O + 4NH_3 + H_2O = 2[Ag(NH_3)_2]^+ + 2OH^- \quad (10\text{-}161)$$

$$Ag_2O + 4NaCN + H_2O = 2Na[Ag(CN)_2] + 2NaOH \quad (10\text{-}162)$$

Ag_2O热稳定性较差，加热至300 ℃以上即分解：

$$2Ag_2O \xlongequal{\triangle} 4Ag + O_2\uparrow \quad (10\text{-}163)$$

Ag_2O还是强氧化剂，在加热时，可氧化CO和H_2O_2：

$$Ag_2O + CO \xlongequal{\triangle} 2Ag + CO_2\uparrow \quad (10\text{-}164)$$

$$Ag_2O + H_2O_2 = 2Ag + O_2\uparrow + H_2O \quad (10\text{-}165)$$

Ag_2O、MnO_2、Co_2O_3、CuO 的混合物在常温下即可将 CO 氧化为 CO_2，因此防毒面具里常使用它们。

卤化银都具有感光性，即遇光分解，照相底片上的感光材料便是 AgBr：

$$2AgBr \xlongequal{h\nu} 2Ag + Br_2 \quad (10\text{-}166)$$

Ag_2S 的溶度积非常小，必须借助于氧化-还原反应才能使它溶解：

$$3Ag_2S(s) + 8HNO_3 = 6AgNO_3 + 2NO\uparrow + 4H_2O + 3S\downarrow \quad (10\text{-}167)$$

③ 银(Ⅰ)的配合物

银离子可以和许多配位体形成配合物，在高浓度的 Cl^- 溶液中，AgCl 可溶解：

$$AgCl + Cl^- = [AgCl_2]^- \quad (10\text{-}168)$$

因此在用银量法进行滴定分析时，大多数情况是用 Ag^+ 作滴定剂，并且刚滴入 Ag^+ 时，并没有沉淀生成。

Ag^+ 可用作催化剂，实验室中常用它来催化一些氧化还原反应，如用 $K_2S_2O_8$ 氧化 Mn^{2+} 为 MnO_4^-；$K_2S_2O_8$ 分解有机磷化合物；$K_2Cr_2O_7$ 法测定废水 COD_{Cr} 值等。

Ag^+ 可以和 NH_3、CN^-、Br^-、F^-、$S_2O_3^{2-}$、SCN^- 等形成配合物，如 $[Ag(NH_3)_2]^+$、$[Ag(CN)_2]^-$、$[AgBr_2]^-$、$[AgF_2]^-$、$[Ag(S_2O_3)_2]^{3-}$、$[Ag(SCN)_2]^-$、$[Ag(SCN)_3]^{2-}$ 等。

照相底片上未曝光的溴化银在定影液中因与 $Na_2S_2O_3$ 形成配合物 $[Ag(S_2O_3)_2]^{3-}$ 而溶解，起到定影的作用。

$[Ag(NH_3)_2]^+$ 溶液具有氧化性，可使醛和葡萄糖氧化而析出光亮的银，此反应称为银镜反应：

$$2[Ag(NH_3)_2]^+ + HCHO + 2OH^- = 2Ag\downarrow + HCOO^- + NH_4^+ + 3NH_3 + H_2O \quad (10\text{-}169)$$

有机化学中常用此反应鉴定醛基的存在，称 $[Ag(NH_3)_2]^+$ 为吐伦试剂。

10.2.2 锌副族

锌副族包括锌（Zn）、镉（Cd）、汞（Hg）三种元素，它们的价层电子构型为 $(n-1)d^{10}ns^2$，容易失去 1～2 个电子形成氧化数是为+1 和+2 的化合物。

锌副族离子的 d 层电子是全充满的，所以，它们的水溶液均是无色的。

锌副族元素不像铜副族元素有多种氧化数，而是以氧化数为+2 的化合物为主。即使有氧化数为+1 的化合物，也不会以单分子存在，而以二聚体存在，如 Hg_2Cl_2。

锌副族元素都具有较低的熔点和较高的挥发性，以汞为最。它们的化学活泼性也按照 Zn→Cd→Hg 的顺序降低，和碱土金属的顺序完全相反。而形成配合物的趋势却按 Zn→Cd→Hg 的顺序增强。

(1) 锌元素

锌在自然界的主要矿石有闪锌矿 ZnS、菱锌矿 $ZnCO_3$、红锌矿 ZnO、硅锌矿 Zn_2SiO_4、锰硅锌矿 (Zn，Mn)SiO_4 以及异极矿 $Zn_2(OH)_2SiO_3$。

锌是银白色金属，它可以和许多金属，例如 Cu、Ag、Au、Cd、Hg、Mg、Ca、Mn、Fe、Co、Ni、Su、Pb 形成合金。

锌的电极电位比铁低，当二者碰到电解液时，锌先溶解，而铁不被腐蚀。这种防腐措施在电化学和防腐学科中称为牺牲阳极法。

① 锌单质的化学性质

锌在空气中加热到 1000 ℃时，锌会燃烧，并发出蓝绿色火焰：

$$2Zn + O_2 \xlongequal{\quad} 2ZnO \tag{10-170}$$

锌是很活泼的金属，在红热状态下，可以被水蒸气和二氧化碳所氧化：

$$Zn + H_2O(g) \xlongequal{\triangle} ZnO + H_2\uparrow \tag{10-171}$$

$$Zn + CO_2 \xlongequal{\triangle} ZnO + CO \tag{10-172}$$

在含有 CO_2 的潮湿空气中，锌也可生成碱式碳酸盐：

$$4Zn + 2O_2 + 3H_2O + CO_2 \xlongequal{\quad} ZnCO_3 \cdot 3Zn(OH)_2 \tag{10-173}$$

锌在常温下便可以与卤素反应，生成卤化锌 ZnX_2。

锌和 S、P 共热可生成硫化锌、磷化锌：

$$Zn + S \xlongequal{\triangle} ZnS \tag{10-174}$$

$$3Zn + 2P \xlongequal{\triangle} Zn_3P_2 \tag{10-175}$$

在加热到 600 ℃时，锌还可以和 NH_3 作用：

$$3Zn + 2NH_3 \xlongequal{600\ ℃} Zn_3N_2 + 3H_2\uparrow \tag{10-176}$$

锌是两性的金属，它可以溶解在非氧化性稀酸中，放出 H_2，也可以溶解在强碱性溶液中：

$$Zn + 2NaOH \xlongequal{\quad} Na_2ZnO_2 + H_2\uparrow \tag{10-177}$$

由于锌形成配合物的倾向很强，它还能溶于氨水：

$$Zn + 4NH_3 + 2H_2O \xlongequal{\quad} [Zn(NH_3)_4](OH)_2 + H_2\uparrow \tag{10-178}$$

不管是纯锌还是不纯的锌都可以溶解在硝酸中，硝酸浓度不同，还原产物也不一样：

$$Zn + 4HNO_3(浓) \xlongequal{\quad} Zn(NO_3)_2 + 2NO_2\uparrow + 2H_2O \tag{10-179}$$

$$4Zn + 10HNO_3(稀) \xlongequal{\quad} 4Zn(NO_3)_2 + N_2O\uparrow + 5H_2O \tag{10-180}$$

$$4Zn + 10HNO_3(很稀) \xlongequal{\quad} 4Zn(NO_3)_2 + NH_4NO_3 + 3H_2O \tag{10-181}$$

② 氧化锌 ZnO 和氢氧化锌 $Zn(OH)_2$

氧化锌 ZnO 是锌的唯一氧化物，为白色，可作白色颜料，俗称锌白，档次略低于钛白（TiO_2）。

氧化锌微溶于水，和 MgO 一样，在工业上可用于调节溶液的 pH。溶有痕量锌的氧化锌能发出绿色的荧光，可作荧光剂。

在锌盐溶液中加入适量的强碱，可析出氢氧化锌：

$$Zn^{2+} + 2OH^- \xlongequal{\quad} Zn(OH)_2\downarrow \tag{10-182}$$

$Zn(OH)_2$ 是两性氢氧化物，溶于酸成为锌盐，也可以溶解在强碱中，生成锌酸盐：

$$Zn(OH)_2 + 2OH^- \xlongequal{\quad} [Zn(OH)_4]^{2-} \tag{10-183}$$

$[Zn(OH)_4]^{2-}$ 实际上是锌酸盐的水合物 $[ZnO_2]^{2-} \cdot 2H_2O$。当然 $Zn(OH)_2$ 也可以溶解在氨水中形成四氨合锌(Ⅱ)离子。

③ 硫化锌 ZnS

在锌盐的碱性溶液中，通入 H_2S 可以得到 ZnS 沉淀。

如果晶体硫化锌中含有微量的铜和银的化合物作为活化剂，即能发射出不同颜色的荧光。将硫化锌和硫化镉混合使用，则能发生更多的不同颜色的荧光。如表 10-4 所示。

表 10-4　硫化锌涂料组成及荧光颜色

涂料组成/%	活化剂/%	荧光颜色
ZnS	0.05Cu	绿
ZnS	0.01Ag	淡蓝
ZnS(80)+CdS(20)	0.05Cu	黄
ZnS(65)+CdS(35)	0.05Cu	橙黄
ZnS(50)+CdS(50)	0.05Cu	红
ZnS(50)+CdS(50)	0.01Ag	绿黄

④ 锌(Ⅱ)盐

氯化锌 $ZnCl_2$ 带有一个结晶水 $ZnCl_2 \cdot H_2O$，加热时并不失去结晶水，而易于分解：

$$ZnCl_2 \cdot H_2O \xlongequal{\triangle} Zn(OH)Cl + HCl \tag{10-184}$$

在溶解时也呈现很强的酸性：

$$ZnCl_2 \cdot H_2O \longequal [ZnCl_2(OH)]^- + H^+ \tag{10-185}$$

因此，$ZnCl_2 \cdot H_2O$ 能溶解金属表面的氧化物：

$$FeO + 2H[ZnCl_2(OH)] \longequal H_2O + Fe[ZnCl_2(OH)]_2 \tag{10-186}$$

因此，在进行焊接时，常用它为焊药，可除去金属表面的氧化层，使焊接不致形成假焊。

$ZnCl_2$ 和 ZnO 的混合水溶液能迅速硬化生成 Zn(OH)Cl，是牙科常用的黏合剂。氯化锌还可用于印染和染料的制备上，也可以作吸水剂。

带有结晶水的硫酸锌 $ZnSO_4 \cdot 7H_2O$ 称为锌矾或皓矾。

$ZnSO_4$ 的溶液中加入 BaS 时生成 ZnS 和 $BaSO_4$ 混合沉淀物，俗称立德粉：

$$ZnSO_4 + BaS \longequal ZnS \cdot BaSO_4 \downarrow \tag{10-187}$$

立德粉也是一种较好的白色颜料。

$ZnSO_4$ 和水处理剂羟基亚乙基二膦酸、氨基三亚甲基膦酸等有机膦酸联合使用，可缓和循环冷却水对钢铁设备的腐蚀。

(2) 镉元素

① 镉单质的化学性质

镉是白色金属。它和其他金属可形成合金，铜中加入少量镉，可使铜坚硬，且导电性不降低。镉汞齐在加热时软化，在人体温度时却很硬，可用它来补牙。镉和铜、镁的合金可制造轴承。

镉的化学活泼性不如锌。镉在潮湿的空气中缓慢地氧化，在盐酸和硫酸中溶解也较缓慢，但不能溶在强碱溶液中。镉还可以在加热的情况下与卤素、硫直接化合。

② 镉的主要化合物

镉的化合物主要表现为二价，也有一价的镉化物如 Cd_2O、Cd_2Cl_2。

在空气中燃烧镉，得到棕色的氧化镉：

$$2Cd + O_2 \longequal 2CdO(\text{棕色}) \tag{10-188}$$

在 250 ℃时加热氢氧化镉使其脱水，则得到绿黄色的氧化镉：

$$Cd(OH)_2 \xlongequal{\triangle} CdO(\text{绿黄色}) + H_2O \uparrow \tag{10-189}$$

加热到 800 ℃，得到的氧化镉是蓝黑色的：

$$Cd(OH)_2 \xlongequal{\triangle} CdO(\text{蓝黑色}) + H_2O \uparrow \tag{10-190}$$

因此不同的方法制得的氧化镉具有不同的颜色。

氢氧化镉不溶于水，氢氧化镉是两性氢氧化物。但其碱性比氢氧化锌强。可溶于酸形成镉盐。

氢氧化镉不能溶于稀、冷的碱溶液中，但在浓的强碱溶液中长时间煮沸，也可溶解。

与锌一样，氢氧化镉也可溶在氨水中，形成四氨配离子。

卤化镉与碱金属卤化物在溶液中可形成配合物，主要的形式有 $[CdX_3]^-$、$[CdX_4]^{2-}$ 和 $[CdX_6]^{4-}$。

硫酸镉和硫酸锌一样，也可以和碱金属硫酸盐形成复盐。

将 H_2S 通入镉盐溶液中，有黄色的硫化镉 CdS 析出：

$$Cd^{2+} + H_2S = CdS\downarrow + 2H^+ \quad (10\text{-}191)$$

CdS 微溶于水，溶度积为 3.6×10^{-29}，比硫化锌要小，并且它不溶于稀盐酸，而溶于浓盐酸、硫酸和稀硝酸的热溶液中。

$$3CdS + 8HNO_3 \xlongequal{\triangle} 3Cd(NO_3)_2 + 2NO\uparrow + 3S\downarrow + 4H_2O \quad (10\text{-}192)$$

黄色的硫化镉可用作颜料，俗称镉黄。在制造荧光体时，也用硫化镉。

在镉盐溶液中加入 NaCN，可得到 $Cd(CN)_2$ 白色沉淀，过量的 NaCN 又可使 $Cd(CN)_2$ 溶解：

$$Cd(CN)_2 + 2CN^- = [Cd(CN)_4]^{2-} \quad (10\text{-}193)$$

上述反应产物可与 H_2S 反应，生成 CdS 沉淀：

$$[Cd(CN)_4]^{2-} + H_2S = CdS\downarrow + 2CN^- + 2HCN \quad (10\text{-}194)$$

而 $[Cd(CN)_3]^{2-}$ 不与 H_2S 作用，因此可将 Cd^+ 和 Cd^{2+} 分离开来。

所有的可溶性镉盐都是有毒的，在环境监测中被列为优先污染物和优先监测对象，因此国家对排放废水中的镉含量要求很严，对各种水处理剂、食品等与大众日常生活有关的物质中的镉含量也要求很严，是必检项目之一。

(3) 汞元素

① 汞单质的化学性质

汞在常温下是银白色的液体，具有挥发性。吸入汞蒸气对人体健康危害很大，会造成慢性中毒。也是环境监测中优先污染物和优先监测对象。

汞的一个特性是可溶解许多金属，如 Na、K、Ag、Au、Al、Zn、Cd、Sn、Pb 等，形成汞齐。钠汞齐与浓的氨盐溶液作用，形成铵汞齐，而铵汞齐可缓慢地分解为 NH_3 和 H_2。

金属汞齐具有强烈的还原性。

② 汞(Ⅰ)化合物

汞的化合物中汞的氧化数通常为+1 和+2 价。由于汞原子的最外层上的 2 个 6s 电子很稳定，所以 Hg(Ⅰ) 强烈地趋向形成二聚体，其结构式为 $^+Hg:Hg^+$，简写成 Hg_2^{2+}。因此亚汞化合物一律写成 Hg_2X_2，例如硝酸亚汞写成 $Hg_2(NO_3)_2$；氯化亚汞写成 Hg_2Cl_2，而不写成 $HgNO_3$ 或 HgCl。

除了硝酸亚汞可溶于水外，其他大多数亚汞盐不溶于水或微溶于水。

卤化亚汞的稳定性按 Cl→Br→I 的顺序递减。Hg_2Cl_2 在光照下会分解，而 Hg_2I_2 在常温条件下也会分解。

Hg_2Cl_2 俗称甘汞，少量甘汞无毒。化学上常用甘汞电极作为参比电极。

在 $HgCl_2$ 溶液中通入二氧化硫，或将汞与 $HgCl_2$ 一起研磨，均可得到 Hg_2Cl_2。

$$2HgCl_2 + SO_2 + 2H_2O = Hg_2Cl_2 + H_2SO_4 + 2HCl \quad (10\text{-}195)$$

$$HgCl_2 + Hg = Hg_2Cl_2 \quad (10\text{-}196)$$

亚汞化合物会发生歧化反应，在氨水的作用下，亚汞化合物会歧化为二价的汞化合物和汞：

$$Hg_2Cl_2+2NH_3 \longrightarrow NH_2HgCl+Hg+NH_4Cl \tag{10-197}$$

过量汞与冷的硝酸作用，得到的是硝酸亚汞而不是硝酸汞：

$$6Hg+8HNO_3 \longrightarrow 3Hg_2(NO_3)_2+2NO\uparrow+4H_2O \tag{10-198}$$

$Hg_2(NO_3)_2$ 易溶于水并水解形成碱式盐：

$$Hg_2(NO_3)_2+H_2O \longrightarrow Hg_2(OH)NO_3+HNO_3 \tag{10-199}$$

加热时 $Hg_2(NO_3)_2$ 会分解：

$$Hg_2(NO_3)_2 \xlongequal{\triangle} 2HgO+2NO_2\uparrow \tag{10-200}$$

③ 汞(Ⅱ)化合物

汞(Ⅱ)的强酸盐大多是无色的或浅色的，而弱酸盐常有较深的颜色。$Hg(NO_3)_2$ 为黄色、$Hg_3(AsO_4)_2$ 为柠檬黄色。

硫酸汞、硝酸汞等易溶于水，并且易水解，因此其溶液显出强酸性。

$Hg(NO_3)_2$ 溶液中加入强碱可得到黄色的氧化汞：

$$Hg(NO_3)_2+2NaOH \longrightarrow HgO\downarrow(\text{黄色})+2NaNO_3+H_2O \tag{10-201}$$

将 $Hg(NO_3)_2$ 加热，可得到红色的氧化汞：

$$2Hg(NO_3)_2 \xlongequal{\triangle} 2HgO(\text{红色})+4NO_2\uparrow+O_2\uparrow \tag{10-202}$$

由于 Hg^{2+} 是 18 电子结构，其极化作用非常强，使阴离子产生很大的变形。所以，卤化汞中除了 HgF_2 是离子型化合物以外，其他卤化物均是共价化合物，因此它们在水中的电离度很低，并略有水解。当卤素离子过量时，就可形成 $[HgX_3]^-$、$[HgX_4]^{2-}$ 型的配合物。汞量法测定 Cl^- 的浓度便是根据其配合平衡而设计的：

$$Hg^{2+}+Cl \longrightarrow [HgCl]^+ \tag{10-203}$$

$$[HgCl]^++Cl^- \longrightarrow [HgCl_2] \tag{10-204}$$

$$[HgCl_2]+Cl^- \longrightarrow [HgCl_3]^- \tag{10-205}$$

$$[HgCl_3]^-+Cl^- \longrightarrow [HgCl_4]^{2-} \tag{10-206}$$

虽然存在着上述一系列平衡，产物不是固定不变的。但是，如果以 NaCl 作基准物标定 $Hg(NO_3)_2$ 标准溶液，而标定实验的条件与测定 Cl^- 浓度时实验条件尽可能地保持一致，包括基准溶液中 Cl^- 浓度与被测样品的浓度、标定 $Hg(NO_3)_2$ 时的溶液总体积与测试样品时的溶液总体积、pH、指示剂用量等，测试的结果仍然是令人满意的。这个方法的优点是不像银量法有沉淀产生影响对终点的判断，此法的产物 $HgCl_2$ 是可溶的，终点判断较准确。

汞离子与碘离子先生成沉淀：

$$Hg^{2+}+2I^- \longrightarrow HgI_2\downarrow \tag{10-207}$$

当 I^- 过量时，沉淀溶解：

$$HgI_2+2I^- \longrightarrow [HgI_4]^{2-} \tag{10-208}$$

$[HgI_4]^{2-}$ 与 KOH 的混合液称为 Nessler 试剂，简称奈氏试剂。氨态氮 NH_3 或 NH_4^+ 与奈氏试剂可生成黄色到棕色的碘化氨基氧化汞沉淀。当 NH_3 或 NH_4^+ 的浓度极小时，是黄色到棕色的溶液：

$$NH_3+2K_2[HgI_4]+3KOH \longrightarrow \left[O\begin{matrix}\diagup Hg \diagdown \\ \diagdown Hg \diagup\end{matrix}NH_2\right]I+7KI+2H_2O \tag{10-209}$$

$$NH_4^+ + 2K_2[HgI_4] + 4KOH \xlongequal{} \left[O\begin{matrix} \diagup Hg \diagdown \\ \diagdown Hg \diagup \end{matrix}NH_2\right]I + 7KI + 3H_2O \tag{10-210}$$

可用比色法或分光光度法测定痕量的 NH_3。

硫化汞的溶度积常数非常小，为 2×10^{-49}，即使在热的浓硝酸中也不能令其溶解，它只能溶于王水：

$$3HgS + 12HCl + 2HNO_3 \xlongequal{} 3[HgCl_4]^{2-} + 6H^+ + 3S\downarrow + 2NO\uparrow + 4H_2O \tag{10-211}$$

汞(Ⅱ)还会与过量的 NaCN 形成配离子 $[Hg(CN)_4]^{2-}$ 和 $[Hg(CN)_3]^-$。

④ Hg_2^{2+} 与 Hg(Ⅱ)化合物的相互转化

在酸性溶液中，汞的电位图如下：

$$\varphi^{\ominus}/V \quad Hg^{2+} \xrightarrow{0.920} Hg_2^{2+} \xrightarrow{0.797} Hg \quad (Hg^{2+} \to Hg: 1.229) \tag{10-212}$$

$\varphi^{\ominus}_{Hg_2^{2+}/Hg} > \varphi^{\ominus}_{Hg^{2+}/Hg_2^{2+}}$，在酸性溶液中，$Hg_2^{2+}$ 不会歧化为 Hg^{2+} 和 Hg，只能产生汇中反应：

$$Hg^{2+} + Hg \xlongequal{} Hg_2^{2+} \tag{10-213}$$

由于$\varphi^{\ominus}_{Hg_2^{2+}/Hg}$与$\varphi^{\ominus}_{Hg^{2+}/Hg_2^{2+}}$相差不大，若在溶液中降低 Hg^{2+} 的浓度，平衡向左移动，发生歧化反应。例如加入强碱、硫化碱、碳酸钠、氰化物、碘化物等：

$$Hg_2^{2+} + 2OH^- \xlongequal{} HgO\downarrow + Hg\downarrow + H_2O \tag{10-214}$$

$$Hg_2^{2+} + S^{2-} \xlongequal{} HgS\downarrow + Hg\downarrow \tag{10-215}$$

$$Hg_2^{2+} + CO_3^{2-} \xlongequal{} HgO\downarrow + Hg\downarrow + CO_2 \tag{10-216}$$

$$Hg_2^{2+} + 4CN^- \xlongequal{} [Hg(CN)_4]^{2-} + Hg\downarrow \tag{10-217}$$

$$Hg_2^{2+} + 4I^- \xlongequal{} [HgI_4]^{2-} + Hg\downarrow \tag{10-218}$$

因此，Hg_2^{2+} 能否发生歧化反应，取决于实验条件的控制。当 Hg^{2+} 生成难溶性的固体或非常稳定的配合物时，Hg_2^{2+} 就能发生歧化反应。

(4) 镉、汞的毒性和防治

① 镉的毒性和防治

镉的化合物主要是通过消化系统和呼吸系统进入人体，被吸收的镉 1/3～1/2 积聚在人的动脉、肾和肝脏内。

镉能强烈地置换许多菌中的锌，从而使含锌酶失去生理活性，引起新陈代谢障碍，对肾脏危害最大，对肺部也会损伤。

其次，镉进入骨骼后可取代部分钙，引起骨质软化和使骨骸萎缩、变形，严重者会产生自然骨折，造成所谓的骨痛病。

含镉废水对人危害很大，镉污染的防治主要是处理含镉废水。处理含镉废水的方法有以下几种。

在含镉废水中，加入 NaOH 或 Na_2S 使其生成沉淀而除去：

$$Cd^{2+} + 2OH^- \xlongequal{} Cd(OH)_2\downarrow \tag{10-219}$$

$$Cd^{2+} + S^{2-} \xlongequal{} CdS\downarrow \tag{10-220}$$

当溶液中 Cl^- 和 CN^- 的含量也较高时，它们与 Cd^{2+} 形成配离子 $[CdCl]^+$、$[CdCN]^+$，使得 $Cd(OH)_2$ 沉淀不完全，可采用调整 pH 或加入聚丙烯酰胺等高分子絮凝剂的办法，使其沉淀凝聚而除去。

冶炼厂和电镀厂排放的废水中常含有 $[Cd(CN)_4]^{2-}$ 配离子，此情况下，游离的 Cd^{2+} 浓度很低，沉淀法不能去除镉，但可加入漂白粉，使 CN^- 氧化，转化为 CO_3^{2-} 和 N_2，然后再用沉淀法除去 Cd^{2+}。

$$Ca(OCl)_2+2H_2O \longrightarrow 2HOCl+Ca(OH)_2 \qquad (10\text{-}221)$$

$$2CN^-+5OCl^-+2OH^- \longrightarrow 2CO_3^{2-}+N_2\uparrow+5Cl^-+H_2O \qquad (10\text{-}222)$$

用此法可使镉的含量小于 0.1 $mg \cdot L^{-1}$，达到国家规定的排放标准。

② 汞的毒性和防治

汞蒸气危害人体健康，汞的化合物也可以对人类造成损害。汞蒸气具有高扩散性和脂溶性，进入血液后，可被氧化为汞(Ⅱ)，蓄积在脑组织中对脑组织造成损害。空气中汞的最大允许量为 0.1 $mg \cdot L^{-1}$。

可溶性无机汞化合物主要是汞(Ⅱ)的化合物，对肠胃、肾脏、肝脏损伤最大。由于汞离子和巯基（—SH）亲和力较大，因此，Hg^{2+} 可与菌的蛋白质巯基结合，干扰菌的活性，使新陈代谢发生障碍。

有机汞以烷基汞如甲基汞毒性最大，甲基汞 $[Hg(CH_3)_2]^+$ 亲脂性极强，穿透细胞壁的能力远远大于其他汞的化合物，因此它的毒性也远远地大于其他汞化合物。

厌氧菌能使无机汞甲基化，水中的甲基汞可在浮游生物体内富集，甲基汞被鱼类摄入而使鱼体内甲基汞的含量远远大于水中的甲基汞含量，甚至可达数千倍乃至数万倍。人吃了这种鱼就会引起汞中毒，症状有语言困难、听觉障碍、手足麻木、动作失调、皮肤溃烂、发抖和精神失常。由于这一现象是 1952 年日本水俣地区首次发生的重大水污染引起的中毒事件，所以这些病症统称为水俣病。

汞污染的防治可分为废气中汞的处理和水体中汞的处理。

除去废气中的汞有两种方法。

用 $H_2SO_4+KMnO_4$ 溶液吸收含汞废气，使之成为 HgO 沉淀：

$$2H_2SO_4+4KMnO_4 \longrightarrow 4MnO_2+2K_2SO_4+3O_2\uparrow+2H_2O \qquad (10\text{-}223)$$

$$2Hg+O_2 \longrightarrow 2HgO \qquad (10\text{-}224)$$

$$HgO+H_2SO_4 \longrightarrow HgSO_4+H_2O \qquad (10\text{-}225)$$

$$HgSO_4+2NaOH \longrightarrow HgO\downarrow+Na_2SO_4+H_2O \qquad (10\text{-}226)$$

其次也可以用 $KI+I_2$ 溶液通过喷淋使废气中的汞生成配合物：

$$Hg+I_2 \longrightarrow HgI_2\downarrow \qquad (10\text{-}227)$$

$$HgI_2+2KI \longrightarrow K_2[HgI_4] \qquad (10\text{-}228)$$

处理废水中的汞的方法有下列三种。

对于含汞量小于 70 $mg \cdot L^{-1}$的废水，可用 $SnCl_2$ 溶液还原 Hg^{2+} 为 Hg，使 Hg 沉淀。

$$Hg^{2+}+Sn^{2+} \longrightarrow Hg\downarrow+Sn^{4+} \qquad (10\text{-}229)$$

对于汞含量小于 0.1%的强酸性废水，可用铁屑进行处理。

$$Fe+2H^+ \longrightarrow Fe^{2+}+H_2\uparrow \qquad (10\text{-}230)$$

$$Hg^{2+}+Fe \longrightarrow Hg\downarrow+Fe^{2+} \qquad (10\text{-}231)$$

$$Hg^{2+}+H_2 \longrightarrow Hg\downarrow+2H^+ \qquad (10\text{-}232)$$

对于 $HgSO_4$ 含量为 1～400 $mg \cdot L^{-1}$（以汞计）的废水，也可用工业废料进行处理：

$$Hg^{2+}+Cu \longrightarrow Hg\downarrow+Cu^{2+} \qquad (10\text{-}233)$$

经过三组铜屑、一组铝屑过滤置换，可使流出液中汞含量降至 0.05 $mg \cdot L^{-1}$以下，并且汞的回收率可达 99%。

10.3 f区元素

通常将最后一个电子填充入（$n-2$）f亚层的元素称为f区元素，包括了元素周期表中第六周期的镧系元素和第七周期的锕系元素。按照定义，镧系元素应包含从第58号元素铈至第71号元素镥共十四种元素。而锕系元素应包含从第90号元素钍至第103号元素铹共十四种元素。考虑到元素的化学、物理性质的连续性和相似性，习惯上仍然将第57号镧归入镧系元素，将第89号元素锕算入锕系元素。所以，镧系元素一共有十五种，用通式Ln代表；锕系元素一共也是十五种，用通式An表示。

10.3.1 镧系元素

(1) 镧系元素通性

镧系元素中钷是具有放射性的人工合成元素，其余元素过去曾认为含量稀少，而且性质相似，在矿物中共生难以分离，和钪与钇一起通称为稀土（rare earths）元素。但现在发现它们在地壳中的丰度并不低（见表10-5），和一些常见金属元素如锌Zn（4.0×10^{-5}）、铅Pb（1.6×10^{-5}）、铍Be（6.0×10^{-6}）、银Ag（1.0×10^{-7}）的含量差不多。我国具有丰富的稀土矿业资源，其用途十分广泛（详见阅读拓展）。

表10-5 镧系元素的一些性质

元素名称	价电子构型	Ln^{3+}价电子构型	氧化数[①]	地壳中的丰度/($\times10^{-6}$)
镧 La	$5d^1 6s^2$	$4f^0$	+3	18.3
铈 Ce	$4f^1 5d^1 6s^2$	$4f^1$	+3、+4	46.1
镨 Pr	$4f^3 6s^2$	$4f^2$	+3、(+4)	5.53
钕 Nd	$4f^4 6s^2$	$4f^3$	+3、(+2)	23.9
钷 Pm	$4f^5 6s^2$	$4f^4$	+3、(+2)	—
钐 Sm	$4f^6 6s^2$	$4f^5$	+3、(+2)	6.47
铕 Eu	$4f^7 6s^2$	$4f^6$	+2、+3	1.06
钆 Gd	$4f^7 5d^1 6s^2$	$4f^7$	+3	6.36
铽 Tb	$4f^9 6s^2$	$4f^8$	+3、(+4)	0.91
镝 Dy	$4f^{10} 6s^2$	$4f^9$	+3、(+4)	4.47
钬 Ho	$4f^{11} 6s^2$	$4f^{10}$	+3	1.15
铒 Er	$4f^{12} 6s^2$	$4f^{11}$	+3	2.47
铥 Tm	$4f^{13} 6s^2$	$4f^{12}$	+3、(+2)	0.20
镱 Yb	$4f^{14} 6s^2$	$4f^{13}$	+2、+3	2.66
镥 Lu	$4f^{14} 5d^1 6s^2$	$4f^{14}$	+3	0.75

① 第一个为主要的、最稳定的氧化数，括号内为不常见的氧化数。

镧系元素的最后一个价电子都应该填充在（$n-2$）f层上，但由于4f和5d能级能量很接近，再加上半满态、全满态（全空态）等规律的共同作用，产生了不少例外。比如镧的最后一个价电子是填充在5d轨道上的，形成了$5d^1 6s^2$的价电子构型；铈的最后一个电子又填充入 4f 轨道，形成了 $4f^1 5d^1 6s^2$ 的价电子构型；钆的价电子构型按照规律应该排为 $4f^8 6s^2$，但实际上由于 4f 的半满态比较稳定，最后排布为 $4f^7 5d^1 6s^2$。

镧系元素的金属性比较强，容易失去电子，是强还原剂。还原性仅次于碱金属和碱土金属，一般要保存在煤油中，以免和空气、水蒸气接触。

镧系元素的主要氧化数是+3，因此从镧到镥，Ln^{3+} 价层电子构型分别为 $4f^0 \sim 4f^{14}$，很有规律性。

除此以外，某些镧系元素也具有可变的氧化数，比如铈由于一共只有四个价层电子，容易全部失去形成 4f 轨道全空的 Ce(Ⅳ)。而 Eu^{2+} 和 Yb^{2+} 的形成，分别符合 4f 轨道半满和全满较稳定的规律。镧系元素化合物的氧化数见表 10-5。

镧系元素很多特性都与填充在倒数（$n-2$）层的 f 电子有关，造成的一个结果就是镧系收缩。

对于同周期的主族元素，随着原子序数的增加，原（离）子半径是明显减小的。

对于 d 区元素，由于价电子填充在（$n-1$）层 d 轨道上，内层轨道上的电子有较大的屏蔽效应，使有效核电荷数 Z^* 增加有所减缓，原（离）子半径的变化趋势就不是那么显著。

对于镧系元素来说，随着原子序数的增加，增加的电子分布在（$n-2$）层的 4f 轨道上，对外层电子的屏蔽作用更大，原子和离子半径的减小则更加缓慢，如表 10-6 所示。这就造成了镧系相邻元素的原子和离子半径非常接近，性质也非常相似。

表 10-6　镧系元素的原子和离子半径　　单位：pm

符号	La	Ce	Pr	Nd	Pm	Sm	Eu	Gd	Tb	Dy	Ho	Er	Tm	Yb	Lu
原子半径	187	183	182	181	181	180	199	179	176	175	174	173	173	194	172
Ln^{3+} 半径	117	115	113	112	111	110	109	108	106	105	104	103	102	101	100

虽然镧系元素的半径收缩缓慢，但是十五个元素的原子半径的相差积累在一起还是不小的。从镧到镥达 15 pm，因此造成的另外一个后果就是紧接镧以后的其他第六周期元素半径与同族的第五周期元素半径相比差别不大，比如同为ⅣB 族的第六周期元素铪 Hf 原子半径为 156 pm，而第五周期的锆 Zr 为 159 pm，半径接近并有所减小，理化性质则非常相似。类似的情况还发生在钽(Ta)-铌(Nb) 和钨(W)-钼(Mo)。因此，在自然界它们常共生于同一矿床中，分离也比较困难。

多数镧系元素的 4f 层电子未全满，多数镧系元素的离子具有颜色。4f 轨道接近或达到全空、半满和全满时，电子比较稳定，不容易被光激发，因此 La^{3+}、Gd^{3+}、Lu^{3+} 等离子是无色的。如表 10-7 所示。

表 10-7　Ln^{3+} 在晶体或者水中的颜色

离子	La^{3+}	Ce^{3+}	Pr^{3+}	Nd^{3+}	Pm^{3+}	Sm^{3+}	Eu^{3+}	Gd^{3+}	Tb^{3+}	Dy^{3+}	Ho^{3+}	Er^{3+}	Tm^{3+}	Yb^{3+}	Lu^{3+}
4f 电子数	0	1	2	3	4	5	6	7	8	9	10	11	12	13	14
颜色	无	无	黄绿	红紫	粉红	淡黄	浅粉红	无	浅粉红	淡黄绿	淡黄	淡红	淡绿	无	无

(2) 镧系元素的氧化物和氢氧化物

① Ln(Ⅲ)的氧化物和氢氧化物

镧系元素均可形成通式为 Ln_2O_3 的氧化物，其颜色符合 Ln^{3+} 离子颜色的一般规律，熔点很高，在 2000 ℃以上。如表 10-8 所示。

表 10-8　Ln_2O_3 的一些性质

Ln_2O_3	颜　色	熔点/℃	晶　型	Ln_2O_3	颜　色	熔点/℃	晶　型
La_2O_3	白	2300	六方晶格	Tb_2O_3	白	2390	单斜、立方晶格
Ce_2O_3	白	—	六方晶格	Dy_2O_3	白	2391	单斜、立方晶格
Pr_2O_3	黄绿	2296	六方晶格	Ho_2O_3	淡绿	2396	单斜、立方晶格
Nd_2O_3	淡蓝	2310	六方晶格	Er_2O_3	玫瑰红	2400	单斜、立方晶格
Pm_2O_3	紫	—	—	Tm_2O_3	淡绿	—	单斜、立方晶格
Sm_2O_3	淡黄	2320	单斜晶格	Yb_2O_3	白	2411	单斜、立方晶格
Eu_2O_3	淡玫瑰	2330	单斜、立方晶格	Lu_2O_3	白	—	单斜、立方晶格
Gd_2O_3	白	2395	单斜、立方晶格				

Ln_2O_3 具有碱性，难溶于水而溶于酸。其碱性强度按原子序数增加而递减。从 La^{3+} 到 Lu^{3+}，形成氢氧化物沉淀的初始 pH 值从 7.8 降至 6.3。Ln_2O_3 与空气中的 CO_2 生成碱式碳酸盐：

$$Ln_2O_3+2CO_2+H_2O \xlongequal{} 2Ln(OH)CO_3 \tag{10-234}$$

Ln_2O_3 溶解于不同的酸，可制备镧系元素不同的盐。

Ln^{3+} 水溶液加入氢氧化钠或氨水得到氢氧化物沉淀，通式为 $Ln(OH)_3$。其溶解度、碱性比 $Ca(OH)_2$ 弱，比 $Al(OH)_3$ 强。其溶度积 K_{sp} 随着原子序数的增加而递减，如表 10-9 所示。

表 10-9　$Ln(OH)_3$ 的一些性质

$Ln(OH)_3$	颜　色	开始沉淀 pH	K_{sp}	$Ln(OH)_3$	颜　色	开始沉淀 pH	K_{sp}
$La(OH)_3$	白	7.82	1.0×10^{-19}	$Tb(OH)_3$	白	—	2.0×10^{-22}
$Ce(OH)_3$	白	7.62	1.5×10^{-20}	$Dy(OH)_3$	黄	—	1.4×10^{-22}
$Pr(OH)_3$	浅绿	7.35	1.9×10^{-21}	$Ho(OH)_3$	黄	—	5.0×10^{-23}
$Nd(OH)_3$	紫红	7.31	2.7×10^{-22}	$Er(OH)_3$	浅红	6.76	1.3×10^{-23}
$Sm(OH)_3$	黄	6.92	6.8×10^{-22}	$Tm(OH)_3$	绿	6.40	3.3×10^{-24}
$Eu(OH)_3$	白	6.91	3.4×10^{-22}	$Yb(OH)_3$	白	6.30	2.9×10^{-24}
$Gd(OH)_3$	白	6.84	2.1×10^{-22}	$Lu(OH)_3$	白	6.30	2.5×10^{-24}

氢氧化物加热脱水，可得到相应的氧化物。当温度高于 200 ℃时，$Ln(OH)_3$ 水解和失去 1 mol 水，生成 LnO(OH)：

$$Ln(OH)_3 \xlongequal{} LnO(OH)+H_2O\uparrow \tag{10-235}$$

大多数 $Ln(OH)_3$ 都较稳定，但氢氧化铈 $Ce(OH)_3$ 却很不稳定，在常温下就可被空气氧化，沉淀的颜色由白→蓝→紫变化，最后变为黄色的 $Ce(OH)_4$：

$$4Ce(OH)_3+O_2+2H_2O \xlongequal{} 4Ce(OH)_4(\text{黄色}) \tag{10-236}$$

$Ce(OH)_4$ 碱性远小于 $Ce(OH)_3$，因此，在 5%的稀硝酸溶液中，所有的 $Ln(OH)_3$ 全部溶解，生成 Ln^{3+}，只有 $Ce(OH)_4$ 不溶解，可用此法分离铈与其他稀土元素。

将混合的镧系元素制成 $Ln(OH)_3$ 沉淀，在空气中放置一段时间，$Ce(OH)_3 \longrightarrow Ce(OH)_4$。加浓硝酸，使所有的氢氧化物溶解。再滴加氨水，当 pH=0.8～2 时，$Ce(OH)_4$ 沉淀完全，而其

他镧系元素 Ln^{3+} 仍留在溶液中。多次重复上述重结晶过程，$Ce(OH)_4$ 纯度可达 99.8%。

② Ln(Ⅳ)的氧化物和氢氧化物

镧系元素中，铈（Ce）、镨（Pr）、钕（Nd）、铽（Tb）、镝（Dy）都能形成 LnO_2 和 $Ln(OH)_4$，Ln(Ⅳ)的氧化物和氢氧化物都具有较强的氧化性，如 CeO_2、PrO_2、Tb_4O_7 等：

$$2CeO_2 + H_2O_2 + 6HNO_3 = 2Ce(NO_3)_3 + O_2\uparrow + 4H_2O \tag{10-237}$$

$$2CeO_2 + 2KI + 8HCl = 2CeCl_3 + I_2 + 2KCl + 4H_2O \tag{10-238}$$

$$2PrO_2 + 8HCl = 2PrCl_3 + Cl_2\uparrow + 4H_2O \tag{10-239}$$

$$2Tb_4O_7 + 24HCl = 8TbCl_3 + O_2\uparrow + 12H_2O \tag{10-240}$$

Ce^{4+} 能稳定存在于水溶液中，其余的 Ln(Ⅳ)的氧化物和氢氧化物在溶解时便会还原：

$$4PrO_2 + 6H_2O = 4Pr(OH)_3 + O_2\uparrow \tag{10-241}$$

$$4TbO_2 + 6H_2O = 4Tb(OH)_3 + O_2\uparrow \tag{10-242}$$

新生成的含水的铈氧化物 $CeO_2 \cdot 2H_2O$ 易溶于酸，灼烧后的 CeO_2 则惰性很强，不溶于强酸和强碱。

(3) Ln(Ⅲ)盐

Ln(Ⅲ)的盐主要有可溶性的氯化物、硫酸盐、硝酸盐以及不溶性的氟化物、草酸盐、碳酸盐和正磷酸盐等。

氯化物、硫酸盐、硝酸盐的制备方法是将相应的氧化物分别与盐酸、稀硫酸或硝酸作用。

① 氯化物

镧系元素氯化物以 $LnCl_3$ 为主，$LnCl_3$ 溶于水、易潮解，所以 $LnCl_3$ 一般带有六个结晶水 $LnCl_3 \cdot 6H_2O$，而且一般性地加热也不会得到无水 $LnCl_3$：

$$LnCl_3 \cdot 6H_2O \xlongequal{\triangle} LnOCl + 2HCl\uparrow + 5H_2O\uparrow \tag{10-243}$$

如果在干燥的 HCl 气流中加热，可得到无水 $LnCl_3$：

$$LnCl_3 \cdot 6H_2O \xlongequal{\triangle} LnCl_3 + 6H_2O\uparrow \tag{10-244}$$

Ln_2O_3 与 NH_4Cl 固体共热至 300 ℃以上，也可得到无水 $LnCl_3$：

$$Ln_2O_3 + 6NH_4Cl \xlongequal{300\ ℃} 2LnCl_3 + 6NH_3\uparrow + 3H_2O\uparrow \tag{10-245}$$

② 硫酸盐

镧系元素硫酸盐有 Ln(Ⅲ)硫酸盐和 Ln(Ⅳ)硫酸盐两类。

Ln(Ⅲ)硫酸盐中除了硫酸铈是九水合物 $Ce_2(SO_4)_3 \cdot 9H_2O$ 以外，其余镧系元素硫酸盐都是八水合物 $Ln_2(SO_4)_3 \cdot 8H_2O$。

Ln(Ⅲ)硫酸盐都易溶于水。往 Ln(Ⅲ)硫酸盐溶液中加入硫酸铵、硫酸钠或硫酸钾时，生成复盐 $Ln_2(SO_4)_3 \cdot M_2SO_4 \cdot 2H_2O$（$M = NH_4^+$、$Na^+$ 或 K^+）。复盐的溶解度随着镧系元素原子序数的增大而减少。

根据复盐溶解度的大小，可将镧系元素分为三组。

难溶组（又称铈组）：包括 La、Ce、Pr、Nd 和 Sm 的硫酸盐。

微溶组（又称铽组）：包括 Eu、Gd 和 Tb 的硫酸盐。

易溶组（又称钇组）：包括 Dy、Ho、Er、Tm、Yb 和 Lu 的硫酸盐。

利用这种复盐溶解性的差别，可以粗略地预分离稀土元素。

③ 硝酸盐

Ln(Ⅲ)的硝酸盐 $Ln(NO_3)_3$ 均易溶于水，由溶液中沉析出的硝酸盐是六水合物，加热时分解为碱式盐：

$$2Ln(NO_3)_3 \xlongequal{\triangle} 2LnO(NO_3)+4NO_2+O_2\uparrow \tag{10-246}$$

加热至高温： $$4LnO(NO_3) \xlongequal{\triangle} 2Ln_2O_3+4NO_2+O_2\uparrow \tag{10-247}$$

$Ln(NO_3)_3$ 也能溶解于乙醚、乙醇和丙酮等有机溶剂中，利用这些性质并借助溶剂萃取法可把镧系元素和其他元素分开。

水中磷含量过高会造成水的富营养化，使水体污染。在含磷污水中加入 $La(NO_3)_3$，在 pH≈6.0 时，可清除 98.0%的磷酸盐；pH≈8.0 时，可清除 99.9%的磷酸盐。

④ 草酸盐

将 $H_2C_2O_4\cdot 2H_2O$ 晶体加入 Ln^{3+} 溶液，可得到镧系元素的草酸盐：

$$2Ln^{3+}+3H_2C_2O_4+nH_2O = Ln_2(C_2O_4)_3\cdot nH_2O\downarrow +6H^+ \tag{10-248}$$

其中 $n=10$ 或 6、7、9、11 等。

Ln(Ⅲ)的草酸盐均难溶于水，也难溶于稀的无机酸中。利用这些性质也可把镧系元素和其他元素分开。

$Ln_2(C_2O_4)_3\cdot nH_2O$ 加热至 40～800 ℃时，逐步分解过程和碱土金属草酸盐相近：

$$Ln_2(C_2O_4)_3\cdot nH_2O = Ln_2(C_2O_4)_3+nH_2O\uparrow \tag{10-249}$$

$$Ln_2(C_2O_4)_3 = Ln_2(CO_3)_3+3CO\uparrow \tag{10-250}$$

$$Ln_2(CO_3)_3 = Ln_2O(CO_3)_2+CO_2\uparrow \tag{10-251}$$

$$Ln_2O(CO_3)_2 = Ln_2O_3+2CO_2\uparrow \tag{10-252}$$

(4) Ln(Ⅳ)盐

在 Ln(Ⅳ)的化合物中，以 Ce(Ⅳ)较为稳定，$Ce(SO_4)_2$ 在酸性水溶液中是强的氧化剂，可用于氧化还原滴定，称为铈量法，例如用铈量法测定二价铁含量的反应方程式为：

$$Ce^{4+}+Fe^{2+} = Ce^{3+}+Fe^{3+} \tag{10-253}$$

(5) 镧系元素的配合物

由于镧系元素离子的半径较大，配位数一般较高。d 区元素最高配位数一般为 6，镧系元素形成的配合物中，配位数以 8 为最多见，最高可达 12。

镧系元素的配合物，晶体场稳定化能都比较小，大约为 $-4\ kJ\cdot mol^{-1}$，绝对值远远小于 d 区元素的晶体场稳定化能。因此镧系元素的配合物以静电作用力为主，键的方向性不强，配位数不固定，变化范围广，配位数从 3～12 均有可能。

镧系元素的单齿配体配合物远远不如 d 区元素稳定，但能形成一些稳定的螯合物，对于分析或者分离都很有用途，比如与 EDTA 形成的螯合物常用作镧系元素的滴定分析。

(6) 镧系元素的分离

分离镧系元素是一件复杂而又艰难的工作。分离的方法主要有液-液萃取法和离子交换等法（将在第 11 章中讲述）。

10.3.2 锕系元素

(1) 锕系元素通性

锕系元素都具有放射性，多通过人工合成得到，其中自 92 号铀元素以后都称为超铀元素，其一些基本性质见表 10-10。锕系元素的最后一个电子应该填充在 5f 轨道上，但由于电子轨道能级交错的复杂性，实际的排列多有例外。

表 10-10 锕系元素的一些性质

元素	主要氧化数①	离子类型及水溶液颜色	原子半径/pm	An^{3+}半径/pm
锕(Ac)	+3	M^{3+}(无色)	188	126
钍(Th)	+4、+3	M^{4+}(无色)	180	108②
镤(Pa)	+5、+4、+3	M^{4+}(无色) MO_2^+(无色)	161	118
铀(U)	+6、+5、+4、+3	M^{3+}(浅红) M^{4+}(绿色) MO_2^{2+}(黄色)	138	117
镎(Np)	+5、+6、+4、+3、(+7)	M^{3+}(紫色) M^{4+}(黄绿) MO_2^+(绿色) MO_2^{2+}(粉红)	130	115
钚(Pu)	+4、+6、+5、+3、(+7)	M^{3+}(蓝紫) M^{4+}(黄褐) MO_2^+(红紫) MO_2^{2+}(黄橙)	173	114
镅(Am)	+3、+4、+5、+6	M^{3+}(粉红) M^{4+}(粉红) MO_2^+(黄色) MO_2^{2+}(浅棕)	173	112
锔(Cm)	+3、+4	—	174	111
锫(Bk)	+3、+4	—	170	110
锎(Cf)	+3、+2、+4	—	169	109
锿(Es)	+3、+2	—	169	—
镄(Fm)	+3、+2	—	194	—
钔(Md)	+3、+2	—	194	—
锘(No)	+3、+2	—	174	—
铹(Lr)	+3	—	171	—

① 第一个为主要的、最稳定的氧化数，括号内的氧化数只存在固体中。

② Th^{4+}半径。

由于锕系元素最后一个电子填充在倒数第三层的5f轨道上，因此锕系元素的性质和镧系一样，有很多特点，比如也存在锕系收缩的现象，锕系元素原子和离子半径相差不大，性质也有相似的地方。

锕系元素金属性强，性质活泼，具有强还原性，易与氧、卤素和酸反应形成相应的化合物，多用电解熔融盐的方法来制备单质。锕系元素的离子也大多具有颜色。

多数锕系元素的特征氧化数为+3，其中钍的特征氧化数为+4，U的特征氧化数为+6。

锕系元素都具有放射性，是其与镧系最主要的差别之一，除了在核工业上的应用以外，因为对其探测追踪十分方便，在免疫医学、考古纪年和地质探测方面也有重要的应用。

(2) 锕系元素的重要化合物

① 钍 Th 的化合物

ThO_2 是钍唯一较稳定的氧化物，呈白色粉末状。

高温煅烧 $Th(OH)_4$、$Th(NO_3)_4$、$Th(C_2O_4)_2$ 均可获得 ThO_2：

$$Th(C_2O_4)_2 = ThO_2 + 2CO_2\uparrow + 2CO\uparrow \tag{10-254}$$

ThO_2 是碱性氧化物，不溶于水也不溶于碱溶液。由式(10-254) 制备 ThO_2 时，若煅烧温度 $T<600$ ℃，所得 ThO_2 可溶于盐酸；$T>600$ ℃，所得 ThO_2 只可溶于（HNO_3 + HF）的混酸。这种 ThO_2 也可以与 $KHSO_4$ 或 $K_2S_2O_7$ 共熔：

$$ThO_2 + 4KHSO_4 = Th(SO_4)_2 + 2K_2SO_4 + 2H_2O\uparrow \tag{10-255}$$

$$ThO_2 + 2K_2S_2O_7 = Th(SO_4)_2 + 2K_2SO_4 \tag{10-256}$$

生成物 K_2SO_4 可溶于水。ThO_2 的熔点高达 3300 ℃，可作耐火材料。

钍(Ⅳ)盐的水溶液中加入碱液或氨水均可得到白色凝胶状的 $Th(OH)_4$ 沉淀。

$Th(OH)_4$ 是碱性物质，只溶于酸并强烈吸收 CO_2 成碳酸盐。

难溶性的钍盐有草酸钍、磷酸钍、碘酸钍和氟化钍。这四种钍盐在 6 $mol\cdot L^{-1}$ 的 HNO_3 中也不溶解。利用这一特性，可将 Th^{4+} 与其他稀土元素离子分离。

可溶性的钍盐主要有硫酸钍、硝酸钍、高氯酸钍和氯化钍。

ThO_2 在 CCl_4 中加热：

$$ThO_2 + CCl_4 = ThCl_4 + CO_2\uparrow \tag{10-257}$$

ThO_2 在氢氟酸中反应：

$$ThO_2 + 4HF = ThF_4 + 2H_2O \tag{10-258}$$

$Th(OH)_4$ 溶于硝酸可得到硝酸钍：

$$Th(OH)_4 + 4HNO_3 = Th(NO_3)_4 + 4H_2O \tag{10-259}$$

硝酸钍易溶于水、低级醇、酮和酯中。由硝酸钍可制备许多其他钍盐和化合物：

$$Th(NO_3)_4 + 4OH^- = Th(OH)_4\downarrow + 4NO_3^- \tag{10-260}$$

$$Th(NO_3)_4 + 4IO_3^- = Th(IO_3)_4 + 4NO_3^- \tag{10-261}$$

$$Th(NO_3)_4 + 2C_2O_4^{2-} = Th(C_2O_4)_2 + 4NO_3^- \tag{10-262}$$

当 pH>3 时，Th(Ⅳ)会水解生成羟基配离子，羟基配位数随 pH 上升而增加，并且聚合度也增大。配位数和聚合度还与 Th^{4+} 的浓度、阴离子性质有关。羟基配离子主要存在形式有：$[Th(OH)]^{3+}$、$[Th_2(OH)_2]^{6+}$、$[Th_4(OH)_8]^{8+}$、$[Th_6(OH)_{15}]^{9+}$。pH>3.5 时，形成 $Th(OH)_4$ 沉淀。

Th(Ⅳ)配合能力也很强，许多钍盐在高浓度、过量的酸根溶液中都会形成配离子：

$$Th(NO_3)_4 + 2NaNO_3 = Na_2[Th(NO_3)_6] \tag{10-263}$$

$$Th(C_2O_4)_2 + 2C_2O_4^{2-} = [Th(C_2O_4)_4]^{4-} \tag{10-264}$$

$$Th(NO_3)_4 + 5CO_3^{2-} = [Th(CO_3)_5]^{6-} + 4NO_3^- \tag{10-265}$$

$$ThF_4 + 4F^- = [ThF_8]^{4-} \tag{10-266}$$

铀的价层电子构型是 $5f^3 6d^1 7s^2$，具有+3、+4、+5 和+6 四种氧化数，其中氧化数为+6 的化合物最稳定。围绕铀展开的化学工业，几乎都是为核工业所需的铀化合物服务的。

② 铀 U 的化合物

铀的价层电子构型是 $5f^3 6d^1 7s^2$，具有+3、+4、+5 和+6 四种氧化数，其中氧化数为+6 的化合物最稳定。围绕铀展开的化学工业，几乎都是为核工业所需的铀化合物服务的。

铀的氧化数是多变的，因此，氧化物也有好几种。主要的氧化物有橙黄色的 UO_3、墨绿色的 U_3O_8 和深棕色的 UO_2。其中 UO_3 最为重要。

UO_3 常以水合物的形式存在于铀矿中，由铀矿物煅烧而成的 UO_3 呈橙红色的球状颗粒，在 450~650 ℃空气中很稳定。

将 $UO_2(NO_3)_2 \cdot 2H_2O$ 加热至 550 ℃：

$$2UO_2(NO_3)_2 \cdot 2H_2O = 2UO_3 + 4NO_2 \uparrow + 4H_2O \quad (10\text{-}267)$$

将 $(NH_4)_2U_2O_7$ 煅烧至 350 ℃，也可得到 UO_3：

$$(NH_4)_2U_2O_7 = 2UO_3 + 2NH_3 \uparrow + H_2O \uparrow \quad (10\text{-}268)$$

$(NH_4)_2U_2O_7$ 或 UO_3 加热至 700 ℃：

$$6UO_3 = 2U_3O_8 + O_2 \uparrow \quad (10\text{-}269)$$

UO_3 具有氧化性，在 CO 气氛中加热至 350 ℃：

$$UO_3 + CO = UO_2 + CO_2 \uparrow \quad (10\text{-}270)$$

U_3O_8 也具有氧化性，在 H_2 气氛中加热至 650 ℃：

$$U_3O_8 + 2H_2 = 3UO_2 + 2H_2O \uparrow \quad (10\text{-}271)$$

单质 U、UO_2 在 O_2 气氛中加热：

$$3U + 4O_2 \overset{\triangle}{=} U_3O_8 \quad (10\text{-}272)$$

$$3UO_2 + O_2 \overset{\triangle}{=} U_3O_8 \quad (10\text{-}273)$$

UO_3 和 U_3O_8 均是两性氧化物，既可溶于酸，又可溶于碱。

UO_3 溶于酸，可生成铀酰离子：

$$UO_3 + 2H^+ = UO_2^{2+} + H_2O \quad (10\text{-}274)$$

U_3O_8 溶于硫酸，可生成硫酸铀酰和硫酸铀：

$$2U_3O_8 + 6H_2SO_4 = 5UO_2SO_4 + USO_4 + 6H_2O \quad (10\text{-}275)$$

UO_3 溶于碱，可生成重铀酸盐：

$$2UO_3 + 2NaOH = Na_2U_2O_7 \downarrow (\text{黄色}) + H_2O \quad (10\text{-}276)$$

U_3O_8 溶于碱，可生成重铀酸盐和氢氧化铀（Ⅳ）：

$$U_3O_8 + 2NaOH + H_2O = Na_2U_2O_7 \downarrow (\text{黄色}) + U(OH)_4 \downarrow \quad (10\text{-}277)$$

UO_2 难溶于水，是碱性氧化物，只可溶于酸：

$$UO_2 + 2HNO_3 = H_2UO_2(NO_3)_2 (\text{亮黄色}) \quad (10\text{-}278)$$

【阅读拓展】

d 区元素与生命

自然界中天然存在的元素约 90 种，目前认为生物体中维持生命活动的必需元素有 27 种。生物必需元素又称生命元素，是维持生物体生存所必需的元素，缺少会导致严重病态甚至死亡。

生物必需元素按其在生物体内含量可以分为：宏量结构元素，包括 H、O、C、N、P、S；宏量矿物元素，主要有 Na、K、Mg、Ca、Al 等元素；微量元素，如 Zn、Cu、Fe 等；超微量元素，如 F、I、Se、Si 等。人体内的微量元素皆有一适宜的浓度范围，在此浓度范围内生命才能正常运行。若浓度低于其低限，则不能维持正常生命；若浓度高于其高限，则将中毒甚至死亡。每种微量元素在人体中含量均应小于 0.01%。有毒元素是指那些存在于生物体内影响正常的代谢和生理功能的元素。明显有毒的元素有 Cd、Hg、Pb、Tl、As、Te 等，其中 Cd、Hg、Pb 为剧毒元素。值得注意的是，同一元素往往既是必需元素，又是有毒元素，关键是看其含量是否合适。太少可能引起某些疾病或不正常，太多则可能引起中毒。

生物体系中含有多种金属离子。不同的金属离子在生物体系中的存在方式是不一样的，有些金属离子必须与某些特定的生物分子固定或相对固定地结合在一起才能发挥特定的功能，如金属酶、金属蛋白中的金属离子；而有些金属离子在生物体系中以无机盐的形式存在，主要是起到平衡电荷、平衡渗透压等作用，如 Na^+、K^+ 等。超量的重金属对人体是有害的，值得注意的是，某些元素对人体有益或是有害，仍无定论，例如锗，有机锗能治疗多种疾病且有抗癌作用，而无机锗却是剧毒的。

1. 生物体中锌元素的作用

在生物体内锌离子的含量仅次于铁。锌离子具有良好的溶解性，是良好的路易斯酸，本身没有氧化还原活性，而且毒性低。因此，锌在生物体内的分布和作用范围很广，它也存在于金属酶中。在金属酶中，锌一般位于活性中心，但是有的直接参与酶的催化反应，有的却只是起到稳定结构等其他作用。

在生物体内 Zn^{2+} 参与多种代谢过程。对有机体有重要作用的酶的 30%为金属酶，包括约 18 种锌酶和 14 种需锌活化的酶，其中羧基肽酶 A（水解酶）、碳酸酐酶（裂合酶类）是最引人注目的锌酶。它们主要由动物的胰脏分泌出来。如羧基肽酶 A 能催化蛋白质 C 末端氨基酸的水解。

$$\underset{\text{N端}}{H_2N}-\overset{R^n}{\overset{|}{CH}}-\underset{\underset{O}{\|}}{C}-\overset{H}{N}-\cdots-\overset{R^2}{\overset{|}{CH}}-\underset{\underset{O}{\|}}{C}\underset{\text{水解部位}}{-}\overset{H}{N}-\overset{R^1}{\overset{|}{CH}}-\underset{\text{C端}}{COOH}$$

在哺乳动物的红细胞中，碳酸酐酶的主要功能是催化下列反应，使其反应速率增大 100 万倍：

$$CO_2 + H_2O \rightleftharpoons HCO_3^- + H^+$$

它既可使 CO_2 水合，又可使碳酸或碳酸氢根脱水，因此它是一个裂合酶，前者发生在组织中的血液里以吸收 CO_2，后者则在肺里呼出 CO_2。

一个成年人平均含锌约 2 g，约一半存在于血液中，另外一半在皮肤、骨骼中。人体缺锌会使皮肤受损伤口不易愈合，骨骼变形患侏儒症，引起贫锌、早衰、发育迟缓、智力迟钝、食欲不振、味觉差等。

2. 生物体中铜元素的作用

含铜的金属蛋白和金属酶也广泛存在于生物体中，铜与铁一样也具有可变化合价，在生物体内可以参与电子传递、氧化还原等一系列过程。一般根据铜蛋白和铜酶中所含铜的谱学性质的不同可以将其分为 3 种类型：Ⅰ型铜、Ⅱ型铜和Ⅲ型铜。所谓Ⅰ型铜是指在 600 nm 附近有非常强的吸收，而且其超精细偶合常数很小的铜蛋白中所含的铜，如质体蓝素、阿祖林等，只含有Ⅰ型铜的蛋白在生物体中都起着电子传递的作用；具有与一般铜配合物相似的吸收系数和超精细偶合常数的铜蛋白中所含的铜为Ⅱ型铜，如铜锌超氧化物歧化酶、半乳糖氧化酶等；将同时含有 2 个铜离子之间有反铁磁性相互作用，并在 350 nm 附近有强吸收峰的铜称为Ⅲ型铜，如血蓝蛋白等。

铜是人体中含量较高的微量元素，其含量仅次于铁、锌。铜普遍存在于动植物体内。铁是人体血液中输送氧的血红素必需的成分，而软体动物、节肢动物则用铜代替铁。含铜的血蓝蛋白本身是无色的，此时铜以 Cu^+ 状态存在，氧合血蓝蛋白呈蓝色，说明这时 Cu^+ 变成 Cu^{2+} 了。

Cu^{2+} 存在于三百多种蛋白质和酶中，如细胞色素氧化酶、血浆铜蓝蛋白酶和葡萄糖氧化酶。这些铜酶催化体内某些氧化还原反应的进行，从皮肤的色素沉着到保护动脉管壁的弹性都需要某些铜酶的参与。血清中的铜能对一些毒素起结合作用，而使其失去毒性。微量的铜可提高白细胞的噬菌能力，对病毒传染，尤其是流行性感冒有防护作用。铜是中枢神经的传导物质，而胰岛素的分泌是受到中枢神经调节的，所以缺铜对胰岛素分泌不利。缺铜还会引起贫血、心血管障碍、血友病，对降血糖不利。另外风湿性关节炎与局部缺铜有关，用阿司匹林（水杨酸乙酰酯）或水杨酸的铜配合物可治疗。

3. 生物体中钴元素的作用

钴是维生素 B_{12} 的中心金属，维生素 B_{12} 是一种含 Co^{3+} 的复杂配合物，在人体中（集中在肝里）仅为 2～5 mg，正常人血液中钴的浓度平均为 0.0085 $mg \cdot kg^{-1}$ 左右。维生素 B_{12} 有多种生理功能，它参与机体红细胞中的血红蛋白的合成，促使血红细胞成熟。缺少维生素 B_{12} 红细胞不能正常生长，在血液中就会产生一种特殊的没有细胞核的巨红细胞，即出现“恶性贫血”。同时，它还是人体某些酶如谷氨酸盐变位酶和核糖苷酸酶的组分之一。前者的主要功能是氨基酸代谢，后者则为生物合成脱氧核糖核酸（DNA）所必需。但是人体中若无机钴盐过量，则会引起红细胞增多、气喘脱毛、甲状腺肿大等，严重时导致心力衰竭。

4. 生物体中铬元素的作用

铬是维持胆固醇代谢，特别是胰岛素参与作用的糖代谢和脂肪代谢过程所必需的元素，铬能活化胰岛素，协调胰岛素有利于葡萄糖的转化。铬抑制生物体内胆固醇和脂肪的合成，也影响氨基酸及核酸的合成。人体缺铬时，血内脂肪及胆固醇含量增加，出现动脉粥样硬化。随着年龄的增加，人体内铬含量逐渐减少，这可能是年纪大的人易患糖尿病的一个原因。因为铬能作用于葡萄糖代谢中的磷酸变为酶，如果缺铬，这种酶的活性就会降低，葡萄糖就不能被充分利用，不能正常运转，分解转化为脂肪储存起来，导致糖代谢的紊乱，血糖升高，最终可能导致糖尿病。另外近视眼也与缺铬有关。含铬较多的食品有海藻类、鱼肝脏、粗粮酵母、豆类等。

习　题

10-1 $TiCl_4$ 为什么在空气中冒烟？写出反应方程式。

10-2 解释以下化学实验现象：过渡元素的水合离子多数有颜色，而 Sc^{3+}、Ti^{4+}、Cu^{+} 和 Zn^{2+} 等水合离子却是无色的。

10-3 选择适当的试剂，完成下列各物质的转化，并写出反应方程式：

$$K_2CrO_4 \longrightarrow K_2Cr_2O_7 \longrightarrow CrCl_3 \longrightarrow Cr(OH)_3 \longrightarrow KCrO_2$$

10-4 完成下列化学反应方程式。

（1）$K_2Cr_2O_7 + HCl(浓) \longrightarrow$　　（2）$K_2Cr_2O_7(饱和) + H_2SO_4(浓) \longrightarrow$

（3）$Cr_2O_7^{2-} + H_2S \longrightarrow$　　（4）$Cr_2O_7^{2-} + H^+ + C_2O_4^{2-} \longrightarrow$

（5）$Cr_2O_7^{2-} + Ag + H_2O \longrightarrow$　　（6）$Cr(OH)_3 + OH^- + ClO^- \longrightarrow$

（7）$KMnO_4 + HCl \longrightarrow$　　（8）$KMnO_4 + KNO_2 + H_2SO_4 \longrightarrow$

（9）$MnO_4^- + Fe^{2+} + H^+ \longrightarrow$　　（10）$PbO_2 + MnSO_4 + H_2SO_4 \longrightarrow$

（11）$FeCl_3 + KI \longrightarrow$　　（12）$CrO_2^- + Br_2 + OH^- \longrightarrow$

（13）$Mn^{2+} + OH^- + O_2 \longrightarrow$　　（14）$K_2Cr_2O_7 + H_2O_2 + H^+ \longrightarrow$

（15）$CrO_3 + Al \longrightarrow$　　（16）$CrO_2^- + Cl_2 + OH^- \longrightarrow$

10-5 由重铬酸钾制备：（1）铬酸钾；（2）三氧化铬；（3）三氯化铬；（4）三氧化二铬；（5）二氯化铬。写出反应方程式。

10-6 0.4051 g 的 $FeCl_2$ 溶于水，酸化后，用 $K_2Cr_2O_7$ 标准溶液滴定至反应完全，共消耗 $K_2Cr_2O_7$ 溶液 22.50 mL，计算 $K_2Cr_2O_7$ 的物质的量浓度 $c\left(\frac{1}{6}K_2Cr_2O_7\right)$。

10-7 完成并配平下列化学反应方程式。

（1）$Na_2WO_4 + Zn + HCl \longrightarrow W_2O_5$　　（2）$Zn + (NH_4)_2MoO_4 + HCl \longrightarrow MoCl_3$

（3）$C_2H_5OH + CrO_3 \longrightarrow CH_3CHO$　　（4）$K_2Cr_2O_7 + (NH_4)_2S \longrightarrow S$

（5）$Na_3CrO_3 + Ca(ClO)_2 + H_2O \longrightarrow Na_2CrO_4$　　（6）$NaNO_2 + K_2Cr_2O_7 + H_2SO_4 \longrightarrow NaNO_3 + Cr_2(SO_4)_3$

10-8 无水三氯化铬与氨加合，能生成两种配合物 $CrCl_3 \cdot 5NH_3$ 和 $CrCl_3 \cdot 6NH_3$。已知用 $AgNO_3$ 能从一配合物的溶液中沉淀出所有的氯，而另一配合物的溶液中仅能沉淀出 2/3 的氯，写出两种配合物的结构式。

10-9 试求下列物质的实验式：

（1）50%的 Mo 和 50%的 S　（2）20%的 Ca、48%的 Mo 和 32%的氧

10-10 制作 1.0 t 的 $KMnO_4$ 需要软锰矿 0.80 t(以 MnO_2 计)。试计算 $KMnO_4$ 的产率。

10-11 在 Mn^{2+} 和 Cr^{3+} 的混合液中，采取什么方法可将其分离？

10-12 某绿色固体 A 可溶于水，其水溶液中通入 CO_2 即得棕黑色沉淀 B 和紫红色溶液 C。B 和浓 HCl 溶液共热时放出黄绿色气体 D，溶液近于无色。将此溶液与溶液 C 混合，即得沉淀 B。将气体 D 通入 A 的溶液可得溶液 C。判断 A、B、C、D 为何物，并写出相关的化学反应方程式。

10-13 将 $Fe_2O_3 \cdot 3H_2O$、$Co_2O_3 \cdot 3H_2O$ 和 $Ni_2O_3 \cdot 3H_2O$ 分别溶于盐酸，它们分别有何反应？

10-14 哪种铁的化合物较稳定？如何将三价铁盐转化为二价铁盐？二价铁又如何转化为三价铁？

10-15 完成并配平下列化学反应方程式：

（1）$Fe_2O_3 + KNO_3 + KOH \xrightarrow{\triangle}$　　（2）$K_4[Co(CN)_6] + H_2O + O_2 \longrightarrow$

（3）$Co_2O_3 + HCl \longrightarrow$　　（4）$FeSO_4 \cdot 7H_2O + Br_2 + H_2SO_4 \longrightarrow$

(5) $H_2S+FeCl_3 \longrightarrow$ (6) $Ni(OH)_2+Br_2 \longrightarrow$

(7) $Co^{2+}+SCN^-$(过量)$\longrightarrow$ (8) $Ni^{2+}+HCO_3^- \longrightarrow$

10-16 含有 Fe^{2+} 的溶液中加入 NaOH 溶液，生成白色沉淀，渐渐变为棕色。过滤后，沉淀用 HCl 溶解，溶液呈黄色。加几滴 KSCN 溶液，立即变红。再通入 H_2S 后，红色消失。再滴加 $KMnO_4$ 溶液，$KMnO_4$ 的紫红色褪去，再加入黄血盐，生成蓝色沉淀。写出各步反应方程式。

10-17 已知有两种钴的配合物 A 和 B，其组成都是 $Co(NH_3)_5BrSO_4$。在 A 中加 $BaCl_2$ 产生沉淀，加 $AgNO_3$ 不产生沉淀；在 B 中加 $BaCl_2$ 不产生沉淀，加 $AgNO_3$ 有沉淀产生。写出两种配合物的结构式。

10-18 解释下列现象：$[Co(NH_3)_6]^{3+}$ 和 Cl^- 可共存于同一溶液，而 Co^{3+} 与 Cl^- 不能共存于同一溶液。

10-19 钴的一种配合物具有下列组成：Co，22.58%；H，5.79%；N，32.20%；Cl，27.17%；O，12.26%。将此配合物加热失去氨，失去氨的质量为原质量的 32.63%。求：

(1) 原配合物中有多少个氨分子若干；(2) 写出配合物的实验式。

10-20 在 0.1 mol·L^{-1}的 Fe^{3+} 溶液中，若仅有水解产物 $[Fe(OH)(H_2O)_5]^{2+}$ 存在，求此溶液的 pH。已知 $[Fe(H_2O)_6]^{3+} \rightleftharpoons [Fe(OH)(H_2O)_5]^{2+}+H^+$ 的平衡常数 $K_1=10^{-3.05}$。

10-21 从 1 t 含 0.5% Ag_2S 的铅锌矿中可提炼得到多少克银？假设银的回收率为 90%。

10-22 在电解法精炼铜的过程中，为什么银、金会生成阳极泥？而锌、铁会留在溶液中不沉积？欲达到上述目标，阴阳极的电位差应保持在什么范围内？

10-23 完成并配平下列化学反应方程式。

(1) Ag_2S+HNO_3(浓)$\longrightarrow$ (2) $Zn+HNO_3$(很稀)$\longrightarrow$

(3) $Hg(NO_3)_2+NaOH \longrightarrow$ (4) $Hg_2^{2+}+H_2S \xrightarrow{光}$

(5) $Hg^{2+}+I^-$(过量)$\longrightarrow$ (6) $HgS+HCl+HNO_3 \longrightarrow$

(7) $Cu^{2+}+I^- \longrightarrow$ (8) $Zn+CO_2 \longrightarrow$

(9) $Cu+NaCN+H_2O+O_2 \longrightarrow$ (10) $AgCl+Na_2S_2O_3 \longrightarrow$

10-24 某一化合物 A 溶于水得一浅蓝色溶液。在 A 中加入 NaOH 得蓝色沉淀 B。B 溶于 HCl，也溶于氨水。A 中通入 H_2S 得黑色沉淀 C。C 难溶于 HCl 而溶于热的浓 HNO_3。在 A 中加入 $BaCl_2$ 无沉淀产生，加入 $AgNO_3$ 有白色沉淀 D 产生，D 溶于氨水。试判断 A、B、C、D 各为何物，并写出相关反应的方程式。

10-25 在混合溶液中有 Ag^+、Cu^{2+}、Zn^{2+} 和 Hg^{2+} 四种正离子，如何鉴定它们的存在并将其分离？

10-26 在 Ag^+ 溶液中，先加入少量 $Cr_2O_7^{2-}$，再加适量 Cl^-，最后加足量 $S_2O_3^{2-}$，估计每加一次试剂会出现什么现象？写出各步反应方程式。

10-27 有一无色溶液 A 有下列反应：(1) 加氨水生成白色沉淀；(2) 加 NaOH 则有黄色沉淀产生；(3) 若滴加 KI 溶液，先析出橘红色沉淀，当 KI 过量时，橘红色沉淀消失；(4) 加入数滴 Hg，振荡后 Hg 逐渐消失。在此溶液中再加入氨水，得到灰黑色沉淀。问 A 为何种盐类？写出各有关化学反应的方程式。

10-28 完成并配平下列反应的化学方程式。

(1) $HgCl_2+SnCl_2 \longrightarrow$ (2) $Hg_2(NO_3)_2+HNO_3$(浓)$\longrightarrow$

(3) $Hg+HNO_3$(浓)$\longrightarrow$ (4) $HgS+HNO_3$(浓)$+HCl \longrightarrow$

10-29 在盐酸溶液中，$K_2Cr_2O_7$ 能把汞氧化为一价化合物或二价化合物。1.00 g 的汞化合物刚好和浓度为 0.100 mol·L^{-1}的 $K_2Cr_2O_7$ 溶液 50.0 mL 完全作用，所用的汞化合物是一价化合物还是二价化合物或是其混合物？用什么方法来检验你的结论？

10-30 草酸汞不溶于水，但加入 Cl^- 的溶液即溶解，为什么？

10-31 写出镧系元素和锕系元素的名称与符号，并说明镧系元素和锕系元素的氧化还原性质。

10-32 说明镧系元素和锕系元素价层电子结构的特点。

10-33 何谓镧系收缩？镧系收缩的结果是什么？

10-34 为什么镧系元素之间和锕系元素之间性质是相似的？

10-35 说明 Ln^{3+} 在晶体或溶液中颜色的变化规律。

10-36 说明溶剂萃取法和离子交换法分离镧系元素的方法和原理。

第 11 章　无机与分析化学中的分离方法

分离是化学、化工中的一项重要技术。在分析一个实际样品时，样品中难免有与被测试成分性质相近的杂质，它们的存在会干扰测试结果。在化工生产中，由于副反应的存在，产物不可能是唯一的纯净物。这时都需要将杂质除去，用到分离技术。分析中对分离的要求是：干扰组分应减少至不再干扰被测组分的测定，同时被测组分在分离过程中的损失要小到一定的标准线以下。后者常用回收率 R_r（rate of recovery）来衡量：

$$R_r=\frac{X(\text{分离后的测量值})}{X(\text{原始含量})}$$

回收率越高越好，但实际工作中随着被测组分的含量不同对回收率有不同的要求。含量在 1%以上的常量组分，回收率应大于 99.9%；对于痕量组分，由于测定相对误差较大，且可正可负，回收率可为 90%～110%。

本章讨论几种常见的分离方法。

11.1　沉淀分离法

沉淀分离是一种最经典的固-液分离方法，它的原理是利用沉淀剂使不需要的杂质组分或需要的主成分形成沉淀，过滤、洗涤，达到分离的目的。

沉淀分离的理论依据是溶度积原理。

11.1.1　氢氧化物沉淀分离法

许多金属或非金属离子在一定的 pH 下可以氢氧化物或含水氧化物的形式沉淀，如 $Fe(OH)_3$、$Mg(OH)_2$、$Al(OH)_3$ 和 $SiO_2 \cdot nH_2O$、$WO_3 \cdot nH_2O$、$MoO_3 \cdot nH_2O$ 等。

这些氢氧化物或含水氧化物在实验室和工业中也可作为 pH 调节剂，其他 pH 调节剂有盐酸、硝酸、NaOH、氨水、ZnO、MgO 等。

表 11-1 列出了各种氢氧化物开始沉淀和沉淀完全的 pH。

表 11-1　各种氢氧化物开始沉淀和沉淀完全的 pH

氢氧化物	开始沉淀的 pH[c(M)=0.010 mol·L^{-1}]	沉淀完全的 pH[c(M)=1.0×10^{-5} mol·L^{-1}]	K_{sp}
$Mg(OH)_2$	9.62	11.12	1.8×10^{-11}
$Mn(OH)_2$	8.83	10.33	4.5×10^{-13}
$Fe(OH)_2$	7.50	9.00	1.0×10^{-15}
$Ni(OH)_2$	6.41	7.91	6.5×10^{-18}
$Cu(OH)_2$	5.17	6.67	2.2×10^{-20}
$Cr(OH)_3$	4.58	5.58	5.4×10^{-31}
$Al(OH)_3$	4.10	5.10	2.0×10^{-32}
$Fe(OH)_3$	2.18	3.18	3.5×10^{-38}
$Sn(OH)_2$	1.73	3.24	3.0×10^{-27}

上表仅供参考，对于一个具体的实际操作过程，还要注意待沉淀离子初始浓度、溶液的离子强度及盐效应的影响等。

一般来讲，对于金属的氢氧化物，pH 越高越易沉淀。但要注意两性物质的问题，当 pH 高到一定程度后，某些氢氧化物又会溶解，例如 $Al(OH)_3$ 在 pH＞12 时溶解，而 $Fe(OH)_3$ 仍以沉淀形式存在，$Zn(OH)_2$ 在高浓度的 NaOH 存在下也会溶解。这可用来分离 Al、Zn 这些两性物质与其他非两性的离子如 Fe^{3+}、Mg^{2+}。

当用氨水调节 pH 时，要考虑氨配离子的问题。在氨性缓冲溶液中，pH 约为 9，许多金属的氢氧化物由于形成氨配离子而溶解，如 $[Ag(NH_3)_2]^+$、$[Cu(NH_3)_4]^{2+}$、$[Zn(NH_3)_4]^{2+}$、$[Co(NH_3)_6]^{2+}$、$[Cd(NH_3)_6]^{2+}$ 等。这也可以用来分离这些离子和其他不形成氨配离子的金属离子，例如 Fe^{3+} 和 Mg^{2+}。

用难溶化合物，尤其是氧化物也可作为 pH 的缓冲剂。若以 MO 为例，MO 是一金属氧化物：

$$MO + H_2O \rightleftharpoons M(OH)_2 \downarrow \tag{11-1}$$

$$M(OH)_2 \rightleftharpoons M^{2+} + 2OH^- \tag{11-2}$$

如式(11-1) 所示，当溶液中的 pH 过高时，形成 $M(OH)_2$ 沉淀，抵消 $[OH^-]$ 的增加。

pH 过低时，氧化物溶解，消耗 H^+，抵消 $[H^+]$ 的增加。

$$MO + 2H^+ = M^{2+} + H_2O \tag{11-3}$$

当 $[M^{2+}]$ 达到饱和时，溶液 pH 为可控的最小 pH。根据式(11-2)：

$$[M^{2+}][OH^-]^2 = K_{sp} \tag{11-4}$$

$$[OH^-] = \sqrt{\frac{K_{sp}}{[M^{2+}]}} \tag{11-5}$$

MgO 是一种常用的氧化物，已知 $Mg(OH)_2$ 的 $K_{sp}=1.8\times10^{-11}$，Mg^{2+} 在水中的浓度最高不会超过 10 $mol\cdot L^{-1}$，则

$$[OH^-] = \sqrt{\frac{1.8\times10^{-11}}{10}} = 1.3\times10^{-6}$$

$$pH = 8.12$$

所以可用 MgO 控制溶液 pH。

氢氧化物沉淀分离法的优点是操作简便，适用面较宽。

氢氧化物沉淀分离法的缺点也很明显，大多数氢氧化物沉淀均是非晶形的，因此比表面积特别大，共沉淀现象严重，虽然应该沉淀的都沉淀了，但一些不该沉淀的主成分也沉淀下来，使分析结果偏低。

11.1.2 无机盐沉淀分离法

许多金属离子的碳酸盐、草酸盐、磷酸盐，特别是硫化物均是难溶的沉淀。它们的溶度积差异比较大，例如 MnS 的 $K_{sp}=1.4\times10^{-15}$，而 CuS 的 $K_{sp}=8.5\times10^{-45}$。

其次，H_2CO_3、$H_2C_2O_4$、H_3PO_4、H_2S 等都是弱酸或较弱的酸，其与金属离子发生沉淀的 CO_3^{2-}、$C_2O_4^{2-}$、PO_4^{3-}、S^{2-} 等存在形式的分布系数均受溶液 pH 的控制。可以利用这两点，调节溶液的 pH，使某些金属离子沉淀，而另一些金属离子不沉淀。

H_2S 有难闻的臭味，可用硫代乙酰胺来代替：

$$CH_3CSNH_2+2H_2O+H^+ \rightleftharpoons CH_3COOH+H_2S\uparrow+NH_4^+ \tag{11-6}$$

$$CH_3CSNH_2+3OH^- \rightleftharpoons CH_3COO^-+S^{2-}+NH_3\uparrow+H_2O \tag{11-7}$$

其他盐的沉淀也可通过调节 pH 达到分离目的。

【例 11-1】 Mn^{2+}、Cu^{2+}在 0.10 mol·L^{-1}的 HCl 中，通入 H_2S，溶液中有无沉淀产生？哪种离子被沉淀（设 H_2S 的饱和浓度为 0.10 mol·L^{-1}，Mn^{2+}、Cu^{2+} 均为 0.10 mol·L^{-1}）？

解 H_2S 在水溶液中存在如下解离平衡：

$$H_2S \rightleftharpoons S^{2-}+2H^+$$

H_2S 的 $K_{a1}=1.3\times10^{-7}$，$K_{a2}=7.1\times10^{-15}$

所以 $$[S^{2-}]=\frac{[H_2S]K_{a1}K_{a2}}{[H^+]^2}=\frac{0.10\times1.3\times10^{-7}\times7.1\times10^{-15}}{0.10^2}$$

$$[S^{2-}]=9.23\times10^{-21}\ \text{mol}\cdot\text{L}^{-1}$$

MnS 的浓度积为 $9.23\times10^{-21}\times0.10=9.23\times10^{-22}<1.4\times10^{-15}[K_{sp}(\text{MnS})]$，所以 Mn^{2+} 不会被沉淀。

CuS 的浓度积为 $9.23\times10^{-21}\times0.10=9.23\times10^{-22}>8.5\times10^{-45}[K_{sp}(\text{CuS})]$，所以 Cu^{2+} 会以 CuS 形式沉淀。

11.1.3 有机沉淀剂分离法

有机沉淀剂分子结构中含有不同的官能团，因此它的选择性和灵敏度均较高。由于配位的关系，易形成晶体沉淀，颗粒大、比表面积小、溶解度也小，共沉淀现象少。有的沉淀还可溶解在有机溶剂中，因此优越性很多，在沉淀分离中用得越来越多。

(1) 螯合物沉淀

一般来讲，形成螯合物沉淀的有机沉淀剂均会有—COOH、—OH、—NOH、—SH、—SO_3H 等官能团。

在一定的 pH 下，这些官能团上的活泼 H^+ 可被金属离子置换，以共价键相连。在氧（或硫）原子的 γ 或 δ 位上若有 N、S 元素并以氨基（—NH_2）、亚氨基（ >NH ）、羰基（ >C=O ）、硫代羰基（ >C=S ）、硝基（—NO_2）等形式存在，金属离子与这些官能团中的 N、S、O 原子间会形成配位键，可形成所谓的五元环或六元环螯合物。例如，8-羟基喹啉可与 Mg^{2+}、Al^{3+}、Cu^{2+} 等离子形成五元环螯合物沉淀：

$$\text{8-羟基喹啉} + Mg^{2+} \rightleftharpoons \text{Mg(C}_9\text{H}_6\text{NO)}_2\downarrow + 2H^+ \tag{11-8}$$

8-羟基喹啉上的—OH 具有一定的酸性，解离出 H^+ 后，—O^- 与 Mg^{2+} 形成共价键，在氧原子的 γ 位有元素 N，有一对孤电子对，可与 Mg^{2+} 的空轨道形成配位键。

螯合物中配体数目与金属离子的种类、氧化数以及螯合物的晶体结构有关，也与有机沉淀剂的结构有关，对于 Mg^{2+}、Ag^+，配体数是 2，对于 Al^{3+}，配体数则是 3。

如果在 8-羟基喹啉 N 的邻位上引入甲基—CH_3 或其他基团，由于位阻效应使其与某些金属离子的配位作用受到阻碍，使沉淀反应不能进行。但对于另一些金属离子则仍可形成沉淀，从而提高了选择性。

例如，2-甲基-8-羟基喹啉不能与 Al^{3+} 形成沉淀，而与 Mg^{2+}、Zn^{2+} 在一定条件下仍可形成沉淀。

(2) 离子对化合物沉淀

离子对（ion pair）化合物又称离子缔合物，它是由带正电荷的阳离子与带负电荷的阴离子形成的不带电荷、分子量较大的难溶于水的化合物。它们中的某些沉淀却可溶于有机溶剂。由于可溶于有机溶剂，因此它们不是离子化合物，也不是盐。

四苯硼钠与 K^+、NH_4^+ 可形成离子对化合物而沉淀，是 K^+、NH_4^+ 和有机铵盐的良好沉淀剂：

$$K^+ + Na[B(C_6H_5)_4] = K[B(C_6H_5)_4] \downarrow + Na^+ \tag{11-9}$$

$$NH_4^+ + Na[B(C_6H_5)_4] = NH_4[B(C_6H_5)_4] \downarrow + Na^+ \tag{11-10}$$

$$RNH_3^+ + Na[B(C_6H_5)_4] = RNH_3[B(C_6H_5)_4] \downarrow + Na^+ \tag{11-11}$$

对于有机季铵盐，也可用四苯硼钠沉淀：

$$R^4-\overset{R^1}{\underset{R^3}{N^+}}-R^2 + [B(C_6H_5)_4]^- \rightleftharpoons R^4-\overset{R^1}{\underset{R^3}{N^+}}-R^2[B(C_6H_5)_4] \downarrow \tag{11-12}$$

如第 8 章所述，四苯硼盐沉淀可溶于丙酮。NH_4^+、季铵盐或有机胺也可和溴酚蓝、溴麝香草酚蓝等酸性染料形成离子对化合物沉淀，这些沉淀也溶于有机溶剂丙酮、氯仿等。

其他类似的离子对化合物还有：

$$MnO_4^- + [(C_6H_5)_4As]^+ = [(C_6H_5)_4As]MnO_4 \downarrow \tag{11-13}$$

$$HgCl_4^{2-} + 2[(C_6H_5)_4As]^+ = [(C_6H_5)_4As]_2HgCl_4 \downarrow \tag{11-14}$$

11.2 萃取分离法

将物质从一相转移至另一相的过程称作萃取（extraction）。用萃取分离各种物质的方法称作萃取分离法。

广义上讲，萃取包括液-液萃取、固-液萃取、气-液萃取等。

将固相中的物质转移至液相中的过程称作固-液萃取，又称浸出、溶出。

将气相中的物质转移至液相中的过程称作气-液萃取，又称吸收。

因此，萃取一般指液-液萃取，尤其是将物质从无机相（又称水相）转移至有机相中的过程。将物质从有机相转移至无机相（又称水相）的过程称作反萃取。

液-液萃取是实验室和工业生产中常用的一种有效分离方法。萃取法可除去大量的干扰元素，对低含量物质的分离富集也很有效。在比色分析、荧光分析、火焰光度分析、光谱分析以及一般的定量和定性分析中，用萃取分离方法能简化化学处理过程，提高方法的灵敏度和选择性。

11.2.1 萃取的基本知识

(1) 萃取过程的原理

欲测元素以可溶形式存在于水中，形成水合离子，如 $[Al(H_2O)_6]^{3+}$、$[Cu(H_2O)_4]^{2+}$、$[Zn(H_2O)_4]^{2+}$ 等，这些离子亲水性强，大部分离子型化合物易溶于水，而难溶于极性弱的有机溶剂中。相反，对于非极性或弱极性的共价化合物，如 I_2、$GeCl_4$、$HgCl_2$、HgI_2，亲水性小，故在有机溶剂中溶解性好，很易用有机溶剂从水溶液中萃取。但一般惰性溶剂如苯、CS_2、CCl_4 等常不能单独用来萃取无机离子，要用疏水的有机基团来取代配位的水分子，并要中和其电荷，形成疏水性的易溶于有机溶剂中的化合物（常为配合物），而达到萃取分离的目的。如 Ni^{2+} 在 pH=9 氨性缓冲溶液中，与丁二酮肟形成 1∶2 的螯合物，为电中性，难溶于水，易溶于有机溶剂，用 $CHCl_3$ 萃取。

(2) 萃取体系的组成

萃取体系由两个互不相溶的液相组成，一般为水相和有机相。欲测组分在水相中，可能还有配位剂、盐析剂、无机酸及其他可萃取的杂质等；有机相中则有萃取剂、惰性溶剂。萃取剂是指那些能与欲萃物结合生成萃合物的试剂，惰性溶剂是用来溶解或稀释萃取剂的，故又称为稀释剂。

11.2.2 萃取平衡和萃取定律

(1) 萃取平衡和萃取定律

萃取过程中，有机相、水相都来争夺欲萃物，当欲萃物从水相转移入有机相的速率和自有机相转入水相的速率相等时，萃取体系达到平衡。当条件变化时，可再建立新的平衡。

萃取过程是欲萃物在水相、有机相之间的分配：

$$A_{水} \rightleftharpoons A_{有} \tag{11-15}$$

达到萃取平衡后，两相浓度的差别主要取决于欲萃物和萃取体系的本质。达到平衡后，如果欲萃物在水相和有机相中的分子形式相同，则在一定温度下，欲萃物在两相中有效浓度的比值为一常数。尽管两相中欲萃物的总量改变，但比值仍然不变。物质在两相之间的这种规律称为 Nernst 分配定律：

$$K_D = \frac{[A]_{有}}{[A]_{水}} \tag{11-16}$$

式中，$[A]_{有}$、$[A]_{水}$ 分别表示达到平衡后溶质 A 在两相中的浓度；K_D 为分配系数 (distribution coefficient)，$K_D \leqslant 10^{-2}$ 时，溶质基本不萃入有机相；$K_D \geqslant 10^2$ 时，溶质几乎全萃入有机相。

分配定律只有在低浓度且接近于理想状态时正确：即溶剂、溶质不发生化学作用，溶质在两相中存在形式相同。

(2) 分配比

溶质在两相中达平衡时，它在有机相中的总浓度（$c_{有}$）与在水相中的总浓度（$c_{水}$）之比称为分配比 (distribution ratio)，用 D 表示。

$$D = \frac{c_{有}}{c_{水}} \tag{11-17}$$

分配比愈大，表示萃入有机相中的溶质的量愈多。一般要求分配比 D 在 10 以上，愈大愈好。分配比与分配系数不同，D 不能保持为常数，它随欲萃物浓度、溶液酸度、萃取剂浓度、稀释剂性质以及其他物质的存在等而改变。

(3) 分离因子

对含有两个或两个以上组分的体系，若水相中物质 M_1 的初始浓度为 c_1，以分配比 D_1 进行分配；物质 M_2 的初始浓度为 c_2，以分配比 D_2 进行分配。

在同一萃取体系内，在同样萃取条件下，物质 M_1、M_2 自水相转入有机相难易程度的差别决定于它们分配比的比值，即 D_1/D_2，该比值称为分离因子（S_f）。

采用 1 次萃取时，若希望 M_1 的萃取率高于 99%，M_2 的萃取率低于 1%，则分离因子 S_f 须大于 10^4。

要使 $D_1/D_1=10^4$，设 $D_1=100$，则 D_2 要小到 0.01。

分离效率不仅受 S_f 的影响，也受 D_1、D_2 的影响，D_1 大则萃取率高，比值大，分离好，说明萃取剂的选择性好。若 $D_1=D_2$，$S_f=1$，则不能萃取分离。

(4) 萃取率（萃取百分率）

萃取率（extraction efficiency）是表示萃取程度的，萃取率和分配比的关系如下：

$$Q=\frac{\text{欲萃物在有机相中的总浓度}}{\text{欲萃物在两相中的总量}}\times 100\%$$

$$=\frac{c_{有}V_{有}}{c_{有}V_{有}+c_{水}V_{水}}\times 100\%$$

分子分母同除以 $c_{水}V_{有}$，

$$=\frac{c_{有}/c_{水}}{c_{有}/c_{水}+V_{水}/V_{有}}\times 100\%$$

$$=\frac{D}{D+V_{水}/V_{有}}\times 100\% \tag{11-18}$$

$V_{水}/V_{有}$ 称为相比，当 $V_{水}/V_{有}=1$ 时，有

$$Q=\frac{D}{D+1}\times 100\%$$

由上式可见，欲萃物的分配比越高，相比越小，则萃取率越高，欲萃物进入有机相的比率越大，萃取越完全。

$$Q=\frac{D}{D+V_{水}/V_{有}}=\frac{DV_{有}}{DV_{有}+V_{水}}$$

一次萃取后水相中萃余百分率 $1-Q_1$ 为：

$$1-Q_1=1-\frac{DV_{有}}{DV_{有}+V_{水}}$$

$$=\frac{V_{水}}{DV_{有}+V_{水}}$$

二次萃取后

$$1-Q_2=(1-Q_1)(1-Q_1)$$

$$=\left(\frac{V_{水}}{DV_{有}+V_{水}}\right)^2$$

n 次萃取后

$$1-Q_n=\left(\frac{V_{水}}{DV_{有}+V_{水}}\right)^n \tag{11-19}$$

萃取率

$$Q_n=1-(1-Q_n)=1-\left(\frac{V_{水}}{DV_{有}+V_{水}}\right)^n \tag{11-20}$$

当欲萃物 D 不大时，一次萃取往往不能达到要求，这时可采取多次连续萃取的方法，以提高萃取效率。

【例 11-2】 在五次萃取中，若 $D=10$，$V_{水}=10$ mL，$V_{有}=9$ mL。求（1）每一次萃取的百分率 Q 及每一次萃取后的总萃取率；（2）将上述第 1、2 次萃取的萃取剂合并为一次萃

取，萃取率为何？

解 （1）已知 $D=10$，$V_{水}=10\ mL$，$V_{有}=9\ mL$

$$Q_1=\frac{DV_{有}}{DV_{有}+V_{水}}=\frac{10\times 9}{10\times 9+10}$$

$$1-Q_1=10\%$$

$$Q_n=1-\left(\frac{V_{水}}{DV_{有}+V_{水}}\right)^n$$

$$Q_1=1-\left(\frac{10\times 9}{10\times 9+10}\right)^1=90\%$$

$$Q_2=1-0.1^2=99\%$$

$$Q_3=1-0.1^3=99.9\%$$

$$Q_4=1-0.1^4=99.99\%$$

$$Q_5=1-0.1^5=99.9999\%$$

（2）已知 $D=10$，$V_{水}=10\ mL$，$V_{有}=9+9=18\ mL$

则
$$Q=\frac{DV_{有}}{DV_{有}+V_{水}}=\frac{10\times 18}{10\times 18+10}=95\%$$

【例 11-3】 在 pH=7.0 时，用 8-羟基喹啉-氯仿溶液从水溶液中萃取 La^{3+}，已知 $D=43$，La^{3+} 的水溶液浓度为 $1.00\ mg\cdot mL^{-1}$，体积为 20.0 mL，萃取剂限定为 10.0 mL，要求萃取效率大于 99%，问需萃取几次？

解 用逐次萃取进行计算。

若只进行 1 次萃取，已知 $D=43$，$V_{水}=20.0\ mL$，$V_{有}=10.0\ mL$，则相比

$$\frac{V_{水}}{V_{有}}=\frac{20.0}{10.0}=2.0$$

代入式(11-18) 得

$$Q=\frac{D}{D+V_{水}/V_{有}}\times 100\%=\frac{43}{43+2.0}\times 100\%=95.6\%<99\%$$

不符合要求。

若进行 2 次萃取，已知 $D=43$，$V_{水}=20.0\ mL$，$V_{有}=10.0/2=5.0\ mL$：

相比
$$\frac{V_{水}}{V_{有}}=\frac{20.0}{5.0}=4.0$$

代入式(11-18) 得

$$Q=\frac{D}{D+V_{水}/V_{有}}\times 100\%=\frac{43}{43+4.0}\times 100\%=91.5\%$$

代入式(11-19)，萃取 2 次后的总残留率

$$\Delta Q_2=(1-Q)^2=(1-0.915)^2=7.2\times 10^{-3}$$

将 ΔQ_2 代入式(11-20)，总萃取效率

$$Q_{总}=1-\Delta Q_2=1-7.2\times 10^{-3}=99.3\%>99\%$$

因此，将 10 mL 萃取剂分 2 次萃取，萃取效率可达 99.3%。

同量的有机溶剂，分几次萃取的效果比一次萃取好。但一般连续萃取次数不超过 3～4 次。对于生物化学、医药工业中的萃取，有时可超过 4～5 次。

11.2.3 萃取体系

大多数无机金属盐在水溶液中会解离成离子，它很难溶于非极性或弱极性的有机试剂中，不能被萃取。若使无机离子进入有机相，必须在水中加入某种试剂，将其生成不带电荷、难溶于水而易溶于有机溶剂的物质，这种试剂叫萃取剂。

萃取体系一般由互不相溶的水相和有机相组成。被萃取的物质溶解在水相中，有机相由有机溶剂与萃取剂组成；有的萃取剂本身就是液体，也可以不用有机溶剂而直接萃取，即其既是萃取剂，也是有机相溶剂。

为了提高萃取效率，选择有机相溶剂时，应注意下列问题：

① 有机相溶剂在水相中的溶解应尽量小，因而溶剂应有较多的疏水基团，CCl_4、$CHCl_3$、C_6H_6、$C_6H_5CH_3$ 等常作为有机相溶剂。

② 被萃取的组分与萃取剂形成的产物在有机相溶剂中溶解度要远大于在水相中的溶解度。

③ 有机相溶剂的黏度不宜过大。

④ 要尽可能避免萃取过程中产生乳化现象，否则两相很难分离。有机相溶剂的密度与水相密度相差越大越不易乳化。

⑤ 被萃取的物质进入有机相后，应比较容易与有机相溶剂分离。

⑥ 有机相溶剂应尽可能低毒或无毒、易得、便于回收和精制提纯、可循环使用。

下面简要介绍几种常见的萃取体系：

① 非极性有机溶剂对分子组分的萃取

这类萃取的特点是欲萃物既溶于水相，又溶于有机相，且不和有机相有任何化学作用（结合），纯粹是由于溶解的关系而萃取，如 $HgCl_2$、$HgBr_2$ 萃取入苯和己烷等。

② 螯合物萃取体系

大多数金属离子能以螯合物形式萃取，因此，常用于分析化学的溶剂萃取中，特别是金属离子量少时更为适用。如分析化学中使用的许多螯合剂都含有 N、O，它们可以与金属离子配位形成五元环或六元环，这类螯合萃取剂能萃取多种金属离子，这类典型的萃取剂包括乙酰丙酮、水杨酸、磺基水杨酸、8-羟基喹啉、1-亚硝基-2-萘酚、丁二酮肟等。

③ 离子对化合物萃取体系

离子对化合物是一类由金属配离子借静电引力的作用，与其他带相反电荷的离子结合而成的不带电荷的离子对化合物。例如用异丁醇（用 BuOH 代表）萃取硝酸铀酰，生成可萃取的离子对化合物 $[UO_2(BuOH)_6^{2+}\cdot(NO_3^-)_2]$，在盐酸溶液中用乙醚萃取 $FeCl_3$ 时生成可萃取的离子对化合物 $[(C_2H_5)_2OH^+\cdot FeCl_4^-]$，这里的异丁醇、乙醚起到了萃取剂和溶剂的双重作用。

11.3 色谱分离法

色谱分离法

利用混合物中各组分在两相（流动相和固定相）中分配程度的差异而达到分离目的的方法叫作色谱分离法（chromatography）。

色谱分离也包括气相色谱法和液相色谱法，它们都有专门的仪器，属于仪器分析的范畴，本节将不予讨论。这里将主要讨论以分离为目的的柱色谱分离法、薄层色谱分离法、纸色谱分离法。

11.3.1 固定相和流动相

(1) 固定相

在色谱分离法中有一相是固定的、不流动的，称为固定相（stationary phase）。固定相可分为两类。

① 固体固定相

固体固定相一般为多孔性、比表面积较大、吸附性较强、化学惰性的固体，所谓化学惰性是指固定相不与流动相及样品中的组分发生化学反应，也不溶于流动相，有一定粒度且均匀。常用的固体固定相有 Al_2O_3、硅胶、硅藻土、分子筛、素陶瓷和高分子微球等。

② 液体固定相

将有机溶液涂在固体表面，此固体称为载体（或担体），被涂的有机液体称为固定液。对载体的要求与对固体固定相的要求一致。对固定液也要求化学惰性。固定液大多数是酯类、高级醇等。

(2) 流动相

在色谱分离法中还有一相是流动的，它将推动被分离的组分向一定的方向流动，此相称为流动相（mobile phase）。流动相可以是气体，也可以是液体。

试样进入固定相时，由于固定相有较强的吸附力，试样中的 A、B 两组分被吸附在固定相的表面，或者溶于固定液。

然后，加入流动相。流动相到达 A、B 所在位置时，A、B 便会在固定相或固定液与流动相之间重新进行分配平衡。若 A 与流动相的亲和力比 B 大，则 A 在流动相中的含量比 B 大。在流动相向前流动时，A、B 又遇到第二层固定相或固定液，A、B 再次在固定相或固定液与流动相之间进行分配平衡。此时，在上一层的基础上，A、B 在流动相中的含量的差距被进一步扩大。只要这种固定相的层数（即固定相的长度）足够大，A、B 便可分离完全。

11.3.2 柱色谱分离法

将固定相装在一根柱子里，这根柱子便称为色谱柱，其结构如图 11-1 所示。将需分离的样品溶液由柱顶加入，则溶液中的各组分将会被固定在柱上端的固定相上。

然后将流动相（在柱色谱法中称为洗脱剂或淋洗液）从柱顶端加入，此过程在柱色谱中称为洗脱或淋洗。随着洗脱剂由上而下的流动，被分离的组分将会在固定相表面不断产生吸附-解吸，再吸附-再解吸或者溶于固定液-溶于流动相，再溶于固定液-溶于流动相的过程。由于两个组分溶解、吸附性质的差异，因此，样品溶液中各组分在流动相含量差距越来越大，相当于各组分在色谱柱中移动的速度不同。在固定相中溶解度小的组分或被固定相吸附小的组分将先流出色谱柱。各组分被完全分离。

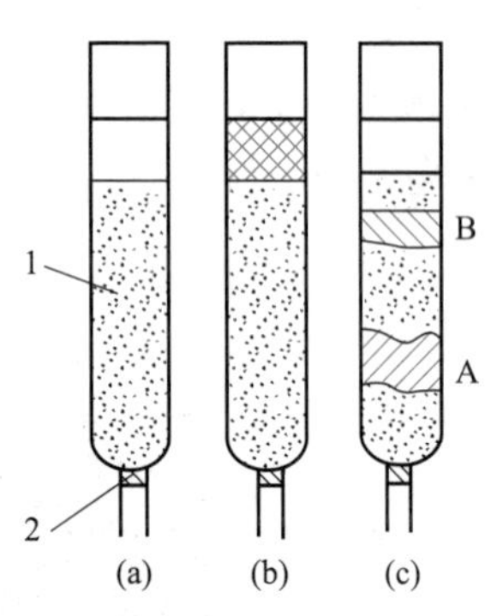

图 11-1 色谱柱示意图
1—固定相；2—玻璃纤维

柱色谱是否能分离两组分主要是固定相和洗脱剂的选择。

洗脱剂的选择与固定相的吸附能力的强弱、被分离的物质的极性有关。

① 被分离的物质极性较强时，可选择吸附能力（溶解能力）

较弱的物质作固定相（液）。若选择吸附能力（溶解能力）较强的物质作固定相，吸附（溶解）过强，则难以被洗脱（溶于流动相）。

要使被分离的物质从固定相（液）上脱附（溶解于流动相），则应选用极性较大的洗脱剂，增大其进入洗脱剂的能力。例如可选醇类、酯类等作洗脱剂。

② 被分离的物质极性较弱时，可选择吸附能力（溶解能力）较强的物质作固定相（液）。若选择吸附能力（溶解能力）较弱的物质作固定相（液），吸附（溶解能力）过弱，则可轻易脱附（溶于流动相），使各组分的脱附能力（溶于流动相）差别降低，使各组分难以分离。

应选用极性较小的物质作洗脱剂，可使被分离的物质更易进入洗脱剂。极性较小的洗脱剂有石油醚、环己烷等。

常用洗脱剂的极性从小到大的顺序为：石油醚＜环己烷＜四氯化碳＜甲苯＜二氯甲烷＜三氯甲烷（氯仿）＜乙醚＜乙酸乙酯＜正丙醇＜乙醇＜甲醇＜水。

11.3.3 薄层色谱分离法

薄层色谱分离法是一种应用广泛、简单、迅速、效果好、灵敏度高的分离方法，尤其是在有机物、医药、生物制品的分离中，更是常用的方法。

将固定相均匀地铺在玻璃板或其他材质的薄层板上。将待测液体样品用毛细管或微量进样器点在薄层板的一端，应使其距薄层板边缘 0.5～1.0 cm。

另备一层析缸，在缸中的小容器中装上适量的流动相（在薄层色谱中称为展开剂），将薄板上点了样品的固定相一端浸入展开剂中，但样品点不得浸入展开剂。将薄层板与水平方向成 10°～20°（卧式）或 60°～70°（立式）夹角放入层析缸，如图 11-2 所示。

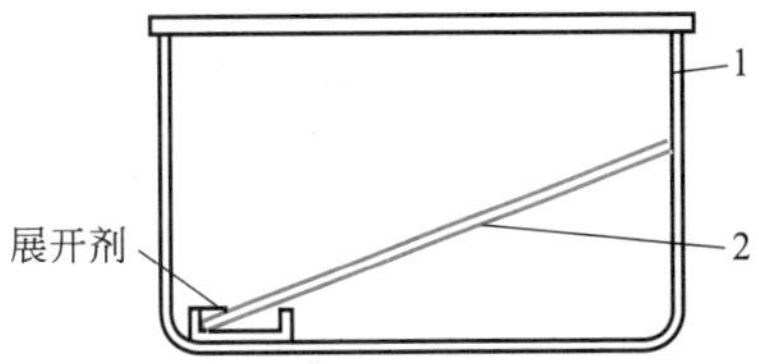

图 11-2 薄层色谱展开示意图

1—层析缸；2—层析板

由于薄层板上固定相的毛细作用，展开剂将由下向上移动，并推动样品由下向上移动。由于各组分被固定相吸附能力或溶解能力的差异，与前述的柱色谱原理一样，经过一段时间的展开，拉开了不同组分间的距离。

当展开剂移至某一高度时，则停止展开，取出薄层板。从样品原点到展开剂最终的位置的距离为 y，从样品原点到展开后样品斑点中心的距离为 x，则

$$R_f=\frac{x}{y}$$

R_f 称为比移值。一般来讲，当固定相和展开剂确定后，每一种物质在这种薄层色谱系统中均有固定的比移值。因此，比移值 R_f 是薄层色谱法对物质进行定性的依据。

若已知样品（混合物）中可能存在某组分 A，则可以在薄层板上同时点上样品和已知 A 的标准样。展开后，若样品的某一个点的 R_f 与标准样 A 的 R_f 一致，则可推断样品中有很大的可能存在标准样的组分 A。若样品各点的 R_f 与标准样 A 的 R_f 均不一致，则可肯定样品中一定没有组分 A。比移值是必要条件，而不是充分必要条件。

薄层板展开后，若样品中各组分是有色的，则薄层板上会有各种颜色的斑点，可以从斑点中心测量 x、y 并计算 R_f。但大多数组分是无色的，则必须采用其他方法使其显色。显色方法有非破坏性和破坏性两类，最常用的显色方法如下。

(1) 喷洒、熏蒸显色剂

对展开后的各斑点喷洒或熏蒸某种显色剂。如金属离子在硅胶 G 板上，可用正丁醇：

1.5 mol·L^{-1} HCl：乙酰丙酮为 100：20：0.5（体积比）混合液为展开剂，展开后喷以 KI 溶液，待薄层干后，以 NH_3 熏，再以 H_2S 熏，则会出现棕黑色到黄色的斑点：CuS 棕黑色；PbS 棕色；CdS 黄色；Bi_2S_3 棕黑色；HgS 棕黑色。R_f 依次增加。

（2）紫外灯照射

如果样品组分有荧光，则可用紫外灯照射，薄层板上则出现荧光斑点。如抗生素中的强力霉素在硅胶 G 薄板上，可用 pH=7 的 0.1 mol·L^{-1} 的 EDTA 二钠盐饱和的乙酸乙酯为展开剂。展开后在空气中干燥薄板，然后用氨气熏蒸。在 366 nm 紫外灯下可观察到荧光斑点。

对有机物样品展开后可置于碘蒸气中一定时间后取出，由于有机物溶解碘而使样品斑点显棕黄色。

薄层分离后，还可对各组分进行定量分析。用小刀将展开后的各组分的斑点分别挖出来，当然范围应比斑点稍大。用反萃取的方法使被测组分从固定相上脱附下来，再运用适当的分析方法进行定量分析。

11.3.4 纸色谱分离法

纸色谱的原理和薄层色谱的原理相同，它利用的是被测物的溶解性差异而不是吸附性差异。色谱分离过程在特殊的滤纸上进行，但要注意的是固定相不是滤纸，而是滤纸表面吸附的水。简单装置如图 11-3 和图 11-4 所示，其他操作过程、显色办法均与薄层色谱相近，只不过滤纸是垂直悬挂的。纸色谱也是一种简单的分离办法，但它的分离效率不如薄层色谱高。

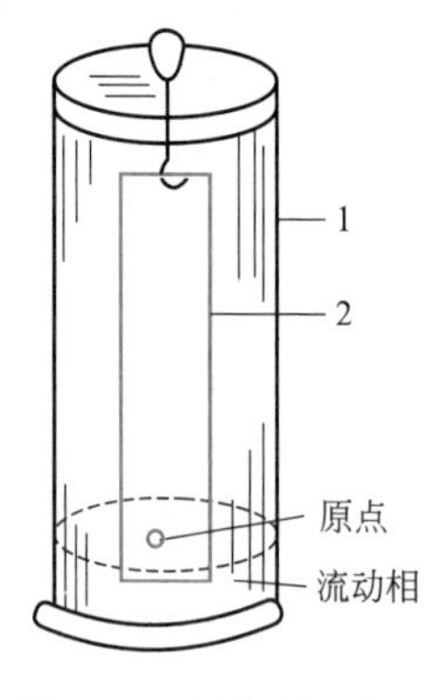

图 11-3 纸色谱示意图

1—层析缸；2—滤纸

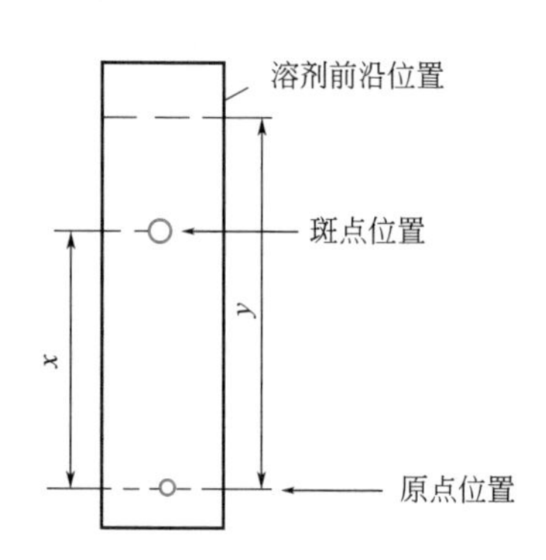

图 11-4 比移值 R_f 的测量

11.4 离子交换分离法

利用固体离子交换树脂上的活性组分与溶液中离子进行交换反应进行分离的方法称作离子交换分离法。被分离的对象一定是带电荷的物质。

离子交换分离法也可以对离子物质进行富集和纯化。

11.4.1 离子交换树脂

离子交换剂分为有机交换剂和无机交换剂。由于高分子学科的发展，有机交换剂的优越性远远超过无机交换剂。目前无机交换剂已很少使用，因此本书只介绍有机交换剂。

有机交换剂是一类高分子聚合物，其中以苯乙烯和二乙烯苯的共聚物为骨架的树脂应用最为广泛，又称之为离子交换树脂。

树脂的骨架部分苯乙烯和二乙烯苯的交联网状结构共聚物是惰性的，很稳定，不溶于有机溶剂，一般也不会和弱氧化剂反应。但在网状结构的骨架上可修饰一些活性基团，这些活性基团可以和外界进行离子交换反应。

(1) 阳离子交换树脂

阳离子交换树脂（cation exchange resin）的活性基团一般为—SO_3H、—COOH（羧基）或 —⟨苯环⟩—OH（酚基），它们都具有不同的酸性。这些基团上的 H^+ 可以和外界进行交换反应。

活性基团是—SO_3H 的树脂称为强酸性 H 型阳离子交换树脂，它在酸性、中性和碱性中都可使用，交换速度快，应用范围广。

活性基团是—COOH 和 —⟨苯环⟩—OH 的树脂称为弱酸性 H 型阳离子交换树脂。弱酸性 H 型阳离子交换树脂对 H^+ 的亲和力大，即活性基团的解离平衡常数小。所以，在酸性溶液中不会发生交换反应。

羧基 H 型阳离子交换树脂的使用条件是 pH＞4，酸性更弱的酚基 H 型阳离子交换树脂的使用条件则为 pH＞9.5。而强酸性 H 型阳离子交换树脂在任何 pH 下均可使用。

就因为如此，弱酸性阳离子交换树脂的选择性比强酸性的好，也容易洗脱，常可用来分离不同强度的碱性氨基酸、有机碱等。

(2) 阴离子交换树脂

阴离子交换树脂（anion exchange resin）的活性基团一般为—$N^+(CH_3)_3OH^-$（季铵碱）、—$N^+H(CH_3)_2OH^-$（叔胺碱）、—$N^+H_2CH_3OH^-$（仲胺碱）、—$N^+H_3OH^-$（伯胺碱）。碱性按上列顺序依次减弱。

和阳离子交换树脂的使用条件相对应，—$N^+(CH_3)_3OH^-$ 是强碱性 OH 型阴离子交换树脂，它可在各种 pH 下使用。而其他的树脂称之为弱碱性 OH^- 型阴离子交换树脂，它们都必须在较低的 pH 条件下，才可发生交换反应。

(3) 螯合树脂

螯合树脂中引入了有高选择性的特殊活性基团，其可和某些金属离子形成螯合物。例如，活性基团为氨基二乙酸—$N(CH_2COOH)_2$ 的树脂，它对 Cu^{2+}、Co^{2+}、Ni^{2+} 有很好的选择性。从有机试剂结构理论出发，可按需要设计和合成一些新的螯合树脂。

11.4.2 离子交换过程及交换树脂的特性

强酸性 H 型阳离子交换树脂可以和溶液中的阳离子进行交换：

$$nR-SO_3H+M^{n+} \rightleftharpoons M(R-SO_3)_n+nH^+ \tag{11-21}$$

强碱性 OH 型阴离子交换树脂可以和溶液中的阴离子进行交换：

$$R-N(CH_3)_3OH+A^- \rightleftharpoons R-N(CH_3)_3A+OH^- \tag{11-22}$$

利用上述两个离子交换过程可在实验室和工业上制备去离子水。

将水首先通过 H 型阳离子交换树脂、水中所有阳离子全部被交换为 H^+。再使通过阳离子交换树脂的水通过 OH 型阴离子交换树脂，水中所有阴离子全部被交换为 OH^-，OH^- 与 H^+ 结合成水，原水中的非 H^+、OH^- 的阴阳离子全部除去，因此将这种水称作去离子水。

(1) 离子交换亲和力

式(11-21)、式(11-22) 实际上是一种非均相化学平衡。M^{n+} 之所以可和 R—SO_3^- 结合，而使 H^+ 游离，是因为 M^{n+} 与 $R—SO_3^-$ 的亲和力大于 H^+ 与 $R—SO_3^-$ 的亲和力。如果另外一种金属离子 N^{n+} 与 $R—SO_3^-$ 的亲和力大于 M^{n+} 的亲和力，那么水溶液中的 N^{n+} 也可以和 $R—SO_3^-$ 结合，而使 M^{n+} 游离出来：

$$(R—SO_3)_nM+N^{n+} \rightleftharpoons N(R-SO_3)_n+M^{n+} \tag{11-23}$$

一般来讲，离子所带电荷数越多，其与离子交换树脂的亲和力越大。

离子所带电荷数相同时，离子半径越大，其与离子交换树脂的亲和力也越大。

一价阳离子的亲和力顺序为：$Li^+<H^+<Na^+<NH_4^+<K^+<Rb^+<Cs^+<Tl^+<Ag^+$。

二价阳离子的亲和力顺序为：$Mg^{2+}<Ca^{2+}<Sr^{2+}<Ba^{2+}<Fe^{2+}<Co^{2+}<Ni^{2+}<Cu^{2+}<Zn^{2+}$。

阴离子的亲和力顺序为：$F^-<OH^-<Ac^-<HCOO^-<H_2PO_4^-<Cl^-<NO_2^-<CN^-<Br^-<C_2O_4^{2-}<NO_3^-<HSO_4^-<I^-<CrO_4^-<SO_4^{2-}<$柠檬酸根。

由于离子和树脂的亲和力不同，亲和力大的离子可以将亲和力小的离子交换出来，因此交换树脂不仅可以是 H 型或 OH 型的，也可以是其他离子型的，常见的有 Na、Cl 型等。例如，锅炉用水应为软水，因为硬水中的 Ca^{2+}、Mg^{2+} 可以形成 $CaCO_3$、$MgCO_3$ 沉淀结垢，对锅炉的使用造成危害，可以用 Na 型阳离子交换树脂将 Ca^{2+}、Mg^{2+} 除去：

$$2R-SO_3Na+Mg^{2+} \rightleftharpoons Mg(R-SO_3)_2+2Na^+ \tag{11-24}$$

$$2R-SO_3Na+Ca^{2+} \rightleftharpoons Ca(R-SO_3)_2+2Na^+ \tag{11-25}$$

如果选择 H 型阳离子交换树脂除去 Ca^{2+}、Mg^{2+}：

$$2R-SO_3H+Mg^{2+} \rightleftharpoons Mg(R-SO_3)_2+2H^+ \tag{11-26}$$

$$2R-SO_3H+Ca^{2+} \rightleftharpoons Ca(R-SO_3)_2+2H^+ \tag{11-27}$$

交换出来的 H^+ 会使水的 pH 下降，增加了它对锅炉本体的腐蚀。选用 Na 型阳离子交换树脂，交换出来的 Na^+ 会使水保持碱性，可降低水对锅炉本体的腐蚀。

式(11-23) 也为我们在化工生产中除去产品中痕量离子杂质、纯化产品或者生产特定的盐类产物提供了一条工艺路线。

(2) 交换容量

单位质量的干离子交换树脂所能交换离子的量称为离子交换树脂的交换容量，常用单位为 $mmol \cdot g^{-1}$ 或 $mol \cdot kg^{-1}$。

一般来讲，当树脂实际交换量已达树脂交换容量的 80%时，树脂就不应再继续使用，应进行再生。交换容量由实验确定。

(3) 交联度

离子交换树脂中含有的交联剂的质量分数叫交联度，是树脂的重要性质之一，一般交联度为 8%～12%。

交联度越高表明网状结构越紧密，网眼小，树脂孔隙度小，需交换的离子很难进入树脂，因此交换速度慢，水的溶胀性能差。优点则是选择性高、强度大，不易破碎。若要分离的离子较小，则可要求孔隙小一些，即交联度大一些。例如分离氨基酸时，交联度可选 8%左右离子交换树脂。对于大分子的肽类的分离，树脂的交联度就应小一点，为 2%～4%。只要不影响分离，交联度的增加可提高选择性。

11.4.3 离子交换分离法的操作

在用离子交换法进行分离、提纯时，必须按操作步骤执行，否则，将不能达到预期目的和效果。

(1) 树脂的预处理

根据工作的要求，选择好离子交换树脂的类型。

市售的离子交换树脂买来后，需晾干而不得烘干、晒干，否则离子交换树脂的结构可能被破坏分解。

按粒径的要求，对干的离子交换树脂进行研磨、过筛，筛取所需的粒度。

对选好粒度的离子交换树脂用水浸泡，使树脂充分溶胀。这是因为离子交换反应是液-固两相反应，物质传递速率是影响整个交换反应速率的重要因素，干的离子交换树脂与反应的液体相界面阻力很大，不利于离子交换反应的迅速进行。树脂溶胀越充分，液-固界面阻力越小，将来进行的离子交换反应越迅速。

将离子交换树脂浸泡在 4～6 $mol \cdot L^{-1}$ 的盐酸中 1～2 天，除去树脂中的杂质，若树脂是阳离子交换树脂，则其变成 H 型阳离子交换树脂。再用水漂洗树脂至中性，并将漂洗干净的树脂浸在去离子水中备用。

若树脂是阴离子交换树脂，按上述方法处理后是 Cl 型阴离子交换树脂。若需 OH 型阴离子树脂，则可用 NaOH 代替 HCl，按上述方法处理阴离子交换树脂。

(2) 装柱

根据用量选择离子交换柱的直径和高度。柱子下端应有活塞，在装树脂之前，柱的底部应先塞以玻璃纤维，以防树脂流出交换柱，如图 11-5 所示。关闭活塞，并在柱中装入一些去离子水，然后将浸泡在水中的树脂连水一起装入柱子，并始终保持液面浸过树脂，防止有气泡进入树脂。树脂装入的高度一般为柱的 80％～90％。图 11-5(a) 的装置可防止水液面低于树脂，但使用过程中流速较慢。图 11-5(b) 的装置就需防止液面低于树脂的现象出现。装好树脂后，再在树脂上端塞上玻璃纤维，以防止使用时树脂被掀动。

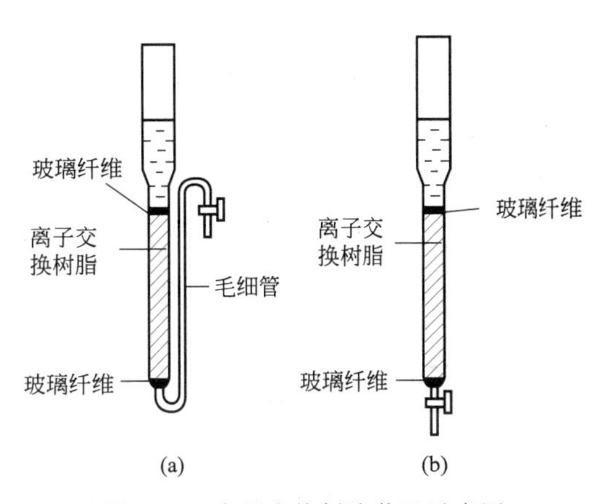

图 11-5 离子交换树脂装置示意图

(3) 分离

将待分离的试液缓慢地倒入交换柱中，打开柱下端的活塞，控制适当的流速，让试液进入树脂层，同时在柱的上端加入淋洗剂，洗去被交换下来的离子和试液中的其他组分。淋洗剂一般是水或不含被分离组分的其他溶剂。在淋洗过程中始终保持液面高于树脂，不使气泡混入。混入气泡会形成液-气和气-固两个界面增加界面的传质阻力，使离子交换反应的速率大幅下降。

在此过程中还要检测交换柱下端的流出液，直到流出液不含有试液中原有的某组分为止。

例如，NaCl 和 $CaCl_2$ 混合溶液经过阳离子交换树脂，Na^+、Ca^{2+} 被树脂亲和交换出 H^+，而 Cl^- 和树脂不发生反应而流出交换柱。在柱底端用表面皿接下几滴流出液，加入 $AgNO_3$，如果不出现浑浊，表明柱子已被洗涤干净，若出现 AgCl 沉淀即出现浑浊，则需继续用洗涤剂洗涤树脂。

若试液中各组分的检查均较困难，还可以有意识地加入一点杂质，例如 Cl^-，以便通过 Ag^+ 检查，确定洗涤是否干净。

经过上述过程，待分离组分已固定在树脂上。要想达到分离的目的，还需将它们从柱子上按顺序洗下来，这个过程叫洗脱。

选择好洗脱液，从柱顶端加入。洗脱有关组分，其原理和柱层析分离、薄层层析分离相似，不再重复。可以分批收集洗脱液，以分离不同的离子；还可以用其他的定量分析方法测定洗脱液中被交换的离子的含量。

(4) 树脂再生

将树脂恢复到进行离子交换前的形式的过程叫树脂的再生。若进行了上述洗脱过程，实际上树脂已恢复到了交换前的形式了，它已是一个再生过程。但也有许多交换过程没有洗脱这一步，例如前面讲到的制去离子水的过程。离子交换后，阳离子交换树脂已从 H 型变成其他正离子（如 Ca、Mg 型）型，阴离子交换树脂已从 OH 型变成其他阴离子型（如 Cl 型）。处理锅炉水的阳离子交换树脂已从 Na 型变成 Ca 型和 Mg 型，它将不能再继续进行水的处理，已达饱和，所以必须再生。

若要求其他阳离子型交换树脂再生为 H 型交换树脂，可将其他阳离子型交换树脂在高浓度（如 6～12 mol•L^{-1}）的 HCl 溶液浸泡或过柱处理：

$$M(R—SO_3)_n + nH^+ \rightleftharpoons nR-SO_3H + M^{n+} \tag{11-28}$$

式(11-28) 的离子交换反应正是式(11-21) 的离子交换反应的逆反应。因为 M^{n+} 与交换树脂的亲和力大，因此，必须加大 $[H^+]$，才可使式(11-21) 的反应向左移动。

同理，对阴离子交换树脂，若要再生成 OH 型阴离子交换树脂，应用高浓度的 NaOH 溶液浸泡或过柱。若要再生成 Na 型阳离子交换树脂则用浓 NaCl 溶液浸泡或过柱。

交换过程中所涉及的各种参数。均需查阅文献或由实验确定。

11.4.4 应用示例

(1) 石膏中硫酸钙的测定

石膏中硫酸钙可以通过测定 SO_4^{2-} 来确定。SO_4^{2-} 可以用 $BaCl_2$ 沉淀，用重量法测定。由于本样品中有大量钙存在，一些 SO_4^{2-} 形成硫酸钙，即硫酸钡沉淀中会混有硫酸钙沉淀。由于硫酸钙的摩尔质量比硫酸钡小，使测定结果偏低。为了消除 Ca^{2+} 的影响，可采用离子交换法测定硫酸钙的量。

将石膏试样、热水和过量的强酸性阳离子交换树脂在烧杯中加热、搅拌，硫酸钙溶于水的 Ca^{2+} 和阳离子交换树脂交换生成 H^+。随着交换的进行，溶液的酸度增加，促进了硫酸钙的溶解，最后所有的硫酸钙全部交换生成了硫酸。滤去树脂，并用水将树脂洗至中性。最后用 NaOH 标准溶液滴定滤液，可测定硫酸浓度，进而测定硫酸钙的含量。

(2) Fe^{3+} 和 Ni^{2+} 的分离和测定

将含有 Fe^{3+} 和 Ni^{2+} 的试样溶于 9 mol•L^{-1} 的 HCl 溶液中，则

$$Fe^{3+} + 4Cl^- \rightleftharpoons [FeCl_4]^- \tag{11-29}$$

将试样溶液通过强碱性 OH 型阴离子交换树脂柱，此时 $[FeCl_4]^-$ 和 $R-N(CH_3)_3OH$ 中 OH^- 发生交换而停留在树脂上。Ni^{2+} 与 Cl^- 不能形成配离子，所以其仍以阳离子形式存在，不和阴离子交换树脂发生交换。再用 9 mol•L^{-1} 的 HCl 溶液洗涤树脂，Ni^{2+} 随着 9 mol•L^{-1} 的 HCl 溶液直接通过交换柱。

在柱子的下端接一滴流出液，用丁二酮肟检验，若没有红色沉淀产生，表明 Ni^{2+} 已全部被洗干净。从收集到的洗涤液中测定 Ni^{2+} 的含量。

然后改变淋洗液，用 0.1 mol·L^{-1} 的 HCl 溶液淋洗交换柱。由于 HCl 溶液的浓度很低，因此

$$[FeCl_4]^- \rightleftharpoons Fe^{3+} + 4Cl^- \tag{11-30}$$

铁又以 Fe^{3+} 形式存在，也会从阴离子交换树脂上游离出来，通过交换柱，Fe^{3+} 和淋洗液一起流出交换柱。

在柱底收集淋洗液直到淋洗液中无 Fe^{3+} 为止。检验方法为一滴柱液加一滴亚铁氰化钾 $K_4[Fe(CN)_6]$（黄血盐），若无蓝色沉淀产生，则表明 Fe^{3+} 已被淋洗完全。收集淋洗液，检测其中的 Fe^{3+} 的含量。如此 Fe^{3+}、Ni^{2+} 达到了分离和测定的目的。

(3) 痕量组分的富集

离子交换树脂是一种富集带电荷的痕量组分的十分有效的方法。

矿石中的铂、钯的含量极低，必须富集后才能准确测定。将矿石溶于浓 HCl，使 Pt^{4+}、Pd^{2+} 转变为 $[PtCl_6]^{2-}$、$[PdCl_4]^{2-}$ 阴离子，流经强碱性阴离子交换柱，使得 $[PtCl_6]^{2-}$、$[PdCl_4]^{2-}$ 停留在交换树脂上。洗涤干净后，取出树脂，高温灰化，树脂变为 H_2O、CO_2 和少量残渣，用王水溶解，则富集了 Pt 和 Pd。可用适当的方法进行分析。

近年来，有机化合物的离子交换色谱分离也获得了迅速的发展和广泛的应用，尤其是在药物分析和生物分析方面应用更多。在一根交换柱上已能分离出 46 种氨基酸和其他组分。

如果把离子交换树脂和黏合剂均匀混合，涂铺薄层，则可进行离子交换薄层色谱分离。把纤维素加以处理，引入可交换的活性基团，用来涂铺薄层，也可进行离子交换薄层色谱分离。

【阅读拓展】

中医药的瑰宝青蒿素与现代化学分离技术

我国科学家屠呦呦由于成功提取青蒿素获得了 2015 年诺贝尔生理学或医学奖。屠呦呦老一辈科学家在极端艰苦的条件下提取并分离得到青蒿素，开创了疟疾治疗新方法。青蒿素的出现挽救了数百万疟疾患者的生命，体现了中医药对人类健康事业做出的巨大贡献。

青蒿素属于倍半萜内酯，有过氧键和内酯环，有 7 个手性中心，在自然界中十分罕见。青蒿素是从青蒿中提取出来的，是治疗疟疾的特效药。东晋名医葛洪在《肘后备急方》中有这样的记载，“青蒿一握，以水二升渍，绞取汁，尽服之”。屠呦呦根据记载成功地从青蒿中提取了青蒿素。没有青蒿素，地球上每年将有数百万人死于疟疾。青蒿素的发现被称为“二十世纪下半叶最伟大的医学创举”。

将乙醚等有机溶剂加入到青蒿中，溶解出来的物质一般含有多种组分（混合物），需要从混合物中将青蒿素分离出来。《中国药典》(2010 年版）以石油醚（60～90 ℃)-乙醚（4∶5）为展开剂，2%香草醛的10%硫酸乙醇溶液为显色剂，青蒿素的比移值为 0.38，即通过薄层色谱法可分离鉴定青蒿素。薄层色谱法也是《中国药典》规定的青蒿素的鉴别方法。

在青蒿素的发现过程中，萃取和薄层色谱分离这些基本的分析手段发挥了关键作用。

金属螯合物萃取

金属离子都有空轨道，可以接受孤电子对，是典型的路易斯酸，是配合物的中心；有机萃取剂中都有 O、N、S 原子，它们都有孤电子对，是典型的路易斯碱，是良好的配位体。金属离子和有机萃取剂通过配位键形成配合物。若在这些配位原子的 γ 位或 δ 位还有合适的配原子，就会形成多齿配合物并形成五元或

六元环，这种环状配合物称为螯合物。螯合物都有较大的疏水基团，在水中溶解度很小，而易溶于有机溶剂而被萃取。由于形成螯合物而被萃取，因此称作螯合物萃取。

1. 金属螯合物萃取体系

常用的金属螯合物萃取体系见表1。

表1 常用的金属螯合物萃取体系

萃取剂类别	萃取剂	被萃取的金属离子
β-二酮类	乙酰丙酮	Al、Be、Bi、Ce、Ga、Fe
喹啉类	8-羟基喹啉	Ag、Al、Ba、Cd、Cu、稀土金属
肟类	α-二苯乙醇酮肟、水杨醛肟	Cu、Mo、Nb、Pd、V、W、Ni
腙类	双硫腙	Ag、Au、Cd、In、Mn、Po、Ti、Zn
酚类	1-(2-吡啶偶氮)-2-萘酚(PAN)	Fe、Ga、Co、Hg、Pb、稀土金属

2. 螯合物萃取平衡

螯合物萃取过程总的平衡为

$$M^{n+}+nHA_{有}\rightleftharpoons MA_{n有}+nH^{+}$$

总平衡常数为
$$K_{ex}=\frac{[MA_n]_{有}[H^+]^n}{[M^{n+}][HA]_{有}^n}$$

总的萃取平衡是由以下4个平衡组成的。

(1) 螯合剂 HA 在两相中的分配平衡

$$HA\rightleftharpoons HA_{有}$$

HA 的分配平衡常数为
$$K_d=\frac{[HA]_{有}}{[HA]}$$

(2) 螯合剂 HA 在水相中的解离平衡

$$HA\rightleftharpoons H^{+}+A^{-}$$

HA 的解离平衡常数为
$$K_a=\frac{[H^+][A^-]}{[HA]}$$

(3) 金属离子与螯合剂阴离子 A^- 的配合平衡

$$M^{n+}+nA^{-}\rightleftharpoons MA_n$$

累积配合平衡常数为
$$\beta_n=\frac{[MA_n]}{[M^{n+}][A^-]^n}$$

(4) 螯合物 MA_n 在两相中的分配平衡

$$MA_n\rightleftharpoons MA_{n有}$$

MA_n 的分配平衡常数为
$$K_D=\frac{[MA_n]_{有}}{[MA_n]}$$

将平衡常数 K_d、K_a、K_D 和 β_n 全部代入总平衡常数计算式，得

$$K_{ex}=\frac{K_D\beta_nK_a^n}{K_d^n}$$

因为分配比为
$$D=\frac{[MA_n]_{有}}{[M^{n+}]+[MA_n]}$$

若 MA_n 在水相中的溶解度很小，$[MA_n]\approx 0$，则

$$D=\frac{[MA_n]_{有}}{[M^{n+}]}$$

则
$$K_{ex}=\frac{[MA_n]_{有}[H^+]^n}{[M^{n+}][HA]_{有}^n}=D\frac{[H^+]^n}{[HA]_{有}^n}$$

$$D=\frac{K_{ex}[HA]^n_{有}}{[H^+]^n}=\frac{K_D\beta_n K^n_a[HA]^n_{有}}{[H^+]^n K^n_d}$$

由上式可得到下列结论：

① 水相中的 $[H^+]$ 越小即 pH 越大，D 越大，萃取效率越大，而且与 $[H^+]^n$ 成反比；

② 螯合剂在两相中的分配平衡常数 K_d 越小，即在水相中的溶解度越大，D 越大，萃取效率越大，而且与 K^n_d 成反比；

③ 螯合剂在水相中的解离平衡常数 K_a 越大，即酸性越强，D 越大，萃取效率越大，而且与 K^n_a 成正比；

④ 螯合剂在有机相中的浓度 $[HA]^n_{有}$ 越大，即螯合剂越多，D 越大，萃取效率越大，而且与 $[HA]^n_{有}$ 成正比；

⑤ D 还与 K_D 和 β_n 的乘积成正比。

所以，前四个因素的影响更强。在选择萃取体系时应着重考虑 K_a 与 K_d；在操作过程中则主要考虑 pH 和螯合剂的用量。

3. 分离因子 β

如果有两个以上的组分可被萃取，而只需萃取一个，从上述分析看，操作条件中只能将干扰组分的配合物条件稳定常数 $\beta'_{干}$ 变小。即可在水相中加入干扰组分的配位剂，将其掩蔽。

$$D_{干}=\frac{K_{ex}[HA]^n_{有}}{\alpha_{干(L)}[H^+]^n}=\frac{K_D\beta_n K^n_a[HA]^n_{有}}{[H^+]^n K^n_d}$$

其中 $$\alpha_{干(L)}=1+\beta_1[L^-]+\beta_2[L^-]^2+\cdots+\beta_n[L^-]^n$$

可通过选择合适的实验条件，达到有选择性地萃取的目的。

4. 协萃效应

协同效应是个普遍概念。当两个操作或两种试剂等加在一起所产生的效果大于两个因素独立产生的效果之和时，这种现象称为协同效应。对于萃取操作而言，一种萃取剂和另一种试剂或萃取剂混合物的萃取效率（或分配比）大于每个萃取剂单独的萃取效率（或分配比）之和，即 $D_{协同}>\sum D_i$ 或 $E_{协同}>\sum E_i$。这种协同效应在此称为协萃效应，协萃系数 $S=D_{协同}/\sum D_i$，第二种试剂或萃取剂称作协萃剂。

协萃效应产生的原理有时并不太明确，但在萃取中协萃剂具备下列条件，较易产生协萃效应。

① 协萃剂能取代已配位的水分子，同时形成中性或亲水性较小的螯合物。

② 协萃剂本身疏水，并且对金属离子的配位能力较有机螯合物弱。

③ 协萃剂的加入有利于满足金属离子的最大配位数和配合物的几何因素。

有机磷化合物是最常用的协萃剂。协萃能力依次为

磷酸酯 $(RO)_3PO$<膦酸酯 $R(RO)_2PO$<次膦酸酯 $R_2(RO)PO$<氧化膦 R_3PO

此外，杂环碱、亚砜、羧酸和胺类、醇和酮类也有一定的协萃作用。

5. 共萃取

与共沉淀相似，一些组分本来不被萃取，由于另一组分被萃取而使前一种组分也被萃取，这种现象叫共萃取。

常见的共萃取实例见表 2。

表 2 常见的共萃取实例

被萃物	共萃物	水相	有机相
稀土	Ca		8-羟基喹啉-$CHCl_3$
Fe(Ⅲ)	Ge	HCl	$C_7\sim C_9$ 的羧酸-煤油(苯或甲苯)
Sb(Ⅲ)	Zn	罗丹明 C-HCl	二氯乙烷或硝基苯
Cu(Ⅱ)	Zn、Cd、Pb	pH>4	硫代苯甲酰丙酮
Cu(Ⅱ)	Se、Fe		DDTC-CCl_4

6. 萃取动力学

萃取的定量关系描述的是平衡时的状态。要达到平衡是需要时间的，不同的萃取体系所需时间有长有短。决定萃取速率的因素有两条：被萃取的螯合物的生成速率；萃取剂和螯合物的相转移的传质速率。前者较慢，是速率的决定因素。

因为 $$K_d=\frac{[HA]_{有}}{[HA]},K_a=\frac{[H^+][A^-]}{[HA]}$$

所以螯合物的生成速率为 $$v=k[M][A^-]^n=k[M]\frac{K_a^n[HA]_{有}^n}{K_d^n[H^+]^n}$$

显然，K_a 越大即 $[A^-]$ 越高，K_d 越小即在水相中的溶解度越大、pH越高，生成速率 v 即萃取速率越大。这与萃取平衡的结论是相近的。

利用动力学因素可扩大或缩小平衡速率差别，达到选择性富集的目的。例如，用双硫腙萃取Cd(Ⅱ)、Zn(Ⅱ)、Co(Ⅱ)、Ni(Ⅱ)，萃取速率依次减小，Ni的萃取平衡需10天才可达到，所以，可以选择性地分离。

习　　题

11-1 如果试液中含有 Fe^{3+}、Al^{3+}、Ca^{2+}、Mg^{2+}、Cu^{2+}、Mn^{2+}、Cr^{3+} 和 Zn^{2+} 等离子，加入 NH_3-NH_4Cl 缓冲溶液，控制pH=9，哪些离子以什么形式存在于沉淀中？沉淀是否完全（假设各离子浓度均为 $0.010\ mol \cdot L^{-1}$）？哪些离子以什么形式存在于溶液中？

11-2 已知 $K_{sp}[Mg(OH)_2]=1.8\times10^{-11}$，$K_{sp}[Zn(OH)_2]=1.2\times10^{-17}$，试计算MgO和ZnO悬浊液所能控制的溶液pH。

11-3 形成螯合物的有机沉淀剂和形成离子对化合物的有机沉淀剂分别具有什么特点？螯合物和离子对化合物有什么不同之处？

11-4 “分配系数”和“分配比”的物理意义何在？

11-5 含有 Fe^{3+}、Mg^{2+} 的溶液中，若使 $[NH_3]=0.10\ mol \cdot L^{-1}$，$[NH_4^+]=1.0\ mol \cdot L^{-1}$。此时，$Fe^{3+}$、$Mg^{2+}$ 能否完全分离？

11-6 某一弱酸HA的 $K_a=2.0\times10^{-5}$，它在某有机溶剂和水中的分配系数为30.0，当水溶液的pH分别为1.0和5.0时，分配比各为多少？用等体积的有机溶剂萃取，萃取效率各为多少？若使99.5%的弱酸被萃入有机相，这样的萃取要进行多少次？

11-7 某溶液含有 Fe^{3+} 10 mg，将它萃入有机溶剂中，分配比 $D=0.90$，则用等体积有机溶剂萃取，萃取1次、2次、3次，水相中 Fe^{3+} 的量分别为多少？若在萃取3次后，将有机相合并，并用等体积的水洗涤一次有机相，会损失 Fe^{3+} 多少毫克？

11-8 石膏试样中 SO_3 的测定用下列方法：称取石膏试样0.1747 g，加沸水50 mL，再加10 g强酸性氢型阳离子交换树脂，加热10 min后，用滤纸过滤并洗涤，然后用 $0.1053\ mol \cdot L^{-1}$ 的NaOH标准溶液滴定滤液，消耗NaOH标准溶液20.34 mL，计算石膏中 SO_3 的百分含量。

11-9 称取氢型阳离子交换树脂0.5128 g，充分溶胀后，加入浓度为 $1.013\ mol \cdot L^{-1}$ 的NaCl溶液10.00 mL，充分交换后，用 $0.1127\ mol \cdot L^{-1}$ 的NaOH标准溶液滴定，终点时，消耗NaOH标准溶液24.31 mL，求该树脂的交换容量（$mmol \cdot g^{-1}$）。

11-10 用OH型阴离子交换树脂分离 $9\ mol \cdot L^{-1}$ 的HCl溶液中的 Fe^{3+} 和 Al^{3+}，原理如何？哪种离子留在树脂上，哪些离子进入流出液中？如何检验进入流出液中的离子已全部进入了流出液？此过程完成后，如何将留在树脂上的另一种离子洗下来？

附　　录

附录1　常见弱酸和弱碱的解离常数（298.15 K）

化　合　物	解　离　常　数
弱酸	
H_3AlO_3	$K_1=6.3\times10^{-12}$
H_3AsO_4	$K_1=5.6\times10^{-3}$；$K_2=1.7\times10^{-7}$；$K_3=3.0\times10^{-12}$
H_3AsO_3	$K_1=6.0\times10^{-10}$
H_3BO_3	$K_1=5.7\times10^{-10}$
HCOOH	1.8×10^{-4}
CH_3COOH	1.8×10^{-5}
$ClCH_2COOH$	1.4×10^{-3}
$H_2C_2O_4$	$K_1=5.9\times10^{-2}$；$K_2=6.4\times10^{-5}$
$H_2C_4H_4O_6$（酒石酸）	$K_1=9.1\times10^{-4}$；$K_2=4.3\times10^{-5}$
$H_3C_6H_5O_7$（柠檬酸）	$K_1=7.4\times10^{-4}$；$K_2=1.73\times10^{-5}$；$K_3=4.0\times10^{-7}$
H_2CO_3	$K_1=4.2\times10^{-7}$；$K_2=5.6\times10^{-11}$
HClO	3.2×10^{-8}
HCN	6.2×10^{-10}
HSCN	1.4×10^{-1}
H_2CrO_4	$K_1=1.8\times10^{-1}$；$K_2=3.2\times10^{-7}$
HF	3.5×10^{-4}
HIO_3	1.7×10^{-1}
HNO_2	5.1×10^{-4}
H_2O	1.0×10^{-14}
H_3PO_4	$K_1=7.6\times10^{-3}$；$K_2=6.30\times10^{-8}$；$K_3=4.35\times10^{-13}$
H_2S	$K_1=1.32\times10^{-7}$；$K_2=7.10\times10^{-15}$
H_2SO_3	$K_1=1.5\times10^{-2}$；$K_2=1.0\times10^{-7}$
$H_2S_2O_3$	$K_1=2.5\times10^{-1}$；$K_2=1.0\times10^{-(1.4\sim1.7)}$
H_4Y（乙二胺四乙酸）	$K_1=1.0\times10^{-2}$；$K_2=2.10\times10^{-3}$；$K_3=6.9\times10^{-7}$；$K_4=5.9\times10^{-11}$
弱碱	
$NH_3\cdot H_2O$	1.8×10^{-5}
NH_2NH_2（联氨）	9.8×10^{-7}
NH_2OH（羟胺）	9.3×10^{-9}
$C_6H_5NH_2$（苯胺）	4×10^{-10}
C_5H_5N（吡啶）	1.5×10^{-9}
$(CH_2)_6N_4$（六亚甲基四胺）	1.4×10^{-9}

附录 2　难溶电解质的溶度积常数（298.15 K）

化合物	溶度积 K_{sp}	化合物	溶度积 K_{sp}
AgAc	4.4×10^{-3}	$Cu_3(PO_4)_2$	1.3×10^{-37}
AgBr	4.1×10^{-13}	$Cu_2P_2O_7$	8.3×10^{-16}
AgCl	1.8×10^{-10}	CuS	6.3×10^{-36}
Ag_2CO_3	6.1×10^{-12}	$FeCO_3$	3.2×10^{-11}
$Ag_2C_2O_4$	3.4×10^{-11}	$FeC_2O_4\cdot2H_2O$	3.2×10^{-7}
Ag_2CrO_4	1.1×10^{-12}	$Fe_4[Fe(CN)_6]_3$	3.3×10^{-41}
$Ag_2Cr_2O_7$	2.0×10^{-7}	$Fe(OH)_2$	8.0×10^{-16}
AgI	8.3×10^{-17}	$Fe(OH)_3$	3.5×10^{-38}
$AgIO_3$	3.0×10^{-8}	FeS	6.3×10^{-18}
$AgNO_2$	6.0×10^{-4}	Fe_2S_3	$\approx10^{-88}$
AgOH	2.0×10^{-8}	Hg_2Cl_2	1.3×10^{-18}
AgSCN	1.3×10^{-12}	Hg_2CrO_4	2.0×10^{-9}
Ag_2S	6.3×10^{-50}	Hg_2S	1.0×10^{-47}
Ag_2SO_4	1.4×10^{-5}	HgS(红)	4×10^{-53}
$Al(OH)_3$	1.3×10^{-33}	HgS(黑)	1.6×10^{-52}
$BaCO_3$	5.1×10^{-9}	$HgSO_4$	7.4×10^{-7}
BaC_2O_4	1.6×10^{-7}	$KHC_4H_4O_6$	3.0×10^{-4}
$BaCrO_4$	1.2×10^{-10}	$K_2NaCo(NO_2)_6\cdot H_2O$	2.2×10^{-11}
BaF_2	1.0×10^{-6}	K_2PtCl_6	1.1×10^{-5}
$BaSO_4$	1.1×10^{-10}	MgF_2	6.4×10^{-9}
$BaSO_3$	8×10^{-7}	$Mg(OH)_2$	1.8×10^{-11}
BiOCl	1.8×10^{-31}	$MnCO_3$	1.8×10^{-11}
$Bi(OH)_3$	4×10^{-31}	$Mn(OH)_2$	2.6×10^{-13}
$BiONO_3$	2.82×10^{-3}	MnS(无定形)	2.5×10^{-10}
Bi_2S_3	1×10^{-97}	(结晶)	2.5×10^{-13}
$CaCO_3$	2.8×10^{-9}	$NiCO_3$	6.6×10^{-9}
$CaC_2O_4\cdot2H_2O$	4×10^{-9}	$Ni(OH)_2$	2.0×10^{-15}
$CaCrO_4$	7.1×10^{-4}	NiS，α-	3.2×10^{-19}
CaF_2	3.4×10^{-11}	β-	1×10^{-24}
$Ca(OH)_2$	5.5×10^{-8}	γ-	2.0×10^{-20}
$CaSO_4$	9.1×10^{-6}	$PbCl_2$	1.6×10^{-5}
$Ca_3(PO_4)_2$	2.0×10^{-29}	$PbCO_3$	7.4×10^{-14}
$CdCO_3$	5.2×10^{-12}	$PbCrO_4$	2.8×10^{-13}
$CdC_2O_4\cdot3H_2O$	9.1×10^{-8}	PbI_2	1.1×10^{-8}
$Cd(OH)_2$	2.1×10^{-14}	PbS	8.0×10^{-28}
CdS	8.0×10^{-27}	$PbSO_4$	1.6×10^{-8}
$CoCO_3$	1.4×10^{-13}	$Sn(OH)_2$	1.4×10^{-28}
$Co(OH)_2$	1.6×10^{-15}	$Sn(OH)_4$	1×10^{-55}
$Co(OH)_3$	1.6×10^{-44}	SnS	1.0×10^{-28}
CoS，α-	4×10^{-21}	$SrCO_3$	1.1×10^{-10}
β-	2×10^{-25}	$SrCrO_4$	2.2×10^{-5}
$Cr(OH)_3$	6.3×10^{-31}	$SrC_2O_4\cdot H_2O$	1.6×10^{-7}
CuBr	5.3×10^{-9}	$SrSO_4$	3.2×10^{-7}
CuCl	1.2×10^{-6}	$ZnCO_3$	1.4×10^{-11}
Cu_2S	2.5×10^{-48}	$Zn(OH)_2$	1.2×10^{-17}
$CuCO_3$	1.4×10^{-10}	ZnS，α-	1.6×10^{-24}
$CuCrO_4$	3.6×10^{-6}	β-	2.5×10^{-22}
$Cu(OH)_2$	2.2×10^{-20}		

附录 3　标准电极电位(298.15 K)

一、在酸性溶液中

电　　对	电 极 反 应	$\varphi_a^\ominus$/V
Li^+/Li	$Li^+ + e^- \rightleftharpoons Li$	−3.045
Rb^+/Rb	$Rb^+ + e^- \rightleftharpoons Rb$	−2.93
K^+/K	$K^+ + e^- \rightleftharpoons K$	−2.925
Cs^+/Cs	$Cs^+ + e^- \rightleftharpoons Cs$	−2.92
Ba^{2+}/Ba	$Ba^{2+} + 2e^- \rightleftharpoons Ba$	−2.91
Sr^{2+}/Sr	$Sr^{2+} + 2e^- \rightleftharpoons Sr$	−2.89
Ca^{2+}/Ca	$Ca^{2+} + 2e^- \rightleftharpoons Ca$	−2.87
Na^+/Na	$Na^+ + e^- \rightleftharpoons Na$	−2.714
La^{3+}/La	$La^{3+} + 3e^- \rightleftharpoons La$	−2.52
Y^{3+}/Y	$Y^{3+} + 3e^- \rightleftharpoons Y$	−2.37
Mg^{2+}/Mg	$Mg^{2+} + 2e^- \rightleftharpoons Mg$	−2.37
Ce^{3+}/Ce	$Ce^{3+} + 3e^- \rightleftharpoons Ce$	−2.33
H_2/H^-	$\frac{1}{2}H_2 + e^- \rightleftharpoons H^-$	−2.25
Sc^{3+}/Sc	$Sc^{3+} + 3e^- \rightleftharpoons Sc$	−2.1
Th^{4+}/Th	$Th^{4+} + 4e^- \rightleftharpoons Th$	−1.9
Be^{2+}/Be	$Be^{2+} + 2e^- \rightleftharpoons Be$	−1.85
U^{3+}/U	$U^{3+} + 3e^- \rightleftharpoons U$	−1.80
Al^{3+}/Al	$Al^{3+} + 3e^- \rightleftharpoons Al$	−1.66
Ti^{2+}/Ti	$Ti^{2+} + 2e^- \rightleftharpoons Ti$	−1.63
ZrO_2/Zr	$ZrO_2 + 4H^+ + 4e^- \rightleftharpoons Zr + 2H_2O$	−1.43
V^{2+}/V	$V^{2+} + 2e^- \rightleftharpoons V$	−1.2
Mn^{2+}/Mn	$Mn^{2+} + 2e^- \rightleftharpoons Mn$	−1.17
TiO_2/Ti	$TiO_2 + 4H^+ + 4e^- \rightleftharpoons Ti + 2H_2O$	−0.86
SiO_2/Si	$SiO_2 + 4H^+ + 4e^- \rightleftharpoons Si + 2H_2O$	−0.86
Cr^{2+}/Cr	$Cr^{2+} + 2e^- \rightleftharpoons Cr$	−0.91
Zn^{2+}/Zn	$Zn^{2+} + 2e^- \rightleftharpoons Zn$	−0.763
Cr^{3+}/Cr	$Cr^{3+} + 3e^- \rightleftharpoons Cr$	−0.74
Ag_2S/Ag	$Ag_2S + 2e^- \rightleftharpoons Ag + S^{2-}$	−0.71
$CO_2/H_2C_2O_4$	$2CO_2 + 2H^+ + 2e^- \rightleftharpoons H_2C_2O_4$	−0.49
Fe^{2+}/Fe	$Fe^{2+} + 2e^- \rightleftharpoons Fe$	−0.440
Cr^{3+}/Cr^{2+}	$Cr^{3+} + e^- \rightleftharpoons Cr^{2+}$	−0.41
Cd^{2+}/Cd	$Cd^{2+} + 2e^- \rightleftharpoons Cd$	−0.403
Ti^{3+}/Ti^{2+}	$Ti^{3+} + e^- \rightleftharpoons Ti^{2+}$	−0.37
$PbSO_4/Pb$	$PbSO_4 + 2e^- \rightleftharpoons Pb + SO_4^{2-}$	−0.356
Co^{2+}/Co	$Co^{2+} + 2e^- \rightleftharpoons Co$	−0.29
$PbCl_2/Pb$	$PbCl_2 + 2e^- \rightleftharpoons Pb + 2Cl^-$	−0.266
V^{3+}/V^{2+}	$V^{3+} + e^- \rightleftharpoons V^{2+}$	−0.25
Ni^{2+}/Ni	$Ni^{2+} + 2e^- \rightleftharpoons Ni$	−0.25
AgI/Ag	$AgI + e^- \rightleftharpoons Ag + I^-$	−0.152
Sn^{2+}/Sn	$Sn^{2+} + 2e^- \rightleftharpoons Sn$	−0.136
Pb^{2+}/Pb	$Pb^{2+} + 2e^- \rightleftharpoons Pb$	−0.126
$AgCN/Ag$	$AgCN + e^- \rightleftharpoons Ag + CN^-$	−0.017

续表

电　对	电 极 反 应	$\varphi_a^\ominus$/V
H^+/H_2	$2H^+ + 2e^- \rightleftharpoons H_2$	0.000
$AgBr/Ag$	$AgBr + e^- \rightleftharpoons Ag + Br^-$	0.071
TiO_2^{2+}/Ti^{3+}	$TiO_2^{2+} + 4H^+ + 3e^- \rightleftharpoons Ti^{3+} + 2H_2O$	0.10
S/H_2S	$S + 2H^+ + 2e^- \rightleftharpoons H_2S(aq)$	0.14
Sb_2O_3/Sb	$Sb_2O_3 + 6H^+ + 6e^- \rightleftharpoons 2Sb + 3H_2O$	0.15
Sn^{4+}/Sn^{2+}	$Sn^{4+} + 2e^- \rightleftharpoons Sn^{2+}$	0.154
Cu^{2+}/Cu^+	$Cu^{2+} + e^- \rightleftharpoons Cu^+$	0.17
$AgCl/Ag$	$AgCl + e^- \rightleftharpoons Ag + Cl^-$	0.2223
$HAsO_2/As$	$HAsO_2 + 3H^+ + 3e^- \rightleftharpoons As + 2H_2O$	0.248
Hg_2Cl_2/Hg	$Hg_2Cl_2 + 2e^- \rightleftharpoons 2Hg + 2Cl^-$	0.268
BiO^+/Bi	$BiO^+ + 2H^+ + 3e^- \rightleftharpoons Bi + H_2O$	0.32
UO_2^{2+}/U^{4+}	$UO_2^{2+} + 4H^+ + 2e^- \rightleftharpoons U^{4+} + 2H_2O$	0.33
VO^{2+}/V^{3+}	$VO^{2+} + 2H^+ + e^- \rightleftharpoons V^{3+} + H_2O$	0.34
Cu^{2+}/Cu	$Cu^{2+} + 2e^- \rightleftharpoons Cu$	0.34
$S_2O_3^{2-}/S$	$S_2O_3^{2-} + 6H^+ + 4e^- \rightleftharpoons 2S + 3H_2O$	0.5
Cu^+/Cu	$Cu^+ + e^- \rightleftharpoons Cu$	0.52
I_3^-/I^-	$I_3^- + 2e^- \rightleftharpoons 3I^-$	0.548
I_2/I^-	$I_2 + 2e^- \rightleftharpoons 2I^-$	0.535
MnO_4^-/MnO_4^{2-}	$MnO_4^- + e^- \rightleftharpoons MnO_4^{2-}$	0.57
$H_3AsO_4/HAsO_2$	$H_3AsO_4 + 2H^+ + 2e^- \rightleftharpoons HAsO_2 + 2H_2O$	0.581
$HgCl_2/Hg_2Cl_2$	$2HgCl_2 + 2e^- \rightleftharpoons Hg_2Cl_2(s) + 2Cl^-$	0.63
Ag_2SO_4/Ag	$Ag_2SO_4 + 2e^- \rightleftharpoons 2Ag + SO_4^{2-}$	0.653
O_2/H_2O_2	$O_2 + 2H^+ + 2e^- \rightleftharpoons H_2O_2$	0.69
$[PtCl_4]^{2-}/Pt$	$[PtCl_4]^{2-} + 2e^- \rightleftharpoons Pt + 4Cl^-$	0.73
Fe^{3+}/Fe^{2+}	$Fe^{3+} + e^- \rightleftharpoons Fe^{2+}$	0.771
Hg_2^{2+}/Hg	$Hg_2^{2+} + 2e^- \rightleftharpoons 2Hg$	0.792
Ag^+/Ag	$Ag^+ + e^- \rightleftharpoons Ag$	0.7990
NO_3^-/NO_2	$NO_3^- + 2H^+ + e^- \rightleftharpoons NO_2 + H_2O$	0.80
Hg^{2+}/Hg	$Hg^{2+} + 2e^- \rightleftharpoons Hg$	0.854
Cu^{2+}/CuI	$Cu^{2+} + I^- + e^- \rightleftharpoons CuI$	0.86
Hg^{2+}/Hg_2^{2+}	$2Hg^{2+} + 2e^- \rightleftharpoons Hg_2^{2+}$	0.907
Pd^{2+}/Pd	$Pd^{2+} + 2e^- \rightleftharpoons Pd$	0.92
NO_3^-/HNO_2	$NO_3^- + 3H^+ + 2e^- \rightleftharpoons HNO_2 + H_2O$	0.94
NO_3^-/NO	$NO_3^- + 4H^+ + 3e^- \rightleftharpoons NO + 2H_2O$	0.96
HNO_2/NO	$HNO_2 + H^+ + e^- \rightleftharpoons NO + H_2O$	0.98
HIO/I^-	$HIO + H^+ + 2e^- \rightleftharpoons I^- + H_2O$	0.99
VO_2^+/VO^{2+}	$VO_2^+ + 2H^+ + e^- \rightleftharpoons VO^{2+} + H_2O$	0.999
$[AuCl_4]^-/Au$	$[AuCl_4]^- + 3e^- \rightleftharpoons Au + 4Cl^-$	1.00
NO_2/NO	$NO_2 + 2H^+ + 2e^- \rightleftharpoons NO + H_2O$	1.03
Br_2/Br^-	$Br_2(l) + 2e^- \rightleftharpoons 2Br^-$	1.065
NO_2/HNO_2	$NO_2 + H^+ + e^- \rightleftharpoons HNO_2$	1.07
Br_2/Br^-	$Br_2(aq) + 2e^- \rightleftharpoons 2Br^-$	1.08

电对	电极反应	$\varphi_a^\ominus$/V
$Cu^{2+}/[Cu(CN)_2]^-$	$Cu^{2+}+2CN^-+e^- \rightleftharpoons [Cu(CN)_2]^-$	1.12
IO_3^-/HIO	$IO_3^-+5H^++4e^- \rightleftharpoons HIO+2H_2O$	1.14
ClO_3^-/ClO_2	$ClO_3^-+2H^++e^- \rightleftharpoons ClO_2+H_2O$	1.15
Ag_2O/Ag	$Ag_2O+2H^++2e^- \rightleftharpoons 2Ag+H_2O$	1.17
ClO_4^-/ClO_3^-	$ClO_4^-+2H^++2e^- \rightleftharpoons ClO_3^-+H_2O$	1.19
IO_3^-/I_2	$2IO_3^-+12H^++10e^- \rightleftharpoons I_2+6H_2O$	1.19
$ClO_3^-/HClO_2$	$ClO_3^-+3H^++2e^- \rightleftharpoons HClO_2+H_2O$	1.21
O_2/H_2O	$O_2+4H^++4e^- \rightleftharpoons 2H_2O$	1.229
MnO_2/Mn^{2+}	$MnO_2+4H^++2e^- \rightleftharpoons Mn^{2+}+2H_2O$	1.23
$ClO_2/HClO_2$	$ClO_2(g)+H^++e^- \rightleftharpoons HClO_2$	1.27
$Cr_2O_7^{2-}/Cr^{3+}$	$Cr_2O_7^{2-}+14H^++6e^- \rightleftharpoons 2Cr^{3+}+7H_2O$	1.33
ClO_4^-/Cl_2	$2ClO_4^-+16H^++14e^- \rightleftharpoons Cl_2+8H_2O$	1.34
Cl_2/Cl^-	$Cl_2+2e^- \rightleftharpoons 2Cl^-$	1.36
Au^{3+}/Au^+	$Au^{3+}+2e^- \rightleftharpoons Au^+$	1.41
BrO_3^-/Br^-	$BrO_3^-+6H^++6e^- \rightleftharpoons Br^-+3H_2O$	1.44
HIO/I_2	$2HIO+2H^++2e^- \rightleftharpoons I_2+2H_2O$	1.45
ClO_3^-/Cl^-	$ClO_3^-+6H^++6e^- \rightleftharpoons Cl^-+3H_2O$	1.45
PbO_2/Pb^{2+}	$PbO_2+4H^++2e^- \rightleftharpoons Pb^{2+}+2H_2O$	1.455
ClO_3^-/Cl_2	$2ClO_3^-+12H^++10e^- \rightleftharpoons Cl_2+6H_2O$	1.47
Mn^{3+}/Mn^{2+}	$Mn^{3+}+e^- \rightleftharpoons Mn^{2+}$	1.488
$HClO/Cl^-$	$HClO+H^++2e^- \rightleftharpoons Cl^-+H_2O$	1.49
Au^{3+}/Au	$Au^{3+}+3e^- \rightleftharpoons Au$	1.50
BrO_3^-/Br_2	$2BrO_3^-+12H^++10e^- \rightleftharpoons Br_2+6H_2O$	1.5
MnO_4^-/Mn^{2+}	$MnO_4^-+8H^++5e^- \rightleftharpoons Mn^{2+}+4H_2O$	1.51
$HBrO/Br_2$	$2HBrO+2H^++2e^- \rightleftharpoons Br_2+2H_2O$	1.6
H_5IO_6/IO_3^-	$H_5IO_6+H^++2e^- \rightleftharpoons IO_3^-+3H_2O$	1.6
$HClO/Cl_2$	$2HClO+2H^++2e^- \rightleftharpoons Cl_2+2H_2O$	1.63
$HClO_2/HClO$	$HClO_2+2H^++2e^- \rightleftharpoons HClO+H_2O$	1.64
MnO_4^-/MnO_2	$MnO_4^-+4H^++3e^- \rightleftharpoons MnO_2+2H_2O$	1.68
NiO_2/Ni^{2+}	$NiO_2+4H^++2e^- \rightleftharpoons Ni^{2+}+2H_2O$	1.68
$PbO_2/PbSO_4$	$PbO_2+SO_4^{2-}+4H^++2e^- \rightleftharpoons PbSO_4+2H_2O$	1.69
H_2O_2/H_2O	$H_2O_2+2H^++2e^- \rightleftharpoons 2H_2O$	1.77
Co^{3+}/Co^{2+}	$Co^{3+}+e^- \rightleftharpoons Co^{2+}$	1.80
XeO_3/Xe	$XeO_3+6H^++6e^- \rightleftharpoons Xe+3H_2O$	1.8
$S_2O_8^{2-}/SO_4^{2-}$	$S_2O_8^{2-}+2e^- \rightleftharpoons 2SO_4^{2-}$	2.0
O_3/O_2	$O_3+2H^++2e^- \rightleftharpoons O_2+H_2O$	2.07
XeF_2/Xe	$XeF_2+2e^- \rightleftharpoons Xe+2F^-$	2.2
F_2/F^-	$F_2+2e^- \rightleftharpoons 2F^-$	2.87
H_4XeO_6/XeO_3	$H_4XeO_6+2H^++2e^- \rightleftharpoons XeO_3+3H_2O$	3.0
F_2/HF	$F_2(g)+2H^++2e^- \rightleftharpoons 2HF$	3.06

二、在碱性溶液中

电　对	电极反应	$\varphi_b^\ominus$/V
$Mg(OH)_2/Mg$	$Mg(OH)_2+2e^- \rightleftharpoons Mg+2OH^-$	−2.69
$H_2AlO_3^-/Al$	$H_2AlO_3^-+H_2O+3e^- \rightleftharpoons Al+4OH^-$	−2.35
$H_2BO_3^-/B$	$H_2BO_3^-+H_2O+3e^- \rightleftharpoons B+4OH^-$	−1.79
$Mn(OH)_2/Mn$	$Mn(OH)_2+2e^- \rightleftharpoons Mn+2OH^-$	−1.55
$[Zn(CN)_4]^{2-}/Zn$	$[Zn(CN)_4]^{2-}+2e^- \rightleftharpoons Zn+4CN^-$	−1.26
ZnO_2^{2-}/Zn	$ZnO_2^{2-}+2H_2O+2e^- \rightleftharpoons Zn+4OH^-$	−1.216
$SO_3^{2-}/S_2O_4^{2-}$	$2SO_3^{2-}+2H_2O+2e^- \rightleftharpoons S_2O_4^{2-}+4OH^-$	−1.12
$[Zn(NH_3)_4]^{2+}/Zn$	$[Zn(NH_3)_4]^{2+}+2e^- \rightleftharpoons Zn+4NH_3$	−1.04
$[Sn(OH)_5]^-/HSnO_2^-$	$[Sn(OH)_5]^-+2e^- \rightleftharpoons HSnO_2^-+2OH^-+H_2O$	−0.93
SO_4^{2-}/SO_3^{2-}	$SO_4^{2-}+H_2O+2e^- \rightleftharpoons SO_3^{2-}+2OH^-$	−0.93
$HSnO_2^-/Sn$	$HSnO_2^-+H_2O+2e^- \rightleftharpoons Sn+3OH^-$	−0.91
H_2O/H_2	$2H_2O+2e^- \rightleftharpoons H_2+2OH^-$	−0.828
$Ni(OH)_2/Ni$	$Ni(OH)_2+2e^- \rightleftharpoons Ni+2OH^-$	−0.72
AsO_4^{3-}/AsO_2^-	$AsO_4^{3-}+2H_2O+2e^- \rightleftharpoons AsO_2^-+4OH^-$	−0.67
SO_3^{2-}/S	$SO_3^{2-}+3H_2O+4e^- \rightleftharpoons S+6OH^-$	−0.66
AsO_2^-/As	$AsO_2^-+2H_2O+3e^- \rightleftharpoons As+4OH^-$	−0.66
$SO_3^{2-}/S_2O_3^{2-}$	$2SO_3^{2-}+3H_2O+4e^- \rightleftharpoons S_2O_3^{2-}+6OH^-$	−0.58
S/S^{2-}	$S+2e^- \rightleftharpoons S^{2-}$	−0.48
$[Ag(CN)_2]^-/Ag$	$[Ag(CN)_2]^-+e^- \rightleftharpoons Ag+2CN^-$	−0.31
CrO_4^{2-}/CrO_2^-	$CrO_4^{2-}+2H_2O+3e^- \rightleftharpoons CrO_2^-+4OH^-$	−0.12
O_2/HO_2^-	$O_2+H_2O+2e^- \rightleftharpoons HO_2^-+OH^-$	−0.076
NO_3^-/NO_2^-	$NO_3^-+H_2O+2e^- \rightleftharpoons NO_2^-+2OH^-$	0.01
$S_4O_6^{2-}/S_2O_3^{2-}$	$S_4O_6^{2-}+2e^- \rightleftharpoons 2S_2O_3^{2-}$	0.09
HgO/Hg	$HgO+H_2O+2e^- \rightleftharpoons Hg+2OH^-$	0.098
$Mn(OH)_3/Mn(OH)_2$	$Mn(OH)_3+e^- \rightleftharpoons Mn(OH)_2+OH^-$	0.1
$[Co(NH_3)_6]^{3+}/[Co(NH_3)_6]^{2+}$	$[Co(NH_3)_6]^{3+}+e^- \rightleftharpoons [Co(NH_3)_6]^{2+}$	0.1
$Co(OH)_3/Co(OH)_2$	$Co(OH)_3+e^- \rightleftharpoons Co(OH)_2+OH^-$	0.17
Ag_2O/Ag	$Ag_2O+H_2O+2e^- \rightleftharpoons 2Ag+2OH^-$	0.34
O_2/OH^-	$O_2+2H_2O+4e^- \rightleftharpoons 4OH^-$	0.41
MnO_4^-/MnO_2	$MnO_4^-+2H_2O+3e^- \rightleftharpoons MnO_2+4OH^-$	0.588
BrO_3^-/Br^-	$BrO_3^-+3H_2O+6e^- \rightleftharpoons Br^-+6OH^-$	0.61
BrO^-/Br^-	$BrO^-+H_2O+2e^- \rightleftharpoons Br^-+2OH^-$	0.76
H_2O_2/OH^-	$H_2O_2+2e^- \rightleftharpoons 2OH^-$	0.88
ClO^-/Cl^-	$ClO^-+H_2O+2e^- \rightleftharpoons Cl^-+2OH^-$	0.89
$HXeO_6^{3-}/HXeO_4^-$	$HXeO_6^{3-}+2H_2O+2e^- \rightleftharpoons HXeO_4^-+4OH^-$	0.9
$HXeO_4^-/Xe$	$HXeO_4^-+3H_2O+6e^- \rightleftharpoons Xe+7OH^-$	0.9
O_3/OH^-	$O_3+H_2O+2e^- \rightleftharpoons O_2+2OH^-$	1.24

附录 4　金属配合物的稳定常数（298.15 K）

金属离子	离子强度	n	$\lg\beta_n$
氨配合物			
Ag^+	0.1	1,2	3.40,7.40
Cd^{2+}	0.1	1,…,6	2.60,4.65,6.04,6.92,6.6,4.9
Co^{2+}	0.1	1,…,6	2.05,3.62,4.61,5.31,5.43,4.75
Cu^{2+}	2	1,…,4	4.13,7.61,10.48,12.59
Ni^{2+}	0.1	1,…,6	2.75,4.95,6.64,7.79,8.50,8.49
Zn^{2+}	0.1	1,…,4	2.27,4.61,7.01,9.06
氟配合物			
Al^{3+}	0.53	1,…,6	6.1,11.15,15.0,17.7,19.4,19.7
Fe^{3+}	0.5	1,2,3	5.2,9.2,11.9
Th^{4+}	0.5	1,2,3	7.7,13.5,18.0
TiO^{2+}	3	1,…,4	5.4,9.8,13.7,17.4
Sn^{4+}	*	6	25
Zr^{4+}	2	1,2,3	8.8,16.1,21.9
氯配合物			
Ag^+	0.2	1,…,4	2.9,4.7,5.0,5.9
Hg^{2+}	0.5	1,…,4	6.7,13.2,14.1,15.1
碘配合物			
Cd^{2+}	*	1,…,4	2.4,3.4,5.0,6.15
Hg^{2+}	0.5	1,…,4	12.9,23.8,27.6,29.8
氰配合物			
Ag^+	0～0.3	1,…,4	—,21.1,21.8,20.7
Cd^{2+}	3	1,…,4	5.5,10.6,15.3,18.9
Cu^+	0	1,…,4	—,24.0,28.6,30.3
Fe^{2+}	0	6	35.4
Fe^{3+}	0	6	43.6
Hg^{2+}	0.1	1,…,4	18.0,34.7,38.5,41.5
Ni^{2+}	0.1	4	31.3
Zn^{2+}	0.1	4	16.7
硫氰酸配合物			
Fe^{3+}	*	1,…,5	2.3,4.2,5.6,6.4,6.4
Hg^{2+}	1	1,…,4	—,16.1,19.0,20.9
硫代硫酸配合物			
Ag^+	0	1,2	8.82,13.5
Hg^{2+}	0	1,2	29.86,32.26
柠檬酸配合物			
Al^{3+}	0.5	1	20.0
Cu^{2+}	0.5	1	18
Fe^{3+}	0.5	1	25
Ni^{2+}	0.5	1	14.3
Pb^{2+}	0.5	1	12.3
Zn^{2+}	0.5	1	11.4
磺基水杨酸配合物			
Al^{3+}	0.1	1,2,3	12.9,22.9,29.0
Fe^{3+}	3	1,2,3	14.4,25.2,32.2

续表

金属离子	离子强度	n	$\lg\beta_n$
乙酰丙酮配合物			
Al^{3+}	0.1	1,2,3	8.1,15.7,21.2
Cu^{2+}	0.1	1,2	7.8,14.3
Fe^{3+}	0.1	1,2,3	9.3,17.9,25.1
邻二氮菲配合物			
Ag^{+}	0.1	1,2	5.02,12.07
Cd^{2+}	0.1	1,2,3	6.4,11.6,15.8
Co^{2+}	0.1	1,2,3	7.0,13.7,20.1
Cu^{2+}	0.1	1,2,3	9.1,15.8,21.0
Fe^{2+}	0.1	1,2,3	5.9,11.1,21.3
Hg^{2+}	0.1	1,2,3	—,19.56,23.35
Ni^{2+}	0.1	1,2,3	8.8,17.1,24.8
Zn^{2+}	0.1	1,2,3	6.4,12.15,17.0
乙二胺配合物			
Ag^{+}	0.1	1,2	4.7,7.7
Cd^{2+}	0.1	1,2	5.47,10.02
Cu^{2+}	0.1	1,2	10.55,19.60
Co^{2+}	0.1	1,2,3	5.89,10.72,13.82
Hg^{2+}	0.1	2	23.42
Ni^{2+}	0.1	1,2,3	7.66,14.06,18.59
Zn^{2+}	0.1	1,2,3	5.71,10.37,12.08
EDTA 配合物			
Ag^{+}	0.1	1	7.32
Al^{3+}	0.1	1	16.3
Ba^{2+}	0.1	1	7.86
Be^{2+}	0.1	1	9.30
Bi^{3+}	0.1	1	27.94
Ca^{2+}	0.1	1	10.69
Ce^{3+}	0.1	1	15.98
Cd^{2+}	0.1	1	16.46
Co^{2+}	0.1	1	16.31
Co^{3+}	0.1	1	36.0
Cr^{3+}	0.1	1	23.4
Cu^{2+}	0.1	1	18.80
Fe^{2+}	0.1	1	14.33
Fe^{3+}	0.1	1	25.1
Hg^{2+}	0.1	1	21.8
La^{3+}	0.1	1	15.50
Mg^{2+}	0.1	1	8.69
Mn^{2+}	0.1	1	13.87
Na^{+}	0.1	1	1.66
Ni^{2+}	0.1	1	18.60
Pb^{2+}	0.1	1	18.04
Pt^{3+}	0.1	1	16.4

续表

金属离子	离子强度	n	$\lg\beta_n$
Sn^{2+}	0.1	1	22.1
Sr^{2+}	0.1	1	8.73
Th^{4+}	0.1	1	23.2
Ti^{3+}	0.1	1	21.3
TiO^{2+}	0.1	1	17.3
UO_2^{3+}	0.1	1	约 10
U^{4+}	0.1	1	25.8
VO_2^{+}	0.1	1	18.1
VO^{2+}	0.1	1	18.8
Y^{3+}	0.1	1	18.09
Zn^{2+}	0.1	1	16.50
EGTA 配合物			
Ba^{2+}	0.1	1	8.4
Ca^{2+}	0.1	1	11.0
Cd^{2+}	0.1	1	15.6
Co^{2+}	0.1	1	12.3
Cu^{2+}	0.1	1	17
Hg^{2+}	0.1	1	23.2
La^{3+}	0.1	1	15.6
Mg^{2+}	0.1	1	5.2
Mn^{2+}	0.1	1	10.7
Ni^{2+}	0.1	1	17.0
Pb^{2+}	0.1	1	15.5
Sr^{2+}	0.1	1	6.8
Zn^{2+}	0.1	1	14.5
DCTA 配合物			
Al^{3+}	0.1	1	17.6
Ba^{2+}	0.1	1	8.0
Bi^{3+}	0.1	1	24.1
Ca^{2+}	0.1	1	12.5
Cd^{2+}	0.1	1	19.2
Co^{2+}	0.1	1	18.9
Cu^{2+}	0.1	1	21.3
Fe^{2+}	0.1	1	18.2
Fe^{3+}	0.1	1	29.3
Hg^{2+}	0.1	1	24.3
Mg^{2+}	0.1	1	10.3
Mn^{2+}	0.1	1	16.8
Ni^{2+}	0.1	1	19.4
Pb^{2+}	0.1	1	19.7
Sr^{2+}	0.1	1	10.0
Th^{4+}	0.1	1	23.2
Zn^{2+}	0.1	1	18.7

附录5 化合物分子量表

分 子 式	分子量	分 子 式	分子量
Ag_3AsO_4	462.52	CdS	144.47
AgBr	187.77	$Ce(SO_4)_2$	332.24
AgCl	143.32	$Ce(SO_4)_2 \cdot 4H_2O$	404.30
AgCN	133.89	CH_2O(甲醛)	30.03
AgSCN	165.95	$C_{14}H_{14}N_3O_3SNa$(甲基橙)	327.33
Ag_2CrO_4	331.73	$C_4H_8N_2O_2$(丁二酮肟)	116.12
AgI	234.77	$(CH_2)_6N_4$(六亚甲基四胺)	140.19
$AgNO_3$	169.87	$C_7H_6O_6S \cdot 2H_2O$(磺基水杨酸)	254.22
$AlCl_3$	133.34	$C_{12}H_8N_2 \cdot H_2O$(邻二氮菲)	198.22
$Al(C_9H_6NO)_3$(8-羟基喹啉铝)	459.44	$C_2H_5NO_2$(氨基乙酸)	75.07
$AlCl_3 \cdot 6H_2O$	241.43	$C_6H_{12}N_2O_4S_2$(L-胱氨酸)	240.30
$Al(NO_3)_3$	213.00	$C_4H_6O_4(OH)CCOH$(抗坏血酸)	176.12
$Al(NO_3)_3 \cdot 9H_2O$	375.13	$CoCl_2$	129.84
Al_2O_3	101.96	$CoCl_2 \cdot 6H_2O$	237.93
$Al(OH)_3$	78.00	$Co(NO_3)_2$	182.94
$Al_2(SO_4)_3$	342.14	$Co(NO_3)_2 \cdot 6H_2O$	291.03
$Al_2(SO_4)_3 \cdot 18H_2O$	666.41	CoS	90.99
As_2O_3	197.84	$CoSO_4$	154.99
As_2O_5	229.84	$CoSO_4 \cdot 7H_2O$	281.10
As_2S_3	246.02	$CO(NH_2)_2$	60.06
$BaCO_3$	197.34	$CrCl_3$	158.36
BaC_2O_4	225.35	$CrCl_3 \cdot 6H_2O$	266.45
$BaCl_2$	208.24	$Cr(NO_3)_3$	238.01
$BaCl_2 \cdot 2H_2O$	244.27	Cr_2O_3	151.99
$BaCrO_4$	253.32	CuCl	99.00
BaO	153.33	$CuCl_2$	134.45
$Ba(OH)_2$	171.34	$CuCl_2 \cdot 2H_2O$	170.48
$BaSO_4$	233.39	CuSCN	121.62
$BiCl_3$	315.34	CuI	190.45
BiOCl	260.43	$Cu(NO_3)_2 \cdot 3H_2O$	241.60
CO_2	44.01	CuO	79.55
CaO	56.08	Cu_2O	143.09
$CaCO_3$	100.09	CuS	95.61
CaC_2O_4	128.10	$CuSO_4$	159.06
$CaCl_2$	110.99	$CuSO_4 \cdot 5H_2O$	249.63
$CaCl_2 \cdot 6H_2O$	219.08	$FeCl_2$	126.75
$Ca(NO_3)_2 \cdot 4H_2O$	236.15	$FeCl_2 \cdot 4H_2O$	198.81
$Ca(OH)_2$	74.10	$FeCl_3$	162.21
$Ca_3(PO_4)_2$	310.18	$FeCl_3 \cdot 6H_2O$	270.30
$CaSO_4$	136.14	$FeNH_4(SO_4)_2 \cdot 12H_2O$	482.18
$CdCO_3$	172.42	$Fe(NO_3)_3$	241.86
$CdCl_2$	183.32	$Fe(NO_3)_3 \cdot 9H_2O$	404.00
CdO	128.41	FeO	71.85

续表

分　子　式	分子量	分　子　式	分子量
Fe_2O_3	159.69	$KClO_4$	138.55
Fe_3O_4	231.54	KCN	65.12
$Fe(OH)_3$	106.87	KSCN	97.18
FeS	87.91	K_2CO_3	138.21
Fe_2S_3	207.87	K_2CrO_4	194.19
$FeSO_4$	151.91	$K_2Cr_2O_7$	294.18
$FeSO_4 \cdot 7H_2O$	278.01	$K_3[Fe(CN)_6]$	329.25
$Fe(NH_4)_2(SO_4)_2 \cdot 6H_2O$	392.13	$K_4[Fe(CN)_6]$	368.35
H_3AsO_3	125.94	$KFe(SO_4)_2 \cdot 12H_2O$	503.24
H_3AsO_4	141.94	$KHC_8H_4O_4$(邻苯二甲酸氢钾)	204.22
H_3BO_3	61.83	$KHC_2O_4 \cdot H_2O$	146.14
HBr	80.09	$KHC_2O_4 \cdot H_2C_2O_4 \cdot 2H_2O$	254.19
HCN	27.03	$KHC_4H_4O_6$(酒石酸氢钾)	188.18
HCOOH	46.03	$KHSO_4$	136.16
CH_3COOH	60.05	KI	166.00
H_2CO_3	62.02	KIO_3	214.00
$H_2C_4H_4O_6$	150.09	$KIO_3 \cdot HIO_3$	389.91
$H_2C_2O_4$	90.04	$KMnO_4$	158.03
$H_2C_2O_4 \cdot 2H_2O$	126.07	$KNaC_4H_4O_6 \cdot 4H_2O$	282.22
$H_3C_6H_5O_7 \cdot H_2O$(柠檬酸)	210.14	KNO_3	101.10
$H_2C_4H_4O_5$(*dl*-苹果酸)	134.09	KNO_2	85.10
HCl	36.46	K_2O	94.20
HF	20.01	KOH	56.11
HI	127.91	K_2PtCl_6	485.99
HIO_3	175.91	K_2SO_4	174.25
HNO_3	63.01	$K_2S_2O_7$	254.31
HNO_2	47.01	$MgCO_3$	84.31
H_2O	18.015	$MgCl_2$	95.21
H_2O_2	34.02	$MgCl_2 \cdot 6H_2O$	203.30
H_3PO_4	98.00	MgO	40.30
H_2S	34.08	$Mg(OH)_2$	58.32
H_2SO_3	82.07	$Mg_2P_2O_7$	222.55
H_2SO_4	98.07	$MgSO_4 \cdot 7H_2O$	246.47
$Hg(CN)_2$	252.63	$MnCO_3$	114.95
$HgCl_2$	271.50	$MnCl_2 \cdot 4H_2O$	197.91
Hg_2Cl_2	472.09	$Mn(NO_3)_2 \cdot 6H_2O$	287.04
HgI_2	454.40	MnO	70.94
$Hg_2(NO_3)_2$	525.09	MnO_2	86.94
$Hg_2(NO_3)_2 \cdot 2H_2O$	561.22	MnS	87.00
$Hg(NO_3)_2$	324.60	$MnSO_4$	151.00
HgO	216.59	$MnSO_4 \cdot 4H_2O$	223.06
HgS	232.65	NO	30.01
$HgSO_4$	296.65	NO_2	46.01
Hg_2SO_4	497.24	NH_3	17.03
$KAl(SO_4)_2 \cdot 12H_2O$	474.38	CH_3COONH_4	77.08
KBr	119.00	NH_4Cl	53.49
$KBrO_3$	167.00	$(NH_4)_2CO_3$	96.09
KCl	74.55	$(NH_4)_2C_2O_4$	124.10
$KClO_3$	122.55	$(NH_4)_2CO_3 \cdot H_2O$	142.11

续表

分子式	分子量	分子式	分子量
NH_4SCN	76.12	$PbCO_3$	267.21
NH_4HCO_3	79.06	PbC_2O_4	295.22
$(NH_4)_2MoO_4$	196.01	$PbCl_2$	278.11
NH_4NO_3	80.04	$PbCrO_4$	323.19
$(NH_4)_2HPO_4$	132.06	$Pb(CH_3COO)_2$	325.29
$(NH_4)_3PO_4 \cdot 12Mo_2O_3$	1876.34	$Pb(CH_3COO)_2 \cdot 3H_2O$	379.34
$(NH_4)_2S$	68.14	PbI_2	461.01
$(NH_4)_2SO_4$	132.13	$Pb(NO_3)_2$	331.21
$(NH_4)_2Fe(SO_4)_2 \cdot 6H_2O$	392.13	PbO	223.20
NH_4VO_3	116.98	PbO_2	239.20
Na_3AsO_3	191.89	$Pb_3(PO_4)_2$	811.54
$Na_2B_4O_7$	201.22	PbS	239.26
$Na_2B_4O_7 \cdot 10H_2O$	381.37	$PbSO_4$	303.26
$NaBiO_3$	279.97	SO_3	80.06
$NaCN$	49.01	SO_2	64.06
$NaSCN$	81.07	$SbCl_3$	228.11
Na_2CO_3	105.99	$SbCl_5$	299.02
$Na_2CO_3 \cdot 10H_2O$	286.14	Sb_2O_3	291.50
$Na_2C_2O_4$	134.00	Sb_2S_3	339.68
CH_3COONa	82.03	SiO_2	60.08
$CH_3COONa \cdot 3H_2O$	136.08	$SnCl_2$	189.60
$Na_3C_6H_5O_7$(柠檬酸钠)	258.07	$SnCl_2 \cdot 2H_2O$	225.63
$NaCl$	58.44	$SnCl_4$	260.50
$NaClO$	74.44	$SnCl_4 \cdot 5H_2O$	350.58
$NaHCO_3$	84.01	SnO_2	150.69
$Na_2HPO_4 \cdot 12H_2O$	358.14	SnS_2	150.75
$Na_2H_2Y_2H_2O$(EDTA 二钠盐)	372.24	$SrCO_3$	147.63
$NaNO_2$	69.00	SrC_2O_4	175.64
$NaNO_3$	85.00	$Sr(NO_3)_2$	211.63
Na_2O	61.98	$Sr(NO_3)_2 \cdot 4H_2O$	283.69
Na_2O_2	77.98	$SrSO_4$	183.69
$NaOH$	40.00	$UO_2(CH_3COO)_2 \cdot 2H_2O$	424.15
Na_3PO_4	163.94	$TiCl_3$	154.24
Na_2S	78.04	TiO_2	79.88
$Na_2S \cdot 9H_2O$	240.18	$ZnCO_3$	125.39
Na_2SO_3	126.04	ZnC_2O_4	153.40
Na_2SO_4	142.04	$ZnCl_2$	136.29
$Na_2S_2O_3$	158.19	$Zn(CH_3COO)_2$	183.47
$Na_2S_2O_3 \cdot 5H_2O$	248.17	$Zn(CH_3COO)_2 \cdot 2H_2O$	219.50
$NiCl_2 \cdot 6H_2O$	237.70	$Zn(NO_3)_2$	189.39
NiO	74.70	$Zn(NO_3)_2 \cdot 6H_2O$	297.48
$Ni(NO_3)_2 \cdot 6H_2O$	290.80	ZnO	81.38
NiS	90.76	ZnS	97.44
$NiSO_4 \cdot 7H_2O$	280.86	$ZnSO_4$	161.44
$Ni(C_4H_7N_2O_2)_2$(丁二酮肟镍)	288.91	$ZnSO_4 \cdot 7H_2O$	287.55
P_2O_5	141.95		

附录6 国际原子量表

元素	符号	原子量	元素	符号	原子量
银	Ag	107.8682	氮	N	14.006747
铝	Al	26.98154	钠	Na	22.98997
氩	Ar	39.948	铌	Nb	92.90638
砷	As	74.92159	钕	Nd	144.24
金	Au	196.96654	氖	Ne	20.1797
硼	B	10.811	镍	Ni	58.69
钡	Ba	137.327	镎	Np	237.0482
铍	Be	9.01218	氧	O	15.9994
铋	Bi	208.98037	锇	Os	190.23
溴	Br	79.904	磷	P	30.97376
碳	C	12.011	铅	Pb	207.2
钙	Ca	40.078	钯	Pd	106.42
镉	Cd	112.411	镨	Pr	140.90765
铈	Ce	140.115	铂	Pt	195.08
氯	Cl	35.4527	镭	Ra	226.0254
钴	Co	58.93320	铷	Rb	85.4678
铬	Cr	51.9961	铼	Re	186.207
铯	Cs	132.90543	铑	Rh	102.90550
铜	Cu	63.546	钌	Ru	101.07
镝	Dy	162.50	硫	S	32.066
铒	Er	167.26	锑	Sb	121.7601
铕	Eu	151.965	钪	Sc	44.955910
氟	F	18.998403	硒	Se	78.96
铁	Fe	55.845(2)	硅	Si	28.0855
镓	Ga	69.723	钐	Sm	150.36
钆	Gd	157.25	锡	Sn	118.710
锗	Ge	72.61	锶	Sr	87.62
氢	H	1.00794	钽	Ta	180.9479
氦	He	4.002602	铽	Tb	158.92534
铪	Hf	178.94	碲	Te	127.60
汞	Hg	200.59	钍	Th	232.0381
钬	Ho	164.93032	钛	Ti	47.867(1)
碘	I	126.90447	铊	Tl	204.3833
铟	In	114.8	铥	Tm	168.93421
铱	Ir	192.217(3)	铀	U	238.0289
钾	K	39.0983	钒	V	50.9415
氪	Kr	83.80	钨	W	183.84
镧	La	138.9055	氙	Xe	131.29
锂	Li	6.941	钇	Y	88.90585
镥	Lu	174.967	镱	Yb	173.04
镁	Mg	24.3050	锌	Zn	65.39
锰	Mn	54.9380	锆	Zr	91.224
钼	Mo	95.94			

附录 7　常用缓冲溶液及其配制方法

缓冲溶液组成	pK_a	缓冲液 pH	配 制 方 法
氨基乙酸-HCl	2.35(pK_{a1})	2.3	取氨基乙酸 150 g 溶于 500 mL 水中后，加浓 HCl 80 mL，用水稀释至 1 L
H_3PO_4-柠檬酸盐		2.5	取 $Na_2HPO_4 \cdot 12H_2O$ 113 g 溶于 200 mL 水后，加柠檬酸 387 g，溶解，过滤后，稀释至 1 L
一氯乙酸-NaOH	2.86	2.8	取 200 g 一氯乙酸溶于 200 mL 水中，加 NaOH 40 g，溶解后，稀释至 1 L
邻苯二甲酸氢钾-HCl	2.95(pK_{a1})	2.9	取 500 g 邻苯二甲酸氢钾溶于 500 mL 水中，加浓 HCl 180 mL，稀释至 1 L
甲酸-NaOH	3.76	3.7	取 95 g 甲酸和 40 g NaOH 于 500 mL 水中，溶解后，稀释至 1 L
NH_4Ac-HAc	4.74	4.5	取 NH_4Ac 77 g 溶于 200 mL 水中，加冰醋酸 59 mL，稀释至 1 L
NH_4Ac-HAc	4.74	5.0	取 NH_4Ac 250 g 溶于水中，加冰醋酸 25 mL，稀释至 1 L
NH_4Ac-HAc	4.74	6.0	取 NH_4Ac 600 g 溶于水中，加冰醋酸 20 mL，稀释至 1 L
NaAc-HAc	4.74	4.7	取无水 NaAc 83 g 溶于水中，加冰醋酸 60 mL，稀释至 1 L
NaAc-HAc	4.74	5.0	取无水 NaAc 160 g 溶于水中，加冰醋酸 60 mL，稀释至 1 L
六亚甲基四胺-HCl	5.15	5.4	取六亚甲基四胺 40 g 溶于 200 mL 水中，加浓 HCl 10 mL，稀释至 1 L
NaAc-Na_2HPO_4		8.0	取无水 NaAc 50 g 和 $Na_2HPO_4 \cdot 12H_2O$ 50 g，溶于水中，稀释至 1 L
Tris-HCl(三羟甲基氨甲烷)	8.21	8.2	取 25 g Tris 试剂溶于水中，加浓 HCl 18 mL，稀释至 1 L
NH_3-NH_4Cl	9.26	9.2	取 NH_4Cl 54 g 溶于水中，加浓氨水 63 mL，稀释至 1 L
NH_3-NH_4Cl	9.26	9.5	取 NH_4Cl 54 g 溶于水中，加浓氨水 126 mL，稀释至 1 L
NH_3-NH_4Cl	9.26	10.0	取 NH_4Cl 54 g 溶于水中，加浓氨水 350 mL，稀释至 1 L

附录8 氧化还原指示剂

名 称	变色电位 φ/V	颜 色		配 制 方 法
		氧化态	还原态	
二苯胺(1%)	0.76	紫色	无色	1 g 二苯胺在搅拌下溶于 100 mL 浓硫酸和 100 mL 浓磷酸,储于棕色瓶中
二苯胺磺酸钠(0.5%)	0.85	紫色	无色	0.5 g 二苯胺磺酸钠溶于 100 mL 水中,必要时过滤
N-苯基邻氨基苯甲酸(0.2%)	1.08	红色	无色	0.2 g*N*-苯基邻氨基苯甲酸加热溶解在 100 mL 0.2% Na_2CO_3 溶液中,必要时过滤
淀粉(0.2%)				2 g 可溶性淀粉,加少许水调成浆状,在搅拌下注入 1000 mL 沸水中,微沸 2 min,放置,取上层溶液使用(若要保持稳定,可在研磨淀粉时加入 10 mg HgI_2)
中性红	0.24	红色	无色	0.05%的 60%乙醇溶液
亚甲基蓝	0.36	蓝色	无色	0.05%水溶液

附录9 沉淀及金属指示剂

名 称	颜 色		配 制 方 法
	游离	化合物	
铬酸钾	黄	砖红	5%水溶液
硫酸铁铵(40%)	无色	血红	$NH_4Fe(SO_4)_2 \cdot 12H_2O$ 饱和水溶液,加数滴浓硫酸
荧光黄(0.5%)	绿色荧光	玫瑰红	0.50 g 荧光黄溶于乙醇,并用乙醇稀释至 100 mL
铬黑 T	蓝	酒红	(1)0.2 g 铬黑 T 溶于 15 mL 三乙醇胺及 5 mL 甲醇中 (2)1 g 铬黑 T 与 100 g NaCl 研细、混匀(1∶100)
钙指示剂	蓝	红	0.5 g 钙指示剂与 100 g NaCl 研细、混匀
二甲酚橙(0.5%)	黄	红	0.5 g 二甲酚橙溶于 100 mL 去离子水中
K-B 指示剂	蓝	红	0.5 g 酸性铬蓝 K 加 1.25 g 萘酚绿 B,再加 25 g K_2SO_4 研细、混匀
PAN 指示剂(0.2%)	黄	红	0.2 g PAN 溶于 100 mL 乙醇中
邻苯二酚紫(0.1%)	紫	蓝	0.1 g 邻苯二酚紫溶于 100 mL 去离子水中

附录 10　金属离子的 $\lg\alpha_{M(OH)}$(298.15 K)

金属离子	离子强度	pH													
		1	2	3	4	5	6	7	8	9	10	11	12	13	14
Al^{3+}	2					0.4	1.3	5.3	9.3	13.3	17.3	21.3	25.3	29.3	33.3
Bi^{3+}	3	0.1	0.5	1.4	2.4	3.4	4.4	5.4							
Ca^{2+}	0.1													0.3	1.0
Cd^{2+}	3									0.1	0.5	2.0	4.5	8.1	12.0
Co^{2+}	0.1								0.1	0.4	1.1	2.2	4.2	7.2	10.2
Cu^{2+}	0.1								0.2	0.8	1.7	2.7	3.7	4.7	5.7
Fe^{2+}	1									0.1	0.6	1.5	2.5	3.5	4.5
Fe^{3+}	3			0.4	1.8	3.7	5.7	7.7	9.7	11.7	13.7	15.7	17.7	19.7	21.7
Hg^{2+}	0.1			0.5	1.9	3.9	5.9	7.9	9.9	11.9	13.9	15.9	17.9	19.9	21.9
La^{3+}	3										0.3	1.0	1.9	2.9	3.9
Mg^{2+}	0.1											0.1	0.5	1.3	2.3
Mn^{2+}	0.1										0.1	0.5	1.4	2.4	3.4
Ni^{2+}	0.1									0.1	0.7	1.6			
Pb^{2+}	0.1							0.1	0.5	1.4	2.7	4.7	7.4	10.4	13.4
Th^{4+}	1				0.2	0.8	1.7	2.7	3.7	4.7	5.7	6.7	7.7	8.7	9.7
Zn^{2+}	0.1									0.2	2.4	5.4	8.5	11.8	15.5

附录 11　一些基本物理常数

物理常数	数值
真空中的光速	$c=2.99792458\times10^{8}\ m\cdot s^{-1}$
电子的电荷	$e=1.60217733\times10^{-19}\ C$
原子质量单位	$u=1.6605402\times10^{-27}\ kg$
质子静质量	$m_p=1.6726231\times10^{-27}\ kg$
中子静质量	$m_n=1.6749543\times10^{-27}\ kg$
电子静质量	$m_e=9.1093897\times10^{-31}\ kg$
理想气体摩尔体积	$V_m=2.241410\times10^{-2}\ m^3\cdot mol^{-1}$
摩尔气体常数	$R=8.314510\ J\cdot mol^{-1}\cdot K^{-1}$
阿伏伽德罗常数	$N_A=6.0221367\times10^{23}\ mol^{-1}$
里德堡常数	$R_\infty=1.0973731534\times10^{7}\ m^{-1}$
法拉第常数	$F=9.6485309\times10^{4}\ C\cdot mol^{-1}$
普朗克常数	$h=6.6260755\times10^{-34}\ J\cdot s$
玻耳兹曼常数	$k=1.380658\times10^{-23}\ J\cdot K^{-1}$

附录 12　国际单位制（SI）单位

量 的 名 称	单 位 名 称	单 位 符 号
长度	米	m
质量	千克(公斤)	kg
时间	秒	s
电流	安[培]	A
温度	开[尔文]	K
光强度	坎[德拉]	cd
物质的量	摩[尔]	mol

参考文献

[1] 史启桢．无机化学与化学分析．3版．北京：高等教育出版社，2011.
[2] 天津大学无机化学教研室．无机化学．5版．北京：高等教育出版社，2018.
[3] 陈国松，张莉莉．分析化学．2版．南京：南京大学出版社，2017.
[4] 傅献彩．大学化学：上、下．北京：高等教育出版社，1999.
[5] 彭笑刚．物理化学讲义．北京：高等教育出版社，2012.
[6] 严宣申，王长富．普通无机化学．2版．北京：北京大学出版社，2016.
[7] 郑利民，朱声逾．简明元素化学．北京：化学工业出版社，1999.
[8] 江元生．结构化学．北京：高等教育出版社，1997.
[9] 徐寿昌．有机化学．2版．北京：高等教育出版社，1993.
[10] Dean J. A. Lange's Handbook of Chemistry. 15th ed. McGraw-Hill，Inc.，1998.
[11] Shriver D，Weller M，Overton T，et al. Inorganic Chemistry. 6th ed. W. H. Freeman & Company. 2014.
[12] Owen S. Chemistry for the IB Diploma. 2nd ed. Cambridge University Press. 2014.
[13] Russell J. M. Elementary—The Periodic Table Explained. Michael O’ Mara Books Limited. 2019.
[14] 赵匡华．化学通史．北京：高等教育出版社，1990.
[15] 布喇格 W L. X射线分析的发展．北京：科学出版社，1988.
[16] 湛垦华等．普利高津与耗散结构理论．西安：陕西科学技术出版社，1998.
[17] 游效曾．分子材料：光电功能化合物．上海：上海科学技术出版社，2001.
[18] 程新群．化学电源．北京：化学工业出版社，2008.
[19] 夏少武，夏树伟．量子化学基础．北京：科学出版社，2010.
[20] 苏成勇，潘梅．配位超分子结构化学基础与进展．北京：科学出版社，2010.
[21] 南京化工学院无机化学教研室．无机化学例题与习题．北京：高等教育出版社，1984.
[22] 尹权等．分析化学例题与习题．长春：吉林科学技术出版社，1985.
[23] 竺际舜．无机化学习题精解．北京：科学出版社，2001.
[24] 黄仕华等．无机化学实验．南京：河海大学出版社，1997.
[25] 张丽君等．定量化学分析实验．南京：东南大学出版社，1994.
[26] 俞斌等．无机与分析化学实验．2版．北京：化学工业出版社，2013.

元素周期表

IUPAC 2013

氧化态(单质的氧化态为0，未列入；常见的为红色) — 原子序数 95；元素符号 Am(红色的为放射性元素)；元素名称 镅▲(注▲的为人造元素)；价层电子构型 $5f^{7}7s^{2}$；以 $^{12}C=12$ 为基准的原子量(注✦的是半衰期最长同位素的原子量) 243.06138(2)✦；氧化态 +2 +3 +4 +5 +6

s区元素　p区元素　d区元素　ds区元素　f区元素　稀有气体

周期\族	1 ⅠA	2 ⅡA	3 ⅢB	4 ⅣB	5 ⅤB	6 ⅥB	7 ⅦB	8 ⅧB(Ⅷ)	9 ⅧB(Ⅷ)	10 ⅧB(Ⅷ)	11 ⅠB	12 ⅡB	13 ⅢA	14 ⅣA	15 ⅤA	16 ⅥA	17 ⅦA	18 ⅧA(0)	电子层
1	1 H 氢 $1s^{1}$ 1.008 −1 +1																	2 He 氦 $1s^{2}$ 4.002602(2)	K
2	3 Li 锂 $2s^{1}$ 6.94 +1	4 Be 铍 $2s^{2}$ 9.0121831(5) +2											5 B 硼 $2s^{2}2p^{1}$ 10.81 +3	6 C 碳 $2s^{2}2p^{2}$ 12.011 −4 +2 +4	7 N 氮 $2s^{2}2p^{3}$ 14.007 −3 −2 −1 +1 +2 +3 +4 +5	8 O 氧 $2s^{2}2p^{4}$ 15.999 −2 −1	9 F 氟 $2s^{2}2p^{5}$ 18.998403163(6) −1	10 Ne 氖 $2s^{2}2p^{6}$ 20.1797(6)	L K
3	11 Na 钠 $3s^{1}$ 22.98976928(2) −1 +1	12 Mg 镁 $3s^{2}$ 24.305 +2											13 Al 铝 $3s^{2}3p^{1}$ 26.9815385(7) +3	14 Si 硅 $3s^{2}3p^{2}$ 28.085 −4 +2 +4	15 P 磷 $3s^{2}3p^{3}$ 30.973761998(5) −3 −2 +1 +3 +5	16 S 硫 $3s^{2}3p^{4}$ 32.06 −2 +2 +4 +6	17 Cl 氯 $3s^{2}3p^{5}$ 35.45 −1 +1 +3 +5 +7	18 Ar 氩 $3s^{2}3p^{6}$ 39.948(1)	M L K
4	19 K 钾 $4s^{1}$ 39.0983(1) −1 +1	20 Ca 钙 $4s^{2}$ 40.078(4) +2	21 Sc 钪 $3d^{1}4s^{2}$ 44.955908(5) +3	22 Ti 钛 $3d^{2}4s^{2}$ 47.867(1) −1 0 +2 +3 +4	23 V 钒 $3d^{3}4s^{2}$ 50.9415(1) 0 ±1 +2 +3 +4 +5	24 Cr 铬 $3d^{5}4s^{1}$ 51.9961(6) −3 0 ±1 ±2 +3 +4 +5 +6	25 Mn 锰 $3d^{5}4s^{2}$ 54.938044(3) −2 0 ±1 +2 +3 +4 +5 +6 +7	26 Fe 铁 $3d^{6}4s^{2}$ 55.845(2) −2 0 ±1 +2 +3 +4 +5 +6	27 Co 钴 $3d^{7}4s^{2}$ 58.933194(4) 0 ±1 +2 +3 +4 +5	28 Ni 镍 $3d^{8}4s^{2}$ 58.6934(4) 0 ±1 +2 +3 +4	29 Cu 铜 $3d^{10}4s^{1}$ 63.546(3) +1 +2 +3 +4	30 Zn 锌 $3d^{10}4s^{2}$ 65.38(2) +1 +2	31 Ga 镓 $4s^{2}4p^{1}$ 69.723(1) +1 +3	32 Ge 锗 $4s^{2}4p^{2}$ 72.630(8) +2 +4	33 As 砷 $4s^{2}4p^{3}$ 74.921595(6) −3 +3 +5	34 Se 硒 $4s^{2}4p^{4}$ 78.971(8) −2 +2 +4 +6	35 Br 溴 $4s^{2}4p^{5}$ 79.904 −1 +1 +3 +5 +7	36 Kr 氪 $4s^{2}4p^{6}$ 83.798(2) +2 +4	N M L K
5	37 Rb 铷 $5s^{1}$ 85.4678(3) −1 +1	38 Sr 锶 $5s^{2}$ 87.62(1) +2	39 Y 钇 $4d^{1}5s^{2}$ 88.90584(2) +3	40 Zr 锆 $4d^{2}5s^{2}$ 91.224(2) +1 +2 +3 +4	41 Nb 铌 $4d^{4}5s^{1}$ 92.90637(2) 0 ±1 +2 +3 +4 +5	42 Mo 钼 $4d^{5}5s^{1}$ 95.95(1) 0 ±1 ±2 +3 +4 +5 +6	43 Tc 锝▲ $4d^{5}5s^{2}$ 97.90721(3)✦ 0 ±1 +2 +3 +4 +5 +6 +7	44 Ru 钌 $4d^{7}5s^{1}$ 101.07(2) 0 ±1 ±2 +3 +4 +5 +6 +7 +8	45 Rh 铑 $4d^{8}5s^{1}$ 102.90550(2) 0 ±1 +2 +3 +4 +5 +6	46 Pd 钯 $4d^{10}$ 106.42(1) 0 +1 +2 +3 +4	47 Ag 银 $4d^{10}5s^{1}$ 107.8682(2) +1 +2 +3	48 Cd 镉 $4d^{10}5s^{2}$ 112.414(4) +1 +2	49 In 铟 $5s^{2}5p^{1}$ 114.818(1) +1 +3	50 Sn 锡 $5s^{2}5p^{2}$ 118.710(7) +2 +4	51 Sb 锑 $5s^{2}5p^{3}$ 121.760(1) −3 +3 +5	52 Te 碲 $5s^{2}5p^{4}$ 127.60(3) −2 +2 +4 +6	53 I 碘 $5s^{2}5p^{5}$ 126.90447(3) −1 +1 +3 +5 +7	54 Xe 氙 $5s^{2}5p^{6}$ 131.293(6) +2 +4 +6 +8	O N M L K
6	55 Cs 铯 $6s^{1}$ 132.90545196(6) −1 +1	56 Ba 钡 $6s^{2}$ 137.327(7) +2	57~71 La~Lu 镧系	72 Hf 铪 $5d^{2}6s^{2}$ 178.49(2) +1 +2 +3 +4	73 Ta 钽 $5d^{3}6s^{2}$ 180.94788(2) 0 ±1 +2 +3 +4 +5	74 W 钨 $5d^{4}6s^{2}$ 183.84(1) 0 ±1 ±2 +3 +4 +5 +6	75 Re 铼 $5d^{5}6s^{2}$ 186.207(1) 0 ±1 +2 +3 +4 +5 +6 +7	76 Os 锇 $5d^{6}6s^{2}$ 190.23(3) 0 ±1 +2 +3 +4 +5 +6 +7 +8	77 Ir 铱 $5d^{7}6s^{2}$ 192.217(3) 0 ±1 +2 +3 +4 +5 +6	78 Pt 铂 $5d^{9}6s^{1}$ 195.084(9) 0 +2 +3 +4 +5 +6	79 Au 金 $5d^{10}6s^{1}$ 196.966569(5) +1 +2 +3 +5	80 Hg 汞 $5d^{10}6s^{2}$ 200.592(3) +1 +2 +3	81 Tl 铊 $6s^{2}6p^{1}$ 204.38 +1 +3	82 Pb 铅 $6s^{2}6p^{2}$ 207.2(1) +2 +4	83 Bi 铋 $6s^{2}6p^{3}$ 208.98040(1) −3 +3 +5	84 Po 钋 $6s^{2}6p^{4}$ 208.98243(2)✦ −2 +2 +4 +6	85 At 砹 $6s^{2}6p^{5}$ 209.98715(5)✦ ±1 +5 +7	86 Rn 氡 $6s^{2}6p^{6}$ 222.01758(2)✦ +2	P O N M L K
7	87 Fr 钫▲ $7s^{1}$ 223.01974(2)✦ +1	88 Ra 镭 $7s^{2}$ 226.02541(2)✦ +2	89~103 Ac~Lr 锕系	104 Rf 𬬻▲ $6d^{2}7s^{2}$ 267.122(4)✦	105 Db 𬭊▲ $6d^{3}7s^{2}$ 270.131(4)✦	106 Sg 𬭳▲ $6d^{4}7s^{2}$ 269.129(3)✦	107 Bh 𬭛▲ $6d^{5}7s^{2}$ 270.133(2)✦	108 Hs 𬭶▲ $6d^{6}7s^{2}$ 270.134(2)✦	109 Mt 鿏▲ $6d^{7}7s^{2}$ 278.156(5)✦	110 Ds 𫟼▲ 281.165(4)✦	111 Rg 𬬭▲ 281.166(6)✦	112 Cn 鿔▲ 285.177(4)✦	113 Nh 鿭▲ 286.182(5)✦	114 Fl 𫓧▲ 289.190(4)✦	115 Mc 镆▲ 289.194(6)✦	116 Lv 𫟷▲ 293.204(4)✦	117 Ts 鿬▲ 293.208(6)✦	118 Og 鿫▲ 294.214(5)✦	Q P O N M L K

★镧系	57 La★ 镧 $5d^{1}6s^{2}$ 138.90547(7) +3	58 Ce 铈 $4f^{1}5d^{1}6s^{2}$ 140.116(1) +2 +3 +4	59 Pr 镨 $4f^{3}6s^{2}$ 140.90766(2) +3 +4	60 Nd 钕 $4f^{4}6s^{2}$ 144.242(3) +2 +3 +4	61 Pm 钷▲ $4f^{5}6s^{2}$ 144.91276(2)✦ +3	62 Sm 钐 $4f^{6}6s^{2}$ 150.36(2) +2 +3	63 Eu 铕 $4f^{7}6s^{2}$ 151.964(1) +2 +3	64 Gd 钆 $4f^{7}5d^{1}6s^{2}$ 157.25(3) +3	65 Tb 铽 $4f^{9}6s^{2}$ 158.92535(2) +3 +4	66 Dy 镝 $4f^{10}6s^{2}$ 162.500(1) +3 +4	67 Ho 钬 $4f^{11}6s^{2}$ 164.93033(2) +3	68 Er 铒 $4f^{12}6s^{2}$ 167.259(3) +3	69 Tm 铥 $4f^{13}6s^{2}$ 168.93422(2) +2 +3	70 Yb 镱 $4f^{14}6s^{2}$ 173.045(10) +2 +3	71 Lu 镥 $4f^{14}5d^{1}6s^{2}$ 174.9668(1) +3
★锕系	89 Ac★ 锕 $6d^{1}7s^{2}$ 227.02775(2)✦ +3	90 Th 钍 $6d^{2}7s^{2}$ 232.0377(4) +3 +4	91 Pa 镤 $5f^{2}6d^{1}7s^{2}$ 231.03588(2) +3 +4 +5	92 U 铀 $5f^{3}6d^{1}7s^{2}$ 238.02891(3) +3 +4 +5 +6	93 Np 镎 $5f^{4}6d^{1}7s^{2}$ 237.04817(2)✦ +3 +4 +5 +6 +7	94 Pu 钚 $5f^{6}7s^{2}$ 244.06421(4)✦ +3 +4 +5 +6 +7	95 Am 镅▲ $5f^{7}7s^{2}$ 243.06138(2)✦ +2 +3 +4 +5 +6	96 Cm 锔▲ $5f^{7}6d^{1}7s^{2}$ 247.07035(3)✦ +3 +4	97 Bk 锫▲ $5f^{9}7s^{2}$ 247.07031(4)✦ +3 +4	98 Cf 锎▲ $5f^{10}7s^{2}$ 251.07959(3)✦ +2 +3 +4	99 Es 锿▲ $5f^{11}7s^{2}$ 252.0830(3)✦ +2 +3	100 Fm 镄▲ $5f^{12}7s^{2}$ 257.09511(5)✦ +2 +3	101 Md 钔▲ $5f^{13}7s^{2}$ 258.09843(3)✦ +2 +3	102 No 锘▲ $5f^{14}7s^{2}$ 259.1010(7)✦ +2 +3	103 Lr 铹▲ $5f^{14}6d^{1}7s^{2}$ 262.110(2)✦ +3